吴江市地方志系列丛书

吴江市水利志

《吴江市水利志》编纂委员会　编

广陵书社

图书在版编目（CIP）数据

吴江市水利志 / 《吴江市水利志》编纂委员会编
. -- 扬州：广陵书社，2014. 12
　ISBN 978-7-5554-0217-6

　Ⅰ．①吴… Ⅱ．①吴… Ⅲ．①水利史－吴江市 Ⅳ.
①TV-092

　　中国版本图书馆CIP数据核字(2014)第308860号

书　　名	吴江市水利志
编　　者	《吴江市水利志》编纂委员会
责任编辑	顾寅森　丁晨晨
扉页篆刻	许建华
出版发行	广陵书社
	扬州市维扬路 349 号　　　　邮编 225009
	http://www.yzglpub.com　　E-mail:yzglss@163.com
印　　刷	金坛市古籍印刷厂有限公司
开　　本	889 毫米 × 1194 毫米　1/16
印　　张	29.625
字　　数	730 千字
版　　次	2014 年 12 月第 1 版第 1 次印刷
标准书号	ISBN 978-7-5554-0217-6
定　　价	138.00 元

《吴江市水利志》编纂委员会

（2006.9~2009.3）

主　任　姚雪球（2006.9~2007.10）

　　　　李建坤（2007.10~2009.3）

副主任　金红珍

顾　问　张明岳（2006.9~2007.10）

　　　　姚雪球（2007.10~2009.3）

委　员　（按姓氏笔划为序）

马旭荣	王汝才	计明华	王培元	王福金	王福源	包晓勇	刘有根
刘建明	朱述松	汝雪明	吴扣龙	吴庆祥	吴建林	沈育新	沈菊坤
杨晓春	陆雪林	陆雪荣	张锦煜	姚志强	姚忠明	施建荣	倪凤才
顾阿根	顾建忠	顾星雨	徐瑞忠	浦德明	彭海志	薛金林	

（2009.3~2014.7）

主　任　李建坤

副主任　金红珍

顾　问　姚雪球

委　员　（按姓氏笔划为序）

马旭荣	王培元	王福源	包晓勇	孙志剑	刘建民	朱述松	汝雪明
陈一苏	张才良	沈利民	沈育新	沈菊坤	杨晓春	陆雪林	陆雪荣
姚忠明	施建荣	赵培江	顾建忠	顾星雨	徐瑞忠	浦德明	曹国强
彭海志							

2004 年 5 月 25 日, 苏州市市委书记王珉(前排左三)检查吴江市水利工作

2005 年 5 月 19 日, 苏州市市委书记王荣(前排右三)检查吴江水利工作

2006 年 6 月 1 日，苏州市市长阎立（前排左三）到吴江市太浦闸检查防汛工作

2011 年 7 月 14 日，江苏省水利厅副厅长陶长生（前排右二）到吴江市调研

2012 年 8 月 8 日,江苏省省长李学勇(前排右二)到吴江市检查防台抗汛工作

2013 年 6 月 26 日,苏州军分区政委李再胜(左二)到吴江区检查防汛工作

太浦闸(摄于 1995 年)

西塘港泵站(摄于 2004 年 6 月)

方尖港泵站(摄于 2004 年 6 月)

庞北泵站(摄于 2004 年 6 月)

太浦河泵站(摄于 2004 年 6 月)

淞南泵站（摄于2004年6月）

饯港船闸（摄于2004年6月）

东城河闸站（摄于2004年7月）

盛溪河泵站（摄于2004年7月）

盛泽镇东排涝站（摄于2004年7月）

坛丘港北闸（摄于 2004 年 12 月）

三家浜引水闸（摄于 2005 年 10 月）

苑东闸（摄于 2008 年 10 月）

松陵西门泵站（摄于 2008 年 10 月）

三船路船闸（摄于 2008 年 10 月）

高士港闸站（摄于 2008 年 10 月）

外苏州河闸
（摄于 2008 年 10 月）

瓜泾口水利枢纽
（摄于 2008 年 10 月）

北窑港水利枢纽
（摄于 2008 年 10 月）

大浦口水利枢纽（摄于 2008 年 10 月）

东姑荡闸站(摄于 2008 年 10 月)

沈前港泵站(摄于 2008 年 10 月)

蚂蚁漾泵站(摄于 2008 年 10 月)

西凌塘套闸(摄于 2008 年 10 月)

环太湖大堤护坡
（摄于 2008 年 10 月）

震泽街道护坡
（摄于 2008 年 10 月）

桃源联圩护坡（摄于 2008 年 10 月）

京杭大运河堤防（摄于 2008 年 10 月）

农田水利路、林
（摄于 2008 年 10 月）

农田衬砌渠道（摄于 2008 年 10 月）

北排工程中塘桥（摄于 2008 年 10 月）

太浦河横扇大桥（摄于 2008 年 10 月）

太浦闸操作监控（摄于 2004 年 5 月）

瓜泾口自动化控制（摄于 2004 年 5 月）

农村河道清淤（摄于 2004 年 6 月）

河道长效管理公示牌（摄于 2004 年 6 月）

环太湖大堤绿化（摄于 2004 年 6 月）

太浦河沿岸绿化（摄于 2004 年 6 月）

东城河泵站机组(摄于 2004 年 7 月)

西塘港泵站机组(摄于 2004 年 7 月)

村庄河道冲淤(摄于 2005 年 1 月)

外苏州河疏浚取土(摄于 2005 年 4 月)

震泽镇区河道保洁(摄于 2008 年 10 月)

天亮联圩管理服务区（摄于 2008 年 9 月）

松陵市区河道保洁（摄于 2008 年 10 月）

沿湖水闸通航管理（摄于 2008 年 10 月）

平望农村河道保洁（摄于 2008 年 10 月）

盛泽农村河道保洁（摄于 2008 年 10 月）

盛泽镇区水灾（摄于 1987 年 5 月 5 日）

组织汛前检查（摄于 2005 年 4 月 6 日）

松陵油车桥路水灾（摄于 2001 年 5 月 1 日）

防汛仓库储备物资（摄于 2005 年 4 月 6 日）

太湖流域汛情介绍（摄于 2002 年 7 月 1 日）

检查太湖防汛（摄于 2004 年 5 月 18 日）

环太湖大堤防汛公路（摄于 2008 年 10 月）

太浦河南岸防汛公路（摄于 2008 年 10 月）

2002年6月6日,吴江市进行水行政执法培训

水政监察大队第二中队(摄于2004年7月)

依法管理取土(摄于2007年7月)

水政监察大队第一中队(摄于2008年10月)

三江桥水政执法标志
(摄于2008年10月)

水政执法汽艇（摄于 2008 年 10 月）

大浦口水政执法标志
（摄于 2008 年 10 月）

水政执法检查（摄于 2008 年 10 月）

封填地下水开采井
（摄于 2003 年 10 月）

打捞太湖蓝藻
（摄于 2008 年 5 月）

三白荡保护利用（摄于 2008 年 10 月）

太湖取水口保护（摄于 2008 年 10 月）

污水处理（摄于 2008 年 10 月）

水质取样（摄于 2008 年 11 月）

印染废水中水回用企业（摄于 2008 年 11 月）

吴江市净水厂（摄于 2008 年 11 月）

桃源水利站(摄于 2008 年 10 月)

七都水利站
（摄于 2008 年 10 月）

梅堰水利站(摄于 2008 年 10 月)

八都水利站(摄于 2008 年 10 月)

盛泽水利站(摄于 2008 年 10 月)

庙港水利站(摄于 2008 年 10 月)

松陵水利站
（摄于 2008 年 10 月 ）

汾湖水利站(摄于 2008 年 10 月)

太浦河上游喇叭口（摄于 2008 年 10 月）

市区商业街河道（摄于 2008 年 10 月）

市区牛腰泾（摄于 2008 年 10 月）

市区西塘河（摄于 2008 年 10 月）

市区梅石河（摄于 2008 年 10 月）

市区内苏州河
（摄于 2008 年 10 月）

震泽镇区河道（摄于 2008 年 10 月）

盛泽镇区河道（摄于 2008 年 10 月）

垂虹桥旧影（摄于 50 年代）

垂虹桥遗迹（摄于 2008 年 10 月）

頔塘旧影(摄于 1929 年)

运河古纤道(摄于 2008 年 10 月)

怀德井(摄于 2008 年 10 月)

太湖水利同知署旧址(摄于 2008 年)

2002年10月14日,吴江市贯彻学习宣传新《水法》动员大会

2004年12月10日,吴江市水利工作现场会议

2005年5月12日,吴江市防汛防旱工作会议

2005年6月10日,吴江市人大常委会检查《防洪法》实施情况汇报会

2005年11月6日,《江苏省吴江市水资源开发利用与保护规划》评审会

2006年9月30日,汾湖镇中心城区及产业园区水利规划会议

2006年11月11日,吴江市冬春水利建设暨河道疏浚现场会

2008年4月26日,吴江市水利建设推进会暨防汛防旱工作会议

2008年5月6日,吴江市举办太湖饮用水源地保护专题讲座

2009年3月12日,吴江市水利系统党建暨效能建设工作会议

2011年6月21日,吴江市防汛抗灾工作视频会议

2011年12月30日,吴江市农田水利建设现场会

2012年4月10日,吴江市水利局到七都镇燉烂村开展
"党员干部进万家"活动

2012年5月28日,吴江市水利局组织干部到江苏省丁
山监狱进行警示教育

2012年2月10日,吴江市水利系统党风廉政建设暨作风效能建设会议召开

2014 年 2 月 12 日,《吴江市水利志》执行主编发言

2014 年 2 月 12 日,《吴江市水利志》评审会议

2014 年 2 月 12 日,《吴江市水利志》评审会议成员合影

全国水利综合经营

突出贡献单位

中华人民共和国水利部

一九九三年十一月

发展水利经济先进县

中华人民共和国水利部

一九九五年五月

江苏省

一九九五年度

水利先进单位

江苏省水利厅

全国水利经济

一九九六年度

十 强 县

中华人民共和国水利部

中国水利 CHINA WATER 全国水利经济

突出贡献奖

中华人民共和国水利部

一九九七年五月

1997年度

全省水利先进单位

江苏省水利厅

一九九八年一月

2001-2003年水利科技

先进单位

江苏省水利厅

二〇〇四年三月

苏锡常地区地下水禁采

先进集体

江苏省人事厅 江苏省水利厅

江苏省建设厅 江苏省国土资源厅

二〇〇五年十二月

序

吴江地处江、浙、沪交界处，滨临太湖，依水而兴。丰富的水资源、优良的水环境，是吴江得天独厚的自然优势。自古以来，吴江就是著名的"鱼米之乡""丝绸之府"。吴江的生存、发展与太湖治理紧密相连、息息相关。由于地势较低，吴江历来有"洪水走廊""屯水仓库"之称。纵观吴江的历史，水利兴，则发展兴；水害除，则民心安。

水是生命之源、生产之要、生态之基。吴江水利事业在全市发展中具有不可替代的作用。长期以来，吴江人民以自己的勤劳和智慧，大力兴修水利，特别是改革开放以来，进一步加强治水力度，固堤护岸，沟通水系，疏浚河道，切实加大水利建设力度。目前，吴江已基本建成防洪、排涝、灌溉、调水、降渍等水利工程体系，防洪抗灾整体能力得到较大提高，对保障城乡居民安居乐业、社会经济可持续发展起到了重要作用。吴江水利事业的良好发展，在吴江水利史上谱写出一篇篇激越高昂的治水华章。

盛世修志，伟业存史。《吴江市水利志》历时七年艰辛编纂，数易其稿，今日终得付梓，甚感欣慰。这是吴江水利事业发展中的一件大喜事。《吴江市水利志》全面系统地记述20年来吴江水利事业的发展历程，展示水利发展取得的辉煌成绩。全志资料丰富，内容翔实，结构严谨，体例规范，真实客观地反映了吴江水利的历史和现状，充分展示了吴江水利人的风采，具有重要的史料价值和现实指导作用。对于有志从事水利工作和希望了解吴江水利的人士，该书也是很好的参考。

我相信，该部志书的出版发行，定会以其"存史、资政、育人"的功效指导吴江更好地开展水利工作，也将激励吴江水利工作者积极投身水利现代化建设，与时俱进，开拓创新，扎实苦干，为进一步谱写吴江水利现代化事业的新篇章而不懈努力，更好地造福吴江人民、服务经济社会发展！

苏州市吴江区水利局局长　李建坤

2014 年 7 月 25 日

凡　例

一、本志是 1996 年 1 月版《吴江县水利志》的续志，以马列主义、毛泽东思想、邓小平理论、"三个代表"重要思想和科学发展观为指导思想，遵循辩证唯物主义和历史唯物主义观点，记述吴江水利事业发展的历史和现状，力求思想性、科学性和资料性的统一。

二、本志按照"横分门类，纵写史实"原则，采用述、记、志、传、图、照、表、录等体裁，设章、节、目、子目、孙目 5 个层次。除引用文献外，均采用语体文编写。大事记以编年体为主，辅以纪事本末体。

三、本志记述时间除第二十章《水利人文》上限不限外，其余一般以 1986 年初起始，部分章节追本溯源；下限至 2005 年底。大事记延至 2013 年底，图照延至 2014 年 2 月。记述地域以 2005 年底吴江市行政区域为主。对水系、流域属性划分以国家水利部门审定的为准。

四、本志纪年方法，中华人民共和国建立前沿用历史朝代年号年序，括注公元年份，其后概用公元纪年。年代前不标明世纪者均为 20 世纪。志文中出现"现""今"均指下限时间。

五、本志计量单位一般以《中华人民共和国法定计量单位》为准。历史资料中少数沿用旧制。涉及耕地面积（含水面）沿用传统习惯以亩为计量单位。

六、本志对频繁使用的名称首次用全称，括注简称，其后用简称。历史地名括注今地名，涉及科学技术名词以中国科学院和各学科有关部门审定的正名为准；涉及外国语均以新华通讯社译文为准。

七、本志所述各种高程（含水位），除注明外，均为吴淞基面高程。

八、本志资料来源于档案、史书、志书、报刊、专著及社会调查等。文中资料一般不注明出处。各项数据以统计部门数据为准，告缺的采用相关业务部门数据。

九、本志遵循人物"生不列传"的原则，人物传略收录与吴江水利建设有重大影响或作出重要贡献的历史已故人物，排列以卒年为序。其余人物采用名录和以事系人的方法加以记述。

目 录

概　述

一

　　吴江市地处长江三角洲冲积平原,位于江苏省最南端,居北纬 30° 45′ 36″ ~31° 13′ 41″,东经 120° 21′ 04″ ~120° 53′ 59″之间,西滨太湖,北与江苏省苏州市吴中区、昆山市相接,东与上海市青浦区相连,南与浙江省嘉兴、湖州两市相邻,东西最大距离 52.67 千米,南北为 52.07千米。全市总面积 1260.8 平方千米(含太湖水面 84.2 平方千米),其中水面积 351.27 平方千米,占总面积的 27.86%。2005 年,全市耕地面积约 432.26 平方千米,水产养殖面积约 253.37平方千米。

　　五代后梁开平三年(909),吴江建县。元元贞二年(1296),吴江县升为州,明洪武二年(1369)复改为县。清雍正四年(1726)分设吴江和震泽两县,同城而治。民国元年(1912)复合为吴江县。1992 年 5 月,吴江撤县设市。吴江先后隶属于苏州、中吴军、平江军、平江府、平江路、苏州府、江苏省、苏南行政区苏州行政分区、江苏省苏州专区、苏州地区、苏州市。2005年,全市设 10 个镇,有 60 个社区居民委员会、250 个村民委员会,年末总人口 78.31 万人,人口密度 666 人每平方千米。

　　境内气候具有四季分明、雨热同步、光照较充足、无霜期长、气象灾害时有发生等特征。年平均日照时数 2012 小时,年总辐射量 115.34 千卡每平方厘米,年平均气温 16℃,年平均无霜期 226 天,年平均降水量 1121 毫米。总体上自然环境优越,盛产粮桑鱼虾,素有"鱼米之乡""丝绸之府"之称。但暴雨、春秋季连阴雨、伏旱、龙卷风、台风、寒潮等气象灾害时有发生。水域属长江下游太湖水系,西承太湖来水,南纳浙北来水,河道纵横,湖荡密布,共有大小河道2600 多条,50 亩以上湖泊荡漾 351 个。太浦河横穿东西,京杭运河纵贯南北,历来是太湖洪水东泄入海的重要通道和内陆航运的"黄金水道"。既有灌溉舟楫、资源丰盛之利,又有"洪水走廊""屯水仓库"之弊。地势平坦,自东北向西南缓缓倾斜,地面高程在 2.2~5.2 米之间,属典型的低洼水网圩区。其中东北部为平田圩区,田面高程 4 米左右;中部为半高田圩区,田面高程 3.7 米左右;西南部为低田圩区,田面高程在 3.5 米以下;沿太湖一带为湖田圩区,田面高程 2.5 米左右。绝大部分田面高程在历史最高洪水位之下。汛期,若逢上游洪水大量入境,下游水道宣泄不畅,高水位长时期持续,加之台风影响时,易受洪涝灾害。水汽和水源条件优越,多年平均水资源总量为 4.4 亿万立方米。其中,多年平均地表水资源量为 3.91 亿万立方米,地下水不重复量为 0.49 亿万立方米。但工业废水、生活污水的大量产生,化肥、农药在农田中的广泛使用,使天然水体受到污染,市区和城乡结合部地区尤为严重。湖泊的富营养化也日渐突出。水质型缺水已成为制约全市发展的因素之一。

二

吴江的生存、发展与安危无不与太湖治理紧密相连、息息相关。境内水系的形成、划分和治理受太湖源委所制约。太湖的上游来水量、下游去水量及本身容蓄量,三者平衡则水旱无虞,三者失衡则水旱肆虐。从出土文物推断,大约在五六千年以前,已有原始人群在境内生活和劳动。根据梅堰袁家埭出土的石镰、石刀、石耘田器等,可知当时已开始从事农业。古代太湖流域的开发,表现在农业生产上,关键却在水利。围绕太湖流域和吴江地区的水利治理,历代有识之士不断著书立说,探古究今,提出各种治理太湖的方略。有关太湖治理的论著丰富繁博,汗牛充栋,不少人为探究太湖治理殚精竭虑,费尽心血。

据史料载,西汉,武帝为解决闽、浙贡赋物资的运输,在太湖东部沼泽地带开凿运河百余里。经过历朝修筑,运河不仅成为江南水运大动脉,而且在引排调蓄上也发挥着重要的作用。晋代,西起湖州、东至平望的荻塘(今名頔塘)也由人工开挖而成,其北岸成为当时太湖以南沼泽地与太湖的分界,从而创造沿河南北两岸地区的垦辟条件。唐代,修筑吴江塘路使太湖泄水受阻,东部沼泽地逐渐围筑成田。五代,吴越钱氏注重水利,"置撩浅军七八千人,常为田事,治河筑堤",是以"岁多丰稔""贼水不入,久无患害"。北宋初年,朝廷偏重漕运,忽视农田水利,遂致太湖圩田遭受损害,又加太湖上游之胥溪五堰渐废,太湖来水激增,主要入海干流吴淞江逐渐淤积,水患日渐严重,水灾频繁,甚至田间积水连年不退,大民田复沦为湖,正当太湖之中,每遇洪涝,太湖洪水弥漫盈溢,滞回于吴江县一带,以至于"凝星白"。北宋中期,开奖劝民自修小圩,南宋也继之重视农田水利。明、清两代,吴淞江,一方面注重于堤修筑,农业生产得以迅速发展。在历代封建王朝的统治下,时废,始终未能解决太湖洪水出路问题。民国时期,兴修浪打穿工程,先后疏浚黄港、海沿漕等太湖出水口,其目的是解决太湖排水出路,但亦无实效。日本侵占中国后,把苏嘉公路大部分桥涵堵塞,致使东太湖之水无东泄通道。抗战胜利后,虽然开通部分公路桥港,但内战发生,无暇顾及水利,致使水患愈加严重。

中华人民共和国成立后,中国共产党和人民政府十分注重水利建设,吴江水利随着经济社会的发展不但呈现量变,而且发生质变。50 年代前期,修圩复圩,开疏河港。50 年代后期至 60 年代,发展机电排灌,实施并圩联圩,整治水系。70 年代,开挖排水干河,大搞农田水利基本建设(以平整土地、灌排分开、沟渠配套、水田路林村综合治理为主要内容)。80 年代初,水利工作的重点开始向管理方面转移。此时,境内已基本形成由堤防、水闸、排涝站组成的联圩防洪排涝,由灌溉泵站、流动机泵和多级渠道组成的农田灌溉,由多级河道、大小湖泊组成的水量调蓄,以内外三沟配套为网络的治涝防渍和以环太湖大堤为主的太湖防洪控制等五大工程体系。80 年代后期,围绕"江苏省农田水利八条标准"[①],着力提高防洪、排涝、灌溉、防渍降渍、建筑物配套、植物措施、机电排灌设备、经营管理的建设和管理水平。90 年代前期,水利建设以流域性工程、农田水利建设、更新改造、城镇防洪等为主要任务。90 年代后期,流域工程以建成环太湖、太浦河北岸和浦南三条控制线为主体;城镇全面推进洪涝治理工程;农田水利建设以完善修圩、整修改建闸站、疏浚淤积河道、建设吨粮田、改造低产田为主要任务。同时大力发展水利经济、开展水资源调查评估和实施取水许可制度、规范水利工程建设管理办法。进入 21 世纪,根据城市化、工业化发展需求,水利建设课题涉及区域和内部水系调整改善以及联圩治理、高标准农田水利工程建设、水资源开发利用和乡镇供水工程建设、城镇防洪治涝工程建设、水利工程管理、发展水利经济、水利基层队伍建设、机械化施工、农水科研等方面。2004 年,又提出"水安全、水资源、水环境、水景观"四位一体水利建设发展思路。至 2005 年末,全市已初步建成具有防洪、排涝、灌溉等多功能的水利工程体系,形成"灌得上、排得出、降得下、控得住"的水利保障体系。

三

1986~2005 年,全市(县)水利建设完成土方 1.41 亿万立方米,石方 51.8 万立方米,混凝土 24.47 万立方米;投入建设资金 10.49 亿万元,其中用于基本建设 4.89 亿万元,农田水利 5.35 亿万元,防汛岁修 2438.16 万元,其他 81.37 万元。水利建设成果主要体现在:

治太工程重点设防。《太湖流域综合治理总体规划方案》中涉及吴江境内的太浦河、环太湖大堤、杭嘉湖北排通道三大骨干工程全面完成,投入资金 6.75 亿元(不包括太浦河泵站),建成太浦河和环太湖大堤组成的流域洪水调控工程体系,解决太湖洪水东向出路问题,形成环太湖控制线,打开杭嘉湖涝水入境北排通道。其中,太浦河三期工程 1992 年开工,2000 年竣工。累计疏浚河道 42.4 千米(含喇叭口 1.65 千米),修建护坡 73.52 千米,完成水系调整项目,加固太浦闸 1 座,新建太浦河泵站 1 座,建成配套建筑物 36 座、跨河桥梁 3 座和芦墟镇区防洪工程;实施浦南防洪补偿,新建水文设施和工程管理设施等。挖压土方 2018 万立方米、石方 9.9 万立方米、混凝土和钢筋混凝土 9.02 万立方米。工程概算总投资 40151 万元(不包括太浦河泵站)。环太湖大堤二期工程 1992 年 3 月开工,2002 年底完工。建造和整修大浦口、瓜泾口水利枢纽工程以及戗港、三船路套闸等 22 座涵闸,封堵徐杨湾,建内外护坡 45.2 千米,完成堤顶防汛公路 35.5 千米,加固堤防 39.94 千米和完成水土易流失段绿化工程。工程总投资 9086.4 万元。杭嘉湖北排通道工程(江苏段)1997 年 6 月开工,2005 年 6 月竣工。拓浚河道 18 段,新建水闸 1 座、桥梁 20 座,完成浦南堤防加固加高补助工程和平望镇区防洪补助工程。征地 1911.89 亩,占地 222.64 亩,拆迁房屋 3.61 万平方米。总投资 1.83 亿元。

---

① "江苏省农田水利八条标准":1. 防洪,确保解放以来最大洪水不出险、超标准洪水有对策。2. 排涝,日降雨 150~200 毫米不受涝,有条件的地方适当提高。3. 灌溉,有水源的地方,要做到 70~100 天无雨保灌溉;水源不足的地方要积极创造条件开辟水源,扩大灌溉面积。4. 防渍治渍,基本控制地下水位在地面以下 1~1.5 米,盐碱土地区还要适当加深。5. 建筑物配套,达到 60% 以上,主要建筑物力争配齐。6. 植物措施,沟河开到哪里,树草栽到哪里,基本实现农田林网化,沟、河、堤坡面植被化。7. 机电排灌设备,调整、配套、改造、更新,装置效率在现有基础上提高 10% 左右。8. 综合经营,水利管理单位和乡水利站在确保安全、充分发挥工程效益的前提下,积极开展综合经营,做到经费自给或有余。

农田水利全面推进。通过修圩护岸,整修闸涵;建设泵站,增加流量;平整土地,衬砌渠道;配套三沟,疏浚河道,不断提高农田水利治理能力。至 2005 年底,全市建成联圩 130 个,总面积 119 万亩,防洪圩堤 1574.5 千米,完全达标的 1443.8 千米;排涝标准大于 150 毫米以上的 58 万亩;地下水位控制 0.5 米以下的 62.4 万亩;三闸 752 座,排涝站 468 座,排涝流量 1127.4 立方米每秒,动力 4.78 万瓦。全市形成比较完善的防洪、排涝、灌溉、降渍工程体系,抗御洪涝旱渍灾害能力极大提高。

城镇水利创新发展。1987 年,盛泽地区开创地方自筹资金为主、社会办水利的先例,投资 773 万元在 7.83 平方千米的范围内建成四闸一站大包围工程,社会、经济效益明显,为探索城镇洪涝治理闯出一条可行之路。1991 年后,大包围面积又扩建到 39 平方千米。1991 年,松陵镇借鉴盛泽地区经验兴建镇区洪涝治理工程,首期投资 500 万元,建成 7 个排涝站,形成 6 个独立小包围。1999 年,又在原基础上扩建成 19.09 平方千米的吴江市区运西大包围工程,工程概算投资 1.1 亿元,完成 9 座涵闸、3 座泵站、2 座闸站。之后,平望、黎里等镇也相继实施城镇水利综合治理项目。城镇洪涝治理的新模式使吴江市(县)城市化发展和小城镇建设得到有力保障。

水利管理整体提高。截至 2005 年,确定县级以上河道 27 条,列入江苏省湖泊保护名录 56 个;划分水功能区划 49 个,封填取用地下水深井 376 眼;明确水行政许可项目有《水利工程管理范围内建设项目审查》《河道采砂(土)许可》《取水许可》《河道排污口设置及扩大审查》《蓄滞洪区避洪设施建设审批》《建设项目水资源论证报告书审批》《占用农业灌溉水源、灌排工程设施审批》《水利基建项目初步设计文件审批》《水利工程开工审批许可》等 9 项,列出水行政许可规范性文书文本 20 项;依法征收水利工程水费、水资源费、防洪保安资金、排涝水费等规费。全市批有基层水利管理单位 23 个,并设 1 支政监察大队,个 水利工作从"建设管理型"向"经营管理型""资源管理型"网络覆盖全市 水利工作从 建设管理型 向"经营管理 型！"资源管理 去治水、依法管 的道路。

水利经济迅猛进。根据国家水利部"两个支柱,一把钥匙"①和水利的发展区域位置和自身特长的优势。1980~1990 年,全市水利综合经营工作走在前部级先进企业和 12 个骨干企业。1986~2001 年,全市(县)累计完成综合经营总收入 42.64 亿元,实现净收入 2.81 亿元。综合经营的发展对巩固水利管理队伍,加强工程管理,促进水利建设,增加国家和集体收入,改善职工福利,提供职工子女就业起到重要作用,成为推进水利事业发展的有力支撑。

水利科技更新发展。2005 年末,全系统在职专业技术人员共有 279 名,其中高级专业技术人员 9 名,中级专业技术人员 89 名,分别占专业技术人员总数的 3.23% 和 31.9%。人员分布涉及水利工程、经济、财会、政工、档案等系列。其中,中、高级工程师 76 名,中、高级经济师 3 名,会计师 13 名,政工师 5 名,馆员 1 名。1986~2005 年,全市(县)立项的应用与推广科技课题有 31 项,其中获得省(部)级奖的有 17 项、苏州市级奖的有 10 项、吴江市(县)级奖的有 26 项(一些项目多层次获奖),在省级以上刊物发表的论文有 47 篇。水文测报也为防汛抗旱、

---

① "两个支柱,一把钥匙":在水利工程管理中,推行以水费收入和综合经营为支柱,以加强经济责任制为钥匙的改革,使水利逐步建立良性运行的机制。

水利建设提供科学依据和有效服务。

防汛抗旱厉兵秣马。党和政府对防汛抗旱工作的方针历来是"预防为主,防重于抢""宁肯信其有,不可信其无"。每年汛期,吴江都要组建以政府主要领导人为首的防汛防旱指挥机构,成立巡逻、抢险、抢修、抢运等专业队伍。积极做好汛前检查、工程准备、预案制定、物资储备、汛情监测等准备工作。同时加强气象、水文的预测预报和上下左右的通讯联系,遇有情况及时提出抢救措施和组织指挥抢险。情况紧急时,则以防汛抢险作为压倒一切的中心任务,全力以赴,把灾害损失降到最低限度。先后战胜1983年、1991年、1999年特大水灾和1993年、1995年、1998年较大水灾以及2005年9号强台风"麦莎"等严重自然灾害。

四

水利是国民经济的基础设施和基础产业。水利事业的发展不仅为农业增产创造重要条件,而且还促进交通、航运、绿化、水产、旅游、自来水、城乡工业等事业的发展。

全市京杭运河、太浦河、长湖申航道(頔塘)、苏申内港航线(吴淞江)、环太湖大堤等数百千米水陆交通、水利大桥、沿线绿化,同里、黎里、震泽、东太湖等古镇和水乡特色旅游,元荡、长漾等湖泊荡漾水产养殖,各自来水厂饮用水等等,都与水利事业的发展密切相关。2005年,全市实现农林牧副渔总产值29.22亿元。夏粮亩产259.4千克,油菜158.9千克,水稻522.5千克;粮食15.54万吨,油料1.83万吨,蚕茧2662吨,水果1.46万吨,禽蛋7980吨,水产品7.89万吨,出栏肉猪34.06万头。全年完成客运量1072.76万人,客运周转量5.89亿人。全年旅游收入39.2亿元。全年供水量1.38亿吨。全年实现地区生产总值403.2亿元,人均5.17万元,按当年汇率折算,人均地区生产总值6460美元。这些成绩的取得,都离不开水利基础的保障。

但是,吴江水利虽有发展和进步,存在问题却仍然很多,很复杂。来自上下游的水情仍有压力;部分水利设施老化,工程标准偏低;人口、企业有增无减,用水加剧;城乡企业、居民污水排放,集约化水产养殖污染影响河湖水质;部分防汛排涝工程阻碍水体自流,影响水系调蓄能力和水体自由交换功能等。坚持按自然规律办事,科学统筹水利规划,因地制宜实施治理措施,不断完善水利工程体系和管理体系,仍是吴江水利长期和艰巨的任务。

大事记

1986 年

3月6日,长江口及太湖流域综合治理领导小组在南京市中山陵召开会议,听取太湖流域管理局关于《太湖流域综合治理骨干工程设计任务书》(后改称《太湖流域综合治理总体规划方案》)汇报和科技组审核意见,得到基本同意。10月17日,上报国家计划委员会。1987年6月18日,国家计划委员会批复同意,使之成为第一部经国家批准的太湖治理规划报告。

3月28日,吴江县政府批准吴江县第一抗旱排涝队恢复"国营吴江县平望抽水机管理站"名称,吴江县第二抗旱排涝队改称"国营吴江县松陵抽水机管理站"。

7月1日,吴江县政府公布垂虹桥遗迹、运河古纤道等35处为吴江县第二批文物保护单位。

11月18日7时30分,平望镇溪港村10组一脚划船摆渡超载沉没,4人溺死。

11月27~29日,苏州市水利局召开冬春水利修圩、疏河工程现场会。其间,与会人员参观吴江县菀坪乡等工程现场。

1987 年

3月6日20时许,莘塔、北库、金家坝、芦墟、黎里、平望、梅堰、盛泽、坛丘、南麻、八都、横扇、七都、庙港、震泽、铜罗、青云17个乡(镇)349个村15.1万亩油菜、8万亩三麦受到不同程度冰雹袭击。冰雹大似核桃,小如黄豆。

3月12日17时许,八坼乡汤华村、石铁村一挂机船在浙江省德清县新市陈家圩与一游览船相撞,挂机船上12人落水身亡。

3月18~20日,国家防汛抗旱总指挥部办公室副主任、国家水利部水管司司长李健生实地查看吴江县太浦河、太浦闸、瓜泾港等工程。

4月22日,太浦河节制闸负责人张某和职工钱某两人违反操作规程,在闸下游设置栏网捕鱼,当闸门开启到一半时,因水流湍急落水身亡。

8月11日,长江口及太湖流域综合治理领导小组在浙江杭州市召开会议,原则同意太湖流域管理局提出的并经科技组审查的《望虞河、太浦河工程设计任务书》。

1988 年

3月17日，吴江县委批复，吴江县水利机械修配厂改名为"国营吴江县水利电力设备厂"，撤销原增挂的"江苏省水利工程综合经营公司吴江县水利电力设备厂"名称。

4月，国家水利部向国家计划委员会上报太浦河、望虞河两项工程设计任务书。

5月3日20时至次日8时，全县遭暴风、雷雨袭击，风力8~9级，最高10级。全县平均降雨46.7毫米，其中松陵地区83.5毫米，有的地方下冰雹，夏熟作物损失较重。大元麦倒伏26.8万亩、小麦3.12万亩，预计损失粮食1254万千克。

6月4日，梅堰乡平安村发生超载沉船事故，11名妇女及1名儿童溺水身亡。

8月15日，吴江县盛泽地区水利工程管理所成立，为股级全民事业单位，人员编制25人，与盛泽机电站实行"一套班子、两块牌子"。

1989 年

2月17日，颐塘八都窑厂附近发生沉船事故，5人溺水身亡。

5月5日，吴江县直机关党委会行文，转发吴江县委组织部吴组干〔1989〕31号《同意县水利局设立党总支部委员会的通知》。

9月15日，吴江县水利局24个下属水利管理服务站建立，与各乡（镇）机电站实行"一套班子、两块牌子"。

9月26日，吴江县松陵抽水机管理站被评为"江苏省先进集体"，吴江县水利局副局长朱克丰被授予"江苏省先进个人"称号。

9月29日，吴江县水利勘测设计室成立，为股级全民事业单位，与吴江县水利工程指导站实行"一套班子、两块牌子"。

10月13日，上海市人大常委会副主任孙贵璋、太湖流域管理局副局长黄宜伟等一行29人视察太浦河、望虞河及太湖水质。

10月，《吴江县"八五"[①]水利建设计划》初稿编纂完成。

1990 年

3月30日，日本JICA太湖水质调查团一行6人察看京杭运河、苏州城河、望虞河、太浦河及太湖出水诸口。

5月6日，吴江县水利局被江苏省政府授予"大禹杯"奖状。

8月1~15日，由于连续高温，黄浦江水质恶化，应上海市政府要求，经江苏省政府、太湖流域管理局同意，并经国家防汛抗旱总指挥部批准，已建31年之久的太浦河节制闸首次奉命启闸放水。开闸16孔，共向下游输水1.5亿~2亿立方米。上海市政府致电以示感谢。

8月31日至9月1日，受15号台风袭击，各乡镇雨量均大于100毫米，北部超过200毫

---

① "八五"：指中国在1991~1995年实施的第八个"五年计划"。"五年计划"是中国国民经济计划的一部分，主要针对全国重大建设项目、生产力分布和国民经济重要比例关系等作出规划，为国民经济发展远景规定目标和方向。第一个"五年计划"为1953~1957年，以后每五年制定一次，以此类推，下同。

米。灾害造成4人死亡，农田受淹，房屋倒塌，直接经济损失2500万元。

10月14日，横跨太浦河的新黎里大桥通车，大桥全长186.5米，桥面宽9米，车道净宽7米，是一座按国家五级航道设计建造的双车道钢筋混凝土桥。

1991 年

5月2日，国家水利电力部部长杨振怀视察太浦河芦墟段及芦墟大桥工程，并对江苏、浙江、上海两省一市团结治水工作作指示。

6月上旬，吴江县连降暴雨，水位猛涨。据吴江县经委统计，受涝企业48家，其中县属21家、乡镇27家，2个厂有19间房屋倒塌。

6月26日11时55分，根据国务院和国家防汛抗旱总指挥部命令，太浦河节制闸开闸泄洪，泄洪量100立方米每秒。之后，逐步加大泄洪量。7月24日，泄洪量400立方米每秒。到9月1日22时30分，太浦河节制闸闸门全部关闭，共开启67天，总泄洪量12.34亿立方米，降低太湖水位0.5米。这是自1959年太浦河闸建成后第一次正式开闸泄洪。

7月6日，国务院副总理田纪云、国家水利部部长杨振怀、江苏省副省长凌启鸿、浙江省副省长许行贯和上海市副市长倪天增到太浦河节制闸察看水情，并在平望镇召开两省一市治水现场协调会。

7月9日下午，中共中央总书记江泽民、国务院副总理田纪云在国家民政部部长崔乃夫、国家水利部部长杨振怀、江苏省省委书记沈达人、江苏省省长陈焕友、南京军区司令员固辉等陪同下察看太浦河节制闸水情。

7月12日至8月31日，全县城乡群众自发、领导带头和单位捐赠救灾款139.09万元、粮票17.15万千克。

8月7日17时25分，七都、八都、震泽、青云和铜罗等地遭受龙卷风和特大暴雨袭击，房屋破损433间，死亡2人，伤62人，20多家工厂被淹。全县普降大雨，降雨量最大的北厍镇达125毫米。8月10日，江苏省省委书记沈达人、副书记曹鸿鸣、省人大常委会副主任张耀华到吴江县人民医院看望遭龙卷风袭击的受伤群众。

8月27日，浙江省湖州市政府副秘书长、市政府办公室主任赵振南率捐赠慰问团向吴江县捐赠抗灾水泥100吨。

9月16日，中央人民广播电台《新闻联播》节目播送评述《盛泽的启事》，介绍盛泽自力更生兴修水利的事迹。

12月28日，横跨太浦河的新芦墟大桥建成通车。大桥总跨度186.68米，全长194.16米，桥面总宽度11米。全国人大常委会副委员长费孝通为该桥题名。

1992 年

1月10日，吴江县环太湖公路庙港至横扇段通车。通车段公路全长9千米，路基宽10米，路面宽7米，桥梁负载净-7、汽-15、挂-80，总投资251万元。

2月17日，国家民政部发出民行批〔1992〕18号文《关于江苏省撤销吴江县设立吴江市的批复》，经国务院批准，同意撤销吴江县，设立吴江市（县级）。5月1日，吴江市水利局启用新印章。5月4日,吴江召开撤县设市成立大会。

3月,太湖流域管理局和国家水利部电力工业部上海勘测设计研究院编制完成《太湖环湖大堤可行性研究报告》。国家水利部水利水电规划设计总院和国家水利部计划司组织有关部门对《太湖环湖大堤可行性研究报告》进行审查。

4月10日,江苏省原副省长陈克天到吴江县了解太浦河防洪情况。

5月25日23时45分左右,坛丘、南麻2个乡16个村遭受冰雹和7~8级大风袭击,历时10分钟左右。3633亩油菜、75亩秧田和170亩桑树受到严重影响。

7月9日15时30分左右,八坼、同里、金家坝、北库、横扇等8个乡镇57个村遭到雷雨、龙卷风及冰雹袭击,风力8~9级,冰雹粒径如蚕豆大小,持续时间20分钟,直接经济损失500万元。

9月23日,19号热带风暴袭击吴江市,风力8级以上,雨量73.9毫米,正处灌浆期的3万亩水稻严重倒伏。

9月,国家水利部水利水电规划设计总院会同太湖流域管理局在无锡市召开《望虞河工程初步设计》及《太浦河工程初步设计》审查会。

10月29~30日,江苏省水利厅厅长孙龙等到吴江市,就在太浦河上建造黎里、芦墟公路桥,汾湖穿堤,新运河以西28.68千米护坡及芦墟以东南岸控制工程6项内容与吴江市进行协商。

11月16日,太浦河吴江市段举行开工典礼。这是继1958年、1978年两次动土后太浦河工程第三次在吴江境内开工。

12月16日,由吴江市科学技术委员会组织的纤维水泥土砂浆科技成果鉴定会在梅堰水利站召开。会上,专家们一致认为,纤维水泥土砂浆为国内首创,并具有推广应用价值,达到国内先进水平。该项成果通过鉴定。

1993 年

1月,国家水利部批准《太浦河工程初步设计》。

2月21日,以中国科学院学部主席团名誉主席武衡为团长的地学部调研咨询工作赴沿海地区调研组一行25人到吴江市考察太湖东部地区水网现状、防洪排涝措施和工农业发展情况。

3月22~27日,全市连续阴雨天,降雨量达132.5毫米,约有2万多亩夏熟作物受渍害。为此,市政府召开夏熟作物防渍抗灾紧急会议。

4月8日,国家交通部部长黄镇东到吴江市先后考察京杭大运河三里桥航段切角工程、318国道平南线平望段土方拓宽工程及十苏王线松陵至盛泽GBM工程。

4月,国家计划委员会批准《太湖环湖大堤工程可行性研究报告》。

7月18~21日,全市连遭特大雷雨袭击,平均降雨量在150毫米以上。震泽3小时降雨123毫米,盛泽水位3.96米,超过警戒水位46毫米。

8月2日,部分地区骤降暴雨。青云乡一天内连续下雨15小时,降雨量达203毫米,为历史上最高纪录。下午,盛泽镇在2.5小时内降雨148毫米,工厂、机关和部分民房进水。

8月17~20日,全市遭受今年入汛以来的第四次暴雨袭击,雨量普遍在100毫米以上,最多乡镇接近 200 毫米。全市直接经济损失 2.3 亿元。

8 月 20 日零时,根据防汛抗洪需要,吴江市境内主要航道开始实施断航,至 27 日 6 时通航。

8 月 22 日,江苏省副省长季允石到吴江市视察灾情。

8 月 24 日,全国人大常委会副委员长费孝通致电慰问吴江市人民的抗洪救灾工作。

8 月 25 日,国家水利部副部长周文智到吴江市察看汛情、灾情,慰问抗洪救灾第一线的干部群众。

8 月 28 日 7 时,太浦河节制闸开闸泄洪,泄洪量 70 立方米每秒;30 日 8 时,泄洪量增至 200 立方米每秒,至 9 月 22 日 7 时停止泄洪。9 月 28 日 12 时,太浦河节制闸再次开闸泄洪,泄洪量 100 立方米每秒,至 10 月 16 日 12 时停止泄洪。

8 月 29 日,江苏省军区政委、少将魏长安到吴江市了解防汛抗灾工作情况。

10 月 19 日,江苏省吨粮田建设领导小组考察黎里乌桥水稻丰产方。

1994 年

2 月 20~22 日,江苏省政府在吴江宾馆召开全省治理太湖工作会议。省政府副省长姜永荣、省委副书记曹洪鸣、省水利厅厅长孙龙分别在会上讲话。

4 月 17 日,参加华东七省市水利学会学术研讨会的代表在江苏省水利厅副厅长戴玉凯陪同下参观吴江市变压器厂、梅堰镇联合村等水利综合经营骨干企业和水利建设先进村。

5 月 9 日,太浦河汾湖、黎里、梅堰 3 座大桥初步设计论证会在松陵饭店召开。

5 月 26 日至 6 月 2 日,1994 全国水利企业家协会研讨会在吴都大酒店召开。中国水利企业家协会会长万里和副会长、秘书长、协会理事 60 余人出席会议。

6 月 13 日,国家水利部办公厅副主任郑连弟就吴江市水利综合经营和水利建设情况实地考察吴江市变压器厂、太浦河节制闸、梅堰水利站等单位。

7 月 25~26 日,国家水利部办公厅副主任顾浩就发展水利经济、水利建设资金筹集办法等到吴江市召开座谈会。

10 月 14 日,太浦河工程汾湖穿堤问题协调会在松陵饭店召开。国家计划委员会重点项目司处长高广通、国家水利部建设司处长杨积珍、太湖流域管理局副局长吴太来、江苏省治理太湖工程指挥部副指挥陈志祥等参与协调。

12 月 17 日,太湖流域治理工程杭嘉湖北排通道规划摸底会在吴江宾馆召开。国家水利部副部长张春元、国家水利部规划设计院副院长曾肇京、太湖流域管理局副局长吴太来、江苏省水利厅副厅长沈之毅、江苏省治理太湖工程指挥部副指挥陈茂满等参加会议。

1995 年

1 月 19 日,国家水利部副部长严克强就水利综合经营发展到吴江市座谈,并实地考察吴江变压器厂等单位。

3 月 4~6 日,吴江市水利局组织同里、屯村、松陵、北库、平望、八坼、坛丘、梅堰水利站和变压器厂、电力器材厂等单位赴上海参加中国华东进出口商品交易会。

3月28日,太浦河节制闸由吴江市水利局整体移交给太湖流域管理局。

4月13日,国家交通部副部长刘松金视察京杭运河吴江段及318国道平望运河大桥。

4月13~14日,新华社、人民日报、中央电视台联合记者组就治理太湖工程建设情况,在国家水利部办公厅处长郭允玲,太湖流域管理局徐建行、王正容,江苏省治理太湖工程指挥部陈志祥、曹正伟陪同下到吴江市采访。

5月18~19日,全国水利经济工作会议在吴江宾馆举行开幕式。国家水利部部长钮茂生、原副部长李伯宁、副部长朱登铨、部纪检组长李昌凡,国家计划委员会处长杨伟民,国家经济体制改革委员会副处长许向阳,江苏省副省长姜永荣,各省、市水利厅、国家水利部各直属机关单位负责人等出席会议。

5月29日,国家水利部副部长朱登铨在太湖流域管理局副局长王同生、江苏省治理太湖工程指挥部指挥陈茂满陪同下视察太浦河工程,并在吴江宾馆召开座谈会,研究浙江省汾湖穿堤工程、浦南补偿工程、太浦河工程等问题。

7月2日起,松陵镇连续降雨,8日最高水位4.19米。至11日,260.3公顷水稻田、82.3公顷桑地及25.1公顷蔬菜地受淹。

8月28日17时左右,南麻镇下庄、东庄、汤家等村遭龙卷风袭击,12户农户20间房屋受到损坏或倒塌,直接经济损失1万余元。

12月1日,坛丘大桥开工典礼举行。该桥由上海城建学院设计研究院设计,全长235.20米,主跨度85米,桥宽15米,总投资1000万元以上。

1996年

1月7日,国家交通部部长黄镇东、副部长刘锷一行10人到吴江市考察,察看318国道平望运河大桥。

1月12日,国家土地总局局长邹玉川,副局长李元、马克伟和在盛泽参加全国土地管理工作座谈会的代表察看吴江市十苏王公路沿线土地复垦、平八农业示范区、太浦河疏浚排泥场整治及北库汾湖农田基本建设现场。

1月20日,国家水利部副部长严克强、国家计划委员会联合调研组一行12人对吴江市治理太湖工程进行视察。

2月7日,《人民日报》二版刊登《吴江经济发展更重视水利建设》的经验性文章。

3月6日,江苏省委常委、副省长、苏州市委书记杨晓堂考察苏州市农业领导工程——吴江平八示范区。

3月9~11日,江苏省爱国卫生委员会办公室农村自来水普及县(市)考核组采取随机抽样的方法,对桃源、震泽、黎里、北库、同里5个镇15个村的镇村水厂及农民饮用自来水情况作实地考核和检查,认为吴江市达到全国爱国卫生委员会规定的农村自来水普及县(市)规定标准。

5月29日,吴江市被国家水利部表彰为"全国水利经济十强县"。

7月4日上午,江苏省委常委、副省长、苏州市委书记杨晓堂赴桃源镇视察水情。

7月10日,江苏省省委副书记、省长郑斯林到吴江市视察水情。

7月16日,国家农业部副部长刘成果率在沪参加全国农业厅局长会议的80多名代表对吴江市北厍汾湖农业综合开发区、梅堰纸箱厂、中国华鑫集团、吴江市平八示范区等地进行考察。

7月18日18时30分左右,吴江市沿太湖的七都、八都、庙港、震泽、横扇、菀坪、松陵等乡(镇)和东太湖联合水产养殖总场遭受突发性暴雨和飓风袭击。共有140户住宅受淹,房屋损坏94间,倒塌42间,农田受淹5642亩,受淹企业21家,因建筑工地工棚倒塌致伤10人,直接经济损失1128万元。

7月20~21日,江苏省委委员、《新华日报》社社长刘向东一行4人在吴江市平八示范区、八都、七都、芦墟等地考察。

8月28日,江苏省人大常委会副主任、苏州市人大常委会主任王敏生率领苏州市人大常委会组成人员和部分人大代表到吴江市视察京杭大运河整治和318国道吴江段改建工程。

11月1日,吴江市平八农业示范区被列入省级农业科技示范园区。

12月9日,国家环保局副局长王扬祖到吴江市检查工作,实地察看日处理1.5万吨联合污水处理厂建设和太湖庙港镇段水质。

12月12日,吴江市水利局更名为吴江市水利农机局。

1997 年

2月20日,《吴江市地下水资源调查评价报告》通过江苏省水利厅评审验收。

3月22日,吴江市纪念第五届"世界水日"和第十届"中国水周"大型座谈会在松陵饭店召开。

5月12日18时左右,同里、八坼、屯村、金家坝等镇遭受冰雹、暴雨袭击,直接经济损失1000多万元。

5月16日,中共吴江市水利农机局党委、纪委召开成立大会。

8月18~19日,11号强台风袭击吴江,全市直接经济损失约3500万元,但无人员伤亡。全国人大常委会副委员长费孝通来电,了解吴江市受台风影响的受灾情况,并对全市干部群众表示慰问。日本国内滩町町长岩本秀雄、国务院研究室赵龙跃和国防大学有关领导分别发传真或致电表示慰问。

8月28~29日,国家交通部副部长李居昌率队考察苏南运河吴江市段,先后实地察看三里桥切角工程、平望草荡口至坛丘鸭嘴坝等地。江苏省副省长王荣炳等陪同考察。

10月6日,跨越京杭大运河平望新开河段的平望新运河大桥南半桥顺利合龙。该桥全长604.88米,主跨径为80米,次跨径为东西各35米,桥宽25米,工程总造价2489万元。

10月6日,以中国工程院院士刘济舟为组长的国家交通部专家组考察评议吴江市京杭运河整治工程。

12月8日,吴江市政府吴政发〔1997〕160号《关于全面开展河道整治工作的意见》出台。

1998 年

1月6日,国务院办公厅《信息参考》以《吴江市全面疏浚河道一举三得》为题,介绍吴江市开展保护河道、整治环境所取得的成就。

2月13日,根据国家防汛抗旱总指挥部、太湖流域管理局指示,太浦河节制闸自即日起开闸泄洪。

3月6日,吴江市水利农机局获"全国水利经济突出贡献奖""江苏省水利先进单位""江苏省水政水资源管理工作先进单位"等称号。

3月30日,新华日报社记者一行4人在江苏省水利厅副厅长徐俊仁等陪同下视察太浦河节制闸并听取吴江市水利农机局有关情况汇报。

4月15日,中共中央政治局常委、全国人大常委会委员长李鹏和夫人朱琳,全国人大教科文卫委员会主任朱开轩,法律委员会主任王维澄一行在江苏省委书记陈焕友、省长郑斯林等陪同下到吴江市调研,并实地考察八坼农创村土地复垦、汾湖冲泥复垦等现场。

6月11日,国家水利部党校调研组一行11人到吴江,就水利产业化进程和水利企业改革改制等进行考察。

7月21~22日,以江苏省水利厅水政水资源处处长洪国增任组长的省地下水资源管理检查组对吴江下半年地下水开采管理情况进行检查,并实地检查36眼深井。

7月22日14时起,吴江市遭受暴雨袭击,金家坝、北厍、八坼、同里、莘塔、屯村、松陵等普降大到暴雨,其中北厍一小时的降雨达120.6毫米,为历史罕见。暴雨造成5个镇的22条街道长5.4千米路面积水,水深20~50厘米,181户居民住宅进水,2家农贸市场进水,房屋受损32户50间,倒坍旧房2间、猪棚45间、围墙230米,倾倒低压线路16档长1000米,1台50千伏变压器因雷击受损,直接经济损失250万元。

7月30日,太湖平均水位3.51米。太湖流域管理局遵照国家防汛抗旱总指挥部批准的《1998年太湖流域洪水调度方案》,命令太浦闸中午12时开闸泄洪,29孔闸门全部打开。至8月8日中午12时全部关闭。

8月21日,吴江市城市防洪排涝规划方案论证会在市水利局召开。

9月28日8时,太湖平均水位3.56米,平望水位3.14米。从18时起,太浦闸开闸泄洪,下泄量150立方米每秒。

11月6~7日,上海市河道管理处工作会议在吴江市召开。上海市所辖县、区河道管理单位领导听取吴江河道疏浚情况介绍并实地参观河道疏浚现场。

11月18~19日,国家水利部水资源水文司副司长张德尧在江苏省水利厅水政处处长洪国增、苏州市水利农机局局长戚冠华等陪同下到吴江听取吴江市《强化管理力度,切实管好地下水资源》专题汇报,并实地检查吴江市水资源管理工作。

12月3~4日,"东太湖防洪、资源与环境学术研讨会"在吴江市召开。

1999 年

1月17日,湖北省武汉市农机管理办公室主任马道珊率各直属县(区)农机局长一行12人考察吴江市农业机械化和河道清淤机械。

2月1日,江苏省农机推广总站、吴江市农机研究所与芦墟农机厂联合研制成功的"液压抓斗自航式河道清淤机"通过江苏省农机局、苏州市水利农机局和航道管理处等单位组织的科技成果项目鉴定和小批量生产技术鉴定。

4月4~5日,国家水利部办公厅副主任周学文一行4人就吴江市水利对社会、经济的贡献和水利发展的现状与差距等进行调研。

6月7日,全市降大到暴雨。至7月19日,全市平均梅雨量达771.2毫米,为历史最大纪录。汛期,境内23个乡镇全部超过历史最高水位,浦南与浙江交界乡镇均在5米以上,其中桃源镇5.22米(均为未修正水位),破历史最高水位。据不完全统计,全市直接经济损失5.08亿元。

6月30日,江苏省副省长姜永荣到吴江检查防汛抗灾工作。同日,江苏省防汛抗旱指挥部紧急从省抗排队(动力灌溉二处)调运20台套抗排机支援吴江市突击排涝。7月4日,又增调40台套。至8月3日,省抗排队才撤回南京六合。

7月1~4日,中国科学院在吴江市建立GPS①地面沉降监测系统,设置松陵、同里、莘塔、平望、横扇、太浦闸、七都、震泽、桃源、盛泽10个监测点。

7月8日8时,太湖水位平均达5.07米,超历史最高水位0.28米。太浦闸于8时开启泄洪。

7月9日上午,中共中央政治局委员、国务院副总理、国家防汛抗旱总指挥部总指挥温家宝代表党中央、国务院到吴江市检查部署防汛抗洪工作,要求全市人民振奋精神、坚定信心,人在堤在,确保太湖大堤和人民生命财产安全,战胜洪涝灾害。

8月23日,吴江市委、市政府在红旗电影院召开吴江市1999年抗洪抢险表彰暨兴修水利动员大会。全市69个先进集体和145名先进个人受表彰。

10月10日,松陵镇区大包围工程主体建筑物(西塘港排涝站18立方米每秒、东城河闸站10立方米每秒+8米套闸)设计技术论证会在吴江宾馆召开。

2000 年

1月12日,中央电视台一行3人就依法进行河道疏浚现场采访吴江市副市长沈荣泉,并实地拍摄松陵镇区大包围堤防土方工程。

4月10日,江苏省委常委、苏州市委书记梁保华视察松陵城区大包围、环太湖大堤土方工程。

8月23日,苏州市环太湖大堤应急加固土方工程验收会在吴江市召开。

9月15日,京杭运河七星桥段一挂机船被撞沉,5人死亡。

10月17日,撤销八坼、坛丘水利站和农机站,原有职能分别并入松陵、盛泽水利站和农机站,同时办理移交手续。

11月7~10日,北排应急工程章湾圩桥、新雪湖机耕桥通过验收,并移交当地政府。

12月16日,江苏省水利厅厅长黄莉新检查吴江市冬春水利,并实地察看盛泽、南麻等地水利现场。

12月20~21日,上海市人大常委会副主任孙贵璋率领在沪的全国人大代表到吴江市考察太湖流域治水工程。

---

① GPS:即英文Global Positioning System(全球定位系统)的简称。

12月26日,太浦河泵站工程在吴江市太浦河节制闸南侧动工。2004年8月,通过单项工程竣工验收。国家水利部副部长张基尧,上海市委常委、副市长韩正,江苏省副省长姜永荣等出席开工典礼。工程概算总投资2.82亿元。同日,国家水利部副部长张基尧在江苏省副省长姜永荣等陪同下视察吴江治理太湖工程,并实地察看环太湖大堤菀坪戗港段。

2001 年

3月22日,吴江市水政监察大队下属8个中队成立。

5月23日,国家水利部建设与管理司副司长周学文考察吴江市水利建设。

6月1日,江苏省水利厅质检中心、苏州市水利工程建设质监站等对大浦口水利枢纽工程进行总体质检,总体评定为优良工程。

6月22日,江苏省水利厅副厅长陶长生率省政府苏锡常地区地下水封井工作督查组对吴江市地下水禁采封井工作进行督查。

10月,国家水利部电力工业部上海勘测设计研究院编制完成《东茭嘴至太浦河闸上引河疏浚工程初步设计报告》。

11月22日零时,浙江省嘉兴市沉船筑坝,封堵江浙界河清溪塘,起因是吴江市盛泽地区印染污水进入嘉兴地区。23~24日,在党中央、国务院领导朱镕基、尉建行、温家宝等直接关心下,国家水利部党组成员、国家防汛抗旱总指挥部秘书长鄂竟平,国家环境保护总局副局长等前往嘉兴市传达中央领导指示精神,并会同江苏、浙江方面协商处理清溪塘封堵事件。国家水利部、国家环境保护总局和江苏省、浙江省共同签署《江苏苏州与浙江嘉兴边界水污染和水事矛盾的协调意见》。12月14日,清溪塘堵坝基本拆除。

12月3日,太湖流域管理局副局长叶寿仁等到吴江,就《江苏苏州与浙江嘉兴边界水污染和水事矛盾的协调意见》落实情况进行检查督促。

2002 年

1月11~13日,江苏省水利厅,苏州市科技局、水利局和有关科研院校组成专家组,对吴江市QW120A型悬挂抓斗式清污机的研制应用进行鉴定验收。

3月2日,国家防汛抗旱指挥部办公室副主任田以堂检查吴江流域工程防汛准备工作,并实地检查平望水文站、太浦河节制闸。

3月20日,国家水利部副部长索丽生考察太湖流域引江济太调水工程,并实地察看太浦河节制闸。

4月27日,国家水利部党组成员、国家防汛抗旱总指挥部秘书长鄂竟平检查太湖流域工程安全度汛准备工作,并实地检查瓜泾口水利枢纽。

6月28日,吴江市区域供水一期工程在庙港镇联强村举行开工仪式,总投资7.1亿元。2005年2月5日,区域供水工程净水厂落成,水质达到国家二类标准。北线的松陵、横扇两镇率先供水。8月8日,区域供水一期工程全线通水。2006年12月8日,总投资5.5亿元的区域供水二期工程开工。2008年6月30日供水。2011年1月5日,总投资9亿元的市区区域供水第二水厂(一期)工程举行奠基仪式。净水厂位于松陵镇南库村。

7月1日，南京军区司令员、上将梁光烈一行15人检查太湖流域防汛工作。

7月4日，江苏省水利厅在吴江召开《吴江市区域供水工程水资源论证报告书》审查会。

7月19日，江苏省国土资源厅副厅长刘聪率省政府苏锡常地区地下水禁采封井督查组检查吴江市上半年禁采封井工作，并实地察看松陵、平望、盛泽三镇封井现场，抽查地下水开采。

8月24日18时，特大暴风雨袭击吴江市，市气象站测得瞬时最大风速32.9米每秒，相当于12级风力，为境内有记录最大风速，对全市造成较大影响。据不完全统计，全市雷击死亡1人，损坏农房1497间，倒坍房屋442间，造成供电中断60多条次，直接经济损失4300万元。

8月26日，国家水利部黄河水利委员会、太湖流域管理局、浙江省水利厅、江苏省水利厅联合组成太湖流域河道管理范围内建设项目管理调研组到吴江调研。

9月，国家水利部批复《东茭嘴至太浦河闸上引河疏浚工程初步设计报告》，在治理太湖骨干工程建设的同时，同步实施东茭嘴至太浦河闸上引河疏浚工程，将其列为治理太湖的第12项骨干工程。

10月11~12日，《倪家路、杨家荡老垦区调整利用洪水影响分析》审查会在吴江宾馆召开。

2003 年

1月17~18日，江苏省水利厅组织的全省2002年度苏、锡、常地下水禁采封井验收工作小组一行3人分别抽查松陵、平望、盛泽、八都、庙港5个乡镇的16眼封井现场。

2月25日，吴江市政府在桃源镇召开全市河道长效管理工作会议，下发《关于全市农村河道长效管理的实施意见》和考核细则。

2月27日，河海大学国际工商管理学院一行4人在太湖流域管理局有关人员陪同下到吴江市，对《太湖管理条例》的起草情况进行实地调研。

2月28日，在连云港召开的江苏省水利学会理事扩大会暨总结表彰大会上，吴江市水利学会被表彰为"先进县（市）级学会"。

3月31日，太湖流域管理局东茭嘴疏浚工程建设管理处与吴江市庙港镇人民政府签订《东茭嘴疏浚工程挖压拆迁委托协议书》，市水利局派员参加。

4月11日，为确保全面清除东太湖圈圩养殖，苏州市防汛防旱指挥部、江苏省太湖渔管会联合发出通告，要求各圈圩养殖户于4月20日前自行拆除。

4月18日，苏州市农村河道长效管理现场会议在吴江市召开，会议组织与会领导参观金家坝、芦墟等地的河道长效管理现场，吴江市在会上作交流。

8月17日，国家水利部建设与管理司司长周学文、国家水利部太湖流域管理局局长孙继昌等到吴江市调研。

10月30日，参加全国水利信息化工作会议暨国家防汛防旱指挥系统工程建设工作会议的代表一行80多人在国家水利部副部长索丽生、鄂竟平的率领下到吴江市考察水利工程，实地参观太浦河泵站、太浦闸和环太湖大堤戗港段。

2004 年

2月6日，国家水利部副部长陈雷等在江苏省水利厅副厅长徐俊仁、太湖流域管理局局长孙继昌、上海水务局局长张嘉毅陪同下到吴江市调研,并实地察看太浦河节制闸和太浦河泵站等工程。

5月18日,国家防汛抗旱总指挥部成员、国家财政部副部长廖晓军率由中共中央宣传部、国家财政部、国家民航总局、国家防汛抗旱总指挥部办公室、太湖流域管理局等单位参加的国家防汛抗旱总指挥部太湖流域防汛检查组到吴江市检查太湖流域防汛工作。

5月25日,江苏省委常委、苏州市委书记王珉到吴江市实地察看运东开发区淞南泵站、环太湖瓜泾口水利枢纽、外苏州河段大堤等工程,要求全力以赴做好各项防汛抗灾准备。

8月4日,太湖流域管理局局长孙继昌、副局长吴浩云、副总工程师朱威在盛泽镇察看边界流域水资源质量状况,研究保障供水安全。

9月9日,以江苏省水利厅副厅长陆桂华为组长的省政府苏锡常地区地下水禁采封井工作督查组到吴江市检查2004年度地下水禁采封井工作,并对下阶段工作提出要求。

9月14日,苏州市人大常委会主任周福元率市人大视察团一行数十人就《苏州市河道管理条例》立法到吴江市调研,并实地察看瓜泾口水利枢纽工程、河道长效管理现场、西塘河整治工程、长湖申线(頔塘)整治工程、东太湖围网养殖等。

9月18日,国家水利部办公厅部长办公室副主任陈茂山一行3人对吴江市基层水利建设情况进行调研。

11月24~25日,国家水利部农村水利司助理巡视员吴守信到吴江市考察。

12月3日,国家防汛抗旱总指挥部一行4人检查吴江市环太湖大堤工程。

12月25日,在苏州参加全国水利厅局长会议的代表一行30余人在国家水利部建管司司长周学文陪同下到吴江市参观考察,并参观吴江经济开发区外商投资企业。

2005年

1月13日,由江苏省水利厅、建设厅等单位组织的地下水禁采封井检查组对吴江市2004年禁采封井工作进行考核,并实地检查同里镇屯村社区封井堵埋现场。

2月4日,太湖流域管理局在吴江宾馆举行《苏同黎公路太浦河特大桥防洪影响评价报告》专家评审会。

2月5日,吴江市区域供水工程净水厂落成暨北线通水仪式在净水厂举行。

4月29日,太湖流域管理局在上海召开四项边界工程包括杭嘉湖北排工程移民安置后评价工作会议。

4月29~30日,上海市水务局太湖流域工程管理处主任樊洪根一行4人到吴江市,就太浦河泵站有关事宜与吴江市水利局、七都镇政府进行协商调解。

6月15~18日,江苏省审计厅到吴江市,对利用省级以下资金项目(杭嘉湖北排通道工程、环太湖大堤工程等)的资金使用情况、项目管理情况进行工程审计。

6月22日15时30分左右,七都镇永享铝业、东方铝业及长桥村、丰田村等遭遇短时龙卷风袭击,造成12名职工受伤,其中3名重伤,数间车间屋顶1.2万平方米和30余间农房、铺房受损。

7月14日,吴江市水利系统第一批车改单位公务用车13辆移交市车改办。8月12日,又移交 26 辆。

8月5~8日,第9号台风"麦莎"影响吴江市,造成直接经济损失 2.67 亿元。

9月6~7日,吴江市政府组织相关部门对全市上半年度河道长效管理工作进行检查考核。经综合评比,松陵、盛泽、黎里、震泽四镇分获一等奖。

11月6日,《吴江市水资源开发利用与保护规划》通过专家组评审。

11月16日,江苏省人大常委会副主任洪锦炘率《关于在苏锡常地区限期禁止开采地下水的决定》执法检查组对吴江市封井任务完成情况、特种行业保留的深井地下水开采情况、区域供水工程管网建设延伸情况开展执法检查。

11月9日,浙江省台州地区党政代表团到吴江市考察调研河道长效保洁管理。

11月25日,垂虹桥遗址东端修缮及水环境整治工程通过江苏省文物保护专家组验收。

12月30日,由中国市政工程中南设计院编制的《吴江市盛泽城区防洪排涝工程专项规划》通过由苏州市水利局,江苏省太湖设计院,吴江市发展改革委员会、建设局、水利局和盛泽镇政府等组织的专家技术审查。

2006 年

1月13日,江苏省水利厅村庄河道疏浚督查组组长赵日平等到吴江市检查,并实地察看芦墟镇干港疏浚现场。

2月16~17日,吴江市实施的太浦河工程征、占、拆和移民安置工作通过太湖流域管理局验收。

21日,太湖流域管理局水政监察总队、江苏省水利厅水政监察总队、苏州市水政监察支队派员查处吴江市生态渔业有限公司违法兴建东太湖度假村。

3月13日,国家水利部水利发展研究中心副书记陈大勇和太湖流域管理局、江苏省水利厅有关负责人到吴江市调研《太湖管理条例》立法研究项目。

3月25日~4月4日,太浦河工程通过国家水利部、江苏省、浙江省、上海市政府共同组成的验收组验收。同时竣工验收的还有望虞河工程。

4月2日,江苏省水利厅厅长昌振霖到吴江市考察,听取农村村庄河道疏浚、东太湖综合整治规划、盛泽镇水利及水资源综合整治工程情况汇报,实地检查瓜泾口水利枢纽、西塘港泵站、南厍及安湖村河道疏浚现场。

6月1日,苏州市委副书记、市长阎立一行察看环太湖大堤瓜泾口水利枢纽等工程,部署防汛抗灾工作。

7月4~6日,国家水利部水利工程质量监督站太湖流域分站会同江苏省水利工程质量监督中心站、苏州市水利建设工程质量监督站对杭嘉湖北排通道(江苏段)进行单位工程质量评定,39个单位工程中优良 25 个,合格 14 个。

7月18~19日,江苏省水利厅原副厅长蒋传丰一行实地踏勘太浦河水域占用项目及环太湖草港取土项目现场。

8月23日,吴江市水利局组织制订的《吴江市生活饮用水保护实施细则》(试行)经市政府第41次常务会议通过。

9月27日，吴江市水利局印发《关于建立吴江市水利志续编委员会的通知》，编委会主任姚雪球，副主任金红珍，办公室主任彭海志。《吴江市水利志》开始启动。同日，上海勘测设计研究院在吴江市通报《东太湖综合整治规划总体布局方案》。

10月13日，国家水利部规计司司长周学文一行到吴江市听取东太湖综合整治规划情况汇报。

10月30日，吴江市获国家建设部颁发"2006年中国人居环境奖"（水环境治理优秀范例城市）。

10月28日，太浦河泵站水质监测站工程项目开工典礼在横扇镇叶家港村举行。

2007 年

1月1~2日，太湖流域管理局会同上海市水务局在吴江市召开东茭嘴至太浦河闸上引河段疏浚工程竣工验收会议。

1月14日，太湖流域管理局在吴江市召开吴江城市南北快速干线工程太浦河大桥防洪影响评价报告评审会。

4月21日，环太湖大堤（江苏段）工程档案资料通过太湖流域管理局、江苏省水利厅、江苏省档案局联合验收组验收。

5月17日，杭嘉湖北排通道工程通过太湖流域管理局、江苏省水利厅、苏州市水利局总体质量监督评定，工程总体质量优良。国家水利部党组成员、中共中央纪律检查委员会驻国家水利部纪检组长张印忠率国家防汛抗旱总指挥部太湖流域防汛抗旱检查组到吴江市检查。江苏省副省长黄莉新到吴江市听取吴江市东太湖综合整治工作情况汇报。

10月7日，第16号台风"罗莎"影响吴江，风力7~8级，水面阵风9级，全市降大到暴雨，最大降雨量芦墟站143毫米。

10月11~14日，国家水利部、国家水利部规划设计总院、太湖流域管理局、上海勘测设计研究院，江苏省水利厅、环保厅、海洋与渔业局、太湖渔管会，苏州市政府，吴中区、吴江市政府等部门在吴江市就《东太湖综合整治规划报告》召开审查会议。

10月24日，《吴江市城南污水处理厂排污口设置论证报告书》通过江苏省水利厅、河海大学、江苏省节约用水办公室、江苏省水利勘测设计研究院有限责任公司、南京排水管理处、苏州市水务局等单位组成的专家组审查。

2008 年

2月1~2日，全市降雪量16.2毫米，积雪深度24厘米，创境内有记载气象纪录。

3月10日，东太湖综合治理项目规划得到国家水利部和江苏省政府联合批准，并被纳入太湖流域水污染治理总体方案，工程内容主要包括退鱼还湖、退垦还湖、洪道疏浚和生态修复。

4月11日，吴江市城南污水处理厂举行开工仪式。

6月18日，江苏省委副书记、省长罗志军就东太湖综合治理等情况到吴江市调研。

7月3日，太湖流域管理局、江苏省水利厅领导到吴江市协商杭嘉湖北排通道工程审计事宜。

7月15日,吴江市完成第一次全国污染源普查工作。全市共查明污染源16130个。

8月14日,《轨道式牵引过闸设施工程的研究和应用》《泵站集群智能管理系统的研究和应用》项目通过江苏省水利厅、苏州市科技局、吴江市科技局等单位组织的科技项目成果鉴定。

8月14~15日,江苏省水利厅农村村庄河道疏浚整治工程验收组到吴江市检查。

10月15日,东太湖围网整治工程会议召开。2009年3月,围网整治工作全面完成,围垦区养殖面积动迁1.2万多亩。

10月21~24日,杭嘉湖北排通道工程(江苏段)通过太湖流域管理局主持的竣工验收。

10月,根据《吴江市乡镇机构改革实施意见》,撤销原有各水利站,按调整后的行政区划重新设立水利站。

11月5日,太湖流域管理局在吴江市主持《230省道东太湖干线公路工程防洪评价报告》评审会。

11月6日,太湖流域管理局、江苏省水利厅、苏州市水利局联合检查太浦河涉水桥梁工程项目。

12月18日,《吴江市环湖大堤(一期)初步设计报告》由上海勘测设计研究院编制完成。

2009 年

2月25~28日,国家水利部水利水电规划设计总院会同太湖流域管理局在北京召开会议,《东太湖综合整治工程可行性研究报告》通过审查。

2月27日,江苏省水利厅副厅长陆桂华一行到吴江市调研节水减排工作,并考察盛虹集团废水处理回收利用工程现场。

4月10日,吴江市启动东太湖综合治理工程。5.9万亩东太湖围网养殖面积缩减至1.9万亩,3.79万亩围垦面积退垦2.77万亩,疏浚19.7千米行洪主通道和13.6千米行洪支通道,进行滨湖湿地生态修复。

4月20日,国家水利部部长陈雷在江苏省委常委、副省长黄莉新,省水利厅厅长吕振霖等陪同下考察吴江市东太湖综合整治及防汛工作。

5月6~15日,吴江市水利局配合苏州市水政监察支队对同里镇擅自填湖建设同里湖游船码头案、平望韩帮汽车销售服务有限公司在东下沙荡擅自填湖造地案和苏州伟盛置业有限公司在西下沙荡擅自占用水域案进行立案查处。

5月8日,吴江市东太湖第一口地热温泉成井出水,喷水温度46℃,单井流水量超过360吨每日。温泉位于苏震桃公路边,距环太湖大堤200米。

5月12日,吴江市深层地下水监测站网调整完毕。

6月22~28日,吴江市防汛防旱指挥部、市人武部、市级机关党工委等单位在太浦河节制闸举行2009年度防汛抢险演练。

7月16日,江苏省水利厅副厅长张小马率省委农办、省财政厅、水利厅等部门组成的农村村庄河道疏浚验收组对吴江市2003年后实施的农村村庄河道疏浚进行省级整体验收,最终评定为优秀等级。

9月14日,太湖流域管理局水政监察总队对苏同黎公路吴江市段太浦河大桥整改措施落实情况进行检查。

10月15日,长江流域管理委员会有关领导和专家到吴江检查指导工作。

10月22日,江苏省水土保持评估座谈会在吴江市同里湖度假村召开。

11月15日,国务院法制办公室立法调研组在江苏省水利厅领导的陪同下到吴江市调研。

12月31日,太湖流域管理局在吴江宾馆主持召开《吴江市东太湖应急备用水源地可行性研究报告》专家评审会。2010年2月22日,该报告获吴江市发改委批复同意。3月19日,《吴江市东太湖应急备用水源地建设项目环境影响报告表》获吴江市环保局批复同意。该报告表由南京智方环保工程有限公司编制。8月16日,该项目通过太湖流域管理局涉水项目审批。12月29日,该工程举行开工典礼。2013年1月31日,该工程通过水下阶段验收。12月25日,召开该工程竣工验收会。

2010 年

2月26日,上海水务信息中心到吴江市调研水利信息化"十二五"规划事宜,并签定规划编制协议。9月28日,《吴江市水利信息化"十二五"规划》通过由苏州市水利局、吴江市发改委、吴江市信息中心、吴江市财政局、上海水务信息中心等单位组成的专家评审团评审。

3月8日,《东太湖综合整治工程可行性研究报告》获得国家发展和改革委员会批复同意。该项目总投资45亿元(吴江市和吴中区各占一半左右),其中中央预算内投资定额补助6.75亿元,江苏省在"太湖治理专项资金"中安排补助3.7亿元。这是吴江治水历史上最大的水利工程项目,也是获得国家和省级补助最大的水利项目。

3月9日,苏州市水利局在吴江市召开"230省道太湖大堤验收会"。

3月25日,太湖流域管理局在苏州举办"一湖两河"①乡镇长培训班,吴江松陵、横扇、七都、平望、汾湖分管镇长和市水利局领导及相关部门科室负责人参加培训。

5月27日,吴江市召开第一次全国水利普查动员会。副市长、吴江市第一次全国水利普查领导小组组长沈金明出席会议并讲话,吴江市第一次全国水利普查领导小组成员单位分管领导、各镇(区)分管领导、市水利局中层正职以上干部、局属单位负责人和水利普查工作人员参加会议。2012年6月1日,组织召开吴江市第一次全国水利普查成果审定及技术验收会议。

6月24~30日,河海大学湖泊保护规划小组赴汾湖、震泽、横扇、同里、盛泽、七都、平望等乡镇进行湖泊保护和开发利用调研活动。

7月4~5日,全市遭遇入梅后最大强降雨,两天最大降雨点松陵水利站179.6毫米,造成城区部分小区及路段积水。

9月25~27日,吴江市水利局完成江苏省水利厅地理信息系统吴江市水利要素的校核工作,包括主要骨干河道、太浦河和太湖大堤沿线闸站、5000亩以上的联圩、省管湖泊等。

10月13日,《吴江市东太湖(三船路港—牛腰泾)生态清淤工程方案设计报告》获太湖流域管理局专家组评审通过。

11月19日,《江苏省水资源管理信息化一期工程吴江市实施方案》获省专家评审会通过,

---

① "一湖两河":指太湖和望虞河、太浦河。

成为吴江市水资源管理信息化建设依据。

11月28日,《吴江市水资源综合规划》获省专家评审会通过。

2011 年

2月22日,在江苏省水行政执法暨河道采砂管理工作会议上,吴江市水利局选送的《江苏鹰翔化纤股份有限公司擅自围湖造地案》案卷被评为全省水行政处罚"优秀案卷"。

3月22日,《吴江市水利"十二五"规划》(初稿)编制完成。

3月31日,《吴江市湖泊保护与开发利用规划》征求意见座谈会召开,市政府副市长沈金明及水利、农委、规划、国土、农办、发改委、交通、旅游等部门相关人员参加会议。7月18日,《吴江市湖泊保护与开发利用规划》通过苏州市水利局专家评审。

3月,《关于加快推进水利现代化建设的意见》(征求意见稿)完成。

5月10日,《吴江市2011年小型农田水利重点县实施方案》编制完成。6月7日,获得苏州市水利局批准。

7月5日,江苏省水利厅副厅长张小马一行视察吴江市小型农田水利重点县工程。

7月13~14日,江苏省水利厅副厅长陶长生一行3人到吴江调研河湖管理工作。

7月18日,河海大学水文水资源学院与吴江市水利局在横扇水利站举行共建教学实践就业基地签约仪式。河海大学水文水资源学院副书记孔祥冬、博士生导师崔广柏、吴江市水利局局长李建坤、横扇镇党委书记杨志荣等出席签约仪式并为基地揭牌。

7月29~30日,国家水利部发展研究中心副主任王冠军一行4人就深化小型水利工程产权制度改革到吴江市调研。

8月7日,全国人大重点建议办理调研组就农村河道综合整治情况到吴江市进行专题调研。

8月22~23日,河海大学水利学院《吴江市农村河道综合整治规划(2011~2020年)》编制小组就吴江各镇区农村河道情况进行实地调研。

9月21日,吴江市三船路港治理工程完工。12月24日,通过江苏省水利厅竣工验收。

10月14~15日,国家水利部政策法规司司长赵伟率领《河道管理条例》修订立法调研组一行6人到到吴江调研。

10月21日,"吴江市地下水应急供水及监测"项目获水文地质勘探专家验收通过。

10月29日,吴江东太湖大桥建成通车。吴江东太湖大桥北连苏州市,南接吴江市滨湖新城,全长2602米,总投资2.3亿元,是230省道的一座特大型桥梁。2013年8月,吴江东太湖大桥更名为太湖苏州湾大桥。

11月25日,全国政协副主席阿不来提·阿不都热西提率全国政协无党派人士界委员就太湖流域水环境状况和水污染综合治理情况到吴江市视察。

12月16日,国家防汛抗旱总指挥部办公室副主任张旭一行在江苏省水利厅副厅长陶长生等陪同下就抗旱物资设备和抗旱服务组织情况到吴江市检查。

12月23日,参加江苏省水利工作会议的代表一行250余人,在江苏省水利厅厅长吕振霖带领下实地考察吴江市水利建设。

2012 年

3 月 13 日,吴江市水利局会同扬州大学讨论编制《吴江市水利现代化实施方案》。

3 月 15 日,吴江市水利局、环保局联合召开全市入河排污口复核及监测工作交流座谈会。会议明确水利部门对入河排污口(日排放污水量超过 300 吨或年排放量超过 10 万吨)每年进行两次监测,并将监测数据和环保监测数据共享,提高全市入河排污口的监管力度。

4 月 21 日,青海省海南藏族自治州水利局局长丁瑞毅一行 10 人在江苏省水利厅人事处副处长尹宏伟等领导陪同下到吴江市考察水利工作。

4 月 21 日,举办太湖水利同知衙门修复工程及古镇北入口综合改造工程启动仪式。

5 月 29 日,"吴江市水利电子地理信息化管理系统"和"吴江市防汛指挥决策支持系统"两个项目通过完工验收。

6 月 5 日,上海市政协人口与资源环境建设委员会一行 15 人在太湖流域管理局领导陪同下视察太浦河闸和东太湖综合整治工程。

6 月 14 日,吴江市东太湖水源地智能监测系统 3 个监测点建设完成,并投入试运行。

6 月 19 日,《吴江市水利现代化纲要》编制完成。11 月 9 日,《吴江区水利现代化规划》通过由苏州市水利局组织的技术审查。

7 月 10 日,《吴江市东太湖水源地保护工程可行性研究报告》获专家审查通过。10 月 19 日,《东太湖水源地保护工程(一期)初步设计》通过专家评审。

7 月 11 日,江苏省水利厅专项执法督查组就"深化水资源专项执法检查""保护水文监测环境及设施""防汛清障"等专项执法工作到吴江市督查。

7 月 19 日,南京军区副司令员王教成一行到吴江市视察防汛工作。江苏省委常委、省军区政委李笃信,省水利厅厅长吕振霖等陪同视察。

7 月 24 日,《吴江市 2013~2015 年农村河道轮浚规划》获专家评审通过。

8 月 8 日,江苏省委副书记、省长、太湖流域防汛抗旱总指挥部总指挥李学勇率工作组到吴江市督查指导防汛抗台风工作。

10 月 14 日,《吴江市中小河流治理重点县综合整治试点规划》通过江苏省水利厅、财政厅专家审查。2013 年 2 月 4 日,该项目实施方案编制完成并报送江苏省水利厅。

10 月 29 日,苏州市吴江撤市设区大会在吴江区召开。苏州市四套班子主要领导为"中国共产党苏州市吴江区委员会""苏州市吴江区人民代表大会常务委员会""苏州市吴江区人民政府"和"中国人民政治协商会议苏州市吴江区委员会"揭牌。同日,国家水利部水利现代化试点调研座谈会在吴江市召开。

11 月 8~10 日,国家水利部水利水电规划设计总院在吴江区召开《太浦闸除险加固工程设置套闸变更设计报告》审查会,太湖流域管理局、江苏省水利厅、浙江省水利厅、上海市水务局、苏州市水利局、吴江区人民政府和水利局派分管领导和相关人员参加审查会。

2013 年

2 月 26~27 日,吴江区 2013 年河湖长效管理考核计划编制完成。

3月18日,苏州市水利局在吴江主持召开吴江区2012年度中央财政小型农田水利重点县项目工程水下验收会议。6月3日,江苏省水利厅对吴江区2012年小型农田水利重点县项目进行绩效考评。8月14日,吴江区2012年度中央财政小型农田水利重点县项目通过苏州市级竣工验收。12月2~3日,吴江区2010—2012年度中央财政小型农田水利重点县项目通过省级总验收。

4月5日,《吴江水利风景区建设实施方案》编制完成。

4月25日,苏州市圩区堤防达标管理暨农水重点县建设现场推进会在吴江区召开。

5月24日,《中国水利报》社社长董自刚一行7人到吴江区采访东太湖综合整治工程。

5月29~30日,国家水利部政策法规司副司长王治一行在江苏省水利厅副厅长张小马等陪同下到吴江区调研水利综合执法工作。

6月8日,江苏省水利厅副厅长陆桂华一行到吴江区视察东太湖综合整治和水源地清淤工程。

7月15日,印发《苏州市吴江区小型农田水利工程管理办法》,2013年8月1日起正式施行。

7月24~25日,江苏省水利厅办公室主任郑在洲一行6人到吴江区调研水利现代化建设工作。

8月23日,太湖流域管理局副局长林泽新一行到吴江区调研太浦河工程。

9月30日,吴江区水利局、国土局、平望镇政府对好运来集团涉湖违章建筑开展联合执法,进行强制拆除。

10月6日,国家防汛抗旱总指挥部防台工作组组长徐洪一行到吴江区检查指导防台抗台工作。

10月18日,江苏省水利厅水利工程建设管理局局长朱海生到吴江区检查指导东太湖水源地生态清淤工程建设工作。

11月2日,国家水利部水保司巡视员张学俭到吴江区调研东太湖综合治理工程。

11月7日,江苏省人大执法检查组就《江苏省湖泊保护条例》贯彻实施情况到吴江区开展执法检查。

11月10日,国家水利部副部长蔡其华带领检查组到吴江区开展水行政执法专项检查,太湖流域管理局局长叶建春、江苏省水利厅厅长李亚平等陪同检查。

11月13日,《吴江区湖泊管理体制机制和管理系统研究与应用》专家咨询会召开。

12月16日,《苏州市吴江区河道管理实施办法》征求意见稿编制完成。

第一章　自然概况

　　吴江市地处长江三角洲冲积平原,位于江苏省最南端,居北纬 30° 45′ 36″ ~31° 13′ 41″,东经 120° 21′ 04″ ~120° 53′ 59″之间,西滨太湖,北与江苏省苏州市吴中区、昆山市相接,东与上海市青浦区相连,南与浙江省嘉兴、湖州两市相邻,东西最大距离 52.67 千米,南北 52.07 千米。全市总面积 1260.8 平方千米(含太湖水面 84.2 平方千米),其中水面积 351.27 平方千米。境内河道纵横,湖荡密布;地势平坦,土地肥沃;四季分明,气候宜人;雨量充沛,霜雪较少;自然环境优越,盛产粮桑鱼虾;人文底蕴浓厚,"小桥流水人家";素有"鱼米之乡""丝绸之府"之称。太浦河横穿东西,京杭运河纵贯南北,历来是太湖洪水东泄入海的重要通道和内陆航运的"黄金水道"。全境无山地丘陵,属低洼水网圩区,绝大部分水田的田面高程在历史最高洪水位之下。汛期,若逢上游洪水大量入境,下游水道宣泄不畅,高水位长时期持续,加之台风影响时,易受洪涝灾害。因此,既有灌溉舟楫、资源丰盛之利,又有"洪水走廊""屯水仓库"之弊。

第一节　地　理

一、地质

(一)构造

　　全境属下扬子准地台下扬子台褶带。在漫长的地质历史中,经受印支、燕山、喜山和新构造运动的荡涤冲击,形成凹陷和断裂比较发育的地质格局。凹陷主要为南浔—角直中断凹。断裂均属深大隐伏型,大多为北东向。主要有湖(州)—苏(州)断裂和南浔—芦墟断裂,其次尚有北西断裂与北东向断裂穿插,呈网格状分布。

　　南浔—角直中断凹:西起南浔,向东经吴江、吴县角直至花家桥,呈北东方向展布,向北东开口,向南西变窄,轴向转向北东向。境内表土层下分布着巨厚的白垩系、第三系的沉积,最大厚度达 2000 多米。

　　湖(州)—苏(州)断裂:断裂位置大致从浙江的菱湖、湖州东起,经吴江至苏州、支塘一线,呈北东 30° 40′方向延伸,全长达 136 千米,向北东延伸至崇明。境内位于断裂南东侧,为平原覆盖区,表土层以下为下古生界地层分布,并组成一个大的复式背斜。断裂北西侧则广泛分布上古生界地层,并组成一个大的复式向斜。

南浔—芦墟断裂:位于南浔、震泽、黎里、芦墟一线,呈北东东方向延伸,长度达82千米,为南浔—角直中断凹的南界。该断裂在境内被北西断裂所破坏,呈震泽—芦墟断裂出现。断裂南东侧主要为古生界及中生界侏罗系上统火山岩分布,北西侧主要由白垩系上统地层组成。该断裂为一高角度的正断层。

(二)地层

全境除遍布第四系地层外,表土层下还分布有中生界侏罗系上统火山岩和白垩系上统及新生界第三系红层。据地质推断,深部还有古生界地层分布。

侏罗系上统火山岩(J_3):主要分布在横扇—梅堰—菀坪及同里—屯村一带。岩性由酸性、中性偏碱性及少量中酸性的熔岩和相应的火山碎屑岩组成,厚度在1000米以上。

白垩系上统—第三系红层(K_2—N):除上述火山岩分布地区外,全县其他地区几乎全为红层分布。岩性主要为一套棕红色砂岩、粉砂岩、砂砾岩及砾岩为主的内陆湖泊相及三角洲相碎屑沉积,局部夹多层玄武岩,厚度在1000米以上。

第四系:遍布全境,主要由亚粘土、亚砂土和粉细砂及泥炭、腐殖土等组成。含有海相有孔虫、介形虫及陆相角状环棱螺等化石,厚度一般在2000米左右。

图 1-1　　　　　　　　　　　　　　　吴江市地质图

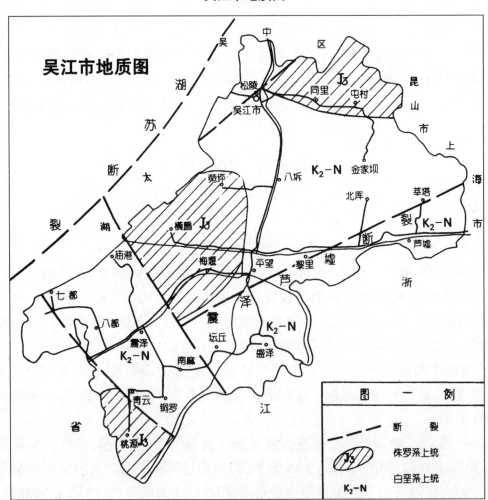

（三）工程地质

全境工程地质全为湖沼沉积土，其土层较厚，具多层结构类型。30米以上土体主要有以下七层：

硬壳层（Ⅰ）：该层顶板埋深0~3米，一般厚2~3米，沿太湖一带较薄，由黄褐色亚粘土、亚砂土、局部粘土组成。岩性特征可塑—硬可塑，中等压缩，承载能力0.10~0.20兆帕（MPa）。

第一软土层（Ⅱ）：顶板埋深2~5米，厚度3~10米，由黑色淤泥质亚粘土、淤泥质粘土、淤泥质亚砂土组成。局部夹有镜体状泥炭和淤泥，流—软塑，高压缩性，承载能力0.08~0.10兆帕（MPa）。

第一硬土层（Ⅲ）：该层顶板埋深3~15米，由褐黄亚粘土、粘土组成，局部为亚砂土或粘性土夹粉砂薄层，可塑—硬可塑，中等偏低压缩性。本层承载能力（45平方厘米×45平方厘米单桩）为0.70兆帕（MPa）。

第二软土层（Ⅳ）：顶板埋深10~20米，一般厚度10~20米，该层由灰黑色淤质亚粘土及一般软粘土组成，并夹有粉砂薄层，软塑—流塑，高压缩性，允许承载能力06~0.10兆帕（MPa）。

第二硬土层（Ⅴ）：该层顶板埋深15~30米，厚度一般5~10米，由暗绿、褐黄色土、亚粘土、局部亚砂土组成，稍湿，硬塑—坚硬，局部硬可塑，中低压缩性。本层以强度高、压缩性低为特征，可作重型或永久性工程桩基持力层，45平方厘米×45平方厘米单桩承载力80兆帕（MPa），也是地下建筑的良好基础。

第一砂性土层——A砂层（Ⅵ）：该层以条带状展布，埋藏在第二软土层（Ⅳ）与第一硬土（Ⅲ）之间居多。顶板埋深3~20米，一般厚度5~10米，由浅灰黄、灰色粉细砂组成，局部夹亚砂土或粘性土薄层，稍密—中密，局部松散。本层在天然状态下物理力学性质较好，但在动水压力下易产生液化、潜蚀等不良现象。

第二砂性土层——B砂层（Ⅶ）：该层呈条带状展布，局部呈透镜体，一般在第二硬土层（Ⅴ）之下。顶板埋深20~30米以上，厚度3~10米不等。由褐黄、黄绿色的粉砂和粉细砂组成，稍密—中密，标准贯入击数13~20次，含铁锰质结核，显示水平微层理，局部夹粘性土薄层。本层工程地质性质略优于A砂层。

境内地震活动能力不强，根据《中国地震烈度区划图》（1990），地震基本烈度为6度。

（四）部分地段工程钻探资料

太浦河闸：地表下4.4米以上为灰粉质壤土，地表下4.4~7.9米为灰黄粘土，地表下7.9~12.4米为黄灰粉土，地表下12.4~17.4米为灰壤土，地表下17.4米以下为灰绿粘土。

平望南套闸：地表下3.2米以上为灰壤土，地表下3.2~7米为黄粘土，地表下7~8.5米为黄粉质壤土，地表下8.5~10米为棕黄壤土，地表下10~14.8米为黄粉质壤土，地表下14.8~17.8米为灰壤土，地表下17.8~18.2米为灰绿粘土。

黎里套闸：地表下0.7米以上为灰粘土，地表下0.7~3.6米为灰软粘土，地表下3.6~4.4米为灰粘土，地表下4.4~6.6米为灰绿粘土，地表下6.6~8米为黄粘土。

芦墟套闸：地表下1.2米以上为灰粘土，地表下1.2~3.4米为软壤土夹粉土，地表下3.4~6米为灰绿粘土，地表下6~8米为黄色硬粘土。

环湖大堤工程：埋深30米以内的土体一般含有不同结构类型的土，按次序为表层硬壳层、第一软土层、第一硬土层、第二软土层、第二硬土层、第一砂性土层和第二砂性土层。

杭嘉湖北排工程：河底段土层，处于②₃层淤泥质土(局部系②₃层松散砂壤土)，标贯击数<1击，含水量44%~65%之间，饱和固结快剪的凝聚力C=10~12Kpa，内磨擦角Φ=7°~12°，压缩系数al_{1-3}=0.5~2Mpa⁻¹，地基承载力标准值为f_k=40~45Kpa，呈流塑状、高压缩性、低强度。各桥址土层，①₁层土为人工堆土，性质变化大，③₁层土为粉质粘土、重粉质壤土，土质较好，但厚度薄，部分河段缺失；②₂层、②₃层土均为淤泥质粘土，土质软弱。

东茭嘴至太浦河闸上引河段工程：土层类型自上而下分为4层(其中第2层和第3层又各分3个亚层)，分别为：①层淤泥、淤泥质粉质粘土；②₃层淤泥质粘土；②₄层粘土；②₅层粉质粘土；③₁层粘土；③₂层粉质粘土；③₃层砂质粉土；⑤层粉质粘土。

二、地貌

全境无山地丘陵，是一片湖泊星罗棋布，河港纵横交错，呈碟形洼地广布的平原。地势自东北向西南缓缓倾斜，南北高差2米左右。地面高程一般在3.2~4米之间，最高处5.5米，极低处1米以下。东北部田面高程在常水年汛期高水位之上，河港溇浜较密，湖荡较多较大，在众多高田中有少量极低田混杂其间，圩子较小，绝大部分为水田，但多无圩堤。西南部田面高程在汛期平均水位之下，为粮桑夹种地区，水田低洼而桑地较高，旱地和桑地面积约占总面积的四分之一，与水田相互混杂。中部为半高田圩区，田面高程比东北部低，比西南部高，在汛期平均水位之上、高水位之下。这一地区的水田均有圩堤，桑地和旱地沿河岸分布，水田成片，田间很少有高地。沿东太湖一带还有极低的湖田圩区，大部分为清代以来围垦湖滩沼泽而成，田面高程常年在外河水位之下，圩区堤防高厚，圩内平坦无高地。

境内地形属典型的湖荡水网平原，按类型可分为湖荡平原和滨湖圩田平原。

湖荡平原：境内绝大部分地区属湖荡平原类型，面积978.2平方千米。田面高程3.2~4米，最高处5.5米，最低处2.2米。区内湖荡密布，水面宽广，大多呈圆形或长圆形，一般水深2~3米，湖岸平齐，岸线圆滑，湖底平坦硬实，风浪、水流对湖岸形态及其涨坍有明显作用。绝大多数千亩以上湖荡和江南运河、太浦河、頔塘、澜溪等主要河道密集分布区内。

滨湖圩田平原：这类平原主要分布在邻近太湖的松陵、菀坪、横扇、庙港、七都等乡镇，面积约198.4平方千米。田面高程2.2~3.5米。河道密且呈网格状向太湖分布。

三、土壤

境内土壤大部分属沼泽土起源，受不同水系的影响，形成以壤质为主，沙壤、粘质为辅，壤、沙、粘交叉沉积、混合淀积和间隔出现的母质组合。在太湖沿岸塘边流速较快的上水处，沙粒先沉淀，形成通气排水良好的黄泥土和小粉土类土壤。到湖心圩心，水速减缓，粘粒沉积，形成青紫泥河白土类土壤。由于水土成因的不同，境内的土壤分布基本为"东壤、西沙、北黄、南青、中间杂"。

东部土壤以黄泥土类为主；西部滨湖圩田平原以小粉土为主，粉沙含量较高；北部以黄泥土为主；南部以青紫泥土为主；中部以黄泥土、灰底黄泥土居多数，杂以白土、小松土。按地域分，东北部的芦墟、莘塔、北库、同里、屯村、八坼及松陵东部、平望北部等由于地势较高，以黄泥土类为主；七都、庙港、横扇、菀坪等沿太湖3千米一带，地势较高，形成小粉土带；西南部的铜罗、青云、桃源、震泽等距水头较远，水流较缓，质地趋粘，以青紫泥土壤为主；八坼以南、京杭运河以西，南迄梅堰、盛泽、坛丘北部的中心地带，土壤分布相对较杂，以黄泥土和灰底黄泥土类居多。

境内耕地土基本上分为2个土类5个亚类，下分13个土属31个土种。

表1-1 2005年吴江市土壤分类情况表

土类	亚类	土属	土种	土类	亚类	土属	土种
水稻土	渗育型水稻土	小粉土	小粉土	水稻土	脱潜型水稻土	青紫泥白土	青泥白土
			小粉沙土			青紫泥	青紫泥
		黄夹沙土	黄夹沙				沙底青紫泥
	潴育型水稻土	黄泥土	黄泥土				铁屑土
			黄松土				铁屑青紫泥
			乌黄泥			灰心青紫泥	泥炭心青紫泥
		灰底黄泥土	灰底黄泥土				腐泥心青紫泥
			灰底黄松土		潜育型水稻土	青泥土	青泥土
			灰底乌黄泥				沙底青泥土
	脱潜型水稻土	白土	厚层白土			青沙土	青沙土
			高位白土			草渣土	草渣土
			中位白土			沙僵土	沙僵土
			灰白土	园地土	人工土	堆叠土	粉质旱地小粉土
			小粉白土				壤质旱地黄土
		青紫泥白土	青紫泥高位白土				菜园土
			青紫泥白土			—	

四、植被

境内植被分自然植被和人工植被两类。

自然植被以湿地为主，旱地自然植被除荒芜土地的野草外，少见其他天然植物。湿地植被包括沼泽和水生植被。60年代围湖造田，境内大量小型湖泊被改造成粮田或鱼池，东太湖有近万亩水面和沼泽被改造成鱼池，自然植被急剧减少。90年代后，东太湖围网养蟹迅速发展，占全湖总植被面积25.6%的沼泽植物菰群丛及占40%的微齿眼子菜群丛被大量清除，外来种伊乐藻和无根植物金鱼藻分布面积占湖区的90%。东太湖附近湖泊沼泽植被中有水上植物33科54属75种。其中沉水植物17种，分布面积最大，主要类型有竹叶眼子菜+苦草+菹草群丛、微齿眼子菜+菹草群丛等；浮叶植物12种，主要类型有菰菜+金银莲花—菹草+伊乐藻群丛、菰菜—微齿眼子菜+菹草群丛；漂浮植物9种；挺水植物和湿生植物37种，主要类型有芦苇群丛、菰群丛，并伴生野菱、伊乐藻、菹草、菰菜、槐叶萍等。东太湖42.8%的湖面成为沼泽，39.5%的湖区在向沼泽演变，无沼泽的湖区占湖区面积的17%。上述自然植被越来越少，芦苇群丛基本消失，一些对生态环境变化敏感和不耐污染的种类如水车前、水蕨等几乎绝迹。

人工植被主要为人工栽培植物群落，包括农田植被、蔬菜、果桑园植被、人工造林、苗圃植被、城市绿化等。栽培的植物组成和结构比较单调,主要为粮油作物。80年代前,粮油作物栽培面积最高90万亩左右,以后逐年减少,2005年末约30万亩;其次为林业用地,类型为常绿、落叶阔叶混交林带的过渡性植被,林地和苗圃面积25.5万亩;果树和桑园植被6万亩;蔬菜植被3万多亩;城市绿地、公园植被2万多亩。

植被又有草本植物、木本植物和菌类植物之分,人工栽培为主,自然植被较少。其中,草本植物最多,近三百种,栽培与野生皆有,农作物类主要有稻、麦、菜、豆、瓜等;木本植物次之,约百余种,野生极少,种植的分用材树、经济树、中药材,兼观赏、绿化功能;菌类植物最少,只有十多种,除木耳偶有野生外,其余都为人工栽培。

第二节　气　候

全境属北亚热带季风区,气候具有四季分明、雨热同步、光照较充足、无霜期长、气象灾害时有发生等特征。1959~2005年,按平均气温划分,低于10℃为冬季,平均132天;高于22℃为夏季,平均96天;10℃~22℃为春季,平均75天;22℃~10℃为秋季,平均62天。受季风影响显著,夏半年暖热,雨水多;冬半年冷凉,降水少。冬季气温最低,降水最少;春季气温回升,降水逐渐增多;夏季气温最高,梅雨、暴雨、台风降水相继发生,雨量最多;秋季气温下降,降水也显著减少。少数年份因冬、夏季风强弱变化与进退早迟,加之降水季节和年际变化亦会出现异常。年平均日照时数2012小时,日照百分率45%,为全省最少。初霜平均日期11月14日,终霜平均日期4月2日,霜期139天,无霜期226天。

一、光能

(一)天文昼长、日照时数、日照百分率

据吴江市(县)气象局资料,1959~2005年,天文昼长,境内6月白天最长,14.1小时;12月最短,10.1小时。年平均日照时数2012.2小时,日照百分率45%。最多年日照时数2389.9小时(1967年),日照百分率54%;最少年日照时数1848.3小时(1960年),日照百分率42%。春季常阴雨连绵,6月处于梅雨期,日照百分率低;夏季受副高控制,多晴热天气,日照充足;秋季天高气爽,日照较多。

表1-2　　　　1959~2005年吴江市(县)各月日照时数及百分率表

月份	日照时数(小时)	日照百分率(%)	可照时数(小时)	平均日长(小时)
1	134.3	42	321.0	10.4
2	124.7	40	310.5	11.1
3	140.8	38	370.7	12.0
4	159.4	41	387.2	12.9
5	177.4	42	424.2	13.7
6	164.0	39	422.3	14.1
7	230.6	54	430.4	13.9

（续表）

月份	日照时数（小时）	日照百分率（%）	可照时数（小时）	平均日长（小时）
8	237.3	58	409.3	13.2
9	173.6	47	369.6	12.3
10	174.5	50	352.4	11.4
11	152.0	48	316.3	10.5
12	143.4	46	314.1	10.1

注：闰年可照时数4438.3小时，2月321.5小时。

表1-3　　1986~2005年吴江市（县）常年日照量表　　单位：小时

年份	常年日照量	年份	常年日照量	年份	常年日照量	年份	常年日照量
1986	2086.2	1991	1747.0	1996	1881.7	2001	1890.0
1987	1998.9	1992	2005.0	1997	1790.1	2002	1871.2
1988	1960.8	1993	1695.5	1998	1966.9	2003	1968.5
1989	1775.3	1994	1908.1	1999	1670.4	2004	2137.0
1990	1967.8	1995	1895.3	2000	1870.3	2005	2066.2

（二）太阳辐射

据吴江市（县）气象局资料，全境无实测日射资料，太阳辐射量采用彭门经验公式计算求得。年总辐射量115.34千卡每平方厘米。年际和季节变化与日照时数变化相一致。最多年124.83千卡每平方厘米，最少年105.89千卡每平方厘米。辐射量以7~8月为最多，分别为14.37、13.75千卡每平方厘米。12月辐射量最少，6.06千卡每平方厘米。

表1-4　　吴江市（县）各月太阳辐射量及日辐射量表　　单位：千卡每平方厘米

项目	1月	2月	3月	4月	5月	6月	7月	8月	9月	10月	11月	12月
月辐射量	6457	6782	8919	10170	11699	11367	14369	13749	9645	9086	7029	6061
日辐射量	208.3	242.2	287.7	339.0	377.4	378.9	463.5	443.5	321.5	293.1	234.3	195.5

二、热量

（一）年平均、极端最高、极端最低气温

据吴江市（县）气象局资料，1959~2005年，年平均气温16℃。其中，1959~1996年，年平均气温15.7℃；1997~2005年，年平均气温均超过16℃，比苏州市其他气象站高1℃左右。年平均气温最高年17.5℃（2004年），最低年15℃（1980年）。

7~8月，常受副热带高压控制，全年最热。其中，7月平均气温28.3℃、8月27.8℃。极端最高气温39.8℃（1953年8月25日）。

12月下旬和次年1~2月上旬，全年最冷。其中，1月平均气温3.4℃。极端最低气温-10.6℃（1977年1月31日）。

春季气温 4 月回升较快,比 3 月上升 5.8℃。秋季降温速度以 10~11 月最明显,分别比前一月下降 4.5℃、5.9℃。初冬 12 月降温最快,比 11 月下降 6.3℃。

表 1-5　　　　1959~2005 年吴江市(县)各月平均气温、极差及升降温值表　　　单位: ℃

项目	1 月	2 月	3 月	4 月	5 月	6 月	7 月	8 月	9 月	10 月	11 月	12 月
平均气温	3.4	5.1	9.1	14.9	20.0	24.1	28.3	27.8	23.5	18.0	12.1	5.8
极差	5.3	8.4	7.0	5.8	4.8	4.5	4.7	6.1	5.2	6.4	6.8	7.8
升降温值	−2.4	1.7	4.0	5.8	5.1	4.1	4.2	−0.5	−4.3	−4.5	−5.9	−6.3

表 1-6　　　　1986~2005 年吴江市(县)年平均气温及最高、最低温度表　　　单位: ℃

年份	常年平均气温	极端最高温度	极端最低温度	年份	常年平均气温	极端最高温度	极端最低温度
1986	15.5	36.2	−7.0	1996	15.7	35.1	−5.2
1987	15.7	35.9	−6.6	1997	16.4	36.6	−4.5
1988	15.5	—	—	1998	17.3	37.2	−5.6
1989	15.5	—	—	1999	16.3	34.9	−4.3
1990	16.3	36.7	−6.6	2000	16.9	37.0	−5.0
1991	15.5	36.3	−8.5	2001	16.9	37.7	−4.2
1992	15.5	37.2	−4.9	2002	17.1	37.1	−4.2
1993	15.4	35.3	−6.1	2003	16.9	38.9	−5.0
1994	16.8	38.1	−4.5	2004	17.5	37.6	−4.8
1995	15.9	37.1	−3.6	2005	17.1	37.1	−5.4

表 1-7　　　　　　　1986~2005 年吴江市(县)年无霜期情况表　　　　　单位: 天

年份	年无霜期	年份	年无霜期	年份	年无霜期	年份	年无霜期
1986	212	1991	219	1996	210	2001	249
1987	226	1992	207	1997	226	2002	261
1988	225	1993	205	1998	256	2003	248
1989	225	1994	251	1999	262	2004	236
1990	218	1995	204	2000	223	2005	239

(二)各种界限温度

据吴江市(县)气象局资料,1959~2005 年,各种作物生长发育的起始和全生育期都要求一定的温度条件。一般认为,2℃~3℃ 是冬作物生长的起点温度,10℃ 是喜温作物生长的起点温度,也是喜凉作物迅速生长(如三麦拔节、油菜抽苔开花)的温度。早稻播种要求大于 12℃。22℃ 的终止日期是粳稻、杂交稻安全齐穗的日期。20℃ 的平均终日为 9 月 25 日,22℃ 平均终日为 9 月 16 日,与农谚"秋分稻莠齐"相吻合。

表1-8 　　　　　1959~2005年吴江市（县）各界限温度初、终日期及活动积温表

界限温度（摄氏度）	0	3	10	12	15	22
平均初日（日/月）	25/1	15/2	31/3	10/4	26/4	13/6
平均终日（日/月）	4/1*	19/12	18/11	9/11	26/10	16/9
初终期间隔天数	234	308	233	214	184	96
初终期间活跃积温	5720	5562	4971	4731	4270	2513
80%保证率天数	326	288	226	206	174	87
80%保证率积温	5588	5361	4861	4571	4109	2307

注：* 为翌年1月4日。

太湖是个暖中心。境内地形单一，一马平川，温度差异很小，在0.1℃~0.2℃范围内。吴江市（县）气象局资料显示，1958~1978年，与东山站比，年平均气温吴江约低0.2℃，与吴兴、嘉兴比，约低0.1℃；与昆山、青浦比，约高0.2℃。东部离海洋略近，春季升温稍缓慢，秋季降温亦缓慢。春、夏季西部比东部略高，秋季相接近，冬季东部反比西部略高。南部和北部4~10月相接近，11月至次年3月南部略高于北部。沿太湖和西南部地区的热量条件较东北部略优越。

表1-9 　　　　　1959~1978年吴江（县）与周边地区逐月平均气温差值表 　　　单位：℃

地区	1月	2月	3月	4月	5月	6月	7月	8月	9月	10月	11月	12月	年平均
吴江减东山	-0.3	-0.3	-0.3	-0.2	-0.2	-0.2	-0.2	-0.3	-0.3	-0.4	-0.5	-0.4	-0.27
吴江减吴兴	-0.1	-0.2	-0.3	-0.4	-0.4	-0.2	0.0	0.0	0.1	0.1	0.1	0.0	-0.11
吴江减嘉兴	-0.1	-0.1	-0.1	0.0	-0.1	0.0	0.1	0.1	0.0	0.0	-0.1	-0.2	-0.04
吴江减嘉善	-0.2	-0.2	0.2	0.1	0.1	0.2	0.2	0.1	0.0	0.0	-0.2	-0.3	-0.01
吴江减青浦	-0.1	0.1	0.3	0.5	0.5	0.3	0.4	0.4	0.1	0.1	-0.1	-0.2	0.21
吴江减昆山	0.3	0.3	0.4	0.6	0.5	0.3	0.4	0.4	0.3	0.3	0.1	0.2	0.33
吴江减苏州	0.1	0.1	0.0	0.1	0.1	0.0	0.2	0.2	0.1	0.0	0.0	0.0	0.07

三、降水

全境地处中纬度，南北冷暖气流经常在此交锋，降水频繁，尤其是春末夏初受南方暖湿气团和北方冷气团影响，形成长达20多天的梅雨天气。另外，由于靠近海洋，台风带来雨量亦较为充沛。因此，境内降水资源丰富。

根据1956~2000年吴江市（县）内平望、芦墟、瓜泾口、铜罗、金家坝、吴淞、菀坪和江浙边界相邻的王江泾、南浔9个雨量站45年资料统计，吴江地区年平均降水量1121毫米。降雨量的年际变化差异很大。1978年，平望水文站最小年降水量635.1毫米；1999年，瓜泾口水文站最大年降水量1688.1毫米。降雨量的空间分布差异不大，吴淞站平均值最大，为1165.5毫米，芦墟站平均值最小，为1076.2毫米。

表 1-10　　　　　　　　　1956~2000 年吴江市（县）及相邻各雨量站年降水量表　　　　　　　　单位：毫米

年份	平望	芦墟	瓜泾口	铜罗	金家坝	吴溇	菀坪	王江泾	南浔
1956	1465.2	1330.5	1319.2	1337.6	1336.6	1315.7	1404.4	1393.0	1357.3
1957	1577.2	1201.8	1549.7	1468.6	1530.1	1335.3	1495.2	1488.3	1457.3
1958	100.02	1128.2	1045.2	961.9	1039.7	930.2	1029.2	998.4	917.0
1959	1143.0	1127.8	1052.1	1299.1	1078.5	1249.9	1143.4	1296.3	1317.7
1960	1546.7	1262.0	1442.8	1467.4	1348.6	1566.7	1470.5	1417.7	1404.3
1961	1022.2	993.2	1085.2	1193.8	1035.2	1318.4	1045.5	1272.3	1176.0
1962	1254.1	1239.6	1315.2	1300.1	1184.5	1346.1	1232.4	1115.3	1195.7
1963	1034.9	1050.9	1098.3	1117.9	1079.4	1078.8	1055.8	1137.1	1067.8
1964	928.9	953.5	917.8	1011.6	886.5	1064.8	969.9	1034.8	1026.8
1965	925.1	901.7	913.0	950.8	902.1	956.0	966.8	910.0	1011.4
1966	1048.5	959.7	890.6	1161.3	990.1	1222.5	1066.8	1178.4	1305.3
1967	746.2	762.4	826.8	827.9	800.0	882.6	821.9	784.8	900.3
1968	857.7	803.2	800.7	885.9	927.9	941.9	912.2	812.0	921.8
1969	981.7	1088.7	989.8	1075.3	865.2	1102.0	1012.7	942.1	991.7
1970	1141.4	935.9	1115.0	1081.6	1074.3	1190.2	1142.1	835.4	1199.1
1971	822.1	932.6	862.0	917.1	888.2	916.3	883.4	914.2	1005.7
1972	848.1	844.2	848.4	870.8	835.4	909.7	904.5	870.0	820.1
1973	1328.1	1181.0	1087.4	1282.3	1167.5	1254.5	1293.4	1185.0	1330.8
1974	1105.5	1020.5	1085.5	880.1	1025.6	1066.1	1113.0	1125.6	1063.3
1975	1135.5	1064.0	1140.9	931.9	1104.2	1198.7	1137.3	1183.7	987.3
1976	906.6	1009.7	952.5	750.0	958.7	1041.2	951.9	965.1	991.8
1977	1260.9	1191.2	1397.2	1017.0	1271.6	1338.5	1238.9	1239.3	1227.6
1978	635.1	620.3	712.0	588.3	648.3	590.2	731.9	658.6	650.7
1979	883.5	829.8	801.5	723.4	827.1	841.3	821.2	710.9	814.9
1980	1332.4	1235.0	1124.6	1093.4	1297.3	1247.6	1353.6	1056.0	1338.1
1981	1190.5	1065.8	1022.3	1157.0	1051.3	1253.8	1205.4	1032.9	1218.3
1982	931.1	1175.9	955.8	1097.3	1105.1	987.4	1102.5	1088.8	994.7
1983	1457.0	1319.6	1229.3	1568.5	1379.6	1584.2	1287.2	1395.9	1477.7
1984	1024.2	1020.1	962.5	1331.6	945.1	1262.3	1012.8	964.6	1207.4
1985	1415.0	1344.6	1159.1	1365.5	1531.7	1218.1	1382.0	1322.1	1291.5
1986	1022.3	964.6	949.0	1005.9	1105.1	1008.6	1063.5	937.2	1065.6
1987	1323.3	1260.8	1303.1	1315.7	1197.9	1319.1	1243.8	1393.9	1258.0
1988	858.1	753.2	930.4	988.0	752.0	956.2	981.2	807.3	1054.6
1989	1481.6	1282.8	1227.3	1504.2	1236.1	1297.5	1313.2	1358.7	1370.1
1990	1410.5	1167.7	1279.0	1256.8	1221.2	1202.0	1364.1	1241.9	1078.9
1991	1270.4	1277.8	1236.8	1242.6	1086.0	1300.2	1199.2	1150.2	1298.6
1992	1033.3	929.3	852.2	946.2	876.1	1093.9	1003.5	945.0	990.8
1993	1560.0	1458.0	1667.5	1569.5	1463.6	1655.5	1666.2	1501.8	1763.0
1994	975.5	957.6	861.6	932.4	917.5	926.6	1007.7	951.7	944.5
1995	1125.6	1071.9	1000.7	1189.3	1110.7	1187.7	1129.3	1094.4	1264.6

（续表）　　　　　　　　　　　　　　　　　　　　　　　　　　　　　　　　　　　　　单位：毫米

年份	平望	芦墟	瓜泾口	铜罗	金家坝	吴溇	菀坪	王江泾	南浔
1996	1120.1	1067.7	1179.7	1125.9	1027.8	1193.8	1124.8	1139.0	1160.7
1997	1077.8	1035.5	990.2	1083.1	1087.5	1024.9	1090.6	1127.3	1135.6
1998	1171.2	1106.6	1361.7	1228.9	1197.7	1194.3	1166.2	1224.9	1394.2
1999	1602.9	1435.3	1688.1	1720.1	1635.2	1813.6	1516.0	1667.4	1718.4
2000	1116.3	1064.8	999.7	1152.4	1080.7	1063.4	1121.8	1099.8	1034.8
平均	1135.5	1076.2	1094.0	1132.8	1091.3	1165.5	1137.3	1110.4	1160.0

　　境内各站降水量分布不太均匀，年降水量差异在 100 毫米以内的居多。平望站居于市域中部，与其他站相比，能较好地反映全市的降水情况。1956~2000 年，平望站年平均降水量 1135.5 毫米，最多年 1602.9 毫米（1999 年），最少年 635.1 毫米（1978 年）。年降水量 1200 毫米以上的丰水年和一般丰水年占 33.33%，年降水量 1000 毫米以下的枯水年和一般枯水年占 28.89%。1956~1979 年、1956~2000 年、1971~2000 年、1980~2000 年平均降水量分别为 1066.7 毫米、1135.5 毫米、1147.5 毫米和 1214.2 毫米。

表 1-11　　　　　　　　1956~2000 年吴江市（县）及相邻各雨量站降水量特征值表

时间段	雨量站	年降水量（毫米）				多年平均降水量（毫米）				特征值		
		最大	出现年份	最小	出现年份	1956~1979年	1956~2000年	1971~2000年	1980~2000年	Ex	Cv	Cs
1956~2000	平望	1602.9	1999	635.1	1978	1066.7	1135.5	1147.5	1214.2	1135.5	0.21	0.42
1957~1993	芦墟	1458.0	1999	620.3	1978	1018.0	1076.2	1089.6	1142.6	1063.7	0.18	0.36
1962~2000	瓜泾口	1688.1	1999	712.0	1978	1052.0	1094.0	1095.6	1141.9	1070.1	0.21	0.42
1974~2000	铜罗	1720.1	1999	588.3	1978	1045.9	1132.8	1127.8	1232.1	1139.4	0.24	0.48
1979~2000	金家坝	1635.2	1999	752.0	1988	1033.6	1091.3	1101.1	1157.4	1142.4	0.2	0.4
1956~2000	吴溇	1813.6	1999	590.2	1978	1110.7	1165.5	1164.9	1228.1	1165.5	0.2	0.4
1979~1993	菀坪	1666.2	1993	821.2	1978	1076.9	1137.3	1147.0	1206.4	1120.0	0.18	0.36
1959~2000	王江泾	1667.4	1999	658.6	1978	1061.2	1110.4	1111.8	1166.7	1097.4	0.2	0.4
1956~2000	南浔	1763.0	1993	650.7	1979	1089.2	1160.0	1165.1	1241.0	1160	0.19	0.38

四、风能

（一）风速

　　风速是空气运动在水平方向上的分量。空气上下运动称对流。风速分 18 个等级，即 0 级和 1~17 级。据吴江市（县）气象局资料，1959~2005 年，年平均风速在 2.5~4 米每秒之间，多年平均为 3.2 米每秒。各月历年平均风速在 2.8~3.7 米每秒之间，1~4 月风大一些，10 月最小。历年平均大风（大于等于 17 米每秒）日数 9.3 天，最多年 46 天（1965 年），最少年 3 天。3 月大风最多，其次是 4 月，10 月最少。

表 1-12　　　　　　　　　　　　　　　　风力等级表

风级	名称	风速（米每秒）
1	软风	0.3~1.5
3	微风	3.4~5.4
5	劲风	8.0~10.7
7	疾风	13.9~17.1
9	烈风	20.8~24.4
11	暴风	28.5~32.6
13	飓风	37.0~41.4
15	飓风	46.2~50.9
17	飓风	56.1~61.2

注：风速介于两级之间的为偶数级，如1.6~3.3米每秒为2级，以此类推。

（二）风向

风向分16个方位，即东（E）、南（S）、西（W）、北（N）风，东北（NE）、东南（SE）、西南（SW）、西北（NW）风，北和东北之间为北北东（NNE）风，东和东北之间为东北东（ENE）风，以此类推。3~8月的最多风向是东南东风（ESE），9~10月多北北东风（NNE），11月至次年2月多北北西风（NNW）。

图 1-2　　　　　　　　　　　　　　　　风向 16 方位图

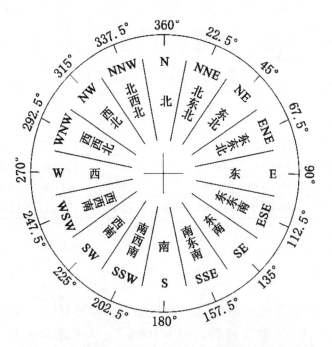

表 1-13　　　　　　　　　　1959~2005 年吴江市（县）年各月最多风向及频率表

月份	1	2	3	4	5	6	7	8	9	10	11	12	全年
最多风向	NNW	NNW	ESE	ESE	ESE	ESE	ESE	ESE	NNE	NNE	NNE	NNW	ESE
频率	13	11	11	14	18	17	15	17	12	12	11	12	11

（三）台风

台风是发生在西北太平洋的强热带气旋。热带气旋按中心附近地面最大风速划分六个等级：6~7级，10.8~17.1米每秒称热带气旋；8~9级，17.2~24.4米每秒称热带风暴；10~11级，24.5~32.6米每秒称强热带风暴；12~13级，32.7~41.4米每秒称台风；14~15级，41.5~50.9米每秒称强台风；16级及以上，大于等于51米每秒称超强台风。

影响境内的台风路径分6类：近海北上，浙江中部沿海至长江口登陆西进，浙江沿海及以南地区登陆转向太湖以东然后北上，穿过太湖北上，经太湖以西北上和其他程度影响的。其中以穿太湖北上影响最大。

1959~2005年，影响境内的台风平均每年近1.5次，最多年4次（1960、1962年）。其间，12年无台风影响。最早在5月下旬（1961年4号台风），最迟11月上旬（1972年20号台风）。7月中旬至9月下旬出现次数最多。其中，重灾台风6次，影响程度中等的13次。

第三节　水　文

一、水位

1951~2005年，境内平望、瓜泾口、吴溇、太浦闸上游、太浦闸下游、芦墟水位站观测数据显示：

太湖水位一般比境内其他河道、湖泊高。吴溇站多年平均水位比平望站高0.24米。丰水年汛期水位相差更大，如1999年7月最高水位相差0.7米。枯水年干旱季节有时太湖水位极低，境内河水会倒流入湖，如1963年4月26日吴溇站最低水位比平望站低0.53米。

除东北部外，市内水位大致为西南高东北低，东北部屯村、金家坝、莘塔一线为西北高。

南北一线，最南部的澜溪南端水位比平望站高，而平望站又比地处北部的瓜泾口站高。澜溪南端多年平均水位比平望站高0.1米，丰水年相差更大，枯水年则南部水位较低，澜溪会出现倒流现象。平望站与瓜泾口站的水位相差不大，多年平均水位平望站高0.03米，丰水年最高水位两站互有高低，枯水年则平望站水位较低。

东西一线，西部的太浦闸下游水位比平望站高，而平望站又比东部的芦墟站高。太浦闸下游多年平均水位比平望站高0.01米，平望站比芦墟站高0.05米。丰水年的水位差比正常年大，枯水年则稍小，甚至出现倒流现象。

吴溇—颐塘西端—澜溪南端一线。吴溇站水位比颐塘西端高，而颐塘西端水位与澜溪南端相比，雨季澜溪南端水位高，旱季则颐塘西端水位高。

屯村—金家坝—莘塔一线，则西北高而东南低，莘塔是全市水位最低的一处。

（一）历年平均水位

1951~2005年，境内平望、瓜泾口、吴溇、太浦闸上游、太浦闸下游、芦墟水位站平均水位分别是：平望2.9米，瓜泾口2.87米，吴溇3.14米，太浦闸上游3.05米，太浦闸下游2.91米，芦墟2.85米。

表 1-14　　　　　1951~2005 年吴江市（县）各水位站平均水位表　　　　　单位：米

年份	平望	瓜泾口	吴溇	太浦闸上游	太浦闸下游	芦墟
1951	3.00	2.90	—	—	—	—
1952	3.18	3.10	—	—	—	—
1953	2.78	2.74	—	—	—	—
1954	3.34	3.32	3.61	—	—	3.30
1955	2.82	2.79	3.09	—	—	2.63
1956	2.91	2.88	3.16	—	—	2.76
1957	2.87	2.97	3.22	—	—	2.90
1958	2.73	2.70	2.92	—	—	2.66
1959	2.81	2.78	3.01	—	—	2.75
1960	2.93	2.92	3.28	—	—	—
1961	2.88	2.85	3.15	3.10	3.01	2.76
1962	2.88	2.89	3.21	3.14	3.00	2.80
1963	2.80	2.77	3.18	3.00	2.85	2.71
1964	2.80	2.77	3.03	2.98	2.84	2.73
1965	2.70	2.67	2.89	2.84	2.74	2.64
1966	2.70	2.66	2.91	2.87	2.74	2.65
1967	2.64	2.64	2.83	2.78	2.67	2.60
1968	2.61	261	2.79	2.72	2.65	2.58
1969	2.83	2.78	3.12	3.04	2.89	2.78
1970	2.81	2.77	3.07	3.02	2.86	2.76
1971	2.66	2.63	2.85	2.79	2.68	2.62
1972	2.69	2.64	2.83	2.75	2.67	2.64
1973	2.97	2.89	3.21	3.16	2.97	2.85
1974	2.80	2.73	2.95	2.89	2.76	2.70
1975	2.01	2.94	3.24	3.18	2.98	2.90
1976	2.86	2.78	3.01	2.96	2.81	2.75
1977	3.03	2.91	3.24	3.09	3.01	2.88
1978	2.57	2.60	2.69	2.62	—	2.58
1979	2.62	2.64	2.80	2.67	—	2.63
1980	2.86	2.85	3.17	3.09	2.86	2.82
1981	2.83	2.80	3.08	3.02	2.82	2.79
1982	2.81	2.79	3.01	2.95	2.79	2.77
1983	2.01	2.97	3.31	3.25	2.99	2.93
1984	2.93	2.90	3.20	3.13	2.91	2.86
1985	2.92	2.90	3.23	3.16	2.93	2.86
1986	2.83	2.82	3.06	2.96	2.83	2.78
1987	3.01	2.98	3.35	3.26	3.01	2.92
1988	2.88	2.84	3.06	2.98	2.84	2.79
1989	3.09	3.00	3.31	3.25	3.03	2.95
1990	3.08	2.98	3.24	3.19	2.98	2.91

（续表）

单位：米

年份	平望	瓜泾口	吴淞	太浦闸上游	太浦闸下游	芦墟
1991	3.26	3.13	3.49	3.42	3.10	3.04
1992	3.05	2.89	3.11	3.03	2.86	2.84
1993	3.29	3.10	3.46	3.38	3.10	3.01
1994	2.79	2.82	3.06	2.97	2.80	2.84
1995	2.87	2.93	3.21	3.05	2.89	3.10
1996	2.86	2.94	3.23	3.05	2.87	3.11
1997	2.78	2.86	3.04	2.89	2.76	2.97
1998	3.04	3.08	3.37	3.23	3.04	3.12
1999	3.11	3.14	3.44	3.69	3.55	3.51
2000	2.90	2.96	3.16	2.92	2.78	2.84
2001	3.01	3.03	3.33	3.24	3.04	3.05
2002	3.12	3.10	3.39	3.37	3.24	3.20
2003	3.07	3.03	3.31	2.98	2.94	3.00
2004	2.98	2.97	3.18	3.10	2.98	3.03
2005	3.00	3.01	3.25	3.15	3.06	3.00
平均	2.90	2.87	3.14	3.05	2.91	2.85

（二）最高水位

1951~2005 年，境内平望、瓜泾口、吴淞、太浦闸上游、太浦闸下游、芦墟水位站最高水位分别是：平望 4.39 米（1999.7.3），瓜泾口 4.62 米（1954.8.25），吴淞 5.09 米（1999.7.8），太浦闸上游 4.99 米（1999.7.8），太浦闸下游 4.36 米（1999.7.8），芦墟 4.37 米（1999.7.4）。

表 1-15　　　　　　　　1951~2005 年吴江市（县）各水位站最高水位表　　　　单位：米

年份	平望	瓜泾口	吴淞	太浦闸上游	太浦闸下游	芦墟
1951	3.71	3.60	—	—	—	—
1952	3.84	3.78	—	—	—	—
1953	3.05	3.03	—	—	—	—
1954	4.35	4.62	4.80	—	—	4.06
1955	3.30	3.34	3.89	—	—	3.14
1956	3.74	3.70	4.41	—	—	3.46
1957	4.03	4.03	4.40	—	—	3.84
1958	3.17	3.13	3.81	—	—	3.18
1959	3.26	3.19	4.05	—	—	3.16
1960	3.53	3.57	4.42	—	—	3.46
1961	3.53	3.41	4.48	4.01	3.78	3.39
1962	3.95	3.95	4.58	4.24	4.02	3.81
1963	3.69	3.40	4.18	3.74	3.65	3.65
1964	3.23	3.22	3.88	3.53	3.32	3.21
1965	3.20	3.16	3.88	3.49	3.22	3.16
1966	3.23	3.08	3.71	3.47	3.24	3.17

（续表） 单位：米

年份	平望	瓜泾口	吴溇	太浦闸上游	太浦闸下游	芦墟
1967	3.18	3.13	3.67	3.47	3.24	3.13
1968	2.99	3.02	3.82	3.37	3.03	3.02
1969	3.23	3.16	4.07	3.67	3.37	3.20
1970	3.34	3.29	4.10	3.72	3.42	3.31
1971	3.32	3.17	3.72	3.48	3.34	3.31
1972	2.97	2.90	3.89	3.52	2.95	2.96
1973	3.67	3.53	3.92	3.85	3.68	3.54
1974	3.44	3.23	3.78	3.63	3.39	3.37
1975	3.66	3.65	4.25	3.86	3.63	3.54
1976	3.45	3.27	3.65	3.44	3.39	3.42
1977	3.78	3.62	4.21	3.96	3.68	3.74
1978	2.84	2.89	3.54	2.91	2.89	2.88
1979	3.27	3.07	3.56	3.20	3.20	3.35
1980	3.72	3.85	4.36	4.34	3.76	3.64
1981	3.37	3.22	4.57	4.33	3.37	3.34
1982	3.34	3.34	3.91	3.84	3.34	3.34
1983	3.88	3.75	4.48	4.52	3.91	3.79
1984	3.78	3.36	4.05	4.03	3.76	3.66
1985	3.65	3.54	4.00	3.78	3.64	3.67
1986	3.33	3.44	3.74	3.54	3.34	3.30
1987	3.88	3.75	4.31	4.21	3.89	3.78
1988	3.27	3.26	3.61	3.45	3.21	3.21
1989	3.96	3.74	4.31	4.21	3.88	3.77
1990	3.77	3.88	4.14	3.97	3.67	3.62
1991	4.17	4.11	4.86	4.76	4.13	3.85
1992	3.60	3.33	3.71	3.93	3.42	3.42
1993	4.32	4.06	4.62	4.65	4.15	3.96
1994	3.24	3.24	3.53	3.53	3.27	3.30
1995	4.03	3.98	4.43	4.35	4.08	3.92
1996	3.82	3.79	5.04	4.36	3.84	3.83
1997	3.77	3.43	3.77	3.58	3.77	3.86
1998	3.68	3.58	4.16	4.03	3.65	3.62
1999	4.39	4.38	5.09	4.99	4.36	4.37
2000	3.33	3.24	3.73	3.32	3.18	3.34
2001	4.06	3.79	3.80	3.63	3.87	4.06
2002	3.60	3.45	4.02	3.68	3.62	3.80
2003	3.45	3.27	3.84	3.19	3.20	3.29
2004	3.41	3.30	3.87	3.36	3.20	3.26
2005	3.85	3.60	3.86	3.55	3.65	3.62
最高	4.39	4.62	5.09	4.99	4.36	4.37

（三）最低水位

1951~2005年，境内平望、瓜泾口、吴淞、太浦闸上游、太浦闸下游、芦墟水位站最低水位分别是：平望2.09米（1979.1.20），瓜泾口2.17米（1956.2.29），吴淞1.76米（1963.4.26），太浦闸上游2.24米（1968.3.10），太浦闸下游2.24米（1968.3.10），芦墟2.05米（1956.2.7）。

表1-16　　　　　　　　　　1951~2005年吴江市各水位站最低水位表　　　　　　　　　单位：米

年份	平望	瓜泾口	吴淞	太浦闸上游	太浦闸下游	芦墟
1951	2.41	2.33	—	—	—	—
1952	2.69	2.59	—	—	—	—
1953	2.46	2.45	—	—	—	—
1954	2.70	2.64	2.59	—	—	2.55
1955	2.40	2.39	2.49	—	—	2.23
1956	2.14	2.17	2.04	—	—	2.05
1957	2.59	2.49	2.17	—	—	2.47
1958	2.33	2.30	2.30	—	—	2.27
1959	2.41	2.35	2.33	—	—	2.23
1960	2.45	2.41	2.36	—	—	2.30
1961	2.54	2.50	2.45	2.53	2.55	2.39
1962	2.37	2.33	2.27	2.40	2.40	2.26
1963	2.29	2.25	1.76	2.31	2.31	2.23
1964	2.56	2.54	2.58	2.62	2.59	2.48
1965	2.38	2.32	2.10	2.37	2.32	2.30
1966	2.43	2.39	2.27	2.47	2.45	2.35
1967	2.32	2.29	2.06	2.37	2.33	2.19
1968	2.22	2.20	1.90	2.24	2.24	2.15
1969	2.47	2.45	2.56	2.59	2.49	2.42
1970	2.26	2.23	2.21	2.37	2.27	2.20
1971	2.37	2.35	2.18	2.39	2.33	2.29
1972	2.37	2.35	2.24	2.40	2.36	2.31
1973	2.42	2.38	2.61	2.50	2.39	2.27
1974	2.37	2.31	2.13	2.42	2.33	2.23
1975	2.56	2.57	2.64	2.56	2.51	2.40
1976	2.54	2.49	2.45	2.54	2.51	2.40
1977	2.50	2.45	2.39	2.49	2.41	2.34
1978	2.28	2.36	1.90	2.32	2.32	2.30
1979	2.09	2.24	2.14	2.27	2.33	2.18
1980	2.29	2.33	2.33	2.36	2.27	2.25
1981	2.43	2.44	2.33	2.45	2.41	2.36
1982	2.46	2.47	2.33	2.45	2.44	2.36
1983	2.46	2.48	2.31	2.44	2.44	2.37
1984	2.57	2.61	2.41	2.48	2.55	2.46
1985	2.50	2.52	2.65	2.63	2.54	2.37

单位：米

年份	平望	瓜泾口	吴溇	太浦闸上游	太浦闸下游	芦墟
1986	2.39	2.44	2.39	2.48	2.36	2.33
1987	2.46	2.47	2.35	2.50	2.45	2.36
1988	2.57	2.53	2.50	2.58	2.53	2.44
1989	2.56	2.51	2.57	2.55	2.50	2.43
1990	2.62	2.62	2.68	2.49	2.49	2.45
1991	2.82	2.69	2.83	2.74	2.64	2.61
1992	2.68	2.57	2.58	2.54	2.47	2.46
1993	2.79	2.64	2.72	2.66	2.57	2.49
1994	2.41	2.60	2.53	2.44	2.42	2.57
1995	2.42	2.63	2.65	2.54	2.49	2.71
1996	2.32	2.49	2.53	2.50	2.35	2.52
1997	2.38	2.51	2.53	2.36	2.35	2.50
1998	2.59	2.77	2.85	2.72	2.50	2.75
1999	2.45	2.59	2.63	2.76	2.75	2.80
2000	2.51	2.68	2.66	2.67	2.61	2.40
2001	2.55	2.70	2.88	2.81	2.60	2.57
2002	2.67	2.77	2.86	2.94	2.92	2.77
2003	2.66	2.73	2.87	2.58	2.58	2.66
2004	2.60	2.68	2.75	2.78	2.73	2.68
2005	2.63	2.72	2.75	2.65	2.57	2.70
最低	2.09	2.17	1.76	2.24	2.24	2.05

各乡镇最高水位差距明显，西南部最高，东北部最低，沿太浦河居中，从西向东，由南到北，总体上呈滑坡态势。最高的七都4.97米（1999.7.3），最低的莘塔4.14米（1999.7.3），差值达0.83米。最低水位记载数据较少，仅松陵、平望、七都3处。东北部的松陵1.87米（1934.8.28），西南部的七都1.76米（1963.4.26），沿太浦河的平望1.67米（1934.8.28），差值不大，只有0.2米，总体上呈微凹形态势。

表1-17　　　　　　　　　1934~2005年吴江市（县）各乡镇最高、最低水位表

乡镇	最高水位（米）	出现日期	最低水位（米）	出现日期	水位修正值（米）
松陵	4.38	1954.7.24	1.87	1934.8.28	−0.28
八坼	4.33	1999.7.1	—	—	−0.19
莞坪	4.50	1999.7.2	—	—	+0.03
同里	4.26	1999.7.1	—	—	−0.10
屯村	4.21	1999.7.1	—	—	0.00
莘塔	4.14	1999.7.3	—	—	+0.03
金家坝	4.17	1999.7.1	—	—	−0.18
芦墟	4.28	1999.7.4	—	—	−0.16
北库	4.24	1954.7	—	—	−0.20

（续表）

乡镇	最高水位（米）	出现日期	最低水位（米）	出现日期	水位修正值（米）
黎里	4.35	1999.7.3	—	—	−0.25
平望	4.41	1999.7.1	1.67	1934.8.28	−0.22
梅堰	4.45	1999.7.1	—	—	−0.15
盛泽	4.55	1999.7.2	—	—	−0.46
坛丘	4.57	1999.7.2	—	—	−0.14
南麻	4.67	1999.7.1	—	—	−0.13
七都	4.97	1999.7.3	1.76	1963.4.26	−0.06
八都	4.85	1999.7.3	—	—	−0.25
庙港	4.41	1999.7.1	—	—	−0.05
横扇	4.43	1999.7.1	—	—	−0.12
震泽	4.69	1999.7.2	—	—	−0.25
铜罗	4.78	1999.7.2	—	—	−0.19
青云	4.79	1999.7.2	—	—	−0.09
桃源	4.89	1999.7.2	—	—	−0.33

注：水位修正值系1997年11月至1998年3月对全市各镇水位水准点校测后的修正数据。表中1999年水位为修正后水位,其他年份水位为历史记载水位。

二、流量

全境地处太湖流域下游,过境水量丰沛。一般年景,入境水量略大于出境水量,约有4亿立方米的水量消耗于境内用水和水体蒸发。不同水平年的过境水量不同,同时人类活动对入出境水量也产生影响。汛期（5~9月）,径流量约占全年的60%~70%,最大月径流一般出现在7月或8~9月,占全年径流量的20%~25%。最小月径流量多出现在1~2月或12月,3个月合计径流量约占全年的20%~30%。枯水年份,太湖上游来水明显减少,湖面水位下降,内河水则倒流太湖（1978年,内河倒流太湖的水量是常年的9倍）。

（一）入境水量

进入境内的客水主要来自太湖和浙北地区。另外,汛期时有黄浦江潮水从东部顶入。枯水年份,阳澄地区也有来水从北部进入以及通过"引江济太"工程[①]调入。丰水年份,太湖洪水主要通过太浦河泄入黄浦江,同时杭嘉湖平原涝水也要通过浦南区入太浦河。大旱年,沿江涵闸大量引长江水入阳澄区补给淀泖区,环太湖出水河道出现倒流,入境水量产生负值。

一般丰水年,太湖来水占入境水总量98.77亿立方米的53.11%,浙江来水占41.92%,阳澄地区来水为负值,境内径流占4.97%。正常年,太湖来水占入境水总量58.42亿立方米的52.31%,浙江来水占41.75%,阳澄地区来水仍为负值,境内径流占5.94%。一般枯水年,太湖来水占入境水50.74亿立方米的46.43%,浙江来水占38.35%,阳澄地区来水占11.51%,境内

---

① "引江济太"工程：将长江水引入太湖的调水工程。工程主要从苏州市常熟枢纽引长江水,通过望虞河由望亭水利枢纽入太湖,增加太湖周边地区供水,同时由太浦闸向上海、浙江等下游地区增加供水,改善太湖及下游地区水环境。

径流占 3.71%。枯水年,太湖来水占入境水 34.67 亿立方米的 39.4%,浙江来水占 32.71%,阳澄地区来水占 25.47%,县内径流占 2.42%。

表 1-18　　　　　　　　　　不同年型吴江市(县)入境水量表　　　　　　　单位:亿立方米

年 型	太湖及滨湖地区来水	浙江来水			阳澄地区来水	境内径流	合 计
		頔塘	澜溪	頔塘澜溪间河道			
一般丰水年	52.46	12.38	10.95	18.07	-5.62	4.91	98.77（93.15）
正常年	30.56	7.30	6.45	10.64	-0.52	3.47	58.42（57.90）
一般枯水年	23.56	5.82	5.14	8.50	5.84	1.88	50.74
枯水年	13.66	3.40	2.99	4.95	8.83	0.84	34.67

注:负值为逆流。括号中数字为扣除出阳澄地区后的水量。

1990 年发生伏旱,苏州市沿江 8 大闸引水 6 亿立方米补充太湖和内河水位,全县内河水位保持在 3 米以上。

1991 年太湖洪水后,太浦河实施第三期工程。1995 年太浦闸改造后,闸门时开时闭,使太湖出水量有所加大(80 年代前,太浦河节制闸常年关闭,仅有闸门漏水和小河出水,环太湖入境水量平水年大于丰水年)。1997 年,杭嘉湖北排工程开工建设,水道畅通。

1997~2004 年,平均入境水量 76.6 亿立方米。其中,1999 年是大水年,太浦河平望段过境水量 64.4 亿立方米,瓜泾口段过境水量 12.2 亿立方米。

表 1-19　　　　　　　　不同年型吴江市(县)环太湖入境水量表　　　　　　单位:亿立方米

区域	现状年（2004 年）	丰水年 20%（1983 年）	平水年 50%（1996 年）	中等干旱 75%（1988 年）	特殊干旱年 95%（1978 年）
瓜泾口段	5.03	7.12	9.03	5.29	-0.5622
节制闸段	17.10	17.96	26.04	10.85	-0.0712

1999 年 6 月 28 日、7 月 6 日和 7 月 13 日,江苏省水文水资源勘测局苏州分局分别对 7 条由浙江入境的河流水量进行测流,三次测得入境总流量分别为 360.3 立方米每秒、361.1 立方米每秒和 74.52 立方米每秒,平均 265.3 立方米每秒。

表 1-20　　　　　　　　　　1999 年浙江入境水量测流情况表

编号	河名	测流断面	测验日期	测流水位(米)	流量(立方米每秒)
1	頔塘	浔溪大桥	1999.6.28	4.63	107.00
	頔塘	浔溪大桥	1999.7.6	4.67	124.00
	頔塘	浔溪大桥	1999.7.13	4.11	19.10
2	乌镇市河	双溪大桥	1999.6.28	4.84	60.60
	乌镇市河	双溪大桥	1999.7.6	4.72	37.10
	乌镇市河	双溪大桥	1999.7.13	4.11	-14.00
3	横泾港	铁桥	1999.6.28	4.84	89.70
	横泾港	铁桥	1999.7.6	4.72	100.00
	横泾港	铁桥	1999.7.13	4.11	43.30

（续表）

编号	河名	测流断面	测验日期	测流水位（米）	流量（立方米每秒）
	桃源市河	雄壮桥	1999.6.28	4.80	12.40
4	桃源市河	雄壮桥	1999.7.6	4.62	18.30
	桃源市河	雄壮桥	1999.7.13	4.01	4.97
	青云市河	民德桥	1999.6.28	4.80	24.50
5	青云市河	民德桥	1999.7.6	4.62	23.90
	青云市河	民德桥	1999.7.13	4.01	7.57
	花桥港	张钧桥	1999.6.28	4.68	31.80
6	花桥港	张钧桥	1999.7.6	4.62	37.60
	花桥港	张钧桥	1999.7.13	4.01	18.50
	紫荇塘	水泥厂桥	1999.6.28	4.84	34.30
7	紫荇塘	水泥厂桥	1999.7.6	4.72	20.20
	紫荇塘	水泥厂桥	1999.7.13	4.11	−4.92

2003年汛期，太湖流域发生干旱，太湖流域管理局启动"引江济太"工程，使引江入湖水量增大，同时湖州境内的入湖河道发生倒流，并向杭嘉湖平原供水18亿立方米。为保证向上海供水，太浦闸全部打开，使吴江的入境水量大大增加。自2004年起，太湖流域管理局有计划地控制太浦闸出湖水量（泄洪时期除外），一般在50立方米每秒左右。

表1-21　　　　　　　　　　　2003~2004年吴江市入境水量表　　　　　　　单位：亿立方米

年份	屯浦塘	大运河	东太湖北段	太浦闸	东太湖南段	南浔段	桐乡段	合计
2003	12.55	8.294	5.591	31.54	2.796	19.98	13.13	93.881
2004	13.69	12.02	5.303	14.45	2.652	18.99	9.737	76.842

（二）出境水量

出境水由澄湖至芦墟段各港东出淀山湖；太浦河南岸从平望至芦墟段净出水流入浙江省嘉善县；平望至王江泾段各港出水流入浙江省嘉兴市和嘉善县。

一般丰水年，澄湖至芦墟段东出淀山湖水量占出境水总量80.1亿立方米的49.49%，太浦河南岸出浙江省嘉善县水量占21.16%，平望至王江泾段出浙江省嘉兴市、嘉善县水量占29.35%。正常年，澄湖至芦墟段东出淀山湖水量占出境水总量47.82亿立方米的50.98%，太浦河南岸出浙江省嘉善县水量占20.93%，平望至王江泾段出浙江省嘉兴市、嘉善县水量占28.09%。一般枯水年，澄湖至芦墟段东出淀山湖水量占出境水总量42.37亿立方米的53.15%，太浦河南岸出浙江省嘉善县水量占18.2%，平望至王江泾段出浙江省嘉兴市、嘉善县水量占28.65%。枯水年，澄湖至芦墟段东出淀山湖水量占出境水总量25.51亿立方米的66.25%，太浦河南岸出浙江省嘉善县水量占17.48%，平望至王江泾段出浙江省嘉兴市、嘉善县水量占16.27%。

表 1-22　　　　　　　　不同年型吴江市(县)出境水量表　　　　　　单位:亿立方米

年型	澄湖至芦墟段东出淀山湖	太浦河南岸出浙江省嘉善县	平望至王江泾段出浙江省嘉兴市、嘉善县	合计
一般丰水年	39.64	16.95	23.51	80.10
正常年	24.38	10.01	13.43	47.82
一般枯水年	22.52	7.71	12.14	42.37
枯水年	16.90	4.46	4.15	25.51

1991 年大水,东太湖 8 个口门 60 多天泄洪 30 多亿立方米,平均流量约 580 立方米每秒。

1997~2000 年,吴江市平均出境水量 73.878 亿立方米。

根据 2003~2004 年淀泖东线等水文巡测资料统计,2003 年出境水量约 90.84 亿立方米,2004 年约 76.39 亿立方米。

表 1-23　　　　　　　　2003~2004 年吴江市出境水量表　　　　　　单位:亿立方米

年份	周庄大桥	元荡白石矶桥	芦墟大桥	南栅段	商榻站	秀洲北段	王江泾站	秀洲西段	合计
2003 年	12.23	6.077	48.44	8.134	1.628	2.121	7.177	5.031	90.838
2004 年	12.93	4.573	34.82	10.30	1.362	1.281	8.215	2.904	76.385

表 1-24　　　　　　1984~2005 年瓜泾口、平望水文站汛期月流量表　　　　单位:立方米每秒

年份	5月		6月		7月		8月		9月	
	瓜泾口	平望	瓜泾口	平望	瓜泾口	平望	瓜泾口	平望	瓜泾口	平望
1984	381.96	1962.30	788.22	3991.50	1032.80	4956.00	452.81	2342.20	743.30	3592.00
1985	325.68	2107.00	228.22	1407.56	419.28	2282.68	391.20	2268.30	417.18	2407.80
1986	212.89	2069.40	170.20	1359.13	592.16	3166.90	368.14	2072.40	184.53	1541.14
1987	452.90	2344.80	350.94	2146.70	766.29	3641.71	1114.4	4098.80	1003.50	4068.40
1988	291.62	1731.70	—	—	—	—	—	—	—	—
1989	588.80	2887.20	471.40	2597.00	771.11	3038.40	753.80	3322.50	1064.10	4400.60
1990	358.81	2244.80	293.05	1801.80	372.11	1455.45	60.70	853.05	685.39	2715.20
1991	624.70	2868.70	934.10	3538.00	2048.80	7131.00	1289.90	7146.00	589.20	2524.61
1992	347.43	2638.80	136.69	1414.19	165.09	165.08	16.48	699.54	165.83	2073.50
1993	310.77	2503.60	333.42	1947.50	597.48	3337.20	1066.40	4967.80	874.70	5746.00
1994	217.60	1744.30	73.03	2442.10	114.51	1464.60	16.06	1046.80	43.06	1053.80
1995	88.78	2076.05	310.55	3075.32	1064.50	6858.00	471.60	3312.80	231.75	1819.50
1996	229.27	1742.40	137.90	2352.80	1150.95	7905.50	698.16	4501.40	358.69	1433.02
1997	110.04	2156.60	19.87	2033.30	90.18	2219.10	215.14	1910.10	433.00	2157.90
1998	161.85	5385.20	73.30	1041.60	229.70	925.20	280.79	2644.70	268.01	1945.60
1999	55.49	2813.80	243.23	5856.80	1699.90	15702.0	886.90	11048.0	984.30	8339.40
2000	27.25	2250.30	73.37	2078.30	—	1778.30	—	541.30	—	818.80
2001	—	939.90	—	1609.00	—	3307.90	—	3235.90	—	3234.00
2002	397.54	5419.00	267.64	5189.00	362.87	6213.00	414.56	2702.20	387.03	2521.80
2003	83.48	4155.90	33.01	2503.20	164.99	4296.00	130.77	1874.90	254.91	2019.90

（续表）

年份	5月		6月		7月		8月		9月	
	瓜泾口	平望	瓜泾口	平望	瓜泾口	平望	瓜泾口	平望	瓜泾口	平望
2004	48.28	2621.30	135.90	3108.80	346.20	3852.80	59.53	1171.40	372.00	2585.90
2005	162.60	3372.40	74.59	1822.90	88.45	2843.10	527.70	2260.00	713.40	3027.10

注：1.1988年瓜泾口、平望两站均未记录6~9月流量；2.2000年7月瓜泾口因建水利枢纽工程封坝停止测流，至2002年4月拆坝后恢复测流。

三、流速

境内入出境河道流速没有完整的资料。1977年5月12~21日，吴江县农机水利局对上下游入出境河口进行测流，获得流速情况如下：

（一）上游入境河道流速

太湖来水（七都张港、月港、亭子港、蒋家港，庙港倪家港、陆家港、西溪庙港、更溇港、姚家港、南盛港、张家港、大庙港、庄港口、庄港、大明港、太浦河闸，菀坪戗港、新开路、军用线港，湖滨三船路，部队农场苏州河，湖滨牛腰泾22条河口）除苏州河最小为0.09米每秒和大庙港、大明港最大为0.92米每秒外，其他均在0.25米每秒至0.91米每秒间；西路来水（七都丁公桥港、横古塘、沈家桥港、圣塘港，南浔顿塘、南浔市河、马家港，青云顾庄塘、波斯港、杏花桥港，桃源戴家浜、桃花港12条河口）除圣塘港最小为0.03米每秒和戴家浜最大为0.77米每秒外，其他均在0.1米每秒至0.49米每秒间；南路来水（桃源横泾港，乌镇市河2条河口）为0.46米每秒和0.23米每秒。

（二）下游出境河道流速

澜溪东岸（洛东新塍港，桃源石湾头港、南港、斜港4条河口）在0.2米每秒至0.26米每秒间；京杭运河（王江泾京杭运河河口）0.35米每秒；运河东岸（荷花吴家港、大有港、唐家路、斜路港，田乐市泾港、上合路港、小家港、史家路8条河口）在0.08米每秒至0.59米每秒间；太浦河南岸（汾玉小龙口，陶庄仲水港、小地园河、大地园河，芦墟南栅港5条河口）在0.09米每秒至0.21米每秒间；太浦河（芦墟太浦河河口）0.31米每秒；屯村至莘塔一线向东（屯村黑桥港、沐斯湾港、横港、上急水港，金家坝雪巷港、姚车湾、大西港、南挺港，莘塔排沙港、东卖盐港、西庄港、吴家村港、陆家湾、南灶港、城司港、杨树港16条河口）除东卖盐港最小为0.07米每秒和大西港0.62米每秒，其他均在0.09米每秒至0.47米每秒间。

四、流向

境内主要河道在自然状态下水的流向基本稳定，但水流的双向性亦决定着河流上下游的不确定性。一般情况下，河流水自西向东入海。太湖、浙北为上游，通太湖河流水自西向东流；浦南地区南北向河流水自南向北进入太浦河东流入海；京杭运河河线上段顺直，下段弯曲，呈南北走向，水流向时南时北不定，大致为：吴淞江以北向南流，吴淞江以南向北流，莺脰湖以南向南流；吴淞江水由西向东入黄浦江；太浦河主流由西向东入黄浦江，北岸除江南运河、窑港、东姑荡水流向北出河，南岸除汾湖以东各口水流向南河外，两岸其余各口一般都向南或向北流入太浦河,仅在汛期南来之水势盛时,北岸各口水才北向出河。在冬季或伏旱枯水位期间,当水位低于 2.5 米以下时,水流方向会自东向西进入太湖;当桃源水位低于 2.5 米以下时,浦南河流自北向南流动,顿塘河水自东向西流动;当暴雨发生初期或暴雨中心偏向北部时,浦南河流自北向南流动,顿塘河水自东向西流动(境内主要河道水流向详见第二章第二节"河流"表 2-1、表 2-2、表 2-3)。

五、水温

境内河流和湖泊没有水温测量的资料。苏州市区枫桥水文站有较完整的水温记录,因地理位置临近,其资料具有参考价值。1995~2005 年,枫桥站历年平均水温在 19.41℃。2003 年最高,为 35.2℃;1997 年最低,为 0℃。

表 1-25 　　　　　　　　1995~2005 年苏州市枫桥站水温统计值表　　　　　　单位:℃

年份	平均	最高	最低
1995	18.3	32.4	5.0
1996	18.1	31.4	4.6
1997	19.2	32.6	0.0
1998	19.5	34.4	4.4
1999	19.0	31.0	5.4
2000	19.7	34.2	4.4
2001	19.6	33.0	5.8
2002	19.7	32.4	6.2
2003	20.1	35.2	5.0
2004	20.6	34.2	5.8
2005	19.8	32.2	5.4

第四节　自然灾害

境内的自然灾害主要有暴雨、春秋季连阴雨、伏旱、龙卷风、台风、冰雹、寒潮、暴雪等。对水利产生影响的主要为洪水、台风和干旱。因地势低洼,雨涝是最主要的灾害。

一、春秋季连阴雨

境内春秋季连阴雨出现几率较高。

据吴江市(县)气象局资料,1959~1996 年,春季连阴雨年均近两次,持续时间多为 5~7 天。时间超过 10 天、雨量大于 100 毫米的有 13 次。春季连阴雨主要危害夏熟作物,其次是果树开花结果和春播蔬菜作物。其中,1977 年的春季连阴雨致全县夏粮总产比上年减产 40%。

表 1-26　　　　　　　　　　　1959~1996 年吴江市（县）春季连阴雨情况表

年份	起止日期（日/月）	雨日（天）	雨量（毫米）	年份	起止日期（日/月）	雨日（天）	雨量（毫米）
1959	4/5~17/5	13	121.6	1983	6/4~21/4	13	87.2
1963	27/4~16/5	18	178.6	1984	26/4~6/5	10	147.8
1964	1/4~16/4	14	109.5	1985	25/2~11/3	14	124.0
1973	25/2~13/3	16	113.1	1988	15/3~29/3	12	105.4
1977	24/4~9/5	14	235.1	1990	22/3~12/4	14	107.4
1980	29/2~31/3	26	163.4	1992	13/3~28/3	16	214.0
1981	27/3~12/4	15	110.2	1996	14/4~1/5	17	145.9

1959~2005 年,秋季连阴雨年均约一次,主要发生在 9 月,80 年代后期起明显减少。秋季连阴雨主要影响单季稻抽穗扬花和灌浆,其次是造成烂耕烂种。其中,1975 年 10 月中旬至 11 月中旬,雨期 25 天,雨量 125.9 毫米,使晚稻成熟、收割和三麦播种、油菜移栽受到严重影响。1985 年 9 月 11~20 日连续下雨,雨量 161.6 毫米,直接影响农作物抽穗扬花。

二、梅雨 [①] 型洪水

梅雨型洪水的特点是总量大、历时长、范围广。一般发生在 6、7 月间,如果 4、5 月间的春雨与梅雨相接发生,则洪水总量更大。

1991 年,太湖流域梅雨来得较早,5 月 19 日入梅,7 月 13 日出梅,梅雨期 56 天。其间,梅雨过程集中出现三次（5 月 19~26 日、6 月 2~20 日、6 月 29 日至 7 月 13 日）。境内大雨 5 次、暴雨 3 次,较 1954 年分别增加 2 次。吴江气象站梅雨量 589.9 毫米。全县 16 个站梅雨量平均 552.4 毫米,最多的铜罗站 635.7 毫米,最少的震泽站 480.6 毫米。梅雨量占汛期雨量的 74.4%。一日最大雨量 91 毫米,比 1954 年一日最大雨量多 17.9 毫米。5 月初,太湖水位 3.5 米。7 月 14 日,太湖最高平均水位 4.81 米（报汛水位为 4.79 米）,超过历史最高水位 0.14 米（1954 年）。至 8 月底,沿太湖口门共排泄太湖洪水 65 亿立方米,约占总水量的一半。据太湖流域管理局不完全统计,整个太湖流域受灾农田 941 万亩,成灾 627 万亩,损失粮食 1.28 亿千克,减产粮食 8.12 亿千克,受灾人口 1182 万人,死亡 127 人,倒塌房屋 10.7 万间,冲毁桥梁 1940 座,直接经济损失约 114 亿元。

1999 年 6 月 7 日,太湖流域进入梅雨期,7 月 20 日出梅,梅雨期 44 天。其间,出现三次明显降雨过程（6 月 7~10 日、15~17 日、23~30 日）,太湖流域面平均梅雨量 671 毫米,分别超过 1991、1993 年梅雨量 136、174 毫米。全市 15 个测站平均梅雨量 771.2 毫米,为历史最大纪录。其中最大的平望站 843.2 毫米,最小的太浦闸站 684.5 毫米。其中 6 月 23~30 日,全市 15 个测站平均降雨量 433.7 毫米,占整个梅雨量的 56.24%。6 月 30 日一天,全市 15 个测站平均降雨量 115.8 毫米,最大的金家坝站 144 毫米,最小的铜罗站 96.2 毫米。太湖水位 6 月 10 日超过警戒水位（3.5 米）,7 月 1 日平 1991 年最高水位,7 月 8 日 10 时 5.08 米,为有记录以来的最高

---

① 梅雨:初夏,南方暖湿气流与北方冷空气在江淮流域对峙造成连续阴雨。因空气潮湿,衣物易发霉,又时值梅子黄熟,故这种天气现象被称作梅雨。入梅时间明显偏早或偏迟称为早黄梅或迟黄梅。小暑后梅雨继续或重新出现称为倒黄梅。入梅期间雨量明显偏少或无雨称为枯梅或空梅。

水位。太浦闸和望亭立交枢纽最大日平均下泄流量分别为746立方米每秒（7月8日）和495立方米每秒（7月11日）。7月20日，太湖水位退至4.79米以下。据太湖流域管理局统计，1999年梅雨期太湖流域洪涝灾害直接经济损失131.05亿元。

三、台风型洪水

台风型洪水的特点是降雨强度大、历时短、范围小。一般发生在7月下旬至9月中旬，一次降雨历时约1~7天，最常见的为3天左右，暴雨中心3天降雨可达400~500毫米，如发生在太湖东部低洼地区，常因宣泄不畅造成地区性涝灾。穿太湖北上台风对吴江影响最大。

1987年7月、9月，台风暴雨两次袭击吴江。台风过境过程中，全县分别平均降雨61.2毫米（最多点黎里112.1毫米）、105.1毫米（最多点八都132毫米）；湖河平均水位分别比台风前上涨0.3米、0.6米，24个乡镇大多超过危险水位。全县经济损失分别为923万元、785万元（其中盛泽镇遭重灾，损失500万元）。

1989年9月，第23号强热带风暴过境。全县过程降雨量平均99毫米（最多点盛泽159毫米）。同时受上游高水位压境和下游农历8月中秋高潮（水）位顶托，全县水位普遍上涨0.45米，大多超过危险水位。17~23日，苏浙区间客轮停航。全县直接经济损失3233.41万元，间接经济损失1287.07万元。

1990年8月，遭受第15号强热带风暴正面袭击。全县过程降雨量均超100毫米（最多点八坼243毫米），2天内水位从3米上升到3.5米左右。全县直接经济损失2510万元，间接经济损失3200万元。同年9月，受17号热带风暴形成的低气压影响，降雨覆盖全县，平均降雨量100毫米（太浦河以北地区122.5毫米），最大雨量为瓜泾口251.9毫米（其中2小时内降雨量155毫米）；外河水位普遍超过警戒水位。全县30万亩水稻再次严重受涝，粮食减产1288千克；松陵镇区严重受涝，水深0.5米以上（最深0.8米），直接经济损失1065万元，间接经济损失1500万元。

1992年9月，第19号强热带风暴正面过境北上。全市普降大到暴雨并伴有7级至9级东北大风，过程雨量平均72.1毫米。其中，桃源站最大98.7毫米，太浦河闸最小为60.5毫米，江湖河水位骤涨。全市7.5万亩稻田倒伏，20余家工厂进水，经济损失逾200万元。

2001年，受2号台风"飞燕"影响，吴江和周边地区普降暴雨、特大暴雨。在台风、暴雨、高潮位和大量客水涌入下，全市水位急剧上涨，4天平均上涨1米左右，有15个镇超过3.8米危险水位，浦南地区浙江沿线全面超过4米，最高的桃源达到4.38米，超过1991年最高水位。

2002年7月，受第5号台风"威马逊"外围影响，太湖水位上涨0.3米至0.5米，达到当年最高水位4.1米。同年8月，境内自北向南、自西向东遭受强雷暴袭击，并伴有大风和暴雨，瞬时最大风力接近12级，为历史罕见。全市直接经济损失0.73亿元。

2005年8月，第9号台风"麦莎"影响全市。过境最大风速为每秒23.1米，平均降雨量达114.2毫米（最大的松陵117.8毫米）；境内水位平均涨幅达40厘米。全市直接经济损失2.67亿元。同年9月，全市又受第15号台风"卡努"影响。过境最大风速为9级，局部10级，降雨量达97.7毫米。全市直接经济损失3000万元。

四、干旱

境内水多,历史上干旱现象少而轻。新中国成立后,随着机电灌溉的发展,境内即使出现旱情也能得到控制,很少造成大的经济损失。

1988年7月4~21日,境内35℃以上高温天气13天,平均降雨0.2毫米。全县受旱面积37.2万亩(水稻面积35万亩,桑果蔬菜面积2.2万亩),造成0.63万亩减产5~8成,36.57万亩减产3~5成。

1990年7月中旬至8月中旬,全县白天烈日当空,骄阳似火;夜间无风少雨,炎热不减,蒸发量和田间需水量增加,外河水位下跌,少数河浜断水,生产生活受到影响。为支援上海市抗旱,太浦闸从8月1日开闸放水半个月(是建闸以来第一次引水抗旱),外河水位下跌不止。据统计,抗旱面积80万亩,受旱减产30万亩。因病害重新栽种500亩,桑地受旱5万亩,减产粮食3000万千克,间接经济损失1200万元。

1992年7月15日至8月11日,持续28天高温晴热。其中,7月28日,测得最高温度吴江站37.2℃,苏州站39.2℃,破1949年最高纪录。全市16个测站平均雨日2.7天,平均降雨量15.7毫米。高温晴热、降雨量稀少致使河网水位下降。7月31日,瓜泾口、平望、桃源、震泽、莘塔、菀坪站水位分别为2.7米、2.53米、2.6米、2.72米、2.52米、2.45米。为确保农田灌溉期用水,全市组织上千人清理灌溉渠系,投入全部灌溉动力抗旱,使灾情得以缓解。

1994年6月29日至8月8日,境内出现35℃以上高温天气10天。其中,7月日照时间288.3小时,日平均气温30.1℃。全市16个站平均降雨量10.1毫米(市气象站降水量3.2毫米),最大盛泽站32.6毫米,最小金家坝站0毫米。6月底太湖水位3.39米,平望水位3.18米,8月8日分别跌至2.59米和2.44米;菀坪、莘塔站水位2.35米和2.46米,接近泵站设计最低临界水位;部分地区出现灌水困难、河道断航现象。全市26.89万亩稻田受旱,其中轻灾5.3万亩,重灾0.86万亩,绝收0.13万亩。10.96万亩桑田受灾,其中轻灾3.79万亩,重灾0.76万亩,绝收0.26万亩。持续高温干旱,使自来水和电力供应发生困难,工业生产和城镇居民正常生活亦受到影响。

1997年6月中旬,全市15个测站中出现低于、等于2.5米水位的有7个,其中最低的菀坪站6月18~21日水位2.35米。部分圩内河道水质恶化、灌溉困难,甚至断流干涸,给全市农副业生产带来一定影响。

2003年7~9月气温持续偏高,出现超过35℃高温天气29天(7月16天,8月10天,9月3天)。其中,8月1日测得最高气温38.9℃,为历史最高。全市13个测站汛期平均降雨量368.8毫米,比历年平均降雨量(643.1毫米)少274.3毫米,最少的桃源站320毫米,最多的市局站481毫米。由于应对得当,虽然连续高温少雨,全市旱情灾害甚微。

第二章　水　域

　　吴江市地处长江下游的太湖流域,西部边线从南到北滨临太湖,境内河港交织,湖荡星罗棋布。全境共有大小河道 2600 多条,50 亩以上湖泊荡漾 351 个。水域面积 351.2 平方千米,占总面积的 27.86%。境内水源除降水产生的地表径流外,主要是太湖、浙江杭嘉湖区部分北排和东排水流。此外,苏州方向自运河和吴淞江北岸支流也有部分水流入境。

第一节　水　系

一、水系形成

　　境内水系是在太湖平原的成陆、开发过程中,由自然湖泊、河道及人为开挖河道两者组合而成的。

　　古代太湖东岸与吴淞江江首浑然一体,是一片广阔的水域,"天光水色,一望皆平"。《尚书·禹贡篇》有关"三江既入,震泽底定"的记载,说明早在夏代时太湖洪水便循着松江(今吴淞江)等自然水道东流入海。松江源出太湖,南起八坼大浦港、北至瓜泾港都是松江上源,为境内主要排水河道,也是太湖出水主要干流。东晋庾阐《扬都赋注》载:"今太湖东注为松江,下七十里有水口分流,东北入海为娄江,东南入海为东江,与松江而三也。"

　　汉武帝时(公元前 140 年至公元前 87 年),为解决闽、浙贡赋物资的运输,从苏州以南沿太湖东缘的沼泽地带开挖一百余里河道[1],即苏州至嘉兴段运河,这是吴江境内始创人工开凿河道的记录。除松江和江南运河外,尚有荻塘(今顿塘)、烂溪(又称澜溪)等主要河道。荻塘承纳浙西天目山区来水,部分水流由太湖南岸诸溇港入湖,主流东行到平望入莺脰湖;烂溪南受浙江杭嘉湖区部分洪涝水流,到平望亦入莺脰湖,然后经江南运河调蓄后部分水流散入运东湖荡东流。

　　隋代年间,"吴江、平望间是一片白水"[2]。

---

　　① 同治《苏州府志·宝带桥》引明陈循《正统修桥记》曰:"汉武帝开河通闽越贡赋,首尾亘东墇百余里。"震泽即太湖。墇:河边地。

　　② 《太湖水利史稿》。

　　唐元和五年(810),苏州刺史王仲舒"堤松江为路","时松陵镇(今吴江城区所在地)南、北、西俱水乡,抵郡(苏州)无陆路"。[1]

　　唐代以后,太湖东北方向出水由于娄江湮塞,改道从鲇鱼口北上由苏州护城河东流过娄门到至和塘与通海的浏河衔接;东南方向出水则因东江全湮,由唐家湖以东诸荡散入淀山湖、泖湖;吴淞江下游受海潮倒灌,泥沙淤积,加之豪强上户侵占围垦,日益萎缩。

　　北宋庆历二年(1042),"苏州通判李禹卿筑长堤界松江太湖之间,横截五六十里,以益漕运"[2]。庆历八年(1048),"吴江知县李问建垂虹桥……一名长桥",横跨吴淞江,"东西千余尺"[3]。吴江塘路[4]和垂虹桥的建成,使吴淞江江首改道于长桥下。

　　元初,吴淞江"江尾还有一里阔,海船尚可进出,元末'仅存一线'"[5]。

　　明初,开凿上海境内的范家浜,"上接大黄浦,以达淀、泖之水",遂形成"黄浦夺淞"[6]的局面。明代中叶以后,吴淞江下游的河道严重淤塞,已失去太湖出水干流的作用。吴淞江源头也因进水口淤积涨滩、泄水不畅,逐渐北移。

　　明清时期,洞庭东山和苏州西南山区间的"大缺口"逐渐淤塞,形成狭长淤浅的东太湖;长桥河淤浅为两线细流,吴江塘路东西两侧淤积成陆,逐步垦辟成田。垂虹桥水道作为吴淞第一要口的格局因东太湖湾的形成而改变,"太湖水唯去瓜泾为速"[7]。在太湖西侧的围滩造田过程中,古人在沿湖疏导许多出水溇港,时称"湖南七十二溇"、"湖中一十八港"。据明代文献记载,有大小出湖溇港140余条。

　　历经数百年的逐渐发展,至民国时期,境内已形成完整的塘、浦、泾、浜、溇、港、溪、渎等纵横交错、密如蛛网的河网水系。京杭运河以东无东泄干流,太湖及杭嘉湖区来水都经京杭运河调蓄后散入东部湖荡,达淀山湖、泖河入黄浦江东流归海。

　　1952年,经水利部门查勘,太湖仍有出水溇港90条,其中能起宣泄作用的有十数条,位于吴江境内的有杨湾港、瓜泾港、三船路、军用线港等。1958年开挖太湖排洪专道太浦河,至1960年第一期工程竣工,境内始有横贯东西之干流,但因下游段未按计划接通泖河入黄浦江,洪涝水流不能畅泄。70年代在浦南区拓浚太平桥港,开挖乌桥港,在浦北区开八荡河(莘塔段),增加东泄支流,水系面貌改善。1978年太浦河实施续建工程,但下游仍未开通。1991年江淮大水,太湖水位超历史纪录,达4.79米(1999年太湖流域再次发生特大洪水,太湖最高水位瞬时达5.08米)。灾后,在国务院的统一部署下,《太湖流域综合治理总体规划方案》中太浦河、环太湖大堤、杭嘉湖北排通道等骨干工程得到实施,太湖洪水的主要通道基本畅通,吴江境内水系面貌更新。

---

　　① 清同治《苏州府志》。

　　② 明沈㟪《吴江水考》。

　　③ 武同举《江苏水利全书·太湖流域》。

　　④ 中唐与北宋年间,先后在太湖东沿由北向南修筑长堤,形成一条南北贯通、水陆俱利的岸线,史称吴江塘路。直到庆历八年(1048)吴江垂虹桥建成,吴江塘路乃全线贯通。

　　⑤ 《太湖水利史稿》。

　　⑥ 《明史·河渠志》。

　　⑦ 明沈㟪《吴江水考》。

二、与太湖水系的关系

太湖流域水系以太湖为中心,分上游水系和下游水系两个部分。上游主要为西部山丘区独立水系,有苕溪(又称雪溪)水系、南河(又称荆溪)水系及洮滆水系等;下游主要为平原河网水系,主要有黄浦江水系(包括吴淞江)、沿江水系和沿长江口、杭州湾水系。京杭运河穿越流域腹地及下游诸水系,全长312千米,起着水量调节和承转作用,也是流域的重要航道。

太湖水源主要有南、西两路。南路为苕溪水系和合溪水系。苕溪水系发源于浙江西部的天目山区,以东苕溪、西苕溪为最大,两溪在湖州市会合后称雪溪,其主流向北由小梅口、大钱口注入太湖,另有支流向东入頔塘与杭嘉湖平原水网相通,有部分径流经水网散入湖。合溪水系发源于湖州西北山区,由夹浦等港注入太湖。南路各水系集水范围约6000平方千米。西路为南溪水系。自明代在胥溪筑东坝隔绝丹阳、石臼和固城三湖来水后,西路来水基本上以荆溪水系和洮滆水系为源,总集水面积约9000平方千米。荆溪水系发源于苏皖浙三省交界处的界岭,沿程汇溧阳、金坛及宜兴的支流,由南溪河东泄,主流经西滆、东氿于大浦口入太湖。洮滆水系汇集茅山山脉及镇江、丹阳、金坛一带丘陵岗坡径流,经洮湖、滆湖,由宜兴百渎诸港散入太湖。另外,汛期长江水位高涨时,在通江河港无闸控制的情况下,也有部分江水倒灌太湖。

太湖的出水口主要分布于东太湖东岸,一部分在西太湖北部。秦汉时期开挖苏嘉运河和唐宋年代修建"吴江塘路"后,形成一条明显的湖界。塘路东西两侧逐步被开发成为低洼圩区。沿湖的"湖中一十八港"为太湖出水之口,"湖南七十二溇"则有进有出,太湖水盛而北风大则湖水灌入诸溇,山水盛而南风大则诸溇之水流入太湖。这些出水港既是洪水入侵的门户,也是水源供给的窗口。随着联圩建设的发展,沿湖溇港大都在圩口建闸成为联圩内河,已失去泄水作用。1977~1983年,太湖大堤建成后逐步在出水溇港建闸控制。吴江拥有太湖水面积约84.2平方千米。按照《太湖流域综合治理总体规划方案》对太湖实施"东控西敞"的治理原则,境内沿湖出水溇港除徐杨港封堵、薛埠港建涵洞外,全部建闸控制。至2005年底,河口自西南向东北依次为吴溇港、方港、张港、叶港、西亭子港、蒋家港、丁家港、大庙港、鸦雀港、大明港、时家港、汤家浜、太浦河、白浦港、罗家港、亭子港、盛家港、朱家港、氽港、新开路、沈家路、草港、建新港、军用线港、三船路、外苏州河、牛腰泾、西塘河、柳胥港、瓜泾港、新开河、杨湾港。

太湖下游出水,自古以来变化较大。出海干流古有三江,即松江、娄江和东江。唐代以后,东江、娄江相续湮塞。宋元以后,吴淞江逐渐淤浅狭缩,泄水困难。明永乐初,夏原吉治水"掣松入刘",开范家浜接通大黄浦,从此黄浦江逐步替代吴淞江成为太湖主要入海通道。今天,吴淞江、黄浦江、浏河可视为太湖三江演变的结果。

太湖的上游来水量、下游去水量及本身容蓄量,三者平衡则水旱无虞,三者失衡则水旱肆虐。吴江的河网水系基本以太湖为枢纽,受太湖源委所制约。因此,吴江的生存、发展与安危无不与太湖紧密相连、息息相关。

三、境内水系划分

境内水系划分通常以太浦河为界,分为浦北和浦南两区。浦北属淀泖水网区,浦南属杭嘉湖水网区。京杭大运河纵贯南北两区,为承转市内水量的总导渠。

（一）浦北区水系

浦北区位于东太湖下游、太浦河以北，北与苏州市吴中区相接，东北与昆山市相连，东与上海市毗邻，属苏州淀泖水网区。该区湖荡河网稠密，圩区、半高地、平原三者交错，且首当太湖洪水之冲，是一个水系混乱复杂、水灾严重的地区。区内主要河流除瓜泾口、吴淞江、江南运河外，还有横草路、大浦港、急水港、大窑港、牛长泾、东卖盐港、八荡河等；主要湖泊有元荡、汾湖、三白荡、白蚬湖、同里湖、南星湖、石头潭、长荡等27个，与苏州市的吴中区、工业园区和昆山市共同组成"淀泖湖群"。

该水系的主要水源来自东太湖，另有部分水流由太浦河经京杭运河、窑港注入，部分水流自苏州方向由京杭运河和吴淞江北岸各口注入。东太湖出水主要有瓜泾港、三船路、军用线港、戗港等通湖诸港。瓜泾港水出瓜泾桥入京杭运河，会合松陵镇南北诸港之水和京杭运河苏州南下之水，经分水墩汇入吴淞江，沿途纳南北两岸诸港出水，东流数十里经四江口进入上海市境内出海；吴淞江部分东流水量经长牵路、屯浦港、澄湖、大直港、千灯浦等分流南下，进入淀泖区腹部，分别由南星湖、白蚬湖、长白荡、白莲湖等淀泖湖群承转后汇入淀山湖下泄归海。三船路东接北大港，出北七星桥入京杭运河。军用线港由海沿漕、直渎港入大浦港，过大浦桥入京杭运河。入京杭运河之水小部分北流至分水墩汇入吴淞江东泄，大部分经大窑港、北大港、白龙港东泄。大窑港水流在东泄途中会合长牵路来水经南星湖、牛长泾、八荡河、元荡汇入淀山湖。北大港、白龙港水流则经长白荡、南参荡、元鹤荡、三白荡东泄。戗港出水主流入横扇三级河去沧洲荡，由沧浦河入太浦河东泄，部分向东折入横草路至大浦港入京杭运河。

80年代前，浦北区东泄通道虽然北有澄湖、白蚬湖，南有八荡河、元荡等颇为宽畅的出境河口，但由于下游东泄河道大都被封堵，淀山湖主要出水口拦路港未拓宽，太湖洪水出路未解决，常因洪涝并涨而水位壅高，流速缓慢，出水不畅。至2002年，太浦河和环太湖大堤组成的流域洪水调控工程体系建成，太湖洪水东向出路基本畅通。

（二）浦南区水系

浦南区东接上海市青浦区，南连浙江省嘉善县、嘉兴市、桐乡市，西临太湖和浙江省湖州市，北靠太浦河，属太湖流域杭嘉湖平原区，水系与杭嘉湖平原脉络相连，是承受客水过境、地势偏低的水网圩区。区内主要河流有京杭运河、頔塘、澜溪、乌桥港和严墓塘等；主要湖泊有麻漾、长漾、金鱼漾、雪落漾、草荡、莺脰湖等28个。

该水系的主要水源有两路，分别由頔塘、澜溪两大干流承输。頔塘西受浙江湖州东苕溪分流之水和西太湖出水；澜溪南受浙江乌镇市河和横泾塘来水。两河之源同出天目山区，共会于莺脰湖后分为三股，一股由京杭运河南行至大坝港东泄；一股由翁沙路、雪湖、杨家荡入太浦河；一股由京杭运河北行至太浦河。该水系的东泄通道主要是太浦河。此外，另有两条东泄支流，一路受浙江双林来水，西起沈庄漾，由青云港、郑产桥港至南麻漾，再经麻溪、太平桥港入京杭运河；一路西起北麻漾，经川桥港、南万荡、蚬子兜由乌桥港入京杭运河。

80年代前，太浦河下游未打通，出水量不大，加之京杭运河以东的东泄口门大部受浙江所建水闸控制，区域内常因出水不畅受涝。2000年和2005年，太浦河和杭嘉湖北排通道工程完成后，区内出水状况明显好转。

图 2-1 吴江市水系图

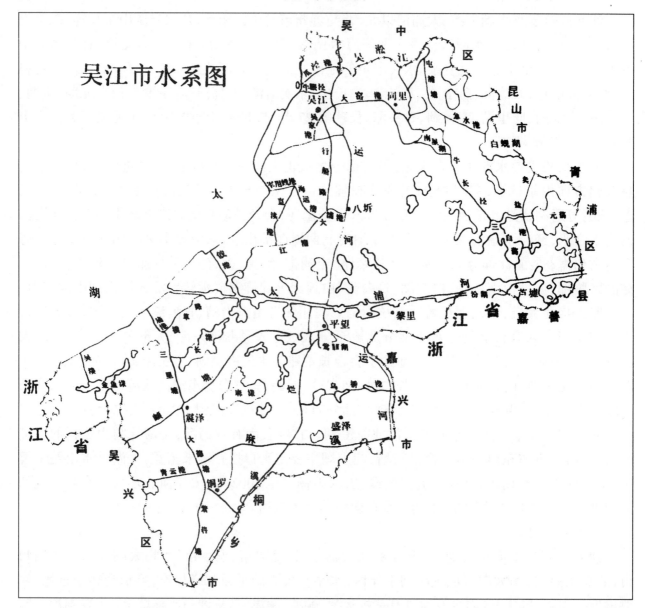

第二节 河 流

2005年,境内共有大小河道2600多条,其中流域性河道3条,县级河道24条,乡级河道297条,村庄河道2298条。河网密度每平方千米2.04千米。河流有江、河、塘、溪、泾、漕、路、港、溇、浜等名称,遍布联圩内外。沿太湖河流以太浦河为界,以南多称溇,以北多称港。

一、流域性河道

2005年,境内流域性河道3条。京杭运河纵贯南北,太浦河横穿东西,顿塘斜越浦南,构成跨境泄洪、航运大通道。

（一）京杭运河

京杭运河是世界上开凿最早、水道最长的水利工程,又称大运河。北起北京市,南抵浙江省杭州市,流经北京、天津、河北、山东、江苏、浙江四省两市,沟通海河、黄河、淮河、长江和钱塘江五大水系,全长 1794 千米。

江南运河是京杭运河的最南段,北起镇江谏壁,南至杭州,古时号称"八百余里"[①],现全长 313.2 千米(《中国大百科全书》称 330 千米)。其中江苏段 198.5 千米,浙江段 114.7 千米,是沟通长江和钱塘江的水运动脉,贯串太湖地区的南北航道干线,又是转输调节江湖水流的重要纽带。江南运河是分段开凿完成的。周敬王二十五年(公元前 495 年),吴王夫差开河通运,从苏州境经望亭、无锡至奔牛镇,达于孟湖,计 170 余里。此为江南运河开挖的最初阶段。秦王政二十六年(公元前 221 年),秦始皇在完成统一大业后,从长江中游的云梦地区浮江而下,"过丹阳、至钱塘、临浙江",到太湖地区出巡,下令从嘉兴起"治陵水道到钱塘、越地,通浙江"。"陵水道"是开河筑堤形成的水陆并行通道,后来称为"塘河"。秦之钱塘县即今杭州境地,故一般认为这段"陵水道"就是江南运河杭嘉段的前身。汉武帝时(公元前 140 年至公元前 87 年),为解决闽、浙贡赋物资的运输,从苏州以南沿太湖东缘的沼泽地带开挖苏州至嘉兴之间长百余里的河道,即苏嘉段运河。至此,江南运河全线连通,初具可以辗转通运轮廓。

苏州境内运河长约 82 千米,通常又分为苏锡段(沙墩港至枫桥)、苏州市河段(枫桥至宝带桥)和苏嘉段(宝带桥至王江泾),分别长约 18 千米、14 千米、50 千米。

吴江境内运河是苏嘉段的北段,亦称苏南运河。北接苏州市吴中区,南连江浙两省交界的王江泾,穿越淀泖和浦南二区域。流经松陵镇、经济开发区、平望镇、盛泽镇和浙江省嘉兴市秀洲区,全长 41 千米,河底宽约 30 米,底高程一般为 –1 米左右。其中长浜以北 0.2 千米,浏河浜至吴淞江头分水墩共 1.1 千米,西岸属吴江市,东岸属吴中区(长浜至浏河浜两岸全属吴江市);分水墩至黎泾港共 30.4 千米,均在吴江境内;黎泾港至麻溪共 9.3 千米,西岸属吴江,东岸属浙江省嘉兴市。

境内运河西滨太湖,纳众港之水,东注诸湖荡连淀泖水系,南接杭嘉湖水系,北通阳澄水系,沿程与吴淞江、太浦河、頔塘等东西向排水河道相交,有吐纳江湖、调节水量之功。河线上段顺直,下段弯曲,呈南北走向,流向时南时北不定。大致为吴淞江以北向南流,吴淞江以南向北流,莺脰湖以南向南流。特别是太浦河作为太湖出水最主要的过境通道,对苏嘉段运河水位、航运、水质有着直接影响。1999 年,太浦河平望段过境水量达 64.4 亿立方米。

历史上开挖运河,主要是为"利漕便驿",但对水系的贯串调节也起到不可忽视的作用。为保证它的畅通,历代均对运河进行过多次分段疏浚河道、修筑塘岸、设置闸牐等方面的治理,谋求解决上下游水利矛盾。中华人民共和国成立后,愈加注重运河治理。除分段挖浚河道,沿岸修筑驳岸,设置渡口、码头外,还修缮"吴江塘路"遗址,建设跨河桥梁,沿线种植绿化和设置景点。1985 年,境内段为 4 级航道,可通 100 吨级船舶,是连接苏州、杭州的水上大动脉。1992 年开始,江苏省、国家交通部投资 20 多亿元,对航道进行全面整治,沿岸全部采用混凝土预制块和浆砌块石护坡,航道顺直,河面宽阔。2000 年,船舶通过量 5318 万吨。2001 年 4 月,苏南段运河成为全国第一条文明样板航道。常年有苏、鲁、皖、豫、沪、浙、赣等 13 省、市船舶在境内航行。2004 年,船舶通过量达 1.01 亿吨,航道内超过 500 吨级船舶屡见不鲜。至 2005

---

① 《资治通鉴·隋书》。

年,运河上建有苏州绕城高速尹山运河大桥、江陵大桥、江兴大桥、云梨桥、云龙桥、八坼大桥、运河立交桥、平望大桥、新运河桥、万心桥、盛震运河大桥、坛丘大桥、市场路运河桥、盛泽苏嘉杭高速公路桥(老运河段)等公路大桥14座。遗存三里桥、安民桥和通安桥等古桥3座。沿途松陵、八坼、平望、盛泽等地工厂企业,设置物资集散货场和装卸码头数十座。随着公路建设和汽车客运的迅速发展,轮船客运则在20世纪末相继缩减停运,苏杭段仅有单航次航班过境。淞南、叶明等渡口也相应消失。

境内段支河口颇多。自北而南:西岸有长浜、张墓港、浏河浜、瓜泾港、汤阴港、七里港、大港河、前港河、吴家港、新开河、北大港、龚家港、牌楼港、虾龙浜、大浦港、虹桥港、翁泾港(以上松陵段)、胜墩港、铁枪河、太浦河、东溪河、司前港、鸢脰湖(以上平望段)、后荡、北角荡、大成浜、梧字圩港、乌桥港、排辐港、杨元生港、麻溪(以上盛泽段)等31个;东岸有塘东里港、方家浜(以上吴中区段)、吴淞江、黄家坝港、费家浜、朱家港、张家港、方港、大窑港、小益港、北何家港、何家港、芦家港、宁家港、万顷港(以上松陵段)、方尖港、通井圩港、潘河港、王家浜(以上经济开发区段)、北大港、白龙港、千泾港、和尚港、西联河、长浜、南湖浜、八坼市河、土地浜、闻家村港、雇子港、金块港、卖鱼港(以上松陵段)、北育圩港、联北河、大水路、新字圩洼、南危圩港、太浦河、小西河、翁沙路、池家港、黎泾港(以上平望段)、大坝港、史家路、小家港、上合路、市泾港、斜路、唐家路、大有港、吴家港(以上浙江省段)等51个。

(二)太浦河

太浦河西起江苏省吴江市横扇镇太湖边的时家港,基本循旧有水路,向东连通蚂蚁漾、雪落漾、桃花漾、北草荡、北琶荡、杨家荡、后长荡、大平荡、将军荡、木瓜漾、汾湖、东姑荡、韩郎荡、白洋湾、马斜湖、吴家漾、长白荡、白渔荡、钱盛荡、叶库白荡等湖荡,至西泖河注入黄浦江,以其起迄点命名,跨江苏、浙江、上海两省一市,全长57.62千米,其中,流经江苏段40.75千米(南岸有两段约850米属于浙江省)均在吴江市境内。

境内段支河口颇多,自西向东:北岸有北罗家港、白浦港、亭子港(以上七都段)、叶家港、沧浦河、沧洲荡、冬瓜荡、陆家荡(以上横扇段)、向阳河、平溪河、塘前港、京杭运河、直大港、东曹港、张家甸港(以上平望段)、坝里港、乌桥港、西林塘、蜘蛛荡、茶壶港、南渭港、平桥港、董家村港、杨秀港、大木瓜荡、浦家埭、西汾湖港、东西港(以上黎里段)、荣字港、朱家港、西大港、钱长浜、窑港、东姑荡(以上芦墟段)等34个。南岸有时家港、汤家浜、长圩港(以上七都段)、横路、邱家港、南蚂蚁漾、雪落漾(以上横扇段)、桃花漾、东城港、袁家埭港、柳家湾、忠家港、新运河、京杭运河、北琶荡、金家潭(以上平望段)、南富港、杨家荡、下丝港、寺后荡、后长荡、南杨秀港、亭子港、南木瓜荡(以上黎里段)、西湖港、南尤家港、朱明港(以上浙江省段)、南栅港、南窑港、南东姑荡、华中港(以上芦墟段)等31个。

境内段各支河口的流向为:北岸除江南运河、窑港、东姑荡外水流向北,南岸除汾湖以东各河口外水流向南,两岸其余各河口一般都流入太浦河(仅在汛期南来之水盛时,北岸各河口水流向北)。

太浦闸最大日平均下泄流量746立方米每秒(1999.7.8)。

太浦河是一条排泄太湖洪水、承泄杭嘉湖地区涝水、兼顾为黄浦江引水的流域性骨干河道。同时又是一条沟通太湖和黄浦江的500吨级的内河航道。

太浦河的形成几经曲折。河道设计标准因前后规划排水任务的变化而有不同。1959年《江苏省太湖地区水利工程规划要点》的河道标准是：河底宽150米，起点河底高-1.5米，以5万分之一比降向东倾斜至泖河口为-2.7米，边坡1:3。对河线穿过湖荡的处理原则是：大湖包，小湖穿；深湖包，浅湖穿；土少包，土多穿。穿湖工程按计划河底疏浚，包湖工程暂不疏浚，先环湖筑堤，以后用机挖浚深。

1958年11月27日，太浦河工程破土动工（后称一期工程）。吴江、震泽（1960年撤销，并入吴县，现属吴中区）、江阴、吴县、青浦、松江、金山（青、松、金三县于1958年2月并入苏州专区，同年11月划属上海市）7县动员民工12.1万人开挖河道。吴江、震泽、吴县、江阴负责修筑东太湖蓄洪区大堤和吴江县境内工段，青浦、松江、金山负责青浦县境内工段，浙江省负责嘉善县境内工段（境内放样清基，但未动工）。1959年5月5日，由于物资供应不足和春耕夏种民力限制，工程停工。1960年春，江苏省段复工，4月10日竣工。上海市段复工后又停工，未按计划完成任务，只留下青浦县钱盛村附近约3千米河段雏形，后被分隔数段养鱼。浙江段河道工程仍未动工。一期工程完成土方1984万立方米（其中江苏段1824万，上海段160万立方米）。吴江县境内挖毁耕地7042亩，压废土地13954亩，拆迁民房8700间。当时未付挖压土地和拆迁房屋赔偿费，后于1962年按政策退赔，国家共投资2284万元（包括上海段）。除开挖河道外，还建造太浦河节制闸1座，平望汽-13、拖-80钢筋混凝土公路大桥1座和芦墟与黎里木便桥2座，横扇东套闸1座。江苏段竣工后，设立吴江县太浦河节制闸管理所，由江苏省水利厅直接领导，后几经变更，由吴江县水利局代管。

由于对太湖地区水利建设的观点不同和受行政区划的制约，一期工程下游泄洪通道未能开通，且原先南北贯通河流被堵死，致使南北排水受阻，洪涝灾害有增无减。上海停工的理由是：上受太湖洪水下泄，下受黄浦江潮位顶托，两面夹攻难以抵挡。浙江未动工的理由是：太湖水不该入黄浦江，而应从望虞河走，且致力于开红旗塘，以解决杭嘉湖地区洪水出路。苏州地区有鉴于此，陆续做些局部清障工程：60年代初，开通太浦闸至杨家荡的7条坝埂和芦墟窑港、平望北草港、梅堰袁家棣港、横扇亭子港、雪落漾、李家扇港、黎里罗汉寺北港。1970年，清除太浦河芦墟境内的汾湖东坝，东姑荡东、西两坝。1972年冬，挖除太浦河节制闸至青浦马斜湖西坝止共21处施工暗坝。1976年春，交通部门机浚太浦河坝埂。

1978年8月，全国农田基本建设现场会在苏州召开，后集中北京讨论。会上，中央领导和水利电力部及江苏、浙江、上海两省一市领导商定续办太浦河工程。尔后，水利电力部召集江苏、浙江、上海两省一市水利厅（局）负责人赴京具体磋商续办太浦河工程施工事宜，形成《水电部关于开通太浦河问题的意见》。同年11月，江苏省全面开工实施太浦河平望大桥以西14千米河段（后称二期工程），至12月下旬竣工。1979年春，吴江实施太浦河蚂蚁漾穿湖大堤工程，完成土方38万立方米。二期工程京杭运河西段全部完工。国家投资1094.7万元，挖毁耕地677亩，压废耕地2452亩，拆迁民房2490间。京杭运河东上海、浙江段未动工，全线仍不通。1979年1月，成立吴江县太浦河堤闸林业管理委员会，对新运河以西段太浦河实施管理。1984年3月，吴江县太浦河堤闸林业管理委员会和吴江县东太湖大堤堤闸管理所合并，成立吴江县堤闸管理所。

1987年6月，国家计划委员会正式批复《太湖流域综合治理总体规划方案》及《太湖流域综合治理骨干工程设计任务书》，要求太浦河于汛期 5~7 月份将排泄太湖洪水 22.5 亿立方米，承泄杭嘉湖地区涝水 11.9 亿立方米，占太湖流域 1954 年型洪水设计总泄水量的 39%；遇枯水年份按规划将由太湖提供 300 立方米每秒的清水至黄浦江上游。

　　1991 年，太湖流域大水，损失上百亿元。11 月 19 日，国务院颁发《关于进一步治理淮河和太湖的决定》，提出 "'八五' 期间着重解决太湖洪水出路问题"、"今冬明春重点打通太浦河和望虞河，保证在明年汛前两河总泄洪能力达到 450 立方米每秒"。同年 11 月，太浦河工程上海、浙江段动工。1992 年 11 月，江苏段动工（后称三期工程）。三期工程按照项目类别分别由太湖流域管理局和上海水务局、江苏省水利厅、苏州市和吴江市组织实施。整个建设过程大体分为两个阶段：第一阶段为 1992 年 11 月至 1998 年底。主要完成干河疏浚、太浦闸加固、大部分配套建筑物和浦南防洪补偿工程。其中：1994 年 3 月至 1996 年 6 月疏浚国际标段河道；1997 年 3 月至 1998 年 11 月疏浚运河以西段及太湖喇叭口；1995 年 7 月太浦闸加固完工；1995~1996 年建设 3 座跨河桥梁。第二阶段为 1999 年初至 2000 年 9 月。完成剩余配套建筑物、河道护坡（不包括 2.3 千米裁弯取直段）、绿化、南岸堤防等扫尾工作。三期工程累计疏浚河道 42.4 千米（含喇叭口 1.65 千米），修建护坡 73.52 千米，完成水系调整项目，加固太浦闸 1 座，新建太浦河泵站，建成配套建筑物 36 座、芦墟镇区防洪工程和跨河桥梁 3 座；实施浦南防洪补偿，新建水文设施和工程管理设施等。永久征地 2156.25 亩、临时占地 3769.1 亩、拆迁房屋 1477.5 间、拆迁工厂 3 家及其他地面附着物。共完成挖压土方 2018 万立方米、石方 9.9万立方米、混凝土和钢筋混凝土 9.02 万立方米。工程概算总投资 4.02 亿元（不包括太浦河泵站），其中中央投资 2.9 亿元，江苏省投资 1.12 亿元。1994 年 8 月，成立吴江市太浦河工程管理所，主要负责管理河道、堤防以及北岸 30 座配套建筑物。其他工程如跨河桥梁、浦南补偿工程由地方政府部门或水利站管理。1995 年 3 月，太浦闸成建制地移交太湖流域管理局管理。2003 年 12 月，太浦河泵站由上海市太湖流域工程管理处接管。

　　（三）頔塘

　　頔塘古称荻塘[①]，又称东塘、吴兴塘。太湖低洼平原的"塘"，泛指两堤夹一河的整体工程，它既能挡水防洪，又可引灌排涝，亦利于水陆交通。頔塘水来自浙江省湖州市苕溪，是浙西山区洪水东泄的重要水道之一。1999 年 7 月 6 日，江苏省水文水资源勘测局苏州分局在頔塘测得入境流量为 124 立方米每秒（浔溪大桥）。西起浙江省湖州市东门二里桥，经升山、塘南、晟舍、苕南、东迁、南浔诸乡镇后进入江苏省吴江市震泽镇，东达平望镇莺脰湖，与江南运河交会，注入太浦河。全长 56 千米，吴江境内 24 千米，河底高程 -0.20 米，底宽 30 米。

　　境内段支河口颇多，自西向东：南岸有江浙界河、大船港、斜塘、西塘河、快鸭港、双杨港、徐家埭港、寺港（以上震泽段）、杨湾港、丁香坝港、梅南河、油车港、草荡（以上平望段）等 10 个；北岸有贯南河、蠡思港、西杨林港、三里塘、黄家庄港、仁安港、众安桥港（以上震泽段）、新路港、九曲港、竹步港、倪水港、朱家港、平西河、新运河、泄水港（以上平望段）等 15 个。

---

　　① 晋太康年间（280~289），吴兴太守殷康发民开东塘，筑堤岸，障西来诸水之横流，导往来之通道，旁溉田千顷，成为太湖南岸最早修筑并成型的环湖大堤。因沿岸丛生芦荻，故名荻塘。后太守沈嘉重开。唐开元十一年（723），乌程（今吴兴）令严谋达又重开。贞元八年（792），湖州刺史于頔"缮完堤防，疏凿畎浍，列树以表道，决水以溉田，自平望西至南浔五十三里皆成堤，民颂其德，又名頔塘"。

境内段各支河口的流向为：南岸向南或东南分流入北麻漾及南麻漾；北岸除新运河北流入太浦河外，其余各河口流向不定（水盛时北流入金鱼漾、长漾、雪落漾，水弱时则南流入河）。

頔塘与苏杭古运河相通，是江南运河网络重要骨架——长湖申航道的主干段，近年媒体有"中国小莱茵河"之说。1985年为5级航道，可通150吨级船舶。2002年5月开始，国家投资4.2亿元整治吴江"瓶颈"段，截凸拓宽，使原50米的河面（除梅堰、震泽市河段为60米外）均宽达90米。据统计，湖州市水路货运量近亿吨，其中80%通过该段运输，且比公路运输节约成本5000万元[①]。頔塘已成为浙北地区经过吴江接轨大上海、融入长三角的水上大动脉，和推动吴江区域社会经济发展，致富沿线企业及老百姓的母亲河。頔塘北岸堤是古时通往湖州的古官道——驿道，和运河西岸堤合称"吴江塘路"。其路条石砌筑，原有古纤道及平、拱桥涵相间。现北岸为318国道江浙连接段，可通往上海、苏州、嘉兴、湖州等大中城市。2005年，完成长湖申线（頔塘平望、震泽段）应急加固工程2789米。至2005年，境内段建有中心桥、頔塘桥、双阳桥、堰月桥、梅堰桥等跨河桥梁5座。

頔塘两侧荡漾众多，阡陌交错，有利农田灌溉，土地滋润，桑林遍野，盛产鱼米蚕茧。沿途古镇、名镇相连，乡镇工业、民营经济异军突起，人民生活日益富裕；文化底蕴深厚，江南水乡特色旅游日趋兴旺。现在，頔塘不仅是太湖流域继续发挥水利作用的重要工程之一，也是连接江浙沪水陆交通的要道，并且是考证水利、航运、古镇建筑的名胜古迹。

表 2-1			2005 年吴江市流域性河道情况表						单位：米
河道名称	境内起讫地点		流经镇	境内长度	设计标准			流向
	起	讫			底宽	底高程	边坡	
京杭运河	长浜	麻漾	松陵、同里、平望、盛泽	4100	30	-1	1：2	流向不定
太浦河	太湖	池家漾	七都、横扇、平望、黎里、芦墟	4075	150	-1.5~-5	1：3	西→东
頔塘	苏浙界	莺脰湖	七都、震泽、平望	2400	50	-1	1：1.5	西南→东北

二、县级河道

2005年，境内县级河道24条。太浦河以南9条，其中頔塘以南8条、頔塘以北1条；太浦河以北15条，其中运河以西5条、运河以东10条，在各镇和大联圩间形成主要的排涝、灌溉、交通水网，并沟通流域性河道。

（一）吴淞江

吴淞江古名松江，又称松陵江、笠泽江。源出太湖，自瓜泾口向东，流经江苏省吴江市、吴中区、昆山市，于四江口进入上海市青浦、闵行、嘉定区境内，至外白渡桥入黄浦江，全长125千米。其在江苏省境内长81千米，在上海市区段又称苏州河，是一条具有排洪、航运、灌溉能力的多功能河道。

吴淞江正源最早出自今吴江城区以南的太湖口，是古代太湖排洪的天然大川，为"太湖三江"（通指松江、娄江、东江）的主干。在太湖地区成陆过程中，吴淞江随着海岸线的扩展向东延伸。其入海口，东晋时在今上海市青浦区东北旧青浦镇西的沪渎村；唐代中期在今江湾下

---

① 新华网：水上交通沧桑巨变助吴江经济发展。

沙一线以东；北宋时在今内高桥附近的南跄浦口，后又改入大跄浦口（今吴淞口）；明代初改入黄浦江，成为黄浦江的支流。

吴淞江江首江尾宽度变化古今悬殊。古代太湖东岸与吴淞江江首浑然一体，是一片广阔的水域，"天光水色，一望皆平"。"汉晋时期海岸线在今上海市以西的岗身地带，吴淞江紧靠沪渎垒入海，江面深广，能行海船。"[1] 隋代时，"吴江、平望间是一片白水"。唐元和五年（810），苏州刺史王仲舒"堤松江为路"，"时松陵镇（今吴江城区所在地）南、北、西俱水乡，抵郡（苏州）无陆路"。后梁开平三年（909），吴越国王钱镠置吴江县时，松陵镇以南"古吴淞江宽达五六十里，风涛汹涌，漕运多败舟"[2]。北宋庆历二年（1042），"苏州通判李禹卿筑长堤界松江太湖之间，横截五六十里，以益漕运"。庆历八年（1048），"吴江知县李问建垂虹桥……一名长桥"，横跨吴淞江，"东西千余尺"。吴江塘路和垂虹桥的建成，使吴淞江江首改道于长桥下。元初，吴淞江"江尾还有一里阔，海船尚可进出，元末'仅存一线'"。明清时期，洞庭东山和苏州西南山区间的"大缺口"逐渐淤塞，形成狭长淤浅的东太湖；长桥河淤浅为两线细流，吴江塘路东西两侧淤积成陆，逐步垦辟成田。"太湖水唯去瓜泾为速"，吴淞江江首逐渐从长桥北移至瓜泾口，河口宽仅80米。中英鸦片战争（1840）后，吴淞江自梵皇渡以东至外白渡桥段，逐步划为英、美租界，外商陆续侵占市河两岸，扩建码头工厂，遂使江尾逐渐变窄，现仅存40~50米。

吴淞江古道与现今所经路线无大变迁，惟深广远不如昔。"吴淞古江，故道深广，可敌千浦。"[3] 旧志载，吴淞江在唐时河口宽达二十里，北宋时尚有九里，元代只为二里，明初仅一百五十余丈。50年代，江苏省水利部门对吴淞江进行全线测量；1977年，苏州地区革命委员会水利局又进行实地查勘，大致摸清基本情况。今吴淞江河身是东西狭、中间宽。瓜泾口至青阳港段：河长53.5千米；河宽一般为220米，最宽处660米，最狭处45米；河底高程一般为-2.2米，最深处-5.06米，最浅处0.38米；过水断面面积水位3米时，平均数为700平方米，最小数147平方米；水位4米时，平均数为920平方米，最小数192平方米。青阳港至北新泾段：河长71.5千米；河宽一般为55米，最宽处196米，最狭处30米；河底高程一般为-0.4米，最深处-1.85米，最浅处0.33米；过水断面面积水位3米时，平均数为106平方米，最小数45平方米；水位4米时，平均数为165平方米，最小数70平方米。

吴淞江水源现今除瓜泾港出水外，主要来自沿途吴江市、吴中区等一带的大荡小湖。瓜泾口多年平均流量为19立方米每秒，流经上海境内黄渡站多年平均净径流量为6立方米每秒，至河口段浙江路桥站多年平均净径流量增至22立方米每秒。吴淞江作为太湖出水过境通道对境内北部防洪有重要影响。1999年，瓜泾口段过境水量达12.2亿立方米。低水位时水深2米左右，沿途与京杭大运河苏申外港航线、张家港、千灯浦、白鹤塘、蕰藻浜相交，是联结苏州、上海两个经济发达城市的交通纽带，称"苏申内港航线"，常年可通航60吨~100吨船只。

吴淞江两岸支河众多，旧时南支96条，北支82条，有"五汇（大湾子）、四十二弯（小湾子）"之说。新中国成立后经过联圩并圩和水系整治，保留参与外河水系统调的支河南岸25条，北岸37条。境内段长6.5千米，河底宽约20米，河底高程-0.6米，边坡1：2。自瓜泾桥南之分

①　《太湖水利史稿》。

②　清同治《苏州府志》。

③　[宋]郏侨《水利书》。

水墩起,受瓜泾港西来之水和运河南北来水东流,经松陵镇淞南,同里镇仪塔、张塔、后浜等4村入吴中区。北岸属吴中区。南岸自分水墩起0.5千米属松陵镇,往东0.7千米属吴中区,再往东3.5千米属同里镇。南岸有长牵路、东浜、鸟浦港、后浜、竖头港、竹桥港等6河口分流,北岸纳东祝家田港、横潦泾、大徐港、五浦、六浦、河泊娄、高田港等7支港来水。

吴淞江治理由来已久,尤以吴江塘路,"掣淞入浏"[①]与开范家浜[②]最为引人注目。历代名人关于治水的主张和议论众多,其成败得失、功过是非,褒贬不一,至今仍是研究太湖治水的课题。2001年3月至2002年8月,在瓜泾港喇叭口段建水利枢纽工程。枢纽由两孔12米节制闸和1孔12米船闸组成。工程投资1583.42万元。

(二)澜溪

澜溪又名烂溪塘,位于吴江市南至西南部,是浦南区和杭嘉湖平原主要排涝泄洪、引水河道之一。

澜溪南连浙江省桐乡市乌镇市河,从分水墩起向东北流经秀洲区新塍镇,在鸭子坝进入江苏省吴江市境内,流经桃源、盛泽、平望镇入莺脰湖,北入太浦河,全长28千米。其中自横泾塘至斜港14.8千米为江浙界河,东岸属浙江桐乡市、秀洲区(1处0.15千米属江苏),西岸属江苏吴江市(3处1.95千米属浙江);斜港以北两岸全属吴江市。《吴江县志》称:澜溪"南受嘉兴、崇德、桐乡、石门诸水。源出东天目,经临安、杭州合西湖之水而来。由乌镇分为东溪、西溪数里复合而东北流至斜港口入吴江县界"。

澜溪南受乌镇市河和横泾塘来水,沿途纳西岸各支港之水,主流经草荡由新运河入太浦河,部分水流由东岸诸港散入江南古运河。浦南众湖泊均是澜溪的承泄调节区。澜溪河底宽约50米,河底高程-1米,边坡1:1.5。南端实测最大流量118.2立方米每秒(1984年6月15日)。-5℃~8℃时,澜溪塘边有薄冰,部分河段封冻断航。1970年9月,江南运河平望以南段取道澜溪,于江浙交界的油车墩进入乌镇市河后直趋杭州,使其成为江南运河苏杭段的主要航道,也是沟通江浙沪水上航运的主要干道之一。平望新运河的开挖,在提高航运能力的同时,增加太浦河南岸口门,使澜溪和顿塘分流之水直接由新运河进入太浦河,浦南地区泄水条件得到改善。

澜溪支河口较多。自南而北:西岸有紫荇塘、禹王坝港、青石坝港、后村港、胡店港、严墓塘、杨家港、西阳桥港、东阳桥港、匣子坝港、林头坝港、麻溪、人福河、烧香港、仲字河、秀才浜、任家浜、田前荡、东浜、西塘湾、庄熟港、新港、戚字荡、草荡等24处;东岸有竹桥港、翁林港、顾家港、王家扇港、千金港、乌镇塘、新塍塘、徐家湾、石汇头港(以上浙江省段)、斜港、乌龙浜、陈家湾、官查坝港、麻溪、查木桥港、东陈港、乌桥港、计阿港、南星港、哺鸡港、确林港等21个。

澜溪各支河口的流向为:西岸除紫荇塘、草荡分流向北外,其余各支港都自西入河;东岸均东泄入运河。

---

① "掣淞入浏":为元周文英所创。其著《论三吴水利》曰:"文英今弃吴淞江东南涂涨之地,置之不论,而专意于江之东北刘家港、白茅浦等处开浚放水入海者,盖刘家港即古娄江,三江之一,地深港阔,此三吴东北泄水之尾闾也。"

② "范家浜引浦入海":由明叶宗人提出。《明史·循吏传》载:"叶宗人,字宗行,松江华亭人。永乐中,尚书夏原吉治水东南。宗人以诸生上疏,请浚范家港引浦水入海,禁濒海民毋作坝以遏其流。帝令赴原吉所自效。工竣,原吉荐之,授钱塘知县。"

（三）紫荇塘

紫荇塘在桃源镇。南受澜溪分流之水，北入大德塘，全长9.5千米，河底宽20米，河底高程0米，边坡1∶2。西岸纳桃花桥港、桃源河、花桥港西来之水；东岸有乌桥港分流入澜溪，南塘港、冯家浜、白寺港分流入严墓塘。另外，西岸有朝阳河、雷墩河、川泾港，东岸有永新河、后村港已建圩口闸。

（四）大德塘

大德塘又名西塘河、后练塘，流经桃源、震泽镇。南接严墓市河，北与顿塘相通，流向不定。全长9千米，河底宽30米，河底高程0米。西岸河口有铜罗西河、紫荇塘、青云港、划船港、金家浜纳西来之水。东岸有郑产桥港分流入南麻漾，上南湾港、烧火坝港、众善桥港、湾家里港、分乡桥港分流入北麻漾。

（五）严墓塘

严墓塘在桃源镇。西北接大德塘，东南与澜溪相通。全长2.5千米，河底宽30米，河底高程0米，边坡1∶2。西北段为严墓市河，河床狭浅，东南段流向不定。西纳南塘港、白寺港之水，东由鳑鲏港分流入南麻漾。

（六）杏花桥港

杏花桥港又名文桥港、花桥港，在桃源镇。西接长三港，东与紫荇塘相通，北岸会长板桥港来水，流向由西向东。全长6千米，河底宽30米，河底高程−0.5米，边坡1∶2。

（七）麻溪

麻溪又名清溪，在盛泽镇。西受南麻漾水，东流过澜溪，复东流穿太平桥，在浙江省王江泾镇北入京杭运河。全长14.7千米，底宽20米，河底高程−0.5米，边坡1∶2。除澜溪外，南岸有河口张家浜、摇船浜、李家浜、严家湾、圣塘港、西张埭、周家埭、南海荡、三洞港、北雁荡、陶家浜（浙江省段）等11处；北岸有墩家河、岳士港、郎中荡口、茅塔河、盛溪河、叶家板桥港、杨扇港、杨家浜、长溪等9处。麻溪为浦南区南部重要的东西向泄水通道之一。

（八）乌桥港

乌桥港因河线通过原乌桥港而得名，在盛泽镇。西接澜溪，东至京杭运河，全长9.1千米，河底宽27米，河底高程−0.5米，边坡1∶2。乌桥港西受北麻漾东泄及澜溪分流之水，穿蚬子兜、桥北荡、余家荡、湾里荡，越运河由斜路入浙江省梅家荡东泄红旗塘。浙江省嘉兴市南汇镇梅家荡围垦成田后，乌桥港东泄之水与运河南来之水合，北行至大坝港、莺脰湖，然后经陆家荡、杨家荡泄入太浦河。北岸有小牛港、计阿港、潘家湾、南霄港、宗胜港、谢天港、思安桥港、大龙港、北昆港等9处河口。南岸有南草港、三家坝港、圆明寺港、北库港、豆腐港、盛家港、首宇河、和尚头港、湾里荡等9处河口。1973年冬，乌桥港实施拓浚工程，对适应上游水系变化、增加澜溪向东分泄水量、减轻泄水压力、提高农田抗灾能力起一定作用。

（九）鳑鲏港

鳑鲏港为桃源、盛泽两镇界河。南起严墓塘，北至南麻漾，流向由南向北。全长5千米，河底宽20米，河底高程−0.5米，边坡1∶2。

（十）新运河

新运河在平望镇。南起草荡，受顿塘、澜溪分流之水，向北泄入太浦河。1969年12月

~1970年5月,江南运河平望以南段取道澜溪,20个公社5000余名民工参加施工,完成土方3.31万立方米。河道开挖后又筑块石护坡5.1千米,1970年9月通航。新运河全长2.7千米,工程标准为5级航道,即河底宽39米,河底高程-0.3米,河道边坡1:2.5,与太浦河相接处曲率半径为300米。西岸无支港通流,东岸有支港入平望镇东溪河。

（十一）横草路

横草路又名江槽、船横港,流经横扇、平望、松陵镇。西起戗港,东至海沿漕,纳沿湖溇港出太湖之水入大浦港东泄运河,全长11千米,河底宽20米,河底高程0.5米,边坡1:2。北岸河口有戗港、潘其路、新开路、外长圩港、直渎港、溪港路、鱼池路、黄沙路等8处。南岸河口有横扇三级河、吴家舍、潘其港、后河浜、北雀港、康家圩港、陈思港、古池河、直大港、西湖港、上横港、庙浜、茅柴港、溪港、西浜、东浜、练聚港、新心圩西港、新心圩东港、黑桥港、里直港、外直港等22处。北岸各支港均通太湖,流向自北而南。南岸各支港流向一般自北而南分流,练聚港以西诸港均南向入太浦河,练聚港以东诸港则辗转东泄运河。

（十二）海沿漕

海沿漕为横扇、松陵两镇界河。西北连接军用线港,东南沟通横草路,流向由西北向东南。全长4.2千米,河底宽20米,河底高程0.3米,边坡1:2。纳军用线港来水,会横草路水流经大浦港入京杭运河。

（十三）大浦港

大浦港在松陵镇。西起横草路与海沿漕交汇处,东过大浦桥注入运河,全长3.5千米,河底宽20米,河底高程0.50米,边坡1:2。南岸有南室圩浜、黄家桥港、西龚阿港、东龚阿港、张家浜、钱家湾等6条支港通流,北有南柑圩港、中柑圩港、行船路、史家圩港、石西港、潮港等6处河口,其中以行船路为最大,北至松陵镇盛家库会吴家港之水东泄运河。大浦港曾是太湖东泄主要口门之一。明代以后,大浦口淤淀成平沙滩,遂形成海沿漕和横草路两条河道,大浦港的排水作用也逐渐减弱。

（十四）行船路

行船路又名航船路、茭草路,在松陵镇。南接大浦港,北通盛家库南,流向由南向北。全长3.5千米,河底宽15米,河底高程0.6米,边坡1:2。

（十五）吴家港

吴家港在松陵镇。西南连接三船路,纳东太湖来水,穿越市区向东北入京杭运河。全长4千米,河底宽20米,河底高程0.5米,边坡1:1.5。

（十六）大窑港

大窑港流经松陵、同里镇。西起京杭运河,东流途中会长牵路北来之水入同里湖,全长6.5千米,底宽15米,河底高程-0.6米,边坡1:2。北岸河口有长牵路、宋家浜、小窑港、十字河,南岸有中元港、大燕浜、十字河。部分水流经长牵路南下入南星湖。

（十七）屯浦塘

屯浦塘又名滕浦塘,在同里镇。北受吴淞江分流之水,穿屯村新河与上急水港北相接,流入白蚬湖。全长8千米,自吴淞江起1千米属吴县,境内7千米,河底宽15米,河底高程-0.5米,边坡1:2.5。西岸河口有小湘港、水浦泾、雪塔港、王家浜、双溇港、同里湖口、日字圩港、方港、邹水港,东岸河口有县界河、邱港、北厍浜、萧港、徐家娄、马家塘、虹桥港、加泾港。

(十八)上急水港

上急水港又名屯村新河(北段),在同里镇。西北连接屯浦塘南,东南通白蚬湖,流向自西北向东南。全长4千米,底宽40米,河底高程0.6米,边坡1:2.5。北岸有东港引沐庄湖水来会,另有旺东港、朱家浜两小港通流。南岸有横港分流入南星湖,另有锣里石港、三角里港、邱舍港通流。

(十九)盐船港

盐船港又名横港,在同里镇。北纳屯浦塘和同里湖来水,南下流入南星湖。全长0.8千米,底宽30米,河底高程0.5米,边坡1:2。

(二十)东卖盐港

东卖盐港在芦墟镇。东北受漳水圩荡之水,西南入东北荡由八荡河东泄元荡,全长4千米,底宽20米,河底-0.2米,边坡1:2.5。西岸河口自北而南有掘泥漾口、长浜、东磻圩北南港、黄巢浜。东岸河口自北而南有许庄北港、许庄港、众家荡口、九曲港。

(二十一)牛长泾

牛长泾流经芦墟、黎里镇。北受南星湖之水,南入三白荡,由八荡河东泄元荡,流向西北至东南。全长9千米,河底宽30米,河底高程0.5米,边坡1:2。西岸河口自北而南有北塘圩港、北警圩港、南警圩港、金家坝市河、贺家浜、羊笔港、傍字港、十字港、南河扇港。南警圩港以北自支港自西向东入牛长泾,金家坝市河以南各港水流俱出牛长泾。东岸即塘北联圩,沿岸各口均建圩口闸,自北而南有俞厍港、金家浜、双甲亩港、柴场港、仰仙港、西轸港、十字港、沈庄港。

(二十二)窑港

窑港在芦墟镇。南连太浦河,北通三白荡,水流向由南向北。全长1.2千米,底宽35米,河底-0.5米,边坡1:1.5。

(二十三)八荡河

八荡河又名八淀河,在芦墟镇。50年代规划时,确定八荡河为浦北区东西向排水主要通道,因需横穿南参荡、怀浦荡、老人荡、元鹤荡、三白荡、南庄荡、梁山荡、东北荡8个大荡流入元荡达淀山湖,故名八荡河。1977年1月实施开辟莘塔段河道,沟通南庄荡、梁山荡、东北荡和元荡。全长1.1千米,河底宽60米,河底高程0米,边坡1:2,河堤青坎高程4米,宽5米,迎水坡1:3,背水坡1:2,堤顶高程6.5米,顶宽8米,即现八荡河。莘塔段开挖后,使浦北运东区农田防洪除涝能力得以改善。西受三白荡、南庄荡、梁山荡之水,穿东北荡,北纳东卖盐港之水,南会三白荡经南传港、莘塔西河北注之水,东流南京汽车制造厂疗养院泄入元荡。

(二十四)中元港

中元港又名同里港、上元港,在同里镇。西北汇大窑港、长牵路之水,穿越同里镇区,东南入南星湖。全长5.2千米,底宽20米,河底0.5米,边坡1:2。

表 2-2　　　　　　　　　　　　　2005 年吴江市（县）级河道情况表

所在区域		河道名称	境内起讫地点		流经镇	长度（千米）	河道现状（米）			流向
			起	讫			底宽	底高	边坡	
太浦河以南	颀塘以南	澜溪	苏浙界	莺湖	桃源、盛泽、平望	28.0	50	-1	1∶1.5	西南→东北
		紫荇塘	苏浙界	大德塘	桃源	9.5	20	0	1∶2	南→北
		大德塘	严墓市河	颀塘	桃源、震泽	9.0	30	0	1∶2	北→南
		严墓塘	澜溪	严墓市河	桃源	2.5	30	0	1∶2	东南→西北
		杏花桥港	长三港	紫荇塘	桃源	5.0	30	-0.5	1∶2	西→东
		麻溪	南麻漾	京杭运河	盛泽	14.7	20	-0.5	1∶2	西→东
		乌桥港	澜溪	古运河	盛泽	9.1	27	-0.5	1∶2	—
		鳑鲏港	严墓塘	南麻漾	桃源、盛泽	5.0	20	-0.5	1∶2	南→北
	颀塘以北	新运河	颀塘	太浦河	平望	2.7	39	-3.0	1∶2.5	南→北
太浦河以北	运河以西	横草路	戗港	海沿漕	横扇、平望、松陵	11.0	20	0.5	1∶2	西→东
		海沿漕	军用线港	横草路	横扇、松陵	4.2	20	0.3	1∶2	西北→东南
		大浦港	横草路东	京杭运河	松陵	3.5	20	0.5	1∶2	西→东
		行船路	大浦港	盛家厍南	松陵	3.5	15	0.6	1∶2	南→北
		吴家港	三船路	京杭运河	松陵	4.0	20	0.5	1∶1.5	西南→东北
	运河以东	吴淞江	京杭运河	圣堂港	松陵、同里	6.5	30	-0.5	1∶2	西→东
		大窑港	京杭运河	同里湖	松陵、同里	6.5	20	-0.6	1∶2	西→东
		屯浦塘	吴淞江	上急水港	同里	8.0	15	-0.5	1∶2	北→南
		上急水港	屯浦塘南	白蚬湖	同里	4.0	40	-0.6	1∶2.5	西北→东南
		盐船港	屯浦塘	南星湖	同里	0.8	30	0.5	1∶2	北→南
		东卖盐港	漳水圩港	八荡河	芦墟	4.0	20	-0.2	1∶2.5	北→南
		牛长泾	南星湖	三白荡	芦墟、黎里	9.0	30	0.5	1∶2	北→南
		窑港	太浦河	三白荡	芦墟	1.2	35	-0.5	1∶1.5	南→北
		八荡河	梁山荡	元荡	芦墟	1.5	60	0.0	1∶2	西→东
		中元港	大窑港	南星湖	同里	5.2	20	0.5	1∶2	西北→东南

三、乡级河道

2005 年，境内乡级河道 297 条。按行政区划分：松陵 25 条（其中 2 条与同里共有），同里 3 条（其中 2 条与松陵共有），芦墟 4 条，黎里 14 条，平望 15 条（其中 1 条与横扇共有），盛泽 47 条（其中 1 条与震泽共有、3 条与桃源共有），桃源 81 条（其中 1 条与震泽共有、3 条与盛泽共有），震泽 30 条（其中 1 条与盛泽共有），七都 54 条（其中 3 条与横扇共有），横扇 33 条（其中 3 条与七都共有）。依据 1996 年 1 月版《吴江县水利志》资料，本目主要记述境内 159 条主要乡级河道有关情况。太浦河以南 73 条，其中颀塘以南 40 条、颀塘以北 21 条、运河以东 12 条；太浦河以北 86 条，其中运河以西 37 条、运河以东 49 条，形成区域间排涝、灌溉、交通骨干水网，沟通县级和流域性河道。

（一）瓜泾港

又名花泾港，在松陵镇。自太湖泄水口东流，出公路桥会运河南北来水过分水墩入吴淞江，全长 4 千米，底宽 20 米，河底高程 -0.7 米，边坡 1∶2。北岸有古塘河通吴县澹台湖出宝带桥入运河,另有西徐家浜、东徐家浜两小河,南岸有古塘河、西南浜两支港。民国 11 年(1922),瓜泾港设水文站(初为水位站),其水文资料具有重要的代表性,长期以来一直作为湖东地区防汛抗旱的重要依据。由于东太湖逐渐淤浅,茭芦丛生,部分湖面围垦成田,瓜泾港的排水作用随着减小。

(二)青云港

在桃源镇。西受沈庄漾之水,东入大德塘,全长 5.4 千米,河底宽 14 米,河底高程 0 米,边坡 1:2。北岸河口有青阳港、朱行港、钟家斗、钱家坝等分流。南岸河口有天亮浜。青云港为浦南区南部重要的东西向泄水通道之一。

(三)郑产桥港

在盛泽、桃源 2 镇。西起大德塘,东至南麻漾,流向自西向东,全长 4.4 千米,河底宽 25 米,河底高程 -0.2 米,边坡 1:2。南岸河口有顾腰湾、高路河、鳑鲏港、长水路、寺西漾口。北岸河口有匣子坝港、圣塘港、市头浜。郑产桥港为浦南区南部重要的东西向泄水通道之一。

表 2-3　　　　　　　　　　　　2005 年吴江市主要乡级河道情况表

河道名称	境内起讫地点		流经镇	长度(千米)	设计标准(米)			流向	别名
	起	讫			底宽	底高	边坡		
横泾港	阳和桥港	澜溪	桃源	1.6	25	-3.0	1:2	西→东	—
桃花桥港	阳和桥港	紫荇塘	桃源	1.9	4	0.7	1:0.7	西→东	—
桃源河	阳和桥港	紫荇塘	桃源	3.4	6	0.5	1:2	西→东	—
乌桥港	紫荇塘	澜溪	桃源	2.9	—	—	—	—	—
凤仙桥港	紫荇塘	严墓塘	桃源	3.4				西→东	—
斜港	澜溪	麻溪	盛泽	10.0	18	0.5	1:1.5	西→东	—
青云港	沈庄漾	大德塘	桃源	5.4	14	0.0	1:2	西→东	—
郑产桥港	大德塘	南麻漾	桃源、盛泽	4.4	25	-0.2	1:2	西→东	—
顾庄塘	虹桥港	三庙址漾	桃源	2.6	26	0.0	1:1.5	西→东	陶墩港
朱行港	青云港	三庙址漾	桃源	1.4	—	—	—	北→南	—
长板桥港	花桥港	沈庄漾	桃源	2.5	8	-0.3	1:1.5	北→南	莫湾港
青阳桥港	青云港	顾庄塘	桃源	1.0	—	—	—	南→北	—
八字荡港	沈庄漾	潘家荡	桃源	2.3	21		1:2		—
虹桥港	顿塘	梵香港	震泽、桃源	4.2	10	—	1:2	—	—
划船港	三庙址漾	大德塘	桃源、震泽	2.5	16	0.0	1:1.5	西→东	—
众善桥港	大德塘	北麻漾	震泽、盛泽	4.5	20	0.5	1:2.5	西→东	—
南塘港	北麻漾	野河荡	桃源	1.2	10	0.1	1:1.5	西→东	—
乌桥港	澜溪	京杭运河	盛泽	9.1	25~30	-0.5	1:2	西→东	—
计阿港	澜溪	蚬子兜	盛泽	1.3	16	0.5	1:1.5	西→东	—
川桥港	北麻漾	澜溪	盛泽、平望	3.5	17	0.5	1:1.5	西→东	—
长三港	西庄	沈庄漾	桃源	4.1	10	-0.3	1:1	南→北	—
阳和桥港	横泾港	花桥港	桃源	7.7	10	-0.3	1:0.1	南→北	长兴港
南塘港	紫荇塘	严墓塘	桃源	3.8	10	-1.0	1:0.5	西→东	—
白寺港	紫荇塘	严墓塘	桃源	1.7	10	0.0	1:0.5	西→东	—
三里泾	澜溪	南麻漾	桃源	4.3	15	-0.5	1:1	南→北	—

（续表）

河道名称	境内起讫地点		流经镇	长度（千米）	设计标准（米）			流向	别名
	起	讫			底宽	底高	边坡		
波斯港	虹桥港	三庙址漾	桃源、震泽	3.6	—	—	—	西→东	力持港
上南湾港	大德塘	十字港	桃源、震泽	2.7	—	—	—	西→东	—
十字港	郑产桥港	众善桥港	盛泽、桃源	3.0	10	-0.2	1:2	北→南	—
保章港	众善桥港	大泾港	桃源	1.3	10	0.2	1:1	西→东	—
铁人垯港	大泾港	上下荡	桃源	1.3	10	0.2	1:1	西→东	—
大泾港	南麻漾	北麻漾	桃源	3.5	15	-0.5	1:1	南→北	—
龙头港	麻溪	上下荡	盛泽	3.2	10	0.6	1:1.5	南→北	—
岳士港	麻溪	烧香港	盛泽	1.9	20	0.0	1:1.5	南→北	划船港
坛丘港	烧香港	野河荡	盛泽	1.8	20	0.0	1:1.5	南→北	—
烧香港	澜溪	岳士港	盛泽	1.5	20	0.0	1:1.5	东南→西北	—
南草港	蚬子兜	西白漾	盛泽	0.3	—	—	—	西→东	—
盛溪河	麻溪	盛泽镇	盛泽	1.8	8	0.0	1:2.5	南→北	—
东大港	西白漾	谢家荡	盛泽	2.4	35	-0.5	1:2.5	西→东	东港、大港
双杨港	顿塘	北麻漾	震泽	1.5	16	1.5	1:1.5	北→南	—
寺港	顿塘	北麻漾	震泽	1.0	15	1.8	1:1.5	北→南	—
横古塘	新桥港	鼓楼港	七都	4.2	—	—	—	西→东	—
新桥港	南王垯港	北庄港	七都	1.1	—	—	—	南→北	—
虹桥港	横古塘	金鱼漾	七都	4.6	12	0.0	1:3	南→北	洪陈港
鼓楼港	横古塘	金鱼漾	七都	1.5	—	—	—	南→北	—
西杨林港	顿塘	金鱼漾	震泽	8.3	3	0.5	1:0.5	南→北	—
三里塘	顿塘	荡白漾	震泽	4.5	20	0.6	1:1.5	南→北	—
新路港	顿塘	长漾	震泽、平望	1.3	6	0.0	1:1.5	南→北	—
九曲港	顿塘	雪落漾	平望	1.8	6	1.0	1:1.5	南→北	—
胡溇	汪字圩	天到桥港	七都	1.3	4	1.7	—	北→南	—
吴溇	太湖	金鱼漾	七都	2.9	6	1.4	1:2	北→南	—
天到桥港	江浙界	菱荡湾	七都	2.5	—	—	—	西→东	—
月港	太湖	金鱼漾	七都	3.5	3	1.6	1:2	北→南	叶港
亭子港	太湖	横港	七都	0.7	5	2.0	1:2	北→南	—
丁家港	太湖	横港	七都	1.7	—	—	—	北→南	东丁家港
双石港	横港	桥下水漾	七都	2.2	3	1.7	1:2	北→南	—
大庙港	太湖	荡白漾	七都	4.8	8	1.1	1:1.5	北→南	庙港
横路	连家漾	太浦河	七都、横扇	6.8	12	0.8	1:1.1	西南→东北	—
长圩港	长漾	太浦河	七都、横扇	3.8	3	1.8	1:1	东南→西北	亭子港
大龙港	雪落漾	桃花漾	平望	0.8	2	1.75	1:2	西南→东北	—
周家头港	雪落漾	桃花漾	横扇、平望	0.6	2	1.3	1:1	西→东	—
东溪河	新运河	京杭运河	平望	1.6	16	0.0	1:2	西北→东南	—
西黎泾港	京杭运河	王惠圩	平望	0.6	—	—	—	西→东	—
六里库港	京杭运河	杨家荡	平望、黎里	3.2	40	-1.8	1:2	西→东	翁沙路、混水河
西大港	陆家荡	牛头湖	黎里	1.5	48	0.6	1:1	南→北	南栅港、轮船港

（续表）

河道名称	境内起讫地点		流经镇	长度（千米）	设计标准（米）			流向	别名
	起	讫			底宽	底高	边坡		
南尤家港	西浒荡	汾湖	黎里	1.8	25	-1.1	1：2.5	南→北	—
芦墟塘	南栅港	野毛圩	芦墟	1.1	50	0.6	1：1	北→南	—
南栅港	汾湖	东栅	芦墟	1.5	50	-1.0	1：2	西→东	—
甫字圩	芦墟市河	二吕圩	芦墟	3.2	—	—	—	北→南	—
芦墟市河	太浦河	南栅港	芦墟	1.3	12	0.3	1：1	北→南	—
东栅港	芦墟市河	韩郎荡	芦墟	2.2	30	-1.5	1：1	西→东	洋窑港
黎里市河	牛头湖	小官荡	黎里	2.0	—	—	—	西→东	—
伟明港	杨家荡	张清荡	芦墟	0.7	—	—	—	西→东	—
云甸岸港	杨家荡	张清荡	芦墟	2.0	—	—	—	西→东	—
亭子港	太湖	太浦河	七都、横扇	1.9	5			北→南	—
戗港	太湖	横草路	横扇	1.0	22	0.7	1：1.5	北→南	枪港
横扇三级河	横草路	沧洲荡	横扇	2.1	10	0.0	1：2	北→南	—
新开路	太湖	横草路	横扇	2.3	12	0.8	1：1.5	北→南	—
陈思港	横草路	沧洲荡	横扇	4.1	8	0.5	1：2	北→南	—
沧浦河	沧洲荡	太浦河	横扇	0.3	10	0.0	1：2	北→南	—
军用线港	太湖	南厍港西	横扇、东太湖	2.3	50	1.0	1：2.5	西→东	水落港
直渎港	军用线港	横草路	横扇	5.8	20	0.6	1：1.5	东北→西南	大河路、太湖路
直大港	横草路	陆家荡	横扇、平望	3.8	6	—	—	北→南	—
茅柴港	横草路	南横港	平望	1.2	4	—	—	北→南	—
长桥港	横草路	长荡	平望	3.9	8	0.8	1：1.5	北→南	—
平溪河	横草路	太浦河	平望	6.2	6	0.5	1：2	北→南	—
常富港	横草路	铁枪河	松陵、平望	3.9	—	—	—	北→南	—
铁枪河	平溪河	京杭运河	平望	3.2	8	0.0	1：2	西→东	—
黑桥港	横草路	杜港	松陵	1.3	—	—	—	北→南	—
杜港	横草路	京杭运河	松陵、平望	4.5	—	—	—	西→东	—
南圩港	行船路	京杭运河	松陵	2.5	6	0.5	1：1.5	西→东	—
南厍港	军用线港	共青河南	松陵	2.3	4	1.0	1：1.5	西→东	—
共青河	南厍港	三船路	松陵	2.8	4	1.0	1：1.5	南→北	—
三船路	太湖	吴家港	东太湖、松陵	6.7	25	1.4	1：1.5	西→东	—
北大港	吴家港	京杭运河	松陵	3.0	10	0.5	1：1.5	西→东	安惠港、七星港
外苏州河	三船路	太湖	东太湖、部队农场、松陵	6.3	20	1.4	1：2	南→北	—
西塘河	瓜泾口	京杭运河	松陵	4.6	10	0.5	1：1.5	北→南	—
牛腰泾	太湖	西塘河	松陵	1.8	14	0.5	1：1.5	西→东	—
大港河	西塘河	京杭运河	松陵	1.0	6	1.3	1：2	西→东	—
七里港	西塘河	京杭运河	松陵	1.2	8	0.1	1：2	西→东	—
柳胥港	瓜泾港	京杭运河	松陵	1.7	6	0.5	1：2	西→东	—
瓜泾港	东太湖	京杭运河	松陵	4.0	20	-0.7	1：2	西→东	花泾港
张墓港	古塘河	京杭运河	松陵	1.2	6	0.8	1：1.5	西→东	—

（续表）

河道名称	境内起讫地点		流经镇	长度（千米）	设计标准（米）			流向	别名
	起	讫			底宽	底高	边坡		
古塘河	柳胥港	蒲渠上	松陵	4.5	5	1.0	1：1.5	南→北	—
麻吊港	南厍港	行船路	松陵	4.0	10	1.0	1：2	西北→东南	—
前港河	西塘河	京杭运河	松陵	1.6	2	1.9	1：2	西→东	—
新开河	行船路	京杭运河	松陵	0.9	15	0.5	1：1.5	西→东	—
后港	南厍港	行船路	松陵	1.5	3	1.0	1：1.5	西→东	—
东庄前港	黑桥港	京杭运河	松陵	2.7	3	1.0	1：1.5	西→东	—
黄家桥港	直大港	长桥港	平望	1.2	3	1.0	1：1.5	西→东	—
横杨港	直大港	长桥港	平望	1.4	3	1.0	1：1.5	西北→东南	—
方尖港	京杭运河	南星湖	松陵、同里	7.1	5~23	0.7	1：3	西→东	—
北大港	京杭运河	长白荡	同里、松陵	5.0	12	1.1	1：3	西→东	—
白龙港	京杭运河	殷家荡	松陵	2.3	16	1.0	1：2	西→东	—
南港	京杭运河	李浦荡	松陵	6.2	12	1.2	1：2	西→东	—
千泾港	京杭运河	殷家荡	松陵	1.3	8	1.0	1：2	西→东	—
卖鱼港	京杭运河	张鸭荡	松陵	0.5	3	1.2	1：2	西→东	—
北育港	京杭运河	张鸭荡	平望	0.5	3	1.2	1：2	西→东	—
长牵路	吴淞江	大窑港	同里	4.3	15	0.8	1：3	北→南	长启路
乌浦港	吴淞江	长牵路	同里	2.8	—	—	—	西北→东南	—
虹桥港	屯浦塘	沐庄湖	同里	1.5	15	1.0	1：1.5	西→东	—
斜港	屯浦塘	沐庄湖	同里	3.2	20	1.0	1：2	北→南	—
马家塘	屯浦塘	斜港	同里	1.0	—	—	—	西→东	—
加泾塘	屯浦塘	沐庄湖	同里	1.4	—	—	—	西→东	—
方港	屯浦塘	南星湖	同里	1.2	20	1.3	1：2	北→南	—
邹水港	屯浦塘	南星湖	同里	0.6	—	—	—	北→南	—
长田港	北大港	千泾港	松陵	1.8	—	—	—	南→北	—
东长港	长白荡	吴家漾	松陵	0.7	12	1.0	1：2	北→南	南横港
埭上港	吴家漾	南参荡	松陵	0.8	12	1.0	1：2	西→东	—
义房港	九里湖	同里湖	同里	0.6	—	—	—	北→南	—
栅桥港	长胜桥港	大燕港	同里	2.4	—	—	—	西北→东南	—
长胜桥港	栅桥港	大燕港	同里	1.4	—	—	—	西→东	—
叶明港	方尖港	北大港	同里	2.6	—	—	—	北→南	—
庞茆笙港	清水漾	石头潭	同里	1.0	—	—	—	西→东	—
南北阳港	清水漾	石头潭	同里	0.8	—	—	—	西→东	—
孙家库港	清水漾	北大港	同里	2.2	—	—	—	—	—
斜尖港	洋溢湖	大姚港	同里	2.3	—	—	—	北→南	—
王港	澄湖	季家荡	同里	1.8	—	—	—	北→南	—
石浦港	季家荡	白蚬湖	同里	0.8	—	—	—	西→东	—
南断路	老人荡	东长荡	黎里	0.5	13	0.0	1：1.5	西北→东南	—
新横港	东长荡	元鹤荡	黎里	0.5	12	0.4	1：1.5	西→东	—
北库市河	元鹤荡	三白荡	黎里	2.2	—	—	—	西→东	—

（续表）

河道名称	境内起讫地点		流经镇	长度（千米）	设计标准（米）			流向	别名
	起	讫			底宽	底高	边坡		
大燕港	中元港	清水漾	同里	5.3	29	0.6	1∶3	北→南	大叶港
俞库港	同里湖	南星湖	同里	1.3	31	0.8	1∶3	北→南	—
小龙港	大姚港	黄泥兜	同里	3.7	30	1.0	1∶2	北→南	—
黑桥港	黄泥兜	虹桥港	同里	2.4	18	1.4	1∶2	北→南	—
东港	沐庄湖	上急水港	同里	0.8	30	1.0	1∶2	北→南	—
羊笔港	牛长泾	元鹤荡	芦墟、黎里	1.8	16	0.1	1∶2	北→南	—
西林塘	长畸荡	太浦河	黎里	3.5	—	—	—	北→南	—
茶壶港	西林塘	太浦河	芦墟	1.5	—	—	—	北→南	—
城司港	杨沙坑荡	元荡	黎里	3.0	25	0.0	1∶1.5	西→东	—
高士港	乌龟荡	窑港	芦墟	2.5	—	—	—	西→东	—
北芦墟港	窑港	三白荡	芦墟	2.5	—	—	—	南→北	—
打铁港	小西荡	乌龟荡	黎里	1.1	—	—	—	西北→东南	—
杨木巨港	刘王荡	城司港	芦墟	3.5	18	0.1	1∶1	北→南	—
刘王港	东姑荡	雪落漾	芦墟	2.5	—	—	—	西→东	—
东成港	吴天桢荡	元荡	芦墟	0.6	13	0.2	1∶2	西→东	陈陀港、成大港
南传港	三白荡	东北荡	芦墟	1.4	30	0.2	1∶2	西南→东北	—
莘塔西河	三白荡	东北荡	芦墟	1.2	6	0.5	1∶1.5	南→北	—
东西港	野鸭荡	太浦河	芦墟、黎里	—	—	—	—	北→南	—

第三节　湖　泊

2005 年，境内 50 亩以上的湖泊有 351 个，总面积 36 万亩，其中千亩以上湖泊 51 个。境内湖泊全属浅水湖，多数湖泊平均水深不到 3 米，有的平均水深还不到 2 米，年内水位变幅一般介于 0.5~2 米之间。由于水位变幅小，因此，尽管湖泊总面积较大，其调蓄能力仍较弱。境内湖泊有湖、荡、漾、潭、兜、渚等名称，也有将狭长的湖泊称为港、江。东北部的湖泊多称湖，西南部的多称漾，中部则多称荡。

一、列入省级保护名录湖泊

2005 年 2 月 26 日，江苏省政府办公厅发文，根据《江苏省湖泊保护条例》规定，经省政府批准，决定将洪泽湖等 137 个 0.5 平方千米以上湖泊、城市市区内湖泊、城市饮用水源湖泊列入江苏省湖泊保护名录。境内列入江苏省湖泊保护名录的湖泊有 56 个，除太湖外，浦北区 27 个，浦南区 28 个。其中，元荡、诸曹漾、吴天贞荡等与上海市青浦区交界共管，汾湖、袁浪荡、陆家荡、金鱼漾、沈庄漾等与浙江省嘉兴市、湖州市交界共管，澄湖、九里湖、黄泥兜、白蚬湖等与苏州市吴中区、昆山市交界共管。面积 1 平方千米以上的湖泊 28 个，2 平方千米以上的湖泊 19 个，3 平方千米以上的湖泊 11 个，4 平方千米以上的湖泊 7 个，5 平方千米以上的湖泊 5 个。

（一）跨境湖泊

1. 太湖

太湖古称震泽,亦称笠泽、具区,位于黄山山脉与天目山山脉东北端,长江三角洲内侧,上海、南京、杭州三大城市之间核心部位,为中国第三大淡水湖,具有调节河流洪水、枯水,繁衍水生物、植物,调节小气候,城乡供水,沟通航运,维护生态平衡等作用。

太湖总面积2460平方千米,全湖平均水深1.89米,最大水深2.6米。太湖的库容在水位2.99米时约44.23亿立方米,在4.65米时约83亿立方米,总容蓄量达90亿立方米(临界蓄量)。

太湖不仅接纳上游百川来水,下游湖东地区或遇暴雨,沥水也会倒流入湖。当长江水位高涨而通江港口无水闸控制时,江水也会分流入湖。由于湖面大,每上涨1厘米,可蓄水2300多万立方米,故洪枯水位变幅小。一般每年4月雨季开始水位上涨,7月中下旬达到高峰,到11月进入枯水期,2~3月水位最低。一般洪枯变幅在1~1.5米之间。太湖多年平均水位2.99米,1934年瓜泾口1.87米,为历史最低。1999年太湖最高水位5.08米,为历史最高。由于太湖的调蓄,其下游平原虽然地势比较低洼,一般年份仍可免受洪水威胁。

境内沿太湖有七都、横扇、松陵、吴江经济开发区等镇(区),与吴中区东山、临湖两镇隔湖相望,形成一湖湾,称为东太湖。东太湖中有一泄洪道,泄洪道中泓即吴江、吴中两市(区)分界线。境内太湖面积84.16平方千米。按照《太湖流域综合治理总体规划方案》对太湖实施"东控西敞"的治理原则,境内沿湖33个出水溇港除徐杨港封堵、薛埠港建涵洞外,全部建闸控制。其中,太浦闸、太浦河泵站分别由太湖流域管理局、上海市太湖流域工程管理处管理。根据《太湖水污染防治"十五"计划》要求,2005年,开始启动东太湖综合整治工程规划。

2. 元荡

元荡又名鼋荡、阮荡,因荡面形状似鼋而得名。位于江苏省吴江市和上海市青浦区交界,原是淀山湖的一个湖湾,后因芦滩封淤而成为淀山湖的一个子湖。

元荡东西长6.04千米,南北平均宽2.15千米,湖泊总面积12.9平方千米,境内水面积9.93平方千米,周长17491米。元荡湖岸曲折多湾,湖盆高低不平,东浅西深。湖底平均高程0.25米,最低高程-10.49米。湖泊正常蓄水位2.86米,库容2592万立方米。

元荡进出水口有东渚港、成大港、东二图港、修字圩西港、顾家全港、倪家路、吴家村港、陈家湾、八荡河、南尹港、湾里南港、城司西港、高和田港、白荡湾港、夹港里、吴江路、杨垛港、杨垛北港、沈家圩港、杨湾荡东港、小汶港、浪头港、金泽村港、杨舍港、天决口等25处,其中西侧的八荡河为主要进水河道,东北的天决口为下泄淀山湖的主要出水口。

1975年,元荡被辟为吴江市和青浦区联合投资管理的水产养殖基地。70年代末,上海市在荡东开辟淀山湖大观园游览区。随后,沿湖四周逐步建成众多度假村、休养所及旅游景点,原莘塔乡(镇)经济开发用地也从西南隔扩展至荡边。1997年4月,江苏吴江汾湖旅游度假区又在荡南岸成立。经济旅游开发的路网沿湖纵横构筑,使原有水系发生较大变化。荡北的"鼋头"被莘西路截成内塘,在沿湖进出口建成北俯港、东寿塘、低高新开河、小荡、杨树湾、南鹰港、吴家村等防洪闸。

3. 白蚬湖

白蚬湖旧称白蚬江,因江中盛产白蚬而得名。位于江苏省吴江、昆山两市交界,水域面积涉及吴江市的芦墟、同里两镇和昆山市的周庄镇。

白蚬湖总面积 7.78 平方千米，境内水面积 4.9 平方千米，周长 12762 米。湖底平均高程 1.2 米，最低高程 -2.43 米。湖泊正常蓄水位 2.86 米，库容 813 万立方米。

白蚬湖进出水口有陆家浜、石浦港、杨家浜、旺东港、上急水港、澄墟港、调车湾、雪巷港、大西港、西头溪、排沙港、周庄市河、中急水港、徐家港、横港、西田肚港等 16 处，其中上、中急水港口门宽达 100~150 米。上急水港西北接屯浦塘、同里湖，中急水港东南接下急水港达淀山湖。

1974 年，复旦大学地理研究室考查，白蚬湖中有一条南北向的深槽，宽约 20~30 米，深达 10 米以上，深槽边有残留石堤，疑是古东江故道。80 年代以后，在沿湖口门相继建成北友、西头溪、蚬南大西港、北印、三合等闸站控制调蓄水位。白蚬湖中间的苏申外港航道，历来是苏南地区经淀山湖通往上海的主要通道。1999~2000 年，苏州市航道管理处按四级航道标准对苏申外港线（江苏段）进行全线整治，整治里程 29.92 千米，改建桥梁 3 座，完成投资 1.39 亿元。

白蚬湖东南岸为江南水乡古镇周庄（属昆山市），湖北端是肖甸湖森林公园。肖甸湖森林公园是一座集森林景观、田园景观、水网景观、自然景观为一体的具有平原特色和内涵的森林公园。1969 年，启动植树造林，面积约 4000 亩（含南北水面 2000 多亩），形成水杉、池杉、毛竹为主林的成片林地近 500 亩。1998 年，被省农林厅批准为江苏省吴江肖甸湖森林公园。2001 年，被省环保厅、农林厅联合命名为江苏省"百佳生态村"。近几年，又逐步开发引种早园竹、银杏、白沙枇杷、花卉、苗木等经济林、果、花近 200 亩，还种有桑田、粮田近 500 亩，鱼塘近 500 亩。

4. 金鱼漾

金鱼漾又称鳍鱼漾、鲸鱼漾，位于江苏省吴江市和浙江省湖州市南浔区交界、太湖和横古塘之间。境内跨七都、震泽两镇。金鱼漾自西向东，东连桥下水，南接鼓楼港，由 5 个小漾连成，其状若平卧的鲫鱼，因此得名。

金鱼漾湖面宽处约 300 米，狭处约 150 米。湖泊总面积 4.35 平方千米，境内水面积 3.84 平方千米，周长 20808 米。湖底平均高程 0.79 米，最低高程 -0.49 米。湖泊正常蓄水位 2.97 米，库容 837 万立方米；具有调洪蓄水、供水、水产养殖功能。

金鱼漾进水口有古溇港、吸水港、东肖港、菱塘湾、吴溇港、张港，水源来自顿塘和太湖，向东由桥下水漾、蒋家漾、汪鸭潭、连家漾、荡白漾入长漾。沿湖建有大阳泵站、葫芦泾泵站、南小圩闸、人宇闸、吴溇港闸站、七都套闸、七都排涝站、东肖港闸、急水港闸、菱塘套闸、菱塘一站、菱塘二站、白象港泵站、桥下闸等闸站工程。

金鱼漾承浙江湖州苕溪之洪，蓄太湖之水，流水昼夜不息，漾水清澈见底，是天然水产养殖水域。

金鱼漾东侧为震泽八都地域，漾西、北为七都镇邱田、行军、李家港、菱荡湾、沈家湾、桥下、文艺兜等村。历来是七都地区通往南浔、湖州的主航道，南端经八弯桥进入南浔镇，北经吴溇港入太湖。

5. 汾湖

汾湖古名分湖（旧"汾"作"分"），春秋战国时期，吴、越国间以"巨浸"[①] 对峙，南半为嘉禾

---

① 巨浸：大湖。[唐] 于濆《南越谣》："迢迢东南天，巨浸无津埭。"

之境,北半为松陵之墟,寓分湖为界之意而得名。位于江苏省吴江市和浙江省嘉善县交界,水域面积涉及吴江市的芦墟、黎里两镇和嘉善县的陶庄镇。

汾湖总面积5.61平方千米,境内水面积3.15平方千米,周长8544米。湖底平均高程0.25米,最低高程–3.86米。湖泊正常蓄水位2.9米,库容835万立方米。

太浦河由西向东贯穿汾湖而过,是承接太湖水向东泄入淀泖湖群的主要过境湖泊,也有部分湖水经浙江省的芦墟塘泄入红旗塘。由于历史条件所限和缺乏统一规划,历史上,沿湖两岸常因洪涝灾害引发边界水事纠纷。1991年大水后,《太湖流域综合治理总体规划报告》确定的太浦河、杭嘉湖北排通道等工程相继实施,江苏、浙江两省均按总体规划要求在沿湖两岸兴建大量水利工程,解决长期困扰的水患问题。吴江市境内有史北闸、北胜港闸、史家甸闸、南尤家港闸、南星河闸、张家港闸站、东西港闸、西汾湖闸、东啄港闸站、西大港闸站、钱长浜、南窑港、汾湖小闸、西栅港闸、南栅港闸及沿岸护岸、绿化等工程;嘉善县境内有陶庄枢纽、汾湖穿堤等工程。

汾湖水产丰富。“汾湖蟹”肉质细嫩、口味独特,尤以两只螯(俗称大钳)右大、左小出名。同时,汾湖亦是杭申乙线航道的一段。

6. 黄泥兜

黄泥兜位于吴江市同里和吴中区车坊交界,吴淞江之南和澄湖以西。“黄泥兜”一名成因无考。

黄泥兜总面积4.09平方千米,境内水面积3.18平方千米,周长6926米。湖底平均高程1.08米,最低高程–1.72米。湖泊正常蓄水位2.85米,库容563万立方米。

黄泥兜西由吴淞江过境,向东流入澄湖。进湖河道有7条,分别为夏家浜、裴库港、小龙港、新开港、湾里港、黑桥港和梅湾港。出湖河道有4条,分别为严舍港、保健港、东清港和沐庄港。沿湖共有盛得、姚盛、赞头、沙塔、严舍、沐庄、梅湾、黎明8村。

黄泥兜湖岸平齐,岸线圆滑,湖底平坦硬实,浅层埋有可燃性泥炭。

7. 九里湖

九里湖位于吴淞江南、同里镇北,与吴中区车坊共管,是古镇同里的发源地。原有水面1.2万多亩。1973年后,吴县、吴江两县分别围垦数千亩。

九里湖总面积5.66平方千米,境内水面积2.27平方千米,周长7585米。湖底平均高程1.37米,最低高程0.32米。湖泊正常蓄水位2.85米,库容336万立方米。

九里湖水源主要来自吴淞江,进水口有小湘港、水浦泾、雪塔港、王家浜,出水口有大㘰、小㘰两港,入同里湖。

8. 袁浪荡

袁浪荡又名韩郎荡、邝上荡。相传南宋韩世忠抗金部队到此活动,故名。后因方言谐音衍生。位于太浦河以南、江苏省吴江市和浙江省嘉兴市秀洲区交界处。

袁浪荡境内水面积2.15平方千米,周长8244米。湖底平均高程0.16米,最低高程–2.32米。湖泊正常蓄水位2.82米,库容572万立方米,具有调蓄、养殖功能。

袁浪荡在古代时是海湾的一个浅滩,荡底尽是蛎壳层,俗语“千层蚌”。袁浪荡荡底土质独特,南部硬、浅,水草少;北面软、深,水草丰茂。荡内养殖青鱼、草鱼、花鲢、白鲢、螃蟹等。

南部荡底因表层稍硬、烂泥少,水流通畅,特别适宜"青壳蚬子"的生长繁殖。

袁浪荡周围分布伟明、芦东和秋甸以及浙江省西塘镇的鸦鹊等 4 个行政村。1958~1960 年,太浦河一期工程在其北部的太浦河南岸堆积土方。1995~1996 年,太浦河三期工程又在此堆土 100 多亩。1996 年 6 月,在东北角的湖岸上建成太浦河汾湖大桥,连接 318 国道。

9. 诸曹漾

诸曹漾又名朱石漾、朱沼漾,位于太浦河以北,与江苏省吴江市和上海市青浦区交界。

诸曹漾总面积 0.96 平方千米,境内水面积 0.74 平方千米,周长 4975 米。湖底平均高程 0.8 米,最低高程 -2.86 米。湖泊正常蓄水位 2.87 米,库容 153 万立方米。

诸曹漾沟通元荡、淀山湖,属淀泖区水系,具有调蓄、养殖功能。诸曹漾周边自然村有最北的夹港里、西北的白荡湾,西岸有城司东村和苏家港,西南岸有五娘子港、秋水潭,最南端的是思古甸,东岸有青浦的西湾里和杨垛村。港汊有吴江路、夹港里市河、白荡湾市河、紧水港、南漾港、菱塘港、五娘子港、秋水潭、新开河、思古甸港等。其中,"吴江路"最为有名,清代即以此作为划分吴江与青浦地域的界河。该水路自夹港里村东连接元荡和诸曹漾的百米宽水口,向南经思古甸村东狭窄水道进入雪落漾,再往南,到 318 国道江苏与上海界河小莱港桥下进入浙江马斜湖。

诸曹漾水产丰富,除鲫鱼、鲤鱼、黑鱼等常见鱼类外,盛产河蚌,种类有香蕉蚌、麻壳蚌、三角蚌、象鼻蚌以及脚踝子蚌等。

10. 陆家荡

陆家荡位于江苏省吴江市和浙江省秀洲区交界,因陆龟蒙居此而得名。清嘉庆《黎里志》"山水"卷中对陆家荡有注:"南受秀水水,荡北有陆龟蒙别业,因名。"

陆家荡总面积 1.81 平方千米,境内水面积 0.7 平方千米,周长 2605 米。湖底平均高程 0.46 米,最低高程 -0.82 米。湖泊正常蓄水位 2.91 米,库容 172 万立方米,具有行洪、供水功能。

陆家荡入湖河道有 3 条,分别为柴思港、西大港和甘家浜,出湖河道为黎泾港。沿湖泊建有甘家浜闸、柴思港闸。

陆家荡西与杨家荡相通,急水常流,水源丰富,荡中产鱼、虾、菱、莲。

11. 澄湖

又名陈湖、沉湖,属于吴淞江水系,位于苏州市东南,湖跨苏州市吴中区、工业园区、昆山和吴江市。

澄湖是淀泖地区一座调蓄湖泊,南北长 10 余千米,东西宽 7 千米,面积 45 平方千米,平均水深 1.8 米,容积 0.8 亿立方米,湖内正常水位 3.07 米,历史最高水位 4.12 米(1954 年),最低水位 2.18 米(1956 年)。境内面积 3.24 平方千米,周长 5862 米。湖底平均高程 1.42 米,最低高程 1.1 米。湖泊正常蓄水位 2.84 米,库容 460 万立方米。

澄湖北通吴淞江、东南通淀山湖,入湖河道来自西部和西北部 21 条入湖大小河港,接纳吴淞江来水,经湖泊调节可减轻沿湖圩区和半高地洪涝压力,出水主要靠 15 条河港排入淀山湖。

澄湖沿湖地形西北高、东南低,周围地面低注,圩区、荡地和高田相间,地面高程 3~4 米,水网密布,有 40 余条大小河港相通,盛产鲫鱼、青虾和螃蟹。沿岸的同里、周庄、甪直为典型的江南水乡古镇,每年都有众多国内外旅客观光旅游。

12. 沈庄漾

沈庄漾古称沈张湖、沈张漾,位于桃源镇,在天亮浜西南 2 千米,漾西岸即浙江省湖州市。清乾隆《震泽县志》载:"沈张湖(一作漾),去县西南 120 里(属十四都),按此湖亦在荻塘之南、南浔之东,其水之从北行者亦入荻塘,从东行者入于后练等湖,西南受湖州诸水,东播为百花漾,为八字漾,为白漾荡,为桃溪(一名陶墩),为仙人坑,为三庙址漾(属十三都)、雷墩荡(沈张湖南,属十五都)、潘家荡(在雷墩荡南),各受湖州西南之水,与前沈张湖与桃溪之水俱入后练塘。内有茶花弄、清隐寺港、卖香港、秀才港、吴桥港、横泾、新桥河、长萌河(俱属十四都)、蒋家港、八栅港(属十五都)。"

70 年代以前,沈庄漾总面积 1.63 平方千米,90% 以上部分在桃源镇境内。1978 年,围垦北半漾,面积近千亩。1981 年,围垦区开挖鱼池 729.2 亩。境内水面积 0.82 平方千米,周长 4866 米。湖底平均高程 1.04 米,最低高程 –0.77 米。湖泊正常蓄水位 2.95 米,库容 157 万立方米。

沈庄漾进水口有八字荡港、长三港、谈家兜港等 3 处,受湖州西南之水,向东由青云港入大德塘。

13. 吴天贞荡

吴天贞荡又名胡天贞荡、鱼天井荡,位于江苏省吴江市和上海市青浦区交界。

吴天贞荡总面积 0.67 平方千米,境内水面积 0.46 平方千米,周长 7814 米。湖底平均高程 0.1 米,最低高程 –1.04 米。湖泊正常蓄水位 2.85 米,库容 127 万立方米,具有调蓄、养殖功能。

吴天贞荡进湖河道有 4 条,分别为华树港、东枫港、枫里桥港和树巷上港。出湖河道为东城港。吴天贞荡由东往南有大港花(东)、人家港、人渡港、九曲港、大港花(西)、华字港、黄字圩港、强盗港等 8 个港汊。周边自然村落只有黎里镇莘塔东联行政村的东渚村。

(二)境内湖泊

1. 北麻漾

北麻漾又称麻漾,位于颓塘之南、澜溪之西,跨平望、震泽、盛泽三镇,湖形似张开的蟹钳,钳口指向东北。

北麻漾面积 9.88 平方千米,周长 21138 米。湖底平均高程 0.8 米,最低高程 –4.41 米。湖泊正常蓄水位 2.96 米,库容 2134 万立方米。

北麻漾进湖河道有 12 条,分别为将军港、南港、黑家港、滑水渠、川桥港、小浜里、双杨港、寿元浜、钮家浜、寺港、师姑浜和靴脚浜。出湖河道有 14 条,分别为安桥港、村前港、东溪港、西塔港、新开河、南塘港、屯肥港、黄家港、桥门口港、穆家港、直港、新直港、野毛港和沈家港。水源来自颓塘及大德塘,向东经南塘港、川桥港流入澜溪。

北麻漾曾是震泽、盛泽和平望、严墓间(今铜罗)航船必经之路。

北麻荡水产丰盈,盛产青、草、鳙、鲢、鲫、鳜、鲤、鲈、鳊、白等鱼种及虾、蟹、蚌贝类。

2. 莺脰湖

莺脰湖又名莺湖,古亦称樱桃湖,在平望镇南。据方志记载,莺脰湖以其形似莺脰,故名。

莺脰湖面积 2.11 平方千米,周长 8592 米。湖底平均高程 0.89 米,最低高程 1.7 米。湖泊正常蓄水位 2.95 米,库容 435 万立方米。

莺脰湖是杭嘉湖地区来水的重要集散地,頔塘自西,澜溪自西南,运河自东南,俱注入该湖,出水由运河向北、翁沙路向东北泄入太浦河。京杭运河在其东北侧穿湖而过。

莺脰湖出湖河道有7个,为雪湖塘、嘉兴塘、长浜、路东港、直港、磨字港和青龙港。

3. 长漾

长漾古称牛娘湖,位于頔塘以北,跨震泽、七都、平望、横扇4镇。

长漾呈狭条形,自西南至东北长5千米,面积6.94平方千米,周长28710米。湖底平均高程0.5米,最低高程-2.98米。湖泊正常蓄水位2.97米,库容1714万立方米。

长漾西接荡白漾水,向东流入雪落漾达太浦河。入湖河道为旺家港、南斗港、杨家扇和急水港,出湖河道为下墩港、团圆浜、南横港、徐家港、肖家桥、醋家港、徐家浜、庄圣港、下马浜、北横港、谢家路港、七匠港、上港小河和吴家港等。

长漾水势平缓,漾面广阔,水清鱼丰,为境内较大水产养殖基地之一。

4. 同里湖

同里湖位于同里镇东,是环绕古镇同里的五湖之一,湖名来源于镇名。

同里湖面积2.96平方千米,周长12682米。湖底平均高程1.04米,最低高程-3.05米。湖泊正常蓄水位2.84米,库容533万立方米。

同里湖入湖水源有二:一是吴淞江自九里湖南下之水,二是运河自大窑港东泄之水。环湖有3个行政村,分别是湘娄村、田库村、九里湖村,湖泊周围有小呈港、菱荡前港、后陆港、前陆港、邱河浜、俞库港、大同港、十字港等8条港口。小呈港位于湖北,连接九里湖,现架有公路桥,“松周公路”从中通过;菱荡前港、后陆港、前陆港在湖西;湖南为邱河浜(张公桥)、俞库港,其中邱河浜与中元港相通,俞库港又经栅里港直通南星湖;湖东有大同港、十字港,分别与屯浦荡相连。

同里湖水质清澈,水产品种类繁多。8条港口设拦养鱼期间,每年盛产花白鲢200多吨,螃蟹10多吨,蚌、螺、蚬等贝类百余吨。

5. 南星湖

南星湖别名南新湖,环抱同里镇区的五湖之一,位于屯村东南,跨同里、芦墟两镇。

南星湖东西长约3千米,南北宽约2千米,面积4.82平方千米,周长10822米。湖底平均高程1.31米,最低高程-0.11米。湖泊正常蓄水位2.85米,库容742万立方米。

南星湖北通同里湖,东北连北小湖,向东南泄入牛长泾,西与叶泽湖(70年代初被围湖造田)呈横“8”字型对接,似一对姐妹湖。入湖河道有北部的栅里港、俞库港、三渡港、方港、邹水港,承纳上元港、同里湖南下及屯浦港、沐庄湖分流之水;还有部分西部和南部的入湖来水,分别由西路港、俞家湾、曹家浜进入湖泊。出湖河道有盐船港、东港、管家浜、中家娄、南河浜、牛长泾、九曲港和北栅港,其中牛长泾为主要出水河道,南入三白荡后转八荡河东泄入元荡。管家浜、南河浜、九曲港和北栅港均建有4米水闸。

南星湖水产资源丰沛,湖里盛产鲫鱼、鲤鱼。

南星湖是吴(江)芦(墟)线航道的必经之路。

6. 三白荡

三白荡由北三白、中三白、南三白三个湖荡连缀而成,故名三白荡,在莘塔西、太浦河之北,跨芦墟、黎里两镇。

三白荡面积 6.68 平方千米,周长 20076 米。湖底平均高程 0.07 米,最低高程 -8.94 米。湖泊正常蓄水位 2.88 米,库容 1877 万立方米。

三白荡入湖河道有 10 条,为牛长泾、沈庄港、南传港、冲字溇、莘南港、南草里港、北草里港、潘水港、杨荡港、南河扇;出湖河道有 6 条,为南汾港、小河港、甘溪市河、北芦墟港、北窑港、高士港。

三白荡自西北金家坝、北库交界的牛长泾塘口起,到东南方向的窑港口,全长 5.3 千米,其形状两头大,中间狭长,像"哑铃"。中三白狭窄处,宽不过千米。因其西北—东南方向特长,水又较深,秋冬季遇西北大风或春三月东南劲风顺湖面吹,风浪巨大。民谣有"三白荡,无风三尺浪,有风丈二浪"的夸张说法。

三白荡盛产鱼、虾、蟹以及螺蛳、蚬子等水产品。

7. 石头潭

石头潭又名勺头潭,位于同里、芦墟镇交界,与东部的王家潭紧密相连。潭,深的水池。勺,舀水用的工具,有柄。当地人对深的池塘一般称潭。顾名思义,两潭因形似有柄的深勺而名。

石头潭东西宽 2000 多米,南北长 2300 多米,湖泊面积 2.81 平方千米,周长 9663 米。湖底平均高程 0.97 米,最低高程 0.3 米。湖泊正常蓄水位 2.89 米,库容 540 万立方米。

石头潭北、西通南星湖、长白荡,南、东连南参荡、方家荡。入湖河道有 5 个,为双石村港、斜港、北圩港、庞茆笙港、庞山港;出湖河道有 7 个,为转址港、油车港、北陡港、牌田港、瓦田港、吴家浜、小里港、孟香港。

石头潭水产丰富。八九十年代的过度养殖,使湖泊生态功能不断萎缩;加之沿湖土地开发,生产、生活污水排放增多,湖泊水质有所下降。

8. 雪落漾

雪落漾又名雪禄漾、雪浪湖,位于横扇镇和平望镇交界地带,横扇镇部分位于厍港上村南面,西、南一半水域属平望镇梅堰社区所辖。

雪落漾面积 2.41 平方千米,周长 11870 米。湖底平均高程 0.26 米,最低高程 -1.33 米。湖泊正常蓄水位 2.96 米,库容 651 万立方米。

雪落漾入湖河道有 3 个,为急水港、千字圩港和张家港;出湖河道有 8 个,为大日港、三级河、菱家里、九曲港、小长荡、池林港、周家田和直港。

9. 沐庄湖

沐庄湖又称屯村湖,位于同里镇屯村社区东部。

沐庄湖面积 2.11 平方千米,周长 6726 米。湖底平均高程 1.3 米,最低高程 0.54 米。湖泊正常蓄水位 2.83 米,库容 323 万立方米。

沐庄湖北连黄泥兜,南流南星湖,西接同里湖,东南经急水港入白蚬湖。入湖河道有 8 个,为沐庄港、东清港、保健港、严舍港、东关港、加泾港、虹桥港和大南港;出湖河道有 3 个,为木梳港、中堂港和草里洲。

10. 大龙荡

大龙荡位于平望镇中心地带,处太浦河、颀塘之间。

大龙荡面积 2.03 平方千米,周长 7926 米。湖底平均高程 0.55 米,最低高程 -0.21 米。湖泊正常蓄水位 2.95 米,库容 487 万立方米。

大龙荡的入湖河道有北女港和袁太港,出湖河道有柳家湾港、新开河、后港、草甸港和小里塘港。大龙荡现建有 4 处取水口,均为平望镇工矿企业取水用。

11. 长畸荡

长畸荡又名长巨荡,位于松陵镇、黎里镇交界处。

长畸荡呈东南至西北走向,纵向狭长,中间细窄,两头弯曲,形状长而畸形,长约 3.5 千米,宽 0.5~1 千米之多。湖泊面积 1.89 平方千米,周长 13404 米。湖底平均高程 0.8 米,最低高程 -0.35 米。湖泊正常蓄水位 2.88 米,库容 393 万立方米。

长畸荡入湖河道为大圩扇港、南石桥港,出湖河道有 7 个,为石家港、新古港、西横港、新定港、牌楼港、湾林港、滑沿路。

12. 张鸭荡

位于黎里、平望和松陵三镇交界处。

张鸭荡面积 1.86 平方千米,周长 8165 米。湖底平均高程 1.05 米,最低高程 -0.3 米。湖泊正常蓄水位 2.88 米,库容 340 万立方米。

张鸭荡入湖河道为九曲港、东横港和卖鱼港,出湖河道有 8 个,分别为中告河、南石桥港、青石庄港、匠人港、水车港、急水港、王家浜和徐家浜。具有调蓄、养殖功能。

13. 长荡

长荡位于平望、震泽、七都、横扇四镇交界处。

长荡面积 1.53 平方千米,周长 8510 米。湖底平均高程 0.07 米,最低高程 -0.92 米。湖泊正常蓄水位 2.89 米,库容 431 万立方米。

长荡处太浦河、顿塘之间,西与荡白漾相接,南与顿塘沟通,东流雪落漾入太浦河。入湖河道有长桥港、水华港、胡家门港、查家桥、王家田港,出湖河道有沈家浜、新开河、共进河、向阳河、耀字港。具有调蓄、养殖功能。

14. 庄西漾

庄西漾又名中西漾,位于平望镇梅堰社区境内。

庄西漾面积 1.09 平方千米,周长 10300 米。湖底平均高程 0.21 米,最低高程 -1.01 米。湖泊正常蓄水位 2.96 米,库容 402 万立方米。

庄西漾周边港汉较多,当地老人说唱:"南塘港来马家港,唐湾港过计扇港,琥珀港后网船港,还有塔港、朱家港和开基港。"现庄西漾南与南梅荡接通,东与草荡相连,主水流经新运河入太浦河。入湖河道有 3 个,分别为木亮港、开基港和南万港;出湖河道有 4 个,分别为南桥港、钿字港、乌家浜和西掌港。

庄西漾水质好,盛产鲢鱼、白丝鱼、鳑鲏、鲫格浪、鲫鱼等鱼类。

15. 南参荡

南参荡又名北参荡,位于松陵、黎里、芦墟三镇交界处,因荡北岸有参退、里参、新参、南参、参胃、西参等六个冠名"参"字的圩田取方位而名(民国中期,曾以六个带"参"字的圩名组成吴江县黎里区六参乡政府)。

南参荡南北长 1600 米,东西长 600 米。湖泊面积 1.35 平方千米,周长 8323 米。湖底平均高程 0.66 米,最低高程 -0.28 米。湖泊正常蓄水位 2.88 米,库容 300 万立方米。

南参荡东通怀(外)蒲(步)荡和廊庙荡,西连八坼的何家漾、长白荡,北接同里及金家坝的石头潭。入湖河道有 4 个,为小南圩港、孟香港、埭上港、平阿港;出湖河道有 4 个,为高阿港、南港、姜阿港、南村新开河。

南参荡水产资源丰富。1958 年,南参荡被吴江县水产养殖场定为外荡养殖示范基地。1980 年,下放给北库公社渔业大队经营。"埭上鳗鲡",是南参荡又一特产。每年夏秋时节,埭上港(南参荡西出口)鱼簖捕捉的鳗鲡,因单个体积大和捕获量多而扬名。

16. 蚬子兜

蚬子兜又称西白漾、西北漾、盛泽荡、盛湖、西荡,位于盛泽镇区西北地带。

历史上蚬子兜面积最大时 4.67 平方千米。1969 年 3 月,"农业学大寨",[①] 蚬子兜被围垦部分,用于发展盛泽、坛丘两乡农副业生产。1986 年 10 月,在围垦地东部靠盛泽镇地块兴办东方丝绸市场。蚬子兜现面积 1.24 平方千米,周长 7453 米。湖底平均高程 -0.16 米,最低高程 -1.11 米。湖泊正常蓄水位 2.95 米,库容 386 万立方米。

蚬子兜西接澜溪,北通东下沙荡,东经乌桥港入桥北荡。蚬子兜周边港汊密集,入湖河道有 5 个,为白龙港、长甸路港、计阿港、潘家湾、南宵港;向东注入盛泽镇区的市河及其支流荷花塘、乌家港、三家坝港、南草港、吴家湾港和龚家港等,是盛泽镇生活、生产重要水源地。

蚬子兜出产鱼虾、莼菜和莲藕。

17. 孙家荡

孙家荡又称沈家荡,位于芦墟镇莘塔社区的西北面。

孙家荡面积 1.21 平方千米,周长 6389 米。湖底平均高程 0.57 米,最低高程 -0.6 米。湖泊正常蓄水位 2.86 米,库容 277 万立方米。

孙家荡南北走向,自东往南分布着枝黄浜、张家浜、寻娘湾(徐鸭湾)、大港上、角字、长巨 6 个自然村。流入河道为大西港、新开河,流出河道为姚浜、枝黄浜、张家浜、徐鸭浜、大港上、角字港。

孙家荡盛产鲢鱼、白丝鱼、梅鲚鱼、鳑鲏鱼、丁头鱼、鲫格浪鱼、石鲫鱼等鱼类,也有养殖户放养青虾与大闸蟹。

18. 蒋家漾

又名北漾,位于震泽、七都镇交界处。

蒋家漾面积 1.02 平方千米,周长 8245 米。湖底平均高程 0.59 米,最低高程 -1.06 米。湖泊正常蓄水位 2.97 米,库容 243 万立方米。

蒋家漾东西走向,西通金鱼漾,东连汪鸭潭,引顿塘之水经金鱼漾、汪鸭潭、连家漾、荡白漾泄入长漾。入湖河道 3 个,为双石港、大家港和陆家港;出湖河道 2 个,为港口里河和王家港。

---

① "农业学大寨":大寨是山西省昔阳县境内的一个小山村。50 年代初农业合作化后,社员们开山凿坡,修造梯田,使粮食亩产增长 7 倍。1964 年 2 月 10 日,《人民日报》刊登新华社记者通讯报道《大寨之路》,介绍大寨的先进事迹,并发表社论《用革命精神建设山区的好榜样》,号召全国人民,尤其是农业战线学习大寨人的革命精神。此后,全国农村兴起"农业学大寨"运动,一直延续到 70 年代末。

蒋家漾渔业资源丰富,网箱养殖特种水产如鳜鱼、加州鲈鱼、虾、蟹等。

蒋家漾是通往顿塘、太湖、太浦河的水上交通要道。

19. 郎中荡

郎中荡又名浪中荡,传一"郎中"为人就医后返家途中,因风浪袭击翻船淹死荡中而名,位于盛泽镇老城区西南、新城区东南部。

郎中荡面积 1 平方千米,周长 6125 米。湖底平均高程 0.29 米,最低高程 –0.65 米。湖泊正常蓄水位 2.96 米,库容 267 万立方米。

郎中荡水来自澜溪、麻溪,经东、西库(舍)港流入西白漾,又东折而由白浆港、茅塔港流出。

郎中荡盛产鱼、虾、蟹、鳗、蚌及银鱼,还种植菱。

20. 西下沙荡

西下沙荡又称汪牙荡,位于盛泽、平望镇交界处。

西下沙荡面积 0.96 平方千米,周长 6213 米。湖底平均高程 –0.37 米,最低高程 –1.2 米。湖泊正常蓄水位 2.91 米,库容 315 万立方米。

西下沙荡西引澜溪水,东注下沙荡。入湖河道为哺鸡港、塘里,出湖河道为跃进港等。西下沙荡有取水工程 8 个,均为工业生产用水。

21. 方家荡

方家荡因紧靠自然村方家浜而名,在芦墟镇金家坝社区西。

方家荡面积 0.95 平方千米,周长 4692 米。湖底平均高程 0.55 米,最低高程 0.02 米。湖泊正常蓄水位 2.89 米,库容 166 万立方米。

方家荡西通石头潭,北部为钗金漾。入湖河道有 3 个,为方家浜、梅湾港和牌田港;出湖河道有 4 个,为小九曲港、王江岸、龙太路港、南定港。具有调蓄、养殖功能。

22. 徐家漾

徐家漾位于震泽镇八都社区。

徐家漾面积 0.95 平方千米,周长 5162 米。湖底平均高程 0.33 米,最低高程 –0.47 米。湖泊正常蓄水位 2.95 米,库容 249 万立方米。

徐家漾南受顿塘来水,北注荡白漾。入湖河道为金家湾港、潘祥河;出湖河道有 3 个,为郎家港、龙降桥河、孔家桥。

1952 年 2~10 月,电影《河上的斗争》外景由"八一"电影制片厂在徐家漾湖畔拍摄,当地村民们踊跃争当群众演员。1963 年,徐家漾作为吴江县水产养殖场,养殖鲢鱼、鳙鱼、青鱼、草鱼等四大家鱼,销往上海、南京、杭州等大城市。1995 年起,漾北滩芦苇荡开辟成甲鱼池,面积 300 多亩。

23. 长田漾

长田漾位于平望镇西南部。面积 0.91 平方千米,周长 9693 米。湖底平均高程 –0.1 米,最低高程 –1.15 米。湖泊正常蓄水位 2.96 米,库容 278 万立方米。

长田漾形如弓状,南通北麻漾,西、北通顿塘,周边河道有三官桥港、安桥港、开基港、南庄港、小石港、梅南河、青龙港、二龙港等。

24. 桥北荡

桥北荡又名桥荡、北荡,位于盛泽镇东部,荡北为胜天村,东南为盛虹村,西为永和村。荡形如蝙蝠状,两翼呈西北方向展开,为盛泽镇重要水源地。

桥北荡面积 0.87 平方千米,周长 6939 米。湖底平均高程 0.21 米,最低高程 -1.22 米。湖泊正常蓄水位 2.94 米,库容 238 万立方米。

桥北荡西通蚬子兜,南连三角荡,东经乌桥港入余家漾。入湖河道有西乌桥港、新开港和思安桥港;出湖河道有东乌桥港、盛家港、豆腐港、园明寺新开河。

25. 东下沙荡

东下沙荡位于平望、盛泽镇交界处。

东下沙荡面积 0.83 平方千米,周长 5064 米。湖底平均高程 -0.32 米,最低高程 -1.97 米。湖泊正常蓄水位 2.91 米,库容 268 万立方米。

东下沙荡西直接与西下沙荡相通,荡形与面积近似宛如姊妹湖依偎,南、北经支河与莺脰湖、蚬子兜相连。入湖河道有照家扇、青龙港和小乙港,出湖河道为南宵港。东下沙荡有工矿企业取水口 12 个,平望、盛泽各占一半,年取水量 140 多万吨。

26. 前村荡

前村荡因自然村落名字而名,内含汪家圩,位于平望、黎里镇交界处。

前村荡面积 0.81 平方千米,周长 5430 米。湖底平均高程 0.69 米,最低高程 0.1 米。湖泊正常蓄水位 2.88 米,库容 177 万立方米。

前村荡西连凤凰荡,东临风仙庵荡,北通张鸭荡,南通太浦河。入湖河道为横港、急水港,出湖河道为坝里港、东张家甸、西张家甸。

前村荡湖岸以直立式护岸为主。苏嘉杭高速公路自北向南从湖岸东侧穿行而过,318 国道则自东向西贯穿湖泊的南端。

前村荡盛产鳜鱼、鲈鱼、河虾等,养殖模式为围网养殖,面积为 0.35 平方千米,占整个湖面的 43.2%。水产品除供给本地居民外,还销往苏州、杭州、上海等城市。

27. 普陀荡

普陀荡位于黎里镇东南。

普陀荡面积 0.8 平方千米,周长 7881 米。湖底平均高程 0.58 米,最低高程 -0.5 米。湖泊正常蓄水位 2.91 米,库容 186 万立方米。

普陀荡东与浙江省西许漾交界,东北连接汾湖入太浦河。入湖河道 5 个,为施家港、木潭潭、田家浜、小鸡桥和夹华里;出湖河道 3 个,为史家甸、前进港和白象港。

早年,荡面上多蒿草,后养殖水产,以花、白鲢为主,还有草鱼、青鱼。90 年代初开始养殖蚌珠,最多时达五六百亩水面。

28. 迮家漾

迮家漾又名栅家漾、南漾,位于震泽、七都镇交界处。

迮家漾面积 0.77 平方千米,周长 6303 米。湖底平均高程 0.59 米,最低高程 -0.96 米。湖泊正常蓄水位 2.97 米,库容 183 万立方米。

迮家漾西接汪鸭潭,南连荡白荡,北通大庙港河。入湖河道 5 个,为急水港、获珍圩港、门前港、东草田港和横路；出湖河道4个，为月字圩港、鱼池上河、高家埭河和厚明港。

迮家漾水面宽阔，岸边芦苇丛生，水流平缓，水质优良，适宜鱼类生长繁殖。

29. 北角荡

北角荡位于盛泽镇北部盛北联圩。

北角荡面积0.77平方千米，周长7661米。湖底平均高程−0.29米，最低高程−1.45米。湖泊正常蓄水位2.95米，库容249万立方米。

北角荡周边有黄家溪、东溪港、上升港、硴口港、抢字港、计家港、皮家湾、芦林港等8条河道。

30. 东藏荡

东藏荡又名东庄荡、东长荡（北部称李公漾，南部称长漾），位于七都镇开弦弓村的东侧、丰明村的北侧、光荣村的西侧，北靠横路河道。

东藏荡面积0.75平方千米，周长6116米。湖底平均高程0.05米，最低高程−0.72米。湖泊正常蓄水位2.96米，库容218万立方米。

东藏荡水来自太湖和上游诸荡，向东南流入长漾。入湖河道4个，为城家田河、欢喜桥港、西清河和四方圩港；出湖河道2个，为西草田港和张家浜港。

东藏荡水常年清澈透明，既是周围百姓饮用水之源，也是淡水养殖基地。荡中所产鱼、虾肥鲜，备受人们青睐。因水质好，荡周有多家酒厂，民间好自家酿酒。水质好也促进当地缫丝业发展。1929年初，费孝通的姐姐费达生在开弦弓村推广蚕桑改良和缫丝新技术，帮助村民创办机械缫丝厂，开创中国农村史上农民办厂的先例，所产白厂丝当时就在国际市场上颇有盛名。

31. 荡白漾

荡白漾又名唐白漾、白漾，位于震泽、七都两镇。

荡白漾面积0.75平方千米，湖泊周长6351米。湖底平均高程0.06米，最低高程−1.92米。湖泊正常蓄水位2.94米，库容216万立方米。

荡白漾西北通迮家漾，东连长漾，南引三里塘南来之水入太湖。入湖河道2个，为米奇古港和大圩田港；出湖河道5个，为吴越战港、民字浜港、鳝鱼扇河、三里塘和潘祥河。

1958年成立人民公社，荡白漾划归震泽公社，漾面由震泽捕捞大队管辖，渔民以拦栅、撒网、养鱼、捉虾为生。1983年起，震泽渔业村将荡白漾漾面出租给浙江渔民养蚌育珍珠。

荡白漾淤泥下有层黑炭泥，厚度20~40厘米，含有机质、泥质成分。70年代，荡白漾西的黑炭泥被高家埭、吴家浜、鱼池上农民开采作燃料。

荡白漾是北入太湖的交通要道，也是庙港通往震泽的主航道。1981年，始建庙（港）震（泽）公路，建罗坝桥公路桥。2002年扩建庙、震公路，罗坝桥改建成长66米、宽22米二级公路桥。2005年，荡白漾上又动工建沪渝高速公路。

32. 南万荡

南万荡又名为南达荡、南梅荡，位于平望、盛泽镇交界处。

南万荡面积0.74平方千米，周长5500米。湖底平均高程0.24米，最低高程−0.152米。湖泊正常蓄水位2.9米，库容197万立方米。

南万荡西与北麻漾相通,北与庄西漾相连,南与野河荡相邻,东接澜溪入太浦河。入湖河道有东塔港、川桥港、朱家港、老川桥港和徐排港,出湖河道有南万港、塘湾港和计扇港。

南万荡沿岸主要分布农田和鱼塘,湖岸以土质护坡和直立式护坡为主。开发利用主要以养殖等第一产业为主。

33. 野河荡

野河荡又名夜航荡、破船湾,位于盛泽镇西部,荡东为盛泽镇新城区。

野河荡面积 0.72 平方千米,周长 7056 米。湖底平均高程 -0.01 米,最低高程 -1.01 米。湖泊正常蓄水位 2.95 米,库容 213 万立方米。

野河荡西与北麻漾相接,东与长荡、田前荡相连入澜溪,北与南梅荡相邻,南通岳土港。进湖河道有 2 条,分别为计扇港和南塘港。出湖河道有 4 条,分别为长荡、新安头港、坛丘港和老龙港。

野河荡盛产鱼、虾、蟹、蚌及银鱼。1954 年,政府开始养鱼,80 年代在荡内河蚌育珠七八年,后又重新养鱼。

34. 南庄荡

南庄荡是三白荡北端一部分,当地人称"南庄三白荡",位于芦墟镇中部。

南庄荡面积 0.68 平方千米,周长 4382 米。湖底平均高程 0.33 米,最低高程 -0.72 米。湖泊正常蓄水位 2.87 米,库容 173 万立方米。

南庄荡西接牛长泾、三白荡来水,东与梁山荡相连,经八荡河入元荡。进湖河道为大港上和沈庄港,出湖河道为碑字港和金车港。

南庄荡鱼、蟹、鳗、鲤等水产丰富。

35. 杨家荡

杨家荡位于黎里、平望 2 镇交界处。

杨家荡面积 0.67 平方千米,周长 4404 米。湖底平均高程 1.11 米,最低高程 -0.32 米。湖泊正常蓄水位 2.9 米,库容 120 万立方米。

杨家荡西接六里库,东连牛头湖,北通太浦河。入湖河道为六里库河,出湖河道为东阳港和西库浜。

杨家荡为水上重要航道,湖州等地客货船从平望雪湖、六里库进入,经杨家荡、牛头湖,折南过陆家荡,继而往东经尤家港等湖港后通往上海。

杨家荡盛产红菱,又称雁来红,为黎里特产,以壳薄、肉嫩、汁多、甜脆、清香出名。

杨家荡又盛产梅鲚鱼、银鱼和草鱼,尤以梅鲚鱼为优。梅鲚鱼长约 5 寸,形似江鲚,肉质细嫩,味鲜美,因黄梅时盛产而得名。

36. 凤仙荡

凤仙荡又名凤仙庵荡,因当地曾有座凤仙庵而名,位于黎里镇西北。清嘉庆《黎里志》记载:黎地曾有奉先荡一称。奉先荡即村民习称之凤仙荡,50 年代后一直沿用此称。

凤仙荡面积 0.65 平方千米,周长 5528 米。湖底平均高程 0.04 米,最低高程 -0.81 米。湖泊正常蓄水位 2.88 米,库容 185 万立方米。

凤仙荡西连前村荡,北接长畸荡,南与太浦河相通。周边有饿煞港、百步桥港、水车港、滑沿路港等河道。

凤仙荡荡里水清且活,鱼类主要有青鱼、草鱼、花鲢、白鲢四大种类(70年代中期后,也有村民围养鳜鱼)。

37. 杨沙坑

杨沙坑又名杨沙荡,在芦墟镇南半部。荡东畔有杨沙坑村,村名因荡而得还是荡名因村而得无考。

杨沙坑面积0.63平方千米,周长4342米。湖底平均高程-2.54米,最低处-7.56米。湖泊正常蓄水位2.88米,库容341万立方米。杨沙坑西临三白荡,南、北处于太浦河和元荡之间。入湖河道为小河港,出湖河道为佐字港、韩棚港。

杨沙坑坑深水清,水产丰富。

38. 上下荡

上下荡又名和尚荡,位于盛泽镇西部。

上下荡面积0.63平方千米,周长5364米。湖底平均高程0.36米,最低高程-0.25米。湖泊正常蓄水位2.96米,库容164万立方米。

上下荡北通北麻漾,荡东北部为北旺村(原属坛丘),西南部为龙北村和永平村(原属南麻)。上下荡主要注入水源为麻溪,其一由麻溪经墩家荡、四十亩荡、南旺港、深家港流入;其二由麻溪经寺西漾、大径港、铁人埭港、西南港流入;其三由麻溪经寺西漾、大径港、弯头港、白马港流入。下泄口有桥门口和北旺港,经蒲荡、屯皮港流入北麻漾,其中桥门口泄水较快,约占总出水量的70%,平时水流由南向北、由西向东,每因汛期水位上涨而倒流。

上下荡水质清澄,周围百姓生产、生活用水赖于此。沿荡农田由此引水灌溉,荡内鱼虾成群,盛产菱、芡及莲藕。1954年起,上下荡成为吴江水产养殖场、坛丘水产养殖分场的养鱼基地之一。

39. 何家漾

何家漾又名"吴家荡",位于松陵镇东南端。何家漾面积0.6平方千米,周长3951米。湖底平均高程0.41米,最低高程-0.38米。湖泊正常蓄水位2.88米,库容148万立方米。

何家漾形如"漏斗"状,周边被化成、联民、中南、草甸4联圩包围。入湖河道有4个,分别为冯家湾、中庸港、毫南港和燕子窠;出湖河道为5个,分别为草甸港、埭上横港、大上港、化成港、杨家浩。

40. 同字荡

同字荡因荡边村名而得,位于芦墟镇金家坝社区塘北联圩。

同字荡东西宽700余米,南北长千余米。湖泊面积0.58平方千米,周长4527米。湖底平均高程0.67米,最低高程0.06米。湖泊正常蓄水位2.86米,库容127万立方米。

同字荡北经大西港沟通白蚬湖,东南连孙家荡。沿荡口门有12条,最宽的(与孙家荡之间)300多米,最窄的不到10米。

同字荡内有大小独脚圩9个。1973年金家坝公社水利大普查时,丈量到其中最大的上岳兰(摇篮)圩有139亩,花旦角圩6亩,同字圩15亩,大卅圩17亩(其余几个无名小圩未丈量)。这些圩田原来都种植水稻、油菜、小麦等农作物,由于时遭荡内水位淹没,加之风浪冲刷,面积越来越小。花旦角圩所剩无几,成荒芜地,稍大点的圩被开挖成鱼池养殖鱼虾。

同字荡产白鱼,又称白水鱼,肉质细嫩,为上等淡水鱼,多在上层水域、河流水边觅食,喜食小鱼、小虾。早年,每逢六七月间,白鱼集体产卵时会躁动不安。连续三天东南风急吹,鱼群会从东南面的孙家荡涌入同字荡,形成壮观的"白鱼阵"。90 年代起,"白鱼阵"已不再现。

41. 众家荡

众家荡又名钟家荡,位于芦墟镇莘塔社区西面。众家荡周围有 3 个自然村成"众"字形排列,东南是吴家村,西南为西岑村,北则善湾村,或为荡名来由。

众家荡面积 0.56 平方千米,周长 5361 米。湖底平均高程 0.11 米,最低高程 -0.76 米。正常蓄水位 2.85 米,库容 153 万立方米。

众家荡入湖河道 2 个,为新村港和吴家村港;出湖河道也有 2 个,为善湾港和九曲港。众家荡北、南两端入水口均与卖盐港沟通,北接白蚬湖来水,南经八荡河入元荡。

众家荡自东往南有吴家村港、九曲港、七合柱港和徐蒲桥港 4 条港汊。荡中有一深潭,距善湾村西北角港口不远,因汇七合柱港、徐蒲桥港、卖盐港之流,该处荡面常现漩涡,遇到风大浪急,对行船构成极大危险。早年,当地人在善湾村西北角港口立七面刻有经文的镇湖之柱,称"七合柱",以警示。

众家荡虽小,但盛产鱼、虾等水产,尤蚬子最多。1980 开始,蚬子大量出口日本、韩国。1994 年 12 月底,一个星期要 113 吨。众家荡蚬子出口一直延续到 1995 年,15 年共出口蚬子近 4000 吨。

42. 季家荡

季家荡位于同里镇屯村社区东部。季家荡面积 0.55 平方千米,周长 3112 米。湖底平均高程 1.41 米,正常蓄水位 2.84 米,库容 79 万立方米。

季家荡西接沐庄湖,北通澄湖,东泄白蚬湖。入湖河道有 2 个,为中堂港和石头渠港;出湖河道 3 个,为凌家铺、陆家滨和石浦港。

43. 黄家湖

黄家湖又名下昂荡,位于横扇镇中部。

黄家湖面积 0.53 平方千米,周长 4341 米。湖底平均高程 0.04 米,最低高程 -4.12 米。湖泊正常蓄水位 2.91 米,库容 152 万立方米。

黄家荡地处太湖和太浦河之间,水源经三节河、仓浦河进入。进荡河道为沧洲荡,出湖河道有 4 条,分别为旗北港、航道港、北上港和南上港。

表 2-4　　　　　　　　　2005 年吴江市列入省级保护名录湖泊情况表

湖泊名称	面积（平方千米）	湖底高程（米）	所在镇	所在联圩	别名	备注
太湖	84.16	1.60	七都、横扇、松陵	—	白湖、震泽	太浦河北称东太湖、南称西太湖
元荡	9.93	0.25	芦墟	—	—	不包括上海部分
北麻漾	9.88	0.80	平望、震泽、盛泽	—	麻漾	—
长漾	6.94	0.50	震泽、七都、平望、横扇	—	牛娘湖	—

（续表）

湖泊名称	面积（平方千米）	湖底高程（米）	所在镇	所在联圩	别名	备注
三白荡	6.68	0.07	黎里、芦墟	—	—	北部又称北白漾
白蚬湖	4.90	1.20	同里、芦墟	—	白蚬江	不包括昆山部分
南星湖	4.82	1.31	同里、芦墟	—	南新湖	含北小湖
金鱼漾	3.84	0.79	七都、震泽	—	鳍鱼漾、鲸鱼漾	含菱塘湾,不包括浙江部分
澄湖	3.24	1.42	同里	—	小澄湖	—
黄泥兜	3.18	1.08	同里	—	—	不包括吴中区部分
汾湖	3.15	0.25	黎里、芦墟	—	分湖、洪漾	不包括浙江部分
同里湖	2.96	1.04	同里	—	—	—
石头潭	2.81	0.97	芦墟、同里	—	勺头潭	—
雪落漾	2.41	0.26	横扇、平望	—	雪禄漾	—
九里湖	2.27	1.37	同里	—	—	不包括吴中区部分
袁浪荡	2.15	0.16	芦墟	—	韩郎荡、邗上荡	含许家漾西部,不包括浙江部分
莺脰湖	2.11	0.89	平望	—	莺湖	—
沐庄湖	2.11	1.30	同里	—	—	—
大龙荡	2.03	0.55	平望	—	—	—
长畸荡	1.89	0.80	黎里、松陵	—	长巨荡	—
张鸭荡	1.86	1.05	松陵、平望、黎里	—	—	—
长荡	1.53	0.07	平望	—	—	—
庄西漾	1.46	0.21	平望	—	中西漾	—
南参漾	1.35	0.66	黎里、芦墟、松陵	—	北参荡	—
蚬子兜	1.24	−0.16	盛泽	—	西白漾、西北漾	—
孙家荡	1.21	0.57	芦墟	莘北联圩	沈家荡	—
蒋家漾	1.02	0.59	震泽、七都	—	北漾	—
郎中荡	1.00	0.29	盛泽	郎中联圩	浪中荡	—
西下沙荡	0.96	−0.37	盛泽、平望	盛北联圩	汪牙荡	—
方家荡	0.95	0.55	芦墟	—	—	北部称钗金荡
徐家漾	0.95	0.33	震泽	徐家漾联圩	—	—
长田漾	0.91	−0.1	平望	梅南联圩	—	—
桥北荡	0.87	0.21	盛泽	—	桥荡、北荡	—
东下沙荡	0.83	−0.32	平望、盛泽	盛北联圩	—	—
沈庄漾	0.82	1.04	桃源	—	沈张湖、沈庄漾	—
前村荡	0.81	0.69	平望、黎里	—	—	含汪家荡
普陀荡	0.80	0.58	黎里	章湾联圩	浦路荡	—
北角荡	0.77	−0.29	盛泽	盛北联圩	—	—
迮家漾	0.77	0.59	七都、震泽	—	栅家漾、南漾	—
荡白漾	0.75	0.06	震泽、七都	—	唐白漾、白漾	—
东藏荡	0.75	0.05	七都	庙南联圩	东庄荡、东长荡	北部称李公漾,南部称长漾

（续表）

湖泊名称	面积（平方千米）	湖底高程（米）	所在镇	所在联圩	别名	备注
南万荡	0.74	0.24	平望、盛泽	—	南达荡	—
诸曹漾	0.74	0.80	芦墟	—	朱石漾、朱沼漾	不包括上海部分
野河荡	0.72	−0.01	盛泽	—	野航荡	—
陆家荡	0.70	0.46	黎里	—	—	不包括浙江部分
南庄荡	0.68	0.33	芦墟	—	三白荡	—
杨家荡	0.67	1.11	黎里、平望	—	—	—
凤仙荡	0.65	0.04	黎里	团结联圩	凤仙庵荡	—
杨沙坑	0.63	−2.54	芦墟	—	杨沙荡	—
上下荡	0.63	0.36	盛泽	—	和尚荡	—
何家漾	0.60	0.41	松陵	—	吴家荡	—
同字荡	0.58	0.67	芦墟	塘北联圩	—	—
众家荡	0.56	0.11	芦墟	—	钟家荡	—
季家荡	0.55	1.41	同里	—	—	—
黄家湖	0.53	0.04	横扇	—	下昂荡	—
吴天贞荡	0.46	0.10	芦墟	—	胡天贞荡	不包括上海部分

注：湖底高程为平均高程。

表2-5　　　　2005年吴江市列入省级保护名录湖泊底高程、水位及库容情况表

湖泊名称	湖底高程(米)		水位/库容(米／亿立方米)							
	平均	最低	死水位	容积	常水位	容积	设计洪水位	容积	最高水位	容积
雪落漾	0.26	−1.33	0.66	0.0096	2.96	0.0651	4.31	0.0976	4.34	0.0983
长漾	0.50	−2.98	0.90	0.0278	2.97	0.1714	4.33	0.2658	4.37	0.2686
莺脰湖	0.89	−1.7	1.29	0.0084	2.95	0.0435	4.28	0.0715	4.30	0.0720
东下沙荡	−0.32	−1.97	0.08	0.0033	2.91	0.0268	4.28	0.0382	4.31	0.0384
西下沙荡	−0.37	−1.2	0.03	0.0038	2.91	0.0315	4.27	0.0445	4.31	0.0449
袁浪荡	0.16	−2.32	0.56	0.0086	2.82	0.0572	4.37	0.0905	4.29	0.0888
荡白漾	0.06	−1.92	0.46	0.0030	2.94	0.0216	4.35	0.0322	4.54	0.0336
东藏漾	0.05	−0.72	0.45	0.0030	2.96	0.0218	4.34	0.0322	4.53	0.0336
蒋家漾	0.59	−1.06	0.99	0.0041	2.97	0.0243	4.37	0.0386	4.61	0.0410
连家漾	0.59	−0.96	0.99	0.0031	2.97	0.0183	4.36	0.029	4.54	0.0304
汾湖	0.25	−3.86	0.65	0.0126	2.9	0.0835	4.37	0.1298	4.31	0.1279
陆家荡	0.46	−0.82	0.86	0.0028	2.91	0.0172	4.25	0.0265	4.31	0.0270
普陀荡	0.58	−0.50	0.98	0.0032	2.91	0.0186	4.32	0.0299	4.33	0.0300
杨家荡	1.11	−0.32	1.51	0.0027	2.9	0.0120	4.25	0.0210	4.30	0.0214
大龙荡	0.55	−0.21	0.95	0.0081	2.95	0.0487	4.28	0.0757	4.31	0.0763
金鱼漾	0.79	−0.49	1.19	0.0154	2.97	0.0837	4.38	0.1379	4.67	0.149
北角荡	−0.29	−1.45	0.11	0.0031	2.95	0.0249	4.27	0.0351	4.32	0.0355
郎中荡	0.29	−0.65	0.69	0.0040	2.96	0.0267	4.25	0.0396	4.46	0.0417

（续表）

湖泊名称	湖底高程(米)		水位/库容(米／亿立方米)							
	平均	最低	死水位	容积	常水位	容积	设计洪水位	容积	最高水位	容积
桥北荡	0.21	−1.22	0.61	0.0035	2.94	0.0238	4.25	0.0351	4.32	0.0358
上下荡	0.36	−0.25	0.76	0.0025	2.96	0.0164	4.3	0.0248	4.57	0.0265
沈庄漾	1.04	−0.77	1.44	0.0033	2.95	0.0157	4.37	0.0273	4.73	0.0303
蚬子兜	−0.16	−1.11	0.24	0.0050	2.95	0.0386	4.26	0.0548	4.43	0.0569
徐家漾	0.33	−0.47	0.73	0.0038	2.95	0.0249	4.35	0.0382	4.60	0.0406
长田漾	−0.10	−1.15	0.30	0.0036	2.96	0.0278	4.30	0.0400	4.33	0.0403
野河荡	−0.01	−1.01	0.39	0.0029	2.95	0.0213	4.29	0.0310	4.50	0.0325
南万荡	0.24	−0.51	0.64	0.0030	2.9	0.0197	4.28	0.0299	4.31	0.0301
庄西漾	0.21	−1.01	0.61	0.0058	2.96	0.0402	4.28	0.0594	4.31	0.0599
北麻漾	0.80	−4.41	1.20	0.0395	2.96	0.2134	4.30	0.3458	4.51	0.3665
澄湖	1.42	1.10	1.82	0.0130	2.84	0.0460	4.40	0.0966	4.55	0.1014
黄家湖	0.04	−4.12	0.44	0.0021	2.91	0.0152	4.31	0.0226	4.35	0.0228
吴天贞荡	0.10	−1.04	0.50	0.0018	2.85	0.0127	4.37	0.0196	4.38	0.0197
何家漾	0.41	−0.38	0.81	0.0024	2.88	0.0148	4.39	0.0239	4.56	0.0249
黄泥兜	1.08	−1.72	1.48	0.0127	2.85	0.0563	4.43	0.1065	4.59	0.1116
季家荡	1.41	0.98	1.81	0.0022	2.84	0.0079	4.42	0.0166	4.54	0.0172
南参荡	0.66	−0.28	1.06	0.0054	2.88	0.0300	4.32	0.0494	4.34	0.0497
南庄荡	0.33	−0.72	0.73	0.0027	2.87	0.0173	4.36	0.0274	4.38	0.0275
石头潭	0.97	0.30	1.37	0.0112	2.89	0.054	4.36	0.0953	4.40	0.0964
孙家荡	0.57	−0.6	0.97	0.0048	2.86	0.0277	4.37	0.0460	4.40	0.0463
众家荡	0.11	−0.76	0.51	0.0022	2.85	0.0153	4.36	0.0238	4.38	0.0239
诸曹漾	0.80	−2.86	1.20	0.0030	2.87	0.0153	4.34	0.0262	4.35	0.0263
白蚬湖	1.2	−2.43	1.60	0.0196	2.86	0.0813	4.42	0.1578	4.53	0.1632
长荡	0.07	−0.92	0.47	0.0061	2.89	0.0431	4.30	0.0647	4.33	0.0652
长畸荡	0.80	−0.35	1.20	0.0076	2.88	0.0393	4.30	0.0662	4.33	0.0667
方家荡	0.55	0.02	0.95	0.0028	2.89	0.0166	4.32	0.0268	4.38	0.0272
凤仙荡	0.04	−0.81	0.44	0.0026	2.88	0.0185	4.28	0.0276	4.30	0.0277
九里湖	1.37	0.32	1.77	0.0091	2.85	0.0336	4.43	0.0695	4.58	0.0729
沐庄湖	1.30	0.54	1.70	0.0084	2.83	0.0323	4.41	0.0656	4.57	0.0690
南星湖	1.31	−0.11	1.71	0.0193	2.85	0.0742	4.41	0.1494	4.54	0.1557
前村荡	0.69	0.10	1.09	0.0032	2.88	0.0177	4.28	0.0291	4.30	0.0292
三白荡	0.07	−8.94	0.47	0.0267	2.88	0.1877	4.35	0.2859	4.36	0.2866
同里湖	1.04	−3.05	1.44	0.0118	2.84	0.0533	4.42	0.1001	4.58	0.1048
同字荡	0.67	0.06	1.07	0.0023	2.86	0.0127	4.37	0.0215	4.40	0.0216
杨沙坑	−2.54	−7.56	−2.14	0.0025	2.88	0.0341	4.34	0.0433	4.36	0.0435
元荡	0.25	−10.49	0.65	0.0397	2.86	0.2592	4.36	0.4081	4.38	0.4101
张鸭荡	1.05	−0.30	1.45	0.0074	2.88	0.0340	4.29	0.0603	4.32	0.0608

注：太湖数据未列入。

二、一般湖泊

依据 1996 年 1 月版《吴江县水利志》资料分类,2005 年,境内一般湖泊有 295 个。

表 2-6 2005 年吴江市一般湖泊情况表

湖泊名称	湖泊面积(亩)	湖底高程(米)	所在镇	所在联圩	别名	备注
元鹤荡	4125	0.7	芦墟	—	元岳荡	含杨苏荡
草荡	3507	0.7	平望	—	鸾荡、南草荡	—
桃花漾	1692	−0.3	平望、横扇	—	—	—
东姑荡	1515	0.2	芦墟	—	东古荡	—
长白荡	1396	0.9	松陵、芦墟	—	—	—
沧洲荡	1383	0.6	横扇	—	风骞漾、仓九荡	—
大木瓜荡	1342	0.3	黎里、芦墟	—	—	—
雪落漾	1338	0.7	芦墟	—	—	不包括上海部分
杨家荡	1333	0.5	芦墟	—	—	含许家漾东部
瓜泾口	795	1.0	松陵	—	—	—
汪鸭潭	744	1.0	震泽、七都	—	—	—
余家荡	712	0.1	盛泽	—	俞家荡	—
老人荡	706	0.7	芦墟	—	—	—
张清荡	672	0.6	芦墟	—	—	—
东长荡	670	0.9	芦墟	—	—	—
盛家荡	652	−0.7	盛泽、平望	盛北联圩	长春荡、吴春荡	—
湾里荡	637	−1.1	盛泽	—	三寺湾、北里湾	—
东北荡	622	0.0	芦墟	—	—	—
田前荡	609	0.4	盛泽	—	—	—
清水漾	608	0.6	同里	—	清水漾	—
陆家荡	603	−0.3	横扇、平望	—	—	—
小月荡	603	0.5	黎里、芦墟	—	—	—
大龙港	599	−0.9	盛泽	盛北联圩	湖荡	—
谢家荡	586	0.2	盛泽	—	向甲荡	—
北琵荡	579	0.0	平望	—	北白荡、北琶荡	—
邵伯荡	578	0.5	芦墟	—	邵白荡	—
双珠荡	578	0.5	芦墟	—	北白荡	—
钵头漾	570	0.1	震泽	徐家漾联圩	—	—
西藏荡	557	0.0	七都	庙南联圩	西庄荡、西长荡	—
黄天荡	555	−0.5	平望	—	王天漾	—
揽桥荡	554	−0.3	黎里	章湾联圩	栏桥荡、贤胜荡	—
大渠荡	551	0.7	芦墟	—	大巨荡	—
牛头湖	540	0.9	黎里	—	南天湖	—
王家潭	510	0.6	芦墟	—	—	—
周生荡	502	−1.0	震泽	柳塘联圩	济生荡	—
西藏龙荡	502	−1.0	平望、黎里	—	—	—

（续表）

湖泊名称	湖泊面积（亩）	湖底高程（米）	所在镇	所在联圩	别名	备注
直开荡	501	0.5	芦墟	厍西联圩	—	—
蚂蚁漾	500	0.1	横扇	—	—	—
庙前荡	494	−1.0	盛泽	盛北联圩	湖泥晴荡	—
杨家荡	473	−0.5	芦墟	莘北联圩	—	—
杨字荡	469	0.5	黎里、芦墟	—	东庭荡、北杨墅荡	—
六百亩荡	462	0.3	松陵	—	—	—
漳水圩	443	−1.0	芦墟	—	涨水盂、杨芦荡	—
徐五漾	437	0.1	黎里、松陵	—	徐河漾	—
宜男荡	437	0.0	松陵	—	宜囡荡	—
后长荡	431	0.3	黎里	—	—	—
洋溢湖	428	0.8	同里	—	姚阿湖、九里湖、后村湖	—
怀蒲荡	411	0.7	芦墟	—	外蒲荡、外婆荡	—
梁山荡	410	0.0	芦墟	—	—	—
清水漾	401	−0.2	平望、盛泽	盛北联圩	清水庙漾	—
殷家荡	401	0.7	松陵	—	—	—
金家池	395	−0.3	盛泽、平望	盛北联圩	—	—
塔浪荡	393	0.5	黎里	建民村	—	—
桥下水漾	386	0.3	七都、震泽	—	—	—
西白漾	371	—	盛泽	镇区	—	—
八宝荡	366	0.5	芦墟	唐小村	接官荡	—
莲荡	366	0.0	芦墟	叶周村	—	—
李浦荡	362	0.3	芦墟、松陵	—	里蒲荡	—
大平荡	360	0.2	黎里	—	—	—
牛皮长荡	344	−0.3	盛泽	盛北联圩	前荡、牛皮荡、长荡	—
元温荡	340	−0.1	松陵	大阳联圩	泥混荡	含里年荡
三庙址漾	329	−0.4	桃源、震泽	—	—	—
四爿头荡	329	−1.1	盛泽	前跃村	南溪荡、南里湾	—
水家漾	327	−0.5	平望、盛泽	—	周家荡	—
蚌壳荡	326	0.4	芦墟	—	—	—
二白荡	312	0.5	芦墟	塘北联圩	田落荡、田乐荡	—
凤凰荡	308	0.2	平望	运东联圩	凤鸭荡、凤阿荡	—
四十亩荡	304	0.7	盛泽	—	—	—
蒋军荡	304	0.1	黎里	—	—	—
东北荡	300	0.5	芦墟	—	杨门荡、杨坟头荡	—
荷花荡	300	0.9	芦墟	—	—	—
雪湖	295	−0.1	平望	—	—	—
乌龟荡	294	0.7	芦墟	—	乌鸡荡	—
北雁荡	281	—	盛泽	—	南漾、北洋荡	—
冬瓜荡	278	0.2	横扇	古池联圩	—	—

（续表）

湖泊名称	湖泊面积(亩)	湖底高程(米)	所在镇	所在联圩	别名	备注
狗屎荡	277	0.0	松陵	—	狗尿荡	—
野猫荡	263	0.7	芦墟	—	时家塘	不包括浙江部分
后荡	262	0.3	盛泽、平望	盛北联圩	长春荡、马鱼溪	—
唐家港	255	−0.1	七都、横扇	横南联圩	梅桥荡	—
北南英荡	255	0.5	黎里	南英联圩	北南莺荡、南杨墅荡	—
盘船荡	253	0.1	松陵	大阳联圩	蛇盘荡	—
柏家荡	251	0.8	芦墟、黎里	—	北白荡	—
青田漾	250	−0.6	平望	梅南联圩	青头漾	—
申家兜	250	−0.5	平望	梅南联圩	沈家荡	—
角字荡	250	−0.6	芦墟	莘北联圩	角荡	—
北古池荡	236	−0.5	横扇	古池联圩	—	—
金家荡	235	0.7	芦墟	—	—	—
新建荡	231	—	平望		—	—
南漾	231	−1.0	七都	庙南联圩	—	—
钵头滩	228	0.5	同里	—	钵头荡	—
南漾	225	−0.0	横扇	横南联圩	—	—
乌木荡	221	−0.1	平望	顾扇联圩	乌门荡	—
栲栳漾	221	−0.7	平望	梅南联圩	—	—
山荡	221	—	松陵	—	蛇荡、翁泾漾	—
钵头漾	219	−0.9	横扇	横南联圩	—	—
普安荡	218	0.4	松陵	—	白鱼荡	—
庄西荡	210	−1.0	盛泽	盛北联圩	春杵荡	—
北白荡	210	—	芦墟		—	—
长溪	207	−1.2	盛泽	—	—	—
西北荡	207	0.3	芦墟		—	—
文贤荡	202	−0.1	盛泽	盛北联圩	坟家荡	—
西南漾	202	1.2	七都	庙东联圩	南新漾	—
马字漾	202	0.7	震泽、桃源	—	麻字漾	—
小张鸭荡	200	—	松陵		—	—
南麻漾	195	0.6	盛泽		—	—
康家荡	194	0.0	黎里	南英联圩	—	—
塔盘荡	193	1.0	同里、松陵		—	—
小西藏荡	190	0.0	七都		—	—
西草荡	188	0.5	平望		—	—
靴统荡	188	−1.0	平望、黎里	藏龙联圩	小杨家荡	—
东菜花漾	186	—	黎里		—	—
珍字荡	185	0.6	芦墟	—	曹白荡	—
杨婆荡	184	0.0	平望	顾扇联圩	—	—
沙泥荡	184	0.2	震泽	—	蠡泽湖、斩龙潭	—
小牛荡	184	0.4	盛泽	—	倒缺口	—

（续表）

湖泊名称	湖泊面积(亩)	湖底高程(米)	所在镇	所在联圩	别名	备注
鲤里兜	183	—	黎里	章湾联圩	—	—
戚家荡	182	−0.6	平望	平南联圩	—	—
赤来荡	182	—	盛泽	盛北联圩	赤连荡	—
囡团荡	180	−0.6	黎里	先锋联圩	南吴塘	—
南海荡	180	—	盛泽		西雁荡	—
脚板漾	178	−0.6	松陵	大阳联圩	—	—
华圩荡	176	0.7	芦墟		中心荡、盛家荡	—
大受荡	169	0.1	芦墟	—	孙家湾荡	—
小官荡	167	−0.4	黎里		—	—
和尚荡	167	0.0	松陵		—	—
大月荡	165	0.2	黎里	南英联圩	—	—
夏蒲荡	165	0.3	芦墟	库西联圩	—	—
庄家荡	163	−0.8	平望	平北联圩	庄田荡	—
倪家荡	161	—	黎里	—	亭子荡、对方潭	—
水油荡	161	0.8	芦墟、黎里	—	马圩荡、华圩荡	—
杨湖渚	160	0.3	芦墟	莘北联圩	羊湖潭	—
荡湾里	160	−0.6	盛泽	—	里湾荡	—
健石荡	158	−0.2	平望	平西联圩	检察塘、乾石荡	—
五方荡	15l	−1.1	平望	大龙联圩	—	—
喜潭潭	150	—	盛泽	坛东联圩	—	—
鱼古兜	150	0.2	平望	梅南联圩	鱼高斗	—
北白荡	150	0.4	芦墟	库西联圩	白北港	—
国字荡	149	—	七都	—	震字圩漾	—
西林荡	148	—	黎里	—	西林塘	—
新南荡	147	0.3	芦墟	—	肖荡、陈家港	—
月湾荡	145	−0.2	芦墟	—	东天方	—
藏龙荡	144	−0.6	黎里、平望	—	长龙荡	—
北漾	142	0.6	震泽	梅桥联圩	—	—
小西荡	14l	0.2	平望	金星联圩	南邕荡	—
杨家头荡	140	—	横扇		—	—
砖屑荡	137	−0.2	黎里	团结联圩	—	—
新字荡	135	−0.9	平望		—	—
蟹大荡	135	−0.6	平望		—	—
铁皮荡	135	−0.5	黎里		—	不包括浙江部分
林种荡	135	—	七都	庙南联圩	—	—
南漾	135	1.0	震泽	梅桥联圩	—	—
金家荡	135	0.4	芦墟	—	红旗荡	—
小官荡	133	−0.4	震泽	徐家漾联圩	—	—
污泥兜	132	—	黎里		河泥兜	—
庙东荡	130	—	芦墟			

（续表）

湖泊名称	湖泊面积(亩)	湖底高程(米)	所在镇	所在联圩	别名	备注
叶泽湖	130	0.8	同里	—	笠泽湖	—
深思荡	129	−0.7	平望	顾扇联圩	深水荡	—
车子漾	128	0.6	芦墟	—	—	—
北漾	126	−1.0	横扇	横南联圩	—	—
宜店荡	125	0.5	芦墟	—	—	—
南湖荡	125	—	黎里	—	—	—
丰字荡	124	−0.1	松陵	—	—	—
石塘荡	122	−0.1	横扇	—	—	—
秋水潭	120	0.0	芦墟	—	—	—
豆腐荡	120	0.2	黎里	南英联圩	—	—
杨官音荡	117	—	黎里	—	—	不包括浙江部分
冰林荡	117	—	芦墟	—	—	—
喇叭形荡	117	0.1	松陵、芦墟	—	喇叭荡	—
北杨苏荡	117	0.1	黎里、芦墟	—	—	—
寺西荡	115	0.2	盛泽	—	—	—
荷花荡	113	0.5	平望	顾扇联圩	—	—
花木漾	113	0.3	震泽	徐家漾联圩	—	—
阿木荡	113	−0.1	横扇	横南联圩	阿木港	—
宋水塘	113	−1.3	横扇	横西联圩	—	—
庙前荡	112	—	松陵	大阳联圩	石铁荡	—
庙荡	112	0.5	松陵	—	庙右荡、庙后荡	—
东白荡	112	—	芦墟	—	—	—
小木瓜荡	111	0.5	黎里	南英联圩	—	—
荷花荡	110	1.0	同里	—	—	—
北漾	110	1.0	七都	庙西联圩	—	—
元王荡	109	—	黎里	—	原黄荡、原王荡	—
南南英荡	109	0.4	黎里	南英联圩	南南莺荡、南英荡	—
南杨苏荡	109	0.3	黎里	—	—	—
沉菜兜	106	0.5	芦墟	—	—	—
刘王荡	105	0.3	芦墟	—	西北荡	—
南白荡	105	0.1	芦墟	—	—	不包括浙江部分
郑月荡	105	0.5	芦墟、同里	—	郑刘荡	—
刘王港	105	—	芦墟	—	—	—
西湾头荡	105	—	七都、横扇	—	梅家荡	—
吉字圩荡	105	—	七都	—	—	—
白马荡	105	−0.8	黎里	—	下丝荡	—
东漾	102	0.6	震泽	梅桥联圩	—	—
汝家荡	102	—	黎里	—	汝家坟荡	—
端字荡	102	—	黎里	—	—	—
唐家湖	100	—	平望	—	—	—

（续表）

湖泊名称	湖泊面积(亩)	湖底高程(米)	所在镇	所在联圩	别名	备注
东长荡	100	—	芦墟	—	—	—
小荡	100	—	盛泽	—	—	—
横荡	100	—	盛泽	—	—	—
门家荡	99	−0.1	松陵	—	稔丝漾、小成荡	—
如意荡	98	—	黎里	—	—	—
荷花荡	96	0.6	芦墟	—	荷花港	—
金家潭	96	—	平望	—	—	—
长滩漾	95	—	震泽	梅桥联圩	青滩漾	—
天到漾	94	—	七都	七都联圩	—	—
南芦荡	94	0.5	黎里	南英联圩	南小荡	—
招认荡	93	0.8	震泽	徐家漾联圩	迮滚荡、长公塘	—
掘泥漾	92	0.6	芦墟	—	—	—
小南湖荡	92	—	松陵	—	小囡团荡、土文潭	—
端字荡	91	—	平望	盛北联圩	—	—
章湾荡	90	0.4	黎里	章湾联圩	庄汇荡	—
门前荡	90	—	芦墟	—	—	—
银星荡	88	−0.1	芦墟	—	—	—
曹贝湖	88	—	芦墟	—	—	—
仙人漾	85	−0.3	桃源	—	—	—
谢河漾	85	−0.1	震泽	—	—	—
寺前荡	83	—	松陵	—	吴家荡	—
太平荡	83	0.5	松陵	—	桥头荡、塔柄荡	—
天字荡	82	−0.8	平望	平北联圩	—	—
百花漾	82	0.7	桃源	—	—	—
北小荡	81	0.3	黎里、芦墟	南英联圩	—	—
斗荡	8l	—	黎里	—	—	—
泉水漾	81	—	盛泽	坛西联圩	—	—
烂泥兜	80	—	松陵	—	—	—
雪家港	80	—	芦墟	塘北联圩	—	—
长渠漾	80	0.1	芦墟	塘北联圩	—	—
三角荡	79	−0.3	松陵	—	小何家漾	—
蜘蛛潭	77	—	黎里	—	—	—
李家荡	75	0.4	盛泽	郎中联圩	—	—
干荡	75	0.6	桃源、盛泽	—	—	—
潘家荡	75	0.0	桃源	—	—	—
西留泾荡	75	0.2	芦墟	厍南联圩	—	—
荷花荡	75	0.2	盛泽	盛北联圩	—	—
墩家荡	73	—	盛泽	—	灯家荡	—
黄子潭	73	—	平望	—	汪紫潭	—
花宇荡	72	—	平望	—	—	—

（续表）

湖泊名称	湖泊面积（亩）	湖底高程（米）	所在镇	所在联圩	别名	备注
蒋家荡	70	−0.4	平望	梅南联圩	—	—
小长漾	70	−3.1	平望	红卫联圩	—	—
水路联	70	0.1	黎里		—	—
枫林漾	70	0.1	震泽	徐家漾联圩	—	—
高家埭	70	—	震泽	徐家漾联圩	—	—
茶瓶兜	70	—	黎里		—	—
百亩荡	70	—	松陵		—	—
散荡	70	—	盛泽	盛北联圩	—	—
杨秀荡	69	—	黎里	南英联圩	杨秀港	—
上果漾	67	0.7	七都	大阳联圩	—	—
三百亩荡	66	0.4	松陵	—	—	—
白荡	65	0.0	芦墟		—	—
西潭子	65	−0.4	芦墟		西断子	—
小油荡	65	−0.1	芦墟		—	—
北芦荡	65	—	黎里		—	—
天王庙港	65	—	平望	运东联圩	—	—
杨家荡	63	0.2	松陵		—	—
小双甲亩	62	1.0	芦墟	塘北联圩	上港、小甲亩	—
五阳浜荡	62	—	黎里		—	—
潭子荡	60	—	芦墟	—	—	—
小钟荡	60	—	盛泽	盛北联圩	—	—
涛家荡	60	—	七都	菱塘联圩	太湖池、国字荡	—
外西南漾	60	−1.2	七都		—	—
大港漾	60	−0.1	芦墟		—	—
小子漾	60	—	盛泽	—	小猪漾	—
长荡湖	60	—	震泽	—	—	—
徐步桥荡	60	—	芦墟		—	—
石窝潭	60	—	盛泽		—	—
石臼荡	60	—	横扇		—	—
俞厍荡	58	0.1	同里	—	—	—
湾里荡	58	—	芦墟		—	—
杀人㿟	57	—	黎里	—	杀人潭	—
十字潭	56	0.8	同里		—	—
野鸭荡	60	0.5	芦墟		—	—
太平荡	52	—	黎里		—	—
升留兜	5l	0.2	松陵	大阳联圩	—	—
乌龟漾	5l	0.1	横扇	横南联圩	—	—
混水湖	50	0.1	平望	金星联圩	—	—
白漾	50	—	震泽	贯桥联圩	—	—
里荡	50	—	横扇	古池联圩	—	—

（续表）

湖泊名称	湖泊面积(亩)	湖底高程(米)	所在镇	所在联圩	别名	备注
三角荡	50	—	芦墟	—	—	—
外小荡	50	—	横扇	横南联圩	—	—
和尚塘	50	—	横扇	横南联圩	—	—
施家荡	50	—	七都	方桥联圩	—	—
东中扇	50	0.7	桃源	金光联圩	—	—
五古具漾	50	0.3	松陵	—	—	—
活芦泾	50	—	震泽	—	—	—
英元滩	50	—	震泽	—	—	—
阿木荡	50	—	平望	—	—	—
野菱呈	50	—	平望	—	—	—
后湾湖	50	—	松陵	—	—	—
白米荡	50	0.2	同里	—	—	—
乌龟潭	50	0.8	平望	—	—	—
南镜荡	50	—	盛泽	—	—	—
太吉亩荡	50	—	盛泽	—	—	—
半爿荡	50	—	盛泽	—	—	—
郭树湾	50	−0.1	桃源	—	北荡	不包括浙江部分
河泥兜	50	—	黎里	—	—	—
葫芦泾	50	—	平望	—	吴石坟荡	—
庞茆生荡	50	0.6	同里	—	—	—

第三章　水资源

吴江市地处亚热带季风气候区,滨湖临海,水汽和水源条件优越。根据《江苏省吴江市水资源开发利用与保护规划》资料,境内多年平均水资源总量4.4亿立方米。其中多年平均地表水资源量3.91亿立方米,地下水不重复量0.49亿立方米。水资源虽较丰富,但工业废水、生活污水的大量产生,化肥、农药在农田中的广泛使用,使天然水体受到污染,市区和城乡结合部地区尤为严重。湖泊的富营养化也日渐突出。水质型缺水已成为制约吴江市经济社会发展的因素之一。

第一节　地表水

境内地表水资源的来源主要由当地降水产生的径流,上游太湖、浙江来水和"引江济太"水量组成。此外,下游黄浦江在汛期也时有进潮量顶入,枯水年份阳澄地区也有来水从北部进入。当河道、湖泊、池塘等在3米水位时,境内总库容约5亿立方米。

一、水量

境内水资源按区域划分,太浦河以北以江南运河为界划为运西、运东区,太浦河以南以顿塘为界划为长漾和浦南区。运西、运东、长漾和浦南四区面积分别为203.74平方千米、424.52平方千米、188.24平方千米和359.84平方千米。境内年平均降水量1121毫米,平均径流系数0.296,平均径流深332.1毫米,平均径流量3.72亿立方米,平均地表水资源量3.909亿立方米。平均年内径流量分配与平均降水量年内分配基本一致。

（一）降水量

2005年,江苏省水文水资源勘测局苏州分局采用1956~2000年境内平望、芦墟、瓜泾口、铜罗、金家坝、吴溇、菀坪及与江浙边界相邻的王江泾、南浔雨量站降水量及各雨量站控制面积权重计算,得出境内面平均年降水量1121毫米。其中,运西区1126.7毫米,运东区1094毫米,长漾区1154.5毫米,浦南区1129.2毫米。

根据1956~2000年各分区雨站量权重与各雨量站雨量的乘积,计算出境内不同年型雨量平均值分别为:丰水年1406.3毫米(1983年),平水年1114.4毫米(1996年),中等干旱年

883.9 毫米（1988 年），特殊干旱年 651.1 毫米（1978 年）。

表 3-1　　　　　　　　　　不同年型吴江市（县）雨量值表　　　　　　　　　　单位：毫米

区域	2004 年	丰水年 20%（1983 年）	平水年 50%（1996 年）	中等干旱年 75%（1988 年）	特殊干旱年 95%（1978 年）
运西区	1036.9	1290.8	1137.5	956.3	717.1
运东区	1056.5	1349.3	1070.1	795.5	653.9
长漾区	1069.8	1503.1	1160.8	953.5	627.8
浦南区	1017.7	1486.1	1125.3	911.8	620.2
全市平均	1044.2	1406.3	1114.4	883.9	651.1

注：以 1956~2000 年吴江市（县）面雨量的频率分析成果，参照吴江市（县）历年面雨量选取典型年。经比较，丰水年（P=20%）选取 1983 年，平水年（P=50%）选取 1996 年，中等干旱年（P=75%）选取 1988 年，特殊干旱年（P=95%）选取 1978 年，2004 年所对应的频率 P=55%，相当于平水年（下同）。

（二）地表水资源量

通过产流计算，境内不同年型地表水径流深分别为：丰水年 675.5 毫米（1983 年），平水年 449.8 毫米（1996 年），中等干旱年 204.8 毫米（1988 年），特殊干旱年 –13.1 毫米（1978 年）。

表 3-2　　　　　　　　　　不同年型吴江市（县）各分区径流深表　　　　　　　　　　单位：毫米

区域	2004 年	丰水年 20%（1983 年）	平水年 50%（1996 年）	中等干旱年 75%（1988 年）	特殊干旱年 95%（1978 年）
运西区	312.7	638.6	485.0	238.9	31.4
运东区	268.7	590.4	425.1	166.2	17.3
长漾区	301.2	749.6	474.4	210.6	–32.7
浦南区	290.2	758.0	446.1	228.0	–64.0
全市平均	288.1	675.5	449.8	204.8	–13.1

境内不同年型地表水资源量分别为：丰水年 7.95 亿立方米（1983 年），平水年 5.29 亿立方米（1996 年），中等干旱年 2.41 亿立方米（1988 年），特殊干旱年 –1544.7 万立方米（1978 年）。

表 3-3　　　　　　　　　　不同年型吴江市（县）各分区地表水资源量表　　　　　　　　　　单位：万立方米

区域	2004 年	丰水年 20%（1983 年）	平水年 50%（1996 年）	中等干旱年 75%（1988 年）	特殊干旱年 95%（1978 年）
运西区	6375.9	13021.0	9888.2	4870.6	641.1
运东区	11412.4	25073.4	18054.2	7059.4	734.9
长漾区	5674.3	14122.6	8938.6	3966.8	–617.0
浦南区	10446.8	27289.4	16060.5	8208.2	–2303.6
全市	33909.4	79506.4	52941.5	24105.0	–1544.7

（三）蒸发量及干旱指数

境内瓜泾口蒸发站（1980 年设立）1980~2004 年资料显示，瓜泾口蒸发站多年平均蒸发量为 828.2 毫米，年最大蒸发量 914.8 毫米（2004 年），年最小蒸发量 704.7 毫米（1993 年）。其中 7~8 月份最大，占年蒸发量的 27.7%；1 月份最小，占年蒸发量的 3.44%。根据多年平均降水量 1121 毫米和多年平均蒸发量 828.2 毫米的数据,通过计算,得出境内干旱指数为 0.74,属于比较湿润地区。

二、水质

地表水资源包含水量和水质两个方面,水质的优劣决定水资源的利用价值。80 年代后,境内地表水质平均每 10 年下降一个等级。水环境污染加剧水资源的供需矛盾,一系列生态和环境问题也随之出现,部分河流鱼虾绝迹,个别河流的局部污染还引发死鱼事件和边界水事矛盾。1992 年,长漾是境内唯一保留 Ⅱ 级水质的湖泊,其他湖泊均受到不同程度的污染。2000年后,控制太湖围网养殖面积,在茭草浅滩区种植莲藕等净化水体作物,养殖食用茭草鱼类,对改善湖体水质起到一定作用。2004 年,全市湖泊富营养化问题仍突出。太湖水质为 Ⅱ 类水,长漾为 Ⅲ 类水,牛头湖为 Ⅴ 类水,同里湖、蚬子兜为劣 Ⅴ 类水。以太湖为水源地的自来水厂取水口水质能基本满足水源地水质要求,其中吴江水厂(区域供水)为 Ⅱ 类水,庙港、七都、震泽水厂为 Ⅲ 类水,松陵水厂为 Ⅳ 类水,黎里水厂为 Ⅴ 类水,同里、盛泽水厂为劣 Ⅴ 类水。

(一)污染源

境内地表水水体污染,主要由未经处理的工业废水、城镇生活污水、农村化肥农药污染源和通航河道内船舶的油类及废弃物排放所形成。同时,防汛排涝工程对水体自流有所障碍(如盛泽镇区大包围 1987 年建成时仅在汛期几十天内关闸运行,进入 1995 年后已是全年关闸排水)。1992 年,全市工业用水 6479 万吨,工业废水排放量 5831 万吨,所排工业废水中经处理的有 976.56 万吨。2002 年,根据排污申报登记调查资料统计,全市主要工业废水年排放量 0.62 亿吨,其中化学需氧量年排放量 0.61 万吨。2004 年,全市城镇生活及工业废水产生总量 2.39 亿吨,其中工业废水产生量 2.13 亿吨,城镇生活污水产生量 0.26 亿吨。在工业废水产生量中,热电行业排放的冷却水 0.7 亿吨,一般工业的废水产生量 1.43 亿吨。

表 3-4　　　　　　　　2002 年吴江市主要工业废水排放量情况表　　　　　单位:吨每年

排入水域名称	企业地址	年废水排放量	年日均废水排放量	化学需氧量年排放量
三白荡	芦墟	252000	800.00	18.900
元鹤荡	黎里	645680	2152.00	49.460
太浦河	芦墟	230000	920.00	10.8l0
	七都	280000	1120.00	24.080
	平望	2861000	9293.00	299.332
	横扇	2319000	8904.00	201.915
	黎里	2740030	8867.15	296.842
	桃源	295000	983.30	23.0l0
北麻漾	桃源	9650	37.00	0.772
白蚬湖	同里	50400	180.00	3.580
同里湖	同里	500	2.50	0.0039
京杭运河	松陵	458000	1628.00	34.628
	盛泽	42357280	129278.50	4202.260
莺脰湖	平望	3200000	10000.00	288.000

（续表）

单位：吨每年

排入水域名称	企业地址	年废水排放量	年日均废水排放量	化学需氧量年排放量
麻溪	盛泽	637500	2125.00	76.500
	桃源	890000	2660.00	106.800
黄泥兜	同里	30000	120.00	1.740
紫荇塘	桃源	1718000	5277.00	195.650
顿塘	平望	115000	350.00	7.590
	震泽	2450000	7999.71	210.760

表 3-5　　　　　　　　　1986~2005 年吴江市(县)工业废水排放水质情况表

年份	达标排放量（万吨）	其中			
		化学需氧量（吨）	六价、铬化合物（千克）	挥发酚（千克）	氰化物（千克）
1986	562.88	2855.10	0.84	71.02	0.33
1987	639.36	3058.08	0.39	4.45	0.33
1988	—	—	—	—	—
1989	—	—	—	—	—
1990	641.50	5291.80	2.01	25.45	0.05
1991	566.82	2496.27	2.00	34.78	0.02
1992	708.83	2560.88	1.83	307.40	0.50
1993	658.20	2883.60	1.84	8.19	0.05
1994	708.00	1147.00	34.00	1577.00	1282.00
1995	2765.00	1297.00	11.00	590.00	—
1996	2552.88	1278.03	20.00	570.00	—
1997	3447.50	6383.89	40.00	440.00	—
1998	3799.89	7946.41	30.00	1120.00	—
1999	5011.17	4828.07	—	340.00	—
2000	6793.45	5619.58	4.00	230.00	22.00
2001	5823.25	10231.51	57.00	419.00	19.00
2002	7012.73	6820.47	195.30	472.10	93.80
2003	6705.84	6659.58	100.00	194.70	19.70
2004	10785.31	11275.43	—	500.00	20.00
2005	13232.04	11245.25	100.00	370.00	20.00

（二）主要河道水质

1987 年,京杭运河松陵段受吴江化工厂废水污染,主要污染物化学耗氧量、氨氮和挥发酚均超标。太浦河受平望染化厂和黎里红旗化工厂等污染,平望大桥和黎里大桥断面的挥发酚值多次出现超标现象。

1992 年,对境内京杭运河、太浦河、顿塘、大德塘、麻溪、松陵城区河等 6 条主要河道 33 个河段的水质评价结果显示,6 条河流均以有机物污染为主,水体水质主要超标项目为挥发酚,总氮和总磷亦有较高含量。其中,挥发酚最大超标值为标准的 11.2 倍;总氮最大超标值为标准的 3.6 倍;总磷最大超标值为标准的 2.7 倍。枯水期属于 4~5 级水的河段占总河段的 82%,

平水期和丰水期属于 4~5 级水的河段超过 70%，丰水期、平水期、枯水期均在 4~5 级以上的河段有 47%。太浦河为Ⅲ类水，京杭运河基本达到Ⅲ类水标准，大德塘、颀塘、松陵城河近Ⅲ类水。

表 3-6　　　　　　　　　　　　1992 年吴江市主要河道综合水质评价情况表

河道名称	河段	枯水期		平水期		丰水期	
		综合定级	依据项目	综合定级	依据项目	综合定级	依据项目
京杭运河	瓜泾口	5	总氮	4	总氮	4	溶解氧
	三里桥	5	挥发酚	4	生化需氧量	3	总氮 酸碱度 挥发酚
	同里桥	5	挥发酚	4	总氮 挥发酚	4	总氮
	八圻桥	3	总氮 化学需氧量 总磷	4	挥发酚	4	总氮 挥发酚
	平望桥	3	总氮 挥发酚	3	挥发酚 化学需氧量 总氮	4	总氮
	小头桥	5	总氮	4	总氮	—	—
	王江泾	5	总氮	4	总氮 总磷	5	总氮
太浦河	横扇桥	3	总氮	3	总氮	3	总氮
	平望桥	5	挥发酚	4	挥发酚 总氮	4	总氮
	黎里桥	4	总氮 挥发酚	5	挥发酚	3	总氮 溶解氧
	芦墟桥	4	总氮	3	总氮	4	总氮 溶解氧
	上海界标	4	总氮	3	总氮	4	挥发酚
颀塘	八都桥	5	总氮	4	总氮	4	总氮 溶解氧
	颀塘桥	5	总氮	4	总氮 总砷	4	总氮 溶解氧
	梅堰桥	5	总氮 挥发酚	4	总氮	4	总氮 溶解氧 挥发酚
	莺湖桥	5	总氮 挥发酚	5	总磷	4	总氮
大德塘	史家厂	5	总氮 生化需氧量	4	总氮	3	挥发酚
	塔水桥	5	总氮 生化需氧量	5	总氮 挥发酚	3	挥发酚
	后练桥	5	总氮	4	总氮	4	溶解氧
	铜罗酒厂	5	总氮	4	总氮	3	溶解氧
	铜罗酒厂	5	总氮	4	总氮 总磷	4	溶解氧
麻漾	1	5	总氮	3	总氮	4	总氮
	2	5	总氮 挥发酚	3	总氮 化学需氧量	5	酸碱度
	3	5	总氮	3	总氮 化学需氧量	5	酸碱度
	4	5	总氮	3	总氮 化学需氧量	3	总氮 化学需氧量
	5	5	总氮	2	总磷 化学需氧量	5	酸碱度
松陵城区	吴新桥	4	总氮	5	总氮	4	溶解氧
	大港桥	3	总氮 挥发酚	4	总氮	4	溶解氧
	北门桥	3	总氮 挥发酚	5	总氮	5	总砷
	流虹桥	5	总氮	5	总氮	4	溶解氧 总砷
	太平桥	3	总氮	5	总氮	4	溶解氧
	大东门桥	5	总氮	5	总氮 总磷	5	溶解氧
	三江桥	3	总氮	4	总氮	4	溶解氧 挥发酚

1996~2000 年,对京杭运河 5 个断面、颐塘 4 个断面、太浦河 5 个断面、松陵城区河 3 个断面(1996 年为 5 个断面,其中 2 个断面因与京杭运河重复而撤)监测结果显示:

京杭运河主要污染指标有高锰酸盐指数、生化需氧量、挥发酚和石油类。五年平均值除高锰酸盐指数、石油类超过《地面水环境质量标准》(GB3838—88)Ⅲ类标准外,其余均达到标准。高锰酸盐指数五年平均值 6.9 毫克每升,超过标准 0.15 倍;石油类五年平均值 0.29 毫克每升,超过标准 4.8 倍。因监测设备原因,总砷、总汞未检出。

颐塘主要污染指标有石油类、高锰酸盐指数、生化需氧量、挥发酚和非离子氨。五年平均值除石油类超过标准外,其余各项指标均达到标准。石油类五年平均值 0.22 毫克每升,超过标准 3.4 倍。

太浦河主要污染指标有石油类、高锰酸盐指数和非离子氨。五年平均值除石油类超过标准外,生化需氧量达到《地面水环境质量标准》(GB3838—88)Ⅱ类标准,其余均达到Ⅲ类标准。

松陵城区河主要污染是氨氮,其他各项指标均达到《地面水环境质量标准》(GB3838—88)Ⅳ类标准。

表 3-7　　　　　　　　　　1996 年和 2000 年流域性河道水质指标年均值情况表　　　　　　单位:毫克每升

项目	1996 年			2000 年		
	京杭运河	颐塘	太浦河	京杭运河	颐塘	太浦河
悬浮物	116.000	88.000	90.000	46.000	49.000	30.000
总硬度	122.800	109.300	109.000	137.100	115.200	112.000
溶解氧	4.500	6.400	7.100	5.500	6.800	7.300
高锰酸盐指数	7.400	5.000	4.800	6.700	5.100	5.100
生化需氧量	3.100	1.600	2.100	3.700	2.600	2.400
亚硝酸盐	0.109	0.065	0.078	0.104	0.074	0.073
硝酸盐	0.730	1.060	0.690	0.560	0.630	0.520
挥发酚	0.003	0.012	0.002	0.004	0.003	0.002
总氰化物	0.002	0.002	0.002	0.002	0.002	0.002
六价铬	0.002	0.002	0.002	0.002	0.002	0.002
总铅	0.002	0.002	0.002	0.002	0.002	0.002
石油类	0.750	0.720	0.390	0.040	0.040	0.040
非离子氨	0.010	0.010	0.010	0.002	0.010	0.020
总镉	0.002	0.002	0.002	0.002	0.002	0.002

2001~2005 年,对京杭运河吴江段 5 个断面、颐塘吴江段 5 个断面、太浦河吴江段 7 个断面、松陵城区河 3 个断面监测结果显示:

京杭运河 21 项指标五年平均值均达到《地面水环境质量标准》(GB3838—2002)Ⅲ类标准。其余 5 项超标,高锰酸盐指数超标 0.15 倍,生化需氧量超标 0.2 倍,挥发酚超标 0.2 倍,化学需氧量超标 0.5 倍,氨氮超标 1.15 倍。

颐塘 24 项指标五年平均值均达到《地面水环境质量标准》(GB3838—2002)Ⅲ类标准。其余 2 项超标,挥发酚超标 0.6 倍,化学需氧量超标 0.15 倍。

太浦河所有指标五年平均值均达到《地面水环境质量标准》（GB3838—2002）Ⅲ类标准。
松陵城区河各项指标五年平均值均达到《地面水环境质量标准》（GB3838—2002）Ⅳ类标准。

表 3-8　　　　　　　　　　　2001 年和 2005 年流域性河道水质指标年均值情况表

项目	单位	2001 年			2005 年		
		京杭运河	頔塘	太浦河	京杭运河	頔塘	太浦河
水温	℃	16.500	18.600	17.900	19.400	19.100	18.900
酸碱度（pH）	无量纲	7.350	7.270	7.680	7.400	7.490	7.590
悬浮物	毫克每升	58.000	50.000	35.000	47.000	55.000	24.000
总硬度	毫克每升	152.000	129.000	136.000	160.000	162.000	142.000
溶解氧	毫克每升	4.600	5.800	7.100	3.900	5.800	6.300
高锰酸盐指数	毫克每升	6.400	5.600	4.300	7.900	5.800	4.900
生化需氧量	毫克每升	4.400	1.400	1.900	6.200	4.000	3.900
亚硝酸盐	毫克每升	0.115	0.060	0.045	0.133	0.107	0.071
硝酸盐	毫克每升	0.470	0.940	0.410	0.460	0.840	0.440
挥发酚	毫克每升	0.004	0.003	0.002	0.006	0.004	0.002
总氰化物	毫克每升	0.002	0.002	0.002	0.002	0.002	0.002
六价铬	毫克每升	0.004	0.004	0.004	0.006	0.005	0.005
总镉	毫克每升	0.002	0.002	0.002	0.002	0.002	0.002
总铅	毫克每升	0.002	0.002	0.002	0.002	0.002	0.002
石油类	毫克每升	0.050	0.050	0.030	0.050	0.050	0.030
硫化物	毫克每升	0.004	0.002	0.002	0.007	0.006	0.005
氟化物	毫克每升	0.570	0.500	0.530	0.790	0.720	0.670
总铜	毫克每升	0.003	0.004	0.003	0.004	0.002	0.002
电导率	毫克每升	45.100	38.500	38.700	79.600	63.500	63.500
化学需氧量	毫克每升	380700	26.000	16.400	30.000	20.000	17.000
氨氮	毫克每升	1.630	0.750	0.430	1.350	0.800	0.590

表 3-9　　　　　　　1996~2005 年松陵城区河水质指标年均值情况表　　　　　单位：毫克每升

年份	1996	1997	1998	1999	2000	2001	2002	2003	2004	2005
氨氮	1.14	1.86	1.12	1.59	1.32	1.08	1.17	1.23	1.25	1.13
硫酸盐	—	28.50	28.70	38.60	38.10	41.20	37.80	46.60	55.50	66.80
石油类	0.36	0.05	0.07	0.06	0.09	0.08	0.03	0.02	0.03	0.04
高锰酸盐指数	5.90	5.80	6.00	6.00	7.50	—	9.60	9.10	7.60	7.70
化学需氧量	—	17.00	16.00	18.00	17.00	16.50	23.80	26.00	26.00	26.00

2005 年，对境内 20 条出入境河道（长 238.8 千米）42 个监测断面进行溶解氧、高锰酸盐指数、化学需氧量、五日生化需氧量、氨氮、挥发酚、总砷、总汞、总氰化物、六价铬、总磷等 11 项指标综合评价结果显示，河流水质污染严重，汛期水质和非汛期水质变化不明显。其中，江南运河全程水质较差，为Ⅳ类至劣Ⅴ类水，主要超标项目为氨氮和高锰酸盐指数。太浦河总体水质较好，除个别河段外，长年为Ⅲ类水，主要超标项目为氨氮和高锰酸盐指数。頔塘水质为Ⅳ类至劣Ⅴ类，主要超标项目为氨氮和高锰酸盐指数。

表 3-10　　　　　　　　2005 年吴江市出入境河道水质评价情况表　　　　　　　单位：类

入境河道	监测断面	水质			出境河道	监测断面	水质		
		全年	汛期	非汛期			全年	汛期	非汛期
北横塘	心田湾桥	Ⅲ	Ⅳ	Ⅲ	屯浦塘	屯村大桥	>Ⅴ	>Ⅴ	>Ⅴ
南横塘	吴越大桥	Ⅲ	Ⅳ	Ⅲ	太浦河	芦墟大桥	Ⅳ	Ⅳ	Ⅳ
頔塘	浔溪大桥	Ⅴ	>Ⅴ	Ⅳ	芦墟塘	陶庄闸	Ⅲ	Ⅲ	Ⅳ
长三港	福洋大桥	Ⅳ	Ⅴ	Ⅲ	元荡	白石矶桥	Ⅴ	Ⅳ	>Ⅴ
横泾塘	太师桥	Ⅳ	Ⅴ	Ⅲ	双林塘	双林塘桥	Ⅴ	Ⅴ	Ⅴ
乌镇市河	双溪桥	>Ⅴ	>Ⅴ	Ⅴ	史家浜	史家浜	>Ⅴ	>Ⅴ	>Ⅴ
太浦河	横扇大桥	Ⅲ	Ⅲ	Ⅲ	老江南运河	长虹桥	>Ⅴ	>Ⅴ	>Ⅴ
大浦河	联湖桥	Ⅲ	Ⅳ	Ⅲ	清溪	急水桥	>Ⅴ	>Ⅴ	>Ⅴ
吴家港	吴家港桥	Ⅳ	Ⅴ	Ⅳ	新塍塘	洛东大桥	Ⅴ	>Ⅴ	Ⅳ
瓜泾港	夹浦桥	>Ⅴ	>Ⅴ	>Ⅴ	—	—	—	—	—
京杭运河	尹山大桥	>Ⅴ	>Ⅴ	>Ⅴ	—	—	—	—	—

（三）饮用水源取水口水质

1996~2000 年，吴江市城区饮用水源取水口高锰酸盐指数年均值超标，五年平均值 5.2 毫克每升，石油类 0.08 毫克每升，其余均达到《地面水环境质量标准》（GB3838—88）Ⅱ类标准。

表 3-11　　　　　　　1996~2000 年城区饮用水源水质指标年均值情况表

项目	单位	1996 年	1997 年	1998 年	1999 年	2000 年
水温	℃	19.000	18.800	20.700	19.300	19.100
酸碱度（pH）	无量纲	7.320	7.300	7.470	7.510	7.510
浊度	度	11.000	12.000	9.000	10.000	9.000
总硬度	毫克每升	105.900	110.200	90.000	96.000	106.200
溶解氧	毫克每升	6.000	6.800	7.400	6.800	6.600
高锰酸盐指数	毫克每升	5.200	5.400	5.000	4.600	5.900
生化需氧量	毫克每升	2.000	2.200	1.700	2.300	2.900
亚硝酸盐	毫克每升	0.320	0.150	0.150	0.300	0.270
挥发酚	毫克每升	0.001	0.001	0.001	0.002	0.001
总氰化物	毫克每升	0.002	0.002	0.002	0.002	0.002
六价铬	毫克每升	0.002	0.002	0.002	0.002	0.002
总铅	毫克每升	0.002	0.002	0.002	0.002	0.002
石油类	毫克每升	0.290	0.030	0.050	0.030	0.020
非离子氨	毫克每升	0.002	0.005	0.002	0.010	0.020
总镉	毫克每升	0.002	0.002	0.002	0.002	0.002
氟化物	毫克每升	0.480	0.550	0.480	0.490	0.570
细菌总数	个每毫升	350.000	412.000	746.000	397.000	2155.000
总大肠菌	个每升	7100.000	3700.000	6700.000	2490.000	4533.000

2001~2005 年，吴江市城区饮用水源取水口各项水质指标年均值均达到《地面水环境质量标准》（GB3838—2002）Ⅲ类标准。

表 3-12 2001~2005 年城区饮用水源水质指标年均值情况表

项目	单位	2001 年	2002 年	2003 年	2004 年	2005 年
水温	℃	22.200	19.100	19.900	20.000	17.500
酸碱度（pH）	无量纲	7.730	7.450	7.400	7.380	7.830
浊度	度	5.000	14.000	22.000	12.000	11.000
总硬度	毫克每升	108.000	106.000	106.000	121.000	135.000
溶解氧	毫克每升	7.300	6.900	7.700	6.400	7.600
高锰酸盐指数	毫克每升	4.600	5.700	5.200	5.600	4.400
生化需氧量	毫克每升	1.600	2.400	2.200	3.300	3.100
亚硝酸盐	毫克每升	0.024	0.049	0.047	0.060	0.014
硝酸盐氮	毫克每升	0.230	0.250	0.300	0.260	0.290
挥发酚	毫克每升	0.001	0.002	0.002	0.002	0.001
总氰化物	毫克每升	0.002	0.002	0.002	0.003	0.002
石油类	毫克每升	0.040	0.020	0.030	0.030	0.020
六价铬	毫克每升	0.006	0.006	0.006	0.006	0.005
总铅	毫克每升	0.002	0.002	0.002	0.002	0.002
总镉	毫克每升	0.002	0.002	0.002	0.002	0.002
氟化物	毫克每升	0.610	0.620	0.560	0.760	0.620
细菌总数	个每毫升	640.000	1205.000	1091.000	1329.000	125.000
总大肠菌	个每升	2088.000	2495.000	2617.000	3478.000	635.000
粪大肠菌	个每升	—	1388.000	1725.000	1547.000	333.000
硫化物	毫克每升	0.002	0.002	0.002	0.003	0.005
总铜	毫克每升	0.003	0.002	0.002	0.003	0.002
电导率	毫克每升	34.400	39.900	43.500	54.400	55.300
悬浮物	毫克每升	31.000	32.000	19.000	12.000	9.000
化学需氧量	毫克每升	22.300	32.100	21.700	18.000	14.000
氯化物	毫克每升	46.000	44.800	44.800	57.000	60.900
硫酸盐	毫克每升	38.200	34.300	44.400	48.500	59.200
总磷	毫克每升	0.102	0.081	0.140	0.118	0.076
氨氮	毫克每升	0.580	0.350	0.330	0.510	0.350

（四）太湖出湖河道水质

1986 年，对太湖出水口 22 个项目采样检测，化学需氧量 3.7 毫克每升，总磷 0.11 毫克每升，总氮 1.39 毫克每升，生物耗氧量 1 毫升每克。除非离子氨在少数年份劣于 Ⅱ 类，总磷、石油类、高锰酸盐等少数项目偶有超标外，基本达到《地面水环境质量标准》（GB3838—88）Ⅱ 类标准。

1995 年，太湖水体化学耗氧量 4 毫克每升，总磷 0.07 毫克每升，总氮 1.23 毫克每升，生物耗氧量 1.4 毫克每升，与 80 年代中后期水质基本持平。受东太湖围网养殖等影响，部分水域出现富营养化现象，总磷 0.15 毫克每升，总氮 2 毫克每升，化学耗氧量 4.8 毫克每升，生物耗氧量 2.2 毫克每升，有些时段甚至更高。

1996~2000 年，太湖主要污染指标有高锰酸盐指数、生化需氧量、总磷、总氮和非离子氨。五年平均值除总磷、总氮超过《地面水环境质量标准》（GB3838—88）Ⅲ 类标准外，其余各项指标均达到标准。总磷 0.05 毫克每升,总氮 1.05 毫克每升。

2000 年后,控制太湖围网养殖面积,在茭草浅滩区种植莲藕等净化水体作物,养殖食用茭草鱼类,对改善湖体水质起到一定作用。

表 3-13　　　　　　　　1996~2000 年太湖水质指标年均值情况表　　　　　　　单位:毫克每升

项目	1996 年	1997 年	1998 年	1999 年	2000 年
悬浮物	74.000	52.000	68.000	57.400	26.700
总硬度	101.800	91.430	81.670	81.540	107.800
溶解氧	6.500	9.200	9.200	7.600	8.200
高锰酸盐指数	4.800	4.700	4.000	3.900	4.400
生化需氧量	0.800	1.300	1.300	1.400	2.200
挥发酚	0.001	0.003	0.001	0.002	0.002
总磷	0.090	0.060	0.040	0.050	0.030
总氮	1.760	0.840	1.490	0.800	0.340
总氰化物	0.002	0.002	0.002	0.002	0.002
六价铬	0.002	0.002	0.002	0.002	0.002
总铅	0.002	0.002	0.002	0.002	0.002
非离子氨	0.000	0.005	0.010	0.001	0.010
总镉	0.002	0.002	0.002	0.002	0.002

2001~2005 年,东太湖出湖河流 3 个断面监测结果显示,25 项指标年平均值达到《地面水环境质量标准》(GB3838—2002)Ⅲ类标准,只有总氮超过Ⅲ类标准 0.08 倍。

表 3-14　　　　　　　　2001~2005 年太湖水质指标年均值情况表

项目	单位	2001 年	2002 年	2003 年	2004 年	2005 年
水温	℃	18.200	17.200	17.700	17.900	17.600
酸碱度(pH)	无量纲	8.190	7.540	7.490	7.610	7.760
浊度	度	24.000	19.000	50.000	14.000	17.000
悬浮物	毫克每升	37.000	28.000	63.000	25.000	18.000
总硬度	毫克每升	120.000	108.000	96.200	118.000	135.000
溶解氧	毫克每升	7.800	8.600	8.800	6.300	7.500
高锰酸盐指数	毫克每升	4.500	3.700	3.800	4.400	4.200
生化需氧量	毫克每升	0.600	2.000	1.300	3.500	3.300
挥发酚	毫克每升	0.002	0.002	0.002	0.001	0.001
总氮	毫克每升	0.090	0.075	0.129	0.104	0.112
总磷	毫克每升	0.780	1.190	1.240	0.800	1.400
总氰化物	毫克每升	0.002	0.002	0.002	0.002	0.002
电导率	毫克每升	35.200	36.500	40.500	50.500	53.700
氯化物	毫克每升	0.510	0.530	0.440	0.600	0.610
六价铬	毫克每升	0.005	0.005	0.013	0.004	0.005
总铅	毫克每升	0.003	0.002	0.002	0.002	0.002
硫化物	毫克每升	0.002	0.002	0.002	0.005	0.005

（续表）

项目	单位	2001 年	2002 年	2003 年	2004 年	2005 年
总镉	毫克每升	0.002	0.002	0.002	0.002	0.002
石油类	毫克每升	0.020	0.050	0.020	0.020	0.030
化学需氧量	毫克每升	26.600	15.200	13.300	14.000	12.000
亚硝酸盐	毫克每升	0.027	0.030	0.035	0.010	0.019
硝酸盐氮	毫克每升	0.330	0.390	0.550	0.200	0.280
叶绿素 a	毫克每升	6.270	1.800	1.900	1.960	2.400
氨氮	毫克每升	0.410	0.350	0.210	0.160	0.280

（五）江浙交界河道水质

80 年代中期开始，盛泽镇与浙江省嘉兴市秀洲区因水污染多次引发水事纠纷。经过持续整治，2005 年，江浙交界王江泾地区地表水环境功能区水质达到《地面水环境质量标准》（GB3838—2002）Ⅳ类标准。因监测设备原因，总汞未检出。

表 3-15　　　　　　　　　2005 年王江泾地表水水质指标情况表

监测日期	酸碱度（无量纲）	溶解氧（毫克每升）	高锰酸盐指数（毫克每升）	氨氮（毫克每升）	挥发酚（毫克每升）	石油类（毫克每升）
1 月 6 日	7.48	4.8	9.4	1.06	0.005	0.05
2 月 1 日	7.35	3.9	9.1	1.45	0.007	0.05
3 月 1 日	7.93	4.3	8.5	1.46	0.008	0.02
4 月 5 日	7.43	3.2	8.3	1.42	0.005	0.05
5 月 5 日	7.10	1.7	10.4	1.36	0.005	0.06
6 月 6 日	7.34	3.4	9.8	1.30	0.001	0.11
7 月 5 日	7.28	1.6	13.0	1.39	0.006	0.10
8 月 2 日	7.70	4.5	9.6	1.17	0.005	0.02
9 月 6 日	7.46	2.2	5.2	1.80	0.003	0.12
10 月 8 日	7.41	0.8	7.2	1.22	0.001	0.11
11 月 2 日	7.29	0.6	7.4	1.24	0.004	0.07
12 月 5 日	7.69	4.8	6.6	1.09	0.002	0.05
平均值	7.46	3.0	8.7	1.33	0.004	0.07

第二节　地下水

境内地下水资源类型主要为松散岩类孔隙水，由浅层和深层两大含水层组成。浅层一般称为浅层含水层，深层又称为承压含水层。境内地下水天然资源补给量 0.79×108 立方米每日，由降水入渗量与灌溉回水量组成，其中降水入渗量 0.6359×108 立方米每日，灌溉回水量 0.162×108 立方米每日；微承压水的可开采资源量 0.1204×108 立方米每日，主要为孔隙潜水的越流补给量。据 1992 年调查估算，全市地下水资源储藏量 5 亿立方米（包括降雨入渗、灌溉入渗以及江湖补给等），可开采地下水资源量 1 亿立方米。

一、浅层地下水

浅层地下水的定义在国际上尚未统一,不同地区,浅层地下水的补、径、排条件不同,深度范围也有所区别。据江苏省地质调查研究院对境内浅层地下水资源调查评价(2005年状态),确定浅层地下水为积极参与浅部水循环交替的地表以下60米以浅的潜水和微承压水。

(一)浅层地下水含水层

潜水:孔隙潜水含水层在境内广泛分布,岩性为第四系全新统灰色、黄褐色粉质粘土、粉土,埋深一般在10米以浅,单井涌水量一般小于50立方米每日。水位埋深一般在1~5米之间,接受大气降水和地表水体补给,其动态受大气降雨的影响较大,年变幅约1米,为区内民井开采层位。孔隙潜水含水层在境内可分为南北两区。北区主要分布在太浦河以北平原地区,含水层岩性多为冲积相、湖积相灰黄色粉质粘土、粉土,底板埋深一般小于6米,局部地区6~10米。南区主要分布在太浦河以南地区,含水层岩性多为湖积相、湖沼相灰色、灰黄色、青灰色的粉质粘土、淤质粉质粘土、粉土及粉质粘土夹粉土薄层,底板埋深一般在6~10米。

微承压水:微承压含水层在境内皆有分布,岩性以粉砂为主,其次为粉细砂,局部为粉质粘土夹粉砂。含水层顶板埋深8~12米,砂层厚度变化较大,一般5~25米,单井涌水量50~300立方米每日,局部厚度较大地段,单井涌水量大于300立方米每日。由于沉积环境的多样性、复杂性,境内微承压含水层的分布在垂向上及水平上差异性变化均较大,即使同一地段,相差几米、十几米,含水层均可能出现较大差异,部分地段甚至出现缺失的现象。北部松陵、同里、屯村一带微承压含水砂层发育较好,含水层多为单层结构,岩性以粉砂为主,局部地段粉砂与粉土互层,顶板埋深变化在10~40米之间,厚度较大,一般大于15米,单井涌水量100~300立方米每日。南部微承压含水层发育较差,含水砂层多呈夹层状或透镜体状分布,岩性以灰、灰黄色粉砂和粉砂夹薄层粉质粘土、粉土为主,顶板埋深8~12米,含水层累计厚度一般小于10米,单井涌水量一般为50~100立方米每日。

(二)浅层地下水资源量

浅层地下水资源量包括平原区多年平均降水入渗补给量、渠灌田间入渗补给量、潜水蒸发量以及由河川基流量形成的渠灌田间入渗补给量。境内不同年型浅层地下水资源量分别为:丰水年17805.1万立方米(1983年),平水年15699.4万立方米(1996年),中等干旱年14835.5万立方米(1988年),特殊干旱年14371.6万立方米(1978年)。

表3-16 　　　　　　　　不同年型吴江市(县)浅层地下水资源量情况表 　　　　　单位:万立方米

区域	2004年	丰水年20% (1983年)	平水年50% (1996年)	中等干旱年75% (1988年)	特殊干旱年95% (1978年)
运西片	2499.3	2780.1	2765.5	2345.2	2224.7
运东片	6734.0	7295.3	6697.8	6133.4	5994.8
浦南片	2476.3	2902.6	1709.3	2230.9	2092.6
长漾片	4372.1	4827.1	4526.8	4126.0	4059.5
全市	16081.7	17805.1	15699.4	14835.5	14371.6

境内不同年型降水入渗补给量分别为:丰水年12693.4万立方米(1983年),平水

10291.5万立方米（1996年），中等干旱年8436.6万立方米（1988年），特殊干旱年5913万立方米（1978年）。

表3-17　　　　　　　　不同年型吴江市降水入渗补给量情况表　　　　　　　单位：万立方米

区域	2004年	丰水年20%（1983年）	平水年50%（1996年）	中等干旱年75%（1988年）	特殊干旱年95%（1978年）
运西片	1642.0	2066.2	1805.5	1530.0	1116.5
运东片	4040.9	5130.3	4162.1	3347.3	2472.7
浦南片	1607.0	2228.5	1746.6	1409.7	931.4
长漾片	2328.1	3268.4	2577.3	2149.6	1392.4
全市	9618.0	12693.4	10291.5	8436.6	5913.0

境内不同年型灌溉入渗补给量分别为：丰水年5679.7万立方米（1983年），平水年6008.8万立方米（1996年），中等干旱年7109.8万立方米（1988年），特殊干旱年9398.5万立方米（1978年）。

表3-18　　　　　　　不同年型吴江市（县）灌溉入渗补给量情况表　　　　　　单位：万立方米

区域	2004年	丰水年20%（1983年）	平水年50%（1996年）	中等干旱年75%（1988年）	特殊干旱年95%（1978年）
运西片	950.5	792.5	789.9	905.7	1231.1
运东片	2999.2	2405.0	2539.7	3095.7	3913.3
浦南片	963.9	748.4	791.9	912.5	1290.0
长漾片	2269.3	1733.8	1888.3	2195.9	2964.1
全市	7181.9	5679.7	6008.8	7109.8	9398.5

境内不同年型潜水蒸发量分别为：丰水年7210.2万立方米（1983年），平水年7672.2万立方米（1996年），中等干旱年8310.2万立方米（1988年），特殊干旱年11011万立方米（1978年）。

表3-19　　　　　　　　不同年型吴江市（县）潜水蒸发量情况表　　　　　　单位：万立方米

区域	2004年	丰水年20%（1983年）	平水年50%（1996年）	中等干旱年75%（1988年）	特殊干旱年95%（1978年）
运西片	1781.6	1373.2	1461.2	1582.7	2097.1
运东片	3886.1	2995.6	3187.5	3452.7	4574.7
浦南片	1660.4	1279.8	1361.8	1475.0	1954.4
长漾片	2023.8	1561.8	1661.7	1799.8	2384.8
全市	9351.9	7210.2	7672.2	8310.2	11011.0

（三）浅层地下水水质

境内浅层地下水水质较差，孔隙潜水污染指标严重超标，微承压水矿化度和总硬度普遍超标。平望、震泽、八都、南麻等地潜水有矿化度（TDS）大于1克每升的微咸水，微承压水除同里镇东部屯村一带矿化度小于1克每升外，大部分地区矿化度（TDS）均超出1克每升。符合较好级（达饮用水标准）的水质面积61平方千米，20%的地区为较差级，其余大部分地区均为极差级。

潜水水质：境内潜水水质分为较好、较差和极差三个区。较好区零星分布在金家坝、黎里、芦墟、七都、桃源等地，累计面积196.9平方千米；较差区占大部分，面积770.2平方千米，主要分布在松陵、同里、横扇、菀坪、梅堰、八坼、北厍、莘塔、平望、盛泽、八都、青云、铜罗等地，主要是铵超标，个别样点锰和矿化度也有所超标，其中盛泽锰超标较为严重；极差区主要分布在庙港、震泽、南麻、坛丘等地，面积约224.8平方千米，主要是铵、锰、矿化度及总硬度超标。

微承压水水质：与潜水相比，微承压水水质较差，分较好、较差和极差三个区。较好区仅分布在屯村一带，面积61平方千米，除铵略有超标外，其他各项指标均符合国家生活饮水卫生标准；较差区主要分布在同里、金家坝及近太湖的七都、横扇等地，面积232.4平方千米，主要是矿化度和铵超标；同里—北厍—莘塔一线以南的大部分地区均为极差区，面积为898.5平方千米，主要是矿化度、总硬度、氯和铵超标。

二、深层地下水

深层地下水分为第Ⅰ、第Ⅱ、第Ⅲ承压含水层。1996年，吴江市农机水利局与江苏地质工程勘察院合作完成的《江苏省吴江市地下水资源调查评价报告》显示，境内第Ⅱ承压含水层水量相对较为丰富，经计算允许开采总量为47090立方米每日（包括部分第Ⅰ、第Ⅱ含水层）。

第Ⅰ承压含水层：为晚更新世早期海侵期间滨海相沉积，含水砂层具面状稳定分布特点，为灰色细砂、中细砂，结构松散，分选性好，透水性好，顶板埋深一般50~60米，底板埋深80~100米左右，厚度变化在10~40米之间。据钻孔勘探与水井资料显示，在芦墟、金家坝、同里一线及其东北部带含水砂层厚度较大，富水性较好，单井涌水量一般大于1000立方米每日；在西南盛泽、平望、菀坪等地厚度较薄，大多与Ⅱ承压混合开采，推测其水量约为300~1000立方米每日。该含水砂层水质总体较好，除八坼、同里、屯村等局部受海侵影响有微咸水存在外，大部分地区以重碳酸·氯钠（钙）型淡水为主。目前，该含水层开采量不大，水位埋深一般在10~20米之间。

第Ⅱ承压含水层：属中更新统河湖相砂层，含水砂层的厚度东北部大于西南部。芦墟、北厍、松陵一线东北，属古河床沉积，含水层埋藏于100~160米之间，厚度大，一般大于20米，最厚处达30余米，颗粒较粗，以细中砂为主，局部含粗砂。单井涌水量大，一般均大于1000立方米每日，矿化度小于1克每升，为淡水。芦墟、北厍、松陵一线西南地区，属于太湖山区河流及湖泊沉积，砂层厚度变化很大，其分布呈北东—南西向带状分布，含水层埋藏于80~150米之间。在八坼一带砂层厚度最小，小于5米，单井涌水量小于300立方米每日，其他各地多在300~1000立方米每日之间，矿化度小于1克每升，为淡水。同里度假村井中锶与偏硅酸达到饮用天然矿泉水国家标准（GB8573—87），1995年被省鉴、国鉴评为饮用天然矿泉水。

第Ⅲ承压含水层：由下更新统（Q_1）河湖相沉积物组成。根据松陵、芦墟、梅堰、八坼、盛泽等该层井孔资料显示，松陵与芦墟东部砂层厚度2~3米，为粉细砂；芦墟镇北砂层厚度13.36米，梅堰与盛泽砂层厚度24~36米，为细中砂、中粗砂。盛泽单井涌水量大于2000立方米每日，矿化度8.03~8.24克每升，为淡水（据浙江王江泾化验资料推测）；梅堰矿化度1.06~1.09克每升，为微咸水，氯离子0.31~0.36克每升。

第三节　城乡供用水

境内湖泊众多,河流成网,但地处平原,缺乏拦蓄条件,没有蓄水工程,水量的调蓄依赖于河网湖泊。境内供水主要通过河网湖泊提取。供水工程主要有自来水供水工程,也称公共供水设施,指由自来水供水企业向单位和居民的生活、生产和其他各项建设提供用水的公共供水设施,包括取水、净水、输水及其附属设施;另一种供水工程是单位自建供水设施,主要向本单位的生活、生产提供用水和自行建设的供水管道及附属设施等,亦称自备水源工程。

一、供水

（一）自来水供水工程及供水量

1986年,在松陵镇盛家库南建成以地表水为水源的松陵自来水厂。取水口位于吴家港,以东太湖支流为水源,供水规模0.5万立方米每日。1989年,松陵自来水厂供水规模扩建为2.5万立方米每日。1992年10月,松陵自来水厂更名为吴江市自来水公司。同年,吴江市计划委员会批准于1992~1996年分两期在原基础上扩建5万立方米每日,达到7.5万立方米每日供水规模。扩建工程实际按一期新建5万立方米每日,二期再建5万立方米每日的供水规模实施。1996年底,日产10万立方米的净水厂南环水厂全部建成并投入使用。2002年12月,吴江市区域供水工程正式动工。区域供水水源取自东太湖,取水口位于七都镇庙港社区富强村,是境内有史以来涉及范围最广、投资额最大的市政工程之一。一期工程规模为30万立方米每日,总投资7亿多元。工程分为两大部分,一部分是净水厂,占地206亩,采用先进的折板絮凝、平流沉淀、V型气水反冲过滤、液氯消毒水处理工艺,投资约2亿元;另一部分是遍布全市整个行政区域的175千米管网和松陵、梅堰、黎里、南麻4座增压泵站,投资5亿多元。2004年底,净水厂开始设备调试和试运行。2004年,吴江市原23个乡镇的自来水厂供水总量为1.25亿立方米,有效供水量为1.01亿立方米,供水人口达62.53万人,村级水厂供水量为562万立方米,供水人口达14.52万人,由自来水工程的总供水量为13094万立方米,供水总人口为77.05万人。2005年2月5日,区域供水正式投产(同年8月,区域供水工程全部建成通水)。自此起,各镇用水逐步纳入区域供水,原地面水厂成为供水中转站,不再使用各自的水源地。

表3-20　　　　　1991~2005年吴江市(县)供水情况表　　　　单位:万立方米

年份	年供水量	年平均日供水	最高日供水	年售水量	自来水用户
1991	1950.00	5.30	6.80	1751.00	33764.00
1992	3402.00	9.30	12.20	2650.30	39085.00
1995	4647.00	12.70	15.50	3996.30	70588.00
1996	4969.00	13.60	17.00	4122.00	71901.00
1997	5010.00	13.70	17.20	4172.50	85950.00
1998	5100.00	14.00	18.00	4180.30	—

（续表）　　　　　　　　　　　　　　　　　　　　　　　　　　　　　　单位：万立方米

年份	年供水量	年平均日供水	最高日供水	年售水量	自来水用户
1999	5215.00	14.30	19.60	4266.00	—
2000	5382.00	14.70	20.60	4306.00	117301.00
2001	6151.00	16.90	24.70	4985.00	—
2002	8021.00	22.00	29.50	6243.00	—
2003	9994.00	27.40	34.05	7844.00	—
2004	12532.00	34.30	37.01	10046.00	—
2005	13795.00	37.80	46.38	10207.00	—

表 3-21　　　　　　　　2004 年吴江市乡镇水厂取用地表水情况表　　　　　　单位：吨

水厂名称	投产时间（年月）	水源地	首期日供水量	2004 年日供水量	农村供水全部接通时间（年月）
松陵水厂	1986	吴家港	5000	125000	2004.8
八坼水厂	1984.6	太浦河	4000	10000	2004.8
同里水厂	1993.12	同里湖	10000	10000	1998
盛泽水厂	1982.10	西白漾	5000	7500	2005
坛丘水厂	1993.7	北麻漾	2500	5000	2005
南麻水厂	1993.9	北麻漾	2500	7500	2005
平望水厂	1989.9	太浦河	10000	20000	2005
梅堰水厂	1996.8	长漾	1500	30000	2005
黎里水厂	1992.11	杨家漾	10000	20000	2000.6
北库水厂	1995.10	东长荡	10000	10000	2005
芦墟水厂	1980.7	太浦河	2000	10000	2005
莘塔水厂	2000.12	元荡	5000	5000	2005
金家坝水厂	1997	方家荡	5000	10000	2005
横扇水厂	1998.8	太浦河	5000	10000	2005
菀坪水厂	1998.1	直渎港	5000	5000	2003.10
震泽水厂	1988.3	长漾	5000	20000	2005
八都水厂	1994.4	金鱼漾	5000	10000	2003
七都水厂	1993.5	太湖	5000	10000	2002
庙港水厂	1996.5	太湖	3500	7000	2005
桃源水厂	1991.1	虹桥港	2500	8000	1994
铜罗水厂	1991.12	凤仙桥	2500	10000	2005
青云水厂	1993.12	沈庄漾	5000	10000	2005
屯村水厂	—	—	—	—	—

注：屯村水厂 2005 年 8 月接入区域供水前，一直采用深井水。各水厂名称均采用习惯简称。

（二）自备水源工程及供水量

自备水源供水工程指工矿企业为保障生产、生活用水而自行兴建的直接供水工程。2004 年，吴江市取水许可登记资料显示，自备水源工程供水总量 1.73 亿立方米，其中地表水供水 1.7 亿立方米，地下水供水 290 万立方米。

表 3-22　　　　　　　　2004 年吴江市企业自备提水工程取水情况表　　　　　　单位：万立方米

镇名	企业名称	取水地点	年取水量	取水用途			退水地点
				工业	生活	其他	
芦墟	苏州市吴江天水味精厂	牛长泾	250	250	—	—	牛长泾
平望	吴江市平望福利染料拼色厂	太浦河	130	130	—	—	太浦河
平望	吴江市劲立印染有限公司	太浦河	100	100	—	—	太浦河
平望	吴江市新达印染厂	大龙荡	120	120	—	—	太浦河
平望	吴江市差别化涤纶厂	颓塘	150	150	—	—	颓塘
横扇	吴江市华东毛纺织染整有限公司	黄家湖	180	180	—	—	黄家湖
横扇	吴江市人和毛纺织染有限公司	黄家湖	100	100	—	—	黄家湖
震泽	吴江恒宁纺织染整有限公司	颓塘	150	150	—	—	颓塘
震泽	吴江佰陆染织有限公司	颓塘	100	100	—	—	颓塘
震泽	苏州华运水产有限公司	金鱼漾	150	—	—	150	金鱼漾
震泽	吴江华洲水产养殖有限公司	太平桥	100	—	—	100	太平桥
震泽	吴江中华鳖良种场	徐家漾	100	—	—	100	徐家漾
桃源	吴江市铜罗助剂厂	大德塘	100	100	—	—	大德塘
桃源	吴江市铜狮漂染有限公司	大德塘	250	250	—	—	大德塘
桃源	吴江市恒祥酒精制造有限公司	澜溪塘	1000	1000	—	—	烂溪塘
桃源	吴江青云印染有限公司	青云港	150	150	—	—	青云港
桃源	吴江市青云精细化工有限公司	渚行港	200	200	—	—	渚行港
盛泽	江苏新民纺织科技股份有限公司印染厂	澜溪塘	120	120	—	—	镇污水处理
盛泽	吴江吴伊时装面料有限公司	桥北荡	250	250	—	—	镇污水处理
盛泽	吴江时代印染有限公司	桥北荡	216	216	—	—	镇污水处理
盛泽	吴江市永前纺织印染有限公司	小圩港	270	270	—	—	镇污水处理
盛泽	吴江金涛染织有限公司	小海里	288	288	—	—	镇污水处理
盛泽	吴江市中盛印染有限公司	蚬子蚪	360	360	—	—	镇污水处理
盛泽	苏州东宇印染有限公司	郎中荡	150	150	—	—	镇污水处理
盛泽	吴江市三联印染有限公司	蚬子蚪	280	280	—	—	镇污水处理
盛泽	吴江鹰翔化纤有限公司	北雁荡	250	250	—	—	镇污水处理
盛泽	吴江市胜达印染有限公司	郎中荡	216	216	—	—	镇污水处理
盛泽	毕晟丝绸印染有限公司	郎中荡	115	115	—	—	镇污水处理
盛泽	吴江新生针纺织有限责任公司	郎中荡	200	200	—	—	镇污水处理
盛泽	苏州欧倍德纺织印染有限公司	桥北荡	100	100	—	—	镇污水处理
盛泽	吴江市旺中纺织厂	澜溪塘	100	100	—	—	镇污水处理
盛泽	吴江市三明印染有限公司	蚬子蚪	120	120	—	—	镇污水处理
盛泽	吴江创新印染厂	麻溪	140	140	—	—	麻溪

注：指年取水量≥ 100 万立方米的企业。

（三）农业灌溉及其他内河提水工程供水

农业灌溉主要是水稻田用水，其他还有林果园、菜地、水产养殖、畜牧业用水等。2004 年，吴江市有农用排灌动力机械 1.32 万台，功率 12.41 万千瓦，农用水泵 1.07 万台，农业机械总动力达 47.28 万千瓦。通过这些动力从内河提水灌溉的总供水量为 4.3 亿立方米。

二、用水

根据用水性质,分为河道外用水和河道内用水。其中,河道外用水主要包括农业用水、工业用水和生活用水;河道内用水主要是指用于维持河道、湿地生态环境等方面的用水。2004年,吴江市总用水量7.34亿立方米,其中生活用水量为0.51亿立方米,工业用水量2.53亿立方米,农业用水4.3亿立方米。

(一)生活用水

生活用水包括城镇和农村两部分。其中,城镇生活用水由居民家庭和市政公共两部分组成,亦称城镇综合生活用水。农村生活用水指农村人口的日常生活用水。2004年,吴江市生活用水总量5061万立方米,其中城镇生活用水总量3024万立方米,农村生活用水量2037万立方米。城镇生活用水总量中居民生活用水量1972万立方米,公共设施用水1052万立方米。

(二)工业用水

工业用水一般指工矿企业在生产过程中用于制造、加工、冷却、空调、净化、洗涤等方面的用水。按用水量大小一般分为电力工业用水和一般工业用水。1991年,全面开展取水登记工作。汇总资料显示,境内工业用水总量7924.86万立方米,其中取用地表水6498.53万立方米,地下水1426.33万立方米。工业总产值73.32亿元,万元产值用水量为108.1立方米每万元。1997~2004年,境内工业用水年平均1.25亿立方米。工业用水指标万元产值用水量在16.85~24.18立方米每万元之间,均低于全国和全省平均水平。其中,2004年工业用水量约为2.53亿立方米(地下水供水212万立方米,市政自来水供水5657万立方米,企业自备水源供水1.9454亿立方米)。在工业用水总量中,电力工业的用水量7778万立方米,一般工业用水量1.75亿立方米。年用水量大于等于100万立方米的企业有33家,年用水总量为6505万立方米。(食品工业2家,用水量占总用水的19.2%;化工企业3家,用水量占总用水的6.6%;丝绸纺织印染企业25家,用水量占总用水的68.8%;其他企业3家,用水量占总用水的5.4%)另外,吴江经济开发区内聚集着众多的电子信息产业,2004年用水量约在1133万立方米左右。

表3-23　　　　　　　　1997~2004年吴江市工业用水情况表　　　　单位:万立方米

年份	电力工业用水量	一般工业用水量	总用水量	
			用水量	年均增长率(%)
1997	—	10475	10475	—
1998	—	8587	8587	—
1999	—	915l	9151	—
2000	3927	6064	9991	—
2001	2300	7521	9821	—
2002	3477	7369	10846	—
2003	4172	11870	16042	—
2004	7778	17545	25323	—
平均	4330.8	9823	12530	11.7

表 3-24　　　　　　　2000~2004 年吴江市工业万元产值用水量情况表

年份	工业产值(亿元)	总用水量(万立方米)	万元产值用水量(立方米每万元)
2000	413.20	9991	24.18
2001	455.00	9821	21.58
2002	643.87	10846	16.85
2003	901.16	16042	17.80
2004	1210.50	25323	20.92

（三）农业用水

农业用水绝大部分在自然状态下进行,与各年水情丰枯有很大关联。境内农业产业结构是以水稻种植和水产养殖业为主。水田灌溉用水占农业总用水的 64.1%,旱地、耕地和林果地灌溉用水占农业总用水的 4.2%,水产养殖用水占农业总用水的 31%。畜牧用水占农业总用水的 0.7%。

境内不同保证率年份农业总用水量分别为:丰水年 38591 万立方米(1983 年),平水年 40038 万立方米(1996 年),中等干旱年 42064 万立方米(1988 年),特殊干旱年 49589 万立方米(1978 年)。

表 3-25　　　　　　　不同年型吴江市农业总用水量情况表　　　　　　单位:万立方米

类别	2004 年	丰水年 20% (1983 年)	平水年 50% (1996 年)	中等干旱年 75% (1988 年)	特殊干旱年 95% (1978 年)
水田灌溉	27611	23154	24601	26627	34152
菜林果灌溉	1825	1825	1825	1825	1825
水产养殖用水	13335	13335	13335	13335	13335
畜牧用水	277	277	277	277	277
总计	43048	38591	40038	42064	49589

（四）生态环境用水

生态环境用水指为生态环境美化、修复、建设或维持现状生态环境质量所需的最小需水量。2005 年,根据境内 5 个水位站水位计算,平均水位为 2.91 米,平均最低水位为 2.24 米。在平均最低水位下的河网湖泊蓄水量占平均水位下河网湖泊蓄水量的 77%。河网湖泊水量较丰沛,能满足生态用水量需要,但因水体污染,水功能区水质还达不到要求。

三、用水消耗

用水消耗量是指用水部分的毛用水量在输水过程中,通过蒸腾、土壤吸收、产品带走、居民及牲畜饮用等多种途径消耗掉的水量。2004 年,境内总耗水量为 4.39 亿立方米,其中生活耗水量 2213 万立方米(城镇 469 万立方米,农村 1744 万立方米),工业耗水量 4052 万立方米(一般工业 3228 万立方米,电力工业 824 万立方米),农业耗水量 3.52 亿立方米(农田灌溉 1.98 亿立方米,林牧渔业 1.54 亿立方米),自来水供水漏损水量 2384 万立方米。

四、供用耗排关系

境内水资源地处丰沛地区,水量始终处于动态平衡中,供大于求,不存在资源性缺水。但节约用水不仅节约水资源,还可少排污,有利于污染负荷对水环境的压力。供水量就是用水量。排水量由用水量和耗水量推算出。2004年,境内供、用、耗、排水量为:供水量7.34亿立方米,用水量7.34亿立方米,用水消耗量4.15亿立方米,排水量3.2亿立方米。

表 3-26　　　　　　　　　2004 年吴江市水资源开发利用供用耗排量情况表　　　　　单位:万立方米

类别	分项		水量	小计
供水量	城镇自来水供水		12532	73432
	村级水厂供水		562	
	自备水源供水		17290	
	农业提水供水		43048	
用水量	生活用水	城镇生活	3024	73432
		农村生活	2037	
	工业用水	电力工业	7778	
		一般工业	17545	
	农业用水	农田灌溉	27611	
		林牧渔业	15437	
用水消耗量	生活耗水	城镇生活	469	41471
		农村生活	1744	
	工业耗水	电力工业	824	
		一般工业	3228	
	农业耗水	农田灌溉	19769	
		林牧渔业	15437	
排水量	生活排水	城镇生活	2555	31961
		农村生活	293	
	工业排水	电力工业	6954	
		一般工业	14317	
	农业排水	农田灌溉	7842	
		林牧渔业	0	

第四章 水利规划

吴江市境内,国家和地方为防治水旱灾害、合理开发利用水土资源制定的水利规划主要围绕太湖流域治理和境内区域治理两个方面。《太湖流域综合治理总体规划方案》中涉及境内的工程规划有太浦河工程、环太湖大堤工程、杭嘉湖北排工程和东苕嘴至太浦河闸上引河疏浚工程。随着国民经济和社会事业的不断发展,特别是吴江撤县设市后,区域治理规划的任务和内容也逐渐增多,使水利规划目标从以往单一考虑经济发展逐渐转移到更广泛的社会需求方面,进而形成很多综合或专项考虑经济、社会、环境等项目的多目标水利规划。涉及的项目主要有吴江市第七、第八、第九、第十个五年水利建设计划和2010年水利总体发展规划,以及城镇洪涝治理工程、河道整治工程、防洪排涝续建工程、水环境综合整治工程、水资源开发利用与保护等水利专项建设规划。

第一节 流域规划

一、国家职能部门和流域机构规划

1957年,国家水利部提出《太湖流域规划任务的初步意见》。

1958年,长江流域规划办公室提出《太湖流域综合利用初步意见》;江苏省水利部门制定《江苏省太湖地区水利工程规划要点》。

1966年,国家水利电力部上海勘测设计院提出《对太湖排水出路初步看法(初稿)》。

1971年,国家水利电力部提出《关于太湖治理的初步意见》。

1974年,长江流域规划办公室编制《太湖流域防洪除涝骨干工程规划草案(征求意见稿)》。

1977年,长江流域规划办公室编制《太湖流域防洪除涝骨干工程规划草案》(补充报告)。

1978年,长江流域规划办公室报送《太湖水系综合规划要点暨开通太浦河计划任务报告》;水电部提出《水电部关于开通太浦河问题的意见》。

1980年,长江流域规划办公室编制《太湖流域综合规划报告》征求意见稿。1984年,长江流域规划办公室编制《太湖流域治理骨干工程可行性研究初步报告》。

1985年,长江流域规划办公室提出《太湖流域综合治理骨干工程可行性研究报告》;太湖流域管理局编制《太湖流域综合治理骨干工程设计任务书》(后改名《太湖流域综合治理总体规划方案》)。

1986年10月,国家水利电力部和长江口及太湖流域综合治理领导小组联合向国家计划委员会提出《关于请审批太湖流域综合治理总体规划方案的报告》,并说明十项骨干工程将随着进展情况分别编制单项工程设计任务书报批。

1987年6月,国家计划委员会正式批复水利电力部、长江口及太湖流域综合治理领导小组,同意《太湖流域综合治理总体规划方案》,成为第一部经国家批准的太湖治理规划报告。至此,太湖流域综合治理规划工作,经过长达30年的水事争论和技术论证,方告一段落,并转入该项工程的可行性研究和实施阶段。

《太湖流域综合治理总体规划方案》由"流域概况""建设任务、治理方案及效益""工程规模与投资""分期建设""经济分析"和"投资估算"等六个部分组成。

(一)治理任务与原则

总任务:以防洪除涝为主,统筹考虑供水、航运和环保等利益。

总原则:统筹兼顾,综合治理,适当分工,分期实施。

具体要求,防洪:改善太湖流域洪水的排水能力,增加排水出路;台风高潮时控制太湖下泄水量,防止洪水与高潮并遇。除涝:统筹兼顾,合理解决洪涝矛盾,安排足够的排涝河道和抽排设备。供水:遇中等干旱年份,降水量减少至正常年份50%~70%时,向黄浦江补充清水。水运:结合防洪除涝和引水,改善航运条件,新增航道里程。

(二)治理标准

以1954年5~7月降雨过程为设计标准,其频率约为50年一遇;各分区排涝标准结合当地具体情况制定;干旱年供水以1971年实际雨情为设计供水年,其保证率为94%(属特枯水年),供水期控制太湖水位不低于3米,规划水质达到地面水Ⅱ级标准。主要航道通航建筑物规模按2000年规划货运量设计。

(三)治理方案

太湖容蓄45.6亿立方米,太浦河泄洪22.5亿立方米,望虞河泄洪23.1亿立方米,湖西有效拉水6.7亿立方米。杭嘉湖区北排11.6亿立方米,东排15.8亿立方米,南排22.4亿立方米,控制平望水位不超过3.3米(比1954年型小的洪水,平望水位控制可低于3.3米,尽量不超过3.1米)。淀泖区东太湖不分洪,太浦河北岸设控制,拦路港泄水6亿立方米。青松区实行大控制,扩大拦路港、泖河及斜塘。遇台风高潮时,短时间关闭太浦闸并控制东泄水量,减轻上海市防洪负担。

工程项目包括太浦河、望虞河、环湖大堤、杭嘉湖南排、湖西引排、红旗塘、东西苕溪防洪、扩大拦路港泖河及斜塘、武澄锡引排、杭嘉湖北排通道10项骨干工程。1997年5月,2002年9月,又分别增补黄浦江上游干流防洪和东茭嘴至太浦河闸上引河疏浚2项工程。

(四)工程投资

骨干工程17.3亿元;配套工程6.98亿元;已建工程8.04亿元。

（五）经济效益分析

总经济效益（按 35 年折算至 1995 年）为 258 亿元，年平均效益为 7.37 亿元。年维修、管理和电费 5661 万元，防汛费 1000 万元，已建工程综合费用 1411 万元，合计年费用为 8072 万元。折算总效益、总运行费分别为 101.77 亿元、11.14 亿元，益本比为 1.98。第一期工程实施后，即可获 70%~80% 的防洪效益。

二、地方职能部门和业务单位规划

江苏、浙江、上海两省一市为配合太湖流域治理规划工作，对各自在太湖流域范围内所辖的地区，也先后编制地区性规划，为编制太湖全流域治理规划提供依据。主要有：

1963 年，浙江省水电勘测设计院编制的《浙江省杭嘉湖区水利工程规划报告》。

1964 年，浙江省水电勘测设计院编制的《东苕溪流域水利规划》。

1971 年，浙江省水电勘测设计院编制的《杭嘉湖向杭州湾排涝规划意见》。

1974 年，江苏省水电局编制的《江苏省太湖湖西地区沿江引、排骨干工程规划报告（初稿）》。

1975 年，江苏省太湖湖西地区水利规划组编制的《江苏省太湖湖西地区规划》。

1978 年，上海市农田指挥部编制的《上海市 1978~1985 年农田基本建设规划》。

1979 年，镇江地区水利规划设计室编制的《太湖湖西地区水利规划附件（排灌规划）》；江苏省水利勘测设计院编制的《江苏太湖地区水利规划报告》。

1980 年，上海市水利局规划设计室编制的《上海郊区水利建设规划》（1981~1990 年）（草案）。

三、涉及境内工程专项设计

为全面实施《太湖流域综合治理总体规划方案》，涉及境内的专项工程设计有：

1988 年，国家水利部向国家计划委员会上报《太浦河工程设计任务书》。

1991 年，国家水利部批复《太浦河河道工程初步设计应急报告》。

1992 年，太湖流域管理局和国家水利部电力工业部上海勘测设计研究院编制完成《太湖环湖大堤可行性研究报告》。

1993 年，国家水利部批准《太浦河工程初步设计》（详见第五章"流域治理"第一节"太浦河工程"），国家计划委员会批准《太湖环湖大堤工程可行性研究报告》（详见第五章"流域治理"第二节"环太湖大堤工程"）。

1994 年，国家水利部电力工业部上海勘测设计研究院、浙江省水利水电勘测设计院编制完成《太湖流域杭嘉湖北排通道工程初步设计报告》。

2000 年 5 月，国家水利部批复同意《太湖流域杭嘉湖北排通道工程初步设计报告》（详见第五章"流域治理"第三节"杭嘉湖北排通道工程"），国家水利部批准《太浦河泵站初步设计修改报告》（详见第五章"流域治理"第一节"太浦河工程"三"太浦河泵站"）。

2001 年，国家水利部电力工业部上海勘测设计研究院编制完成《东荇嘴至太浦河闸上引河疏浚工程初步设计报告》。

2002 年 9 月,国家水利部批复《东荗嘴至太浦河闸上引河疏浚工程初步设计报告》。(详见第八章"水环境治理"第三节"东荗嘴至太浦河闸上引河疏浚")

第二节　区域规划

一、总体发展规划

(一)"七五"水利建设规划

1985 年 8 月,吴江县水利局(以下简称县水利局)编制完成《吴江县"七五"农田水利规划》。防洪:1954 年型洪水保安全,超标准洪水有对策;除涝:日雨 150~200 毫米两天排出不受涝,有条件的地方适当提高;抗旱:达到 70~100 天无雨保灌溉;防渍治渍:基本控制地下水位在地面以下 1~1.5 米;建筑物配套:达到 60% 以上,主要建筑物力争配齐;植物措施:河沟开到哪里,树草就栽种到哪里,基本实现农田林网化,河沟堤坡植被化;机电排灌设备:投资配套,改革更新设备,平均装置效率在现有的基础上提高 10% 左右;综合经营:水利管理单位在确保安全、充分发挥现有工程效益的前提下,积极开展综合经营,做到管理经费自给有余。同时提出,除完成省市规划的东、西太湖大堤复堤控制线,太浦河北岸控制和太浦河东段续办等流域性工程土方及建筑物外,全县农田水利建设的 10 项主要任务为:开通八荡河,解决太浦河以北、运河以东地区的排水出路;全面加固加高防洪圩堤,重点地段建块石护坡;圩区新增排涝流量 190 立方米每秒,重点提高 150 毫米以下低洼大联圩的治涝能力;抓好"三沟"① 配套,疏浚内河;节水灌溉,使渠系利用系数从原有的 50% 左右提高到 75% 左右;新建和改造生产河以上建筑物 921 座,圩口"三闸"② 129 座,生产河以下建筑物 23760 座;机电排灌更新改造大灌区 20 处;处理围垦荡 43 处,面积 8.38 万亩;落实城镇(重点盛泽)洪涝治理项目;统筹兼顾,解决联圩内的交通、饮水问题。完成水利土方 1515 万立方米,概算总投资 3188 万元。水利用工每年占农业用工的 5%~10%,每个劳动力大约承担 10~20 个工日;对烈军属和劳动力困难户适当照顾。1987 年 9 月编制《"七五"后三年水利建设规划及 1998 年农村水利建设任务》,对上述规划作相应调整和补充。农村防洪工程:护坡建设按每年 50 千米推进;治涝工程:1988~1990 年增加流量 50 立方米每秒,治涝能力普遍提高到 150 毫米以上;配套工程:1988~1990 年新建和改造生产河以上建筑物 500 座,争取消灭活络坝头 ③,基本修复病涵病闸。排灌工程:重点对 2000 亩以上的灌区进行改造。城镇防洪工程:按每小时 30 毫米降雨考虑排放水量;规定工民建筑地面标高下限不得低于 4.5 米;水利用工将纯义务工改为有价义务工;投资政策采取多渠道集资;经费安排推行"先做后补""按质论补""奖优罚劣"的投放办法。

(二)"八五"水利建设规划

1989 年 10 月,县水利局编制《吴江县"八五"水利建设计划》。提出流域性工程,农田水

---

① 三沟:农田排水系统有田外三沟、田内三沟之分。田外是总出水沟、排水沟、隔水沟,田内是横沟、竖沟、围沟。

② 三闸:套闸(又称船闸)、防洪闸、分级闸。

③ 活络坝头:在圩区河道口上高水位时筑坝挡洪,低水位时开坝通航的一种季节性挡水坝。

利建设,更新改造,城镇防洪等主要任务:要求早日开通太浦河,解决吴江洪水出路问题,兴建环太湖大堤控制闸 11 座,挡墙 5.06 千米,加高加固大堤沉陷、塌方段,提高浦南地区防洪治涝标准;对农村未达标的 400 千米地段,按抗御 1954 年洪水的要求全面加高培厚,改变部分半高田不设防状态;按"先土方后建筑物、先圩口闸后分级闸、先三闸后排涝站"的配套原则实施部分联圩的续建配套工程,按建闸、建涵洞、筑固定坝三种类型解决活络坝头固定化,按日雨 200 毫米两天排出不受涝的标准提高联圩的排涝能力,特别是低于日雨 150 毫米两天排出的低洼联圩,新建三闸 80 座,新增排涝流量 50 立方米每秒,新建涵洞倒虹吸 200 座、改造 400 座,新建水利桥梁 50 座;疏浚内河,沟渠配套,险要地段新建护岸工程 200 千米,修复护坡 200 千米;更新改造三闸 80 座,排灌机器 100 台、功率 5883.59 千瓦,水泵 200 台,电动机 100 台、功率 5500 千瓦;推广盛泽地区防洪治涝综合治理工程的经验,解决平望、黎里镇的防洪治涝工程;加强水政管理;完成水利土方 1500 万立方米;工程投资 10738 万元;投入机制坚持国家、集体、个人一起上,省、市、县、乡、村分级负担,社会各方共同投资,多层次、多渠道增加水利投入。

(三)"九五"水利建设规划

1994 年 9 月,吴江市水利农机局(以下简称市水利农机局)编制《吴江市水利农机局"九五"计划和 2010 年远景发展展望》。规划建设目标:境内形成三条控制线,即环太湖线、太浦河北岸控制线和浦南防洪线;实行太湖水位、浦南浦北水位和圩内水位三级防洪水位调控,达到抗御 1954 年最高洪水位不出险;达到日雨 200 毫米 2 天排出不受涝;完成太浦河工程和东西太湖控制工程续建配套项目;逐步解决城镇防洪工程。主要任务为:修圩 1200 千米,配建护岸工程 200 千米;整修改建三闸 150 座;疏浚淤积河道 1000 千米;改造排涝站 50 处,流量 150 立方米每秒,更新水泵 100 台、电动机 100 台;吨粮田建设、低产田改造每年各 1 万亩,完成田间工程 100 千米;完善提高松陵、盛泽的综合治理工程,建成平望、芦墟、震泽、黎里防洪除涝工程,启动其余城镇的洪涝兼治工程;完成环太湖控制线大浦口和瓜泾港水利枢纽工程;完成太浦河河道自营工程(包括北岸控制线)控制闸 33 座、跨河桥 3 座、护岸工程 60 千米;完成土方 3000 万方米,概算工程投资为 4 亿元;水利经济计划年总收入约十亿元,产业结构上提高二产①,发展三产②,技术改造上年投入 1000 万元;发展策略上扶植骨干,形成 3~5 个拳头企业;水资源开展调查评估和中长期供求规划,全面实施取水许可制度;投入机制上完善市、镇两级防洪保安资金的筹集,提高财政和政策性专项农用资金对水利的投入,确保劳动力平均 15~20 个积累工的投入,并允许"以资代劳";工程质量监管完善《施工管理办法》《项目审批办法》《项目验收办法》《农水工程及农水经费管理实施办法》《施工招投标办法》和《优秀水工建筑物评比办法》,实行有证施工和市、镇两级联合验收的办法。

---

① 二产:即第二产业,指采矿业,制造业,电力、燃气及水的生产和供应业,建筑业。

② 三产:即第三产业,指除第一、二产业以外的其他行业。第三产业包括交通运输、仓储和邮政业,信息传输、计算机服务和软件业,批发和零售业,住宿和餐饮业,金融业,房地产业,租赁和商务服务业,科学研究、技术服务和地质勘查业,水利、环境和公共设施管理业,居民服务和其他服务业,教育,卫生、社会保障和社会福利业,文化、体育和娱乐业,公共管理和社会组织,国际组织。

（四）2010年水利发展规划

1997年5月，市水利农机局编制《吴江市2010年水利发展规划》。主要目标是：确保历史最大洪水不出险，超标准洪水能抵御；一般农田日雨200毫米两天排出不受涝；现有老化工程基本得到更新改造；淤浅河道全面疏浚；堤防加固加高全面达标；积极推广机械化常年施工；基本解决城镇防洪治涝工程；每年建设吨粮田1.5万亩，全面提高水利系统的经济实力；加强水资源的开发利用，积极发展乡镇供水工程建设；努力培养各种人才，全面提高干部职工素质，提高管理水平；积极开展科学技术革新，推广应用科研成果。规划课题涉及区域和内部水系调整改善以及联圩治理、高标准农田水利工程建设、水资源开发利用和乡镇供水工程建设、城镇防洪治涝工程建设、水利工程管理、发展水利经济、水利基层队伍建设、机械化施工计划、农水科研等9个方面。设想至2010年，实现计算机信息网络管理，全市形成一套全自动防洪排涝调控体系，在太湖控制线、太浦河两岸控制线和浦南防洪控制线的调控下，达到太湖、浦南浦北区、圩区日雨200毫米两天排出不受涝，特殊区域24小时或12小时排出不受涝，遇1954年最高洪水位不出险，解决所有城镇的防洪治涝问题，确保城镇防洪安全，全市具有较大的抗御洪涝灾害能力。

（五）"十五"水利建设规划

2005年5月，市水利农机局编制《吴江市"十五"水利发展规划》。主要包括区域和内部水系调整改善以及联圩治理、高标准农田水利工程建设、水资源开发利用和乡镇供水工程建设、城镇防洪治涝工程建设、水利工程管理等。同时，还包括太浦河综合治理完善工程规划方案和环太湖大堤加固完善工程规划方案，启动杭嘉湖北排通道工程建设等。

（六）水资源保护与利用"十一五"发展规划

2005年10月，吴江市水利局（以下简称市水利局）编制完成《吴江市水资源保护与利用"十一五"发展规划》。该规划共分概况、农田水利规划、城镇防洪排涝规划、小型农田水利工程产权制度改革、工程量总投资及效益估算、完善水利管理体制、"十一五"水资源保护利用规划七章，对"十一五"期间的水利工作进行全方位的综合规划。第一章概况中除介绍吴江市的自然、社会经济概况外，还列举工程现状及存在问题。第二章农田水利规划在对历史典型年受灾情况进行分析后，确定规划指导思想、目标和标准，并分别对防洪除涝和河道整治提出规划。第三章城镇防洪排涝规划着重对吴江市经济开发区和盛泽城区的防洪排涝作出规划。第四章围绕小型农田水利工程产权制度改革对乡镇水利产权制度改革和乡镇水利服务体系建设提出指导意见。第五章根据工程量及投资和效益估算分别进行编列。第六章从进一步确立水利建设的基础产业地位、不断完善水利建设的投入机制、继续加大水利建设基金的筹集力度、加强充实水利工程管理监督体系、更加健全水法规和水管理体系、继续深化改革发展综合经营、广泛开展科学技术革新和大力培养水利建设人才8方面对完善水利管理体制进行规划。第七章针对吴江市水资源现状及利用现状、吴江市2020年供需水量预测、水资源开发利用与保护中存在的问题和水资源可持续开发利用的对策进行分析和规划。

二、专项建设规划

（一）盛泽镇洪涝治理工程规划

1987 年 9 月，县水利局向吴江县人民政府（以下简称县政府）提出《关于盛泽镇和西白漾洪涝治理工程规划报告》（以下简称盛泽大包围工程）。同年 10~11 月间，中国共产党吴江县委员会（以下简称县委）、吴江县人民代表大会常务委员会（以下简称县人大）、县政府、中国人民政治协商会议吴江县委员会（以下简称县政协）四套领导班子三次专题研究，一致认为治理规划采取大包围形式是可行的，是根治盛泽洪涝灾害的最佳方案，应作为县内一件大事、实事、要事来抓，并由县政府行文批准实施。同年 11 月 17 日，苏州市水利局审议通过治理规划。

1988 年 1 月 12 日，县政府以吴政办〔1988〕字第 5 号文《关于盛泽地区水利工程规划的批复》批准盛泽大包围工程规划。

盛泽大包围工程规划面积 7.83 平方千米。规划工程 11 项，其中 5 项是主体工程，其余为配套工程。在实施步骤上，先解决防洪除涝工程，再续建其他水质治理和水厂引水工程。整个工程总预算 773 万元，本着"谁受益，谁负担"的政策，采取地方集资为主的方法，动员社会各方力量，由受益单位出资。国营、集体、个体工商业和企事业单位一律按年商品销售额和利润的各 50% 作为各单位的出资计算依据，出资款分三次在半年内交清。（详见第七章"城镇防洪除涝"第一节"盛泽镇洪涝治理工程"）

（二）松陵镇区洪涝治理工程规划

1990 年 9 月，县水利局提出《松陵镇区洪涝治理工程可行性研究初步报告》，经松陵镇政府、县城乡建设局、县水利局多次研究，形成"全社会集资兴建，统筹考虑集资办法分期实施，成立专门的建设管理机构"的实施方案。

1991 年 4 月 8 日，县委、县政府召集松陵镇政府、县城乡建设局、县水利局有关领导讨论决定，先实行一期工程，并由县水利局编制《松陵镇区洪涝治理工程设计任务书》。同年 5 月 8 日，新成立的松陵镇区防洪工程指挥部提出"关于松陵镇洪涝综合治理工程的实施意见"。同年 5 月 23 日，县政府以吴政发〔1991〕81 号文批转松陵镇区防洪工程指挥部《关于松陵镇洪涝综合治理工程的实施意见》。

根据松陵镇区地形复杂、地面高差悬殊、境内河道密布且向太湖呈网格状分布，人口居住密度大，机关、学校、企事业单位多，经济结构成分复杂、承受能力不一的特点，松陵镇区洪涝治理工程规划遵循"统筹兼顾，分区排水，一次规划，分期实施"的原则。在 5.07 平方千米镇区内（不含高程 4.2 米以上面积约 1 平方千米）划分 6 个小区，分别按照地形、水系等自然条件及下水道现状，设置排水泵站、修筑堤防或防洪墙、建造涵闸，自成防洪排涝系统。规划 7 项主体工程和 4 项配套工程。其中主体工程为西元圩一站、西元圩二站、桃园泵站、城北泵站、江新泵站、城西泵站、西门泵站；配套工程为防洪闸 3 座、涵洞 10 座、防洪墙 6.7 千米、排水管道 250 米。规划镇区各受益单位集资投资 500 万元，分三期实施。（详见第七章"城镇防洪除涝"第二节"吴江市城市防洪工程"）

（三）吴江市河道整治总体规划

1997 年 10 月，市水利农机局编制《吴江市河道整治总体规划》。

整治目标:计划用 3~6 年时间基本完成淤积严重河道的疏浚任务,结合疏浚加高加固沿河堤防,冲刷严重地段逐步兴修护岸工程,提高防洪排涝能力;基本满足航运需要,改善工农业生产水环境;改善生产、生活用水质量;建立健全各级河道管理组织和制度。

整治原则:根据整体规划,分期实施,突出重点要求,轻重缓急、逐条治理,按不同类型、功能要求制定相应整治标准;明确分级负责整治与经费政策,积极筹措资金,轻重缓急地制定分年实施计划。

整治内容:主要包括清除河道中杂物、河道疏浚清淤冲填废河废浜、河道改线、裁弯取直、堤防加固、堤防绿化等。

整治标准:市级河道按苏州市有关部门确定的标准实施;县级河道河底宽度 10~20 米,河底高程 0 米,边坡 1:2~1:2.5;镇级河道河底宽度 4~6 米,河底高程 0~0.5 米,边坡 1:1.5~1:2;中心河道河底宽度 2~4 米,河底高程 0.5~1 米,边坡 1:1.5~1:2;生产河道河底宽度 1~2 米,河底高程 0.5 米~1 米,边坡 1:1.5~1:2。外河堤防堤顶高程应超过当地历史最高洪水位 0.5~1 米,堤顶宽度 2~4 米;圩外堤岸应高于田面 0.5 米以上,顶宽 1~2 米。县级河道保留 2~3 米外青坎[①]。沿河两岸种植不少于一排的树木。全市计划整治河道 2280 条,长 1525.4 千米,清淤土方 1937.44 万立方米(结合筑堤土方 1300 万立方米),压废土地为 1590 亩,可复耕土地 3188 亩。其中,计划整治严重淤积河道(即河床淤积厚度 10 米以上)1432 条,长 1312.5 千米,清淤土方 929.36 万立方米(结合筑堤土方 567 万立方米),压废土地 893 亩,可复耕土地 1780 亩。

整治概算:总投资 1.836 亿元,其中,村级投资 1.0125 亿元;镇级投资 4616 万元;县级投资 3619 万元。(详见第八章"水环境治理"第一节"农村河道疏浚")

(四)吴江市城区洪涝治理工程规划

1998 年 8 月,市水利农机局编制《吴江市城市防洪排涝规划(1998~2010)》,经过上级有关部门专家的专题论证,得到认可。

1999 年,运河以东地区划入吴江经济开发区,原规划部分内容单独列项治理,使城区规划范围缩改为运河以西地区。同年 8 月,市水利农机局根据中国共产党吴江市委员会(以下简称"市委")、吴江市人民政府(以下简称"市政府")的指示,对《吴江市城市防洪排涝规划(1998~2010)》多次论证,在原总体规划思路不变的情况下提出调整意见,编制出《吴江市区运西防洪工程规划》(以下简称"松陵大包围工程")。同年 9 月 6 日,市委、吴江市人民代表大会常务委员会(以下简称"市人大")、市政府、中国人民政治协商会议吴江市委员会(以下简称"市政协")扩大会议审查通过松陵大包围工程规划。同年 9 月,吴江市水利勘测设计室(以下简称"市水利勘测设计室")编制工程项目初步设计。同年 10 月 10 日,邀请扬州大学水利学院、江苏省太湖水利规划设计院、苏州市水利勘测设计院和其他部门的专家举行设计技术论证会。同年 11 月 2 日,吴江市计划委员会(以下简称"市计划委员会")行文同意松陵大包围工程项目列项。同年 11 月 10 日,市政府以吴政发〔1999〕164 号文批复同意。同年 12 月 22 日,市水利农机局将《松陵大包围工程可行性研究报告》上报苏州市水利农机局和江苏省水利厅,申请列入省级重点补助水利工程项目。

---

① 青坎:将开挖河道的土方堆积沿河两岸,形成高于原地面的大堤,为稳定堤身,大堤除设计一定比例的坡比外,还在坡脚留出一定长度的平台,称之为青坎。按迎、背水面分别称为外、内青坎。

2000年4月6日,苏州市水利农机局批准《松陵大包围工程报告》(后又对主要防洪工程项目西塘港泵站和东城河闸站的设计及预算给予批复)。

松陵大包围工程规划面积19.09平方千米,采取大包围和小包围相结合的治理方案。按高标准筑堤防,建防洪墙,所有口门建涵闸控制,采用动力排涝。农田地段的堤防工程以土堤为主,航道地段进行加高加固挡墙工程。城区外河沿线建设防洪墙。对必须通航的河道口门建闸,无通航要求的其他口门建涵洞。在河道较宽、集水范围大的地方集中建几座大流量排涝站。排涝站的建设同时考虑枯水期冲污调水的需求。对城区地势特别低洼的成片居民住宅区计划拆迁,结合城市建设和环境绿化进行综合治理。对城区沿京杭大运河内侧的老建筑物计划拆除,沿河建防洪墙工程。对城区内主要河道进行疏浚整治,全面清淤,增加调蓄容积,改善引排水条件和城区水环境。规划新建防洪闸7座、闸站结合建筑物3座、单排涝泵站1座(西塘港排涝站)、涵洞5座、堤防和护岸18.17千米(筑堤总土方量10万立方米);同时整治疏浚主要河道14条20千米,疏浚土方24万立方米;综合治理油车桥东南片、木浪桥、盛家库、西元圩等特低居民住宅区,面积9万平方米;建设京杭大运河沿线风光带,绿化和改造面积6万平方米。规划投资概算1.1亿元,分三期进行,3~4年完成。(详见第七章"城镇洪涝治理"第二节"吴江市城市防洪工程")

(五)吴江市防洪排涝续建工程建设规划

1999年10月,市水利农机局编制《吴江市防洪排涝续建工程建设规划》。提出设防标准,堤防:浦南浙江沿线各镇5.5米,其他各镇5.2米;浦北地区4.8米。堤防标准:浦南浙江沿线各镇顶高6米(荡漾处加高0.5米),顶宽3米,外坡1∶1~1∶2,内坡1∶2.5;浦南其他各镇顶高5.5米(荡漾处加高0.5米),顶宽2.5米,外坡1∶1~1∶2,内坡1∶2.5;浦北地区顶高5米(荡漾处加高0.5米),顶宽2米,外坡1∶2.5,内坡1∶2.5。坝头、围垦圩大坝顶宽不少于5米,内外坡的标准同上。所有圩堤内坡外20米以内不得有鱼池、水塘。在迎风顶浪易冲刷地段配建护坡。堤防经过的村庄、镇区地段采用防洪墙代替土堤防,防洪墙的顶高比护坡顶高出20厘米。排涝:按日雨200毫米2天排出,每万亩排涝面积配排涝流量7立方米每秒;围垦荡和田面低洼、水面积少的联圩每万亩8~10立方米每秒;半高田联圩和田面较高、水面积多的联圩每万亩5~6立方米每秒。水闸:浦南浙江沿线各镇上闸门顶高、上游翼墙顶高5.7米,下闸门顶高、闸室墙顶高5.4米;其他各镇上闸门顶高、上游翼墙顶高5.4米,下闸门顶高、闸室墙顶高5.1米。浦北地区上闸门顶高、上游翼墙顶高5米,下闸门顶高、闸室墙顶高4.7米。水闸设计通航水位4~4.4米(浦北4米,浦南与浙江交界镇4.4米)。规划兴建堤防232千米,土方103万立方米,水闸126座,排涝站34座、流量68.5立方米每秒;排涝总面积119万亩,排涝站设置368座,排涝总流量864.8立方米每秒,总动力40175千瓦。规划工程投资4.47亿元(其中排涝站、水闸1.93亿元,护坡1.54亿元,土方约1亿元)。排涝站、水闸列入市级补助。

(六)吴江市区水环境综合整治规划

2003年7月,市水利局编制《吴江市区水环境综合整治规划》。水环境综合整治包括控制排污、河道整治和调水建筑物。严禁直接向河道内排放生产、生活污水,全面启用污水处理设施进行污水处理。对城区河道全面疏浚、拓宽;通过动力引排水,使城区河道水流达到一定流速,稀释污染和减少沉淀。调水运行方案:吴江城区主要进水河道有西塘港、牛腰泾、内苏州河、吴家港、行船路等 5 条河。出水河道有七里港、大江河、北城河、东城河、三江桥河、西塘港等 6 条河。根据"将东太湖来水从西、南、北三个方向引入,通过合理调水路径,向东排入京杭大运河"的调度总原则,有 32 条调水路径。由松陵镇区防洪工程管理所根据河道水质监察情况实施调水。工程投资总概算为 1700 万元(不包括征地和拆迁费用),管理运行经费为 181.2 万元,建议纳入市财政专项列支,专款专用。(详见第八章"水环境治理"第二节"城区水环境治理")

（七）吴江市水资源开发利用与保护规划

2005 年 10 月,市水利局与江苏省水文水资源勘测局苏州分局合作编制《吴江市水资源开发利用与保护规划》。规划覆盖境内行政区域,所辖总面积 1176.6 平方千米(不包括所属太湖水面)。按主要区域性河流分布状况划为 4 个水资源区。浦北片以京杭大运河为界分为运西、运东区,浦南片分为长漾区(太浦河、颀塘区域间以域内长漾命名)和浦南区(颀塘、新运河、太浦河以南区域)。提出"节流优先,治污为本,多渠道开源"的水资源可持续利用战略,做到标本兼治。

（八）吴江市盛泽城区防洪排涝工程专项规划

2005 年 12 月,盛泽镇建设管理所委托中国市政工程中南设计研究院编制《吴江市盛泽城区防洪排涝工程专项规划》。规划范围由老城区、中心城区和坛丘城区三块用地组成,包括中间西白漾,总面积为 35 平方千米,规划人口 25 万。规划范围东起东环路,西止梅堰路,北至北环路,南止南环路,其中郎中荡周边区域到南二环路设防水位:以抗御外河历史最高水位 4.55 米不出险为标准。堤防:土堤防顶高程为设防水位加安全超高 1 米,千亩以上湖泊土堤防的安全超高为 1.5 米。没有土堤防的防洪墙其顶为设防水位加安全超高 0.5 米,千亩以上湖泊再加 0.5 米。土堤防顶宽不少于 3 米,内外坡不少于 1:2(路堤结合时,内坡坡度可较小)。水闸:上游门顶高程不少于设防水位加安全超高 0.5 米。护岸:一般堤防护岸工程顶高为设防水位,大湖大荡处护岸顶高为设防水位加安全超高 0.5 米。远景规划防洪标准到达百年一遇,设计洪水位为 4.61 米。统一建立联圩划区、堤防、排涝泵站、城区河网防洪排涝体系。工程实施步骤为 2010 年前完成坛丘和坛东、西扇、北星、盛北联圩的排涝泵站及规划河道的建设,新建(或改造)堤防长度 25 千米(每年完成堤防建设 5 千米)。2020 年前完成镇区大包围的排涝泵站及规划河道的建设,完成余下约 15 千米堤防的建设。工程建设项目总投资的 2.4 亿元,其中工程费用 2.09 亿元、工程建设其他费用 992 万元、基本预备费 2185 万元。同年 12 月 30 日,市水利局在盛泽镇主持召开《防洪规划》技术审查会。参加会议的有苏州市水利局,吴江市发改委、市建设局、市水利局,江苏省太湖水利设计研究院,盛泽镇政府和报告编制单位中国市政工程中南设计研究院等单位的专家和代表 30 余人。会议认为:《防洪规划》提出的规划报告基本符合城市防洪排涝工程规划的相关要求;针对盛泽城区社会经济发展的趋势,确定的规划范围能满足盛泽城市发展的需要,符合吴江市城市总体规划的远景要求;提出的防洪排涝标准、河网水系、城区堤防、防洪及排涝设施等基本符合有关要求。会议建议,补充水文、水利计算,进一步论证防洪排涝标准;进一步完善工程布局,充分考虑与区域规划相衔接;增加工程投资、效益分析、环境影响评价、工程管理、非工程措施和分期实施意见;针对盛泽城区水环境特点,进一步完善调水方案,结合防洪排涝工程建设改善水环境。

专记 《太湖流域综合治理总体规划》形成纪实

太湖流域治理,由来已久。古今名人,议论甚多;实施工程,亦有成效,但均因历史条件所限和缺乏统一规划,一直没有从根本上解决太湖流域的水患问题。战国人"三江既入,震泽底定"[①]的认识和宋人"苏常熟,天下足"[②]的感慨成为劳动人民、有识之士上千年来的努力和期盼。

民国9年(1920),国民政府曾设立太湖水利机构,做过一些测量、水文和水系调查工作。

中华人民共和国建立后,太湖流域的治理工作列入中国共产党和中央人民政府的议事日程,太湖流域治理规划在漫长的水利建设历程中留下诸多成果。50年代,江苏省水利部门制定《江苏省太湖地区水利工程规划要点》,由于各方意见不一,后由水利电力部组织有关单位进行规划协调工作,水利电力部上海勘测设计院、长江流域规划办公室等曾进行多次规划。1985年,长江流域规划办公室提出《太湖流域综合治理骨干工程可行性研究报告》。1986年10月,水利电力部和长江口及太湖流域综合治理领导小组向国家计划委员会上报《太湖流域综合治理总体规划方案》。1987年6月,国家计划委员会批复同意,1991年后开始逐步付诸实施并以此为依据有所补充完善。

综合起来,太湖流域综合治理总体规划的形成大致经历以下几个阶段。

一、早期准备与设想酝酿

1949年10月1日,毛泽东主席在北京宣布中华人民共和国成立。

同年11月1日,中央人民政府水利部成立,傅作义任部长,李葆华任第一副部长。部内设立水政司、工务司、测验司等业务部门。

同年11月8~18日,中央水利部在北京召开"各解放区水利联席会议"。决定设置黄河水利委员会、长江水利委员会、淮河水利工程总局、华北水利工程局,均为水利部直属水利机关;各大行政区(华东、中南、西南、西北、东北)及内蒙古自治区人民政府所设水利机构为该区人民政府组成部分;各省(区、市)设水利局,各专区、县视需要设水利科或局,为专区、县人民政府的组成部分;实行双重领导。

同年12月,新中国开始组建长江水利委员会。

1950年2月,中原临时人民政府所属农林水利部分开,组成长江水利委员会,直属中央水利部。会址驻汉口,主任为林一山。会内设下游工程局。

1951年2月,华东军政委员会水利部召开太湖治理小组会议,会上提出太湖治理应统一规划、分区研究,并确定主要任务是查勘、测量及各项基本资料的搜集、整理,为进行太湖规划

---

① 《尚书·禹贡篇》曰:"三江既入,震泽底定。""震泽"是古太湖名,但对"三江"的解释,除了晋顾夷《吴地记》和庾仲初《杨都赋》注称为太湖下游的"松江、东江和娄江"外,自古以来众说纷纭,尚无定论。

② 宋代谚语。陆游《常州奔牛闸记》曰"方朝廷在故都,实仰东南财赋,而中吴尤为东南根柢,谚曰'苏常熟,天下足'",尔后泛演成"苏湖熟,天下足"。到明朝中后期又出现"湖广熟,天下足"的说法。

做好准备。

1953年2月,毛泽东主席听取长江水利委员会主任林一山关于治理长江问题的汇报。

1953年,长江水利委员会下游工程局提出《整治太湖水利初步规划意见》。

1954年,梅雨带长期徘徊在江淮流域,入汛早、雨期长、雨量大、分布面广,长江水势特大,为百年来未有的特大洪水。太湖地区也是二十世纪有记录以来的最大一次水灾,雨期自5月上旬开始,一直延续到7月下旬。5~7月流域平均降雨量为891.2毫米,相当五十年一遇重现期,太湖水位4.65米,瓜泾口水位达到4.61米,突破历史纪录。由于长期降水,河湖水位并涨,高水持久不退,加之新中国建立初期水利实施尚未大量兴修,防洪除涝能力较低,灾情极为严重。江苏省太湖流域地区受灾农田面积397万亩,成灾面积137万亩,减产粮食1.6亿千克,漫决圩堤3000处,冲坏塘坝1500个,倒坍房屋近2万间,死亡232人,经济损失4.34亿元(1980年价格),其中工业损失2.8亿元,农业损失1.1亿元。浙江省东、西苕溪多次山洪暴发,而太湖及黄浦江下游水位居高顶托,排泄受阻,使田中积水一般有1米左右,河水与农田连成一片,春花作物倒伏霉烂,秧田沉没无法种植,圩埂、道路全部淹没,视若汪洋,船只行于阡陌之中。浙江省太湖地区受灾农田约366万亩,成灾面积约236万亩,减产粮食3亿公斤,倒塌房屋3331间,直接经济损失约1.5亿元(当年价)。上海市上游米市渡出现历史最高水位3.8米。郊县遭受罕见的洪涝灾害,受淹农田99.7万亩,其中重灾23.6万亩,轻灾41.6万亩,损失粮食4378万千克,棉花40.47万千克,倒塌房屋619间。统计全流域受灾农田约868万亩,成灾面积439万亩,损失粮食约5亿千克,经济损失达6亿元左右。

大水后,江苏、浙江两省分别派员组织查勘,收集资料,编写报告,要求治理太湖。国务院总理周恩来提出"从流域规划入手,采取治标治本结合,防洪排涝并重"的方针。

1955年1月,江苏省编制《对太湖流域治理水旱灾害的初步意见》。

同年,长江水利委员会下游工程局撤销。

1956年,中央决定成立以国务院总理周恩来为首的长江流域规划委员会。

同年3月,以长江水利委员会为基础成立长江流域规划办公室,隶属国务院建制,业务工作由国家水利部代管。

二、基本框架与初步治理

1957年4月,国家水利部在南京召开太湖流域规划会议,出席单位有国家水利部、国家交通部,长江流域规划办公室、治淮委员会,江苏、浙江、安徽等省水利厅(局),上海市规划局、农业局、上海同济大学等。会议由国家水利部副部长钱正英主持,交流各地情况,讨论国家水利部提出的《太湖流域规划任务的初步意见》,并部署太湖流域规划工作。会议决定成立太湖流域规划办公室,由治淮委员会负责组建,有关省市配合,地点设在南京市。会议指定姚榜义担任太湖流域规划办公室主任,骆腾为副主任。不久,治淮委员会撤销,太湖流域规划办公室委托江苏省水利厅组办。

同年下半年,江苏省水利厅由厅长陈克天主持,抽调设计院主要力量组成规划班子,开始详细调查水情、灾情,收集整理有关气象水文资料,研究历代治理太湖的各种主张和实践经验。经过对水文资料的分析计算,推求自1921年以来5个大水年份及干旱年份全流域各分区的月径流量、太湖进出水量以及江潮水位的频率,选定以最高水位超历史的 1954 年为洪水设计年型。提出沿浙江东苕溪起,绕太湖东岸,向西北至长江边耿泾塘,堵闭各支河,改建堤防,建一条太湖控制线,把太湖流域基本上分成高低两大片;从太湖边开一条排洪专道——太浦河连接黄浦江泄洪入海;沿太湖边望亭镇至常熟耿泾口的控制线西岸辟一条以排澄锡区涝水为主,辅以排太湖部分洪水的望虞河,使澄锡虞高片水不再入阳澄低洼地区的治理太湖洪水设想(习称"两河一线"[①]方案),并征求有关省市水利部门和长江流域规划办公室意见,共同进行研讨。

1958 年 7 月,经中央批准,撤销水利电力部治淮委员会,全部人员并入安徽省水利厅。

同年,以"两河一线"为框架的太湖流域治理规划获得中共中央上海局的首肯。

同年 11 月,中共中央上海局在上海召开由江苏、浙江、上海等省市领导参加的会议,研究太湖流域治理规划的原则问题,并对长江流域规划办公室提出的《太湖流域综合利用初步意见》进行讨论。会议决定江苏省(其时,曾于 1958 年 4 月划入的青浦、松江和金山三县又于同年 11 月划属上海市)组织开挖太浦河、望虞河,浙江省配合挖好太浦河。经多次协商,同意太浦河工程标准为河底宽 150 米,河底标高 0 米;望虞河工程在常熟县以下河底宽为 100 米,河底标高 –1.5 米。

同月,江苏省苏州专区即组织各县民工开挖太浦河和望虞河。太浦河工程江苏省段分两次施工挖通,但河道断面未达到设计标准;上海市段挖通 10 千米;浙江省段 2 千米未开挖。望虞河工程经一个冬春初步建成,河道断面比设计标准缩小,也未与太湖沟通。

同年冬,浙江省湖州市开挖东导流工程结合太湖筑堤,并建成 6 座节制闸,基本形成环太湖浙江段控制线。浙江省嘉兴专区开挖河底宽 80 米的红旗塘,自沉石塘向东至青浦、金山两县边界,全长 21 千米。

1959 年 1 月,中共中央上海局再次召开会议,研究太湖治理和太浦河继续施工等问题,并决定组建太湖流域水利委员会。

同年 6 月,《江苏省太湖地区水利工程规划要点》编制完成,并正式上报国家水利电力部审批。

同年 12 月,国家水利电力部批复《江苏省太湖地区水利工程规划要点》。基本同意"洪涝分治,分级控制,纲网结合,综合利用"的治理原则,并原则同意建太湖控制线,开辟太浦河、望虞河,拓浚沿江河道及并港建闸等总体工程布局。自此,成为太湖流域治理第一个较全面的规划文件。由于有关省市有争议,长期未能实施。

同年,江苏省利用开挖太浦河出土实施东太湖穿湖大堤 10 千米(标准不够,且 4.5 千米未合拢);东山至浦庄段的西太湖堤有部分动工;结合开挖望虞河下段筑控制线堤 30 千米;境内建成 6 座船(套)闸,但未能形成环太湖江苏段控制线。

1960 年 1 月,中共中央上海局在上海又召开有关太湖治理会议,有关省市参加协商,并经国务院副总理谭震林指示,太浦河继续开挖。

同年 2 月,太浦河工程第二次施工,江苏省完成施工任务,浙江省未动工,上海市中途停工,河道仅初具河形。

---

① 两河一线:指太浦河、望虞河、太湖控制线。

同年,中央提出国民经济实行全面调整,治理太湖流域工程停顿。

三、分歧争论与交叉协调

1961年,江苏、浙江、上海两省一市对太湖流域治理规划和实施向中共中央华东局提出不同意见。

1962年12月全国水利会议召开期间,国家水利电力部提出太湖流域规划工作由水利电力部上海勘测设计院会同有关省市办理。此后,上海勘测设计院着重于基础资料统一和水账计算工作,进行水系调查,河道过水能力估算,各分区面积、水面积量算,核实1954年实况水账,1954年洪水再现水量分析计算,提交《黄浦江与吴淞江简况》《太湖流域历代治理情况》《太湖水文情况》《圩区调查研究》等多项专题报告,但未提出完整的规划报告。1963年11月,由中共中央华东局和水利电力部筹建的太湖流域水利委员会在上海召开第一次会议。会议认为"太湖流域水利基础较好,现有河网利多弊少,目前应充分发挥现有水利设施的作用,采取逐步改进的办法。整个治理工作分两步走:第一步,在二三年内充分利用现有基础调整巩固,以保证一般年份稳定增产;第二步,对以前规划中提出的控制太湖已有各出口,使太湖洪水不进入下游地区河网,另辟太湖到黄浦江的新河(即太浦河)作为太湖洪水出路的方案及其他有关太湖远景规划问题,进行深入调查研究,确定远景规划,彻底治理太湖。"会议要求在近二三年内必须做好7项工作:调整巩固圩区;有计划地择要疏浚河港;大力整顿机电排灌;积极进行水土保持;修建必要的水库、塘、堰;改善太浦河两岸交通、排水;制定近期和远景的统一水利规划。会议确定对5个重大问题进行深入调查研究:太湖排水出路问题,以上海院为主,两省一市协同进行;杭嘉湖地区向南排涝的辅助出路问题,由浙江省负责;黄浦江和吴淞江的治理问题,由上海市负责;杭嘉湖地区灌溉水源问题,由浙江省负责;江苏湖西地区洪水处理及灌溉水位控制问题,由江苏省负责,并要求各省市于1965年上半年提出正式报告,以便对远景治理进行统一规划。会议建议在太湖流域水利委员会之下设立太湖水利局,具体领导流域的水利工作。

1964年底,经国务院批准成立太湖水利局。

1966年3月,国家水利电力部上海勘测设计院提出《对太湖排水出路初步看法(初稿)》。

同年5月,太湖水利局正式挂牌成立,由国家水利电力部与中共中央华东局双重领导,地点设在上海市。

同年5月"文化大革命"开始后,太湖流域规划工作基本停顿。

1967年,太湖水利局曾组织浙江省、上海市进行过红旗塘联合调查。

同年,太湖水利局撤销。

1969年12月,国家水利电力部军事管制委员会要求长江流域规划办公室承担太湖流域规划任务。

1970年12月,国家水利电力部上海勘测设计院撤销。

此间,地方水利建设互不通气,上下左右不能配合,致使太湖水情发生较大变化。比较明显的是:东苕溪导流工程的陆续建成,使进入太湖的水量增多,太湖水位抬高;浙西进淀泖水量不断增加,下游又堵塞一些排水口,使排水不足的情况更为恶化。

1971年12月,国家水利电力部在北京召开长江中下游规划座谈会,专题研究太湖治理问题,恢复太湖流域治理规划工作。会议向各省分发了《长江中下游规划中一些问题的初步意见》,其中《关于太湖治理的初步意见》提出:"当前,太湖治理主要是解决排水出路问题。应按团结治水的方针,统一规划、综合治理、蓄泄兼筹、上下游互利,在发生1954年同样严重的洪水时,太湖水位控制不超过1954年实际洪水位,保障农业丰收,比较彻底地解决太湖地区的洪涝灾害,确保上海市区的安全。"初步设想:扩大望虞河,增加向长江的泄量,排泄太湖洪水量65亿立方米的50%左右;东太湖建闸控制,遇1954年型洪水时,排泄太湖洪水的10%~15%;太浦河按原设计标准开通,确保上海市区安全及便利杭嘉湖涝水东排黄浦江,控制使用,遇1954年型洪水时,排泄太湖洪水的35%~40%,并应控制平望及松江水位不超过1954年实际洪水位;开辟入杭州湾新河,遇1954年型洪水时,排泄杭嘉湖区涝水的30%~35%,其余东排黄浦江;应保持现太湖蓄水及排水能力,严禁围垦,1971年8月以后围垦的应一律拆除。会后,就上述问题虽经一再协商,但两省一市仍未取得一致意见,主要分歧是对太湖排水出路的安排。

四、统一规划与技术论证

1972年11月,国家水利电力部在上海召开太湖流域治理规划会议,确定由长江流域规划办公室承担太湖流域规划任务,有关省市配合,并组成领导小组,组织联合查勘,再由长江流域规划办公室负责抽调力量,成立班子进行具体规划。随后,长江流域规划办公室会同江苏、浙江、上海两省一市进行太湖流域查勘,并集中人员在江苏省苏州市拟定太湖流域规划方案。

1974年1月,长江流域规划办公室编制出《太湖流域防洪除涝骨干工程规划草案(征求意见稿)》(以下简称"1974年报告")。此报告算清1954年特大洪水的水账,明确防洪、除涝标准、原则与要求,研究并拟定防洪、除涝方案及相应的工程措施。

同年3月,国家水利电力部向江苏、浙江、上海两省一市函送长江流域规划办公室编制的《太湖流域防洪除涝骨干工程规划草案(征求意见稿)》。该规划要点:统一水账,将全流域1954年5~7月份各次计算的不同产水量数据统一复算为212.13亿立方米,段内黄浦江米市渡站下泄净水量为80.5亿立方米。对洪水、涝水排水出路作调整安排,太湖需排出洪水60亿立方米,杭嘉湖平原需排出涝水59.3亿立方米。经黄浦江米市渡下泄的水量为61.5亿立方米,其中太浦河排洪28亿立方米,排涝12亿立方米,杭嘉湖区东排涝水14.7亿立方米。苏州淀泖区经拦路港下泄洪水2.6亿立方米,区间涝水4.2亿立方米。工程措施上:太浦河由专排洪水改为以排洪为主,亦排杭嘉湖地区涝水,河底标高按原规划标准再挖深1.3米;马斜湖以下利用俞汇塘分流10亿~11亿立方米,经大蒸塘、园泄泾入黄浦江;望虞河按原规划标准河底再挖深1米;东太湖沿现岸线筑堤建闸,废除原穿湖大堤方案;杭嘉湖平原沿杭州湾于盐官、澉浦、海盐等处建闸,向杭州湾排水。

1977年4月,长江流域规划办公室根据江苏、浙江、上海两省一市对《太湖流域防洪除涝骨干工程规划草案(征求意见稿)》反馈意见和对新情况的调查研究,又编制出《太湖流域防洪除涝骨干工程规划草案》(补充报告)向水利电力部和两省一市报送。

同年,经国家水利电力部批准杭嘉湖南排工程开工。

同年冬,环太湖江苏东太湖大堤段开工。

1978年,长江流域规划办公室又一次提出补充报告。

同年 8 月,全国农田基本建设现场会在苏州召开,后集中北京讨论。会上,中央领导和国家水利电力部及江苏、浙江、上海两省一市领导商定续办太浦河工程。

同年 10 月,长江流域规划办公室向国家计划委员会和国家水利电力部报送《太湖水系综合规划要点暨开通太浦河计划任务报告》。

同年 11 月,国家水利电力部召集江苏、浙江、上海两省一市水利厅(局)负责人赴京具体磋商续办太浦河工程施工事宜,形成《水电部关于开通太浦河问题的意见》。

同年冬至次年春,江苏省按设计标准开挖太浦河平望大桥以西 14 千米河段并大修太浦闸,上海市、浙江省段均未开挖,全线仍不通。

1980 年 4 月,长江流域规划办公室在"1974 年报告"的基础上,吸收有关省市对太湖流域治理的意见,经过补充又编制出《太湖流域综合规划报告》征求意见稿(以下简称"1980 年报告")向国家水利部和江苏、浙江、上海两省一市报送。主要内容有:防洪除涝规划中黄浦江米市渡的泄量有所增加,为 62 亿~65 亿立方米,其中太浦河排洪 28 亿~30 亿立方米,杭嘉湖地区排涝 12 亿立方米。在工程措施中增加开辟金浦河分洪方案,由叶榭塘至金山嘴出杭州湾以分泄黄浦江上游洪水,减轻上海市区防洪压力。补充灌溉引水规划,为提高黄浦江的自净能力,规划按米市渡泄量在低于 1971 年、1978 年实况,作为大旱年份向黄浦江补水标准,遇 1971 年型汛期(5~9 月)及非汛期(1~4 月,10~12 月)由太湖补给 162 立方米每秒及 237 立方米每秒,遇 1978 年型汛期补给 110 立方米每秒及非汛期补给 240 立方米每秒。这个报告仍因江苏、浙江、上海两省一市意见分歧未能定案。

1983 年,太湖流域又一次遭受水灾,党中央、国务院十分关注。

同年 7 月,国家水利电力部和上海经济区规划办公室向国务院请示,建议成立长江口开发整治领导小组,统一领导长江口开发整治与黄浦江的综合治理工作,国务院批复同意。领导小组有王林(上海经济区规划办公室)、钱正英(水利电力部)、倪天增(上海市)、子刚(国家交通部)、凌启鸿(江苏省)、黄友若(长江流域规划办公室)、严恺(华东水利学院)等 7 人组成,由王林牵头。

同年 8 月,在上海经济协作区召开的第一次会议上,大家要求尽早治理太湖。这个要求得到国家水利电力部、国务院上海经济区规划办公室和各省市负责人的支持。

同年 10 月,国家水利电力部和上海经济区规划办公室共同组织太湖流域综合查勘团对太湖流域进行查勘。参加查勘的有江苏、浙江、安徽、上海三省一市和国家计划委员会、国家交通部、国家城乡建设环境保护部、国家农牧渔业部及长江流域规划办公室等单位的代表 65 人,历时 22 天。通过此次查勘,大家一致同意以长江流域规划办公室"1980 年报告"为基础开展工作;同意长江流域规划办公室提出的"统筹兼顾、全面安排、综合治理、分期实施"方针;基本确定主要工程布局(续建望虞河、开通太浦河、建设湖西运河片排水入江工程、分期建设沿太湖的控制线工程、加速续建杭嘉湖南排工程、开通红旗塘、续建东苕溪防洪导流工程、扩大拦路港、疏浚泖河等);要求长江流域规划办公室抓紧规划的补充工作要点研究。

同年冬,环太湖江苏省西太湖大堤段开工。

1984 年 6 月,国务院批复国家水利电力部及上海经济区规划办公室,同意扩大长江口开发整治领导小组为长江口及太湖流域综合治理领导小组,作为国务院处理太湖流域治理工作的单位,并成立太湖流域管理局,地点设在上海市。领导小组下设办公室和长江口、太湖流域两个科技组,杨德功任办公室主任,严恺任两个科技组的组长。办公室设在太湖流域管理局。

同月,长江流域规划办公室根据查勘中各方所提意见和查勘后所提要求,编制《太湖流域治理骨干工程可行性研究初步报告》(以下简称"1984 年报告"),提出 10 大骨干工程。通过对 3 个具有代表性的补充方案进行演算比较,认为各方案投资差别不大,技术上也都是可行的,但在综合满足地方要求方面,则以其中的综合方案为佳。

同年 7~8 月,长江口及太湖流域综合治理领导小组在浙江省德清县召开论证会,讨论"1984 年报告"。会议认为该报告所推荐的综合方案,只体现一种治理格局,还应对整体方案的不同格局(即高、低水行洪格局)再作些补充研究,然后正式提出可行性研究报告。

同年,经国家水利电力部批准,恢复水利电力部上海勘测设计院。

同年 11~12 月,国家水利电力部、上海经济区规划办公室和长江流域规划办公室会同有关省市和单位又对江苏省的淀泖区、浙江省的杭嘉湖平原区和上海市的青松地区进行补充勘察。

同年 12 月,太湖流域管理局正式成立。

1985 年 6 月,长江流域规划办公室在水利电力部和长江口及太湖流域综合治理领导小组的领导下,会同国家交通部、国家环境保护局及江苏、浙江、上海两省一市充分协调,提出《太湖流域综合治理骨干工程可行性研究报告》(以下简称"1985 年报告")。该报告分别按高水行洪格局、低水行洪格局和综合格局进行水利演算,提出对望虞河与大运河交叉处采用立交,以避免因望虞河行洪对两岸洼地排涝的影响,并建议以综合格局方案 I 作为基础进行讨论决策。

同年 7 月,长江口及太湖流域综合治理领导小组在上海市松江县召开会议,审查"1985 年报告",原则同意报告及其推荐的综合格局方案 I,认为可以据此编制骨干工程的设计任务书,但骨干工程投资在设计任务书中应作进一步研究和必要的调整,结束太湖流域规划工作长期徘徊的复杂局面。会议还确定,今后太湖流域的设计任务由长江流域规划办公室移交太湖流域管理局负责完成。随后由太湖流域管理局编制《太湖流域综合治理骨干工程设计任务书》。

1986 年 3 月,长江口及太湖流域综合治理领导小组第四次会议在南京召开。会议审查太湖流域管理局根据松江会议决定编制的《太湖流域综合治理骨干工程设计任务书》(讨论稿)并基本同意;同时也提出一些修改意见;还要求将领导小组对"1985 年报告"的审查意见,连同修改后的设计任务书一并上报,力争在第七个五年计划期间使几项紧急工程付诸实施。据此,太湖流域管理局随即编制正式的设计任务书。之后,考虑到此设计任务书只作为总体安排的依据,而各项骨干工程还需编制单项工程的设计任务书,故将此设计任务书改为《太湖流域综合治理总体规划方案》。

同年 10 月,国家水利电力部和长江口及太湖流域综合治理领导小组联合向国家计划委员会提出《关于请审批太湖流域综合治理总体规划方案的报告》,并说明十项骨干工程将随着进展情况分别编制单项工程设计任务书报批。

五、方案批准与补充实施

1987 年 6 月 18 日,国家计划委员会正式批复国家水利电力部、长江口及太湖流域综合治理领导小组,同意采取积极措施逐步提高太湖地区防洪除涝标准,以适应该地区的社会经济发展的需要;综合治理应以防洪除涝为主,兼顾航运、供水和环境保护等方面的利益;安排洪涝水出路要充分发挥现有河道的泄洪能力;实施"望虞河、太浦河、杭嘉湖南排、环湖大堤、湖西引排、武澄锡引排、东西苕溪防洪、拦路港、红旗塘、杭嘉湖北排通道"等10项骨干工程。《太湖流域综合治理总体规划方案》成为第一部经国家批准的太湖治理规划报告。

至此,经过长达30年的水事争论和技术论证,太湖流域综合治理规划工作方告一段落,并转入该项工程的可行性研究和实施阶段。

1988年4月,国家水利部向国家计划委员会上报太浦河、望虞河两项工程设计任务书。

同年,长江流域规划办公室改名为长江水利委员会,为国家水利部派出机构。

1991年6~7月,太湖流域连降暴雨,最高水位达4.79米,超过1954年大洪水4.65米的历史纪录。江苏、浙江、上海全线告急,无锡、苏州、嘉兴等地相继受淹。1991年洪水造成太湖流域50个县1400多万人口和941万亩农田受灾,直接经济损失110亿元。太湖洪水引起党中央、国务院的高度重视,党和国家领导人江泽民等亲赴灾区察看灾情,指挥抗洪,并就灾后重建做出部署。

同年9月,国务院召开治理淮河和太湖工作会议,决定进一步治理太湖,按照国家批复的《太湖流域综合治理总体规划方案》全面实施,流域防洪标准为防御1954年型洪水,相当于五十年一遇。其中,望虞河、太浦河工程力争在1992年汛前开通,达到泄洪能力150立方米每秒和300立方米每秒的要求。

同年10~11月,国家水利部水利水电规划设计总院会同国家水利部太湖流域管理局在北京召开《望虞河河道工程初步设计》及《太浦河河道工程初步设计应急报告》审查会议,原则同意两河河道设计。

同年11月,太浦河上海段、望虞河、东西苕溪庞儿港、太浦河浙江段、杭嘉湖南排后续等工程相继开工。

同年12月,国家水利部批复《望虞河河道工程初步设计》和《太浦河河道工程初步设计应急报告》,并要求太浦河工程于1992年汛前泄洪能力达到300立方米每秒。

同年底,环湖大堤工程开工。

1992年3月,太湖流域管理局和国家水利部电力工业部上海勘测设计研究院编制完成《太湖环湖大堤可行性研究报告》。

同月,国家水利部水利水电规划设计总院和国家水利部计划司随即组织有关部门对《太湖环湖大堤可行性研究报告》进行审查。

同年9月,国家水利部水利水电规划设计总院会同太湖流域管理局在无锡市召开《望虞河工程初步设计》及《太浦河工程初步设计》审查会。

同年11月,太浦河江苏段工程开工,标志着太浦河工程全面开工建设。

同年12月,国务院召开第二次治理淮河和太湖工作会议,明确1993年治理太湖建设目标。

1993年1月,国家水利部批准《太浦河工程初步设计》。

同年4月,国家计划委员会批准《太湖环湖大堤工程可行性研究报告》。

1994年1月,国务院召开第三次治理淮河和太湖工作会议,明确1994年治理太湖建设目标。

同年10月,太浦闸加固工程正式开工。

1997 年 5 月，国务院召开第四次治理淮河和太湖工作会议，对原投资概算进行调整，决定增补一项黄浦江上游干流防洪工程，确定治理太湖建设总投资为 98 亿元；明确 2000 年基本完成、2002 年全面完成治理太湖 11 项骨干工程的建设目标；落实太浦闸、望亭枢纽和常熟枢纽等三项流域性枢纽工程的管理体制和经费渠道。

同年 6 月，杭嘉湖北排通道工程开工。

同年 8 月，国家水利部水利水电规划设计总院会同太湖流域管理局在江苏省溧阳市召开《太湖环湖大堤工程总体初步设计（江苏部分）》审查会。

1998 年 3 月，国家水利部批准《太湖环湖大堤工程初步设计》。

同年 4 月，国家水利部水利水电规划设计总院会同国家水利部太湖流域管理局对《太湖流域杭嘉湖北排通道可行性研究要点报告》进行审查。

同年 12 月，国家水利部电力工业部上海勘测设计研究院、浙江省水利水电勘测设计院编制完成《太湖流域杭嘉湖北排通道工程初步设计报告》。

1999 年太湖流域发生特大洪水。6 月 7 日入梅后，流域连降暴雨，太湖和杭嘉湖地区、淀泖和青松地区河网水位迅速上涨，普遍出现超历史最高水位。7 月 8 日，太湖水位达 5.08 米，超过 1991 年最高水位 0.29 米。国务院副总理温家宝视察、指导太湖防汛，并提出"加大治太工作力度，加快治太建设进度，保证工程建设质量"的指示精神。

同年 9 月，国家水利部水利水电规划设计总院会同太湖流域管理局在上海市召开《太湖流域杭嘉湖北排通道工程初步设计报告》审查会。

2000 年 5 月，国家水利部批复同意《太湖流域杭嘉湖北排通道工程初步设计报告》。

同年，国家水利部在《关于太浦河泵站水泵安装高程方案论证报告的批复》中要求抓紧"研究东太湖东茭嘴至太浦河进口段疏浚"方案，"疏浚断面和规模由太湖局另行组织论证报审"。

同年 8 月，太湖流域管理局委托国家水利部电力工业部上海勘测设计研究院承办东茭嘴至太浦河闸上游疏浚工程初步设计。

同年 11 月，国家水利部批准《太浦河泵站初步设计修改报告》。

同年 12 月，太浦河泵站工程举行开工典礼仪式。国家水利部副部长张基尧、江苏省副省长姜永荣、上海市副市长韩正，以及江苏省水利厅、上海市水务局和苏州市水利局、吴江市有关单位领导及代表出席并参加开工典礼。上海市副市长韩正宣布工程开工。

2001 年 6 月，国家水利部在《关于太湖环湖大堤（江苏段）工程项目调整的批复》中对部分项目进行调整。

同年 10 月，国家水利部电力工业部上海勘测设计研究院编制完成《东茭嘴至太浦河闸上引河疏浚工程初步设计报告》。

2002 年 9 月，国家水利部批复《东茭嘴至太浦河闸上引河疏浚工程初步设计报告》，在治理太湖骨干工程建设的同时，同步实施东茭嘴至太浦河闸上引河疏浚工程，将其列为治理太湖的第 12 项骨干工程。

2005 年底，被列入太湖流域一期治理的 12 项骨干工程，经过 15 年的实施，除少数项目处于扫尾阶段，大部完工，准备接受正式竣工验收。长达半世纪之久的太湖流域治理规划成为全国第一个全面实施的流域水利规划，在中华民族水利史上泼下浓重笔墨。

第五章 流域治理

50 年代,江苏省水利部门制定《江苏省太湖地区水利工程规划要点》,由于各方意见不一,后由国家水利电力部组织有关单位进行规划协调工作,水利电力部上海勘测设计院、长江流域规划办公室等曾进行多次规划。1985 年,长江流域规划办公室提出《太湖流域综合治理骨干工程可行性研究报告》。1986 年 10 月,国家水利电力部和长江口及太湖流域综合治理领导小组向国家计划委员会上报《太湖流域综合治理总体规划方案》。1987 年 6 月,国家计划委员会批复同意。1991 年江淮大水后,国务院召开第一次治淮治太工作会议,决定进一步治理太湖,全面实施《太湖流域综合治理总体规划方案》,其中涉及吴江市的有太浦河工程、环太湖大堤工程、杭嘉湖北排通道工程。从 1992 年开始,吴江市加快治理太湖工程建设。经过十余年努力,建成太浦河和环太湖大堤组成的流域洪水调控工程体系,解决太湖洪水东向出路问题,形成环太湖控制线,打开杭嘉湖涝水入境北排通道。

第一节 太浦河工程

太浦河是沟通太湖和黄浦江的流域骨干排洪河道。根据《太湖流域综合治理总体规划方案》,太浦河工程防洪标准:遇 1954 年洪水 5~7 月排泄太湖洪水 22.5 亿立方米、平望水位旬平均水位控制在 3.3 米。排涝标准:承泄杭嘉湖地区涝水 11.6 亿立方米。供水标准:遇 1971 年枯水,米市渡流量 275~300 立方米每秒。航运标准:四级航道。沿河堤防、控制建筑物设计洪水位新运河以西 4.2 米、新运河以东 4.1 米。1991 年,开始实施第三期工程,旨在开通太浦河下游,发挥排泄太湖洪水和承泄杭嘉湖地区涝水的作用,同时兼顾为黄浦江引水。境内工程主要涉及河道、太浦闸加固、太浦河泵站、跨河桥梁、配套建筑物、浦南防洪补偿工程等内容。工程永久征地 2156.25 亩、临时占地 3769.1 亩、拆迁房屋 1477.5 间、拆迁工厂 3 家及其他地面附着物。共完成挖压土方 2018 万立方米、石方 9.9 万立方米、混凝土和钢筋混凝土 9.02 万立方米。工程概算总投资 4.02 亿元(不包括太浦河泵站),其中中央投资 2.9 亿元,江苏省投资 1.12 亿元。2000 年 9 月 9~13 日,太浦河工程通过太湖流域管理局组织的竣工初步验收。2004 年,太浦河工程完善项目开工,包括南岸 6 千米混凝土防汛公路、北岸 1200 米浆砌块石护坡、西凌塘 6 米防洪闸改建成 6 米套闸和横扇大桥重建。

一、河道治理

河道治理包括河道疏浚、穿湖筑堤、南岸堤防、沿河护坡、防汛公路等内容。河道断面设计标准：太浦闸上游引河喇叭口段全长 1.65 千米，其中心线相对闸上引河中心线向南偏离 8°，底宽由 172 米渐变至太湖边 320 米，底高程由 0 米逐渐抬高至 1 米，与太湖湖底相接，河道边坡 1：3；太浦闸下游至苏沪省界底宽 40~150 米，底高程 -1.5~-5 米，整体趋势西高东低，边坡 1：2.5~1：8。为降低施工难度而又不影响泄洪能力，太浦闸下游约 13.1 千米沿河道中心线挖 40 米宽深槽至高程 -2.5 米。河道边坡和底宽不同的相邻断面连接段一般长 100 米。堤防（包括穿湖堤）设计标准：堤顶宽 5~10 米，堤顶高程运西 5.6 米、运东 5.5 米，堤坡 1：2；外青坎宽 10 米，内青坎宽 5 米，高程均为 4.5 米；河岸坡比 1：2.5~1：8。

（一）河道疏浚

河道疏浚以京杭大运河为界分两段实施。从京杭大运河西至太湖喇叭口，全长 18 千米，由吴江市太湖治理工程指挥部（以下简称"吴江市治太指挥部"）负责疏浚。1993 年 4 月至 1998 年 6 月，由吴江市疏浚工程公司和苏州市水利工程公司施工，疏浚土方 311 万立方米，包括支河连接段土方 24.08 万立方米。后经江苏省水利厅勘察设计院测量总队测量发现，四、五标段施工历时长、回淤量大，达 17.73 万立方米。1998 年 8~10 月，2 家施工单位又清除回淤。至此，京杭大运河以西段河道疏浚全部完工，疏浚土方 328.73 万立方米，工程经费 2849.4 万元。京杭大运河东至苏沪省界，全长 24.4 千米，由江苏省治理太湖工程指挥部（以下简称"江苏省治太指挥部"）负责疏浚。采用国际招标方式，由中国水利水电第十三工程局、上海内河航道疏浚工程公司及河南省第一工程局承建。1994 年 3 月至 1996 年 5 月，疏浚土方 1280 万立方米。2000 年 6 月 16 日，通过苏州市水利农机局、苏州市太湖治理工程办公室（以下简称"苏州市治太办"）等单位组织的竣工验收。

（二）穿湖筑堤

太浦河穿越湖荡十多处，除汾湖北岸及部分南岸采用包堤外，其余蚂蚁漾、桃花漾、北琵荡、杨家荡、木瓜荡、将军荡和东姑荡 7 个湖荡均采用穿湖筑堤的形式，全长 9.531 千米。筑堤方式有两种：直接向水中倒土和在竹桩围堰内吹填土方。1992 年底和 1993 年初，为测定水中倒土穿湖筑堤和排泥场竹桩围堰的稳定性，吴江市治太指挥部分别在桃花漾和东闸试验，并委托河海大学进行动态观测，证实施工方案的可行性。2000 年 6 月 16 日，通过苏州市水利农机局、苏州市治太办等单位组织的竣工验收。

（三）南岸堤防

太浦河堤防主要集中在南岸（北岸堤防，以运河为界，以东是 318 国道，以西是平望至横扇公路，除汾湖北 1.21 千米和蚂蚁漾北 1.28 千米两段路面高程低于设计标准需重新修筑外，均结合公路建设完成）。东起浙江钱家甸，西至太湖边富联村，全长 39.58 千米，其中镇区堤防 6.12 千米，老堤 11.48 千米。由于工程涉及地方矛盾较多，吴江市治太指挥部按工程所在地将任务分派给相应乡镇，由当地水利站工程队具体实施。1992 年 11 月，南岸堤防开工。1996 年底，全线竣工。1999 年，又对穿湖堤和陆上堤沉降堤段加固加高。新筑堤防 21.98 千米（含穿湖堤 4.75 千米），完成筑堤土方 83.03 万立方米。2000 年 6 月 16 日，通过苏州市水利农机局、苏州市治太指挥部等单位组织的竣工验收。

（四）沿河护坡

太浦河护坡全长75.82千米，采用直立式浆砌块石结构，底板面高程2.2~3米，墙顶高程4.5米。局部深水潭地段采用底板部分抛石至高程2.7米处、上浇筑30厘米厚混凝土的组合式结构。1993年3月至1999年11月，工程分6期实施。吴江市土石建筑工程公司及其分公司和吴江市水利建筑工程公司参加施工，实际完成73.52千米，其余太浦河北岸桃花漾段2.3千米结合交通部门公路改线建设。2000年6月16日，通过苏州市水利农机局、苏州市治太办等单位组织的竣工验收。

（五）防汛公路

因防汛需要，太浦河北岸增列2段防汛公路：东段横扇桥至叶家港西，全长3215米，西段太浦闸至罗家港，全长1125米。这2段原为3~3.5米宽碎石路面，改建为5米宽混凝土路面。南岸增建汾湖桥东至省界和黎里东大桥段，分别为1887米长泥结碎石公路和长1386米、宽6米的ISS①防汛道路。1998年10月至2000年4月，防汛公路由上海东路科技发展有限公司、吴江市水利建筑工程公司、吴江市庙港水利工程队、吴江市土石太浦河分公司等施工单位实施。2000年5月22日，通过苏州市水利农机局、苏州治太办等单位组织的竣工验收。

（六）附助工程

为弥补太浦河工程对吴江水系的影响，特开挖14段河道以贯通水系，同时新建桥梁3座（南星中拖桥、华字港中拖桥、南星华字港人行桥）和补助黎里镇镇东套闸、寺后荡闸站工程。这些工程比较零散，均由各镇负责实施。1999年7月19日，通过苏州市水利农机局、苏州市治太办等单位组织的竣工验收。

1996年开始，陆续对已完成建筑物和堤防进行绿化，并建立太浦河工程管理所绿化基地。2000年5月22日，通过苏州市水利农机局、苏州市治太办等单位组织的竣工验收。

二、太浦闸加固

1959年8月，太浦闸节制闸建成。1978年，进行大修。原上游设计水位4米，设计流量580立方米每秒，校核流量864立方米每秒。闸共29孔，每孔净宽4米。其中10孔为钢筋混凝土结构，19孔为钢丝网水泥结构。上游设工作桥，下游设公路桥。

1991年6月，太浦闸节制闸在抗洪过程中暴露出闸门挡水能力差、启闭设备运转不灵等不安全问题。1994年10月至1995年7月，对太浦闸进行除险加固。太浦闸加固工程由江苏省太湖水利设计研究院设计。29孔闸门均淘汰，全部换成平面钢闸门。门槽锈蚀严重，拆除重建。启闭机全部更换为倒挂式液压启闭机。胸墙表面凿毛粉刷后作涂料保护。工作桥、公路桥和排架拆除重建。桥头堡因沉降不均多处开裂，移位重建。工程由太湖流域管理局成立的太浦闸加固工程指挥部负责组织实施，采用国内招标方式，盐城市水利建筑工程处中标承建。1995年7月21日，通过太湖流域管理局主持的单项工程竣工验收。

---

　①　ISS：一种由多种离子化合物组成的土壤稳固剂。将这种材料稀释后按比例均匀掺入土中，经平整压实后即可形成密实、高强、耐水的稳定结构层。

三、太浦河泵站

太浦河泵站位于太浦闸南侧 40 米左右,是太浦河工程的重要组成部分,主要作用是改善上海市黄浦江上游二期引水工程取水口(松浦大桥段)的水质(从Ⅳ—Ⅴ类水抬高到Ⅲ类水),提高上海半数以上人口生活用水及企事业单位供水水质和供水保障率。同时具有与望虞河工程联动从长江引水入太湖和黄浦江,实施调水的功能。

太浦河泵站建设包括泵房,变电站,进、出水渠,进、出水池,拦污栅闸,公路桥,导流墩及进出水渠右岸堤顶公路等内容。工程属一等工程,由国家水利部上海勘测设计研究院、上海市水利工程设计研究院设计。防洪标准按 100 年一遇洪水设计、300 年一遇洪水校核。泵站总设计流量 300 立方米每秒,泵站最高净扬程 1.64 米,设计净扬程 1.39 米,最低净扬程 0.76 米,为特低扬程的大流量泵站(是国内设计流量最大的泵站,根据文献检索,该工程规模在世界同类型项目中为最大)。选用 6 台斜 15 度轴伸泵,配套电机功率 1600 千瓦。泵站采用站桥分离布置方式。为确保泵站基坑、太浦闸以及太浦河南堤的安全,在太浦河与基坑之间设置悬挂式混凝土防渗地连墙,墙厚 24 厘米,总长 240 米。泵站进出水池翼墙选用空箱扶壁式结构。

太浦河泵站由太湖流域管理局与上海水务局联合组建的太浦河泵站工程建设指挥部负责建设,施工单位是中国水利水电第十一工程局,监理单位是国家水利部上海勘测设计研究院(监理)与国家水利部产品质量标准化研究所(监造)联合体华东勘测设计研究院。2000 年 12 月 26 日,工程开工。2003 年 4 月,工程竣工。是年 12 月 30 日,工程获 2003 年度上海市建设工程“白玉兰”奖(市优质工程奖)。是年 12 月 31 日,工程移交上海市太湖流域工程管理处。2004 年 8 月,通过单项工程竣工验收。太浦河泵站为世行贷款项目,工程概算总投资 2.82 亿元。

四、跨河桥梁

结合太浦河工程,新建汾湖、梅堰、黎里东 3 座跨河桥梁。

1994 年,吴江市治太指挥部委托上海城市建设设计院完成汾湖、梅堰和黎里东 3 座跨河桥梁的施工图设计,编制预算后通过苏州市治太办报江苏省治太指挥部并获批准。3 座大桥的设计荷载等级为汽–20 级,验算荷载为挂–100 级。行车道宽 10.5 米,桥面总宽 12.5 米,中孔跨度 60 米,通航净空 5.5 米。

桥梁工程经费绝大部分来自世界银行贷款,施工采用国内竞争性招标形式。梅堰、汾湖和黎里东 3 座大桥分别由常熟市水利建筑工程公司、江苏省交通工程总公司第六工程公司与吴江市第四市政工程公司联合体、海安县水利建筑工程公司中标,中标价分别为 465.5 万元、400.1 万元和 490 万元。吴江市治太指挥部对每座桥梁补助 400 万元,其余由所在镇自筹。大桥的清障、赔偿和占地等由所在镇负责。

1995 年 6 月,3 座大桥开工。次年 5 月、7 月、12 月,梅堰、汾湖和黎里东 3 座大桥先后完工。其中梅堰大桥由于大桥桥台引坡与平望至横扇公路面高差达 1.3 米、难以相接等限制,经江苏省治太指挥部和苏州市治太办同意,将全桥桥面标高整体降低 1.3 米。黎里东大桥主拱安装时发生拱轴线偏位的质量事故,后责令施工单位全部返工。汾湖大桥进展较为顺利。三座公路桥共完成混凝土 9481 万立方米、石方 1719 万立方米、土方 1.86 亿立方米,投资 1275.5 万元(结算价)。1996 年 6~12 月,三座公路桥通过由江苏省治太指挥部、苏州市水利农机局等单位组织的竣工验收。

五、配套建筑物

为防止太浦河行洪时水流倒灌淀泖区和杭嘉湖区,在太浦河北岸建 2 座闸站和 28 座水闸,在芦墟以东口门建 1 座闸站和 5 座水闸,在芦墟镇区建防洪工程。

太浦河北岸和芦墟以东口门共有 36 座建筑物:北窑港水利枢纽 1 座、8 米防洪闸 1 座(仓浦港东闸)、6 米防洪闸 5 座(陆家荡闸、东姑荡闸、西陵港闸、东西荡闸、甫字塘闸站)、5 米防洪闸 1 座(木瓜荡闸)、4 米防洪闸 14 座(圣塘港闸、直大港闸、东槽港闸、张贵村闸、蜘蛛港闸、南汇港闸、张家港闸站、西汾湖口闸、东啄港闸、西大港闸、钱长浜闸、西栅港闸、南栅港闸、东栅港闸)、8 米套闸 1 座(南窑港闸)、6 米套闸 2 座(仓浦港套闸、茶壶港闸)、5 米套闸 4 座(亭子港闸、共进河闸、乌桥港闸、杨秀港闸)、4 米套闸 7 座(叶家港闸、冬瓜荡闸、向阳河闸、塘前港闸、大河港闸、平桥港闸、华中港闸)。芦墟镇区防洪工程包括 6 米防洪闸 1 座(东角圩闸)、4 米防洪闸 2 座(夫子浜闸、东港闸)、2.2 米防洪闸 1 座(汾湖闸)、防汛土堤 2627 米和挡墙 5057 米。

除北窑港水利枢纽外,防洪闸 25 座、套闸 14 座。防洪闸:孔径 2.2~8 米,闸门顶高程 4.5~5 米。套闸:孔径 4 米,闸室长度 10.5~34 米,宽度 4~9 米;孔径 5 米,闸室长度 34~50 米,宽度 7~9 米;孔径 6 米,闸室长度 50 米,宽度 9 米;孔径 8 米,闸室长度 92 米,宽度 10 米。水闸全部采用钢筋混凝土坞式结构,闸门启闭形式分直升式和升卧式。小孔径防洪闸,采用简易直升门,不设工作桥,仅设排架,以手动或电动葫芦启闭闸门,吊点位于直升门边梁两侧。配套建筑物大都按三级建筑物设计,套闸下闸首、上下游翼墙和闸室墙按四级建筑物设计。

配套建筑物中除北窑港水利枢纽和芦墟以东南窑港船闸、甫字塘闸站、西栅港闸由苏州市治太办负责建设,其余均由吴江市治太指挥部负责建设。参加施工的单位有吴江市疏浚工程公司,吴江市土石建筑工程公司,吴江市横扇、梅堰、北库、青云、黎里、庙港水利工程队,苏州市水利工程公司等。1993~1994 年,其中的亭子港闸、叶家港闸、圣塘港闸、向阳河闸、冬瓜荡闸和乌桥港闸被列为江苏省治太工程项目。2000 年 5 月前,所有建筑物全部竣工。其中,1993 年 10 月,向阳河套闸最早建成;2000 年 5 月,南汇港闸和东西港闸最后竣工。建筑物共分 5 批验收:1995 年 7 月 18 日,通过江苏省治太指挥部组织的竣工验收;1997 年 3 月 20 日、1999 年 5 月 23 日、2000 年 5 月 19 日和同年 6 月 22 日,通过苏州市水利农机局组织的竣工验收。

北窑港水利枢纽:属太浦河北岸控制工程,包括钱长浜和北字圩 4 米防洪闸、南厅港 8 米防洪闸、北窑港 10 米防洪闸和 12 米船闸。北窑港防洪闸位于北窑港船闸西侧新开河,两闸中心线相距 55 米。闸孔净宽 10 米,底板面高程 -0.26 米,闸门顶高程 4.4 米。闸身采用钢筋混凝土坞式结构,闸门是升卧式平面钢闸门。闸上游设汽-20 级公路桥,桥面净宽 12 米,梁底高程 8 米。上下游翼墙为浆砌块石重力式挡土墙,墙顶高程分别为 4.5 米和 4 米,挡土墙上设 1 米高挡水板。上下游翼墙前后各长 10 米浆砌、干砌块石护坡。闸室上游依次为各 8 米浆砌块石铺盖、干砌块石护底与梯形断面防冲槽相接;闸室下游设 7.5 米长消力池,下游依次为各 8 米浆砌、干砌块石护底,末端设防冲槽。北窑港船闸位于北窑港河内。上闸首闸孔净宽 15

米,底板面高程-0.26米,闸门顶高程4.4米,闸前设汽-20级公路桥,桥面净宽12米,梁底高程8.5米。下闸首闸孔净宽12米,底板面高程-0.26米,闸门顶高程4.3米,门前闸墩顶高程5.5米,门后闸墩顶高程5米,闸上设2.5米宽人行桥,梁底高程8米。上下闸首均为钢筋混凝土坞式结构,闸门均为升卧式平面钢闸门。闸室采用广式结构,除上下闸首连接段外,其余净宽14米,闸室总长160米。闸室墙和船闸上下游导航墙均为浆砌块石重力式挡土墙,顶高程分别为4.5米和4米。考虑到船行波对岸坡的冲刷,在船闸上下游接长分别为60米和50米的现浇混凝土护坡。南厅港8米防洪闸、北字圩和钱长浜4米防洪闸上下游闸墙顶高程为5.5米和5米,闸门顶高程4.4米。南厅港闸上建汽-20级公路桥,桥面宽7米,北字圩闸和钱长浜闸上建汽-10级公路桥,桥面宽5米。1997年3月至1998年9月,北窑港水利枢纽主体工程由苏州市治太办负责建设,金坛市水利工程处施工。1999年3月9日,通过太湖流域管理局、江苏省治太指挥部等单位组织的初步验收,整体工程质量评定为优良等级。1999~2000年,吴江市治太工程指挥部委托吴江市土石建筑太浦河分公司建设北窑港水利枢纽完善配套项目,包括上下游引河护坡、周边环境整治等。2000年6月22日,通过苏州市水利农机局组织的竣工验收。

六、浦南防洪补偿

浦南地区地势低洼,太浦河泄洪时水位较高,洪水通过沿线河流压入后会增加防洪压力,须在南岸口门建控制建筑物。太浦河工程在实施中将此列为浦南防洪补偿项目。1993~1998年,工程全部由吴江市治太指挥部负责实施,共建水闸10座、泵站4座、涵洞1座。完成混凝土6059.3万立方米、石方6909.1万立方米、土方75242万立方米,投资1058.6万元(结算价)。参建单位有吴江市庙港、梅堰、平望、黎里水利工程队,吴江市水利建筑工程公司,吴江市土石公司平望和横扇分公司。1995年7月18日,大日港闸和西城港闸通过江苏省治太指挥部组织的竣工验收。1997年3月20日和1999年5月23日,其余工程分两批通过苏州市水利农机局等单位组织的单项工程竣工验收。

表5-1　　　　　　　　　1996~1998年浦南防洪补偿泵站情况表

泵站名称	镇区	类型	所在河道	流量(立方米每秒)	水泵		动力(千瓦)	实施时间
					型号	数量(台)		
蚂蚁漾	横扇	排涝	蚂蚁漾	6	32ZLB-125	3	240	1996.6~1997.6
桃花漾	梅堰	排涝	桃花漾	6	32ZLB-125	3	240	1996.6~1997.6
北琶荡	平望	排涝	北琶荡	4	32ZLB-125	2	160	1997.9~1998.9
三家村	黎里	排涝	亭子港	8	800ZLB-100	4	320	1996.6~1997.6

表5-2　　　　　　　　　1993~1998年浦南防洪补偿闸涵情况表

闸涵名称	镇区	闸型	所在河道	孔径(米)	闸门		实施时间
					顶高程(米)	启闭形式	
小红头	横扇	套	小红头港	4	4.5	升卧式	1996.8~1997.3
高桥河	横扇	套	蚂蚁漾	4	4.5	升卧式	1997.8~1998.4

（续表）

闸涵名称	镇区	闸型	所在河道	孔径（米）	闸门		实施时间
					顶高程（米）	启闭形式	
大日港	梅堰	防	大日港	4	5.0	液压升滑	1993.3~1993.6
西城港	梅堰	套	西城港	6	4.5	升卧式	1994.4~1995.2
周家头	梅堰	涵	周家港	2	3.5	—	1995.10~1995.12
东城港	梅堰	套	东城港	4	5.0	升卧式	1998.4~1998.10
袁家埭	梅堰	防	袁家埭	4	4.5	手动直升	1998.4~1998.7
东溪河	平望	套	东溪河	6	5.0	升卧式	1997.8~1998.8
忠家港	平望	防	忠家港	4	5.0	手动直升	1996.8~1996.11
南星河	黎里	防	南星河	4	4.5	手动直升	1996.8~1996.11
华字港	黎里	防	华字港	4	4.5	手动直升	1996.8~1996.11

第二节　环太湖大堤工程

环太湖大堤北以直湖港口、南以长兜港口为界，按地理方位划为东、西两区段。其中，江苏省段从吴江的薛埠港起，沿太湖岸线经瓜泾口、胥口、沙墩口、直湖港，至宜兴市的南湖港，全长228.9千米。吴江境内西起与浙江交界的薛埠港，北至与吴中区交界的杨湾港，途经七都、庙港、横扇、菀坪、松陵5镇，全长47千米。境内以太浦河为界，北段习称东太湖，长33.9千米，南段习称西太湖，长13.1千米。根据《太湖流域综合治理总体规划方案》，太湖作为流域的主要调蓄水库，经综合治理后，能进一步发挥太湖的调蓄作用，使太湖的洪水得到充分调蓄，同时使水资源得到充分利用。在工程布局上，采取"东控西敞"的策略，即东段大堤的口门全部进行控制（或并港封堵、或建控制建筑物），西段大堤口门基本敞开。工程以1954年型作为防洪设计标准，设计水位4.66米。环太湖大堤工程主要涉及大堤复堤、防汛公路、堤防护坡、环湖水闸、绿化等内容，包括加高加固大堤39.9千米、修筑挡墙和护坡45.2千米、修筑防汛公路35.5千米和兴建口门控制建筑物22座等。工程总投资9086.4万元。1992~2002年，工程历时10年建设完成。2002年，环太湖大堤工程通过竣工初步验收。

一、大堤复堤 ①

（一）堤防断面

太湖大堤堤防等级为二级。断面由苏州市水利勘测设计研究院设计。1991年大水后，吴江县实施的大堤复堤加固标准为：堤顶高程7米，顶宽5米；大堤迎水面坡比维持现状1:2~1:2.5不变，有直立挡墙的堤段，挡墙与外青坎齐平；外青坎高程东太湖5米，西太湖5.5米，外青坎宽度保持现状0~3米；大堤背水面坡比1:3，青坎高程4米，宽度5~10米。1999年太湖流域洪水后，按照新颁发的《堤防工程设计规范》（GB50286—98）确定的标准，吴江市又实施环太湖大堤堤防除险加固应急土方工程。新标准断面要求：堤顶高程7米，顶宽6米；大

---

① 大堤复堤：1977年和1983年，分别对境内东、西太湖大堤实施复堤工程。历经多年雨水冲淋、风浪淘刷，堤身日益单薄，整体防御能力显弱。1994年和2000年又分别对大堤未达标准地段实施复堤工程。

堤迎水面坡比 1：2~1：2.5，外青坎高程东太湖 5 米，西太湖 5.5 米，外青坎宽度 0~3 米；大堤背水面坡比 1：3，青坎高程 4.5 米，宽度 10 米，内侧以 1：2.5~1：3 坡比与地面或鱼池相接。填土干容重 1.45 克每立方厘米。根据实际地形，具体施工的断面：上述新标准断面长 28.7 千米；内青坎侧为顺堤河且内青坎宽度为 5 米左右的断面长 2.78 千米；庙港段大堤顶宽 7 米、外青坎宽 2~3 米、内青坎加高至高程 4.5 米、加宽至 8 米的断面长 4.85 千米；内青坎侧已建护坡且保留内青坎护坡的断面长 2.87 千米。

（二）土方工程

复堤土方采取人机结合的办法施工。首先利用推土机将堤身表层不合格土和杂草杂物清除，将新老堤结合处刨毛；然后用挖掘机或铲运机取土，晾干后进行分层填筑；再机械碾压和人工夯实；最后由人工平整，机械碾压成龟背状和削坡处理。工程分前、后两期实施。前期工程由吴江市治太指挥部负责、松陵水利工程队负责施工。1994 年 5 月动工，9 月完工，加固部队农场段 640 米和牛腰泾至外苏州河段 100 米路堤，共完成土方 13970 立方米、泥结碎石 4000 平方米。1996 年 2 月 1~2 日，前期土方工程通过苏州市水利局组织的竣工验收。后期工程是应急工程，位于松陵、菀坪、横扇、庙港镇。1999 年 12 月 15 日，苏州市政府与吴江市政府签订建设责任状。吴江市政府专门成立吴江市环太湖大堤除险加固应急工程领导小组，市长亲自挂帅，分管领导具体负责。工程分 24 个标段，分别由 23 个乡镇和吴江市治太指挥部负责实施。2000 年 2 月，工程正式动工。全市 35 家施工队伍动用 45 台挖掘机、60 台推土机、180 台翻斗车和近 2000 民工日夜奋战，4 月底完成土方加固的任务。因地基淤泥较深，加之施工期多雨，其中 6 处 800 米出现沉陷、塌方，尤以西塘港南 400 米最严重，新老堤整体下沉，最深处大于 4 米。吴江市治太指挥部与施工单位和监理单位多次协商，分别采取减缓上土速度，增大内青坎坡比至 1：5，且青坎坡脚打小树桩、竹篱笆稳定，增做二级青坎三级坡（二级青坎宽 3 米，顶高程 3 米，三级坡比 1：3~1：5），调整青坎内外侧高程分别为 4.8 米和 4.6 米，宽 10 米，青坎坡度 1：6 等技术措施处理。后期工程全长 39.2 千米，共完成土方 155 万立方米。2000 年 8 月下旬，通过江苏省水利厅组织的竣工验收。

（三）堤身灌浆试验

2001 年 2 月下旬至 5 月上旬，委托江苏鸿基岩土工程有限公司进行项目试验。5 月 25 日，召开试验成果鉴定会，认为堤身灌浆能消除渗漏隐患，提高堤身稳定性。

（四）标准化建设

2000~2002 年，在戗港至新开路段首次尝试太湖堤防的标准化建设，集防洪、交通和环境绿化于一体。示范段全长 3.1 千米，防洪设计水位 4.66 米，堤顶高程 7 米，堤顶宽 6 米，内青坎宽 10 米，外护坡顶高程 7 米，内护坡顶高程 4 米。工程包括大堤堤身灌浆、内外护坡、堤顶公路、堤身绿化和上堤公路（菀坪段和横扇段）。总投资 594 万元，其中省、市级补助 548 万元，其余自筹。

二、防汛公路

1995 年 8~10 月，西太湖太浦闸至吴溇港段 11.5 千米堤防在批复补助泥结碎石的基础上，结合沿线庙港和七都的发展，一次性建成沥青路面。1996 年 12 月至 1997 年 3 月，吴江市土石建筑工程公司吴东分公司和梅堰水利工程队在东太湖草港至大浦口和三船路至部队农场分别新建 3.5 千米和 10.2 千米泥结碎石路面。1997 年 9 月,通过省治太指挥部组织的竣工验收。1998 年 10 月至 12 月,朱家港至草港新建 7.8 千米泥结碎石防汛路面。2002 年 12 月 1 日,瓜泾口至杨湾港段混凝土堤顶公路开工,由吴江市水利市政工程有限公司承建,2003 年 7 月完工。公路长 2523 米,行车道宽 5 米,两侧路肩各 50 厘米。

三、堤防护坡

太湖湖面开阔,大堤外坡易受风浪冲刷;大堤内侧池塘养鱼,青坎、堤脚易遭蚕食。为堤防稳定,险要堤段均建内外护坡。堤防护坡工程分期分批实施。

1992 年 12 月至 1993 年 4 月,建大浦口挡墙 660 米,由莼坪水利工程队负责施工。1995 年 9~11 月,建新开路闸至草港 1460 米和亭子港至罗家港 1210.8 米内青坎护坡,采用多孔板形式,齿坎底高程 1 米,墙顶高程 3 米,由吴江市堤闸管理所水利工程队负责施工。1996 年 12 月至 1997 年 4 月,根据西太湖风浪冲刷严重、挡墙前滩地易被掏空的特点,加固七都、庙港段老挡墙 4915 米,沿老挡墙底脚全线浇筑混凝土深齿坎,同时在外围每隔 7 米做重力式浆砌块石支撑墩,由吴江市土石建筑工程公司七都和庙港分公司承建。1996 年 12 月至 1997 年 3 月,建松陵向荣圩和吴新村两段内青坎护坡、加固亭子港闸下挡墙。其中内青坎护坡采用多孔板形式,位于向荣圩和吴新村,长度分别为 342 米和 1800 米;亭子港闸下挡墙采用重力式,长度 20 米。1997 年 9 月,以上护坡工程通过江苏省治太指挥部组织的竣工验收。

1998 年 12 月至 1999 年 8 月,吴江治太工程指挥部对东太湖大堤罗家港至部队农场段外侧没有护坡的地段,建造直立式挡墙和组合式护坡。其中直立式挡墙又分两种,一种是压顶高程 5 米,底板面高程视地形而定,分别为 2.5 米、2 米、1.5 米,齿坎深 0.5 米。另一种是压顶高程 3.2 米,底板面高程 1.95 米,底板厚 0.25 米,齿坎深 0.5 米。挡墙墙身为浆砌块石,底板和压顶采用混凝土,挡墙每 20 米设一条伸缩缝。组合式护坡由矮挡墙和斜坡式护坡组成。矮挡墙墙身为浆砌块石,底板和压顶为钢筋混凝土。压顶接小平台,高程 3.2 米。在大堤斜坡上削 1:2 边坡进行预制混凝土块与现浇混凝土块相间或现浇混凝土块相间拼砌,直至高程 5 米处。由于工程沿线较长,各地段差异大,部分地段青坎外侧鱼池较深,原设计断面偏小,需根据实际情况修改断面。草港段(桩号 24+600~24+650)底板开挖处位于鱼池底,土质为淤泥,底板面高程 2.5 米,无齿坎,底板加深 0.8 米、加宽 0.4 米;部队农场段鱼池底高程低于原设计挡墙齿坎高程,长度共 450 米的两段底板下降 0.7 米,面高程 1.25 米,底板和墙身加宽 0.3 米,长度共 650 米的五段底板下降 0.3 米,面高程 1.65 米,底板和墙身加宽 0.1 米。工程分五个标段,即罗家港至亭子港、亭子港至戗港、潘其路至新开路、新开路至草港和直港至部队农场,分别由吴江市梅堰水利工程队、吴江市水利建筑工程公司、苏州市水利工程公司、吴江市疏浚工程公司承建,总长度 18.49 千米,投资 1264.14 万元,完成混凝土 16260 立方米、砌石 15151 立方米、土方 11.4 万立方米。2000 年 1 月 11 日,通过苏州市水利农机局组织的竣工验收。

2001 年 7~11 月,吴江市太湖大堤工程建设管理处在亭子港至三船路部分堤段建成 8392 米内青坎护坡,主要采用预制空心楼板形式,楼板边坡 1:0.8~1:2.5,楼板长 1.9~3.7 米,压顶

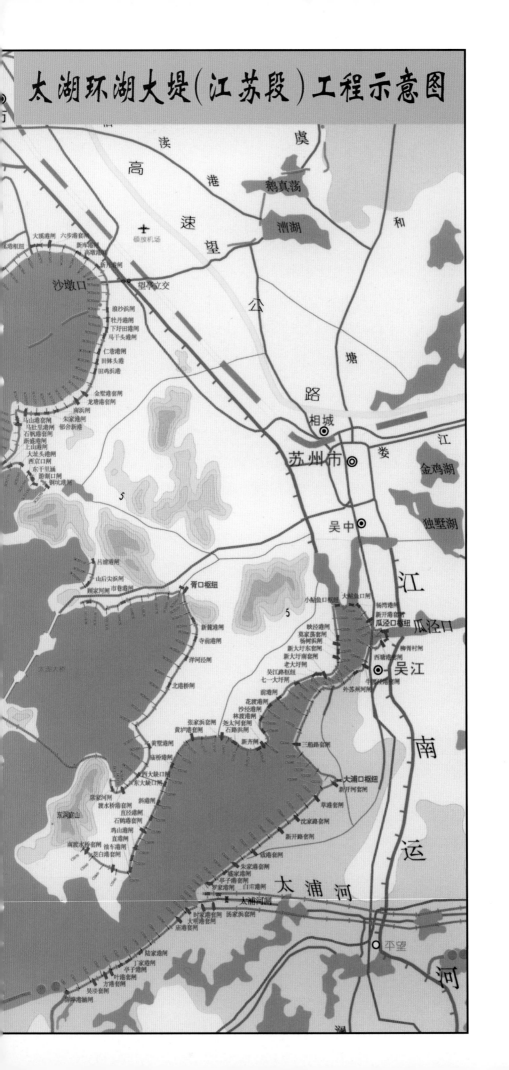

太湖环湖大堤(江苏段)工程示意图

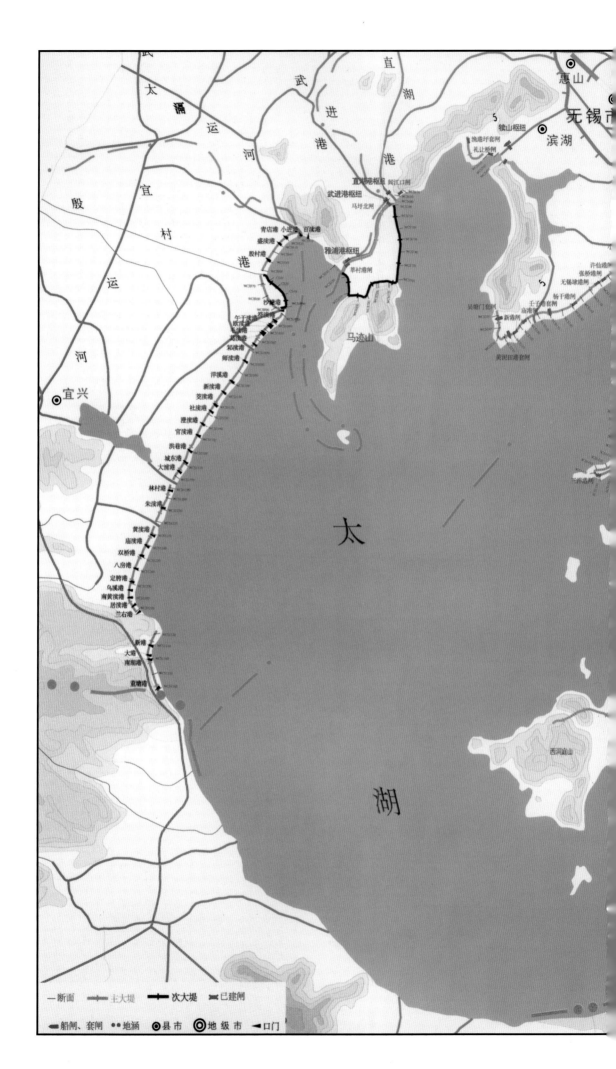

太 湖

武 澋

武 进 港

直 湖 港

惠山

无锡市

滨湖

辕山枢纽

渔港圩套闸

礼让桥闸

直湖港枢纽　闾江口闸

武进港枢纽

马圩北闸

雅浦港枢纽

莘村港闸

青店港　小进港　百渎港

盛渎港

殷村港

太 浦

宜 村 港 运 河

殷 村 运 河

宜兴

许仙港闸

张桥球港闸

无锡球港闸

杨干港套闸

壬子港套闸

吴塘门套闸

新港闸

黄泥田港套闸

马迹山

沙塘港

午干浦港

欧渎港

毛渎港

葛渎港

祝渎港

师渎港

洋溪港

新渎港

芰渎港

社渎港

澄渎港

官渎港

洪巷港

城东港

大浦港

林村港

朱渎港

黄渎港

庙渎港

双桥港

八房港

定跨港

乌溪港

南黄渎港

居渎港

兰右港

新港

大港

南潮港

董塘港

太

湖

西洞庭山

—断面　⟡⟡主大堤　━次大堤　⟡⟡已建闸

⟡船闸、套闸　••地涵　◉县市　◎地级市　◀口门

及底板均为素混凝土,压顶高程 4 米,底板高程 2~3 米;三船路段长度 802 米大堤内护坡采用浆砌块石直立式矮挡墙形式。工程分三个标段,分别由吴江水利市政工程有限公司、吴江水利疏浚工程公司和吴江市土石建筑工程公司承建。工程总投资 210.32 万元,完成混凝土 3011 立方米,楼板 33404 米、土方 45932 立方米。2001 年 11 月中下旬,吴江市太湖大堤工程建设管理处组织工程量验收。

2002 年 2~6 月,吴江市太湖大堤工程建设管理处在大浦口北至吴中区横泾交界完成外护坡接高工程。在外青坎和坡面上采用预制混凝土和现浇混凝土交替铺设,护坡顶和底均设置混凝土格埂,高程分别为 5 米和 3.2 米,外坡比 1:2~1:2.5。工程分三个标段,分别由吴江市水利疏浚建筑有限公司、吴江市土石建筑工程公司和苏州市水利工程公司施工,建成护坡 7909.75 米。2002 年 8 月 20 日,通过吴江市太湖大堤工程建设管理处组织的工程量验收。

表 5-3   1992~2002 年太湖大堤内外护坡工程情况表

工程项目及地点	长度(米)	形式	实施时间	备注
大浦口段挡墙	660		1992.12~1993.4	新建
新开路闸—草港	1460	多孔板	1995.9~1995.11	—
亭子港—罗家港	1210.8	多孔板	1995.9~1995.11	—
松陵向荣圩	342	多孔板	1996.12~1997.3	—
松陵吴新村	1800	多孔板	1996.12~1997.3	—
七都段内挡墙	1115	—	1996.12~1997.4	加固
庙港段	3800	—	1996.12~1997.4	加固
亭子港闸下	20	重力式	1996.12~1997.3	加固
罗家港—亭子港	1453	重力式	1998.12~1999.8	新建
亭子港—岱港	4686.1	组合式	1998.12~1999.8	新建
潘其路—新开路	1296.1	重力式	1998.12~1999.8	新建
新开路—草港	2878.5	组合式	1998.12~1999.8	新建
直港—部队农场	8175.1	重力式	1998.12~1999.8	新建
亭子港—三船路	8392	预制楼板	2001.7~2001.12	新建
大浦口—吴中横泾交界	7909.75	—	2002.2~2002.6	接高

四、环湖水闸

根据《太湖流域综合治理总体规划方案》对太湖实施"东控西敞"的治理原则,境内沿湖出水溇港除徐杨港封堵、薛埠港建涵洞外,全部建闸控制。新建口门建筑物 17 座,包括瓜泾口水利枢纽和大浦口水利枢纽两座主要控制建筑物以及 4 米防洪闸 5 座(方港、西亭子港、白甫港、罗家港、柳胥港)、4 米套闸 5 座(叶港、大明港、时家港、汤加浜、朱家港)、杨湾港 6 米防洪闸 1 座、西塘河 6 米套闸 1 座、12 米船闸 2 座(岱港、三船路)、薛埠港涵洞 1 座;改建大庙港 6 米套闸(将横移门改建成直升式钢闸门)和吴溇港 6 米套闸(防洪闸改建成套闸);整修 4 米套闸 3 座(亭子港、草港、新开河)。防洪闸均按二级建筑物设计,船闸、套闸上闸首级别与防洪闸一样,下闸首和闸室定为四级。防洪闸和套闸上闸首设计水位:上游 4.66 米,下游 3.16 米。

套闸下闸首设计水位：上游 4.2 米，下游 3.5 米。

（一）瓜泾口水利枢纽

2001 年度国家太湖防洪重点工程项目之一，位于吴淞江头的瓜泾港喇叭口。枢纽由两孔节制闸和船闸组成。两孔节制闸分别位于船闸上闸首两侧，上游侧建汽-10 级公路桥，总宽 6 米，桥梁底高程 7.78 米。节制闸单孔净宽 16 米，设计单宽流量 3 立方米每秒，闸身长 12 米。船闸闸孔净宽 12 米，上下闸首、闸身长分别为 12 米和 9 米，闸室长 135 米，宽 16 米。闸身及船闸闸室均采用钢筋混凝土"U"形结构。闸门顶高程 5.5 米，采用升卧式平面钢闸门，配卷扬式启闭机。节制闸上游混凝土护坦长 9 米，下游消力池长 12 米；船闸上下闸首的上游侧护坦和下游侧消力池长度为 6 米和 9.5 米。节制闸和船闸上闸首、闸身上下游两岸翼墙为重力式浆砌块石结构，翼墙外侧建浆砌块石护坡。2001 年 3 月至 2002 年 8 月，由淮阴市水利建设集团有限公司承建。2002 年 1 月 22 日，通过江苏省水利厅工程建设局组织的水下验收，9 月通过江苏省水利厅组织的竣工验收。

（二）大浦口水利枢纽

位于吴江松陵镇与菀坪镇交界的大浦港、直渎港、海盐漕三河交汇处。枢纽由 4 孔节制闸和 1 孔套闸组成。节制闸布置在军用线港原有河道上，套闸布置在南岸鱼塘中，新辟 8 米底宽的引航道，河底高程 1 米，两岸边坡 1：2.5。节制闸单孔净宽 8 米，共 32 米，采用钢筋混凝土结构，分两块底板，呈倒"M"状。闸门顶高程 5.8 米，采用升卧式平面钢闸门，配卷扬式启闭机。上游建汽-20 公路桥 1 座，桥面宽 9 米，桥梁底高程 7.5 米。上下游翼墙为浆砌块石重力式挡土墙，长度分别为 8 米和 12 米。墙顶高程分别为 6 米和 4.5 米，上加 1 米挡浪板。上下游连接段均为直立式挡墙和砌石护坡相结合形式，长度分别为 20 米和 30 米。套闸闸孔净宽 6 米，闸门顶高程 5.5 米，采用升卧式平面钢闸门，配卷扬式启闭机。闸室净宽 9 米，长 50 米（包括渐变段）。闸室底板高程 0.5 米，闸墙为浆砌块石重力式挡土墙，墙顶高程 4.7 米，上加 0.8 米挡浪板。上闸首上游侧建汽-10 级公路桥一座，净宽 4.5 米，桥梁底高程 7.5 米。下闸首上游侧建 2 米宽人行桥，桥梁底高程 6.8 米。管理房布置在节制闸和套闸之间的陆岛上，面积 562 平方米。大浦口水利枢纽分两期实施。1998 年 12 月至 1999 年 8 月，套闸由吴江市疏浚工程公司承建。2000 年 4 月至 2001 年 3 月，防洪闸由昆山市水利建筑安装工程公司承建。

（三）其他口门建筑物

大都为钢筋混凝土"U"形结构。节制闸孔径为 4~6 米；套闸孔径 4~12 米，闸室长度 24~65 米，宽度 7~12 米。闸门形式有直升式和升卧式两种，以直升式居多。1992 年底，西太湖的吴溇港闸、方港闸、叶港闸和西亭子港闸结合公路桥建设相继建成，是最早完工的一批环太湖水闸。2002 年底，钺港和三船路套闸最后竣工。参加施工的单位有吴江市梅堰、庙港、松陵、八都、莘塔水利建筑工程队、吴江市土石工程公司七都分公司、吴江市水利建筑工程公司、吴江市水利市政工程有限公司等。1993 年 7 月和 1996 年 2 月，亭子港闸、方港闸、叶港闸、大明港闸、西塘港闸、吴溇港闸、朱家港闸、时家港闸、柳胥港闸、杨湾港闸、白甫港闸、罗家港闸、汤家浜闸和庙港闸分两批通过苏州市水利局组织的竣工验收。

表 5-4　　　　　　　　　　2005 年吴江市环太湖大堤口门控制情况表

口门名称	镇区	控制情况						封堵	涵	备注
		节制闸		防洪闸		套闸				
		孔径(米)	座数	孔径(米)	座数	孔径(米)	座数			
西丁家港	七都	—	—	—	—	—	—	—	1	—
薛埠港	七都	—	—	—	—	—	—	—	1	—
吴溇港	七都	—	—	—	—	6	1	—	—	改建
方港	七都	—	—	4	1	—	—	—	—	—
叶港	七都	—	—	—	—	4	1	—	—	—
西亭子港	七都	—	—	4	1	—	—	—	—	—
丁家港	七都	—	—	—	—	6	1	—	—	—
徐杨港	七都	—	—	—	—	—	—	1	—	—
陆家港	七都	—	—	—	—	4	1	—	—	—
大庙港	七都	—	—	—	—	6	1	—	—	改建
大明港	七都	—	—	—	—	4	1	—	—	—
时家港	七都	—	—	—	—	4	1	—	—	—
汤家浜	七都	—	—	—	—	4	1	—	—	—
太浦河	七都	4×29	1	—	—	—	—	—	—	重建
白甫港	七都	—	—	4	1	—	—	—	—	—
罗家港	七都	—	—	4	1	—	—	—	—	—
亭子港	七都	—	—	—	—	4	1	—	—	整修
盛家港	横扇	—	—	4	1	—	—	—	—	重建
朱家港	横扇	—	—	—	—	4	1	—	—	—
戗港	横扇	—	—	—	—	12	1	—	—	重建
新开路	横扇	—	—	—	—	5	1	—	—	整修
沈家路	横扇	—	—	4	1	—	—	—	—	重建
草港	横扇	—	—	—	—	4	1	—	—	整修
建新港	横扇	—	—	—	—	4	1	—	—	—
军用线港	松陵	8×4	1	—	—	6	1	—	—	水利枢纽
三船路	松陵	—	—	—	—	12	1	—	—	重建
外苏州河	松陵	—	—	6	1	—	—	—	—	重建
牛腰泾	松陵	—	—	6	1	—	—	—	—	重建
西塘港	松陵	—	—	—	—	6	1	—	—	—
柳胥港	松陵	—	—	4	1	—	—	—	—	—
瓜泾港	松陵	16×2	1	—	—	12	1	—	—	水利枢纽
新开河	松陵	—	—	—	—	4	1	—	—	重建
杨湾港	松陵	—	—	—	—	6	1	—	—	—

五、绿化

1995 年 4~5 月,吴江市堤闸管理所在西塘港和大庙港闸管区段进行绿化,种植草皮 4220 平方米、各类树木 12183 株。2000 年 4 月,苏州市龙利园艺有限公司对堤身进行绿化,后因堤顶公路开工暂停。2001年4月,由吴江市太湖绿化工程有限公司完成剩余绿化任务。太湖大堤应急除险加固土方工程结束后,从2001年开始,陆续种植树木,实现全线绿化。堤顶外侧种植米冬球、海桐球,内侧种植香樟树;堤内坡3排等间距种植4种灌木,即夹竹桃、红叶李、紫荆、木芙蓉;内青坎除朱家港闸至盛家港闸长930米段种香樟小苗外,其余均种植4排意杨。绿化长度37千米。

第三节 杭嘉湖北排通道工程

杭嘉湖北排通道工程是杭嘉湖西部和通道地区大部分涝水北排入太浦河及少量涝水东排的主要通道,与东苕溪导流工程、杭嘉湖南排工程和红旗塘工程一起共同完成杭嘉湖地区的防洪除涝任务。工程西起白米塘,东至王江泾至芦墟一线,南到澜溪塘、麻溪,北临太湖及太浦河(除上、下游分别在浙江省湖州、嘉兴市内,其余主要在吴江市太浦河以南地区),区域面积700平方千米(其中境内564平方千米),地势低洼,湖荡密布,水系复杂。工程设计按1954年型洪水,5~7月承接西侧省界来水9亿立方米,入太浦河水量11.6亿立方米,过水断面1080平方米;东排水量1.5亿立方米,过水断面175平方米。建设内容主要涉及河道、水闸、桥梁、堤岸绿化、补助工程等项目。1997年6月至2005年6月,工程(江苏段)历时8年完工。其中大坝水路应急工程先行实施。累计拓浚河道18条,新建水闸1座、桥梁20座,同时实施补助工程。征地1911.89亩,占地222.64亩,拆迁楼房14290.44平方米,平房13071.69平方米,棚舍2407.8平方米。征地拆迁费3348.27万元。总投资1.46亿元。

一、河道治理

河道治理包括河道拓浚、新开河道、修建堤防护坡及防洪墙等内容。主要项目:

疏浚雪湖通道、元黄荡水道、章湾圩水道、西菜花漾水道、白龙港、南桥港、川桥港、千字圩南水道、雪落漾口门整治、直港、郑产桥港、新运河、潘家塘、众善桥港、里斯庙港、横古塘、划船港17条河道。其中,新运河沿原河道浚深,直港、川桥港为新开河道,其余河道均沿原有河道进行单侧拓浚、两侧拓浚或全断面拓浚。以上工程中属于大坝水路应急工程的是雪湖通道、章湾圩水道、元黄荡水道和西菜花漾水道。河道疏浚分水上和水下两部分。陆上土方开挖时,采用挖掘机与推土机结合施工,表层1.5米左右深以上土方直接用推土机送土,施工到较深时用挖掘机翻送,晾干到标准含水量后用推土机送至修筑堤防,并用推土机分层摊平,蛙式打夯机夯实,多余土方堆至临时弃土点。水下土方开挖采用抓斗式挖泥船施工,挖至铁驳船内运送,吹填至指定的弃土地点。

砌筑横古塘、里斯庙港、郑产桥港、众善桥港、潘家塘5条河道护坡。护坡采用重力式浆砌块石挡墙形式。一种:底板面高程2.5米、厚0.35米、宽1.9米,临水侧齿墙底高程1.4米,浆砌块石墙身底宽1.3米、顶宽0.5米、顶高程4.5米,墙体顶上压顶宽0.5米、高0.2米。另一种:结构布置形式同前,墙顶高程为5~5.5米。里斯庙港、划船港、横古塘原防洪墙变更为防浪板形式。

1997~2005年,除大坝水路应急工程外,其余北排通道主体工程中14项河道工程先后完工。2005 年 4~6 月，横古塘、里斯庙港、郑产桥港、众善桥港、潘家塘河道 11.7 千米护坡工程全部完成。杭嘉湖北排通道工程共拓浚及新开河段 28.8 千米，两岸修建堤防 61.25 千米（含防洪墙 33.97 千米）。其中大坝水路应急工程河道长 4.84 千米，堤防 12.87 千米（含防洪墙 7.07 千米）。共完成疏浚土方 185.75 万立方米、钢筋混凝土（包括混凝土）3.1 万立方米、浆砌块石 6.82 万立方米。

表 5-5　　　　　　　　　　1997~2003 年杭嘉湖北排通道河道工程情况表

河道名称	设计标准（米）					工程量（米）			实施时间
	河底高	河底宽	堤顶高	堤顶宽	边坡	疏浚长	修筑堤	护坡	
里斯庙港	-1	6	5.5	3	1:4	1951	2426	1644	2003.9~2004.4
划船港	-1	4	5.5	3	1:3.8	559	—	1311	2003.8~2004.3
众善桥港	-1	13	5.3	3	1:3	2349	3564	—	2002.6~2004.1
郑产桥港	-1	16	5.3	3	1:2	2290	2566	2838	2002.1~2002.10
新运河	-3.0	18	—	—	1:4	1647	—	—	2003.03~2003.6
潘家塘	-1.0	21	5.5	3.0	1:3	1151	2349	942	2002.11~2004.9
直港	-1.0	4	5.3	3.0	1:3	1306	3304	2462	2001.12~2002.6
南桥港	-2.0	17	5.3	3.0	1:5	312	—	675	2001.4~2001.10
白龙港	-2.0	11	5.1	3.0	1:3	489	1020	510	2000.11~2001.2
川桥港	-1.0	30	5.3	3.0	1:5	1853	—	3524	1997.8~2002.2
千字圩南水道	-0.4	42~63	5.3	3.0	1:4	910	917	918	1997.6~1998.5
雪落漾口门	—	—	—	—	—	105	—	—	1997.6~1998.5
雪湖通道	-2.5	33	5.3	3.0	1:3	2800	3816	4292	1998.3~1999.3
章湾圩水道	-1.0	25	5.0	3.0	1:3	494	500	1010	1998.8~2000.6
横古塘	-10	27	5.5	3.0	1:3	8445	4699	336	2003.5~2004.6
元黄荡西水道	-0.5	20	5.0	3.0	1:4	282	260	543	1999.7~2000.6
西菜花漾	0.0	40	5.0	3.0	1:5	1260	1225	1225	1999.7~2000.7

二、史北节制闸

杭嘉湖北排通道工程建史北节制闸 1 座，位于黎里镇史北村南面、西菜花漾左岸，属于大坝水路应急工程。按等外级航道设计，最高通航水位为 2.78 米。闸门孔径 4 米，底板高程 1 米、厚 0.4 米。闸身采用 "U" 形钢筋混凝土结构，长 8 米，边墩高程 5.3 米。闸门检修平台及人行桥底面高程 5.7 米，启闭机室高程 11.7 米。内外河侧消力池长度分别为 5 米和 6 米，翼墙为浆砌石墙身和钢筋混凝土底板结构。2000 年 4~7 月，由吴江市土石建筑工程公司黎里分公司承建。完成钢筋混凝土（包括混凝土）204.65 立方米、浆砌块石 229 立方米、土方 2172 立方米。

三、跨河桥梁

杭嘉湖北排通道工程建设跨河桥梁 20 座。其中，人行桥有顾家桥、冷水桥、南新桥、永宁桥、横港桥 5 座；机耕桥有波斯桥、李家桥、燕头桥、库港桥、仓家桥、万安桥、双龙桥、中塘桥、雪湖机耕桥 9 座；公路桥有行孝太平桥、长村桥、章湾公路桥、梅坛桥、南桥、郑产桥 6 座。雪湖机耕桥、章湾公路桥属于大坝水路应急工程。

桥梁设计荷载分别为：公路桥为汽-20、挂-100；机耕桥为汽-10、挂-50；人行桥为 3 千牛每平方米。桥面设计宽度分别为：公路桥 7.5 米，机耕桥 5 米，人行桥 4 米。桥面板采用预制预应力钢筋混凝土空心板梁，主跨最大为 22 米，下部结构采用钢筋混凝土墩台结构，采用钢筋混凝土钻孔灌注桩基础。引桥采用土堤结构，引道路面宽度同桥面宽，边坡 1：1.5~2。后鉴于浙江省嘉兴市意见，章湾公路桥调整桥面宽度为 13.25 米；应地方政府要求，行孝太平桥桥面宽度调整为 14.5 米。

（一）大坝水路应急工程桥梁

大坝水路应急工程桥梁 2 座。1998 年 10 月，雪湖机耕桥开工，1999 年 7 月竣工，完成土方 6594 立方米、钢筋混凝土 2067.5 立方米、石方 981.2 立方米。1999 年 5 月 31 日，章湾公路桥开工，2000 年 1 月 28 日竣工，完成土方 7310 立方米、钢筋混凝土 1144.39 立方米。

（二）其他桥梁工程

其他桥梁工程 18 座，分 4 批实施。1997 年，库港桥建成。2001 年，梅坛桥、南桥 2 座桥梁建成。2002 年，横港桥、双龙桥、燕头桥、南新桥、永宁桥、仓家桥和万安桥 7 座桥梁建成。2002~2003 年，顾家桥、波斯桥、冷水桥、李家桥、行孝太平桥、中塘桥、长村桥和郑产桥 8 座桥梁建成。18 座桥梁共完成土方 62920 立方米、混凝土 11724.9 立方米、浆砌块石 3050 立方米。

表 5-6　　　　　　　　　　2005 年杭嘉湖北排通道桥梁工程情况表　　　　　　　　单位：米

名称	所在河道	性质	航道等级	最高通航水位	桥总长	主桥长	桥面宽
顾家桥	里斯庙港	人行桥	等外	4.07	181.5	68	4.0
波斯桥		机耕桥	等外	4.07	147.6	48	5.0
冷水桥		人行桥	等外	4.07	141.0	68	4.0
李家桥	划船港	机耕桥	等外	4.05	137.6	48	5.0
燕头桥	众善桥港	机耕桥	等外	3.96	160.5	68	5.0
南新桥		人行桥	等外	3.96	134.0	48	4.0
永宁桥		人行桥	等外	3.96	149.5	68	4.0
行孝太平桥	潘家塘	公路桥	等外	4.12	205.6	68	14.5
双龙桥	直港	机耕桥	等外	3.94	180.8	48	5.0
横港桥		人行桥	等外	3.94	157.0	48	4.0
南桥	南桥港	公路桥	等外	3.84	316.4	68	7.5
郑产桥	郑产桥港	公路桥	等外	4.05	52.0	52	7.5
梅坛桥	川桥港	公路桥	等外	3.87	295.3	94	7.5
长村桥	横古塘	公路桥	Ⅶ	4.14	164.8	68	7.5
中塘桥		机耕桥	Ⅶ	4.14	254.2	68	5.0
库港桥	雪落漾口	机耕桥	等外	4.10	142.0	68	5.0
仓家桥	青云新开河	机耕桥	等外	4.12	150.3	39	5.0
万安桥	长板桥港	机耕桥	等外	4.12	154.0	39	5.0
雪湖机耕桥	雪河通道	机耕桥	Ⅵ	3.77	252.2	122	5.0
章湾公路桥	章湾圩水道	公路桥	—	—	140.3	60	13.3

太浦河

新运河
原面积：210m²
规划面积：270m²
疏浚长度：1642m

雪河通道
原面积：110m²
规划面积：280m²
疏浚长度：2800m

雪河桥

章湾圩水道

西菜花漾
疏浚长度：1260m

南桥港
原面积：69m²
规划面积：200m²
疏浚长度：313m

雪河新开河
原面积：0m²
规划面积：160m²
疏浚长度：400m

元黄荡水道
原面积：46m²
规划面积：100m²
疏浚长度：282m

川桥港
面积：25m²
规划面积：200m²
疏浚长度：453m

南桥

梅坛桥

白龙港
原面积：93m²
规划面积：130m²
疏浚长度：489m

浙

江

省

嘉兴市

杭嘉湖北排通道（江

太　浦　河

雪绿漾

雪绿漾口门
原面积：39m²
规划面积：180m²
疏浚长度：150m

千字圩水道
原面积：100m²
规划面积：180m²
疏浚长度：910m

直　港
原面积：17m²
规划面积：64m²
疏浚长度：1306m

横港桥

郑产桥港
原面积：84m²
规划面积：110m²
疏浚长度：1290m

燕头桥
南新桥
双龙桥

鼓楼港
原面积：44m²
规划面积：116m²
疏浚长度：594m

永宁桥

长村桥　**中塘桥**

川桥港
原面积：25m²
规划面积：200m²
疏浚长度：1453m

横古塘
原面积：40m²
规划面积：115m²
疏浚长度：3481m

南浔区

冷水桥
波斯桥

郑产桥

李家桥
顾家桥

里斯庙港
原面积：32m²
规划面积：75m²
疏浚长度：951m

万安桥

浙

仓家桥

行孝太平桥

江

省

潘家塘
原面积：88m²
规划面积：130m²
疏浚长度：1150m

图例

人行桥

机耕桥公路桥

主要道路

河道、湖泊

拓浚河道

四、堤岸绿化

绿化项目涉及七都、桃源、震泽、盛泽、梅堰、南麻6个乡镇的横古塘、潘家塘、里斯庙港、划船港、郑产桥港、众善桥港、川桥港、直港8条河道堤防,先后分两批实施。第一批,2003年4月,梅堰水利站对川桥港堤防实施绿化,共栽种树木6590株;同年10月,南麻水利站对直港堤防实施绿化,共栽种树木5214株。第二批,由北排通道工程管理处组织其他6条河道所在地水利站对堤防实施绿化,总计长度17143米,共栽种树木5715株。

五、补助工程

补助工程包括吴江市浦南地区北排工程范围内面积约564平方千米地区的堤防加高加固、平望镇洪涝综合治理和鼓楼港堤防加固工程。

（一）浦南地区堤防加高加固工程

设计堤顶高程5.1~5.6米,堤顶宽度3.0米,内外边坡均为1:2。2002年初至2004年底,工程由地方政府组织实施。加高加固堤防993.6千米,完成土方532.5万立方米,市级补助资金共1316.61万元。

（二）平望镇洪涝综合治理工程

包括防洪闸、桥梁、排涝站、护坡、河道整治疏浚、堤防土方等项目。2002~2004年底,建设防洪闸2座、套闸2座、桥梁1座、排涝站2座、浆砌石直立墙和挡浪板5.87千米,完成土方2.02万立方米,市级补助资金650万元。工程建设单位为平望水利站。

（三）鼓楼港疏浚和堤防加固工程

2002年8~9月实施。由于工程量比较小,直接发包给吴江市土石建筑工程公司。疏浚长度594米,加固堤防635米。完工后的鼓楼港底高程0米,底宽25.5米,堤顶高程5.5米,堤顶宽3米。

第六章 农田水利

吴江市地势低洼,大部分地面高程处于河湖的洪枯水位之间。每逢汛期,外河(湖)水位高于田面,圩内涝水无法自流外排,往往涝渍成灾;特大洪水年份,还常常决口泛滥,严重影响农业生产。另外,由于降雨不均,也会出现干旱。农村水利建设,初期为修堤建闸,联圩并圩,保证防洪安全;修建排灌系统,开渠修沟,实行灌排分开和"三沟配套",疏浚河道,内排外引,减轻洪涝和渍害威胁;发展机电排灌,提高圩区除涝、抗旱能力。后期在防洪保安前提下,按照高标准农业示范区要求建设水利现代化。

第一节 圩区建设

联圩,顾名思义就是将若干个小圩联成一个大圩,四周用圩堤包围,又俗称"包围"。境内圩区的共同特点是,田面高程都在历史洪水位以下,洪涝威胁大。圩区根据田面高程分为低洼圩区(田面高程3.5米以下)和半高田圩区(田面高程3.5米以上)。80年代中期至90年代,圩区基本上保持原有联圩体系,以主攻洪涝、减轻渍害为重点展开建设。90年代末,根据《吴江市防洪排涝续建工程建设规划》,全市展开新一轮圩区治理,全面提高联圩标准和新建半高田联圩。2005年底,境内联圩由建国初期的2948个调整到130个(包括城镇包围),总面积119万亩。其中低洼联圩80个,面积70.5万亩;半高田联圩50个,面积48.5万亩。所有联圩中最大的是盛泽镇区包围,面积5.9万亩,最小的是松陵草甸联圩,面积549亩。总面积在万亩以上的联圩有44个,0.5万~1万之间的有30个,0.5万亩以下的有56个。

一、圩区调整

(一)低洼联圩

低洼联圩主要分布境内中部和西南部,大多在松陵、震泽、八都、平望、梅堰、菀坪、七都、庙港、桃源、南麻等地。80年代,低洼圩区联圩格局已基本定型,只有少数乡镇略有调整:1999~2000年,金家坝将白潮联圩、东西月联圩等合并建成塘南联圩,总面积1.35万亩,圩堤长13千米,比未合并前缩短3.7千米。2000~2001年,七都镇合并七都联圩和大儒联圩,称大儒—七都联圩。2003年,平望合并金星和联农联圩,结合杭嘉湖北排通道工程,建成镇区包围。

2005 年底，全市有低洼联圩 80 个。

表 6-1　　　　　　　　　　　　2005 年吴江市低洼联圩情况表

联圩名称	所属镇	面积(亩)				排涝站			水闸(座)	圩堤(千米)	
		总面积	水稻	经济作物	水面	座数	流量(立方米/秒)	动力(千瓦)		总长	已建护坡
向阳	松陵	5547	2300	30	482	1	2.00	125	4	9.7	2.2
团结	松陵	8261	2100	2013	700	4	6.50	323	—	9.5	6.1
外圩	松陵	2313	320	130	93	1	1.00	45	3	5.2	0.0
南联	松陵	6816	1870	145	432	2	2.00	90	5	10.5	1.1
中南	松陵	2100	550	—	150	1	0.43	30	4	4.7	0.0
化城	松陵	1898	420	180	120	2	0.64	40	4	4.8	1.0
草甸	松陵	549	—	—	74	1	0.18	13	2	2.5	1.6
庞山	开发区	17163	3446.7	1131.7	407	7	22.56	1043	6	15.7	7.9
胜建	开发区	11231	1850	700	800	2	5.00	216	5	12.5	9.7
向荣	开发区	1430	420	15	85	1	0.24	13	1	2.7	2.3
塘南	芦墟	13500	3254.5	1120.3	1878.2	7	14.00	637.4	19	13.0	2.8
南英	黎里	20247	8650	350	2007	3	10.90	453.5	14	23.8	17.9
南联圩	黎里	25005	6642	—	1945	4	18.00	695	20	22.0	4.5
平西	平望	4168	2150	330	530	1	4.30	161	11	13.7	12.5
幸福	平望	975	358	40	88	2	1.10	35	3	4.2	4.2
镇区包围	平望	12980	1650	40	570	8	16.40	601	9	14.8	1.5
梅南	平望	23900	9390	4510	2476	22	28.00	1273	17	27.2	20.0
大龙	平望	12677	4040	2860	1636	16	12.65	580	12	14.9	9.9
庙头	平望	9002	2720	2080	509	12	10.95	474	9	16.0	11.6
南桥	平望	2490	1100	620	70	3	2.10	98	2	6.8	4.1
耀字	平望	1748	520	380	116	1	1.50	73	6	5.4	3.4
坛西	盛泽	15345	3914	4513	1196	5	19.80	809	8	20.5	9.8
坛东	盛泽	7375	2596	657	628	3	5.00	393	3	14.2	10.3
坛丘	盛泽	2250	850	368	120	1	4.00	194	1	6.7	3.1
南塘	盛泽	2145	630	384	87	1	1.50	95	2	5.9	3.8
西扇	盛泽	2370	631	751	75	1	2.00	90	4	5.1	2.3
开阳	盛泽	16396	6075	3626.7	1040.7	3	9.00	385	4	17.2	6.2
太平	盛泽	12546	5979	2356	801	2	7.00	295	5	23.2	8.0
北麻	盛泽	3122	939	1052	156	1	3.00	125	2	15.0	6.1
跃进	盛泽	6718.9	2804	1747	450	1	5.00	215	1	14.6	2.0
南麻	盛泽	6172.2	2789	860	280	2	8.50	410	2	14.3	6.6
横南	横扇	14852	7404	596	1431	3	7.30	316	11	18.0	8.7
莼东	横扇	15000	5620.7	965.26	825	7	18.00	1080	3	12.7	10.6
莼西	横扇	21850	8677.6	2842.2	969.25	13	25.00	1027	2	11.2	10.7
西湖	横扇	5240	2176.9	411.16	262	3	3.50	105	2	4.7	2.9
南湖	横扇	1570	625.37	282.4	78.5	2	2.00	95	1	1.0	1.0
太湖围垦	横扇	7341	200	—	1868	2	2.00	90	6	7.7	4.8

（续表）

联圩名称	所属镇	面积(亩)				排涝站			水闸(座)	圩堤(千米)	
		总面积	水稻	经济作物	水面	座数	流量(立方米/秒)	动力(千瓦)		总长	已建护坡
大儒—七都	七都	27060	10526	4979	2408	18	29.38	1221	16	20.9	3.4
菱塘	七都	15483	6156	4334	2114	11	16.75	720	7	25.6	9.0
方桥	七都	8220	3962	1718	1092	7	11.25	477	6	10.0	4.9
建勤	七都	1412	697	332	183	2	0.75	30	—	5.9	0.0
星丰	七都	1380	634	257	84	3	3.00	135	—	3.0	0.0
五一北	七都	1498	910	218	102	2	0.75	47	3	2.9	0.0
横塘	七都	1740	1025	368	189	1	2.00	82	—	6.6	1.5
三洋	七都	3075	—	—	22	1	1.50	165	1	0.9	0.8
南联圩	七都	15869	7596.5	1924	2758.5	4	9.75	382	7	21.1	9.4
月字	七都	2020	432	350	238	1	0.43	22	2	10.0	0.9
民字	七都	685	536.75	54	—	1	0.22	18	—	2.7	1.9
浦北	七都	1468.1	133.7	467.8	96.3	—	—	—	2	0.8	0.0
东联圩	七都	12808	5417.2	3313.1	1492.5	4	10.00	430	6	15.6	7.4
西联圩	七都	18125	8104.8	4689.6	1897	3	8.62	358	9	20.7	6.8
柳塘	震泽	19087	8439.8	5162.3	1097.9	6	14.50	629.5	3	23.7	10.4
梅桥	震泽	22331	9646.7	6669.2	1656.2	6	16.50	726	1	26.5	10.7
双阳	震泽	13660	6417.9	3382.7	993.9	4	18.50	738	1	11.6	5.8
火箭	震泽	4677.3	2143.3	1341.2	413.5	2	2.00	100	1	11.9	1.9
东风	震泽	5168.4	2465	1444.2	241.1	2	3.50	142	2	14.4	6.0
胜利	震泽	3392.2	1510.5	809.4	107.2	1	0.80	29.5		12.3	6.9
贯桥	震泽	16900	6661	3569	2545	3	22.00	914	1	21.1	8.2
徐家漾	震泽	41015	16711	7939	7571	7	32.40	1317	4	47.7	14.1
民益	桃源	5412	2338	1193	528	1	3.50	139	3	12.4	2.4
广福	桃源	2341	1107	450	209	2	2.17	103.5	1	5.7	0.5
朝阳	桃源	9528	2776	1804	1055	2	8.50	354	2	14.6	1.2
双庆	桃源	13069	4197	3303	986	5	10.50	426	2	14.4	1.2
新贤	桃源	11401	3563	4530	845	3	8.00	332	2	18.6	6.3
前浩	桃源	3245	1329	470	314	3	3.22	147	2	10.4	2.4
青云	桃源	23187	10692	1249	1618.3	4	23.10	1064.5	3	22.5	4.4
天亮	桃源	8328.3	3962.4	308	535.7	1	4.50	182	2	13.0	2.7
光明	桃源	1925.3	733.5	60	52.2	3	1.75	89.5	1	5.8	2.3
红卫	桃源	1574.7	951	63	32.5	1	0.75	35	1	3.7	0.4
金光	桃源	3567.6	2118.3	40	160.9	2	2.65	150	1	10.0	0.8
先丰	桃源	1353.8	726	80	207	1	1.00	60	—	4.6	0.1
和平	桃源	557.3	289.6	36	20.7	1	0.25	15	—	1.4	0.6
集贤	桃源	9154.1	50	4836	305.2	2	7.42	290	6	18.0	5.1
镇南	桃源	4827.7	100	2627.9	83.7	2	2.27	95	2	15.7	1.5
威莫	桃源	992.9	127	539.7	7.2	1	2.00	90	—	3.7	1.3

（续表）

联圩名称	所属镇	面积(亩)				排涝站			水闸(座)	圩堤(千米)	
		总面积	水稻	经济作物	水面	座数	流量(立方米/秒)	动力(千瓦)		总长	已建护坡
高路	桃源	14339	1883.4	4445.9	850	5	15.03	685	5	18.2	8.0
严东	桃源	3726.7	729	1251	45.5	1	2.46	137	1	8.9	2.7
后练	桃源	3838.6	508.4	2223.2	103.9	1	2.44	125	1	10.7	3.1
南联圩	东太湖	10327	2000	277	1800	7	7.50	441	1	6.8	4.7
北联圩	东太湖	11129	1000	100	2100	5	9.00	412	1	9.8	9.1
合计		705191	246969	121295	64597.6	296	605.66	26798	322	976.4	391.4

注：开发区指吴江经济开发区，东太湖指吴江市东太湖水产养殖总场。

（二）半高田联圩

半高田联圩主要分布境内中部地区和东北部地区，大多在平望、盛泽、黎里、北厍、松陵、八坼、横扇、芦墟、金家坝、莘塔等地。大部分田块高于汛期常水位，低于历史洪水位，受洪涝灾害机会少，即使受淹，时间也短，因此部分半高田不设防。

1986年初，境内约78%的半高田简单设防，建成联圩39个。这部分半高田联圩的共同点是活络坝头多：外河水位高时，临时筑坝抗洪，调用流动机泵突击排涝，水退后开坝通航；渍害严重：半高田即使闸坝常开、不预降水位也能种庄稼，只是收多收少；堤防单薄险工多。对此，县水利局从三个方面进行治理：巩固现有联圩，加固堤防，逐步消灭活络坝头，因地制宜按照建闸、建涵洞、筑固定坝三种类型分别改造；排涝动力改流动为固定、改简易为配套；做好三沟配套，降低地下水位。

90年代初，金家坝新建光明联圩。联圩总面积5600亩，耕地面积2580亩，防洪圩堤长10千米，后逐步配套防洪闸和排涝站。1999年，为减少区域间纠纷，解决圩内面积过大和排涝动力不足的矛盾，跨盛泽、平望两镇的盛北联圩沿交界线打开，加以巩固和改善，形成两个独立联圩。其中，属盛泽镇面积3.32万亩，属平望镇面积0.88万亩。

1999年汛期，半高田地区全面遭受洪水无堤挡、涝水不能排、地下水降不下的重灾，特别是芦墟镇的9个村、北厍、莘塔、金家坝等半高田村落严重漫溢。半高田地区地形比较复杂，高低落差较大，且有一批荡滩田散落各处，难以像低洼圩区一样全部建立大包围。吴江市水利农机局遵循"既解决防洪问题，又便利当地生产、生活和投资效益最大化"的原则，根据田面高程高低，因地制宜制定治理方案：田面高程在4米以下的区域新建联圩，堤防标准按照浦北片要求；田面高程在4~4.5米的，根据实际情况设防，一般以自然圩为单位兴建堤防和水闸，形成防洪线，排涝站可暂不配或不配足，受涝时调用抗排机抢排；田面高程在4.5米以上且无人居住的，可不设防。

1999年10月27日，市委、市政府召开半高田地区建圩修圩现场会，新一轮半高田联圩建设拉开序幕。1999~2000年，共新建半高田联圩8个，包括芦墟和黎里镇区包围。莘塔地区建南联圩；芦墟建蛇舌荡、甘溪、镇区包围3个联圩；北厍建元鹤、玩字2个联圩。2001年起，金家坝建小里港联圩；黎里建镇区包围，逐步配套水闸和排涝站。2000~2005年，芦墟镇新建东包圩、伟明、池上和港南浜4个半高田联圩。其中,东包圩将甘溪联圩等地合并一个联圩,成为芦墟镇最大联圩,总面积2.73万亩,耕地面积8084亩,新建分级闸和防洪闸23座(其中思古甸东闸、思古甸北闸等是治太骨干工程之一的拦路港工程的补助工程),新建排涝站3座,新增排涝流量14立方米每秒;伟明联圩总面积1820亩,耕地面积1160亩,新建流量为1立方米每秒排涝站1座,新建4米防洪闸4座、5米防洪闸1座;池上联圩总面积1144亩,耕地面积550亩,新建流量为1立方米每秒的排涝站1座、4米防洪闸3座;港南浜联圩总面积1260亩,耕地面积604亩,新建流量为1立方米每秒的排涝站1座、4米防洪闸2座。21世纪初,北厍社区新建东联圩,总面积2620亩,耕地面积1280亩,圩内新建4米防洪闸6座和流量2立方米每秒的排涝站1座。

2005年,半高田圩区均建圩设防。经过汛后半高田联圩建设,半高田耕地保护面积增加2.34万亩。

表 6-2　　　　　　　　　　　　　2005 年吴江市半高田联圩情况表

联圩名称	所属镇	面积(亩)				排涝站			水闸(座)	圩堤(千米)	
		总面积	水稻	经济作物	水面	座数	流量(立方米每秒)	动力(千瓦)		总长	已建护坡
运西包围	松陵	30300	2380.31	222	645	14	57.90	2549	13	27.6	19.3
长板西	松陵	10029	2252	570	880	9	6.30	331	7	12.5	7.4
长板东	松陵	7436	2850	20	1040	4	7.74	331	5	10.4	3.4
东包围	松陵	660	—	—	15	—	—	—	—	2.8	—
友谊	松陵	7200	1750	1200	456	4	9.35	417	7	15.5	7.2
农创	松陵	3800	1120	680	650	3	5.78	305	3	6.1	2.6
联民	松陵	3700	1061	55	224	1	1.62	75	6	8.6	0.6
丰字	松陵	942	180	185	80	1	0.18	13	-	2.4	0.2
大阳	松陵	9433	1740	196	1530	4	6.74	346	9	16.4	3.4
新南	松陵	5647	950	280	1607	1	2.00	90	7	7.6	—
城东	开发区	12419	2611.9	270	282.3	7	23.99	1097	6	13.6	8.3
东包围	芦墟	27300	7284	800	2746	4	14.00	295	22	26.4	21.7
蛇舌荡	芦墟	7700	1884	350	584	3	2.50	110	8	10.5	6.0
芦西	芦墟	2920	1365	230	282	1	1.00	45	8	8.8	2.2
镇区	芦墟	3600	640	134	276	1	6.00	165	9	8.7	1.9
伟明	芦墟	1820	1125	35	155	1	1.00	45	4	6.0	0.3
池上	芦墟	1144	535	15	130	1	1.00	45	3	4.1	0.0
港南浜	芦墟	1260	584	20	59.6	1	1.00	45	2	5.3	0.4
北联圩	芦墟	22004	4861	489	3375	4	18.00	595	18	23.3	3.0
南联圩	芦墟	6600	2270	168	420	2	6.00	250	10	13.4	1.9
塘北	芦墟	27100	9381	1251.3	4933	6	18.00	838	26	18.2	4.0
金星	芦墟	6000	1426.56	721	587.24	2	4.00	155	11	10.8	0.1
光明	芦墟	5600	2498.1	81.8	1233.1	3	4.00	178	5	10.0	3.7
小里港	芦墟	2400	796.8	255.8	185.3	2	0.42	35.5	4	3.1	0.2
藏龙	黎里	6568	4260	250	361	1	4.00	160	9	9.2	6.3

（续表）

联圩名称	所属镇	面积（亩）				排涝站			水闸（座）	圩堤（千米）	
		总面积	水稻	经济作物	水面	座数	流量（立方米每秒）	动力（千瓦）		总长	已建护坡
团结	黎里	17624	7457	280	2520	2	8.00	295	12	20.8	13.0
章湾	黎里	16871	7041	1039	2281	2	9.45	320	13	12.4	10.6
黎锋	黎里	1933	704	76	287	1	1.00	45	4	5.2	4.5
先锋	黎里	6229	2508	442	480	1	4.00	160	7	4.6	4.6
镇区	黎里	4318	960	—	206	2	5.50	225	9	6.8	6.5
西联圩	黎里	16140	6198	35	2170	2	10.00	400	12	17.3	5.7
东联圩	黎里	2620	1280	—	220	1	2.00	90	6	4.6	0.2
元鹤	黎里	1050	320	—	36.5	1	1.00	45	2	2.3	1.1
玩字	黎里	980	180	—	42	1	1.00	45	2	2.2	0.9
藏龙	平望	5370	3140	220	440	4	3.30	247.2	10	11.8	0.0
运东	平望	9810	4150	710	2700	3	6.25	488.6	16	14.0	0.0
平北	平望	6930	3580	930	630	3	8.23	416.7	10	14.4	0.0
前进	平望	1420	1100	—	50	2	1.84	110	2	3.8	0.0
顾扇	平望	4430	1650	340	650	4	1.99	126.5	2	10.8	0.0
平南	平望	3885	1750	545	520	3	3.09	179.5	6	10.3	0.0
盛北	平望	8794	3466	218	700	6	7.29	404.2	10	10.5	0.0
溪南	盛泽	25134	10585	4980	1826	9	34.80	1421	12	25.8	13.6
盛北	盛泽	33152	10817	1796	5230	9	35.50	1342	17	35.0	27.1
镇区	盛泽	58643	18463	780	4481	24	141.00	4837	33	41.8	37.3
群铁	盛泽	3636	867	720	200	2	4.00	170	1	8.7	7.8
吉桥	盛泽	1323	830	78	60	2	2.50	102	1	2.5	2.5
横东	横扇	7440	2832	368	221	1	4.00	160	12	11.5	0.5
千字	横扇	1156	747	53	4	1	0.45	18.5	—	4.6	0.6
横西	横扇	17535	4727	1873	683	3	12.00	495	15	15.7	5.4
古池	横扇	15315	6639	167	1041	3	11.00	390	17	20.1	5.7
合计		485320	157797	24129	50415	172	521.70	21048.7	430	598.1	251.6

注：开发区指吴江经济开发区。

二、固堤疏河

圩堤是联圩的生命线，河道是圩内排灌系统的核心，将修圩筑堤与疏浚河道相结合，做到一土多用，既提高河道引排能力和堤岸防洪能力，又发挥综合效益。每年冬春之际，市（县）、镇（乡）、村三级都有计划、有组织的实施固堤疏河工程。

1986年，县水利局在震泽、庙港等地召开整修圩堤和疏浚内河现场会。全县共加固加高圩堤107千米，完成土方92万立方米，新开和疏浚内河45条，完成土方42万立方米，建设护坡18.5千米。

1987年，建块石护坡和空心楼板护坡44千米。

1988年，圩堤修复标准为：浦南和浦北运西段顶高程5.2~5.5米，宽2~3米，内外坡比1:2，内青坎高程3.2~3.5米，宽3~5米；运东顶高程4.5~5米，其余断面尺寸同前。对已建护坡堤段，按上述标准回土压实。全年加固圩堤241.6千米，建设各种形式护坡66.6千米。

1989年，修圩174.5千米，新开和疏浚河道258条。建设护坡58.6千米，其中直立墙26.6千米、多孔板32千米。

1990~1991年，农田水利建设以"防洪保安，改造低产田，建设吨粮田"为目标，修圩369.4千米，完成土方210.3万立方米；新开和疏浚内河590条，完成土方228.4万立方米；建成直立墙护坡52.7千米、多孔板护坡57千米。

1992年，加高培厚圩堤402千米，完成土方223万立方米，新开和疏浚河道369条、350千米，完成土方200万立方米，累计投入劳力438万工日。新建各种形式的护坡105千米。

1993年，农田水利围绕"防洪保安为主，洪涝旱渍兼治"展开建设。修筑圩堤205千米，完成土方137万立方米，新开疏浚河道130条161千米，完成土方112万立方米。新建护坡71.7千米，其中直立墙45.7千米、多孔板26千米。

1994~1996年，农田水利突出防洪保安和农业示范工程两个重点，修筑圩堤650.3千米，完成土方402.5万立方米，疏浚河道631.5千米，完成土方417.4万立方米。新建护坡118.5千米。

1997年，市水利局提出调整圩堤标准：浦南地区与浙江省交界的圩堤顶高程为6米，其他外河圩堤高程5.5米；浦北地区堤顶高程5米。全市加固加高圩堤219.5千米、完成土方190万立方米，疏浚河道211条，完成土方175.5万立方米，积累投入劳力257万工日。新建护坡28.6千米。

1998年，农田水利以疏浚整治河道为重点。全市结合河道疏浚，加固圩堤227千米，完成土方200万立方米。累计投入劳力525万工日。新建护坡22千米。

1999年，太湖流域发生超历史洪水。汛期，全市水利工程设施普遍超负荷运行，加之地面不同程度沉降，难以抗衡更高水位洪水袭击。市水利局根据水情现状、趋势分析，正式制定堤防设计标准（原设计最高洪水位太湖为4.62米、平望为4.35米、芦墟为4.05米）。市委、市政府分别在10月27日、11月20日召开半高田地区建圩修圩现场会和冬季水利建设誓师大会，号召把农村工作重点转移到以修圩为重点上。全市共加固加高圩堤846千米，完成土方916万立方米，工程量再创新高。

2001~2002年，继续按照新一轮水利建设规划和分年实施计划，千方百计安排人力、物力和财力，加快圩堤达标建设和建筑物的更新改造。加固圩堤826千米、完成土方609万立方米，疏浚河道152千米、疏浚土方75万立方米。

2003~2004年，修筑圩堤土方205.6万立方米，疏浚河道481.5千米，疏浚土方480万立方米。2003年，投资211.8万元，其中市级补助83.3万元，完成一批大湖、大荡、重点河道护岸工程：在震泽和八都加固顿塘堤防2798米；在平望新建和修补新运河挡墙308.5米，在铜罗新建集贤塘挡墙500米，在南麻新建麻溪挡墙2200米。

2005年，全市防洪圩堤总长1574.5千米，其中643千米建成直立墙、多孔板和组合式护坡。

表6-3   1999年7月吴江市堤防工程新标准表   单位：米

地区类别	1999年最高水位	设防最高水位	堤防及护岸				护岸	
			顶高	最小顶宽	迎水坡比	背水坡比	顶高	盖顶宽
一	4.97	5.5	6.0	3.0	1:2	1:2.5	5.5	0.5
二	4.48	5.2	5.5	2.5	1:2	1:2.5	5.2	0.5
三	4.26	4.8	5.0	2.0	1:2	1:2.5	4.8	0.5

注：1. 一类地区：浦南片与浙江交界沿线各镇；二类地区：浦南其他各镇；三类地区：浦北片。2. 坝头堤顶宽度至少5米；迎风顶浪、沿荡漾堤顶高程要相应增加0.5米；松陵镇区设计洪水位5.0米。

三、闸站配套

(一)三闸

圩区水闸是控制圩内水位和畅通圩内外交通运输的工程措施。境内水闸,按照功能区分,有防洪闸、套闸和分级闸三种,通称"三闸";按照水闸门叶材料分为钢闸门、混凝土和钢筋混凝土闸门;按照闸门门叶运行移动状况分为直升式、升卧式、横拉式和一字式等。圩区水闸大多数是单孔水闸,闸孔净宽2~6米不等,一般为4米。水闸多采用"U"形钢筋混凝土结构,闸门顶高程根据设计水位而定,一般3.6~5.5米。闸门启闭形式90年代前以横拉门居多,后以直升式为主。

1986~1987年,新建水闸73座、翻修套闸1座,闸门孔径3.5~4米,闸门采用一字门和横拉门。

1988~1990年,圩区建筑物配套以平望镇平北片、松陵镇淞南片及梅堰镇梅龙片为重点,兼顾其他地区。全县共新改建水闸135座。

1991~1993年,以提高圩区防洪排涝能力、改造低产田、建设吨粮田为目的,新改建水闸130座。其中,1992年三闸工程量创历史新高。

1994~1999年,配套建筑物以防洪保安和农业现代化为重点,新改建水闸157座、大修水闸45座。

1999年汛期,圩区所有水闸均在超设计能力情况下运行,出现闸门没顶、翼墙没顶、闸内外水位差超过设计标准等现象。同年7月,市水利局对水闸建设调整规划:提高设计标准;合理规划,以建单闸为主,尽量减少套闸数量,一般大联圩配2座套闸,小联圩配1座套闸;节省投资,根据水闸现状,尽可能利用原有基础翻建或改造;对一些作用不大的病险闸封堵。

表6-4   1999年7月吴江市闸站工程标准表   单位：米

地区类别	上游		水闸			泵站		上游翼墙顶高
	设计水位	通航水位	上闸门顶高	下闸门顶高	闸室墙顶高	电机层地坪高	出水池墙顶高	
一	5.5	4.4	5.7	5.4	5.4	5.5	5.5	5.7
二	5.2	4.2	5.4	5.1	5.1	5.2	5.2	5.4
三	4.8	4.0	5.0	4.7	4.7	4.8	4.8	5.0

说明：一类地区：浦南片与浙江交界沿线各镇；二类地区：浦南其他各镇；三类地区：浦北片。

2000 年,按照三闸工程新标准,以活络坝头和严重病险闸返建、重建为重点。全市新建水闸 70 座、改建 7 座。

2001~2002 年,继续更新改造三闸。其中,2001 年新改建防洪闸 44 座;2002 年新建防洪闸 51 座、套闸 1 座,改建防洪闸 4 座。

2003~2005 年,新建和翻建防洪闸 134 座、套闸 3 座。

2005 年,全市共有圩区水闸 752 座。

（二）排涝站

汛期,圩区外河水位一般高于圩内地面,加上圩区内滞涝河湖有限,为免除涝灾威胁,提高圩区排涝标准,排涝站建设迅速发展。联圩内排涝站选址主要根据联圩大小、圩内水系和地形等确定。面积较小的联圩,一般只设一级排涝站,即直接将涝水排入外河;面积大的联圩,一般设两级排涝站,采取两级排涝方法,先将农田涝水排入内河,经河湖滞蓄后再由一级排涝站排入外河。有的排涝站泵房和水闸共同布置,建成闸站结合形式;有的结合灌溉,建成灌排两用站。排涝站泵型一般选用低扬程轴流泵,单泵流量 0.25~2 立方米每秒,动力配套电动机。联圩内规模最大的排涝站是盛泽镇盛北联圩内的三里桥泵站,安装 5 台轴流泵,总流量 15 立方米每秒,总动力 594 千瓦,投资 366 万元,排涝面积 2260 亩。

1986~1987 年,新建排涝站 26 座。

1988~1990 年,圩区建筑物配套以平望镇平北片、松陵镇淞南片及梅堰镇梅龙片为重点,兼顾其他地区。全县共新改建排涝站 40 座。

1991~1993 年,以提高圩区防洪排涝能力、改造低产田、建设吨粮田为目的,新改建泵站 59 座。其中,1992 年排涝站工程量创历史新高。

1994~1999 年,配套建筑物以防洪保安和农业现代化为重点,新改建排涝站 75 座。

1999 年大水,圩区暴露出排涝能力不足的问题。对此,市水利局调整排涝标准:一般为日雨 200 毫米 2 天排出不受涝,折算后排涝模数为每万亩 7 立方米每秒;田面低洼、水面积少的围垦荡联圩提高到每万亩 8~10 立方米每秒;田面较高、水面积多的半高田联圩降低到每万亩 5~6 立方米每秒;镇区包围视各自特点,适当提高排涝标准。同时制定建设原则,尽量利用原有设施翻建或改造;确定泵站设计标准。

2000 年,按照排涝站工程新标准,新建泵站 34 座、新增流量 85 立方米每秒,翻建泵站 18 座、流量 42 立方米每秒。

2001~2002 年,继续更新改造排涝站。其中,2001 年新改建排涝站 27 座、流量 56.75 立方米每秒;2002 年新建排涝站 22 座、新增流量 60.5 立方米每秒,翻建 6 座、流量 6.25 立方米每秒。

2003~2005 年,新建排涝站 87 座、新增流量 333.4 立方米每秒,翻建排涝站 16 座、流量 36.75 立方米每秒,改建 2 座、流量 13 立方米每秒。

2005 年,全市共有圩区排涝站 468 座,排涝流量 1127.4 立方米每秒,动力 47847 千瓦。

四、水利桥梁

农田水利建设内容涉及圩区水利桥梁,也称农桥。境内农桥修建原由县交通部门主管。

70 年代后期,农桥修建移交给县水利局主管。80 年代中期,农桥修建复归县交通局主管,县水利局只负责新开河桥梁建设。1986~1987 年,新建水利桥梁 21 座,主要集中在盛泽和桃源地区。1991~1993 年,完成水利桥梁 28 座。

第二节　田间工程

一、沟渠配套

沟渠是排灌系统的组成部分,旨在排除地表水、控制地下水位、提高灌溉效率和实现旱涝保收。开挖沟渠,使得干渠、支渠、斗渠、农渠配套,内外三沟沟沟相通,达到"灌排分开、灌得上、排得出、降得下"的要求,是农田水利的基本任务。

1986 年,县水利局先后在梅堰召开田外三沟疏理现场会,在南麻和梅堰召开渠系整修现场会,确定田外三沟的标准:总排水沟深 1~1.2 米,排水沟深 0.8~1 米,隔水沟深 0.6~0.8 米。田内三沟以明沟为主,做到内外三沟配套,达到通、畅、深、全的要求。全年新开和疏浚田外三沟分别为 1258 条和 30629 条,完成土方 92 万立方米;整修渠系完成土方 50 万立方米。

1988 年,新开和疏理三沟 61568 条,整修渠道 1085 条。

1989 年,江苏省政府水利工作会议提出:"当前克服水利小干慢上的做法、必须大干快上。"同年 10 月 6 日,县政府召开农村经济工作会议提出:"要实现稻麦双高产,必须提高三麦单产,关键在于通过提高水利高标准,根除渍害。"同年 10 月 12 日,吴江县机关干部 1000 多人参加支农义务劳动,深入田头,开沟清草,疏理田外三沟 200 多条,完成土方近 2000 立方米。在县机关的带领和影响下,全县 23 个乡镇机关先后组织 7623 名干部和职工支农清理三沟、割草积肥,疏理田外三沟 473 条,完成土方 6.7 万立方米。全县形成全力以赴疏理田外三沟的氛围。同年 10 月 27 日,通过检查验收,梅堰、盛泽、桃源、庙港等 9 个乡镇获得首批三沟配套合格证。同年 11 月 14~16 日,全县组织秋收秋种,对没有领到合格证的乡镇进行补查、补发。全县共新开和疏理三沟 79990 条,完成土方 147 万立方米。

90 年代初,为防止渠道冲刷和渗漏,开始衬砌渠道内侧。衬砌材料一般为水泥预制板和混凝土。

1990~1991 年,新开和疏理田外三沟 14.0145 万条,完成渠系建筑物 4042 座,倒虹吸 1 座,衬砌渠道 60.3 千米。

1992~1993 年,新开和疏理三沟 384.1 万立方米,衬砌渠道 74.1 千米。新建倒虹吸 9 座、进水涵洞 17 座。1996~1999 年,继续疏理三沟和衬砌渠道,累计开挖疏浚三沟 209.5 万立方米,衬砌渠道 158.6 千米。

2005 年,全市有干渠 1638 条、支渠 3863 条、斗渠 15987 条、农渠 5279 条。防渗渠道 385.5 千米,其中暗渠 54.5 千米、衬砌渠道 331 千米。田外三沟 26944 条,其中总排水沟 681 条、排水沟 13419 条、隔水沟 12844 条。

二、农业示范区

90 年代，随着农业结构调整，市（县）水利局坚持"和农业机械化配套及农业经济相结合"的方针，开展农田水利现代化基础建设，推进传统农业向现代化农业转移。

1994 年，八坼农创、北厍汾湖、平望胜墩、梅堰玉堂、梅堰联合、松陵庞山湖、芦墟东玲 7 个市级农业示范区初具规模。其中农创、汾湖、联合和玉堂共整修田间路面 5730 平方米，水泥板衬砌渠道 15.4 千米，新建护坡 2 千米、泵站 8 座、桥梁 13 座。

1995 年，续建配套 7 个市级示范区。经中国共产党吴江市委员会农村工作部（以下简称"市委农工部"）、市水利局和财政局联合组织竣工验收，共建成泵站 3 座、中拖桥 9 座、衬砌沟渠 21.76 千米、护坡 2.1 千米、砂石路面 10.2 万平方米、混凝土道路 8831 平方米、鱼池管理房 15 座，同时完成绿化、拆迁和整改工程。共完成投资 929.5 万元，其中市级以上补助 465.6 万元，其余镇村自筹。同年，为建设市属副食品基地，市果蔬园艺场投资 236 万元修建一批田间配套工程，包括衬砌沟渠 6844 米、道路 1796 米、支斗门 21 个、螺杆启闭控制闸门、直立墙护坡 39 米等。

1996 年，将八坼农创、平望胜墩、果蔬园艺场连片，更名为平八农业示范区，总面积达 5066 亩，是苏州市农业领导示范工程中规模最大的。投资 314.7 万元，在农创村建排灌站 1 座、防洪闸 1 座；在胜墩村建泵站 1 座、防洪闸 1 座、中拖桥 2 座，局部地区建护坡数米。工程由平望、梅堰、莘塔、八坼、金家坝、桃源和庙港 7 个水利站负责施工。同年，同里示范区工程投资 148.4 万元，完成衬砌灌溉渠道 2680 米、排水沟 4013 米、管道 469 米、道路 7880 平方米，以及泵站、桥梁、绿化和疏浚河港等。

1997 年，在原有基础上拓展延伸，继续建设松陵庞山湖、八坼农创、梅堰联合和芦墟东玲示范区。同年 5 月初，工程完工，并通过市委农工部、市财政局和水利局组织的验收。共完成衬砌沟渠 14.39 千米、水泥路面 3182 平方米、砂石路面 19926 平方米、中拖桥 4 座、涵洞 1 座、倒虹吸 1 座、楼板护坡 1298 米，以及配套土方、支斗门等。总投资 272.69 万元，其中市级补助 161.92 万元。

三、丰产方

1994 年，盛泽丰产方建吉桥排涝站 1 座，流量 0.5 立方米每秒，投资 18.6 万元。同年，还新建一批中拖路面：盛泽杨村 3750 平方米，平望新丰村 8563 平方米，坛丘小熟村 3500 平方米，青云百花村 2350 平方米；震泽朱家浜除建 3460 平方米路面外，还衬砌沟渠 704 米。

1995 年，建设 2 个农村现代化试点村和 19 个镇级丰产方：梅堰龙南、梅堰龙北、梅堰双浜、梅堰玉堂、铜罗后练、横扇北横、横扇圣堂港、屯旺塔、平望北万、桃源广福、菀坪王焰、震泽徐家浜、黎里乌桥、盛泽兴桥、七都李家港、青云梵香、坛丘小熟、金家坝直下港、庙港民字浜、七都行军、松陵白龙桥。其中横扇圣堂港投资 43 万元，建砂石路面 3400 平方米，衬砌沟渠 3950 米，新建和改造泵站各 1 座。

1996 年，平整土地 2100 亩，建成 500~1000 亩丰产方 21 方共 10900 亩，1000 亩以上丰产方 11 方共 14000 亩。其中，庙港民字浜投资 55 万元，完成衬砌沟渠 3474 米、涵管 241 米、直立墙 30 米、砂石路面 5104 平方米。

1997 年，对 205 省道（今 227 省道）和 318 国道沿线农田进行重点整治，涉及 9 个乡镇 30 多个村，涉及范围 2.5 万亩。共完成土地复耕 917.3 亩、鱼池护坡 29.8 千米、防渗渠道 63.6 千米及砂石路面、中拖桥等配套建筑物，总投入近 2000 万元。庙港开弦弓村丰产方投资 66.72 万元，完成衬砌沟渠 4506.5 米、农桥 2 座、砂石路面 6799 平方米、直径 30 厘米涵管 278 米、田间支斗门 213 个，以及绿化等配套项目。

表 6-5　　　　　　　　　　　1993 年吴江市级丰产方水利建设成果表

丰产方	衬砌沟渠（米）	中拖路面（平方米）	中拖桥（座）
八坼联庄	1148.5	5730	—
八坼农创	602	10275	—
北厍汾湖	1307	5270	—
梅堰联合（玉堂）	2340	22055	—
震泽徐家浜	—	6590	—
铜罗后练	3241.6	13500	—
松陵白龙桥	2389	8700	—
黎里乌桥	971	5510	—
平望新丰	313	4590	2
桃源利群	1980	7300	—
八都枫林	337	3340	—
梅堰双浜	2016	31758	—

第三节　机电排灌

历史上，境内农田排灌工具均以"三车"[①]为主体。民国时期，以内燃机和电动机为动力的排灌机械开始出现。中华人民共和国成立初期，抽水机站和电力灌溉区快速起步。60 年代中期以后，龙骨水车逐步消失。至 1985 年，全县建成机电泵站 952 座，灌溉农田 59.57 万亩。80 年代后期，机电排灌发展迅猛，除新建工程外，对原有排灌泵站机电设备的更新改造，尤其是柴油机改电动机（以下简称"机改电"）进入高峰期。通过更新改造，成批泵站装置效率和灌排效益得到提高，工程投资也得到节省。90 年代后，国民经济和社会发展的需求使机电排灌建设的数量与质量均取得历史性突破和提高。

1987 年，平望调机泵 1 台套，八坼、同里、平望、坛丘、东太湖共 8 座泵站机改电，淘汰 4120、东方红和 495 系列柴油机 8 台。

1988 年，投资 12.9 万元，更新 60 年代水泵 19 台、电动机 24 台，改造泵站 33 座。

1989 年，淘汰苏Ⅳ等型号水泵 12 台、电动机 16 台、柴油机 1 台，调进 Y 系列电动机 16 台、295 型柴油机 1 台、配电盘 6 个，改造泵房 21 座，投资 13 万元。

1990 年，淘汰 J、JO 和 GR 型电动机 12 台、柴油机 3 台，全部换成 Y 系列电动机。针对半高田小机小泵多的特点，改流动为固定，完成标准化小泵站 11 座。金家坝杨坟头村全部改造

---

①　"三车"：即人力水车（人车）、畜力水车（牛车）和风力水车（水风车）。

完毕,初步形成小机固定灌溉体系。

1991 年,对菀坪、梅堰、平望、七都、八都、桃源、北厍、盛泽、横扇、坛丘 10 个乡镇 13 个机房设备更换,淘汰 PV、PVA 型水泵和 J、JO、JO2 型电动机,部分机房柴油机改进制动设备。

1997 年,对平望、南麻、七都、八都、铜罗、桃源和梅堰 7 个乡镇 12 座泵站进行机泵改造,投资 24 万元,更新水泵 14 台,柴油机全部改为电动机,调进电动机 14 台 375 千瓦。

1998 年,根据设备运行时间长、故障多、老化淘汰等情况,解决无配件修复,投资 38.72 万元,对 12 座泵站的电动机、柴油机、水泵全部更新,取缔柴油机,一律配备电动机。更新水泵 15 台、电动机 441 千瓦。

2000 年,机改电 6 座,流量 7 立方米每秒。

2001~2002 年,机改电 5 座,流量 5.5 立方米每秒。

2003~2005 年,机改电 3 座,流量 3 立方米每秒。

2005 年,全市机电排灌保有量 76158 千瓦,其中电动机 59227 千瓦、柴油机 16931 千瓦。机电灌溉面积 65.79 万亩。

表 6-6　　　　　　　　　　1986~2005 年吴江市(县)机电排灌情况表

年份	机电排灌保有(千瓦)			机电灌溉面积 (公顷)
	合计	电动机	柴油机	
1986	59553	41925	17628	57973
1987	59720	42161	17559	57307
1988	62312	40769	21543	56313
1989	63330	41356	21974	56000
1990	62000	41307	20693	59887
1991	62010	41740	20270	59800
1992	64027	39113	24914	59670
1993	66615	42256	24359	54600
1994	66902	42459	24443	50500
1995	66870	42710	24160	47380
1996	67750	43697	24053	46893
1997	68840	44870	23970	46673
1998	69420	45900	23520	46270
1999	68020	46270	21750	46270
2000	70951	50744	20207	46267
2001	71471	51967	19504	46970
2002	72991	54115	18876	46460
2003	74570	56671	17899	45330
2004	76152	59173	16979	44280
2005	76158	59227	16931	43860

注:机电排灌保有量包括固定站和流动机泵容量。

第四节 建设效益

通过圩区治理、田间工程、机电排灌等农田水利建设,境内形成比较完善的防洪、排涝、灌溉、降渍工程体系,农村抗御洪涝旱渍灾害的能力大为提高。1986~2005 年,全市(县)累计土方工程投入劳动力 4644.71 万工日,完成土方 1.41 亿立方米、石方 51.8 万立方米、混凝土 24.47 万立方米。投入农田水利资金 5.35 亿万元。

表 6-7　　　　　　　　　　1986~2005 年吴江市(县)水利工程量情况表

年份	土方投劳(万工日)	土方(万立方米)	石方(万立方米)	混凝土(立方米)	备注
1986	380.00	483.00	1.00	36	—
1987	—	620.00	3.04	14559	土方投劳未统计
1988	248.00	628.00	5.37	40108	—
1989	402.00	644.16	1.71	3550	—
1990	429.44	674.85	4.25	19800	—
1991	333.88	723.33	2.98	17800	—
1992	328.00	876.4	8.84	71300	—
1993	—	669.55	9.34	4800	土方投劳未统计
1994	271.56	677.99	7.47	27900	—
1995	276.00	642.75	0.47	1990	—
1996	257.00	662.88	0.57	2192	—
1997	265.00	642.78	0.15	922	—
1998	257.11	1311.64	1.02	7001	—
1999	524.66	817.23	0.87	5600	—
2000	128.57	967.71	1.16	4661	—
2001	112.50	970.23	1.20	5460	—
2002	234.00	980.17	1.60	6450	—
2003	98.98	519.40	0.33	2900	—
2004	61.66	365.31	0.20	2100	—
2005	36.41	193.30	0.23	2040	—
合计	4644.71	14070.68	51.80	244733	—

注:土方投劳指实施土方工程投入的劳动力。

2005 年,境内圩区防洪圩堤完全达标 35.64 千公顷;配套建筑物面积 41.32 千公顷,旱涝保收田面积 40.57 千公顷。

表 6-8　　　　　　　　　1985~2005 年吴江市(县)农田水利基本建设效益情况表

年份	圩堤(千公顷/千米)		配套建筑物面积 (千公顷)	旱涝保收田面积 (千公顷)
	达标	未达标		
1985	44.14/1385.17	8.75/440.22	44.72	41.82
1986	43.43	7.84	—	42.14

（续表）

年份	圩堤（千公顷/千米）		配套建筑物面积（千公顷）	旱涝保收田面积（千公顷）
	达标	未达标		
1987	42.72/1414.68	7.05/430.98	46.32	42.06
1988	51.02/1426.84	9.79/409.88	46.39	42.95
1989	51.34/1436.6	—	46.79	43.06
1990	43.91/1423.57	—	46.86	43.67
1991	40.68/1388.02	—	48.28	44.28
1992	43.22	8.61	—	44.65
1993	40.1/1448	6.55/375	47.26	42.52
1994	38.29/1478	5.06/227	45.05	40.82
1995	36.29/1502	4.2/339	43.10	39.65
1996	36.06/1500	3.73/316	43.00	39.56
1997	36.20/1508.47	3.6/317.8	43.04	39.84
1998	36.35/1527.97	3.55/298.55	43.11	39.98
1999	36.37/1533.39	3.55/294.68	42.92	39.74
2000	52.58/1481.89	5.94/337.44	43.00	39.74
2001	36.65/1533.51	2.27/215.25	42.80	41.38
2002	38.82/1660.13	84/174	43.79	41.61
2003	31.03/	1.49/	42.47	38.88
2004	35.33/	1.48/	41.87	39.31
2005	35.64/	1.41/	41.32	40.57

2005年，境内圩区排涝标准大于200毫米（2日排出不受涝，下同）的面积18.73千公顷，150~200毫米的19.91千公顷，小于110毫米的4.2千公顷，小于100毫米的1.02千公顷；农田抗旱能力大于100天的面积34.23千公顷，70~100天的9.58千公顷，30~70天的0.05千公顷；防渍控制地下水位在田面以下大于1米的面积9.87千公顷，0.5~1米的31.73千公顷，小于0.5米的2.26千公顷。

表6-9　　　　　　　　　1985~2005年吴江市（县）农田水利基本建设效益情况表

年份	排涝（千公顷）				抗旱（千公顷）			防渍（千公顷）		
	>200毫米	150~200毫米	110~150毫米	<110毫米	>100天	70~100天	30~70天	>1米	0.5~1米	<0.5米
1985	19.94	27.44	12.51	4.26	47.1	17.06	—	10.04	47.47	6.65
1986	20.23	27.85	10.32	3.72	45.62	16.50	—	9.97	46.02	6.13
1987	19.14	27.79	10.51	3.67	42.48	18.65	—	9.69	45.57	5.86
1988	19.05	28.19	10.13	3.43	42.10	18.55	—	9.81	45.22	5.78
1989	21.79	25.43	9.63	3.03	41.68	18.21	—	12.23	42.25	5.41
1990	19.67	27.92	9.09	3.21	41.25	16.77	—	9.86	44.41	5.62
1991	19.97	27.8	8.89	3.15	41.21	16.73	—	12.19	42.03	5.59
1992	20.13	27.67	8.75	3.12	41.16	16.64	—	12.17	42.01	5.49
1993	19.77	22.41	10.10	2.32	37.21	15.64	1.75	10.79	39.48	4.33

（续表）

年份	排涝（千公顷）				抗旱（千公顷）			防渍（千公顷）		
	>200毫米	150~200毫米	110~150毫米	<110毫米	>100天	70~100天	30~70天	>1米	0.5~1米	<0.5米
1994	17.6	21.79	9.16	1.94	34.74	15.62	0.14	11.4	35.09	4.00
1995	17.5	19.45	8.49	1.93	33.02	14.22	0.12	11.15	32.16	4.06
1996	17.41	20.15	7.56	1.77	32.79	14.01	0.09	10.87	32.10	3.92
1997	17.34	20.11	7.45	1.77	32.9	13.70	0.07	12.17	30.68	3.82
1998	17.49	19.13	7.09	1.76	32.72	13.48	0.07	11.95	30.59	3.73
1999	17.35	20.15	7.33	1.44	32.87	13.33	0.07	12.19	30.77	3.31
2000	17.69	20.89	6.66	1.03	32.87	13.33	0.07	12.19	30.77	3.31
2001	18.52	21.78	5.30	1.37	34.74	12.09	0.14	13.69	29.47	3.81
2002	18.78	21.44	4.95	1.29	34.55	11.77	0.14	13.53	29.41	3.52
2003	18.07	21.48	4.54	1.23	31.32	13.90	0.10	9.86	33.29	2.17
2004	19.15	19.91	4.18	1.04	31.14	13.10	0.04	9.98	32.13	2.17
2005	18.73	19.91	4.20	1.02	34.23	9.58	0.05	9.87	31.73	2.26

第七章　城镇防洪除涝

　　80 年代前,吴江县各镇区面积都不大且地面高程较高,水利上一般不设防。随着国民经济的发展和城市化的推进,镇区面积不断向周边农村扩张。特别是 1992 年撤县建市后,各镇区建设超常规发展,城区地面植被、水面积锐减;道路硬化,地面径流量加大;加之周边部分农村地区洪涝防御标准偏低,一遇暴雨,缺少洪水调蓄余地。工厂企业开采地下水也诱发地面较大幅度沉降,使原有水利工程防洪除涝功能降低。1997 年,市水利局委托江苏省工程勘测研究院对全市各镇水准点校核,结果表明境内地面均有不同程度沉降。其中桃源 0.33 米,八都 0.25 米,黎里 0.25 米,松陵 0.28 米,北厍 0.2 米,盛泽沉降最大,达到 0.46 米。诸多因素使镇区在大暴雨时形成洪涝灾害,对人民群众生命财产构成威胁和造成损失。城镇是区域范围内的政治、经济、文化中心。各地人民群众和机关企事业单位在遭受多次洪涝灾害后,开始对全面治理城镇洪涝提出新要求。在吴江市(县)委、市(县)政府领导下,城镇水利建设逐步在各镇推进发展。

第一节　盛泽镇洪涝治理工程

　　盛泽镇[①]属浦南水系,与杭嘉湖平原脉络相连,是承受客水过境、地势偏低的水网圩区。境内低于 4.1 米的面积占总面积的 65%,部分街道和住宅区地面高程在 3.35 米以下。历史上,常因上游来水迅猛、下游泄水不畅、境内圃水缓流而饱受洪涝灾害。尤其 70 年代后,上下游工情水情变化,汛期间,每逢暴雨,镇区就积水漫溢。其中,1976 年、1978 年、1981 年,镇西西白漾(1969 年围垦)圩堤三年内 5 次决口,圩内全部淹没,严重影响人民群众日常生活和滞碍经济发展。

　　1983 年 10 月,盛泽机电站提出 2 个洪涝治理方案:一个是建大包围防洪方案;一个是洪涝分治方案,即建 4 座防洪闸、2 座排涝站、1 条下水道(长 1034 米)、1 条防洪堤岸线(长 5932

---

　　① 盛泽镇:盛泽镇位于吴江东南部,与浙江省嘉兴市交界。历史上是著名的丝绸重镇,素有"日出万绸、衣被天下"的绸都之称,享誉中外。1987 年,全镇人口 4 万余人,其中从事丝绸的轻纺职工 2.5 万人以上。全年工业产值 8 亿元,上缴国家税利 6000 万元。丝织品出口占全国的四分之一,年创汇近 1 亿美元。80 年代末期,镇区建成东方丝绸市场,为全国十大交易市场之一,年交易额在 10 亿元以上。

米），简称"4211"工程。后方案得到县防汛抗旱指挥部的批准，并于 1984 年投资 16 万元实施完成 4 闸 2 站工程，1987 年投资 70 万元实施完成地下水道工程。

1987 年 7 月 28 日，7 号台风过境，降雨 152 毫米，水位涨至 3.97 米，镇区 8 条街、12 个工厂、600 户居民住宅受淹，积水最深达 0.7 米。同年 9 月 10 日至 12 日，又受 12 号台风影响，3 天降雨 100 毫米，水位陡涨至 4.1 米，致使全镇三分之二的街坊受涝，52 条里弄、1164 户居民住宅受淹；12 家工厂、28 个仓库进水，4000 名工人无法上班；4 所中小学的 2600 名学生被迫停课；码头、车站和贯穿镇区的十苏王 ① 公路大部分被淹，交通一度受阻；居民小舟入街、淌水求医、高垫床脚，情景惨不忍睹。两次台风暴雨袭击，用去抗灾经费 50 万元，直接损失 150 万元，间接损失 800 万元。

1987 年的灾情使当地政府意识到，洪涝分治方案虽有成效，能减轻部分灾情，但终因工程标准低，难以治本，且受益面积小，更无法满足镇西新经济开发区防洪保安的需求。城镇人民群众亦期望早日搞好防洪建设，安居乐业。同年 9 月，县水利局会同盛泽乡、坛丘乡、盛泽镇实地勘测，座谈讨论，多方案比较论证后，向县政府推荐大包围治理方案。同年 11 月 17 日，苏州市水利局审议通过盛泽大包围工程规划及实施方案。工程的实施，改变境内城镇不设防格局，开创自筹资金为主、社会办水利先例，探索城镇洪涝治理模式，拉开全县城镇水利建设序幕。

一、治理项目

盛泽大包围工程，又称"773"工程（寓工程投资之意），类似于农村联圩治理。治理范围：北以乌桥港南岸线连桥北荡西岸至园明寺，向东经北库港、大饱圩、北庄至里墩，穿东大港向西，经东泾桥沿内河至沉目桥，跨盛溪河向西，沿内河经坛丘渔业村向北至吴家湾，连接南草圩港，把原镇区、西白漾（东方丝绸市场所在地）和永和联圩连结为一体，总面积 7.83 平方千米。设计标准：防洪，遇 1954 年 4.35 米水位不出险；排涝，日雨 200 毫米一天排出不受涝；通航，主船闸（南草闸）按五级航道标准设计，最高通航水位 4.35 米，最低通航水位 2.2 米；治污，日排污量 1.1 万吨。治理项目主要有：

在南草圩港建南草圩船闸，上下闸首钢筋混凝土结构，孔宽 8 米，直升式桁架钢闸门，闸墙顶高程分别为 5.5 米和 5 米。闸室宽 12 米，长 120 米（含连接段 20 米），墙身顶高 5 米，浆砌块石结构。上下游"八"字形翼墙各为 15 米，引河宽 22 米，翼墙和引河挡墙均为浆砌块石结构。上闸首设人行桥，面宽 2.5 米，梁底高程 8.35 米。下闸首设手拖桥，面宽 2.5 米，梁底高 7 米。

在东大港建镇东套闸，上下闸首钢筋混凝土结构，孔宽 6 米，直升式平面钢闸门，闸墙顶高分别为 5.5 米和 5 米。闸室宽 10 米，长 65 米，墙顶高 5 米，浆砌块石结构。上下游连接段各为 20 米，浆砌块石结构，南岸接引河砌石挡墙，北岸为圆形砌石裹头。下闸首设人行桥，面宽 2.5 米，梁底高程 7 米。

在园明寺桥北荡口、盛溪河分别建园明、目澜套闸，使用同一套图纸，均为闸站结合形式。上下闸首宽 5 米，直升式平面钢闸门，闸墙顶高分别为 5.5 米和 5 米。为减轻地基压力，采用空箱式钢筋混凝土岸墙。闸室宽 9 米，长 50 米，闸首和闸室全部采用钢筋混凝土结构。上下

---

① 十苏王：十一圩—苏州—王江泾。

游翼墙各为 10 米,浆砌块石结构。为扩大目澜洲公园,目澜闸下游引河长度增加 448 米,宽 32 米,两岸增建扶垛式砌石挡墙 886 米。园明闸下闸首和目澜闸上闸首设人行桥,面宽 2.5 米,梁底标高 7 米。两闸均结合排水站,排水流量各 1 立方米每秒。

在东大港建镇东排水站,安装 6 台 32ZLB-125 轴流泵,配套 6 台 JSL-117-10-65 千瓦电动机、1 台 500 千伏安 S7 型变压器,装机总容量 390 千瓦,排水量 12 立方米每秒,这是当时规模最大的一座排水站。电机房高程 4.55 米。进出水池底板高分别为 0.2 米和 2.4 米,均为浆砌块石结构,总长 408 米。出水池上建汽 10 级桁架公路桥,桥面宽 4.5 米。排水站电气设备控制设自动和手动、直接和降压、集控和单控装置。

修筑防洪堤 15.6 千米,其中外河圩堤 4.8 千米,内河圩堤 10.8 千米。外河圩堤顶高 5.5 米,宽 4 米,内外坡比 1∶2,内青坎宽 4 米;内河圩堤顶高 5.0 米,宽 2 米,内外坡比 1∶1.5。护堤挡墙顶高 4.85 米。部分地段采用扶垛式浆砌块石结构和预制挡浪板形式,在境内水利工程中属首次,特点是降低挡墙砌石高度,减少工程量。与重力式挡墙相比,在相同情况下,每米挡墙造价降低 15%~20%。

二、工程实施

1987 年 11 月 15 日,成立吴江县盛泽地区水利工程指挥部,常务副县长钱明任指挥,副县长姜人杰,县水利、城建、交通、供电等部门和乡镇负责人任副指挥。县水利局抽调工程师 5 名、助理工程师 6 名及一般干部 5 名共 16 人组成工程组,盛泽水利站配合工作,县水利局副局长朱克丰具体负责指挥部日常事务,做好资金筹集、工程设计、施工组织等工程前期准备工作。治理工程本着“谁受益,谁负担”的政策,采取地方集资为主的方法,动员社会各方力量,由受益单位出资。国营、集体、个体工商业和企事业单位一律按年商品销售额和利润的各 50% 作为各单位的出资计算依据,出资款分三次在半年内交清。参与盛泽镇洪涝治理工程兴建集资的单位有 51 家,共 773 万元。

同年 12 月 13 日,盛泽镇洪涝治理工程破土动工。参加施工的单位有平望、松陵、盛泽、横扇和梅堰 5 个水利工程队,分别承建南草船闸、镇东闸、目澜闸、园明闸和镇东排水站。平望机电站承接钢闸门、活动门槽、搁门器和启闭机的制作安装。八坼机电站承接配电设备、操作控制设备的制作安装。吴江县电力综合服务公司、八坼起重机械厂、吴江县化肥厂分别承接加工任务。坛丘乡动员民工 5000 人,用 7 天时间完成西白漾高低分开工程。

1988 年 3 月 10 日,工程指挥部召开誓师大会。工程指挥部指挥、常务副县长钱明讲话,副指挥、县水利局局长张明岳作动员,各施工单位发言表态。会后,6000 余民工和工程技术人员夜以继日、连续奋战在各工地。施工中,工程指挥部为保证工程按质按时完成,每周二召开工作会,专门研究施工进度、工程技术、安全生产和施工质量问题。直到竣工,共召开 41 次工作会。其间,县委书记孙中浩、常务副县长钱明多次到工地检查。江苏省水利厅、苏州市委、市政府和市水利局的领导、技术人员亦多次到工地检查指导。

同年 6 月 25 日,镇东排涝站建成抽水;同年 8 月 8 日,南草船闸放水通航;同年 9 月底,所有闸站全部竣工。至 12 月底,共修筑防洪圩堤 15 千米,建成护堤挡墙 4.55 千米,新建和改造圩口闸 7 座。共计完成混凝土 11210 立方米、砌石 16585 立方米,开挖土方 34.5 万立方米,制作钢构件 70 吨。共耗水泥 4700 吨、钢材 209 吨、木材 400 立方米、砂石 6 万余吨,累计投工 25 万工日,投资 823 万元(除 773 万元集资款外,江苏省水利厅、苏州市水利局各投资 10 万元,县政府投资 30 万元)。

1988 年 12 月 28 日,经江苏省、苏州市专家鉴定,认为该工程治理规划合理,运行管理方便,经济效益和社会效益显著,从根本上解除镇区的洪涝威胁,达到控、排、降、引、航全面配套,并为供水和排污创造良好的水环境,其规划、设计、施工、集资和管理的经验,可供其他小城镇借鉴和应用。其中,镇东排水站和园明闸被评为"县水利优质工程"。

1989 年春,盛泽地区洪涝综合治理绿化配套工程项目启动,这是全县第一个综合性平原绿化配套工程。工程第一次采用绿化招标办法,吴江县绿化办公室组织招标,13 个单位和个人参加投标,中标单位是吴江县桑苗圃等单位。4 月底,绿化任务全部结束,投资 4.2 万元,合计植树种花 5980 株,其中大众绿化树种水杉 3141 株、香樟 664 株、银杏 313 株、垂柳 150 株;中高档风景苗龙柏、雪松、桂花等 196 株;海桐球、杜鹃、花桃等花木球类 685 株;经济树木柑桔 520 株、桃树 201 株、葡萄 111 株。

1989 年 4 月,县委、县政府为工程立纪念碑,将支持兴办工程的出资单位镌刻于纪念碑后,以表彰其功德。1989 年 9 月 29 日,县政府召开盛泽洪涝治理工程竣工验收及揭碑仪式大会。

表 7-1　　　　　　　　1987 年盛泽镇洪涝治理工程兴建集资情况表　　　　　　　　单位:万元

单位名称	集资数	单位名称	集资数
中国丝绸进出口公司江苏省分公司盛泽办事处	142.07	吴江第二纺织机械厂	6.05
吴江新民丝织厂	78.11	盛泽米厂	5.57
吴江新生丝织厂	68.85	盛泽镇个体户	5.08
吴江新联丝织厂	68.35	盛泽五化交批发部	5.02
吴江新华丝织厂	61.32	盛泽镇振华丝织厂	3.83
盛泽镇人民政府	52.61	盛泽烟糖酒批发公司	3.44
吴江绸缎炼染一厂	45.00	建设银行盛泽办事处	3.00
盛泽乡人民政府	36.23	盛泽橡胶制品厂	2.53
吴江绸缎炼染二厂	22.05	盛泽百货批发部	2.30
盛泽供销合作社	19.07	盛泽信用社	2.18
吴江华生纺织机械厂	18.90	吴江县商业联合公司盛泽分公司	2.16
吴江集体商业公司	14.68	吴江丝绸试样厂	2.12
吴江新达丝织厂	13.14	盛泽自来水厂	2.05
吴江供电局盛泽变电站	10.00	吴江纺织器材厂	2.03
中国银行盛泽办事处	10.00	省纺织公司吴江采购供应批发部	2.00
工商银行盛泽办事处	10.00	农业银行盛泽营业所	2.00
吴江丝绸印花厂	9.14	吴江房屋建设开发公司盛泽站	1.80
上海石化吴江化纺联营厂	9.09	盛泽酿造厂	1.44
盛泽蔬果商店	8.05	盛泽医药商店	1.24
盛泽饮食服务公司	6.47	盛泽镇益民丝织厂	1.09
盛泽食品站	6.20	吴江电镀厂	1.00

（续表）   单位：万元

单位名称	集资数	单位名称	集资数
吴江工艺美术一厂	0.94	盛泽镇装卸运输社	0.55
吴江县水产公司盛泽站	0.92	盛泽电影院	0.51
盛泽粮食管理所	0.83	盛泽邮电支局	0.45
盛泽交通管理所	0.78	盛泽新华书店	0.17
盛泽运输社	0.59	合计	773

三、工程效益

1989 年 4 月 28 日至 9 月 22 日，境内有 11 次降水过程，最大日降雨量 130 毫米，总降雨量 973 毫米，外河水位涨到 4.15 米。盛泽大包围关闸排涝 110 天，排水 5000 万立方米，使围内水位一直控制在 3 米以下，街道、工厂、居民住宅基本无积水（1987 年雨量 968 毫米，水位 4.1 米）。1990~1991 年汛期，大包围关闸排水 213 天，排水量 1.05 亿立方米，减少经济损失 6300 万元。同时，大包围的建成，使镇区河道水污染有所减轻。在关闸期间，镇东排水站不停地抽水，加速污水排出，使围内水质保持清洁。同时排出的污水比过去稀释，对东港下游群众的生活用水亦有改善。

1989 年 9 月，工程指挥部根据动态经济分析计算，假定投资回收年限为 5 年，大包围工程防洪除涝年平均效益 201 万元，年平均净效益 183 万元。从宏观上推算，以 1987 年为例，盛泽直接和间接损失 1000 万元。1989 年，大包围工程发挥效益，为盛泽减少防汛费用和受灾损失 500 万元，等于已回收投资的 60%。1997 年 12 月出版的《苏州市水利志》中记述，如按盛泽镇 1983~1987 年 4 年受灾损失统计，推算 10 年防洪总效益为 1964.2 万元，年平均效益 196.42 万元。扣除年运行费折算值 18.42 万元，年平均净效益 183 万元。以 1987 年为例，盛泽镇直接和间接损失为 1000 万元。1989 年（雨情和水情均超过 1987 年），由于工程发挥效益，为盛泽镇减少抗洪抢险费用和受灾损失 500 万元，等于已回收工程投资的 64.7%。

四、工程管理

1988 年 8 月，经吴江县编制委员会（以下简称"县编制委员会"）批准，成立吴江县盛泽地区水利工程管理所，为全民水利事业股级单位，配备编制 25 人。同年 9 月，人员全部就位上岗。管理所根据《中华人民共和国水法》《江苏省水利工程管理条例》，制定《吴江县盛泽地区水利工程管理实施细则》，依靠法规，管好用好工程。1991 年后，盛泽大包围范围逐步扩大，将北王联圩、郎中联圩和兴桥联圩合并，形成境内最大的镇区大包围，总面积 58643 亩。

第二节 吴江市城市防洪工程

历史上,松陵镇[①]虽有源于"地在吴淞江上,比江颇高,有若丘陵然耳"[②]之名,但城区西邻太湖,东靠京杭大运河,地面高程一般在3.2~5米之间,最低处仅3米,极易遭受洪涝灾害。自民国11年(1922)设立水标站以来,城区实测最高洪水位4.38米(1954年7月24日)。另据水文调查,元至元二十三年(1286)历史最高洪水位4.5米左右。由于城区大部分地段的地面高程低于丰水年汛期的最高水位,遇暴雨时,许多住宅、工厂和机关经常受淹。1985年,松陵城区面积2.02平方千米,1991年扩大到6平方千米。1992年吴江撤县设市后,松陵城区布局发生重大变化。原有水利条件与所处城市中心地位不相适应,在保护范围、建设标准上不能满足城市化和外向型经济发展需要,城市洪涝治理迫在眉睫。

一、松陵镇区洪涝治理工程

1990年8月31日,受15号台风的影响,境内日降雨量165.2毫米,水位3.56米,导致西元圩新村、桃园新村部分地段受淹,居民住宅进水。同年9月5日晚,受17号热带风暴引起的低气压影响,14小时内降雨90.9毫米,水位3.62米,西元圩新村和桃园新村再次受淹。次日下午,又遭遇特大暴雨,16~18时,2小时内降雨82毫米,水位3.73米,西元圩新村和桃园新村一个星期内三度受淹;城北区、城西区、江新村也不同程度被淹,数十家工厂、机关、学校受淹,近2000户居民住宅进水,淹没最深的达80多厘米,造成工厂停产、机关无法正常办公、学校停课,严重影响人民群众的生产和生活。据不完全统计,经济损失约200万元。

受灾期间,县委、县政府召集有关部门负责人到受灾地段查看灾情,慰问居民,听取意见,讨论研究治理对策。在县委副书记钱明主持下,决定借鉴盛泽大包围工程经验,集资兴建松陵镇区洪涝治理工程。

(一)治理项目

松陵镇区洪涝治理工程将松陵镇区分成西元圩、桃源、城北、城西、江新、西门6个小区,形成各自独立的小包围。治理标准:防洪,以历史实测最高水位4.38米为设计水位,重现期为50年。除涝,城区以6小时165毫米为设计暴雨量,重现期为20年;城乡结合部以6小时165毫米、日降雨量200毫米为设计暴雨量,在设计暴雨下保证镇区不受淹。排污,通过抽排分区内污水,降低内河或蓄水池水位,然后自外河补充清水,以改善分区内河或蓄水池的水质。主要治理项目:

在东城河西元浜口建西元圩西站,4台10寸水泵,设计流量0.6立方米每秒,设计扬程1.7米,配备4台7.5千瓦电动机,配置1台50千伏安变压器。站房底板高程1.3米,电机层高程3.3米,进出水池底板高程分别为1.1米和2.9米,均为浆砌块石结构。临界水位3.3米,排涝

---

① 松陵镇:位于吴江市北部,北距苏州市16千米。自后梁开平三年(909)吴越王钱镠置吴江县以后,一直是县治(元代为州治)所在地,故又称吴江。市委、市政府驻地松陵镇,是全市政治、经济和文化中心。

② 清乾隆《吴江县志》曰:"松柏险隘,故曰松陵。此说恐非,盖地在吴淞江上,比江颇高,有若丘陵然耳。"

水位 2.6 米,排污水位 2.2 米。

在运河西元浜口西元圩东站,2 台 14 寸水泵,设计流量 0.6 立方米每秒,设计扬程 1.7 米,配备 2 台 15 千瓦电动机,配置 1 台 50 千伏安变压器。站房底板高程 1.3 米,电机房高程 4.7 米,进出水池均为浆砌块石结构。临界水位 3.3 米,排涝水位 2.6 米,排污水位 2.2 米。

在通余浜东口建桃园泵站,2 台 14 寸水泵,设计流量 0.6 立方米每秒,2 台 20 寸水泵,设计流量 1 立方米每秒,共计流量 1.6 立方米每秒;配备 2 台 15 千瓦和 2 台 18.5 千瓦电动机,共计 67 千瓦,配置 1 台 80 千伏安变压器。站房底板高程 1 米,电机房高程 4.6 米,进出水池底板高程分别为 1.7 米和 2.5 米,均为浆砌块石结构。临界水位 3.4 米,排涝水位 3 米,排污水位 2.6 米。

在九龙港北口建城北泵站,1 台 24 寸水泵,设计流量 1 立方米每秒,3 台 20 寸水泵,设计流量 1.5 立方米每秒,共计流量 2.5 立方米每秒。设计扬程 2.55 米,配套 1 台 37 千瓦电动机和 3 台 18.5 千瓦电动机,共计 92.5 千瓦,配置 1 台 160 千伏安变压器。站房底板高程 0.8 米,电机房高程 4.45 米。进出水池底板高分别为 1.7 米和 2.3 米,均为浆砌块石结构。临界水位 3.4 米,排涝水位 2.9 米,排污水位 2.5 米。

在油车河北口建城西泵站,1 台 20 寸轴流泵,设计流量 0.5 立方米每秒,设计扬程 2.55 米,3 台 24 寸轴流泵,设计流量 3 立方米每秒,设计扬程 2.55 米,共计流量 3.5 立方米每秒;配备 1 台 18.5 千瓦电动机和 3 台 37 千瓦电动机,共计 129.5 千瓦,配置 1 台 S7 型 200 千伏安变压器。站房底板高程 0.7 米,电机房高程 4.45 米,进出水池底板高分别为 1.7 米和 2.3 米,均为浆砌块石结构。临界水位 3.5 米,排涝水位 3 米,排污水位 2.6 米。

在老同里大桥西堍建江新泵站,4 台 20 寸轴流泵,设计流量 2 立方米每秒,设计扬程 2.55 米,配备 4 台 18.5 千瓦的电动机,配置 1 台 200 千伏安的变压器。电机房高程 4.2 米,站房底板和进水池底板高程为 0.45 米,出水池高程 0.45~2.3 米,进出水池均为浆砌块石结构。出水池上建公路桥,桥面高程 4.6 米。临界水位 3.6 米,排涝水位 2.9 米,排污水位 2.5 米。

在庆丰桥西堍建西门泵站,2 台 24 寸泵,设计流量 2 立方米每秒,配备 2 台 45 千瓦电动机。监界水位 3.4 米,排涝水位 2.8 米,排污水位 2.4 米。(原老泵站 1 台 24 寸泵,1 台 20 寸泵,设计流量 1.5 立方米每秒,2 台 45 千瓦电动机予以保留)防洪墙:墙顶高程 4.5 米,底板高程 2.2 米,齿坎底高程 1.6 米;墙顶宽 0.475 米,墙底宽 1.05 米,齿底宽 0.25 米;150 号混凝土盖顶,75 号浆砌块石墙身,100 号埋石混凝土底板。

(二)工程实施

1991 年 4 月,成立吴江县松陵镇区防洪工程指挥部,副县长陆云福任指挥,县水利局局长张明岳、松陵镇镇长钱建明、城乡建设局副局长肖福根任副指挥。指挥部下设办公室,工作人员由水利局、松陵镇、城乡建设局抽调,其中水利局抽调 5 名工程师、5 名助理工程师和 3 名一般干部参加工程的设计、施工。

按照"谁受益,谁负担"的原则,全镇区 43 个系统 326 家单位需集资 500 万元,分 3 年付清。工程指挥部要求 1991 年的负担金额于当年的 6 月底前付清;1992 年的负担金额于当年的 3 月底前付清;1993 年的负担金额于当年的 3 月底前付清。对工程资金的使用情况,由县审计局定期审计,每年审计一到二次。资金筹集方案如下:按人数筹集 100 万元,人均 66.2 元;

按占地筹集 150 万元,每平方米 1.03 元;按产值(销售额)筹集 200 万元,每万元为 9.01 元;按其他因素筹集 50 万元。同时考虑到有些单位的承受能力,对其测算基数进行适当调整。工程资金在筹集过程中遇到一定难度。1992 年 4 月底,一期工程计划集资收到 110.36 万元,二期工程计划集资收到 10.6 万元;1993 年 9 月底,实际到位资金 323.94 万元,占计划集资总数的 64.79%。为此,松陵镇区防洪工程指挥部多次向市政府报告集资情况,市防汛防旱指挥部也行文紧急催办。在市领导的关心下,通过各种渠道,工程资金最终得到落实。

表 7-2　　　　　　1991~1993 年松陵镇区洪涝治理工程资金筹集情况表　　　　单位:万元

系统	集资数	系统	集资数	系统	集资数
物资局	64.32	水利局	11.00	农村	5.00
供销联社	32.22	机电工业公司	10.00	城建局	5.00
纺织工业公司	30.00	轻工工业公司	10.00	多管局	4.00
松陵镇	26.00	工商银行	10.00	教育	4.00
机关事务局	24.00	建设银行	10.00	总工会	3.00
计委	23.72	农业银行	10.00	水产局	3.00
商业局	20.00	供电局	10.00	工商局	3.00
乡镇工业局	19.08	邮电局	10.00	文化	2.76
保险公司	15.00	化建工业公司	7.67	劳动局	2.00
交通局	15.00	人民银行	6.00	庞山湖农场	2.00
税务局	15.00	中国银行	6.00	民政	0.70
外贸公司	15.00	土地局	6.00	广播	0.42
丝绸工业公司	15.00	个体劳协	6.00	公安	0.38
粮食局	14.60	经委	5.00	—	—
烟草局	13.13	环保局	5.00	合计	500

桃园新村泵站(包括 250 米排水管道)1991 年 10 月开工,1992 年 6 月竣工,由松陵水利工程队施工。工程投资 41.4 万元,征地 0.39 亩,征拆房屋 5 间,完成土方约 8500 立方米、混凝土 590 立方米、浆砌块石 862 立方米。

西元圩东泵站 1991 年 11 月开工,1992 年 5 月竣工,由松陵水利工程队施工。投资 18.58 万元,征用土地 360 平方米,完成土方约 600 立方米、混凝土 92 立方米、浆砌块石 340 立方米。

西元圩西泵站 1991 年 11 月开工,1992 年 5 月竣工,由松陵水利工程队施工。投资经费 19.72 万元,征拆房屋 2 间,完成土方约 1200 立方米、混凝土 123 立方米、浆砌块石 170 立方米。

城北泵站 1991 年 11 月开工,1992 年 11 月竣工,由吴江市水利建筑工程公司施工。投资经费 29.66 万元,征地 1 亩,征拆房屋 6 间,完成土方约 2000 立方米、混凝土 271 立方米、浆砌块石 340 立方米。

城西泵站 1992 年 5 月开工,1993 年 6 月竣工,由八坼水利工程队施工。投资经费 95.61 万元,征地 11.24 亩,征拆房屋 6 间,完成土方约 8000 立方米、混凝土 410 立方米、浆砌块石 1085 立方米。

江新泵站 1992 年 10 月开工,1993 年 7 月竣工,由松陵水利工程队施工。投资经费 94.69

万元,征地 14.68 亩,完成土方约 1.28 万立方米、混凝土 590 立方米、浆砌块石 1110 立方米。

上述泵站的配电设备和操作台由吴江通用电器设备厂制作安装。

小猪行挡墙长 165 米,由松陵水利工程队施工。投资经费 6.61 万元,完成土方约 900 立方米、混凝土 240 立方米、浆砌块石 990 立方米。

附属工程(与城建、环卫相配套)1994 年 2 月开工,1994 年 4 月底竣工,由吴江市松陵市政环卫工程公司施工。投资经费 167 万元,征拆房屋 530 平方米,完成土方约 2.78 万立方米。混凝土 1886 立方米、浆砌块石 2135 立方米。

西门泵站 1995 年 7 月开工(因选址存在争议和资金问题延期),1996 年 9 月竣工,由松陵水利工程队施工,投资 138.78 万元。

(三)工程管理

1992 年 2 月 28 日,县水利局向吴江县编制委员会提出申请,要求建立吴江县松陵镇区防洪工程管理所,为全民事业股级单位,编制 15 人,与松陵机电站一套班子、两块牌子,同属县水利局的下属单位。1992 年 4 月 28 日,县编制委员会批复同意,人员编制调整为 13 人。管理所成立后,依据《中华人民共和国水法》《江苏省水利工程管理条例》等法律法规,制定管理所各项规章制度,全面实施镇区防洪工程的运行和管理。

表 7-3　　　　　　　1992~1996 年吴江市松陵镇区洪涝治理工程排涝泵站情况表

泵站名称	地点	排涝流量(立方米每秒)	水泵		电动机(台每千瓦)	建成时间
			型号	台每寸		
西元圩一站	东城河西元浜口	0.7	250ZLB-A	4/10	4/7.5	1992.5
西元圩二站	运河西元浜口	0.6	350ZLB-1000	2/14	2/15	1992.5
桃园泵站	通余浜东口	0.6	350ZLB-1000	2/14	2/15	1992.6
		1.0	500ZLB-100	2/20	2/18.5	
城北泵站	九龙港北口	1.0	600ZLB-100	1/24	1/37	1992.11
		1.5	500ZLB-100	3/20	3/18.5	
城西泵站	油车河北口	0.5	500ZLB-100	1/20	1/18.5	1993.6
		3.0	600ZLB-100	3/24	3/37	
江新泵站	老同里大桥西块	2.0	500ZLB-100	4/20	4/18.5	1993.7
西门泵站	庆丰桥西块	2.0	600ZLB-100	2/24	2/45	1996.9

二、吴江市区运西防洪工程

1991 年实施的松陵镇区洪涝治理工程限于资金困难,只是对地势低且受灾严重地区进行简单设防。随着水情、工情变化,地面沉降以及城区面积不断扩大等多种因素,城区防洪体系中存在的薄弱环节和新问题逐渐暴露出来。1993 年、1995 年,相继出现高水位,又使松陵城区受淹。1998 年 8 月,市水利农机局组织专门班子开展调研,编制《吴江市城市防洪排涝规划(1998~2010)》,并经专家论证认可。

1999 年汛期,松陵城区遭受超历史特大洪涝灾害。自 6 月 7 日提前入梅至 7 月 20 日出梅的 44 天里,降雨日 24 天,其中大到暴雨日 14 天,松陵城区降雨量 773.6 毫米,最大日降雨

量 133 毫米。连续暴雨袭击，上游客水汹涌入境，下游泄洪不畅，使太湖水位急剧猛涨。7 月
28 日，太湖水位 5.08 米，突破历史最高水位。东太湖大浦口、瓜泾口两大口门敞开，太湖洪水
直冲松陵城区。城区大部分地区受淹，面积达一半以上，尤其是西塘港、木浪桥两侧、盛家库一
带、西元圩、城北区、梅里新村等地方，最深处水淹 1 米多。城区有 60 多家企业受淹，2223 户
城镇居民住宅和近 2000 户农民住宅进水，80 多条街道、道路受淹，30 多家商店无法正常营业，
直接经济损失近亿元。

1999 年 8 月，市水利农机局编制完成松陵大包围工程规划。同年 9 月 6 日，市委、市人大、
市政府、市政协扩大会议审查通过松陵大包围工程规划。同年 11 月 2 日，吴江市计划委员会
（以下简称"市计划委员会"）行文同意松陵大包围工程项目列项。同年 11 月 10 日，市政府批
复同意实施松陵大包围工程。

（一）治理项目

松陵大包围工程范围北至瓜泾港、吴淞江，东至京杭大运河，南至北大港、安惠港，西至内
苏州河、东太湖堤防线，总面积 19.09 平方千米。总体方案：大包围和小包围相结合。一般洪
水情况下（外河水位低于 3.8 米），以大包围中已建的原分区小包围排涝为主；遇较大洪水时
（外河水位超过 3.8 米），启用大包围，并结合使用小包围，实行二级排涝。治理标准：防洪，遇
5 米高水位不出险。排涝，日雨 200 毫米一天排出不受涝（第一期工程日雨 150 毫米一天排
出），排涝模数达到每平方千米 2.55 立方米每秒。设计标准：防洪堤防堤顶高程 5.5 米，顶宽
3 米，外坡 1∶2，内坡 1∶2.5；挡墙顶高程 5 米，防洪墙顶高程 5.2 米；河道整治，河底宽视具体
河道而定，一般 6.0~15.0 米，河底高程 0.5~1 米。治理项目主要有：

在东城河东口建东城河闸站，泵站设计排涝流量 10 立方米每秒，安装 5 台 800ZLB-125
立式轴流泵，配 5 台 JSL-12-10 型 80 千瓦电动机。供配电设备为 1 台 500 千伏安和 1 台 30
千伏安变压器，配电盘为 GGD 标准配电柜。站房底板和进水池底高程 0.5 米，电机层高程 5
米，进水池、出水池均是浆砌块石结构。防洪闸孔径 8 米，升卧式钢筋混凝土闸门，配 QPQ2×8
吨卷扬式启闭机。闸底高程 0.5 米，上下游翼墙顶高程分别为 5 米和 4.2 米。

在西塘河北口建西塘港泵站，设计排涝流量 18 立方米每秒，安装 8 台 900ZLB-160（135）
立式轴流泵，配 8 台 JSL-13-12 型 130 千瓦电动机。供配电设备为 2 台 630 千伏安变压器，配
电盘为 GGD 标准配电柜。站房底板和进水池底高程 0 米，电机层高程 4.9 米。进水池、出水池
底板高程分别为 0 米和 2 米，均是浆砌块石结构。出水池上建公路桥一座，宽 5 米，长 24 米。

在三江桥东埭建三江桥闸站，泵站设计排涝流量 9 立方米每秒，安装 3 台 900 ZLB-135
立式轴流泵，配 3 台 130 千瓦电动机、1 台 500 千伏安变压器。防洪闸孔径 6 米。管理房 1000
平方米，作为松陵水利站、吴江市松陵镇区防洪工程管理所的办公场所以及松陵城区防洪工程
和水环境治理的远程控制中心。

在瓜泾港西斗河口建西斗闸，采用钢筋混凝土结构，孔径 4 米。底板顶高程 1.3 米，钢闸
门门顶高程 5.2 米。上下游"八"字形翼墙均为浆砌块石结构，顶高程分别为 5 米、4.5 米，长
度均为 4 米。交通桥路面宽 4 米，梁底高程 5.5 米。

在安惠港行船路口建花园河涵洞：采用钢筋混凝土箱式结构，共 3 孔，单孔净尺寸 1.4 米
×2 米，涵身总宽 5.6 米。孔的底部高程 1 米，顶部高程 3 米。钢筋混凝土闸门尺寸 1.56 米

×1.9米×0.12米(宽×高×厚)。翼墙采用钢筋混凝土空箱翼墙,顶高程5米,两侧均长9米。

在北龙、北城河建涵洞,为钢筋混凝土圆管涵洞,共2根圆管,管径1米,圆管底部高程1.88米。钢筋混凝土闸门尺寸1.56米×1.5米×0.12米。浆砌块石挡土墙墙顶高程5米,宽0.42米。

在柳胥河建涵洞,涵身设计参数同花园涵洞,翼墙采用钢筋混凝土空箱式和浆砌块石相结合的结构,顶高程5米。空箱式翼墙两侧长3.6米,浆砌块石翼墙西立面分别长2.2米、2.4米,东立面分别长2.4米和2.1米。

在七里港建涵洞:涵身设计参数同花园涵洞,钢筋混凝土空箱式翼墙顶高程5米,两侧分别长12.7米和15.6米。

在江新河建涵洞,为钢筋混凝土圆管涵洞,铺设1根圆管,管径1米。其余尺寸同北龙涵洞。

在瓜泾港建防洪挡墙,顶高程5米,混凝土盖顶。浆砌块石墙身高2.95米。混凝土抛石底板面高程1.9米,宽1.65米,厚0.4米。

在运河建防洪墙,包括加高老挡墙1723.85米和新建浆砌块石挡墙25.65米。老挡墙加高0.5~1.1米,使墙顶高程达4.8米。其中砖砌墙681.6米,钢筋混凝土1042.25米。浆砌块石挡墙墙顶高程4.8米,墙身高3.6米。底板面高程1米,宽2.6米,厚0.5米。

在联瑾中心河南口建团结泵站,泵站设计排涝流量2立方米每秒,安装1台800ZLB-125立式轴流泵,配3台95千瓦电动机。

在通堤桥东塅建部队农场泵站,泵站设计排涝流量2立方米每秒,安装1台800ZLB-125立式轴流泵,配3台95千瓦电动机。

在内苏州河南口建内苏州河防洪闸,防洪闸孔径6米,直升式钢闸门。闸底高程0米,闸顶高程5.2米。

(二)工程实施

松陵大包围主体工程分两期实施。第一期工程项目包括西塘港泵站、东城河闸站、西斗闸、6座涵洞、河道疏浚等零星工程以及部分防洪墙工程,涉及范围为三江桥和江陵南路(今笠泽路)以北约15平方千米的面积。第二期工程项目包括三江桥闸站、行船路防洪闸、吴家港闸、内苏州河闸以及搬迁部队农场南机房和马韩机房,其中吴家港闸涉及区域供水,未及实施。工程范围为笠泽路以南地区。

1999年9月21日,成立吴江市松陵城区水利防洪工程建设指挥部,市长程惠明任总指挥,市委副书记毕阿四、副市长沈荣泉、副市长张锦宏、人大常委副主任翁祥林、市政协副主席戚冠华任副总指挥。指挥部下设办公室,办公室设在市水利农机局内。市水利局局长姚雪球兼任办公室主任,副局长孙阿毛等任办公室副主任。

1999年11月,西塘港泵站和东城河闸开工。2000年4月,土建工程全部完成。同年5月底,设备安装相继到位,6月初均开机试验。两项目投资1041.04万元,其中西塘港泵站716.06万元、东城河闸站324.98万元。施工单位分别为梅堰水利工程队、吴江市土石建筑工程公司。

2000年6月,西斗闸等7座涵闸工程全部竣工,投资58.84万元。施工单位为松陵水利工程队、吴江市水利建筑工程公司、盛泽水利工程队。同期完成的工程还有：瓜泾港 100 米防洪墙，投资 10 万元，由吴江市土石建筑工程公司施工；运河沿线 1749.5 米防洪墙，投资 30.21 万元；汤阴港、七里港、新桥河和西塘港河道疏浚及行船路临时防洪坝，疏浚长度 4170 米，完成土方 2.63 万立方米，投资 40.55 万元，均由松陵水利工程队施工。

2003 年 10 月，三江桥闸站开工，2005 年 5 月竣工，投资 515.15 万元。施工单位为吴江市水利疏浚建筑有限公司和吴江市水利建筑工程有限公司。

2004 年 3 月，行船路防洪闸开工，2005 年 3 月完工，完成开挖土方 1264.5 立方米、混凝土 687.6 立方米、浆砌块石 30.9 立方米，投资 114.11 万元。施工单位为吴江市土石建筑工程公司。

2005 年 3 月，团结泵站和部队农场泵站开工，同年 8 月和 10 月先后竣工，投资分别为 98.4 万元和 72.27 万元。施工单位为松陵水利工程队。

2005 年 12 月，内苏州河防洪闸开工，投资 69.8 万元，由松陵水利工程队负责施工。

表 7-4　　　　　　　　　　吴江市区运西防洪工程闸站情况表

| 工程名称 | 闸 | | | | 泵站 | | | 投资（万元） | 建成时间 |
	闸孔（米）	底板（米）	门顶（米）	闸门形式	流量（立方米/秒）	型号/台	电动机（台/千瓦）		
东城河闸站	8.0	0.5	5.2	升卧	10	800ZLB–125/5	5/80	716.06	2000.5
西塘河泵站	—	—	—	—	18	900ZLB–160/8	8/130	324.98	2000.6
三江桥闸站	6.0	1.0	5.2	升卧	9	900ZLB–135/3	3/130	515.15	2005.5
西斗闸	4.0	1.3	5.2	直升	—	—	—	—	2000.6
行船路闸	9.0	1.0	5.2	直升	—	—	—	114.11	2005.3
团结泵站	—	—	—	—	2.0	800ZLB–125/1	1/95	98.4	2005.8
农场泵站	—	—	—	—	2.0	800ZLB–125/1	1/95	72.27	2005.10
内苏州河闸	6.0	0.0	5.2	—	—	—	—	69.80	—

注：内苏州河防洪闸 2005 年 12 月在建。

第三节　其他城镇防洪工程

一、平望镇

1990 年 7 月，县水利局完成《平望镇区洪涝综合治理工程设计任务书》，规划区内面积 3.12 平方千米，兴建一涵、一线、二站、六闸，工程投资总概算 347.11 万元。1991 年实施镇北排涝站土建工程。1997 年 7 月至 1999 年 6 月，结合太浦河工程，兴建东溪河套闸、劳动桥防洪闸、镇北排涝站、小西排涝站，工程总投资 636.26 万元。2002 年 3 月，结合太浦河北排工程，兴建长老桥防洪闸、东溪河分级闸、草荡排涝站、混水河排涝站，完成护岸 2642 米、土方 8300 立方米，所有工程均于当年年底结束，工程总投资 361.58 万元。建成后，镇区包围总面积 8.63 平方千米（含农村部分）。

二、黎里镇

90年代初,因防洪需要,兴建新开河泵站1座(1.5立方米每秒流量)和3米涵洞1座,解决镇区部分防洪问题。1997年3月,结合太浦河工程和原有防洪设施,建设镇区大包围,兴建望平桥防洪闸、镇东套闸、寺后荡闸站、白马港防洪闸、挡墙2200米,1999年8月竣工,工程总投资328.9万元。建成后,镇区包围总面积2.88平方千米。

三、芦墟镇

1995年,芦墟镇区实施洪涝治理工程,同年10月开工。2001年7月竣工。兴建镇区东排涝站1座(6立方米每秒流量)、镇区东防洪闸、南窑港套闸、汾湖小闸、西栅闸、南栅闸、东栅闸、东角圩闸、东港闸、夫子浜闸,完成挡墙7790米、土方3.14万立方米,工程总投资953.6万元。建成后,镇区总包围面积2.4平方千米。

四、震泽镇

1996年,结合双阳联圩对震泽镇区实施洪涝治理工程。同年11月开工,1997年5月竣工。建设水闸3座、泵站1座(2立方米每秒流量)、直立墙557米,总投资289.956万元。建成后,镇区包围总面积约1平方千米。

第八章　水环境治理

20世纪后期,随着社会经济的快速发展,人们的生产、生活方式发生重大变化,吴江的水环境治理问题愈见突出。城镇建设的明显扩展使部分河道被填,断面缩减;大量工业废水和服务行业、城乡居民的生活污水直接排入河道;农业生产结构的调整引发养殖业普遍开花,大量农田开挖鱼池,外圩河道围网设箔;罱泥积肥的作业方式全然消失,农村河道普遍淤积;水葫芦、水花生等水生植物泛滥成灾,漂浮河面,堵塞河道;城乡结合部,生产、生活垃圾堆积浜底,倾倒河道;湖泊的富营养化也日渐严重。水质污染后变黑发臭,再加之水流不畅,使整个水环境质量普遍下降。"60年代淘米洗菜,70年代洗衣灌溉,80年代鱼虾绝代,90年代身心受害",人民群众呼声渐高。既要经济发展,也要绿水青山,"天蓝、地绿、水清、居佳"成为吴江人民的新追求,水环境治理开始摆上吴江市委、市政府的议事日程。2003年,吴江市水功能区监测断面显示,Ⅲ类水质11个、Ⅳ类水质19个、Ⅴ类水质及以下有15个。2005年,全市水系贯通,水质改善,河面清洁,沿河绿树成荫。下水游泳、洗衣洗菜、沿河(湖)垂钓、休闲观光的情景逐年增多。

第一节　农村河道疏浚

河道疏浚历来是吴江人民的老传统,不定期、小范围的疏浚常年都有,但真正有计划、大规模的河道疏浚始于1997年。

1997年4月11日,苏州市人大常委会、市政府联合召开苏州市河道整治工作会议,要求在搞好规划的基础上,广泛发动和组织各地广大干部群众全面开展河道整治工作。6~7月,市水利农机局组织各镇水利管理服务站,对全市河道现状进行大规模的勘测调查。10月,编制完成《吴江市河道整治总体规划》。整治内容主要包括清除河道中杂物、河道疏浚清淤冲填废河废浜、河道改线、裁弯取直、堤防加固、堤防绿化等。计划用3年至6年时间整治河道2280条,长1525.4千米,清淤土方1937.44万立方米(结合筑堤土方1300万立方米),压废土地为1590亩,复耕土地3188亩。结合疏浚加高加固沿河堤防,冲刷严重地段逐步兴修护岸工程,提高防洪排涝能力;基本满足航运需要,改善工农业生产水环境;改善生产、生活用水质量。建立健全各级河道管理组织和制度。整治河道概算总投资1.84亿元。12月8日,市政府印发

《关于全面开展河道整治工作的意见》，提出"三年突击，一年扫尾"，全市大规模的镇村河道疏浚整治由此展开。

2003年，苏州市提出推进农村十项实事工程[①]。5月，市水利局编制完成《吴江市2003~2007年县乡河道疏浚规划》，计划疏浚县乡河道64条，长度180.62千米，疏浚土方425.07万立方米，投入资金3060.42万元。按照"农村村庄河道5年左右轮疏一遍"的要求，在疏浚河道的同时，通过配套的治污绿化工作，达到"疏浚一条河道、清理一片淤泥、打通一方水系、增加一块绿地、美化一村环境"的整体目标，使农村河道的引排功能、灌溉功能、蓄水功能得到恢复，农村的水生态、水环境得到有效改变。吴江市进入第二轮河道疏浚整治，并对河道整治规划、标准及验收办法作调整。近十年的河道疏浚使全市水环境、水生态、水安全大为改观。

一、作业方式

90年代以前，水利部门组织的河道疏浚主要以人工为主，安置水泵抽干河道后，采取人海战术挖掘。疏浚土方往往结合修筑圩堤。疏浚时间大多安排在冬春之际的农闲季节。1997年前后，个别经济条件较好的村开始利用简陋的机械挖泥船疏浚村庄河道，施工队伍大多由个人组织承包。随着疏浚河道的普遍开展和政府部门的介入，作业方式逐渐转向机械化作业为主。

1991年11月22日，全县水利建设动员大会在平望电厂召开。会议组织与会人员参观桃源疏港和震泽、梅堰、南麻、坛丘麻漾滩标准圩修筑现场。现场投工1.5万余人，线路长7.14千米。

1997年，全市投入施工机械挖泥船、挖掘机125台套，泥浆泵132台套，总动力5880千瓦，投入劳力136.7万工日，高峰日上工人数超10万人。

1998年，新购置一批机械疏浚设备，建立河道疏浚专业队伍，采用机械化、专业化队伍施工，实行专人负责和长效管理办法，提高河道疏浚质量。全市出动各类挖泥船只81条、泥浆泵46台，总动力8000多千瓦，出动人工15.4多万工日。

1999年，各乡镇采用人工开挖与机械化施工相结合方法，侧重常年机械化施工。疏浚河道268千米，疏浚土方196万立方米。投入劳力113万工日，投入施工机械127台套。以突出河道疏浚和修筑圩堤为重点，尤其是镇村两级河道疏浚，市政府继续采取考核评比奖励的办法推进各镇疏浚河道。

2001~2002年，疏浚河道152千米，疏浚土方75万立方米，投入施工机械170台套。其间，南麻镇从上海租借高速清理船清理水生漂浮物。

2003年底至2004年初，黎里镇通过招标，采用机械与人工相结合方式疏浚河道。

2004年2~3月，横扇镇动用机械设备6台套，人工2000多疏浚河道。同年"三秋"[②]期间，震泽镇在龙降桥村、双阳村投入泥浆泵10台套疏浚河道。

2005年8月，八都镇采用高压水枪冲刷河床，通过吸泥泵向临近废坑、桑田输送淤泥。同

---

① 十项实事工程：指农村河道疏浚、农民社会保障、农村基础设施建设、户籍制度改革以及宅基地管理等十项工程。

② 三秋：泛指秋季对农事生产实施秋收、秋种、秋管。

年 10~12 月,桃源镇分别采用泥浆泵冲刷较小河道和挖泥船加运泥船挖运较宽河道的清淤方式疏浚河道。

二、资金筹措

河道疏浚资金主要采取分级筹措的办法。1997 年前,乡村河道疏浚基本采取村级劳动积累工负担的办法,1997 年开始实施的河道疏浚采取乡村自筹为主和市级奖励为辅的办法,2003 年以后实行省、县、镇级财政拨款为主、村级负担为辅的办法。

1997 年,市水利部门提出多渠道、多形式、多层次筹措资金。一是水利建设基金;二是劳动积累工(采取直接投劳和以资代劳的方式由农民自愿选择);三是农业发展金、粮食发展资金、耕地占有税留成部分;四是向社会筹集河道整治经费。属于开发区的河道,在开发区建设经费中专列;属于城镇河道,在城镇建设维护费中专列;属于主要航道,在航养费中专列。

2003 年实施第二轮河道疏浚后,县级河道全部由市级以上财政解决,乡级及村庄河道由市镇两级解决,村级不直接负担河道疏浚资金,但需负责垃圾清理、河道两岸杂物、杂树清理及赔青、排泥场安置等费用。河道疏浚资金实行专款专用、规范结算的管理。镇以上配套资金全额存储于各镇(区)财政所,专款专用。每笔河道疏浚项目经费均凭施工协议、市镇两级竣工验收单及结算书进行结算。对施工前、中、后发生的各类费用在村务公开栏内张榜公布,一星期后无村民投诉意见则准予全额支付。

实行河道长效保洁管理机制的保洁经费前期由市、镇、村三级负担,后改为市镇两级负担。

表 8-1　　　　　　　　1999~2005 年吴江市农村河道疏浚资金投入情况统计表　　　　　　单位:万元

年份	资金来源			
	小计	省级	县级	乡级
1999	338.00	—	—	—
2000	195.00	—	—	—
2003	311.50	32.00	198.00	81.50
2004	427.66	29.00	199.70	198.96
2005	739.40	70.00	198.80	470.60

三、疏浚成效

1997 年,冬春水利建设以疏浚整治村级河道为重点。全市疏浚村级河道 1475 条,长 1045 千米,总土方 615 万立方米,突破农村实行家庭联产承包责任制[①]后的总量。同时利用河底的淤泥结合复耕土地 0.12 万亩,积肥造肥 1.33 万亩,河道漂浮物、水生植物基本清理干净。

1998 年 9 月 10 日,市政府组成联合验收组对黎里镇河道疏浚进行验收,这是全市 1998 年度镇级河道疏浚申报验收的第一个乡镇。同年 12 月 27~30 日,市委、市政府抽调市水利农机局、农业局、国土局和农村工作片等部门 36 人,组成 6 个组,对全市 23 个乡镇的村级河道疏浚和田外三沟清理工作进行验收。盛泽、平望、八都、莘塔、桃源、青云、屯村、菀坪、南麻、松陵

---

① 家庭联产承包责任制:指 1978 年中国共产党第十一届三中全会后,在农村实行以家庭为单位向集体组织承包土地等生产资料和生产任务的农业生产责任制形式,俗称"大包干"。

10个镇获一等奖;黎里、庙港、梅堰、北厍、坛丘、横扇、金家坝、震泽、七都、八坼10个镇获二等奖;同里、铜罗、芦墟3个镇获三等奖。全市疏浚镇村两级河道1258千米,清淤土方896万立方米。其中,疏浚镇级河道91条,长133.41千米,土方232.01万立方米,同时结合复垦复耕431亩,积肥1162亩。

1999年1月19日,苏州市水利农机局组织由六(县)市水利农机局及郊区、园区分管局长、工程科长等组成的检查组,实地验收盛泽、平望、黎里3镇去冬今春水利土方,盛泽镇获二等奖,平望镇获三等奖。全市疏浚河道268千米,疏浚土方196万立方米。

2000年1月15~16日,震泽、盛泽两镇获苏州市土方评比一等奖,震泽镇获总分第一名,吴江获苏州市土方评比第一名。同年1月18日,全市分3个组对1999年河道疏浚整治、防洪堤防建设等水利工作进行全面考核打分。震泽、盛泽、八都、梅堰、松陵、黎里、八坼、菀坪、桃源9个镇获一等奖,其余14个镇获二等奖。

2001年1月17日,市委、市政府召开"双清"(清漂浮物、清淤,下同)现场会,参观七都、八都、庙港、震泽4个镇清理漂浮物现场,要求全面开展"双清"工作。同年11月12日,市政府在南麻镇召开全市水利工作现场会,组织与会人员参观高速清理船清理水生漂浮物和三里泾清淤高标准堤防建设现场,要求冬春水利建设以河道"双清"为重点。同年,盛泽镇开始结合环境治理、城市化建设疏浚河道15千米,总土方25万立方米。

2002年1月10~11日,市政府组织5个检查组,对全市18个镇的河道"双清"工作进行检查评比验收。全市疏浚各级河道2785条,长度2133.62千米。

2003年1月29日,市政府组织有关部门通过听、看、查、问、访等形式对各镇河道"双清"工作进行验收,菀坪、北厍、震泽、桃源、横扇5个镇获一等奖,其他13个镇为二等奖,全市奖补资金216万元。同年,金家坝镇突击清理境内大小河道89条,长40千米。桃源镇疏浚天亮浜新开河、金光村新开河、桃花源村永新河和新贤河4条骨干河道,长度4900米。桃源镇3万多亩苗木基地堆放疏浚河道淤泥后,苗木不但没被淹死,反而生长旺盛,河道清淤取得社会、经济效益双丰收。铜罗镇将重开迎春河、建成景观河道列为政府实事工程,按照"结合古镇风貌,配套老宅改造,重现江南小镇风韵"的整体要求,投资400多万元,开挖土方4万多立方米并全部外运,新做石墙700多米并安装金山石栏杆,新建2座涵洞桥,新建3立方米每秒排涝站和防洪闸1座,提增高路联圩排涝动力和镇区调水功能,使迎春河不仅成为该镇一项主要水利工程,也成为市民休闲的好地方。南麻镇疏浚重点河道5.5千米,土方8.9万立方米,其中,将桥南村寺头浜作为整治重点,投入120多万元,疏浚土方1.7万立方米,并在河道两侧建直立墙,浇筑2.5米宽水泥路面,安装部分路灯,改善居住环境和方便村民进出。黎里镇对主要河道横夹化港、西晒港、坝里港疏浚工程实施招投标施工,疏浚河道总长1652米,总土方量9188立方米。

2004年6月3~10日,市政府组织水利、农林、粮食、农办等部门领导和技术人员分5个组,对全市52条重点河道进行验收,总长74.74千米,总土方81.57万立方米。同年7月30日至8月3日,市政府组织四个农村工作片和有关部门领导和技术人员,对全市上半年河道长效保洁管理工作进行考核。盛泽、黎里、震泽三镇获一等奖,桃源、芦墟、平望、七都、松陵五镇获二等奖,横扇、同里、吴江经济开发区获三等奖。同年12月22~31日,市水利局对24条重点疏浚河道验收,长度 48.57 千米,土方 57.24 万立方米。

2005 年 9 月 6~7 日,在全市上半年河道长效保洁管理工作进行检查考核中,松陵、盛泽、黎里、震泽镇获一等奖,平望、桃源、芦墟、横扇镇和吴江经济开发区获二等奖,同里、七都镇获三等奖。同年,横扇镇疏浚河道 6 条,长度 5.4 千米,土方 3 万余立方米。震泽镇疏浚集镇市河,新乐村腊缺浜、庞家埭河,永乐村徐家埭、李家浜、华鑫塘麻漾环河疏浚,总长度 9923 米,总土方 10.1 万立方米,投入资金 73.54 万元;龙降桥村、双阳村投入资金 20 万元疏浚河道,总长度 4658 米,总土方 4.86 万立方米。桃源镇通过公开招标择优选择施工队伍,疏浚河道 9 条,土方 14.79 万立方米,投入资金 108.51 万元。平望镇疏浚农村居民区较为集中和严重影响排涝灌溉的重点河道 30 千米,镇级补助资金超 30 万元。八都镇对徐家漾联圩贯北排水站 1800 米的进水河道,采用高压水枪冲刷河床,通过吸泥泵向临近废坑、桑田输送淤泥的施工方法,清除淤积土方 1.4 万立方米,使疏浚后河床高程控制在 0.8 米,过水断面 10 平方米(原断面不足 2 平方米),常水位深 1.6 米(原水深只有 0.2~0.3 米)。盛泽镇完成兴桥村三洞港(长 800 米)疏浚土方 0.65 万立方米,河床高程疏深至 1 米,保持常水位 1.8 米,过水断面 14 平方米;红洲村看鸭浜(长 480 米)疏浚土方 0.57 万立方米(其中外运 0.34 万立方米),河床疏深至吴淞高程 0.5 米,保持常水位 1.7 米,过水断面 12 平方米;南麻社区疏浚重点河道 4 条,长度 2.28 千米,土方 3.3 万立方米,投入资金 24.7 万元。黎里镇对匠人港、新开河、浮楼港 3 条河道实施最低价招标疏浚。

表 8-2　　　　　　　　2003~2005 年吴江市农村河道疏浚工程完成情况统计表

分类		合计	2003 年	2004 年	2005 年
县乡河道疏浚完成工程量	疏浚河道(条) 县级河道	4	1	2	1
	乡级河道	64	11	24	29
	疏浚长度(千米) 县级河道	17.99	5	5.79	7.2
	乡级河道	154.38	36.9	54.63	62.85
	疏浚土方(万立方米) 县级河道	41.76	17.5	16.02	8.24
	乡级河道	286.38	61.53	89.45	135.4
村庄河塘疏浚整治完成工程量	河塘数(条)	55	—	40	15
	土方(万立方米)	71.7	—	47.5	24.2
	配套建筑物(座)	132	—	63	69
综合效益	改善排涝面积(万亩)	7	1	3	3
	改善灌溉面积(万亩)	4	1	1	2
	增加旱涝保收田(万亩)	—	—	—	—
	增加土地复垦面积(亩)	70	20	20	30
	发展水产养殖(亩)	46	0	10	16
	植树造林(万株)	4	1	1	2

四、长效保洁

早期的河道疏浚,多为畅通河道水系,确保防洪排涝安全。随着人民生活水平提高、经济社会发展需求,及时清理河道水面漂浮物、防止垃圾沉积淤塞等内容逐步纳入疏浚整治工作之中。由此,河道长效保洁管理机制应运而生。

2001年,菀坪镇在河道双清工作中结合实际,不断摸索创新,提出"三个落实两个结合"(即落实责任到分管领导,落实合同到责任人,落实检查考核措施;与洁净村庄活动相结合,与水利建设相结合)的河道长效管理机制。主要做法:明确一名副镇长分管,农村工作片协助,下乡干部到村负责,各村村主任统一主管河道长效管理工作。镇政府拿出20万元用于各村奖励。各村与责任人签订承包合同15份,涉及区域内所有大小河道87条,合同总金额12万元。镇政府每季度对各村进行一次定期检查,全年根据季节性要求三次突击检查。各村每月一次自行检查。结合村级主要道路保洁、农户家前屋后保洁,做到河边、道路、村庄统一清理。结合清淤泥、清水草、疏通河渠通道,绿化、硬化设施,综合治理。

2002年,菀坪镇用于突击清理河道的经费从五年前的24.4万元下降到12万元,每年节省费用近12.4万元。全镇河道水质达到国家二类水质标准。区域内基本实现无漂浮、无茂盛杂草、无大块水草、无白色垃圾、无暴露垃圾。共建成河边绿地6块、河边林带5条,总长度3500米,防洪圩堤绿化带,总长度17千米。菀坪的经验引起关注并产生连锁效应。七都镇群幸村、沈家湾村在全面开展河道"双清"工作的基础上,落实专人、落实经费、落实考核,实施河道长效管理,取得明显成效。主要做法是:优先选用年龄在60岁以下、家庭比较困难、进厂就业有困难、责任心比较强的劳动力做保洁人员,解决其就业、生活及"二金一费"(公积金、公益金、以资代劳费)个人上交款的困难。保洁人员每月基本报酬300~400元,其中一部分纳入考核,年终根据考核得分一次性发放;对保洁效果突出的再给予适当奖励。与保洁人员做到"四定"(定河段、定人、定岗、定责),并建立"四本台账"(河道示意台账、保洁台账、报酬台账、考核台账)。全年花费不足万元,便通过保洁人员的努力,达到河道常年无漂浮物、无水草,水质净、环境美的目的。接着,七都镇全面推广群幸村、沈家湾村落实河道长效管理机制的做法,镇财政按每村6000~10000元的标准实施补贴。在此基础上,其他镇亦相继对农村河道长效保洁管理机制进行探索,把河道疏浚与清理河岸杂物、水面漂浮物等相结合,使之前期疏浚畅通一片水系,后期保洁维护一片水系。

2003年2月,市政府出台《关于吴江市农村河道长效保洁管理的实施意见》,对保洁管理的范围要求、实施办法、组织领导等提出具体要求,并配套出台《吴江市河道长效保洁管理考核细则》。农村河道长效保洁管理经费实行市、镇、村三级负担。经市考核合格,市级补助标准为:2000人以上村,每年每村5000元,2000人以下村,每年每村4000元;镇级补助1:1与市级配套;其余由村自筹解决。市对镇每年考核2次(上、下半年各1次),镇对村考核每季度1次,各村每月自查1~2次。同时,市里还采取随机抽查和暗访对各地进行考核督促。在考核标准上,各镇必须有一半以上的村实施长效管理,而且2次平均得分低于80分的镇相应核减市级补助经费。为确保专款专用,各镇都在水利站设立河道保洁专用账户,市级补助经费分上、下半年2次划入专户。自此,农村河道长效保洁管理机制全面形成。各镇、村都根据市里的实施意见和考核办法,相继制定相应的规章制度和验收考核办法,并严格检查考核。全市2298条2124千米的农村河道全部建立长效管理机制。

2004年初,部分乡镇针对行政区划调整的实际情况及时调整河道保洁长效管理领导班子和工作班子,重新制定《河道保洁长效管理实施意见》和考核评分细则,与各村签订长效保洁责任书。同年底,全市河道管理机构381个1103人,聘用保洁员1761人,河道长效管理效果明显提高。

2005年底,横扇镇菀坪社区首次尝试长效管理的市场化运作,面向市场公开招聘专职保洁员,按照"定人、定河、定责任"的要求全天候负责社区内河道保洁。成立镇管理办公室和督查小组,制订《河道长效保洁的管理实施细则》和《河道长效保洁管理考核办法》,负责河道保洁管理的监督、检查和考核。各村负责河道保洁的日常监督。镇政府统一采购保洁船只、打捞工具、救生设备,购买保洁员人身意外伤害保险。保洁经费除市级财政补助外,由镇财政配套。保洁员工资经考核后由镇政府统一发放。之后,此办法在全市推广,大部分镇实行长效管理市场化运作,使河道保洁逐步走上制度化、规范化的轨道,进而形成市、镇、村三级责任制为模型的管理网络。

第二节　城区水环境治理

水是吴江城市的脉络、水乡的灵魂。拥有1000多年历史的吴江城区西滨太湖,京杭运河贯穿南北,老城区及开发区河道纵横,经纬交织,数以百计,成为"千年水天堂,人间新吴江"的自然品牌。中心城区依然保持着"水陆平行、河街相邻"的双棋盘格局和小桥流水的古朴风貌。1992年5月,吴江撤县建市。改造老城区,建设新城区,城市基础设施发展快速推进。随后相继开展的创建"全国卫生城市"(1996年1月获得称号)、"国家卫生城市"(1997年5月获得称号)和"国家园林城市"(2005年底通过评审)活动,更是要求吴江市城区河道做到"水清、面洁、岸净"。为此,吴江在市区水环境治理中,通过疏浚市区所有河道和长效保洁,修筑沿河驳岸和绿化,建设污水处理厂和雨污分流管网,搬迁工业污染企业和节水减污等综合治理措施,营造具有江南水乡特色的城市水环境。

一、调水换水

2003年下半年,吴江市城区水环境综合整治工程全面启动。整治内容涉及控制排污、河道整治和调水建筑物三方面:建立控制性法规,严禁直接向河道内排放生产、生活污水,全面启用污水处理设施进行污水处理;对城区河道全面疏浚、拓宽,确保一定的水深、水流动,减少淤积;通过动力引排水,使城区河道水流达到一定流速,减少污染物沉积。其中,确保河道通畅、水流动、控制污水排放是河道整治重点。自此,城区水环境治理成为常态化。

(一)调水、排涝兼并运行

城市中心区范围,北城河以南,西塘港以东,东城河以北,京杭大运河以西,区内有中山河1条河道。疏浚中山河,改造垂虹机房,将原流量0.5立方米每秒增加到1立方米每秒,加大中山河的水流速度,减少淤积;同时,在北城河运河口建1座2立方米每秒的调水泵站,防止进入北城河的污水向西塘港回流,确保北城河的调水。

城北区范围,北城河以北,西塘港以东,瓜泾港以南,京杭大运河以东,区内有大江河、七里港、柳胥港、新浜里等河道。新建七里港东调水泵站(流量2立方米每秒)和七里港西分级闸,改造大江河涵洞,接通北龙河至柳胥港的涵管。调水运行时,既可关闭七里港西分级闸,利用西塘港向大江河的补水,通过新浜里河进入七里港,由调水泵站向京杭大运河排出;也可开启七里港西分级闸和柳胥涵洞,将七里港和柳胥港内的污水通过调水泵站向京杭大运河排出;还可通过城北泵站将木浪小区和大江河内的污水排入京杭大运河。

吴江宾馆以南区范围,双板桥河以南,梅里河以东,吴家港以西,区内有双板桥河、宾馆河、水厂河、知青河等河道。新建宾馆河南分级闸、水厂河东涵洞。调水运行时,通过内吴家港、梅石河向知青河补水,开启宾馆河南分级闸、水厂河东涵洞、双板桥涵洞,通过西门泵站将水厂河、宾馆河、双板桥河中的污水向西塘港排出;当西塘港和东城河超过警戒水位时,再通过东城河、三江桥泵站向京杭大运河排出。

梅石河以西区,打开曲尺湾闸和石里河涵洞,贯通梅石河。挖通内苏州河,连接三船路和牛腰泾,确保西部外围补水源。开通并拓宽翁家堂河和小庙港,沟通大庙港、外圩河、石里村东西河,确保梅石河有足够的西部补水,改善梅石河水质。

渔业村区,将大江河向西延伸到渔业村,与牛腰泾接通,并新开乌步港西段和红光中心河,使内部河道形成水循环。

大发市场南高新村区,新开和改造原内部河道,使之与路网规划相适应,内部污水排入新开河,通过三江桥泵站向京杭大运河排出。

整个运西区中,分区包围外的水环境由内苏州河、牛腰泾、西塘港、七里港、北城河、东城河、梅石河、吴家港、行船路、三江桥等骨干河道进行循环调节,全面疏浚骨干河道。

(二)防洪和水环境治理

大包围二期工程,完善大包围南片约5平方千米的防洪排涝设施,新建三江桥泵站、行船路闸、吴家港闸(同时拆除水厂闸)、内苏州河闸(将团结联圩、部队农场并入市区大包围),搬迁部队农场南机房和马韩机房。

水环境治理工程,新建北城河调水泵房、七里港东调水泵房,垂虹泵站增泵改造,新建七里港西分级闸、宾馆河南分级闸、水厂河东涵洞,拆除石里河涵洞、花园河涵洞、曲尺湾闸和水厂闸。

上述工程除团结泵站(马韩机房迁移)、部队农场泵站分别于2005年8月、10月竣工,内苏州河防洪闸12月开工外,均在2005年5月前竣工。

表8-3　　　　　　　　2003~2005年吴江市城区水环境综合整治工程表

工程名称	工程位置	工程类别	工程规模	备注
三江桥闸站	三江桥东侧	排涝泵站/闸	9立方米每秒+6米闸	防洪二期/闸站结合
行船路防洪闸	行船路南端	防洪闸	孔径9米	防洪二期
吴家港防洪闸	吴家港南端	防洪闸	孔径6米	防洪二期
苏州河防洪闸	苏州河南端	防洪闸	孔径6米	防洪二期
宾馆河分级闸	宾馆河南知青河口	水闸	孔径4米	调水
七里港分级闸	七里港西端	水闸	孔径4米	调水
七里港调水泵站	七里港东端	泵站	2立方米每秒+4米闸	调水泵站/闸站结合
北城河调水泵站	北城河东端运河口	泵站	2立方米每秒+4米闸	调水泵站/闸站结合
垂虹泵房	垂虹桥东侧	泵站	增1立方米每秒	调水泵站/闸站结合

（续表）

工程名称	工程位置	工程类别	工程规模	备注
水厂河涵洞	自来水厂处	调水涵洞	孔径2米	调水
拆石里河涵洞	石里河北端	—	—	开通调水
拆花园河涵洞	花园河南端	—	—	开通调水
拆曲尺湾闸	梅里河中段	—	—	开通调水
拆水厂闸	自来水厂处	—	—	开通调水
部队农场机房迁移	迁到部队农场西侧	排涝泵站	2立方米每秒	补偿工程
马韩机房迁移	迁到三船路河边	排涝泵站	2立方米每秒	补偿工程

（三）调水运行路径

吴江城区主要进水河道有西塘港、牛腰泾、内苏州河、吴家港、行船路等5条河,出水河道有七里港、大江河、北城河、东城河、三江桥河、西塘港等6条河。可将东太湖来水从西、南、北三个方向引入,通过32种调水路径向东排入京杭运河。城区调水的具体实施由松陵镇区防洪工程管理所根据河道水质监察情况,按照"调水运行路径"运用工程措施进行;同时对建筑物和机电设备进行维护、保养。

表8-4　　　　　　　　　　2003~2005年吴江市城区河道调水路径表

起点	经过路径	终点
北大港	→行船路→新开河→三江桥→	运河
北大港	→行船路→盛家库→东城河→	运河
北大港	→吴家港→盛家库→花园河→三江桥→	运河
北大港	→吴家港→盛家库→东城河→	运河
北大港	→吴家港→盛家库→西塘港→	太湖
北大港	→行船路→盛家库→西塘港→	太湖
三船路	→内苏州河→梅石河→知青河→宾馆河→西塘港→	运河
三船路	→内苏州河→梅石河→双板桥→西塘港→东城河→	运河
三船路	→内苏州河→梅石河→牛腰泾→西塘港→东城→	运河
三船路	→内苏州河→梅石河→牛腰泾→西塘港→北城河→	运河
三船路	→内苏州河→牛腰泾→西塘港→北城河→	运河
三船路	→内苏州河→牛腰泾→西塘港→东城河→	运河
三船路	→内苏州河→牛腰泾→西塘港→	太湖
三船路	→内苏州河→梅石河→牛腰泾→西塘港→	太湖
三船路	→内苏州河→梅石河→牛腰泾→西塘港→花园河→	运河
三船路	→内苏州河→牛腰泾→西塘港→花园河→三江桥→	运河
三船路	→内苏州河→梅石河→牛腰泾→西塘港→东城河→	运河
三船路	→内苏州河→梅石河→牛腰泾→西塘港→北城河→	运河
西塘港闸	→西塘港→七里港→	运河
西塘港闸	→西塘港→大江河→	运河
西塘港闸	→西塘港→北城河→	运河
西塘港闸	→西塘港→盛家库→东城河→	运河

（续表）

起点	经过路径	终点
西塘港闸	→西塘港→花园河→三江桥→	运河
西塘港闸	→西塘港→大江河→新浜里七里港→	运河
太湖	→牛腰泾→西塘港→七里港→	运河
太湖	→牛腰泾→西塘港→大江河→	运河
太湖	→牛腰泾→西塘港→北城河→	运河
太湖	→牛腰泾→西塘港→盛家厍东城河→	运河
太湖	→牛腰泾→西塘港→花园河三江桥→	运河
运河	→柳胥港→七里港→	运河
北大港	→吴家港→盛家厍→中山河北城河→	运河
北大港	→行船路→盛家厍→中山河北城河→	运河

注：可任选一路或多路同时运行。

（四）河道保洁管理

1992年创建"全国卫生城市"活动开始后，市水利、建设、城管等部门协调工作，保证城区河道"水清、面洁、岸净"。成立市河道管理所，专职管理市区河道保洁，松陵镇区防洪工程管理所配合市区河道换水。市河道管理所逐步形成、完善《市区河道保洁考核管理办法》。配备船只和出动保洁人员常年打捞河道水面漂浮物，城区河道保洁全覆盖；管理人员实行全天流动巡查，消灭河道保洁死角；落实换水机制，调节河道水质；严格检查考核，施行奖惩制度。截至2005年底，运西大包围属城区的23条河道有20条纳入日常管理，建成区达到全覆盖。城区河道整治趋向生态治理，河道设施建设体现亲水性和生态性。

二、沿河绿化

在疏浚市区河道让水变清和修筑沿河驳岸的同时，开展植树造林，将水融合在绿化中，形成融"湖、河、水、城"为一体的绿色生态格局，构成布局合理、功能完善、结构稳定的城市绿化体系。

1993年，吴江市被林业部评为"全国平原绿化先进县（市）"。

1996年，市政府依据城市总体规划，委托江苏省城乡规划设计院编制《吴江市松陵绿地系统规划》，《规划》以"再现自然"为指导思想，结合全市河道众多的地域特色，形成以东太湖生态环境为依托，以生态环、花园环、水景环、京杭运河两岸绿带为主轴，以中山街、街心花园、浮玉洲绿带为绿轴的绿地系统构架。同年，被江苏省政府列为"太湖流域综合治理造林示范县（市）"。

1997年，被全国绿委授予"全国造林绿色百佳县（市）"称号。

1998年，被江苏省列为"城乡一体现代化林业建设示范区"。

1999年，开始争创"国家园林城市"。沿河建设按照"有河必有路，有路必有绿，有绿必有景，有景必有特色"的四有原则实施。绿化与道路建设同步规划、同步设计、同步实施，做到路通树成、绿现路美。

2000年前,在市区古运河、中山街市河、西塘河、新开河、吴家港等主要河道两岸相继建成滨河绿地,添置休闲设施和观赏景点,利用驳岸种植垂柳、黄馨等植物,大搞垂直绿化,凸现"人在花间走,柳在岸上行"的"滨河绿地"效果。市区32条主次道路全部绿化,绿化普及率100%。在市区周围和城市功能分区的交界处建设绿化隔离带,建成运河东岸30~50米宽的生态防护林带、松陵污水厂绿化隔离带、饮用水水源吴家港防护绿地以及苏州河、西塘河等市内主干水系防护绿地。在郊外,南有占地1000多亩的吴江市苗圃,东有占地2000多亩的肖甸湖森林公园,西有沿太湖生态保护区,北有绕城高速生态防护林,形成城内外交相辉映、相得益彰、绿色环抱的大生态格局。在老城区建成中山街街心花园(三、四期)、垂虹遗址公园、运河风光带、三江桥绿地。

2002年,建成北入口广场、体育广场、世纪广场、云梨桥绿地、航运码头绿地和西塘桥绿地,合计占地10公顷。

2003~2004年,建成市区南入口大型景观绿地、鲈乡南路沿河绿地、江陵大桥绿地、三里桥生态园、南邮吴江职业技术学院东南侧景点绿地、气象局南侧绿地、西塘河景观绿地,其中三里桥生态园,占地10公顷,在充分保护和展示古桥风貌的同时,尽力体现运河文化和江南水乡园林风貌特色。

截至2005年,中心城区建成公园绿地28处,新增绿地面积45公顷。全市用于绿化建设的投入达7.5亿元(2001~2005年)。同年10月,建设部规划中心卫星遥感检测,全市绿地率、绿化覆盖率、人均公共绿地面积均达到国家园林城市标准。"天蓝、地绿、水清、居佳",国家园林城市成功创建。

三、污水处理

90年代开始,借助创建全国卫生城市的动力,除大力建设污水处理厂外,还充分应用综合防治技术,通过搬迁工业污染企业、节水减污、雨污分流、信息化管理、提高污水厂尾水排放标准等,有效控制污水排放量。城区原有6家大小污染企业全部迁至工业区。市政府还出台政策,对新开发项目进行严格技术审批,开发商不能做到雨污分流的不予通过。

(一)建设污水处理厂

吴江污水处理厂:位于吴江城北瓜泾桥畔。1995年开工,1996年一期工程竣工并投入运行,日处理污水能力5000吨。2000年,在原基础上投资3500万元,扩建日处理污水能力1.5万吨及管网配套建设。2005年,继续扩建,总投资4842万元,日处理污水规模达到3.5万吨。

吴江经济开发区运东污水处理厂:2004年9月,一期工程(日处理污水能力1万吨)投入运行。2005年,二期工程(日处理污水能力2万吨)基本结束。一期、二期管网投资约1.6亿元,厂区建设投资约3500万元,总投入1.95亿元,污水主管道长度达60千米。

盛泽镇联合污水处理厂:位于盛泽镇西侧原西白漾围垦区,占地面积为3.14公顷,处理污水来自附近10家印染厂。污水厂设计规模为3万吨每天,工程总投资概算金额为3278万元(不包括征地、电力增容及厂外道路建设费)。工程分两期建设,一期工程规模为1.5万吨每天,于1996年建成投入运行,是当时国内规模最大、工艺先进的印染废水处理厂。1996年底,通过环保部门达标验收。1997年,在全国环保执法检查中受到国家环保总局领导好评。二期工程规模 1.5 万吨每天,于 1998 年建成投入运行,总处理水量达到设计规模。

盛泽镇 5 万吨综合污水处理厂:盛泽水处理发展有限公司旗下 7 个污水处理厂之一,是太湖流域水污染治理的重点项目之一。占地约 150 亩,采用活性污泥法处理工艺。2003 年 5 月投入运行,每天能处理工业废水 3 万吨、生活污水 2 万吨。

2005 年底,结合开发区和南部新城区建设,吴江启动城北 5 万吨污水厂和城南 12 万吨(一期 3 万吨)污水厂建设规划的编制(原二个污水处理厂使建成区 70% 的生活污水得到处理)。盛泽多个污水处理厂的相继建成,使盛泽镇的污水日处理能力增加到 17.5 万吨,水环境质量大为改善。同年起,全市开始征收污水处理费,当年征收 4064 万元。污水处理费施行“收支两条线”管理,用于各镇(区)污水处理厂和管网的建设、运行。

(二)建设雨污分流管网

在建设吴江污水处理厂和吴江经济开发区运东污水处理厂的同时,加强老城区环境整治,逐步推进城市雨污分流改造工程建设。主要是大力建设完善城区污水收集系统,结合城市道路建设配套新建污水主管网;新建小区及公建全部实行雨污分流;结合城市建设和改造,投入 2500 多万元,先后完成鲈乡二村、鲈乡三村、鲈乡二区、鲈乡四区、迎松小区、教师新村等老小区以及饭店、学校等排放大户的雨污分流改造工程,完善城市污水截流主管网。

(三)水质监测

吴江境内河流监测断面 29 个,其中跨界出境断面 2 个,分别为王江泾 1 和界标断面;其他水质监测断面分别是太浦闸、瓜泾口西、乌镇北、太平桥 1、浔溪大桥、莺湖桥、吴娄港、雅湘桥、平望大桥、芦墟大桥、西塘桥、大江桥、太平桥、梅堰桥、前陆港桥、屯村大桥、窑港桥、金牛大桥、平望运河桥、新桥、双塔桥、沈庄漾、大德塘、思古桥、坛溪二桥、溪南桥和双林港。

(四)排污费

1989 年 2 月,县政府颁布《吴江县排水污染费征收、管理、使用暂行办法》,全县开征排污水费。吴江市统计局资料显示,1989~2005 年,吴江市(县)共征收排污费 1.2 亿元。

表 8-5　　　　　　　　　1989~2005 年吴江市(县)排污费征收情况　　　　　　　　单位:万元

年份	排污费	年份	排污费	年份	排污费	年份	排污费
1989	154.32	1991	426.00	1996	535.00	2001	120.00
1987	100.80	1992	497.00	1997	450.00	2002	1300.00
1988	223.60	1993	500.00	1998	480.00	2003	1304.00
1989	285.00	1994	501.00	1999	587.00	2004	1350.87
1990	350.00	1995	544.00	2000	790.00	2005	1512.51

第三节　东荟嘴至太浦河闸上引河疏浚

东太湖是太湖主要泄洪通道,也是下游地区重要的供水源地,而太浦河既是太湖流域的主要排水出路,又是干旱年份向下游供水的给水河道。东荟嘴至太浦河闸上引河段是沟通东太湖和太浦河的咽喉要道。保证该引河段畅通无阻对发挥太浦河功能和改善东太湖水环境至关重要。20 世纪末,东太湖淤积严重,东荟嘴至太浦河闸上引河段更是由于湖滩迅速淤涨,成为严重沼泽化的湖区,高程大于 2 米的淤积滩直至对岸,仅留下南岸宽度不足 1 千米的通道,形成狭窄的咽喉地形;东太湖东南沿岸的出水口和下游湖区淤积严重,湖底高程大部分在 1.6 米以上,淤积严重的区域超过 2.55 米。太浦河河口以西地区围网率为 62%,以东高达 80% 以上,其间只剩下一条 80 米宽、上下贯通的水道,严重阻滞水流,影响东太湖泄洪和供水;同时,也远不能满足太浦河泵站的设计流量。因此,需对湖区和太浦河闸上引河段进行疏浚。

一、河(湖)段调查

1997 年,太浦河入湖喇叭口段疏浚后,太浦河泄水情况稍有好转。但喇叭口以上至东太湖入口东荚嘴间长约 4.6 千米的湖区,阻水仍十分严重,太浦闸泄洪能力得不到充分发挥,直接影响到太湖流域的防洪调度。在汛前(4 月)和主汛期前期(5 月 1 日~6 月 15 日),不能通过太浦河有效地预降太湖水位,主汛期也达不到应有的泄洪流量。枯水年份太浦河承担向下游供水的任务。当太湖水位在 2.65 米或 2.5 米时,按闸上河口(湖区)不疏浚的现状工况,其过水能力与设计供水流量差距甚远。2000 年调查资料显示:

东荚嘴上游西太湖水域(为西太湖与东太湖入口东荚嘴之间的过渡段),沿太湖南岸,从大钱口起,经幻溇、吴溇至陆家港长约 32 千米,平均宽度约 12 千米,大钱口处宽 22 千米至东荚嘴逐渐收敛为 2.2 千米。由于上游西太湖向东太湖的泥沙搬运,湖底逐渐抬高,从大钱口以上的平均底高程 1 米左右至幻溇已达 1.5~1.6 米,三山以下湖面明显缩窄,湖底水草丛生,长达 50 厘米以上,并布设有少量捕虾底笼。

东荚嘴至喇叭口上口段,长约 4.6 千米,湖底高程 1.1~2.2 米,大多在 1.6 米以上,湖底淤泥层厚达 1 米左右,水草丛生,湖面宽度 2.2~5 千米。该段上段长约 2 千米,湖面除沿南岸有一条宽约 800 米的敞开水面为捕捞区(布有大量的底笼及鱼簖)以外,其余均为围网养殖区,围网率 80% 以上(中央有一条宽约 50~100 米、上下贯通的水道)。

喇叭口段,上宽 2.3 千米,至下口太浦河口宽约 700 米,中央为长条形的喇叭口浚槽,底宽 320 米,底高程 0~1 米,边坡 1∶5,长 1650 米,1997 年疏浚完毕(太浦河桩号 40+747~42+397 米),槽两侧湖底高程大多在 2 米以上,槽南侧除有宽 200 米的水面敞开外,围网率达 90% 以上。北侧为太浦河喇叭口排泥场。

太浦河闸上引河段,从太浦河(桩号 40+747 米)至太浦闸(桩号 38+700 米),长 2047 米,底宽 320~160 米,底高程 0 米左右,边坡 1∶3,其中泵站引水渠口(距太浦闸 450 米,桩号 39+150 米)以上约 1600 米,该段时有少量底笼及鱼簖。

二、疏浚工程

根据《太湖流域综合治理总体规划方案》,太浦河行洪要求,基本满足 1954 年型洪水(50 年一遇)对太浦河排洪的要求,减少东太湖口东荚嘴至太浦河进口段水头损失。太湖设计水位 2.65 米,相应太浦河泵站进水池水位 1.9 米时,满足太浦河泵站供水设计流量 300 立方米每秒;当太湖水位降至 2.5 米,进水渠口水位降至 1.7 米时,供水流量不低于 275 立方米每秒。在满足防洪及供水的同时,工程规模还需为改善东太湖水质和生态环境创造条件。

东荚嘴至太浦河闸上引河段疏浚工程的治理标准分三段设计。东荚嘴至喇叭口上口段:

底宽 450 米,底高程 0 米,边坡为 1：5,禁养宽度 570 米,向上游布置 500 米长喇叭口状连接段与西太湖相连,纵向坡度为 3‰,底高程 0~1.5 米,连接段上口宽 650 米,北侧疏槽边线以扩散角 21 度 49 秒,向上游单向扩大,边坡 1：5。喇叭口段：底宽 310 米,底高程 -1 米,边坡为 1：5,禁养宽度 400 米。太浦河闸上引河段：底宽 150~288 米,底高程 -2 米,边坡为 1：3,两侧各留 10 米宽平台。

2000 年,国家水利部在《关于太浦河泵站水泵安装高装方案论证报告的批复》中要求抓紧"研究东太湖东茭嘴至太浦河进口段疏浚"方案,指出,"鉴于现状东太湖口东茭嘴至太浦河进口段过水能力不足,对防洪和供水均有影响,需要疏浚。疏浚断面和规模由太湖局另行组织论证报审。为取得必要的论证资料,应抓紧组织水文测验"。8 月 17 日,国家水利部太湖流域管理局委托国家水利部电力工业部上海勘测设计研究院承办东茭嘴至太浦河闸上游疏浚工程初步设计。

2001 年 9 月 14 日,上海勘测研究院就东太湖疏浚初步设计方案与吴江市水利农机局交换意见,并到庙港实地了解有关情况。10 月,国家水利部电力工业部上海勘测设计研究院编制完成《东茭嘴至太浦河闸上引河疏浚工程初步设计报告》(送审稿)。

2002 年 9 月,国家水利部批复《东茭嘴至太浦河闸上引河疏浚工程初步设计报告》,在治理太湖骨干工程建设的同时,同步实施东茭嘴至太浦河闸上引河疏浚工程。

2003 年 4 月 28 日,太湖流域管理局以《关于东茭嘴至太浦河闸上引河疏浚工程开工申请的批复》批准东茭嘴疏浚工程开工申请。同年 5 月 7 日至 7 月 20 日,完成禁养桩施工,在沿禁养区范围两侧布置预制钢筋混凝土禁养桩 272 根(间距 50 米,桩尺寸为 0.3×0.3×10.0 米)。同年 5 月 22 日至 2004 年 10 月 12 日,完成河道疏浚工程,长度 6708 米,土方 411.80 万立方米。整个工程概算总投资 1.49 亿元,批复总投资 1.11 亿元。

第四节　东太湖综合整治

东太湖是太湖东南部东山半岛东侧的湖湾,呈刀形状,与西太湖之间以狭长的湖面相通,南北长约 30 千米,最大宽度 9 千米,分属吴江市和吴中区,担负着沿湖地区 200 平方千米农田的灌溉排水、生产和生活供水、船只航道等任务。东太湖环湖大堤线长 81 千米(陆家港闸—大鲇鱼口闸—大缺港东闸—东山江苏省大堤),水边线有 143.6 千米(含东山三大坝)。吴江市东太湖环湖大堤北起吴江经济开发区(松陵镇)杨湾港,南至七都镇,堤顶高程 7 米,顶宽 5 米,是沿线城镇防洪保安的生命线和沿湖观光的风景线。

一、污染调查

由于太湖分洪导向的变化,东太湖出水港减少,泄水能力日趋减弱,加之社会经济快速发展过程中带来的一系列影响,使东太湖水污染问题愈发严重。

(一)围垦造田

湖流从西太湖挟带大量泥沙进入东太湖,湖内水生植物阻流滞沙,泥沙沉积引发围湖垦殖和养殖,东太湖的水面面积迅速减少。据历史资料,1916 年,东太湖水面积为 265 平方千米。

50 年代初,水面积还有 188 平方千米。60、70 年代,在"消灭钉螺""围湖造田""以粮为纲"政策指导下,东太湖被不断围垦造田。2005 年调查,有大小围垦圩子 20 多个,圩区面积达 55.5 平方千米,水面积由 180 平方千米降至 124.5 平方千米,直接减少蓄水库容约 1 亿立方米。其中吴江市围垦 27 平方千米,主要为农用地,以养殖为主。围垦区的形成和水面的缩减使东太湖湖形发生改变。吴江市围垦区涉及吴江经济开发区(松陵镇)、吴江市东太湖水产养殖场、横扇镇、七都镇 4 个镇(区)。东太湖围垦区土地利用分农业用地、建设用地以及未利用地三类。主要为农用地,其中又以养殖鱼塘为主,建设用地、未利用地相对较少。

表 8-6　　　　　　　　　　2005 年东太湖吴江市围垦区土地利用情况表　　　　　　　单位:亩

围垦区土地利用性质	面积
农用地	28831.3
建设用地	5824.7
未利用地	5520.0
合计	40176.0

（二）围网养殖

80 年代后期,受经济利益的驱动,围网养殖在东太湖迅速扩张,成为太湖沿岸地区新形成的水产养殖基地。1998 年底,国务院要求东太湖围网养殖面积控制在 10 平方千米之内,但实际分布的围网养殖面积仍达 16.67 平方千米(包括 6.67 平方千米轮养)。1999 年,东太湖养殖面积上升至 32 平方千米,比 80 年代中期增长 10 倍以上。90 年代末,水产年总产量达 603.8 万千克。2000 年前后,仅存的 124.5 平方千米水面中,有 108 平方千米范围内出现围网养殖,占东太湖水面的 86.75%。2001 年的卫星遥测图显示,原来浩瀚宽阔、清澈明净的湖面形如蜘蛛网笼罩,完整明净的水域变得支离破碎、面目全非。

（三）水生植物

90 年代初,东太湖水生植物有 66 种,芦苇、茭草面积达 40.27 平方千米,年生物量达 37.8 万吨,其中用作鱼饲料的有 26.97 万吨;中位滩地的沉水植物面积约有 100 平方千米,蕴藏生物量达 15 万吨。90 年代末,东太湖水生生物种群发生很大改变,茭草与芦苇基本上很少见到,存量不足原来的 10%,苔草等沉水植物的生产量仅为原来的 15% 左右。水生植物大幅度减少使藻类过度繁育。1999 年,蓝藻在局部湖区泛滥。此后,东太湖水质富营养化危险信号频发。

（四）生化指标

80 年代初,东太湖水质的主要指标如化学耗氧量、总氮、总磷量比全太湖平均略高,但仍基本达到Ⅱ类水标准。90 年代以后,勉强维持Ⅲ类水标准。2003 年,对东太湖南部湖区底泥柱状样分析,底泥中有机质和总氮含量较高,这与湖区 95% 以上区域分布有水生植物及长年累月养殖饵料残渣腐烂沉积有关。从垂直分布来看,表层有机质和总氮含量均高于下层含量 2~3 倍。底泥间隙水氨氮平均含量 3.45 毫克每升,总氮平均含量 4.19 毫克每升,分别高于湖水 24.6 倍和 6.3 倍,这种已污染的底泥逐渐慢性污染着湖水。2005 年,太湖水质保持Ⅱ类水标准的湖面已降到 30% 左右,而大部分水域水质已下降为Ⅲ类水标准,局部地区湖面污染严重,藻类繁生,富营养化程度加剧,水质已低于Ⅲ类水标准。

表 8-7 　　　　　　　　 1981~1996 年太湖与东太湖水质营养情况表 　　　　　　　单位: 毫克·升$^{-1}$

年份	区域	化学需氧量(毫克·升$^{-1}$)	总氮(毫克·升$^{-1}$)	总磷(毫克·升$^{-1}$)	营养类型
1981	太湖	3.40	0.98	0.02	中
	东太湖	4.13	1.27	0.07	中
1996	太湖	4.40	2.88	0.11	中高
	东太湖	6.4~7.7	0.98~1.35	0.037~0.1	中~富

表 8-8 　　　　　　　　　 1981~1999 年东太湖水质监测情况表 　　　　　　　　　单位: 毫克·升$^{-1}$

年份	区域	高锰酸盐指数	总氮	总磷
1981	湖区	4.10	1.27	0.07
1994		4.80	2.46	0.13
1999	湖区	5.60	0.97	0.06
	养蟹区	6.10	2.01	0.09
	养鱼区	23.70	4.21	0.42

（五）水流

据水文站资料,东太湖的出水量从 50 年代的 219 立方米每秒降到 80 年代的 149 立方米每秒。瓜泾口的出水量较以前大为减小。东太湖的泄洪能力,50 年代占全湖泄洪量的 80%~90%,80 年代约占 60% 左右,90 年代后期因为太浦河开通,泄洪能力有所提高,约占 70% 左右。

（六）淤沙

太湖湖区平均底高程 1.1 米,周边地区地面高程 2.5~4 米。东太湖的泥沙由风浪和湖流导致太湖流沙再分配引起。由于东太湖泄水量减少,带入的泥沙难以带走,造成淤积严重,湖底抬高,日益变浅。经水利勘测部门测定,太湖外来流沙量并不多,平均沉积速度为 0.09 毫米每年,而东太湖沉积速度为 1.83~2.99 毫米每年,大大超过入湖流沙的平均沉积率。南京地理湖泊研究所多年研究成果表明,东太湖湖底平均沉积速率为 1.24 毫米每年。2003 年测量结果,东太湖湖底较为平坦,湖底高程大部分在 1.6 米以上,湖区北部及东西沿岸带的湖底高程均超过 2 米,淤积严重的湖底高程超过 2.5 米。东太湖 2 米以下高程所占面积不足 60 平方千米。《东太湖沼泽化调查研究报告》表示,东太湖湖区大部分处于中度沼泽化和严重沼泽化阶段,无沼泽化湖区仅占湖面的 17.7%。

二、东太湖综合整治工程规划（草案）

东太湖水面缩小、水质污染、水流减少、淤沙增加对行洪泄洪、水资源、水环境、生态环境以及周边地区供水等都带来很大的压力。

2001 年 8 月 31 日,国务院对国家环保总局《关于申请批准太湖水污染防治"十五"计划的请示》作出批复,原则同意《太湖水污染防治"十五"计划》。要求太湖流域水污染防治工作"适应防治水污染的需要,积极推进产业结构调整,大力推行清洁生产,有效控制入湖污染物总量,实施截污、减排、清淤、引水、节流等有效措施"。提出治污工程、生态恢复工程和强化管理工程三大工程方案。进一步突出对磷污染物的控制,巩固工业污染源达标排放成果,治理生活污染源,实施农业面源污染控制示范。建立环太湖湖滨保护带、主要出入湖河流和入湖河口生态保护带、生态清淤及引江济太等生态恢复措施。重点治理西太湖,保护东太湖。

2005 年,开始启动东太湖综合整治工程规划(草案)。大致要点为:

(一)整治目标

满足流域防洪、供水、生态环境保护、经济社会可持续发展和城市化发展总体要求,同时减缓湖泊沼泽化进程。

(二)整治内容

疏浚东太湖开辟泄洪通道、围网清理、调整加固防洪大堤、沿湖生态建设,同时解决东太湖围垦的历史遗留问题。

围网清理:以水环境承载能力为基础,以国务院规划批准规模为控制,合理确定围网养殖规模。108 平方千米水面保留 10 平方千米围网养殖。

疏浚东太湖形成清水通道:对东太湖实施较大规模的疏浚清淤工程,打通泄洪通道,以满足太湖流域泄洪供水要求,同时较大地增加东太湖的调蓄容量、减少底泥对水体的污染。初步规划泄洪主通道总长约 32 千米,平均宽 400 米,平均疏浚深度 2 米,疏浚土方约 2560 万立方米。泄洪主通道至各泄洪口门的分通道约 12 千米,平均宽 300 米,平均疏浚深度 2 米,疏浚土方约 720 万立方米。高于湖底 2.2 米高程对水体有污染的区域平均清淤 0.5 米,清淤土方 780 万立方米。合计疏浚土方约 4060 万立方米。

退垦还湖:东太湖历史围垦 50 多平方千米,依靠围网养殖职业渔民 1.2 万人,依靠围垦养殖生产生活农村劳力 5626 人。东太湖疏浚土方需排泥场面积 2.03 万亩。退垦还湖多少涉及补偿损失、安置人员、排泥场面积等综合因素。规划保留东太湖围垦面积 50% 以上。

(三)资金测算和运作方式

根据不完整测算,东太湖综合整治仅清理围网、退垦还湖、疏浚东太湖三项综合整治基本项目,需投入资金 47.08 亿元。初步规划分析,中央投资可能性不大,省、市、县三级财政投资更不可能。最有可能的是运用市场机制,探索出一条土地资源与工程水利相结合的市场运作道路。即:结合排泥场的需要把围垦土地通过堤线调整保留下来,围垦土地调整为建设用地,通过出让后所得资金用于东太湖的综合整治项目建设。

按总面积推算,每亩投入 18 万元,扣除道路、绿化等基础设施、公共建设用地,净出让面积一般占总面积的 50%,出让土地的投入成本约为每亩 36 万元。按吴江市同期土地出让价格的综合平均价 60 万元每亩测算,保留的围垦土地通过出让后的净收益为 24 万元每亩,按保留围垦总面积推算净收益为 12 万元每亩。

整治后,东太湖湖面扩大 4 万亩,增加调蓄能力 1 亿立方米以上。

第九章 防汛抗旱

　　吴江市位于中、北亚热带过渡区,受季风影响,灾害性天气时有出现,洪涝灾害频繁,旱灾虽少但也有发生。历史上,广大劳动人民历来有冬春兴修水利和夏秋抢险抗灾的传统习惯,但多为民间自发行动,缺乏严密组织指挥和科学技术条件,往往被动应战,损失亦大。中华人民共和国成立后,党和政府对防汛抗旱工作的方针历来是"预防为主,防重于抢""宁肯信其有,不可信其无"。每年汛期,吴江都要组建以政府主要领导人为首的防汛防旱指挥机构,成立巡逻、抢险、抢修、抢运等专业队伍;做好汛前检查、工程准备、预案制定、物资储备、汛情监测等准备工作。同时加强气象、水文的预测预报和上下左右的通讯联系,遇有情况及时提出抢救措施和组织指挥抢险。情况紧急时,则以防汛抢险作为压倒一切的中心任务,全力以赴,把灾害损失降到最低限度。

第一节 机构和队伍

一、指挥机构

(一)市(县)级防汛防旱指挥部

　　吴江市(县)级防汛防旱指挥机构多在每年汛前成立,由政府行文下发镇(乡)人民政府及有关部门、单位,抄报(送)上级防汛防旱指挥机构,以及市(县)政党、人大、政协办公室、法院、检察院、武装部、人民团体等有关单位。成员由政府主要领导人和武装、计划、水利、农业、物资、财政、公安、供销、商业、交通、供电、邮电、城建、气象、银行、新闻等部门主要负责人组成。指挥一般由政府分管领导人担任,副指挥一般由武装、计划、水利等部门主要负责人担任。防汛防旱指挥部下设办公室,办公室主任由担任副指挥的水利部门负责人兼任。办公室工作人员主要从水利部门抽调。

　　长期以来,防汛防旱指挥部办公室一直作为临时机构处理防汛防旱日常事务工作。1991年5月,根据上级水利部门要求,县防汛防旱指挥部提出报告,要求建立常设防汛机构和配备防汛专职人员。1992年,市编制委员会批准同意,配备2名事业编制。1994年5月,市水利局提出增加防汛防旱指挥部办公室编制人员2名。1994年6月,市编制委员会批复同意。

表 9-1　　　　　1986~2005 年吴江市(县)防汛防旱指挥机构主要领导任职表

年份	机构名称	指挥	副指挥	办公室主任	备注
1986	县防汛防旱指挥部	钱　明	袁振武、翁祥林、张明岳	张明岳	—
1987	县防汛防旱指挥部	钱　明	袁振武、翁祥林、张明岳	张明岳	—
1988	县防汛防旱指挥部	钱　明	袁振武、翁祥林、张明岳	张明岳	—
1989	县防汛防旱指挥部	钱　明	袁振武、翁祥林、张明岳	张明岳	—
1990	县防汛防旱指挥部	陆云福	袁振武、翁祥林、张明岳	张明岳	—
1991	县防汛防旱指挥部	陆云福	孙如松、翁祥林、张明岳	张明岳	—
1992	市防汛防旱指挥部	张文根	徐玉明、周留生、张明岳	张明岳	—
1993	市防汛防旱指挥部	张文根	徐玉明、周留生、张明岳	张明岳	—
1994	市防汛防旱指挥部	范建坤	徐玉明、周留生、张明岳	张明岳	—
1995	市防汛防旱指挥部	范建坤翁祥林	徐玉明、谢阿金、周留生、张明岳	张明岳	5 月 29 日范建坤任,翁祥林免
1996	市防汛防旱指挥部	周留生	王永健、谢阿金、张明岳、吴兴国	张明岳	—
1997	市防汛防旱指挥部	周留生	王永健、谢阿金、张明岳、吴兴国	张明岳	—
1998	市防汛防旱指挥部	沈荣泉	王永健、谢阿金、姚雪球、平健荣	姚雪球	—
1999	市防汛防旱指挥部	沈荣泉	陈爱新、谢阿金、姚雪球、平健荣	姚雪球	—
2000	市防汛防旱指挥部	沈荣泉	谢阿金、姚雪球、陈林荣、平健荣	孙阿毛	—
2001	市防汛防旱指挥部	沈荣泉	谢阿金、姚雪球、陈林荣、平健荣、张　凯、戚冠华	姚雪球	12 月 10 日张凯、戚冠华任,谢阿金、陈林荣免
2002	市防汛防旱指挥部	沈荣泉	张凯、戚冠华、姚雪球、平健荣	姚雪球	—
2003	市防汛防旱指挥部	沈金明	庞亚明、戚冠华、姚雪球、倪福明	姚雪球	—
2004	市防汛防旱指挥部	沈金明	庞亚明、姚雪球、李党民、倪福明	姚雪球	—
2005	市防汛防旱指挥部	沈金明	庞亚明、姚雪球、戚冠华、倪福明	姚雪球	—

（二）乡(镇)级防汛防旱指挥部

根据市(县)要求,各镇(乡)级防汛防旱指挥部指挥每年都由政府主要领导人担任,副指挥一般由分管农业的领导和武装、水利部门主要负责人担任。原松陵、同里、芦墟、黎里、平望、盛泽、震泽七大镇在与所在地乡合并前,未单独设防汛防旱指挥部。

二、专业队伍

（一）巡逻队

在出现重要汛情预报后或发生严重汛情时,为防止险工地段汛情发生突变;由所在区域单位拉出抢险队或临时组织人员上堤、上坝昼夜巡逻,观察、检查堤坝闸涵有无渗漏坍塌迹象,防微杜渐,确保水利工程安全度汛。

（二）抢险队

为确保遇到洪涝灾害时能及时有效地组织抗灾抢险,市(县)防汛防旱指挥部、人民武装部、机关党委每年都成立机关防汛抗灾抢险队,并制定市(县)机关防汛抗灾抢险队行动方案。机关防汛抗灾抢险队设抢险总队、抢险分队、专业抢险保障队。抢险总队任务是执行市(县)委、政府的指示,负责领导各抢险分队、专业抢险保障队的防汛抗灾抢险工作。总队办公地点设在人民武装部内,总队队长由人民武装部首长担任。抢险总队下设办公室,办公室主任由人民武装部成员担任。人民武装部、机关党委、经委各设一名联络员。抢险分队以办公、党群、宣传、农水、政法、计委、经委、外经等归口部门为单位组建,由市(县)防汛防旱指挥部、机关抢险总队指挥、调度。专业抢险保障队由各责任单位负责组织,由市(县)防汛防旱指挥部、机关抢险总队统一指挥调度。主要任务是对全市各重点设施、重点企业、物资仓库、粮油库房、集镇危险房屋、外荡养殖等实行专业管理。做到有灾抗灾,无灾加强检查、督促,落实抗灾措施,确保安全度汛。具体有运输、工程、通讯、供电、物资、救护、粮食、城镇、企业、外荡等抢险保障队。抢险队的行动准备、待命出发和到位参战分三、二、一级汛情战备进行。沿太湖和大荡(漾)的乡(镇)、村一般以村或联圩为单位组织抢险队。抢险队成员由共产党员和基干民兵组成,一有险情,随时投入防汛抢险战斗。

(三)抗旱排涝队

至 2005 年,全市(县)有两个成建制的抗旱排涝队,分别为国营吴江县平望抽水机管理站和国营吴江县松陵抽水机管理站(1986 年 3 月 25 日,县水利局向县政府提出申请,要求将第一抗旱排涝队的名称恢复为"国营吴江县平望抽水机管理站",同时将第二抗旱排涝队的名称亦改为"国营吴江县松陵抽水机管理站"。1986 年 3 月 28 日,县政府批复同意)。抗旱排涝队是以内燃机为动力的防汛抗旱专业队伍,其运作方式不受地域、电源限制,机动性、灵活性强,尤其适用于突发性、临时性的抗旱排涝抢险。

第二节　防　汛

一、汛前准备

(一)汛前检查

防汛期一般自每年的 5 月初至 9 月底(1962 年以前为 6 月至 10 月)。每年汛期到来之前,为迎战汛期可能出现的洪、涝、旱、风、雹、潮等各种自然灾害,确保安全度汛,各级防汛防旱指挥机构恢复办公。市(县)防汛防旱指挥部行文要求做好防汛防旱准备和开展汛前大检查。检查内容和要求一般是,查组织机构和责任制:明确行政首长负责制,签订防汛工作责任状;组建各级防汛组织和各类抢险组织;进行必要的汛前技术培训和实战演习。查思想宣传发动:增强全社会减灾意识和全民防汛意识,使"安全第一,常备不懈,以防为主,全力抢救"的防汛工作方针家喻户晓,人人皆知。坚持防汛防旱两手抓:做到有汛防汛,有旱防旱,对水资源统一管理调度。查险工隐患和设备安全:摸清所有堤坝、护坡护岸、涵闸、排涝站和排涝流动机泵等水利设施、设备现状及管理制度;对查出的问题在汛前解决,暂时无法解决的也要明确责任,采取应急措施。查防汛工程进展:对在建的防汛工程及下达的岁修、急办工程抓紧施工,汛期发挥作用;工期长的保证安全度汛。查违章设障:对河道和水利工程管理范围内的违章设障按"谁设障,谁清除"的原则进行查处。查物资准备:摸清抢险救灾物资的储备情况;检测量雨设备和水位尺。查城镇度汛措施的落实:对城镇防汛工程设施、易淹易阻地段和地下排水管道等查清现状,采取相应解决办法。检查方法:先由各乡(镇)组织有关部门和人员进行自查,自查结束后,由市(县)防汛防旱指挥部组织有关部门和人员互查;根据汛前大检查的情况,填好检查表,写好书面自查材料,并将险工地段和病险三闸位置标在地图上,汇总上报和备案。检查时间:一般安排在每年的3月进行。在完成汛前大检查的基础上,市(县)防汛防旱指挥部根据上级防汛防旱指挥部的要求,结合本地实际情况,对当年的防汛防旱工作提出指导意见,并由市(县)政府印发各乡(镇)政府和有关单位执行。

(二)工程准备

针对区域内发展计划和专项计划要求,市(县)和乡(镇)两级水利部门在每年的10月左右提出防汛工程计划予以立项,经上级部门批准付诸实施,亦有上级下达的岁修、急办工程项目。防汛工程准备通常分为工程和设备两大类。工程类又分为土方和建筑物两种。土方工程主要是堤防(坝)加高加固,除专项建设外,一般都是结合河道疏浚和鱼池改造进行,大都由各村或联圩所在地村民施工,遇上大的水利土方工程也基本上是政府组织,依靠人海战术施工。90年代末,机械化施工逐步进入水利土方工程施工行列。建筑物工程主要有护坡、闸涵和排涝泵站,由于水利专业施工队伍在80年代末快速发展壮大,绝大部分年度防汛工程项目都能在汛前竣工和在汛期发挥作用。设备类主要包括对排涝泵站的水泵、电动机,闸涵的闸门、卷扬机,防汛抢险的车辆、船只,监测汛情的仪器、工具,通讯联络的电台、电话等进行维修保养,确保随时都能拉得出、用得上、打得响。

(三)预案制定

1993年前,县防汛防旱指挥部制定遭遇特大洪水而现有水利工程不能抗御的情况下采取非常措施的应急方案,后称抗御重大自然灾害应急措施。

1997年称抗御重大洪涝灾害应急预案。

1998年称抗御自然灾害应急预案。同年2月8日,国家防汛抗旱总指挥部办公室在《关于编制城市防洪预案的通知》中将苏州市列入全国重要防洪城市名单。同年3月5日,江苏省防汛防旱指挥部要求县级市防洪预案由省辖市防汛防旱指挥部办公室在6月15日前汇编成册报省防汛防旱指挥办公室。同年3月26日,苏州市防汛防旱指挥发出《关于组织编制城市防洪预案的通知》,要求各县级城市的防洪预案在5月15日前报送初稿,6月13日前报正式稿。同年5月,市防汛防旱指挥部编制完成吴江市城市防洪预案。

应急方案、措施或者预案的主要内容涉及联圩的运行和圩内水位调控、抗灾防御工程、应急控制措施、城镇应急抢险方案、物资调度、防汛抢险队伍的组织派遣、航行管理、转移保安措施、纪律保障等方面,制定一整套科学的抗洪预备方案,做到未雨绸缪,心中有数,临阵指挥,有备无患。

(四)物资储备

汛前,市(县)防汛防旱指挥部会同物资、商业、供销等部门联合行文,下达防汛草包、毛竹、木材、铅丝、元钉、各乡(镇)自筹编织袋以及柴油等各项防汛物资的储备计划,明确保管地点、保管人员,制定管理办法和动用审批手续,做到节约使用、专材专用、专人保管、严禁以次充好。对重点险工地段附近的单位和人家预先做好可用于抢险的材料登记作价工作,以备急用。根据吴江的实际情况,通常年储备草包10万只~25万只、毛竹3000支、木材50立方米、铅丝2吨、元钉0.5吨、柴油800吨、各乡(镇)自筹编织袋50万只~120万只。

（五）汛情监测

汛期,市(县)防汛防旱指挥部对水利、水文、气象、通信等有关部门作出报汛工作专项布置。要求各级防汛防旱指挥部办公室恢复 24 小时值班制度,监测雨情、水情、工情的变化;各水位、水文站每天上午 8 时向县(市)防汛防旱指挥部办公室报告一次水位、降雨量、流量等情况;气象部门每天上午报送当天天气预报,有雨日按时报降雨量,遇有热带风暴、暴雨、冰雹、龙卷风等灾害性时及时提供信息;其他水利站在汛期遇一日降雨量超 50 毫米、一小时雨量超 16 毫米或外河水位超 3.5 米时也要报汛;通信部门确保报汛、报灾、防汛电话的畅通。市(县)防汛防旱指挥部办公室每天收听(看)江苏、浙江、上海、苏州等地的气象预报和水位预报,掌握邻近各地的雨情和水情,同时根据市(县)气象部门的天气预报和各水位、水文站的水位、流量情况,分析、预测境内的水情和雨情。1986~2005 年,分别由瓜泾口、平望、芦墟、七都、铜罗、三船路、太浦河节制闸、桃源、震泽、八坼、盛泽、莘塔、金家坝、菀坪、松陵、气象站等水位雨量站向市(县)防汛防旱指挥部报汛(其中,1996 年起,三船路站取消报汛)。

（六）水准校测

由于地面不均匀沉降,境内各地水准点均有不同程度下沉现象,导致汛期各镇所报水位均有误差,不能正确反映汛情水情。1997 年 11 月至 1998 年 3 月,市水利局委托江苏省工程勘测研究院,以太浦闸基岩标为起讫点,对全市各镇水位水准点进行校测。1998 年 3 月 26 日,市防汛防旱指挥部发布吴江市各镇水准测量成果。为避免急于调整水位后造成防汛中的麻痹思想和指挥上的紊乱,各站报汛水位仍沿用原水准数据报汛。2001 年,各地正式采用该成果表数据。

表 9-2　　　　　　　　　　　　　　　1998 年吴江市各镇水准测量成果表

乡镇名称	水准点名	原点名	吴淞高程（▽米）	标石类型	水位尺	改正值（米）	点位说明
庙港	吴水 1	BM1	5.629	砼标	有	-0.050	庙港水利站院内办公楼西北角明标
	吴水 1-1	BM2	6.649	刻石	—		庙港开弦弓村东北西清河桥东南角
震泽	吴水 2	BM4	4.157	砼标	有	-0.250	震泽原水利站院内宿舍区河边桥边明标
	吴水 2-1	湖平 13	3.153	砼标	—		震泽缫丝厂宿舍区暗标
南麻	吴水 3	BM7	3.738	砼标	有	-0.126	南麻水利站院内办公楼东南角明标
	吴水 3-1	BM7′	3.295	砼标	—		南麻水利站院内办公楼东南角暗标
坛丘	吴水 4	BM9	4.307	砼标	有	-0.138	坛丘水利站办公楼西暗标
盛泽	吴水 5	BM11	3.367	砼标	无	-0.456	盛泽水利站宿舍院内传达室南明标
	吴水 5-1	BM10	7.080	刻石	—		盛泽东方丝绸城南南草桥圩桥东南角
平望	吴水 6	太佘 6	4.539	砼标	无	-0.217	平望水文站院内暗标
	吴水 6-1	BM14	6.468	刻石	—		平望水利站北大桥东北角
八坼	吴水 7	BM16	4.248	砼标	有	-0.186	八坼水利站院内办公楼东北角明标
	吴水 7-1	BM16′	3.919	砼标	—		八坼水利站院内办公楼东北角暗标
松陵	吴水 8	BM19	4.143	砼标	有	-0.282	松陵水利站院内办公楼东北角暗标
	吴水 8-1	BM19′	4.423	砼标	—		松陵水利站院内办公楼东北角明标
菀坪	吴水 9	BM22	5.519	刻石	有	+0.031	菀坪水利站院内菀东闸西闸首上

（续表）

乡镇名称	水准点名	原点名	吴淞高程（▽米）	标石类型	水位尺	改正值（米）	点位说明
横扇	吴水 10	BM24	3.476	砼标	有	−0.120	横扇水利站院内办公楼南暗标
	吴水 10–1	BM24′	3.719	砼标	—		横扇水利站院内办公楼南明标
梅堰	吴水 11	BM25	3.786	砼标	有	−0.145	梅堰水利站院内明标
	吴水 11–1	BM2–1	3.384	砼标	—		梅堰水利站院内暗标
七都	吴水 12	BM27	6.613	砼标	有	−0.060	七都堤闸站南 100 米处原国家水准点
	吴水 12–1	BM27–1	6.645	刻石	—		七都堤闸站办公楼前台阶上
	吴水 12–2	BM27–2	5.961	刻石	—		七都水利站西南角桥台上
八都	吴水 13	BM29	4.477	刻石	有	−0.252	八都水利站办公楼东北角挡墙上
	吴水 13–1	BM29–1	4.162	刻石	—		八都徐家漾排水站西北角
铜罗	吴水 14	BM30	3.803	砼标	无	−0.185	铜罗探伤器材厂门口明标
	吴水 14–1	BM30–1	3.836	砼标	—		铜罗水利站院内办公楼西明标
青云	吴水 15	BM31	4.273	刻石	有	−0.086	青云水利站办公楼东北角挡墙上
	吴水 15–1	BM31–1	5.043	刻石	—		青云水利站旁船闸北闸首东北角
桃源	吴水 16	BM32	3.635	砼标	有	−0.326	桃源水利站院内暗标
黎里	吴水 17	BM34	3.839	刻石	有	−0.254	黎里水利站院内办公楼西南角
	吴水 17–1	BM34–1	8.617	刻石	—		黎里大桥西北角台阶上
芦墟	吴水 18	BM37	4.132	刻石	有	−0.156	芦墟水利站院内宿舍楼东南角
	吴水 18–1	BM36	9.490	刻石	—		芦墟大桥东北角台阶上
莘塔	吴水 19	BM38	4.052	砼石	有	+0.026	莘塔水利站院内办公楼东明标
同里	吴水 20	BM41	4.830	刻石	有	−0.102	同里水利站院内办公楼走廊上
	吴水 20–1	BM40	6.171	刻石	—		同里迎燕桥东北桥堍挡墙上
屯村	吴水 21	BM43	3.988	砼标	无	−0.000	屯村水利站门前暗标
金家坝	吴水 22	BM45	3.724	砼标	无	−0.176	金家坝水利站白潮排水站内明标
北厍	吴水 23	BH46	3.867	砼标	有	−0.197	北厍水利站院内办公楼南明标
	吴水 23–1	BH46–1	3.467	砼标	—		北厍水利站院内办公楼南暗标

二、汛情调度

（一）水位控制

境内水位控制概念一般表现在几个特定值上。

最低水位：1.67 米，民国 23 年（1934）8 月 24 日平望水位。

低水位：2.4 米。

常年水位：2.88 米（瓜泾口水位）或 3 米（平望水位）。

设防水位：3 米（瓜泾口水位）。

警戒水位：3.5 米（50 年代初期，瓜泾口水位 3 米；1955 年起，平望水位、瓜泾口水位均为 3.6 米；80 年代后又调整到 3.5 米）。

危险水位：3.8 米（50 年代初期，瓜泾口水位 3.6 米；1955 年起，平望水位 3.8 米，瓜泾口水位 3.9 米；80 年代后均调整到 3.8 米）。

高水位：4米。

最高水位：4.89米（根据1999年7月2日桃源站水位5.22米结合吴江市各镇水准测量成果减去0.326米修正值后得出。此前，吴江一直按1954年瓜泾口最高水位4.62米设防）。

汛期水位达到平望水文站水位3.1米并继续上涨时，低洼联圩关闸降水（或封坝）。当地水位达3.8米，套闸定时通航，堤防突击复查加固，加高加固圩堤。太湖水位达3.5米，东太湖各控制口门实施指定运行等措施。平望水位达4米时，实施停航。平望水位达4.2米时，实施"三线"（太湖控制线、西南部控制线、太浦河北控制线）控制工程准备，同时向上级要求开启浙江嘉兴塘东岸控制闸和上海青浦淀浦闸，以宣泄杭嘉湖及太湖涝水。

当平望水文站水位3.1米，仍处阴雨过程水位上涨时，全市低洼联圩（田面高程在3.1~3.4米）关闸降水，低于3.1米的联圩常年预降。平望水文站水位达3.3米，并处降雨过程，半高田联圩作关闸准备。具备条件的关闸降水，不具备条件的作封堵准备，极限封坝关闸预降水位为3.5米。当地水位达3.8米以上时，圩内水位及时进行调控，控制工程在安全水位下运行。套闸实行定闸、定时通航，病险闸实行二级控制三级水位运行。

当平望水文站水位达3.8米危险水位时，全市的活络坝头、险工险段、外排涵洞、堤身单薄的圩堤按抗御1954年水位实施封堵和加高加固，病险三闸尚未修复的备土作好封堵准备。平望水文站水位达4米时，所有堤防突击复查加固，所有病险三闸实施封堵，外排涵洞全面检查加固。各地水位接近1954年水位时，组织全社会劳力，上堤突击加高加固圩堤，并坚守阵地。当太湖水位达3.5米时，东太湖各控制口门实施指定运行，以节制涝水入境。

当平望水位达4.2米时，实施"三线"控制工程准备，同时向上级要求开启浙江嘉兴塘东岸控制闸和上海青浦淀浦闸，以宣泄杭嘉湖及太湖涝水。

（二）抢险调度

抢险调度主要体现在组织体系指挥到位，物资、人力、财力、交通、安全调度到位，纪律保障执行到位等措施上。

当地水位达3.5米警戒水位或有热带风暴（台风）、暴雨警报时，防汛物资储存单位核对数量，检查质量，派人值班，以备调用。当地水位达3.8米危险水位或有热带风暴（台风）、暴雨紧急警报时，派人日夜值班随时听调。当地水位达4米或接近1954年水位时，防汛物资由各防汛防旱指挥部确定，上车、上船运送到指定地点，实行先用后结账。

当地水位达3.5米警戒水位时，由各镇、村派出巡逻队，循环巡视险工地段和围垦堤坝，并向抢险队伍发出就地待命的预备通知。当地水位达3.8米危险水位时，各镇、村由领导带队，按照分工地段，上堤巡逻查防，抢险队集中待命，随时准备上堤抢险。当地水位4米以上或接近1954年水位时，抢险队、巡逻队全部突击抢险，日夜奋战，确保安全。

当平望水位达3.8米，桃源、震泽水位达4米时，准备停航。当平望水位达4米，实施停航。

当瓜泾口水位达4米，控制线工程外的围垦圩实行"二抢一保一撤"（抢修圩堤、抢排涝、保安全、夜间人员撤离）措施。当地水位接近1954年时，围垦圩内人员实施"二抢一保一撤"方案，太湖围湖区做好滞洪准备。

当水位达3.5米警戒水位和热带风暴（台风）、暴雨警报时，坚持24小时日夜值班，并准确及汇报水位、雨量，各级领导及时掌握天情、水情、雨情。当地水位达3.8米危险水位或有热带风暴(台风)紧急警报时,防汛防旱指挥部正副指挥带队值班,到职到位,及时指挥调度本地防汛抗灾工作。当水位接近1954年水位时,或出现险情时,各级政府和同级防汛防旱指挥部带领群众奋力抗洪保安全。抗洪救灾中做到各种水利设施的启用服从统一调度,防汛器材、机具、油、电服从统一调拨,劳力、运力、财力服从统一调遣,并一律实行先调用、后结账。

三、汛后总结

每年汛期结束,市(县)防汛防旱指挥部都会针对当年的防汛抗灾情况写出工作总结。整理境内当年汛期发生的雨情、水情、风情等水文气象资料,统计汛期中遭受灾害的损失情况,记录用于防汛抗灾的物资、资金等使用情况,记叙防汛抗灾工作中组织领导、抗灾抢险等方面的成绩和不足,为今后的防汛抗灾工作提供汛情资料和参考意见。

第三节　抗　旱

境内出现干旱的现象不是太多。即使发生旱灾,灾情也不如涝灾严重。多涝少旱,怕涝不怕旱是吴江的一大特点。在农副业生产上,由于得到机电灌溉的保证,即使出现旱情也很少造成大的经济损失。1986~2005年,只是在1988年、1990年、1992年、1994年、1997年、2000年等年份发生不同程度旱情。除1997年部分圩内河道出现断流干涸、水质恶化、灌溉困难,给农副业生产带来一定影响外,其余年份造成的影响都不大。

第四节　汛旱情及抗灾记略

1986年7月18日15时30分至16时,龙卷风由太湖袭来,经太浦河向东过莘塔乡出境,风力8~9级,降雨10~20毫米。平望镇联南村、黎里镇汤角村、莘塔乡南传村吹倒在建楼房3幢10间,施工人员4人重伤,11人轻伤。7月21日21时30分,太浦河以北地区出现10级大风,顷刻黑云满天,树倒枝断,房屋倒塌,同时伴有阵雨,并夹带粒径6~10毫米的冰雹。平望镇7个村、1个奶牛场、10个村办厂、107户群众遭袭,毁坏房屋284间、平瓦1350张、棚屋11个、围墙405米、"三线"①杆80根、烟囱57个、树木300多棵。8月27日,15号强台风影响靠太湖的松陵、菀坪、八坼、横扇等4个乡镇、25个村、3个乡村办厂、67户群众,损坏瓦房3间、棚屋145间、围墙15米、"三线"杆10根、油毡和石棉、玻璃钢瓦106平方米。汛期,全县共用抗灾柴油600吨,其中200吨用于排涝,400吨用于抗旱防治稻飞虱。

1987年7月7日4~6时,盛泽镇遭受暴雨袭击,降雨77.4毫米,姚家坝、北新街、华阳街、染坊弄、红木浜等街区的部分地段积水0.3~0.4米,盛泽中心卫生院、人民街小学操场和6家商店、新生厂以及60户居民住房进水,造成经济损失6000元。7月8日上午9时40分,盛泽乡荷花村花园港遭龙卷风袭击,风力8~9级,约半分钟消失。刮倒大树8棵,刮断低压电杆3根,民房3户被卷毁,造成经济损失1000多元。7月28日,7号强台风入境,穿越太湖北上。境内最大风力8~9级,风速每小时20~25千米。全县10万亩早稻倒伏落粒,1.16万亩稻田受

---

① "三线":通指通讯、电力、广播电视线。

涝,2224 亩鱼池被淹,57 个工厂、42 个车间进水,吹倒"三线"杆 721 根,倒塌和严重损坏房屋 217 间,吹毁禽畜棚 433 间,冲毁护坡 2215 米,吹断树木 2 万棵,合计经济损失 923 万元。8 月 6 日下午 6 时,龙卷风伴暴雨袭击黎里、北厍镇,倒塌厂房 219 间、民房 87 间、楼房 3 间,损坏 186 间,倒塌围墙 386 米,倒塌鸭、猪、牛棚及各类草棚 197 间,吹倒"三线"杆 225 根、线路损坏 16 千米,吹倒树木 2240 棵,压坏家具 2 套,压死家禽 311 只,土坯损失 20 万块,房屋倒塌压成重伤 2 人、轻伤 1 人,经济损失 39.42 万元。8 月 10 日下午 4 时 50 分至 6 时 15 分,狂风暴雨夹带冰雹袭击同里镇,倒塌房屋 21 间、楼房 3 间、损坏 35 间,倒塌"三棚"①23 间、损坏 4 间,吹倒围墙 23 处 531 米,吹掉石棉瓦、玻璃钢瓦 657 张,吹倒树木 1340 棵,损失土坯 208 万块,5 个村供电线路损坏,损毁化肥 1000 多千克,吹倒烟囱 116 个,鱼池受损逃逸各种鱼 1500 多尾,直接经济损失 15.39 万元,间接损失 2 万元。屯村乡双楼村和小湘村有 6 户 10 间房屋倒塌,刮倒围墙 200 米。9 月 9~11 日,12 号台风伴暴雨袭击,全县降雨 105.1 毫米,最多点八都 132 毫米,桃源 131 毫米,吴江 114 毫米,瓜泾口 112 毫米。同时,上游浙江亦降暴雨,下游黄浦江正逢农历七月半大潮顶托。9 月 13 日上午,全县平均水位上涨 0.6 米,最多点桃源、铜罗 0.9 米,青云 0.8 米,南麻 0.78 米,坛丘 0.75 米,盛泽 0.73 米。24 个乡镇全部超过警戒水位,4 个超过危险水位,9 个超过 4 米水位。盛泽镇遭重灾。全县经济损失 785 万元,其中盛泽直接经济损失 150 万元,间接损失 500 万元。汛期,全县耗用主要防汛物资草包 19.9 万只、毛竹 2.03 万枝、铅丝 2.4 吨、蛇皮袋 23.4 万只、杂木棍 1.14 万根、柴油 812 吨、电 180 万度。

1988 年 5 月 3 日 20 时至 4 日 8 时,雷雨大风袭击。全县平均降雨量 46.7 毫米,有 9 个乡镇降雨量在 50 毫米以上,最大点松陵 96.8 毫米。降雨时伴有 8 级大风,阵风 10 级,松陵、八坼、菀坪、同里、八都 5 个乡镇夹有粒径 3~10 毫米的冰雹。33.99 万亩大元麦、10 万亩油菜倒伏。7 月 4~21 日,全县平均降雨 0.2 毫米,35℃以上高温天气有 13 天。全县受旱面积 37.2 万亩(水稻面积 35 万亩,桑果蔬菜面积 2.2 万亩),造成 0.63 万亩减产 5~8 成,36.57 万亩减产 3~5 成。8 月 8 日 3~16 时,受第 7 号台风外围影响,全县倒塌房屋 39 间,损坏 110 间,吹倒猪羊棚 26 间,吹断低压电杆 4 根,吹毁砖坯 100 万块,吹倒在建房屋 4 间,4 人受轻伤。直接经济损失 21.62 万元。汛期,全县平均降雨量 621.4 毫米,比 1997 年同期少 155.9 毫米。降雨量最大莘塔 779.3 毫米,最小金家坝 459.0 毫米。全县平均水位 2.93 米,比 1997 年低 0.32 米。

1989 年 5 月 10 日 21 时 30 分至 22 时 30 分,突降暴雨,一小时降雨 30~40 毫米,风力 7~8 级,阵风 9 级。全县 10 多个乡镇受灾,倒伏小麦 9 万亩、油菜 6 万亩,减产 3~5 成,倒塌房屋 138 间,东太湖水产养殖场八都分场 1 名临时工被压死,菀坪乡王焰村 2 人受重伤,"三棚" 87 间、船棚 3 间被吹毁,刮断水泥杆 5 根、电线 3650 米,刮倒刮断树木 300 多棵,冲走菜饼 2 万多千克,冲毁外荡拦鱼设施 700 米,刮沉农船 2 艘,直接经济损失 799.7 万元。7 月 15 日 1 时许,东太湖水产养殖遭狂风暴雨袭击,刮毁看鱼棚 53 间,刮倒树木 50 多根,损坏电线 2900 米,刮沉机帆船 1 条,直接经济损失 10 万元。8 月 4 日,13 号热带风暴、暴雨和下游高潮(水)位同时袭击。过境风力 7~8 级,阵风 9 级,过程降雨大部分乡镇 40~50 毫米,黄浦江苏州河口潮(水)位 4.1~4.9 米,全县水位普遍上涨 0.2~0.3 米。冲毁圩堤 39 处 152 千米,损失土方 1.3

---

① "三棚":通指鱼棚、猪棚、家禽棚。

万立方米,损失石方 420 立方米,刮倒水泥杆 6 根、电线 4 千米,刮落外线令克 1 处,局部停电 3 小时,刮倒房屋 4 间,严重损坏 29 间,粮田受灾 8 万亩,减产 3 成左右,直接经济损失 13.6 万元。9 月 15~16 日,23 号强热带风暴过境,风力 6~7 级,阵风 8 级,过程降雨量全县 30 个测站平均 99 毫米,最多的盛泽镇 159 毫米,受上游高水位压境和下游高潮(水)位顶托,全县水位普遍上涨 0.45 米,大多超过危险水位。9 月 17~23 日,苏浙客轮停航。全县受灾面积 71.81 万亩,进水工厂 104 个、仓库 29 个、房屋 2210 户 5653 间,直接经济损失 3233.41 万元,估计粮食减收 2100 万千克,间接经济损失 1287.07 万元。以上 4 次灾害,耗用防汛抗灾主要物资草包 8.04 万只、编织袋 6.41 万只、毛竹 1.3 万枝、杂木棍 8015 根、柴油 1169 吨,直接经济损失 3626.71 万元,间接经济损失 1287.07 万元。

1990 年 6 月 21 日 16~19 时,金家坝、北库 2 个乡镇先后遭受雷击伴暴风雨。金家坝降雨 40 毫米,北库降雨 18 毫米,风力 7~8 级,阵风 9 级,造成"三杆"倾折,房屋吹坏,围墙倒塌,机船刮沉,雷击当场死亡 1 人,停电 17 小时,直接经济损失 4.4 万元。7 月 3 日 18 时 45 分,盛泽、菀坪、莘塔、八坼 4 乡镇 26 个村同时遭受雷击龙卷风伴暴风雨。盛泽降雨 27.5 毫米,菀坪降雨 16.5 毫米,莘塔降雨 12 毫米,八坼降雨 9.6 毫米,风力 8~9 级,造成树倒墙坍,房屋受损,"三棚"被毁,"三杆"倒断,变压器、电视机遭雷击毁,雷击当场死亡 1 人,电线吹落触及人身受伤 1 人,停电 40~70 小时,水稻被风刮倒伏 1300 亩。因停电影响灌溉 6000 亩,粮食减产 10 万千克。直接经济损失 41.35 万元,间接经济损失 10 万元。7 月中旬至 8 月中旬,全县白天烈日当空,骄阳似火,夜间无风少雨,炎热不减。蒸发量和田间需水量增加,外河水位下跌,少数河浜断水,生产生活受到影响。抗旱面积 80 万亩,受旱减产 30 万亩。因病害重新栽种 500 亩,桑地受旱 5 万亩,减产粮食 3000 万千克,间接经济损失 1200 万元。其中,8 月 1 日,为支援上海市抗旱,太浦河节制闸开闸供水(是建闸以来第一次引水抗旱),历时半个月。8 月 30 日至 9 月 1 日,15 号强热带风暴袭击全县。过境最大风力 9 级,且降雨量集中。16 个站统计,过程降雨量都在 100 毫米以上,其中 5 个站超过 200 毫米,最多点八坼 243 毫米。灾害造成 4 人死亡,积水面积 98 万亩,水稻严重受涝 18.3 万亩,直接经济损失 2509.88 万元,间接经济损失 3200 万元。9 月 5~6 日晚上,17 号热带风暴形成低气压,降雨覆盖全县,平均降雨量 100 毫米,太浦河以北地区平均降雨量 122.5 毫米,最大雨量为瓜泾口 251.9 毫米(6 日 2 小时内降雨量 155 毫米),全县外河水位普遍超过警戒水位。造成 30 万亩水稻再次严重受涝,粮食减产 1288 千克。松陵镇区 18 个单位、工厂和 2000 多户居民房屋及部分街弄积水成涝,水深 0.5 米以上,最深 0.8 米,使工厂停产,居民生活受到影响,直接经济损失 1065 万元,间接经济损失 1500 万元。汛期,耗用主要防汛物资草包 0.4 万只、编织袋 0.8 万只、毛竹 1600 支、杂木棍 2400 根、柴油 1100 吨,出动县抗排机泵 354 台套。

1991 年 6 月 14 日,全县普遍超过警戒水位。6 月 16 日起,顿塘、澜溪塘、苏嘉运河停航。6 月 17 日,普遍超过危险水位。6 月 20 日,有 10 个站超越 4 米。6 月 26 日,太浦河节制闸开启泄洪。7 月 5 日,全县有 14 个站超过 4 米,最高太湖水位七都站 4.87 米,境内的松陵 4.18 米、震泽 4.33 米、桃源 4.28 米、平望 4.16 米。7 月 7 日,太湖外围遇到 7~8 级西北大风。7 月 14 日出梅,梅雨期 58 天。吴江气象站梅雨量 589.9 毫米。全县 16 个站梅雨量平均 552.4 毫米,最多的铜罗站 635.7 毫米,最少的震泽站 480.6 毫米。梅雨量占全汛期雨量的 74.4%。一日最大雨量 91 毫米。梅雨期内大雨 5 次、暴雨 3 次,造成一场暴雨一次汛、一片灾。全县 16 个站汛期总雨量平均 788.3 毫米,最多的铜罗站 871.8 毫米,最少的菀坪站 689.1 毫米。8 月 3 日,平望水文站实测太浦河最大流量 390 立方米每秒。8 月 7 日 17 时 25 分,七都、八都、震泽、青云和铜罗等镇遭受龙卷风和特大暴雨袭击,房屋破损 433 间,人员伤 62 人,其中重伤 25 人,20 多家工厂被淹。全县普降大雨,降雨量最大的北厍镇 125 毫米。吴江化肥厂进水 80 厘米,被迫停产。全县水位再次抬高。太湖水位三船路站 4.47 米。境内,松陵超过危险水位,平望、桃源、震泽再次超过 4 米。下旬,高水位逐渐跌落。9 月 1 日,太浦河节制闸关闭(其间,排走洪水 13 亿立方米,降低太湖水位 0.5 米)。9 月 7 日,平望水文站实测太浦河最小流量 7.71 立方米每秒。9 月下旬,太浦闸水位降至警戒水位以下。汛期,全县奋起抗灾,将损失降到最低限度。(详见附录六"抗洪纪实"(一)"吴江市 1991 年抗洪纪实报告")

1992 年 5 月 25 日晚 23 时 45 分,南麻、坛丘乡各 8 个村遭受粒径如蚕豆大小冰雹短时袭击(约 8~10 分钟)。3633 亩未收割油菜、75 亩秧苗、170 亩桑树不同程度受损,直接经济损失 18.4 万元。7 月 9 日下午 15 时 30 分,八坼、同里、金家坝、北厍、横扇等 8 乡镇 57 个村遭受龙卷风、雷雨挟冰雹袭击,风力 8~9 级,冰雹如蚕豆大小,持续时间约 20 分钟。460 户 1250 间楼房屋脊、平房屋面受损,其中 20 间房屋、1850 间"三棚"、38 处 700 米围墙倒坍;3500 亩枝条打伤、拆断,桑叶击穿、打碎;1350 亩西瓜、3650 亩水稻受损;180 棵树木、130 根"三线"杆、3760 米低压线路吹倒折断,同里叶泽村 1 台 50 千伏变压器击坏;18 个乡镇村办企业部分停产,企业、仓库受损,沉船 2 条;全市直接经济损失 500 万元。31 日下午 14 时许,屯村乡裴厍席厂遭受飓风袭击约 10 分钟(风力 7~8 级)。2 间车间屋顶全部倒塌,7 名工人被压,造成 5 人重伤、2 人轻伤,部分成品、半成品被压受损,直接经济损失约 10 万元。8 月 29 日,16 号强热带风暴影响全市,偏东风 7~8 级,境内普降大到暴雨,16 站过程雨量平均 67.6 毫米,其中瓜泾口站最大 97.9 毫米,七都站最小为 39.5 毫米。吹毁简易"三棚"36 间。9 月 22 日,19 号强热带风暴正面袭击吴江。23 日晚,风暴中心过境北上,东北大风 7~9 级,全市普降大到暴雨,16 站过程雨量平均 72.1 毫米,其中,桃源站最大 98.7 毫米,太浦河闸最小 60.5 毫米。全市 7.5 万亩稻田倒伏,45 间"三棚"吹毁,20 余家工厂进水,部分原材料、半成品、成品仓库进水受潮,经济损失逾 200 万元。汛期,全市先后投入抗灾人数 1 万人次,动用机电泵 3400 台、运行 179.24 万千瓦小时,耗油 450 吨、电 62.5 万度(不包括平时运行用电),抗灾经费近百万元,直接经济损失 928.4 万元。

1993 年 8 月 2 日,青云出现 203 毫米的最大日雨量,八都、震泽出现 2 小时降雨 100 毫米以上的大暴雨。2 日 12 时至 3 日,太浦河节制闸开启泄洪。8 月 20 日晚,境内主要航道进出口分 5 个控制点实施断航措施(至 26 日通航,7 天断航时间内拦截单机船 8000 多艘,轮队 320 多个,其中,仅平望港航监督站太浦河口控制点就拦截单机船 300 多艘、轮队 120 多个)。8 月 22 日,桃源站最高水位 4.56 米。8 月 23 日,芦墟瞬间最高水位 4 米。沿太湖七都站、太浦闸上游、三船路站、瓜泾口站测得太湖水位接近 1991 年最高水位。8 月 28 日 7 时至 9 月 22 日 7 时,太浦河节制闸第 2 次开启泄洪。9 月 28 日 12 时至 10 月 16 日 12 时,太浦河闸第 3 次开启泄洪。3 次排泄太湖洪水 4.75 亿立方米,降低太湖水位 0.19 米。受太湖泄洪和下游高潮顶托的影响,境内水位下降缓慢。太浦河出现开通后超过历史最高水位的水情。汛期,全市 18

个站平均雨量 1060.5 毫米,超过 1954 年汛期同期雨量 23.8 毫米。其中,最大的八都站 1257.7 毫米,最小的金家坝站 883.9 毫米。洪涝、暴雨多灾并发使全市农田 52.17 万亩受淹,其中 17.2 万亩水稻两度受淹,7.8 万亩水稻四度受淹,基本失收 1.27 万亩;受淹桑地 12.6 万亩;受淹果田、瓜田、蔬菜田 3 万亩;鱼池漫水 5.5 万亩,损失水产品 1200 吨。工厂企业受淹 348 个,140 个部分停产,44 个全部停产。航道中断 2 条次,毁坏公路路基 2 千米;损失砖土坯 1335 万块;7020 户城乡居民住宅进水,损坏房屋 1494 间,倒坍房屋 890 间;受损"三棚"300 间,倒坍围墙 2000 米。受灾人口 30 万,人员伤亡 11 人,其中因公身亡 1 人;道路积水 994 处 120.4 千米,最深处 0.8 米。损坏水闸 30 座,损坏农桥、涵洞 67 座;损坏机电泵站 3 座,损坏防洪堤防 217 万千米,损失护坡护岸工程 200 处 13.6 千米,造成土方损失 10.85 万立方米,石方损坏 2.72 万立方米,混凝土损坏 0.68 万立方米,水利直接经济损失 2300 万元。全市直接经济损失 2.3 亿元(含水利工程的经济损失)。全市组织抢险队 928 个 1.62 万人,投入抗灾抢险 22.4 万人次,其中干部 2.3 万人次;抢筑堤防险段 390 处 25 千米 12.5 万立方米;投入抗灾物资草包 20 万只、编织袋 50 万只、毛竹 2 万支、树棍 2.64 万枝、铁丝 1100 千克、元钉 260 千克,木材 15 立方米,柴油 4200 吨,耗用抗排用电 1050 万度;清除阻水障碍 20 余处。

1994 年 6 月 27 日凌晨,境内北部部分镇遭受短时雷雨大风袭击,瞬时最大风速达 30 米每秒(11 级),7 个镇 45 个村 20 条街道及东太湖联合水产养殖场受到影响,受灾人口 2 万人(涉及松陵、莘坪、八圻、同里、屯村、金家坝、北厍 7 个镇及东太湖),城镇居民住房短时进水达 2000 余户,损坏房屋 4385 间计 7.342 万平方米,倒坍"三棚"819 间,倒坍围墙 1.08 万米,城镇道路积水 10 处 1000 米,水深 5~20 厘米,瓜果林苗受灾面积 830 亩,刮倒树木 200 余棵,供电中断 1 条次(西门线),损坏低压输电线路 67 根 1490 米,直接经济损失达 2697 万元。6 月 29 日至 8 月 8 日,全市出现历史上少有的持续高温、干旱、强光照天气。全市 16 个站平均降雨量 10.1 毫米。河湖水位下跌加快,部分地区出现灌水困难、河道断航的情况。高温、强光、日照时间长,致使地面水分蒸发量增大,土壤含水量急剧下降,严重影响农作物正常生长。全市投入抗旱电动机 3049 台 2.3 万千瓦,柴油机 1050 台 1.23 万千瓦,耗油 950 吨,耗电 810 万度,抗旱经费 755 万元。8 月 13 日起,15 号台风影响全市,普降大到暴雨,伴 7~8 级偏北大风,过程雨量 16 站平均 39 毫米,最大量莘塔站 97.6 毫米。8 月 21 日起,受 17 号台风外围影响,全市普降小到中雨,伴 6~7 级偏东大风,过程降雨 16 站平均 14.6 毫米,最大的铜罗站 37 毫米。台风造成房屋损坏 89 间 1780 平方米、倒坍棚舍 35 间,压死牲畜(猪)3 头,损坏通讯线路 15 杆长 600 米,直接经济损失 100 万元。但台风带来的降雨亦使境内的旱情得到缓解。10 月 9 日起,30 号台风影响全市,普降大到暴雨,伴 6~8 级东北大风,过程雨量 70 毫米。在抗御台风、暴雨袭击中,全市先后投入人数 10.5 万人次,动用 187 台机电泵,运行 31.35 万千瓦小时,耗油 120 吨、电 30 万度(不包括平时运行用电),投入抗灾经费近 80 万元。

1995 年 5 月 13 日、5 月 19 日,太浦河出现倒流现象。5 月 19 日,全市普降大到暴雨。其中,莘塔站雨量 98.2 毫米。降雨时伴有 6~7 级大风,全市 3.05 万亩油菜、5.02 万亩麦田不同程度倒伏。6 月 20 日,入梅,降大暴雨至 26 日(其间,22 日 12 时~24 日 12 时,太浦河节制闸第 1 次开启泄洪)。6 月 30,又降大暴雨,至 7 月 7 日出梅。2 次降雨过程,全市 16 个站平均梅雨量 337.9 毫米。梅雨量最多的七都站 396.5 毫米,最少的气象局站 300.1 毫米。6 月 30 日 15

时,太浦河节制闸第 2 次开启泄洪(至 7 月 2 日 16 时结束)。7 月 3 日,桃源镇水位 4.38 米,一天上涨 42 厘米。7 月 7 日 12 时,交通断航(至 7 月 10 日 9 时结束)。7 月 7 日 18 时,桃源镇瞬时最高水位 4.73 米,目测桃源与浙江交界的前窑村横泾港水位超过 5 米。7 月 11 日 12 时,太浦河节制闸第 3 次开启泄洪(至 8 月 21 日 12 时结束),3 次泄洪排出太湖洪水 5.49 亿立方米,降低太湖水位 0.24 米。7 月 17 日,太浦河实测最大流量 311 立方米每秒。汛期,黄浦江苏州河口等于或大于 4 米水位的次数 44 次,对境内河、湖水位产生较明显的顶托作用,特别是太浦河沿线高潮位顶托由过去的芦墟延伸到平望以西。全市有 60 万亩农田压水严重,其中成灾 26 万亩,绝收 1.86 万亩,林果苗木受损 0.3 万亩,淡水养殖损失 0.69 万亩;510 家企业不同程度进水,其中停产、半停产 360 家,航道中断 2 条次,沉船 1 条,损失砖瓦坯 30 万块;进水城镇 7 个,350 条街道不同程度进水,受灾人口 3 万人,8050 户民宅进水,损坏房屋 2150 间,倒塌房屋 25 间,倒坍"三棚"105 间,倒塌围墙 10500 米;累计直接经济损失 1.15 亿元。全市损坏水闸 20 座,农桥、涵洞 113 座,机电泵站 12 座装机 600 千瓦;损坏堤防 360 千米,护岸护坡工程 550 处 240 千米;造成土方损失 88 万立方米,石方损失 23 万立方米,混凝土损失 3.5 万立方米,水利设施直接损失 1000 万元。全市组织各类抢险、巡逻队 909 个 1.6 万人,投入抗灾抢险 25 万人次;抢筑堤防险工险段 3850 处 430 千米、180 万立方米;投入抗灾草包 35 万只、编织袋 80 万只、毛竹 3.2 万枝、树棍 1.8 万枝、铁丝 6000 千克、元钉 500 千克、木材 90 立方米、耗油 1080 吨、电 1080 万度。

1996 年 7 月 4 日,桃源水位 4.48 米,松陵、平望水位 3.57 米、3.58 米,出现浦南、浦北相差近 90 厘米的罕见现象(往年汛期 40~50 厘米)。7 月 5 日,瓜泾口站最大雨量 109.6 毫米。梅雨期间出现 5 次较大降雨过程,且雨量相对集中,来势凶猛。全市 15 个测量站平均梅雨量 536.1 毫米。梅雨量最多的芦墟站 603.6 毫米,最少的震泽站 443.5 毫米。7 月 18 日晚 18 时 30 分,沿太湖的七都、八都、庙港、震泽、横扇、菀坪、松陵、东太湖联合水产养殖场等地遭受突发性暴雨挟飓风袭击。其间,庙港、八都、七都、菀坪一小时最大降雨量分别为 142 毫米、91 毫米、71 毫米、56.2 毫米。7 月 24 日,太浦河实测最大流量 525 立方米每秒。8 月 2~3 日、9 月 26~30 日,太浦河出现倒流现象。汛期,太浦河节制闸 7 次开启泄洪,排出太湖洪水 9.94 亿立方米,降低太湖水位近 0.46 米。黄浦江苏州河口等于或大于 4 米的水位 50 次,顶托影响境内河、湖水位。全市 166 家企业受淹,其中停产、半停产 40 家;供电中断 2 条次,损坏低压输电线线路 227 杆长 11.4 千米;损坏通讯线路 4 杆 0.2 千米;积水城镇 9 个,住宅受淹 1250 户,损坏房屋 150 间、1950 平方米,倒坍围墙 635 米,道路积水 66 处、9.32 千米;因灾死亡 2 人,受伤 10 人;受淹农田 43.06 万亩,其中成灾 13.25 万亩,林果苗木受损 6760 亩,淡水养殖损失 1395 亩;直接经济损失 4228 万元。损坏堤防 44 千米,护岸护坡工程 130 处、3.03 千米;损坏水闸 7 座,机电泵站 4 座、600 千瓦;造成土方损失 0.32 万立方米、混凝土损失 0.02 万立方米,水利设施直接损失 585 万元。全市组织各类抢险、巡逻队 909 个 1.66 万人,投入救灾抢险 14.91 万人次;抢筑堤防险工险段 2100 处 53 千米,修筑土方 8.9 万方;抢修病闸 15 座,封堵险闸 31 座;投入抗灾草包 7.2 万只、编织袋 18.3 万只、毛竹 5300 枝、树棍 6200 枝、铁丝 400 千克、木材 40 立方米、柴油 650 吨、电 385 万度。

1997 年 5 月 2 日下午 6 时 10 分,同里、八坼、屯村、金家坝等地遭受突发性大风、暴雨夹冰雹袭击。其间半小时降雨量金家坝近 40 毫米，八坼超过 30 毫米。6 月中旬，全市河湖水位普遍较低，15 个测量站中低于、等于 2.5 米水位的有 7 个，其中菀坪站 6 月 18~21 日水位 2.35 米。部分圩内河道水质恶化、灌溉困难，甚至断流干涸。市委、市政府紧急动员全市抗旱保苗，出动技术人员 400 余人、各类劳力 1.6 万余人；疏浚河道 82 千米，清淤 49 万立方米；修理各类水泵、电动机、柴油机 610 余台，出动抗旱动力柴油机 1200 台、电动机 3300 台、水泵 4500 台，功率 7.5 万千瓦。梅雨期间，全市出现 2 次较大的降水过程，降水区域分布不均，浦南、浦北差别大。15 个测量站平均梅雨量 278.8 毫米，最多的芦墟站 358.6 毫米，最少的震泽站 150.5 毫米。其中，7 月 10 日，降大暴雨，最大的桃源站 119.4 毫米，盛泽站 118.1 毫米，全市水位猛涨。7 月 12 日，最高水位桃源站 4.46 米，超过 1991 年最高水位 0.16 米，浦南其他各镇水位均超过 4 米。7 月 14 日，太浦河实测最大流量为 239 立方米每秒。7 月 21~24 日，太浦河倒流。8 月 6~7 日、19~20 日，太浦河倒流。8 月 17 日，11 号台风影响全市。18 日起，风力逐渐增强到 8~9 级，阵风 10 级，并伴有中到大雨，给工农业生产，特别是供电、邮电、水产等造成较大损失。8 月 22 日，太浦河倒流。8 月 25 日~9 月 1 日，太浦河节制闸开闸泄洪。11~12 月，气候反常，境内及周边地区长期阴雨，雨水偏多，出现"冬汛"高水位。汛期，黄浦江苏州河口水位大于或等于 4 米的水位 45 次。全市 2 家企业受淹，其中半停产 10 家；供电线路中断 31 条次，损坏高压输电线路 12 杆、长 1 千米，损坏低压输电线路 794 杆、长 31.96 千米，损坏通讯线路 515 杆、长 20.6 千米；23 个镇 556 个村 23 个街道 120 个居委会受灾，受灾人口 1100 人；积水城镇 8 个，损坏房屋 697 间、1.3 万平方米，倒塌"三棚"442 间，倒塌围墙 5538 米，道路积水 23 处、长 10.35 千米；因灾受伤 2 人；农作物受灾面积 18 万亩，受淹农田 4.5 万亩，林果苗木受损 1.851 万亩，水产养殖损失 5925 亩、计 2180 吨；直接经济损失 4560 万元。全市损坏堤防 8.5 千米，其中主要堤防 1.2 千米，损坏护岸工程 150 处、3.5 千米；损坏桥涵 20 座、机电泵站 2 座、900 千瓦；损失土方 3.72 万立方米、石万 0.28 万立方米、混凝土 0.01 万立方米，水利设施直接经济损失 200 万元。全市组织抢险队、巡逻队 907 个 1.6748 万人，投入抢险救灾 1.47 万人次；抢筑堤防险工险段 169 处 2.3 千米，修筑土方 2.1 万立方米；投入抗灾草包、编织袋等 1 万只、毛竹 100 支、桩木 20 根、柴油 200 吨、耗电 222.6 万度，投入抗灾经费 850 万元。

1998 年 1 月 18 日，桃源、盛泽出现 4.18 米、4.21 米的"冬汛"高水位，持续时间之长、水位之高为历史罕见。全市 23 个镇均超过 3.5 米的警戒水位，10 个镇水位突破 3.8 米危险水位（1997 年 11 月至 1998 年 1 月 15 日，总降雨量 339.7 毫米）。6 月 8~12 日，太浦河倒流。6 月 22~28 日，太浦河倒流。6 月 29 日，芦墟等地遭受龙卷风和暴雨袭击。7 月 8~14 日、21~27 日，太浦河倒流。其间，7 月 22 日，金家坝站测得最大暴雨 172 毫米，其中，14~15 时一小时降雨量 168 毫米，强度之大为历史罕见。7 月 30 日中午 12 时至 8 月 8 日 12 时，太浦闸 29 孔闸门全部打开泄洪。之前，太湖平均水位 3.51 米。其间，8 月 1~12 日，太浦河倒流。其中，8 月 2 日，太浦河实测最大流量 365 立方米每秒。9 月 9~11 日，太浦河倒流。9 月 19 日下午，6 号强热带风暴影响全市，偏北大风 6~8 级，伴中到大雨。9 月 28 日 18 时起，受 8 号热带风暴影响，太浦闸开闸泄洪，下泄量 150 立方米每秒。汛期，黄浦江苏州河口水位大于或等于 4 米水位 61 次，境内受黄浦江潮位顶托影响日趋增大。全市有 23 个镇 538 个村 7 条街道受灾，受灾人口 0.5 万人；5 个城镇积水（其中县级城镇 1 个），住宅受淹 301 户，损坏房屋 70 间、560 平方米，倒塌房屋 2 间、40 平方米,"三棚" 79 间、围墙 230 米;27 条、6 千米道路积水;中断供电 1 次,损坏输电线路(低压)21 杆、1.2 千米,损坏通讯线路 35 杆、4.5 千米;农田受淹 9100 公顷,其中 8800 公顷农作物受灾,258.4 公顷成灾,减产粮食约 1396 吨,林果苗木受损 1036 公顷,淡水养殖受损 6 公顷,直接经济损失 1300 万元。全市有 5.1 千米主要堤防受损,损坏护岸 10 处 0.3 千米,损失土方 1.02 万立方米、石方 0.06 万立方米、混凝土 0.03 万立方米,水利设施直接经济损失约 300 万元。全市组建各类抢险队、巡逻队 891 个 1.56 万人,投入抢险救灾人员 0.95 万人;抢筑险工险段 80 处、长 5.4 千米、土方 6.81 万立方米;投入抗灾物资"三袋"①4.8 万只、桩木 290 根、毛竹 100 枝、柴油 140 吨、电 204 万度;投入抗灾经费约 450 万元。

1999 年 6 月 7 日,全市提前 10 天入梅。6 月 7~10 日、15~17 日、23~30 日降雨,雨量大,范围广,持续时间长。其中,6 月 23~30 日,全市 15 个测量站平均降雨量达 433.7 毫米。7 月 2 日,桃源、盛泽、七都、八都 4 个镇的水位均高达 5 米以上。其中,桃源站测得最高水位 5.22 米(1 时,未修正值)。7 月 8 日上午 8 时,太湖平均水位 5.07 米;14 时,太湖平均水位最高 5.08 米。7 月 8 日至 8 月 17 日,太浦闸开闸泄洪,排泄洪水 8 亿立方米,加上前期排出的 7 亿立方米,共排出太湖洪水 15 亿立方米,造成境内水位下降缓慢。7 月 20 日,出梅。梅雨期 44 天中梅期雨日 34 天。全市 15 个测量站平均梅雨量 771.2 毫米,为历史最大纪录。其中,最大的平望站 843.2 毫米,最小的太浦闸站 684.5 毫米。太浦河实测最大流量 779 立方米每秒。(详见附录六"抗洪纪实"(二)"吴江市 1999 年抗洪纪实")

2000 年,6 月 20 日入梅,6 月 25 日出梅,历时 6 天。梅雨期,全市 15 个测量站平均降雨 36.4 毫米。梅雨期之短、梅雨量之少均为历史罕见。汛期,台风较往年多,7 月 1 个,8 月 3 个,9 月 1 个。除 8 号"杰拉华"、12 号"派比安"、14 号"桑美"有一定影响外,其他没有造成影响。9 月 14 日,除七都站出现 3.67 米水位外,其他站均未超过警戒水位(主要受太湖风浪影响)。

2001 年 5 月 1 日,全市平均水位 2.9 米。6 月 17 日入梅。6 月 23 日、24 日,2 号台风"飞燕"在福建沿海登陆后北上影响境内,带来 6~7 级大风并降特大暴雨,但未造成大的灾害。6 月 27 日,桃源水位 4.38 米,超过 1991 年。同日,出梅。全市 14 个测量站平均梅雨量 228.5 毫米,比历年平均梅雨量略多 17.2 毫米。全汛期 14 站平均雨量 600.8 毫米,比历年平均降雨量少 41.8 毫米,其中最多的站金家坝 681.4 毫米,最少的站太浦闸 504.9 毫米。汛期,太浦河出现倒流现象 27 天。

2002 年 7 月 4~5 日,受 5 号台风"威马逊"外围影响,全市出现 7~8 级大风,七都太湖水位 4.19 米。8 月 24 日,境内自北向南、自西向东遭受强雷暴袭击,伴有大风和暴雨,瞬时最大风速 32.9 米每秒,相当于 12 级风力,为历史罕见。全市有 10 个镇不同程度积水,受灾人口 0.25 万人,死亡 1 人;倒塌房屋 442 间、0.884 万平方米,损坏房屋 1527 间、3.06 万平方米,倒塌围墙 2.19 万米;损坏输电线路 73 杆、3150 米,损坏通讯线路 20 杆、840 米;沉没各类船只 76 艘;农作物受灾面积 1500 亩,成灾 1000 亩,林果苗木受损 9105 亩;直接经济损失 0.73 亿元。汛期,全市 14 个测量站平均降雨量 707.3 毫米,最多的市局站雨量 773.3 毫米,最少的铜罗站 657.5 毫米。出动抢险人员 0.58 万人次,投入抗排柴油机 1.952 万瓦、电动机 5.197 万千

---

① "三袋":通指防汛时装填泥土或砂石料的编织袋、麻袋和草包。

瓦,耗用柴油82吨、电131.2万度,直接投入抗灾经费100多万元。

2003年7~9月,气温持续偏高。其中,8月1日,测得最高气温38.9℃,为历史罕见,给正常的生产生活秩序造成较大影响。8月10日起,为缓解上海"8·5"溢油事故对黄浦江上游水质的影响,紧急启用刚建成的太浦河泵站,关闭太浦河沿线两岸闸门,阻止油污上溯,缓解天文大潮汛对油污扩散的影响。

2004年7月12日下午5时20分起,松陵镇八圻社区、芦墟镇莘塔社区、黎里镇北厍社区、平望镇梅堰社区、同里、横扇等镇遭受暴风雨袭击,瞬时最大风力达8~9级。据不完全统计,全市共有20个村的1406户4254间农户屋面受损,其中严重损坏125户250间。人员受伤72人,其中重伤3人,轻伤69人(入院治疗39人)。"三线"杆损坏200多根,影响长度1.159万米(其中供电线路3150米,广播电视、通讯线路8440米);供电线路中断33条次,其中110千伏以上4条,35千伏以下29条;黎里镇北厍社区110千伏变电站铁塔倒塌,造成整个社区停电5个多小时。大风还刮倒树木近千棵、鱼棚719只。直接经济损失近1500万元。

2005年6月22日15时30分,七都镇永享铝业有限公司、东方铝业有限公司及长桥村、丰田村遭遇龙卷风袭击,造成1.2万平方米厂房屋顶被掀翻,30余间农房副房受损,12名职工受伤,其中3名重伤,直接经济损失近百万元。8月5日起,9号台风"麦莎"影响全市。8月6日下午起,风力逐渐增强到8~10级,伴大到暴雨,局部大暴雨。测得过境最大风速为每秒23.1米,平均降雨量114.2毫米,最大的松陵镇117.8毫米。8月7日8时,松陵、盛泽、桃源的水位分别达3.55米、3.72米、3.72米,境内水位平均涨幅40厘米。11个镇(区)160个行政村12个街道30个居委会受灾,受灾人口近1万人,因灾紧急转移600人;积水城镇2个(松陵、盛泽),500户城镇居民家中进水;损坏房屋1000间、1.5万平方米,倒坍房屋500间7500平方米,倒塌"三棚"1500间,倒坍围墙3500米;道路积水28条2800米,水深10~30厘米;因灾死亡1人,重伤1人,轻伤3人。农作物受灾面积6000亩,成灾6000亩,林果苗木受损9000亩,水产养殖损失4500亩、600吨;部分停产企业5000余家;供电中断119条次,损坏输电线路高压80杆、4800米,低压50杆、2000米,损坏通讯线路90杆、600米;损坏堤防250千米,损坏护岸120处、25千米,损失土方50万立方米、石方5万立方米、混凝土0.5万立方米。全市共投入抗灾人数4.5万人,上堤巡逻人数0.3万人,参加抢险人数0.7万人,50小时投入电动机750台,功率4万千瓦,直接经济损失2.67亿元。9月9日起,15号台风"卡努"影响境内。9月11日上午,测得过境最大风速9级,局部10级,降雨量达97.7毫米。全市11个镇(区)160个行政村12个街道30个居委会受灾,受灾人口近1万人,因灾紧急转移1775人;积水城镇2个(松陵、盛泽),城镇700户居民、农村200户农户进水;道路积水7条长2200米,水深10~30厘米;林果苗木受损1800亩;部分停产企业300家;供电中断25条次,其中高压线路中断3条次,损坏输电线路低压24杆、120米。全市投入抗灾人数3.2万人,上堤巡逻人数0.2万人,参加抢险人数0.3万人,20小时投入电动机750台,功率4万千瓦。直接经济损失3000万元。其间,全市1200多个建筑工地全部停工。9月12日,全市中小学全部停课一天。同日上午8时,中断电力线路恢复供电,城镇积水排尽,各行各业恢复正常运转。

第十章　行政管理

　　1955 年 12 月 28 日,吴江县人民委员会第四次会议通过并报请苏州专员公署批准成立吴江县人民委员会水利科。自此,吴江县始有水利专职行政机构。随着水利事业的发展,各级管理服务机构逐步建立健全,人员队伍和素质也不断发展壮大和提高,在境内形成比较完善的市(县)、镇(乡)两级管理体系和延伸服务网络。水利建设和管理日臻完善,效益明显。地方政府机构几经改革,市(县)水利局机关内设机构和下属单位虽有调整,但基本处于稳定模式。围绕国家和地方水利事业发展需要,水利系统行政管理多应用系统工程思想和方法,以减少人力、物力、财力、时间的支出和浪费,提高行政管理的效能和效率。本章记述的行政管理主要涉及境内水利系统的组织机构和人事、财务、档案管理等方面的内容。

第一节　水利机构

一、市(县)水利局

　　1986~2005 年,市(县)水利局属政府系列的水行政机构。领导干部的任免和调动由市(县)委组织部决定。局长由市(县)人大常委会任免,副局长由市(县)政府任免。市(县)水利局主要领导成员任免只有两任交接,副职领导成员任免亦相对稳定。市(县)水利局内设机构随着政府机构改革多次调整变更,有行政机构和事业机构之分。其间,名称与职能亦相应变化。事业机构拥有事业单位法人资格。

　　1986 年,县水利局只设行政股。内设事业机构有水利工程指导站、水利管理服务站、综合经营服务站、农业机械化服务站。

　　1988 年 8 月 20 日,核定人员编制,水利综合经营指导站 7 名,水利管理服务站 12 名(含水费管理人员 2 名),水利工程指导站 10 名。

　　1989 年 9 月 29 日,建立水利勘测设计室,与水利工程指导站实行"一套班子、两块牌子"。

　　1990 年 8 月 3 日,建立水政水资源股,人员编制在局内调剂解决。

　　1991 年 4 月 16 日,建立水费管理所,为股级全民事业单位,人员编制 2 名(从水利管理服务站划转),与水政水资源股合署办公。

1992年4月,配备防汛抗旱指挥部办公室人员编制2名。4月28日,行政股改称"行政科"。

同年5月4日,吴江撤县设市,县水利局改称"市水利局"。设行政科、水利工程科、水利管理服务科、水政水资源科。

1993年4月24日,水利综合经营服务站更名为水利工业公司,实行"一套班子、两块牌子"。

同年12月,市水利局办公地址从县府路县政府大院内移驻鲈乡南路。12月25日,水利勘测设计室单独建制,为股级全民事业单位,人员编制12名,经费自理。

1994年6月21日,增加人员编制,防汛防旱指挥部办公室人员编制2名,水费管理所3名。

同年12月14日,设水利局监察室,与纪检组合署办公,实行"一套班子、两块牌子"。

1996年1月30日,建立吴江市水政监察大队,为股级全民事业单位,人员编制10名,所需经费在水费和水资源费中列支。

同年12月,市水利局更名为市水利农机局。

1997年4月15日,市水利农机局设办公室、组织人事科、财务科、水政水资源科,另按规定设纪委、监察室(合署办公)。核定行政编制14名、行政附属编制2名。

1998年4月18日,水利农机研究所增挂"水利农机技术推广站"牌子,单位性质、级别、人员编制、经费渠道、隶属关系、服务范围等均不变。

同年,水利工业公司更名为资产经营公司(与综合经营服务站脱钩),与局财务科联合办公。

2001年10月24日,撤销市水利农机局,组建市水利局,增挂"市水务局"牌子,原承担的农机职能整体划转市农林局(共划转人员219人,其中事业170人,企业49人)。

2002年1月17日,市水利局设办公室、水利建设科、财务审计科、组织人事科,另按规定设纪委、监察室(合署办公)。核定行政编制12名、行政附属编制3名。

同年5月20日,防汛防旱指挥部办公室人员编制由4名调整为6名;建立吴江市水资源管理办公室,与水费管理所实行"一套班子、两块牌子",人员编制由5名调整为12名(其中7名编制由水利综合经营服务站划入);水利工程技术指导站更名为水利工程质量监督站,人员编制仍为10名;水利管理服务站更名为水利工程管理处,增挂"吴江市河道管理处"聘子,人员编制仍为10名;撤销水利综合经营服务站(水利工业公司),人员编制划入水费管理所。

同年12月10日,调整机构,设防汛抗旱指挥部办公室、水资源管理办公室(与水费管理所实行"一套班子、两块牌子")、水利工程质量监督站(与水利建设科、招投标管理办公室实行"一套班子、三块牌子")、水政监察大队、水利工程管理处(增挂"吴江市河道管理处"牌子,实行"一套班子、两块牌子")。

同年12月,市水利局办公地址移驻笠泽路世纪大厦。

2005年6月29日,核定水费管理所(水资源管理办公室)人员编制12名(正职1名,副职2名);水利工程管理处(河道管理处)人员编制由10名减为9名(主任1名,副主任2名);水利工程质量监督站人员编制10名(站长1名,副站长2名);防汛抗旱指挥部办公室人员编制由 6 名减为 5 名(办公室主任 1 名,值班室主任 1 名、副主任 1 名);水政监察大队人员编制由 10 名减为 6 名(大队长 1 名,副大队长 1 名)。均为财政全额拨款行政管理类事业单位。

同年 9 月 8 日,水政监察大队列入"参照国家公务员制度管理"范围。

同年 12 月 27 日,水利勘测设计室更名为水利规划管理处,核定人员编制由 12 名减为 8 名(正职 1 名,副职 1 名),属财政全额拨款行政管理类事业单位。

表 10-1　　　　　1986~2005 年吴江市(县)水行政机构主要领导任职表

部门名称	职务	姓名	性别	籍贯	任职时间	备注
县水利局	副局长	张明岳	男	江苏吴江	1985.8~1986.11	主持工作
县水利局	局长	张明岳	男	江苏吴江	1986.11~1992.5	—
市水利局	局长	张明岳	男	江苏吴江	1992.5~1996.12	—
市水利农机局	局长	张明岳	男	江苏吴江	1996.12~1997.11	—
市水利农机局	局长	姚雪球	男	江苏吴江	1997.11~2001.10	—
市水利局	局长	姚雪球	男	江苏吴江	2001.10~2005.12	—

表 10-2　　　　　1986~2005 年吴江市(县)水行政机构副职领导任职表

部门名称	职务	姓名	性别	籍贯	任职时间
县水利局	副局长	张明岳	男	江苏吴江	1986.1~1986.11
县水利局	副局长	宋大德	男	上海川沙	1986.1~1990.5
县水利局	副局长	朱洪祥	男	江苏沙洲	1986.1~1992.5
县水利局	副局长	朱克丰	男	江苏江都	1986.4~1992.12
县水利局	副局长	戚冠华	男	江苏吴江	1990.5~1993.5
县水利局	副局长	徐金龙	男	江苏吴江	1991.4~1992.5
市水利局	副局长	徐金龙	男	江苏吴江	1992.5~1996.12
市水利局	副局长	朱洪祥	男	江苏沙洲	1992.5~1996.12
市水利局	副局长	姚雪球	男	江苏吴江	1992.12~1996.12
市水利局	副局长	沈顺根	男	江苏吴江	1994.7~1995.11
市水利局	副局长	万有成	男	江苏吴江	1995.11~1996.12
市水利局	副局长	万有成	男	江苏吴江	1996.12~1997.11
市水利农机局	副局长	徐金龙	男	江苏吴江	1996.12~1999.12
市水利农机局	副局长	姚雪球	男	江苏吴江	1996.12~1997.11
市水利农机局	副局长	孙阿毛	男	江苏吴江	1997.9~2001.10
市水利农机局	副局长	张为民	男	江苏吴江	1997.11~2001.10
市水利农机局	副局长	汤卫明	男	江苏吴江	1997.11~2001.10
市水利农机局	副局长	金红珍	女	江苏吴江	1998.12~2001.10
市水利局	副局长	孙阿毛	男	江苏吴江	2001.10~2005.12
市水利局	副局长	张为民	男	江苏吴江	2001.10~2005.12
市水利局	副局长	汤卫明	男	江苏吴江	2001.10~2005.12
市水利局	副局长	金红珍	女	江苏吴江	2001.10~2005.12
市水利局	副局长	顾新民	男	江苏吴江	2001.10~2004.1
市水利局	副局长	毛兴根	男	江苏吴江	2004.1~2005.12

表 10-3　　　　　　　1986~2005 年吴江市（县）水利局内设机构负责人表

科室名称	负责人	任职时间
办公室	徐瑞忠	2002.12~2005.12
组织人事科（行政股、行政科）	徐水生	1998.1~2002.10
	沈菊坤	2002.10~2005.12
财务审计科（计财股、财务科）	俞春华	1998.1~2005.12
水利建设科（水利工程指导站、水利工程科）	蒋伯荣	1986.1~1986.8
	姚雪球	1986.8~1992.12
水利建设科（水利工程指导站、水利工程科）	李新民	1992.12~1997.7
	金红珍	1997.7~1998.11
	包晓勇	2000.3~2001.10
	沈育新	2002.12~2005.12
水利工程质量监督站	包晓勇	2002.1~2002.12
	沈育新	2002.12~2005.12
招投标管理办公室	包晓勇	2002.1~2002.12
	沈育新	2002.12~2005.12
水利工程管理处（水利管理服务站、水利管理服务科）	张留英	1986.1~1986.11
	汪家云	1986.11~2001.10
	包晓勇	2002.12~2005.12
水利综合经营服务站（综合经营股、水利综合经营指导站、水利工业公司）	沈志成	1988.4~1995.12
	王培元	1996.4~2001.10
水利勘测设计室	朱　平	1993.9~2002.12
	浦德民	2002.12~2005.12
水政水资源科（水政水资源股）	谭荣初	1990.12~2002.12
水资源管理办公室（水费管理所）	谭荣初	1996.3~2002.12
	陆雪林	2002.12~2005.12
防汛防旱指挥部办公室值班室	姚忠明	1994.4~2001.10
水利局监察室	薛金林	1995.12~2002.12
	沈菊坤	2002.12~2005.12
水政监察大队	谭荣初	1996.3~2002.12
	薛金林	2002.12~2005.12

注：农机系统内设机构未列入。

二、直属事业单位

1986~2005 年，市（县）水利局对直属（下属）单位的划分时有变动。其间，平望、松陵抽水机管理站（有实体企业）实行厂长负责制。太浦河节制闸属代管。瓜泾口、北窑港水利枢纽分别由堤闸所、太浦河管理所管理。

1986 年，县水利局直属单位有堤闸管理所、水利直属仓库、平望抽水机管理站、松陵抽水机管理站和水利农机研究所、水利农机培训班、农机安全监理所，均为股级全民事业单位。

同年 7 月 3 日，核定堤闸管理所人员编制 50 人（其中县所 10 人，下属管理站 40 人）。

1987 年 8 月 24 日，太浦河节制闸归口堤闸管理所代管。

1988年8月20日,核定人员编制,水利直属仓库12名,堤闸管理所50名(其中县所10人),太浦河节制闸管理所15名,平望抽水机管理站250名,松陵抽水机管理站240名,农机研究所10名,农机培训班18名。

1990年8月3日,水利局直属仓库更名为水利物资站,更名后性质、级别、人员编制不变。

1994年3月15日,增加人员编制,堤闸管理所5名,松陵抽水机管理站25名。

同年8月29日,建立吴江市太浦河工程管理所,为市水利局直属事业单位,核定人员编制149名。

1995年3月6日,太浦河节制闸成建制移交太湖流域管理局管理。人员21名(其中在职职工11名、离退休人员4名、抚恤人员6名)。

同年8月25日,增加水利物资站人员编制5名。

1998年4月18日,水利农机研究所增挂"水利农机技术推广站"牌子,单位性质、级别、人员编制、经费渠道、隶属关系、服务范围等均不变。

同年5月12日,建立吴江市北窑港水利枢纽工程管理所,为股级全民事业单位,人员编制40名,经费自收自支。

2000年11月3日,农机研究所更名为农机化技术推广站,单位性质、级别、人员编制、隶属关系、经费渠道不变。撤销原挂"水利农机技术推广站"牌子。

2001年10月24日,农机化技术推广站整体划转市农林局。

2002年4月27日,建立吴江市瓜泾口水利枢纽工程管理所,为股级全民事业单位,人员编制13名,经费由财政拨款。

2004年,核定松陵、平望抽水机管理站为经营性水管单位,定性为企业,实行改制转企。

表10-4　　　　　　　1986~2005年吴江市(县)直属事业单位负责人表

单位名称	负责人	任职时间(年~月)
堤闸管理所	程福生	1986.8~2000.3
	陆雪荣	2000.3~2005.12
水利物资站(水利局直属仓库)	张志楼	1986.1~1990.12
	凌文荣	1990.12~1998.4
	李　伟	1998.4~2005.6
	王汝才	2005.6~2005.12
太浦河节制闸管理所	张贵红	1986.3~1987.4
	陈东阜	1987.6~1995.4
太浦河工程管理所	沈新民	1994.9~2000.3
	陆雪林	2000.3~2002.12
	王培元	2002.12~2005.12
瓜泾口水利枢纽工程管理所	陆雪荣	2002.7~2005.12
北窑港水利枢纽工程管理所	沈新民	1998.5~2000.3
	陆雪林	2000.3~2002.12
	王培元	2002.12~2005.12

注:农机系统直属事业单位未列入。

三、基层水利站

1986~2005 年,市(县)水利局在乡镇设立的基层管理单位相对稳定。1986 年,全县基层水利管理单位 24 个(另有农机系统乡镇农机管理单位 23 个,2001 年 10 月 24 日,整体划转市农林局)。2000 年 10 月,撤销八坼、坛丘水利管理服务站(并入松陵、盛泽水利管理服务站),全市缩减为 22 个。2003 年 6 月,市机构编制委员会批准成立开发区水利管理服务站,全市基层水利单位调整为 23 个。基层水利单位人、财、物均由市(县)水利局管理(不含开发区水利站),实行站长负责制。

1986 年初,县水利局基层有湖滨、八坼、同里、菀坪、屯村、莘塔、芦墟、北库、金家坝、黎里、平望、梅堰、盛泽、坛丘、南麻、八都、横扇、庙港、震泽、铜罗、青云、桃源、七都、东太湖 24 个水利管理站(又称机电排灌站,简称机电站,实行"一套班子、两块牌子"),其中,七都站为大集体事业单位,东太湖站未明确性质,其余为全民股级事业单位。

同年 10 月,湖滨机电站改名"松陵机电站"。

1988 年 8 月 15 日,建立盛泽地区水利工程管理所,为股级全民事业单位,人员编制 25 人,与盛泽水利管理站、盛泽机电站实行"一套班子、三块牌子"。

1989 年 9 月 15 日,建立各镇(乡)和东太湖水利管理服务站,为县水利局派出机构,与机电站实行"一套班子、两块牌子"(东太湖站单独建制)。其中,七都、东太湖站改为全民事业单位。核定全县水利管理服务站人员编制 111 名,机电站人员编制 889 名。

1992 年 4 月 8 日,建立松陵镇区防洪工程管理所,与松陵水利管理服务站、松陵机电站实行"一套班子、三块牌子",增加人员编制 13 名。

1994 年 3 月 15 日,增加人员编制,松陵机电站 13 名,八坼机电站 15 名,同里机电站 15 名,盛泽机电站 10 名,震泽机电站 10 名,坛丘机电站 12 名。

2000 年 10 月 17 日,撤销八坼、坛丘水利管理服务站,相应职能并入松陵、盛泽水利管理服务站。

2002 年 3 月 26 日,水利管理服务站和机电站人员编制核减到 680 名。

2003 年 6 月 17 日,建立吴江经济开发区水利管理服务站(与区防汛防旱指挥部合署办公),为股级全民事业单位,实行"条块结合,以块为主",业务上接受市水利局指导,人员编制 5 名(4 名在松陵水利站选调),人员经费自理。

2005 年,全市 23 个水利站均核定为公益类事业单位。

表 10-5 　　　　　1986~2005 年吴江市(县)基层水利单位负责人表

单位名称	负责人	任职时间	备注
松陵水利站	程福生	1986.1~1986.8	—
	朱海龙	1986.8~1992.6	—
	彭海志	1992.6~1998.4	—
	张锦煜	1998.4~2005.12	—
八坼水利站	沈新民	1986.1~1986.1	—
	王金荣	1986.1~1996.4	—
	朱敏华	1996.4~2000.10	—

（续表）

单位名称	负责人	任职时间	备注
同里水利站	陆明才	1986.1~1992.2	—
	冯建华	1992.2~1997.3	—
	倪新跃	1997.3~2001.3	—
	吴建林	2001.3~2005.12	—
菀坪水利站	姜长贵	1986.1~1989.9	—
	彭海志	1989.9~1992.6	—
	钱雪榴	1992.6~1995.4	—
	孔祥寿	1995.4~2001.3	—
	刘有根	2001.3~2005.12	—
屯村水利站	张孝州	1986.1~1987.2	—
	陈荫昌	1987.2~1988.4	—
	朱友良	1988.4~1994.7	—
	姚志强	1994.7~1996.7	—
	沈菊明	1996.7~2001.3	—
	姚志强	2001.3~2005.12	—
莘塔水利站	杭其根	1986.1~1996.8	—
	强平凯	1996.8~2005.6	—
	马旭荣	2005.6~2005.12	（兼）
芦墟水利站	顾留金	1986.1~1990.3	—
	李文涛	1990.10~2001.3	—
	浦德民	2001.3~2002.12	—
	强平凯	2002.12~2005.6	（兼）
	马旭荣	2005.6~2005.12	（兼）
北厍水利站	陈炳根	1986.1~1986.1	—
	沈根荣	1986.10~1996.6	—
	沈建龙	1996.6~2004.3	—
	施建荣	2004.3~2005.12	（兼）
金家坝水利站	沈国忠	1986.1~1987.7	—
	宋凤生	1987.7~1988.12	—
	赵水根	1989.7~1998.4	—
	张才良	1998.4~2000.6	—
	马旭荣	2000.6~2005.12	—
黎里水利站	沈阿荣	1986.1~1992.8	—
	于永法	1992.8~1997.1	—
	沈根荣	1997.1~2000.3	—
	施建荣	2000.3~2005.12	—
平望水利站	沈新民	~1992.2	—
	缪志铭	1992.2~1998.2	—
	沈海福	1998.2~2002.7	—
	王福源	2002.7~2005.12	—

（续表）

单位名称	负责人	任职时间	备注
梅堰水利站	陈志涛	1986.1~1989.7	—
	陈士元	1989.7~2005.12	—
盛泽水利站	鲍仁观	1986.1~1986.9	—
	宋文荣	1986.9~2000.10	—
	顾星雨	2000.10~2005.12	—
坛丘水利站	张虎生	1986.1~1986.11	—
	计龙生	1986.11~1998.2	—
	顾星雨	1998.2~2000.10	—
南麻水利站	顾和生	1986.1~1986.6	—
	陈邦兴	1986.6~1995.3	—
	姚阿二	1995.3~2000.3	—
	顾建忠	2000.3~2005.12	—
八都水利站	倪凤才	1986.1~2005.12	—
横扇水利站	张贵宏	1986.1~1986.3	—
	宋根生	1988.2~1995.3	—
	刘建民	1995.3~2005.12	—
七都水利站	虞关兴	1986.6~1995.3	—
	曹国强	1995.3~1996.7	—
	顾阿根	1996.10~2005.12	—
庙港水利站	钱金法	1986.1~2005.12	—
震泽水利站	季之孝	1986.1~1990.9	—
	吴扣龙	1990.9~1992.11	—
	姚桂明	1992.11~1995.8	—
	吴扣龙	1995.8~2005.12	—
铜罗水利站	孙永明	1986.1~1994.5	—
	吴庆祥	1994.5~2005.12	—
青云水利站	朱法宝	1986.1~1992.2	—
	蔡国良	1992.2~1994.10	—
	夏奋根	1994.10~1998.2	—
	杨晓春	1998.2~2005.12	—
桃源水利站	李新江	1986.6~1989.2	—
	蔡国良	1989.2~1992.3	—
	王福源	1992.3~2002.7	—
	杨晓春	2002.7~2005.12	（兼）
东太湖水利站	王福金	1995.5~2005.12	—
吴江经济开发区水利站	张才良	2003.6~2005.12	—

注：1. 农机管理站未列入。2. 莘塔、芦墟、北厍、桃源等乡镇行政建制撤销后，所在水利站建制未撤销，其负责人由合并后的乡镇水利站负责人兼任。

除上述机构和单位外，市（县）临时性水利指挥机构有1987年的吴江县盛泽地区水利工程指挥部、1991年的吴江县松陵镇区防洪工程指挥部、1992年的吴江市太湖治理工程指挥部、

1999年的吴江市松陵城区水利防洪工程建设指挥部等。这些指挥机构一般由市（县）领导任指挥，市（县）水利局及相关部门负责人作为成员单位参加。指挥部设办公室处理日常事务，办公室主任常由县水利局负责人兼任。

第二节　人事管理

一、人员结构

境内水利系统的人员由国家和地方、部门和单位间纵横向输入形成。初期，除政府部门安置的少数领导干部和技术人员外，主要由建立在50年代吴江县供销合作社戽水灌溉站、江苏省吴江县国营抽水机站、境内首批电力排灌站、地方国营震泽抽水机站、太浦河以南电灌区等单位留用、招收的人员组成。水利综合经营的发展促使各站办企业用人快速增加，人员结构的成分愈加复杂。80年代后期，为规范人事管理制度，县水利局决定对下属各单位设置兼职政工员。政工员仍受单位行政领导，并服从主管局人事业务指导。此后，随着调配、转业、分配、录用、引进人员的增多，水利系统逐渐形成较为完整的人事管理体系。人员结构的分类存在多样化。按不同统计口径，有行政、技术管理类，有干部、工人身份类，有全民、集体、临时工性质类等。

1988年12月3日，根据苏人调〔1988〕97号文件批复，招聘11名乡级水利站长。

1990年4月13日，根据苏人调〔1990〕5号《关于下达1989年招聘干部乡级水利站长干部指标的通知》精神，通过考核体检合格，招聘14名乡级水利站长。

至1993年（1985年起），接受安排各类大中专院校毕业生近80名，调入各种专业技术干部50余人。

1996年，吸收大中专毕业生37人。

1997年，吸收大中专毕业生21人，引进研究生1人、中级技术职称2人，其他2人。

2005年底，市水利局所属事业单位分类定性工作全部结束。市水利工程质量监督站、水利工程管理处、防汛防旱指挥部办公室、水政监察大队、水费管理所、水利勘测设计室定为行政类事业单位，各镇水利站和市水利物资站、堤闸管理所、瓜泾口水利枢纽工程管理所、太浦河工程管理所、北窑港水利枢纽工程管理所定为公益类事业单位。

2005年末，市水利系统共有下属事业单位35个，其中差额预算事业单位28个，市编制委员会核定事业编制人员936人（实际在编622人，其中经费纳入市财政预算内111人）。

二、科技队伍

80年代初，吴江县水利系统仅拥有专业技术人员24名。随着大中专院校毕业生的分配和引进人才计划的实施，专业技术人员逐年增长。至2005年末，水利系统拥有专业技术人员500多名。专业学科涉及农田水利、机电排灌、水利工程、水工建筑、工程管理、陆地水文、电气技术、应用电子、农业机械、机械制造、建筑工程、人事管理、经济管理、企业管理、财会、丝绸、经营、政工、档案等近20个。

1989年,全面恢复专业技术职务评审。水利系统专业技术人员开始呈现初级、中级、高级阶梯层次。

1990年3月13日,县水利局印发"关于调整水利农机工程初级技术职务评审委员会和建立调整专业考核组的通知"。水利农机工程初级技术职务评审委员会主任委员朱克丰,副主任委员宋大德、朱洪祥。

1991年,全系统拥有专业技术职称人员323人,其中高级技术职称1人、中级技术职称41人。

1993年,专业技术职称人员为408人,其中高级技术职称6人、中级技术职称72人。

1999年,专业技术职称人员增至484人,其中高级技术职称12人、中级技术职称91人、初级技术职称381人。

2000年,全年提拔晋升职称18人。

2001年,专业技术职称人员为448人,其中46人申报晋升专业技术职称。

2002年,专业技术职称人员达496人,其中高级技术职称11人、中级技术职称90人、初级技术职称395人。

2003年,全年晋升专业技术职称35人,其中高级2人、中级14人、初级19人。同年5月20日,市水利工程指导站盛永良被吴江市人事局列入苏州市新世纪高级青年专业技术人才名单。同年6月20日,市政府办公室吴办发〔2003〕31号印发《吴江市党政领导联系专家制度》,市水利局高级工程师赵培江、盛永良被列入市委、市政府领导联系专家名单。

三、教育培训

1985~2005年,市(县)水利局通过举办厂长、经营学习班,干部专业读书班,联办机电排灌、电工、财会、机械、建筑职业班,《农田水利》专业证书班等途径,提高干部职工整体技术水准和素质。同时,也为全市(县)相关人员提供技术咨询和培训,提高专业服务水平。

1986年,举办三年制机电排灌职业班,招收学员48名。同年,为县乡两级农机、水利技术人员举办业务培训7期,受训320多人。

1987年,鉴于水利系统职工队伍老化状况和行业需要,与吴江职业高中联办三年制电工职业班,招收学员20人;与盛泽乡中学联办三年制财会职高班,招收学员5人;与震泽中学联办三年制机械职高班,招收学员18人;与城建职中联办三年制建筑班,招收学员5人。所招学员全部实行定向培养,签订培养使用合同,落实双方义务和责任。同年举办中拖驾驶、修理工等各类培训5期,辅导乡级培训7期,受训363人次。

1988年4月中旬,县水利局举办为期一星期的财务人员岗前学习班,31人参加培训,结业考核100%及格,95分以上占54%。全年全系统财会人员参加县电大班岗位培训5人(4门课),中专全科生3人,参加南农大组织学习的20人(农机站会计),参加水利工程专科学校学习的16人,水利管理站合格证培训6人,全年累计430人次。获得电大会计师专业岗位结业证5人、中专全科生毕业证2人(大专水平)、会计师岗位合格证34人。对32个独立核算单位的91名在岗财务人员进行分期分批的考核和职务评审、申报后,获得会计师职务4人、助理会计师职务22人、会计员职务37人。

1989 年,与河海大学联办农田水利专业证书班,参加学员均为水利系统在职技术骨干,共17 人。

1991 年,3 人参加大专学习,5 人参加中专全科学习,12 人获单科结业证。56 个企事业单位 135 名在职财会人员获会计岗位专业证及单科结业证,中专、大专毕业证及会计专业职务初、中级人员达 100%。

进行技术咨询 1479 人次,三包维修 1122 人次,举办综合技术培训 76 期,巡回服务 2347人次。

1993 年,16 人获得财政部门颁发的岗位证书;所属单位参加财政部门举办的"二则"(财务通则、会计准则)学习培训,举办农机站贯彻财务新制度培训;131 人财会专业人员参加会计资格甲、乙种考试,60 人经财政部门审定报考(其中甲种考试 43 人、乙种考试 17 人)。在全国财会专业知识考试中,全系统 36 人录取(其中会计师 1 人、助理会计师 8 人、会计员 27 人)。培训各类农机技术人员 3248 人次。

1994 年,培训各类农机技术人员 841 人次。

1996 年,培训技术工人 248 名,其中高级工 132 人、中级工 76 人、初级工 40 人;参加成人教育 27 人,其中本科 4 人、大专 4 人、中专 19 人;初级计算机培训合格 35 人。培训会计 105人,其中电算化 30 人、会计证 30 人、专业知识培训 45 人。所属单位获得会计证 221 人,主办会计参加会计电算化培训,28 人获得财会电算化合格证。进行技术咨询 3168 人次。培训各类农机技术人员 1800 人次。

1997 年,与苏州大学财经学院联办 60 人参加的企业管理专业证书班;参加成人教育 27人,其中本科 4 人、大专 4 人、中专 19 人;参加计算机等级考试合格 45 人;全年新领会计证15 人,考取会计师 1 人、助理会计师 1 人、会计员 3 人。

1998 年,所属单位在岗人员获得会计证 189 人,主办会计参加会计电算化培训,56 人获得财会电算化合格证。23 人获得会计师职务。

1999 年,组织 8 期操作手技术培训,受训 150 人次。

2000 年,对所属单位 68 名主办会计、69 名助理会计和出纳会计组织三期新《会计法》培训,结业考试成绩 99% 合格。根据财政部门 2001 年前全体会计人员完成中专以上学历以及会计电算化培训的要求,12 人参加大中专班学习和会计专业资格考试,35 人参加初、中级资格考试,5 人取得初级考试、1 人取得中级考试合格成绩。培训各类农机人员 1724 人次。

2001 年 8 月 14~16 日,在市农机推广站开展水利系统会计专业知识培训,主要内容有《会计法》《会计基础工作规范》和《小型农田水利工程会计核算》以及其他会计相关专业知识。25 人参加财政部门举办的三期各种业务培训班学习。12 人参加大中专班学习和会计专业资格考试,25 人参加初、中级资格考试,4 人取得初级考试、1 人取得中级考试合格成绩。举办水政执法、机电排灌、水利工程建设管理等专题培训,受训人员 150 多名。

2002 年 6 月 17 日~19 日,市水利局举办财会人员专业知识培训班,全系统财会人员参加培训。

四、综合管理

（一）办公用具更新

1990年，县水利局开始使用电脑打印和复印机复印文档材料，原来依靠铅印打字机和油墨复印机处理文档的办公用具被逐步淘汰。随后，激光打印机、扫描仪等也相继进入办公用具行列。2002年12月，市水利局办公地址移驻世纪大厦后，工作人员桌面办公全部使用电脑。

（二）网络信息建设

2002年4月29日，市水利局向苏州市水利局提交《关于报送〈吴江市水利信息化管理系统建设方案〉的报告》。6月14日，苏州市水利局批复同意。信息化系统功能主要包括防汛决策、工程管理、办公自动化、水资源与吴江水利演示、公共信息对外发布五大系统，采用体系结构（网络拓扑图）管理。2003年8月10日，成立吴江市水利局信息化工作领导小组。组长姚雪球，副组长金红珍，局机关各科室负责人为成员。领导小组下属办公室，徐瑞忠兼任办公室主任。2004年3月18日，市水利局印发《吴江市水利局网络管理制度》，从网络信息管理（信息的收集、审核、发布、信息量）和网络硬件软件管理（服务器、网络设备线路、安全使用、计算机、局网络资源）等方面提出具体要求。

（三）行政效能建设

2003年，制定《吴江市改进水利行业作风和提高行政效能的若干规定》和《关于在全市水利系统开展行政效能建设的工作意见》。开辟"吴江市水利局局务公开栏"和"内部公开栏"。

（四）公务车辆改革

2005年7月14日，市水利系统第一批车改单位公务用车13辆移交市车改办。同年8月12日，第二批车改单位公务用车26辆移交车改办。同年8月16日，市水利局就下属差额预算单位车改移交车辆经费向市级机关公务用车改革领导小组办公室请示。下属差额预算事业单位参与车改移交市统一拍卖的28辆车辆（购车价格547万元）完全是各单位生产经营的多年积累经费，是维持水利管理单位生产经营的固定基金。要求拍卖所得款全额返回各单位，用于今后按规定事业编制人员核定应发放的车贴及开展水利建设、水利管理服务工作流动资金周转。如拍卖的车款不能全额返回，按规定对事业编制内的所有人员应发放的车贴和购车补助款由市财政统一纳入预算安排。同年11月，市水利局制定《吴江市水利系统公务用车管理制度》，内容涉及公车管理范围、使用原则、维护保养管理等，从2005年12月1日起执行。

（五）住房改革

1993年，根据国家政策和市政府统一部署，市水利系统实行住房改革，全系统优惠售房534套，40%在编职工拥有房产权。

（六）生产事故

1987年4月22日，太浦河节制闸负责人张某某和职工钱某某两人违反操作规程，在闸下游设置栏网捕鱼，当闸门开启到一半时，因水流湍急落水身亡。2005年4月27日13时30分，吴江市水利市政工程有限公司震泽分公司单水清施工队工人沈某某，在独自拆除震泽镇分乡桥套闸上闸首排架模板及钢管时，未仔细观察和穿戴防护用品及安全帽，造成钢管一端碰到离工作面3米左右的1万伏高压线，触电坠落，抢救无效死亡。

第三节　财务管理

一、体制与制度

境内水利系统的财务管理长期以来按照"统一领导,分级管理"的体制操作,既执行财政统一的行政事业单位财务制度,也执行水利部门会同财政部门制定的专业财务制度。

1980年,国务院提出"所有水利工程的管理单位,凡有条件的要逐步实行企业管理,按制度收取水费,做到独立核算、自负盈亏"。

1981年1月31日,国家财政部、国家水利部颁发《水利工程管理单位会计制度(试行)》。这是水利系统的行业性财务会计制度,以当时的工业企业会计制度为基础,结合水利工程管理单位行政事业性质和生产经营特点制定。改变以往"统收统支"的财务核算机制,确立成本核算、盈余分配等生产经营观念,建立水利工程管理单位的经济核算体系,统一会计核算口径。

1985年,国务院颁布《水利工程水费核订、计收和管理办法》,并批准国家水利电力部《关于改革水利工程管理体制和开展综合经营问题的报告》,提出水管单位要实行经费包干和经营承包责任制,逐步创造条件,向生产经营型发展,推行事业单位企业化管理。

1987年,国家财政部、国家水利电力部颁发《水利工程管理单位财务管理办法》,对1981年制定的制度作修改,对水管单位的水费、电费和综合经营收入,生产成本管理核算,专用基金,财务包干结余,经营管理责任制等作详细的规定。这一管理办法的核心是国家实行预算管理的水利工程管理单位仍然定性为事业单位,有条件的可以逐步向企业化管理过渡。

1992年9月1日,国家财政部、国家水利部修订《水利工程管理单位会计制度(试行)》(1993年1月1日起执行)。

1994年12月26日,国家财政部再次修订、颁布《水利工程管理单位财会制度》(暂行)和《水利工程管理单位会计制度》(暂行),进一步规范水利工程管理单位财务工作,加强财务管理和经济核算。

二、财务机构

境内水利系统财务机构分局机关财务机构和下属单位财务机构两级。

(一)局机关财务机构

1984年2月,县水利、农机两局合并,仍称县水利局,内设计财股。1992年5月,撤县建市,改称市水利局计财股。1996年12月,市水利局更名为市水利农机局,改称市水利农机局计财股。1997年4月,改称市水利农机局财务科。2001年10月,撤销市水利农机局,组建市水利局,改称市水利局财务科。2002年1月,改称市水利局财务审计科。局财务实行独立核算,与县财政局实行直接的经费领拨关系,接受县财政局管理,同时对下属单位财务进行指导和管理。

（二）下属单位财务机构

1986~2005 年，水利系统下属单位人、财、物均由水利局管辖。下属单位分为直属企、事业单位和基层水利站两个类型，均具有独立法人资格，执行水利管理单位会计制度。直属事业单位和基层水利站均为财政差额拨款事业单位。下属单位经济来源除财政差额拨款外，主要来自规费征收和生产经营两条渠道，财务实行独立核算、自负盈亏，业务上接受水利局指导、监督。

三、规范管理

1987 年，对全县水利系统固定资产进行普查登记。

1988 年初，会同县财政局、农业银行下发《水利工程水费财务管理若干规定的通知》，要求水利工程水费县属大集体以上工矿企业由局直接收取；水费收费实行与奖金挂钩；改革核算体系，划小核算单位；局机关各股、站事业经费实行定额包干管理责任制，把经济合同与各股、站个人利益结合起来。

同年 3 月，会同县财政局下发通知，贯彻乡（镇）水利站《财务管理与会计制度》。4 月起，全系统更换新账。对 103 个类别（编码）建立健全收发、领用及保管责任制，建立账卡。

1990 年 12 月 29 日，会同县财政局下发《农田水利工程建设财务管理办法》，就农田水利资金筹集管理、使用管理、结算管理和其他事宜提出具体办法（从发文之日起实行）。

同年，制定《财务人员工作守则》。

1991 年，第一季度结合财务达标要求对会计基础工作、会计核算等情况进行会审；第二季度对联营厂、经营部、服务部、工程队等上半年财务收支情况、承包责任制、资金周转、经济效益等情况进行清理核实。印发《关于财务会审情况的通报》和《关于当前财务工作的几点意见》。印发《关于开展 1991 年财务、税收、物价大检查的通知》。印发《水利系统会计工作方面若干问题的处理意见》，从会计凭证、会计账簿、会计报表、财务情况说明等方面提出要求，制定《固定资产管理》《流动资金管理》《财经纪律十不准》《现金管理制度》《财会人员岗位责任制》等规章制度。

1992 年，会同县物价局调查分析机电排灌作业收费，调整水费价格的测算标准。全系统水利农机行政事业单位收费共 16 种（其中 6 种无开征），实际征收 716.6 万元。

1993 年，调整机电排灌、排涝水费价格，全市灌溉水费从 1992 年平均每亩 5.24 元提高到平均每亩 5.73 元。

1994 年 2 月，会同市财政局写出《关于 1991—1993 年度发展粮食生产专项资金、水利农机项目资金使用情况的总结报告》。1991~1993 年，全市粮食生产专项资金、水利农机项目资金共投入 697 万元，其中粮食生产专项资金 284 万元，集体自筹 413 万元（水利工程 417 万元，其中粮食生产专项资金 244 万元，集体自筹 173 万元；农机 280 万元，其中粮食生产专项资金 40 万元，集体自筹 240 万元）。

1995 年 1 月，市水利局内设经济监察室。主要职责为：维护和监督局经济正常的运行秩序，检查和督促主管局各项政策性经济措施、财务制度的贯彻落实；受理经济工作中的各类纠纷和案件，负责调查审理，并提出处理意见；对重点投资建设项目进行跟踪审计，写出项目竣工的财务审计报告；协助行政科对局属各单位的财务进行检查和审计。

同年 6 月 20 日，提出《吴江市水利系统执行财务新制度中的若干具体问题及建议》，内容涉及计提折旧、折旧基金、投资者分配利润、享受所得税减免政策、资产的报废毁损、职工奖金计提、职工福利基金、内部分级承包、水利工程水费、水管单位总收入计算及确认销售收入等方面。

1996 年，确立"生产以效益为中心，管理以财务为中心"的经营机制，印发《整顿会计秩序、规范会计工作》的通知，强化会计基础工作。资金运营上"统一调度、统一结算、统一借款"；资金流动上保工资、保生产、保各项规费上交、保重点基建项目，压缩一般性支出、消费性开支；财会人员参加电算化培训；强化内部审计监督，开展承包责任制家底审计，站、厂长离任业绩和重点单位财务收支及经营活动效益审计；开展清理公司、预算外资金、小金库和财务、税收、物价的自查、互查、抽查；实施省、市对水利专项资金的全面审计。水利系统回收两年以上陈欠销售款 325 万元；工业产值 2.4 亿元，产销率达 95%；应收账款回收率达 97%。

1997 年，印发内部审查通报 80 多份，提出各种建议 200 多条，核减利润 140 多万元。

1998 年，对全系统 64 个企事业单位独立核算单位的主办会计任职实行由主管局任命制，并同会计专业技术职务聘任结合。不管是否干部身份，都任命聘用，并同工资福利挂钩；对有突出贡献的会计人员，由主管局再给予适当的精神和物质奖励；对考核不胜任的不管是否有任职资格，都要解聘，并将其作为一种制度固定下来。

同年 1~10 月，印发内部审查通报 65 份，提出各种建议 180 多条。

2000 年，印发建账监管的通知，对 66 个所属单位办理建账监管；对 1966~1984 年底前保管期满可按规定销毁的会计档案全面清理登记。

2001 年 2 月 22 日，印发《关于实行站、厂长领导干部任期经济责任审计的意见》，从审计对象和审计内容、审计程序和方法、审计结果的运用和处理、审计纪律、组织领导等方面加以规范。

同年，水利工程水费转为经营性收费，会同市财政、物价、地税部门印发"吴江市经营性收费"文件，印制"吴江市水利工程水费专用发票"，制定请领、缴验和申报有关业务程序。

同年，完成太浦河工程 2.12 亿元、环太湖应急加固土方工程 2400 万元、环太湖 98 护砌工程 1264 万元的财务竣工决算编制；完成松陵城区防洪工程 1090 万元财务竣工决算编制并向管理单位移交资产。

2002 年，完成大浦口工程 874.79 万元财务竣工决算编制，完成环太湖既定工程 1479.9 万元基建项目审核，通过审计、财政部门委托湖北省投资评估中心对北排通道工程 1.873242 亿元预算的评审，通过省审计厅环太湖工程 2001 年世行报账 1094.48 万元年报审计，通过审计署南京特派办对环太湖工程戗港、三船路等套闸概算 1464.55 万元国债资金使用情况的审计。

同年 12 月，市水利局设立局财务结算中心。制定《吴江市水利局财务结算中心财务管理暂行办法》，涉及结算中心机构设置、管理范围、工作人员职责、管理方式、资金保全措施和各单位的财务管理职责、建立健全各项规章制度、会计资料的交接要求等方面内容，印发各单位执行。

2003 年 1 月 16 日，市水利局印发《关于局机关日常公用经费报销的通知》，局财务结算中心从 2003 年 1 月 1 日开始运作。

同年 4 月 16 日,市水利局印发《关于局机关报销审批制度(试行)的通知》,明确报销范围、经费预算、报销要求、审批权限、报销手续等规定,从 2003 年 5 月起试行;印发关于《吴江市水利局财务结算中心财务审批报销制度(试行)》的通知",从报销范围、财务管理、报销要求、经费标准、审批权限、报销手续等方面加以规范。

同年 5 月 13 日,市水利局印发《关于局财务结算中心财务审批制度有关费用报销的补充说明》。

2004 年 3 月 12 日、8 月 3 日,市水利局印发《吴江市水利局国库集中支付"有关费用报销"财务审批制度的说明》,明确涉及政策性规定支出和日常费用报销审批程序。

同年 11 月,根据市财政局布置,市水利局财务审计科编制完成水利系统所属事业单位"财政供养人员管理信息系统",为财政经费供给管理打下基础。

2005 年 4 月 11 日,市水利局印发《关于加强财政票据、水利工程水费发票管理工作的通知》,要求加强票据管理、严格票据领用和票据验收。

同年 6 月 2 日,市水利局制定《吴江市水利系统会计电算化管理制度》,内容有会计资料管理、计算机管理、操作人员岗位及管理、微机操作制度和其他等五章。

同年 6 月 15 日,市水利局印发《吴江市水利系统国有资产管理规程》。该规定要求财务管理"严格审批制度,加强现金管理,强化政府采购,加强票据管理、规范行业收费,强化资金管理,规范坏账报批";从固定资产管理上明确"固定资产标准及分类,固定资产的修建购置出租转让,固定资产报废"两大规程。规定从 2005 年 7 月 1 日起实行。

同年 6 月 30 日,市水利局下发《关于水利系统统一实施会计工作电算化的通知》,对会计电算化工作的组织、配备电子计算机和会计软件替代手工记账,会计电算化内部管理制度等方面提出要求。制定《吴江市水利系统会计电算化管理制度》。

同年 10 月 9 日,市水利局印发《关于对基层领导班子的考核意见(试行)》,就考核对象、考核内容和奖励办法提出具体意见,从 2005 年起试行。

同年 12 月 8 日,市水利局印发《关于水利企业统一执行〈小企业会计制度〉和加强水利建设专项资金使用管理的通知》,对水利站水利建设专项资金的管理与核算、水利建筑公司的财务处理提出具体操作规程。

第四节　档案管理

市(县)水利局设立档案室,制定档案管理制度,指定专人管理档案。水利系统档案主要按文书、科技、特殊载体和会计档案分类管理。档案形式分为文表、图纸、照(底)片、录音(像)带、奖状(杯、牌)、证书、锦旗等。局机关各科(室)资料员负责收集本部门档案资料,档案室每年组织人员根据档案分类和保管期限规定按类别整理,编号排列入柜。文书档案按规定定期向市(县)档案馆移交。工程、财务和其他档案留存局档案室保管。档案室做到"九防"(防高温、防潮、防尘、防盗、防鼠、防虫、防光、防火、防磁)。直属单位和水利站亦有办公室或财务人员负责单位档案管理。

1981年,建立局机关档案室。

1989年,组建档案工作领导小组,形成由局各科室和基层单位组成的档案工作管理网络,并配备2名工作人员,其中1名专职、1名兼职。

1993年2月,正式成立综合档案室,配备4名工作人员,其中1名专职,负责水工、声像、资料图书、防汛档案;3名兼职,分别负责文书、财会、人事档案。同年6月,调整局档案管理网络成员及兼职档案员,1名副局长分管,办公室主任主管,局机关8个科室均配备兼职档案员;调整局档案鉴定小组成员,由分管局长任组长,办公室主任、财务科长任副主任,1名专职和4名兼职档案员任组员(其中3人有上岗证),对到期档案进行鉴定;修订和增补《吴江市水利局档案管理制度》,涉及归档文件整理、档案保管、档案保密、档案利用、档案统计鉴定和移交、档案安全保卫、电子文件整理归档、档案管理体制、机关档案工作岗位职责等内容。同年11月10日,被苏州市政府授予"三级先进档案室"称号。

1996年12月13日,经苏州市档案局达标升级考核评定,市水利局综合档案室升级为苏州市二级档案室。同年,被市档案局、人事局评为"吴江市'八五'期间档案系统先进集体"。

1998年,被市委组织部评为"市干部人事档案工作达二级标准单位"。

1999年1月14日,市水利农机局下发《关于公布本局产生的国家秘密事项的通知》,对15项文档划定保密等级,其中机密1项、秘密14项。

2003年3月,制定《吴江市水利局综合档案室全宗内分类方案》。同年6月,制定文件材料归档范围和保管期限表。同年12月,被江苏省档案局评为"档案工作目标管理一级单位",颁发等级证书并授予奖牌。

2004年2月,晋升为"江苏省一级档案室"。

表10-6　　　　　　　　吴江市水利农机局产生的国家秘密事项表

事项名称	密级	载体形式
国内招标的水利工程评标、决标情况,决标签约前的标底资料	秘密	文件、资料
流域堤防、联圩堤防决口、重大工程安全事故的原因及详细情况资料	秘密	资料
未公布的乡镇供水水源的水质资料及境内重要河段水质监测的完整原始资料	秘密	资料
重要地区和关键性水利工程环境影响报告书及流域水资源保护规划未经加工整理的原始调查资料	秘密	资料
当年洪涝旱灾的实时、定期(月、年)统计报表,抗御重大自然灾害应急预案,洪水调度预案等	秘密	报表、资料
未经批准实施的国有土地使用权出让方案及出让底价	机密	资料
各企事业单位、社会团体的机构、编制、人员统计资料及报表	秘密	报表、资料
尚未公布的干部录用计划、考试方案及候选人名册	秘密	资料
尚未公布的企事业单位专业技术职务(含任职资格)的评审事宜及有关统计资料	秘密	档案、资料
本系统管理干部的档案及考察材料	秘密	档案、资料
内部审计原始资料及有关内部财务报表	秘密	报表、资料
重要的检举、揭发材料和检举、揭发人姓名、住址及可能危害其安全的有关情况	秘密	资料
纪检监察、信访的原始调查资料,未公布的正在查处的违纪案件调查情况	秘密	资料
国有资产流失的检举查处材料	秘密	资料
国有资产产权纠纷处理过程中产权纠纷调处的讨论意见、调查取证材料	秘密	资料

第五节　水利宣传

为贯彻落实党和政府一系列路线、方针、政策,90年代起,市(县)水利及有关部门先后编辑、发送多种水利宣传通讯,提升吴江水利形象。1989~2005年,境内主要有《河道整治快讯》《农村工作简况》《水利农机情况》《水利建设简讯》《水利工作情况》《水利信息》等6种。水利宣传通讯发送不定期,视市政府中心工作和水利部门阶段工作任务而定,总发送495期。

表 10-7　　　　　　　　　1997~2005年吴江市水利宣传期刊情况表　　　　　　　　单位：期

年份	《河道整治快讯》	《农村工作简况》	《水利农机情况》	《水利建设简讯》	《水利工作情况》	《水利信息》	《小计》
1997	10	—	158（1997年前）	—	—	—	168
1998	11	—	6	—	—	—	17
1999	2	19	7	13	—	—	41
2000	—	10	6	18	—	—	34
2001	—	9	8	10	—	—	27
2002	—	6	—	—	15	5	26
2003	—	—	—	—	18	34	52
2004	—	—	—	—	29	32	61
2005	—	—	—	—	21	48	69
合计	23	44	185	41	83	119	495

第十一章　水政管理

　　水政管理是水行政机关依法对全社会水事活动实施管理和统筹协调的行为。1988 年 1 月 21 日，《中华人民共和国水法》颁布后，国家水利部确定每年 7 月 1~7 日为"中国水周"。1990 年 8 月，设立吴江县水政水资源股，主要职责是加强水法制建设，对水资源实行统一管理，包括水域管理。同年 10 月 19 日，吴江县水利执法体系领导小组成立，并下设办公室（在县水利局），负责全县水、水域和水工程的统一管理，组织编制水资源的综合开发利用规划及取水许可细则，查处水事违法案件等，同时任命 35 名水政监察员在水行政执法过程中着装执法。1993 年 1 月 18 日，第 47 届联合国大会 47/193 号决议，确定自 1993 年起每年 3 月 22 日为"世界水日"。国家水利部决定自 1994 年起"中国水周"时间改为每年 3 月 22~28 日。1996 年 1 月，吴江市水政监察大队成立，水政管理日趋规范。近 20 年间，市（县）水利局加强水法宣传，制定一系列规范性文件，强化水法制建设；同时建立健全水政管理队伍，完善各项规章制度，规范执法程序，取得明显成效，多次受到上级有关部门表彰。

第一节　法制建设

一、水法宣传

　　1988 年，《中华人民共和国水法》颁布后，县水利局在全县范围开展水法宣传工作。1990 年 8 月，设立县水政水资源股，1996 年 1 月，成立市水政监察大队后，水法律法规和规范性文件的宣传愈加强化。每年的"世界水日""中国水周"和"12·4"全国法制宣传日，都采取不同途径和方法开展以《中华人民共和国水法》为主体的水法律法规的宣传教育活动。

　　1990 年 10 月 19 日，县政府提出《吴江县水利执法体系建设实施意见》，要求继续利用电影晚会、有奖知识竞赛等方式开展《中华人民共和国水法》及《江苏省水利工程管理条例》的学习、宣传活动；采取"四统一"模式（统一计划、统一调度、统一管理水质、统一征收水费）加强水资源的管理；运用岗前培训、考试，定期考核、评比办法提高执法人员素质和执法水平；通过大检查选择影响大的违法事件依法进行查处，起到处理一个、带起一串、震动一片的作用。

　　至 1991 年 2 月（1988 年 7 月起），累计动用经费 1.8 万元，通过宣传车在 23 个乡镇流动广播,县乡两级广播站播放县领导讲话录音,各电影院映前播放幻灯片,各村、交通道口和水利工程建筑物悬挂 40 条横幅、175 条固定标语以及设置橱窗、黑板报联展,举办松陵、菀坪两镇水法律法规知识竞赛等宣传途径,使受教育群众达 25 万人次。

1991 年 7 月 3 日,召开《中华人民共和国水法》实施 3 周年座谈会。县水利局副局长朱克丰发言,从水法律法规宣传、水利执法体系建设、违法水事案件查处、取用地下水管理、存在问题、下一步工作重点等方面汇报三年的贯彻实施情况。县人大常委会副主任李文或讲话,肯定水利部门的重要作用和取得的成绩,对进一步贯彻实施《中华人民共和国水法》提出抓紧制定水法宣传教育五年规划和实施计划,抓好水利执法体系建设和加强水政监察工作,统筹规划、兼顾、改善、调整县规划,加强水资源管理等要求。

1992 年 7 月 10~11 日,吴江市人大十届常委会召开第十七次会议。市人大常委会主任于孟达,副主任李文或、姚双雄、陈达力及委员共 16 人出席会议。会议听取和审议《关于〈行政诉讼法〉实施情况的汇报》《关于 1992 年水利建设和执法情况的汇报》等。

1993 年,围绕"二五"普法 ① (1991~1995 年)教育组织水法宣传周、宣传月,积极宣传水法,提高全民的水法规意识。

1994 年,组织市、镇两级水法规培训 24 次 3000 人参加,举办专业法知识竞赛 1 次、专业法考试 1 次。

1995 年 3 月,纪念第三届世界水日和中国第八届"水法宣传周"期间,市直机关党委、工会、团委、治太指挥部联合举办"水利杯"知识竞赛;广播电台、电视台播放震泽镇厂矿企业"水利杯"知识竞赛;全市各镇闹市区、主要水工建筑物、交通道口、路边、围墙布置标语、橱窗板报。其中,3 月 21 日,《吴江报》专版刊载水利建设和水利执法文章;3 月 26~28 日,市电视台播出《纪念"3·22"世界水日,合理开发利用水资源》专题节目。同年 5 月 12 日,在市人大的安排下,市水利局举办水法普法教育专题会议,汇报贯彻实施《中华人民共和国水法》《江苏省水利工程管理条例》情况,宣讲水法律法规基本内容,介绍吴江水利基本概况和贯彻实施水法律法规的重点。参加会议的人员有市人大常委会全体副主任、委员和各镇人大主席团常务主席。

1997 年 3 月 22 日,纪念第五届"世界水日"、第十届"中国水周"座谈会在松陵饭店召开。市人大常委会副主任戚冠华、市政府副市长周留生、市政协副主席王斐出席会议,参加会议的还有各镇党委分管领导、各水利站站长、市有关部门负责人。市水利局局长张明岳作专题讲话,市领导分别讲话。市电视台、广播电台和《吴江报》均对座谈会情况作专题报道。其间,《吴江报》刊登专题文章《地下水,发出求援信号》;宣传车在城镇巡回宣传;松陵、盛泽在闹市区开展水法律法规咨询服务;编印散发《水利法规文件汇编》2000 册。

1998 年,以实施水行政执法公示制为重点,加强对《防洪法》和《水利产业政策》等法规的宣传,强化市民的水忧患意识和依法防洪意识。

---

① "二五"普法:从 1986 年开始,党和国家在全国范围内有组织、有步骤地对全体公民展开大规模普及法律常识的宣传教育活动,至 1990 年底结束,为期五年,简称"一五普法"。1990 年 12 月 13 日,中共中央、国务院发出关于批转《中央宣传部、司法部关于在公民中开展法制宣传教育的第二个五年规划》的通知;1991 年 3 月 2 日,第七届全国人大常委会第十八次会议通过《全国人大常委会关于深入开展法制宣传教育的决议》,决定从 1991 年起,实施普及法律常识、加强法制宣传教育的第二个五年规划,简称"二五"普法。以此类推,下同。

1999 年 4 月 3 日,在开展第七届"世界水日"和第十二届"中国水周"宣传活动期间,《吴江日报》刊登宣传专版、吴江电视台播放《江河治理是防洪之本》(上、下集)专题片、桃源镇召开座谈会、盛泽镇举办黑板报展等,吴江市镇两级内容丰富,形式多样,效果显著。

2000 年 4 月 28 日,市人大专题宣讲《中华人民共和国防洪法》,市人大常委会主任、副主任,各委员会主任、副主任、常委和各镇主席团主席、副主席、秘书参加。同年 7 月 18 日,在平望镇政府召开的农村工作会议上对镇直机关干部和各村书记、主任宣讲《中华人民共和国防洪法》。在"三五"普法(1996~2000 年)以法制市知识考试中,1359 名干部职工参加,并通过市以法制市领导小组的考核验收。

2002 年 3 月 20~22 日,市电视台在 19 时 15~30 分的时间段播放《实施取水许可制度,加强水资源保护》专题节目。3 月 22 日,市水利局召开纪念"世界水日"座谈会,各水利站分别在所在地闹市区悬挂横幅 68 条、灯箱 12 只、标语牌 60 块,布置宣传橱窗 4 处、黑板报 2 处,设咨询台 1 处,召开座谈会 12 次,全市散发水利法规 2000 份、宣传材料 1000 份、宣传画 100 份。3 月 20~23 日,《吴江日报》连续 3 天刊登《水利法规宣传》材料。其中,3 月 22 日专版刊登各种类型用水户对"加强和保护水资源专题座谈会"的发言。3 月 23 日,市广播电台在 11~12 时开通市民热线,由市水政水资源科科长解答市民提出的有关问题。同年 10 月 15 日,《吴江日报》头版刊登市委常委、副市长沈荣泉署名文章《深入学习〈新水法〉,推进水利事业健康发展》,辟专版刊登市水利局局长姚雪球就新《水法》贯彻实施问题答记者问和新《水法》的五大亮点;还召开各水利站领导和局机关全体工作人员参加的学习宣传贯彻新《水法》动员大会,市委、人大、政府、政协和市司法、法制局领导也出席会议,市委副书记范建坤、副市长沈荣泉就如何贯彻实施新《水法》作部署;各镇也都以专题会议、骨干培训、新闻媒体等手段广泛宣传新《水法》;特别在市镇二级机关干部、涉水部门工作人员、中小学生和企业负责人、农村干部中重点宣传新《水法》。

2003 年,在"世界水日"和"中国水周"以及新《水法》颁布实施一周年活动期间,邀请市领导电视讲话,组织专稿通过《吴江日报》和市电视台宣传。

2004 年,印制宣传水法规横幅 50 条、水法宣传牌 30 张、宣传画 1120 张在全市各地悬挂、张贴。组织 52 人参加苏州市举办的"小天鹅杯"为未来保护水资源知识竞赛。在世纪大厦道路两侧租用公益广告牌进行标语口号式宣传。

二、规范性文件制定

市(县)制定的主要涉水规范性文件有 20 多部。1986 年 6 月 20 日,县水利局制定《吴江县农田水利工程管理规则》(草案),从 1986 年 10 月 1 日起执行。1989 年 9 月 27 日,县政府制定《吴江县水利工程管理实施细则》,自颁发之日起施行。同时,有 8 个乡、镇分别制定乡规民约。1993 年 8 月 16 日,市政府制定《吴江市城镇防洪排涝工程管理实施暂行办法》。1994年,制定《吴江市水资源费征收实施意见》。1995 年 12 月,市水利局制定《吴江市水利防洪通航套(船)闸管理规定》,从 1996 年 1 月 1 日起执行。1996 年 7 月 1 日,市水利局制定《吴江市取用地下水审批管理办法》,从 1996 年 8 月 1 日起施行。2002 年 7 月 20 日,市水利局针对经济建设中擅自侵占水域和违法主体从过去自然人转变为行政行为的现象,向市政府提出《关于我市经济建设中涉及水利法规应引起有关单位注意的有关问题的请示》,列举 8 方面问题和应采取的相应措施,市政府以吴政发〔2002〕110 号转发各镇和有关单位。同年 11 月 26 日,市委农村工作办公室、市物价局、市水利局印发《关于减轻农民负担合理调整排涝水费标准的意见》。

表 11-1　　　　　　　　　　　　1986~2005 年吴江市(县)主要涉水规范性文件表

发文时间	发文号	主要内容
1986.6.20	吴水政〔1986〕	吴江市水利局《吴江县农田水利工程管理规则》(草案)
1988.3.14	—	吴江县水利局、公安局《关于保护太浦河工程和设施的通告》
1989.9.27	吴政发〔1989〕120 号	吴江县人民政府《吴江县水利工程管理实施细则》
1989.10.29	—	吴江县防汛防旱指挥部《关于加强东太湖大堤管理的通知》
1993.1.17	吴水政〔1993〕20 号	吴江市计划委员会、水利局转发《河道管理范围内建设项目管理的有关规定》的通知
1993.8.16	吴政发〔1993〕229 号	吴江市人民政府《吴江市城镇防洪排涝工程管理实施暂行办法》
1994.3.10	吴政〔1994〕24 号	吴江市人民政府关于贯彻实施《江苏省水资源管理条例》的通知
1995.12.12	吴政发〔1995〕155 号	吴江市人民政府《关于进一步加强水资源费征收管理工作的通知》
1995.12.12	吴水政〔1995〕650 号	吴江市水利局《吴江市水利防洪通航套(船)闸管理规定》
1996.1.30	吴政发〔1996〕12 号	吴江市人民政府转发苏州市人民政府《关于贯彻实施江苏省水利工程水费核订、计收和管理办法的意见》
1996.7.01	吴水政〔1996〕172 号	吴江市水利局《吴江市取用地下水审批管理办法》
1999.4.10	吴政发〔1999〕55 号	吴江市人民政府《关于建立水利建设基金的通知》
2000.1.14	吴水行〔2000〕4 号	吴江市水利局转发《关于核定河道堤防工程占用补偿费征收标准的通知》的通知
2001.2.12	吴水政〔2001〕20 号	吴江市水利局《关于水利工程水费由事业性收费转为经营性收费管理的贯彻实施意见》
2002	吴政发〔2002〕110 号	吴江市人民政府转发市水利局《关于我市经济建设中涉及水利法规应引起有关单位注意的有关问题的请示》
2002.11.26	吴水行〔2002〕171 号	吴江市委农办、市物价局、市水利局《关于减轻农民负担合理调整排涝水费标准的意见》
2003.5.28	吴水基〔2003〕106 号	吴江市水利局转发《关于加强苏州市河道、湖泊取土工程项目管理的通知》的通知
2005.11.18	吴水行〔2005〕168 号	吴江市水利局《关于进一步加强水资源费征收管理工作的通知》
2005.12.12	吴水行〔2005〕197 号	吴江市水利局转发江苏省财政厅、江苏省水利厅《关于印发〈江苏省水资源费征收使用管理暂行办法〉的通知》

三、配套制度制定

2001 年,市水利局根据《吴江市行政执法责任制实施意见》和《吴江市制定规范性文件规则》,制定水利部门相关规章制度 10 项,分别是《吴江市水利局规范性文件备案审查制定》《吴江市水利局水行政管理法律、法规、规章和规范性文件实施情况年度报告制定》《吴江市水利局行政执法检查制定》《吴江市水利局执法证件管理制度》《吴江市水利局内部执法监督制度》《吴江市水利局重大行政处罚决定备案审查制度》《吴江市行政复议和行政赔偿案件备案审查制度》《吴江市水利局行政执法公示制度》《吴江市水利局行政执法错案责任追究制度》《吴江市水利局行政执法责任制考核制度》。除《吴江市水利局执法证件管理制度》从2002年2月2日起施行外,其他9项制定均从2002年1月1日起执行。

第二节　行政许可

一、许可项目

1988年,《中华人民共和国水法》《中华人民共和国河道管理条例》颁布后,市(县)水利局逐步开始水行政许可项目的管理工作。1993年1月17日,市计委、市水利局转发国家水利部、国家计委《河道管理范围内建设项目管理的有关规定》,提出相关实施意见。1994年6月9日,国家水利部发布《取水许可申请程序规定》后,市水利局开始取水许可申请审批。至2005年,涉及市水利局行政许可的项目有9项,分别为《水利工程管理范围内建设项目审查》《河道采砂(土)许可》《取水许可》《河道排污口设置及扩大审查》《蓄滞洪区避洪设施建设审批》《建设项目水资源论证报告书审批》《占用农业灌溉水源、灌排工程设施审批》《水利基建项目初步设计文件审批》《水利工程开工审批》。

二、审批服务

2002年10月21日,市行政审批服务中心开始运行,市水利局开设水利窗口,依据相关水法律法规开展行政许可项目审批服务工作。2004年11月2日,根据市政府《关于公布吴江市行政许可实施主体及实施的行政许可项目的通知》精神,市水利局发出《关于吴江市水利局实施行政许可项目有关事宜的通知》,再次明确行政许可项目及审批办法。对每项行政审批均标明项目名称、主管部门和具体办理部门、审批依据、审批时间、申请提供材料、审批后监管措施、查处违法行为依据、备注等内容。对行政许可项目实施依据和收费标准标明窗口名称、服务内容、办事程序、申报材料、承诺时限、收费标准、收费依据、法律法规依据。据不完全统计,2002~2005年水利窗口共办理行政许可项目2031件,其中,水利工程管理范围内建设项目审查446件,取水许可1581件,河道采砂(土)许可4件。

表11-2　　　　　　　2002~2005年吴江市水利局办理行政许可项目情况表

年份	水行政许可项目		
	水利工程管理范围内建设项目审查	取水许可	河道采砂(土)许可
2002	191	389	—
2003	112	59	—
2004	96	1079	—
2005	47	54	4
合计	446	1581	4

三、审批流程

涉及市水利局行政许可项目的申请主体由单位或个人组成；申请人到行政审批中心窗口办理时需提供相关书面资料；窗口根据不同申请项目分别将申请资料送水利局职能管理部门审查；职能管理部门提出初步意见后送分管局长审核；分管局长在组织人员与当地水利管理部门现场踏勘后作出处理意见（重要的建设项目还需上报上级水利部门审查，涉及其他部门的还需征求相关部门意见）；符合规定和要求的由窗口办理后交付申请人（不能受理的亦将书面告知申请人）。审批时限一般为 20 日内（经批准可延长 10 日），其中窗口到职能管理部门 2 日内送达，职能管理部门到分管局长处 1 日内送达，分管局长 2 日内作出处理意见，处理意见后14 日内发文，窗口 1 日内办证给申请人。

图 11-1　　　　　　2002~2005 年吴江市水利局行政许可项目审批工作流程图

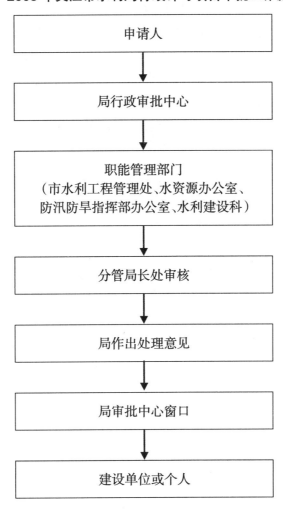

四、规范性文书文本

至 2005 年，吴江市水利局行政许可规范性文书文本共 20 项，分别是《行政许可申请受理通知书》《行政许可不予受理通知书》《行政许可事项提交申请材料清单》《行政许可补正材料通知书》《行政许可延期办理告知书》《行政许可现场核查笔录》《准予行政许可决定书》《不予准予行政许可决定书》《准予变更（延续）行政许可决定书》《不予变更（延续）行政许可决定书》《撤销行政许可决定书》《行政许可事项水情委托书》《行政许可文书送达回证》《行政许可听证公告》《行政许可听证权利告知书》《行政许可听证通知书》《行政许可听证笔录》《行政许可听证报告》《行政许可延长审查期限审批表》《行政许可决定查阅登记表》。

第三节　水政监察

境内行使水行政执法权力的法定行政机关为市（县）水利局、市（县）防汛防旱指挥部办公室；受委托的执法组织为市水政监察大队。

一、队伍建设

1989年6月26日，县水利局向县编制委员会申请成立吴江县水利公安派出所：县水利公安派出所属股级全民事业单位，人员编制暂定3人，所需经费在局预算外收入中列支；主要职责是根据《中华人民共和国水法》具体负责本县的水利工程设施（包括船闸、套闸、堤坝、绿化等）的保护、管理；其隶属关系行政上由县水利局领导，业务上受当地派出所的指导。

1990年3月20日，县水利局向县编制委员会提出《关于成立〈水政水资源股〉的报告》：县水政水资源股属全民行政机构，人员编制4人，所需经费列入局行政事业费支出；主要职责是加强水法制建设，对水资源实行统一管理，包括水域管理；行政上隶属县水利局。6月25日，县水利局再次向县编制委员会提出《关于要求设立〈水政水资源股〉的报告》。8月3日，县编制委员会批准建立县水政水资源股，所需人员编制在局内部调剂解决。

1990年10月19日，县水利执法体系领导小组成立。副县长陆云福任组长，县水利局局长张明岳、公安局局长丁亚泉任副组长，公检法司等11个有关部门领导为成员。领导小组下设办公室，负责日常事务，办公室设在水利局。各乡、镇政府相应建立水利执法体系领导小组，组长由副乡长或经联会主任担任，水利站、公安、司法、交通、镇建等有关部门领导为成员。县水利局负责全县水、水域和水工程的统一管理，组织编制水资源的综合开发利用规划及取水许可细则，查处水事违法案件等。松陵、八坼、平望、梅堰、震泽、盛泽为水利执法体系建设先行乡镇。在全县各乡镇水利站和有关水利工程管理部门的站级领导中选拔水政监察员，按规定程序进行呈报、审批、培训，任命35名水政监察员。县水利局局长、分管副局长担任主任、副主任水政监察员。县水利局对全体水政监察员发放制服，水政监察员在水行政执法过程中开始着装执法。这是出现在县水利执法历史上的新形象标志。

1991年1月29日，县委主持召开县水利执法体系领导小组会议，同时举行水政监察员法律法规培训开学典礼。全体水政监察员着装参加开学典礼和培训。县委副书记钱明讲话，从全县水利工作的现状、水利工程管理体制改革要求上阐述开展水利执法工作的重要意义，提出水政监察工作的基本任务和职责，要求县乡两级水利部门一手抓建设、一手抓管理，通过水政执法把水利工程管理切实有效地抓起来。县法院、检察院、司法局、公安局的领导也分别讲话。司法局的律师作法律法规、执法程序和典型案例宣讲。同年3月27日，县水利局批准建立县堤闸管理所水政监察站和盛泽地区水利工程管理所水政监察站。同年，被江苏省评为先进县。

1992年,根据国务院办公厅《关于整顿统一着装的通知》要求,县水政监察人员取消着装执法,水政监察员佩戴的帽徽、臂章、肩章、胸牌、大沿帽等制式标志统一收缴。同年5月1日,县水政水资源股改为市水政水资源科。

1994年5月16日,市水利局向市编委提出《关于申请〈水政水资源科〉人员编制的报告》:水政水资源科职能是贯彻执行水法律法规,组织法律法规的宣传,拟定地方水规范性文件,并负责水法规执行情况的检查监督;统一组织水资源的考察和调查评价,按照有关规定,会同有关部门制定开发利用水资源的规划和长期供求计划,加强水资源综合管理;按照规定的授权范围依法实施水政监察查处水事违法案件,进行行洪河道及贯彻管理区的清障,调处水事纠纷,分工水行政应诉工作;按照有关规定,负责水资源费、水利工程水费等的征收;协助抓好全市的防汛防旱工作。设全民事业编制6名,人员来源在局内抽调,经费列水资源管理费支出。

1995年7月1日,市水利局对水政监察人员发放国家水利部统一监制的水政监察证,履行水行政执法时必须持证执法。水政监察证每年年底经发证单位注册后下年度有效。同年8月2日,市水利局任命46名水政监察员,任期至1997年底。同年9月1日,市水利局对水政监察员发放行政执法证。同年11月4日,市水利局向市编委提出《关于建立吴江市水政监察大队的请示》:市水政监察大队为股级全民事业单位,隶属市水利局领导,人员编制12名(由局系统内抽调解决);经济上实行独立核算,可需经费在征收的水资源费和水费中列支。同年,市水利局被评为江苏省水利厅水政水资源工作先进单位。

1996年1月30日,市机构编制委员会批准建立市水政监察大队,为市水利局下属股级全民事业单位,人员编制10名,所需经费在水费和水资源费中列支。此后,通过考核任命9名专职水政监察员。同年3月6日,市水利局印发《关于建立吴江市水政监察大队的通知》:市水政监察大队是水行政主管部门所属的一支集行政执法、依法征收行政性费用、参与水资源管理于一体的水政监察专职队伍;基本任务和职责是宣传水法律法规,依法保护水、水域、水工程、水土保持和其他设施,维护正常的水事秩序;依法对水事活动进行监督检查,对违反水法规的行为依法作出行政裁决、行政处罚或者其他行政性措施;依照法律、法规和规章的规定,征收行政性费用;配合司法机关查处水事治安、刑事案件;对水政监察大队人员(含各水利站的水政监察人员)进行培训、考核,提高执法水平;负责与有关部门的工作协调等。办公地址在吴江市松陵镇鲈乡内路水利局办公大楼内。同年4月28日,市水政监察大队成立大会在明月楼召开。苏州市水政监察支队,市委、市政府、市人大、市政协领导到会祝贺,市法院、检察院、公安局、监察局、人事局、物价局、财政局、建委、农工部、环保局、法制局、地税局等部门和吴县、太仓、张家港、常熟、苏州郊区等县市水利局及水政监察大队领导出席会议。市政府副市长周留生、市水利局局长张明岳分别在成立大会上讲话。市电视台和《吴江报》均发新闻报道。市水政监察大队的成立标志着全市水政监察工作走上规范化的轨道。水政监察员恢复着装执法。同年6月18日,市水利局制定《吴江市水政监察规范化建设实施意见》,开始在全市开展水政监察规范化建设,历时3个月。在成立水政监察大队的基础上,全体水政监察人员分别参加省、市组织的执法培训,正式着装上岗执法。选编相关法律法规,编印成工作手册2000册,发送市、镇各级领导和厂矿企业,为开展水政执法工作奠定基础。制定《水政监察大队工作职责》《水政监察岗位责任制》《水政监察员考核奖励办法》《水政监察员培训制度》《水政监察装备的配置及使用管理办法》《水行政执法文书档案管理办法》《水利执法统计工作制度》等 7 项管理制度。在原有执法车辆、照相机、收录机、望远镜、勘测箱的基础上,花费 8 万元增添 586 微机 1 台、摄像机 1 台、移动电话 2 部、无线寻呼机 3 只、档案柜 1 个。同年,市水利局被江苏省水利厅评为水政水资源工作先进单位。

1997 年 4 月 11 日,市水利农机局向市公安局报送《关于要求设立吴江市太浦河警务站的请示》,根据太湖流域综合治理十大骨干工程之一太浦河工程管理的需要,为保障国家重点工程的安全运行,请市公安局在太浦河设立警务站,配备联防力量,维护太浦河沿线的治安秩序。同年 4 月 12 日,市水利农机局批准建立市水政监察大队太浦河监察站(人员 3~4 人),作为市水政监察大队的派出机构,业务上受市水政监察大队指导,行政上受市太浦河工程管理所领导。同年 4 月 15 日,市政府办公室通知,经市编委审核,报市政府批准,市水利农机局内设水政水资源科(挂市水政监察大队牌子)。同年 4 月 22 日,市水利农机局批准建立市水政监察大队太湖监察站(人员 3~4 人),作为市水政监察大队的派出机构,业务上受市水政监察大队指导,行政上受市堤闸管理所领导。同年 8 月 21 日,市水利农机局批准建立市水政监察大队盛泽监察站,作为市水政监察大队的派出机构,配备专职水政监察人员 3 名,经培训后持证上岗,按照法律法规规定的授权范围,实施直接的水政监察活动。

1998 年 5 月 25 日,市水利农机局印发《关于建立吴江市水利行政执法责任制领导小组的通知》:组长姚雪球,副组长徐金龙;领导小组下设办公室,负责日常事务,办公室设在水政水资源科。同年 5 月 28~29 日,市水利农机局邀请市法制局、法院的领导,在太浦河工程管理所平望中心站,对全市 28 名水政监察员进行行政执法业务培训,推进水行政执法公示制度建设和提高水政执法人员依法行政水平。全体水政监察员着装参加培训。同年,市水利农机局批准成立市水政监察大队松陵、平望监察站,各设置专职水政监察员 4 名。同年,市政府对行政执法人员发放由省政府统一监制的行政执法证,履行行政执法时必须持证执法。行政执法证每年年底经发证单位注册后下年度有效。同年,市水利局被评为全省水政水资源工作先进单位和全省水政监察文明示范单位。

1999 年 3 月 12 日,在全省水政水资源工作会议上,市水利农机局被省水利厅评为 1998 年度水政工作先进单位,市水政监察大队被省水政监察总队命名为"文明服务示范单位"。同年 12 月 26 日,在全省水政监察工作会议暨江苏省水政监察总队检阅仪式上,市水政监察大队被省水利厅评为水政监察规范化建设先进单位。

2000 年 5 月 25 日,市水利农机局批准成立市水政监察大队太湖大堤监察站,设置专职水政监察员 4 名,依法加强太湖大堤管理,确保大堤防汛安全,强化水行政执法力度。同年 7 月 28~29 日,组织全体水政监察员培训,邀请市法院、法制局领导讲授《中华人民共和国行政处罚法》《中华人民共和国行政复议法》《中华人民共和国行政诉讼法》《中华人民共和国国家赔偿法》等行政法律和《中华人民共和国防洪法》专业法律并进行考试。全市水政监察大队有 5 个水政监察站,专职水政监察员 27 名,兼职水政监察员 34 名。在开展创"三优"争"五好"①、"内强素质、外树形象"的创建文明服务单位过程中,把工作标准、办事期限、监察举报电话等制作

---

① 创"三优"争"五好":指"学习优、作风优、素质优"和"基本组织保障好、基本队伍建设好、基本活动开展好、基本制定完善好、基本保障落实好"。

成公示牌,并在《吴江日报》刊登,接受公众监督,还聘请市人大、市政协有关人员为行风监督员,成为江苏省水利厅水政监察文明窗口单位。

2001年3月12日,市水利农机局印发《关于成立吴江市水政监察大队各中队的通知》,全市设8个中队。第一中队由太浦河工程管理所、堤闸管理所组成;设兼职中队长、指导员各1名,水政监察16名,共18人;办公地址在太浦河工程管理所平望中心站。第二中队由松陵、菀坪、吴东水利站组成;设兼职中队长、指导员、副中队长各1名,水政监察员6名,共9人;办公地址在松陵镇西塘港泵站。第三中队由平望、梅堰、横扇水利站组成;设兼职中队长、指导员、副中队长各1名,水政监察员10名,共13人;办公地址在平望水利站。第四中队由盛泽水利站组成;设兼职中队长1名,水政监察员4名,共5人;办公地址在盛泽水利站。第五中队由同里、屯村、金家坝水利站组成;设兼职中队长、指导员、副中队长各1名,水政监察员7名,共10人;办公地址在同里水利站。第六中队由芦墟、黎里、莘塔、北厍水利站组成;设兼职中队长、指导员1名,副中队长2名,水政监察员8名,共12人;办公地址在芦墟水利站。第七中队由震泽、八都、庙港、七都水利站组成;设兼职中队长、指导员各1名,副中队长2名,水政监察员9名,共13人;办公地址在震泽水利站。第八中队由铜罗、桃源、青云、南麻水利站组成;设兼职中队长、指导员各1名,副中队长2名,水政监察员7名,共11人;办公地址在铜罗水利站。3月22日,市水政监察大队下属8个中队成立大会在市农机化技术推广站召开。这标志着全市水利执法网络建设进入法制化、规范化新阶段。江苏省水政监察总队总队长印仁岚、苏州市水政监察支队支队长陈国清、市政府副市长沈荣泉、市人大副主任翁祥林、市政协督导员吴根荣及市法院、检察院、公安局、司法局等有关部门领导出席。省水政监察总队总队长印仁岚、市水利局局长姚雪球等在会上讲话。成立大会后,全体水政监察员(98名)进行为期2天的培训。

2002年3月25日,市水利局向市编制委员会提出《关于增挂〈吴江市河道管理处〉牌子的请示》:牌子增挂在市水利工程管理处,同属全民事业单位,实行"一套班子两块牌子",合署办公;职责是在市水利局领导下贯彻执行《中华人民共和国河道管理条例》赋予的各项职责,使境内河道管理适应经济和社会发展需要。同年6月6~7日,市水利局举办水行政执法培训班,全体水政监察员(102名)参加培训。市水利局局长姚雪球讲话,要求搞好行政执法必须正确处理好行政执法和促进地方经济、保护水利部门自身权益、提高服务质量、搞好日常管理工作四个方面的关系,并在提高内在素质、增强业务知识水平、强化水行政执法查处力度、规范工程管理范围内占用行为、加强水政执法检查工作上狠下功夫。市司法局派员对深入开展"四五"普法教育作辅导。市水政监察大队针对违反水法规中出现的现象归纳出15种类型结合典型案例剖析。市水利局党委书记胡奇根对如何切实搞好"四五"(2001~2005年)普法教育和加强以法行政工作具体部署。同年7月25日,国家水利部印发《关于2002式水政监察标志工作服换装工作的通知》,水政监察执法重新着装,配置统一的证件、胸装、臂章等标志。

2003年,对部分水政监察员进行水政执法和水资源管理法规培训。其中,8人参加中国政法大学举办的水行政执法高级培训班学习,1人参加江苏省水利厅水资源管理法规培训。配备水政执法车7辆、数码相机6只、数码摄影机1台、快艇1艘。

2004年3月3日,市水利局印发《关于调整水政监察中队的通知》:根据乡镇区域调整的实际情况,对原 8 个中队的所辖区域进行相应调整。第一中队仍为太浦河工程管理所、堤闸管理所;第二中队为松陵、同里(屯村)、东太湖、吴江市经济技术开发区;第三中队为平望(梅堰)、横扇(菀坪);第四中队盛泽(南麻);第六中队为芦墟(金家坝、莘塔)、黎里(北厍);第七中队为震泽(八都)、七都(庙港);第八中队为桃源(铜罗、青云);原第五中队因所辖区域划出空缺(保留建制,另有考虑)。同年 6 月 28 日,根据国务院、省、市关于整顿统一着装的要求(水政监察部门着装属清理范围),市水行政监察部门在水政巡查、执法等活动中停止着装,水政监察员佩戴的帽徽、臂章、肩章、胸牌、大沿帽等制式标志统一收缴。

2005 年 3 月 25 日,市水利局召开全市水法规讲座,邀请局机关有关科室负责人和苏州市水利局、扬州大学水利学院的领导专家就行政审批事项办理、《苏州市河道管理条例》、《江苏省湖泊保护条例》、《防洪法》等法律法规进行专题培训。全市各基层单位负责人、水政监察员共 120 人进行专题培训。同年 5 月 25~27 日,苏州市水利局举办水法规培训班。吴江市组织 19 名水政监察员参加,考核成绩全部优良。

二、水政执法

1987 年 3 月,上海市环卫局水运一队与梅堰乡跃字、龙北两村签约接送城市生活垃圾。事前未经堤闸管理所同意,擅自将垃圾堆放于太浦河大堤青坎绿化林带内,致使十年生成林损坏,造成不应的损失。根据《江苏省水利工程管理条例》和吴江县《关于太浦河堤闸林业管理条例》的规定。由上海市环卫局水运一队按每棵树 15 元赔偿,计 7695 元。

同年 8 月 6 日,同里镇小乔村运输户邹某,开动机船顶撞闸门,造成闸门顶梁、中梁、门板出现裂缝、断裂。根据《江苏省水利工程管理条例》第二十三条、第二十八条第三款之规定,县水利局对其作出赔偿损失 1000 元,并处罚 100 元的行政处理决定。邹某不服,于 11 月 5 日向县法院提起公诉。县法院立案受理,县水利局作为被告出庭应诉,有关部门及附近干部群众 150 多人参加旁听。原告和被告在法庭上进行详细申诉。最后,经法院合议庭审理,认为县水利局对邹某的处理决定是合法正确的,符合《江苏省水利工程管理条例》规定,判决:驳回原告邹某的起诉状;案件受理费 30 元由原告负担。这是吴江县和江苏省试行行政诉讼法后首例公开审理的水事案件,在全县引起轰动,使处理水事违法活动纳入依法制水的轨道。

1989 年 8 月 16 日,南麻乡龙泉村第 9 生产队运输户周某,在过震泽镇双阳联圩分乡桥水闸时,闸门还未完全开启便抢先进入用船撞闸,致使闸门撞成 0.78 米 × 1.07 米的大洞。根据《江苏省水利工程管理条例》第六章二十八条第三款规定,县水利局对其作出罚款 200 元、赔偿 200 元的决定。肇事者在接通知后 15 天内既不申诉也不执行。县水利局依法向县法院申请强制执行。

1990 年 2 月 23~28 日,震泽镇柳塘联圩和平抽水站翻建。朱某以水流冲刷自家住宅东侧河岸为由,怂恿群众抢夺工地材料、垒设路障阻拦施工运料,致使工程停工 4 天。根据《江苏省水利工程管理条例》第二十八条、二十九条、三十一条和《吴江县水利工程管理实施细则》第二十五条之规定,责成朱某作书面检查并通报全县;对抢夺的材料照价赔偿 387.05 元,罚款 200 元。

1991 年,全年查处水事案件 69 起,配合泄洪清除阻水障碍 94 处,堤防违章禽棚 1.23 万平方米。

1992年,全年查处各种水事违章违法案件35起,强制拆除钉子户禽棚2处781平方米。

1993年,全年查处各种水事违章违法案件23起。

1994年,全年查处水事违章违法案件5起。

1995年8月12日晚8时,庙港镇渔业村渔民朱某在通过大庙港时,擅自闯入上闸首南工作室将四面玻璃全部打碎,将窗砸坏,构成毁坏水利工程设施的违法行为。案发后,市水政水资源股立即立案介入。经查证,认为该行为已违犯《中华人民共和国治安管理处罚条例》,当即移送当地公安部门处理。市公安局根据《中华人民共和国治安管理处罚条例》第十九条规定,对朱某给予赔偿758.9元、罚款200元、行政拘留12天的处理。市水利局就此案向全市发出处理通报,并在《吴江报》和市电视台发新闻,在全市引起强烈反响。全年查处案件19起,挽回经济损失15万元,同时对浙江横泾港交界河道拓宽,作出取证报告,引起中央重视。

至1995年底(1991年起),全市查处各类水事案件177起(其中司法部门处理5起,立案查处51起,及时处理121起),追回赃物5200元,收回赔偿及罚款54690元;累计发放取水许可证1091张,征收水利工程水费2025万元,水资源费129万元。

1996年5月,对松陵镇柳胥村村民杨某侵占太湖大堤案正式立案查处(杨某自1989年起,擅自在太湖大堤西塘港闸外侧搭盖平房3间40平方米,在滩地建草棚2间36平方米、简易草棚16平方米,并在堤顶、堤坡、滩地种植,多年间对其反复做工作无动于衷)。同年5月24日,市水政监察大队到现场对杨某宣讲水法律法规,并发出《违反水法规行政处罚决定通知书》,限其半个月内全部清除。到期后杨某仍拒绝执行处罚决定。同年6月10日,市水政监察大队向市法院申请强制执行。市法院受理后,于8月1日、8月8日二次上门做工作,杨某被迫自行拆除,多年悬案得到查结。

同年6月底至7月初,根据"边建设、边行政"的原则,市水政监察大队在市防汛防旱办公室、渔政监察站、水上派出所的配合下开展水行政执法大检查。7月中旬,又组织堤闸管理所、太浦河工程管理所等重点工程管理单位开展水行政执法检查。全年查处水事违章违法案件16起(其中河道案6起,水工程案6起,水资源案3起,其他案1起,由司法机关查处2起),责成赔偿1.29万元,罚款0.32万元;清除主要泄水河道障碍,鱼簖17个,围网16户10000平方米。

1997年6~7月,根据省、苏州市防汛防旱指挥部指示,在市防汛防旱指挥部的统一部署下,市水政监察大队联合公安、渔政等部门对太浦河河道进行清障,共清除7个镇103户渔农的鱼簖20番、渔兜14番、围网50300平方米、网箱2240平方米。全年共查处水事违章违法案件13起(其中水工程案2起,河道案5起,水资源案6起),涉案金额97.5万元,责令赔偿3.07万元,罚款1.34万元,挽回损失近10万元。

1998年6月4日,苏州市人大常委会《中华人民共和国防洪法》执法检查组实地察看芦墟北窑港枢纽、平望东溪河闸站、雪湖通道、澜溪塘京杭运河整治、太浦河喇叭门疏浚工程等现场,听取吴江市副市长沈荣泉关于贯彻落实《防洪法》、水利执法以及当前防汛防旱工作情况汇报。苏州市人大领导陈浩、章立荣、陈金科对工程进展情况给予充分肯定。吴江市人大常委主任张钰良、副主任翁祥林、副市长沈荣泉陪同视察。

同年 6 月 10 日,省防汛防旱指挥部成员单位检查组一行 4 人,在省供销社副主任方玉带领下实地检查太浦河清障和太浦河节制闸等防汛准备工作。苏州市水利农机局局长戚冠华、市政府副市长沈荣泉、市政府督导员施根林陪同检查。

同年 8 月 28 日,市水利农机局实施水行政执法责任制工作通过苏州市司法局、法制局、水利农机局,吴江市以法制市领导小组、市政府法制局、市人大法工委组成的联合检查验收组验收。这标志着吴江市在实施水行政执法责任制工作上走在苏州的前列。

1998 年起,河道管理范围内建设项目按国家规定程序由建设单位提出申请,经河道管理部门初步审查,由建设单位填写《河道工程占用申请书》,经河道管理部门签署意见,进行联合勘查,认为符合规定,核发《河道工程占用证》。全年核发河道占用许可证 1 份;查处水事违章违法案件 9 件,没收非法所得 2 万元,罚款 0.42 万元;清除主要泄水河道障碍鱼簖 4 番、网箱1600 平方米。

1999 年 7 月 3~5 日,市防汛防旱指挥部组织市水政监察大队、渔政管理站,在沿线松陵、同里、屯村三镇等有关村的配合下,对吴淞江南岸吴江段实施清障,共清除 8 户渔民设置的鱼簖 5 番、虾网 3 番,配合吴县水政监察大队清除吴淞江北岸吴县段鱼簖 32 番(其中 5 番实施强行拆除),瓜泾口至急水港 10 千米长的河道因设障滞留的水生植物也同时疏散清理。全年核发河道占用许可证 2 份,查处水事违章违法案件 10 件。

2000 年,全年查处水事违法违章案件 10 起,处罚 3 万元,挽回经济损失 12 万元。在太浦河清除网箱 26 处 500 平方米、鱼簖 22 番、围网 3 番、草棚 2 间、平房 11 间、运泥码头 3 处、鱼码头 1 处;吴淞江实施清除鱼簖 6 番、鹅爬滩 24 处。全年核发河道工程占用证 129 份(其中太浦河 115 份,太湖 3 份,盛泽镇 11 份)。

2001 年 4 月 26 日,市防汛防旱指挥部、市水政监察大队组织全市清障大检查,吴淞江、太浦河清障纳入重点范围。

同年 8 月 21 日,在市防汛防旱指挥部的统一协调下,市水政监察大队会同市地方海事处、苏州市水文水资源局、太浦河工程管理所等对平望水文站附近停靠船只进行清理,确保水文观测正常进行。

同年 10 月 16 日,市水政监察大队会同第二中队就大浦口节制闸上下游清障事宜现场协调处理。

全年查处水事案件 9 起,其中河道案 5 起,水工程案 2 起,水资源案 2 起;核发河道占用许可证 33 份。依法介入“11·22”江浙边界水事纠纷。(详见专记《清溪塘水污染及水事矛盾纪实》)

2002 年 6 月 15 日,针对芦墟镇引进外资建设高尔夫球场和低密度高级别墅项目需吹填倪家路、杨家荡老垦区案,市防汛防旱指挥部根据上级部门指示,向芦墟镇政府发出《关于立即停止吹填元荡北侧围垦地的通知》,要求立即通知施工单位停止施工,等候处理。7 月 17 日,市防汛防旱指挥部再次发出《关于立即停止吹填元荡北侧围垦地的紧急通知》。7 月 26 日,市防汛防旱指挥部向上级部门提出《关于擅自吹填倪家路、杨家荡老垦区的处理意见的请示》,决定:“(一)立即停止吹填行为。(二)采取补救措施,对倪家路、杨家荡老垦区进行调整利用。1. 在吹填区建设低密度高级别墅项目中,结合项目建设,重新规划新开河道,留出百分之二十左右的河道水面,与元荡沟通,提前恢复部分调蓄功能。2.选择大渠荡、田陆荡二个圩区约1500亩,实施退田还湖。3.承诺在芦墟镇内,积极配合区域性河道整治,包括八荡河等骨干河道的开挖拓浚。(三)承诺今后不再发生类似行为。(四)处5万元罚款。(五)按照《中华人民共和国河道管理条例》第四十条规定,在元荡取土,业主应向河道主管机关缴纳管理费。(六)在落实以上措施的基础上,本着依法办事和支持经济建设两不误的原则,考虑到引进外资建设高尔夫球场和低密度高级别墅项目时间紧、项目大,如果不按时交地,会涉及到一系列法律纠纷的事实,尽快同意复工。"

同年,市水利局针对市吴江经济开发区主要泄洪道大窑港两岸存在的违法、违章现象,与吴江开发区、松陵镇政府联合向市政府提出《关于加强大窑港河道堤防管理的请示》,市委书记、市长都在全市水利工作会议上强调按新《水法》的规定,搞好水利工程设施的管理和保护。

全年核发河道占用许可证63份;立案查处12件水事违章违法案件,其中2件属省水政监察总队督办,3件在查处过程中经教育自行纠正未作行政处罚。在"二河一湖"^①执法检查中,严格依法查处环太湖公路七都段围占太湖水面和芦墟镇对倪家路、杨家荡老垦区调整利用水事案件。

2003年7月25日,市水利局向苏州市水利局上报《关于在太浦河南岸华字港段建设码头的请示》:"吴江市临沪经济开发区在太浦河南岸华字港段拟建水泥厂,厂址在南堤防南岸,临河建数座塔吊。"苏州市水利局经过初审后按规定程序上报省水利厅审批。11月17日,省水利厅批复同意。

同年11月22日,市水利局向苏州市水利局上报《关于临沪热电厂有限公司建设太浦河码头工程的请示》:"吴江临沪热电厂有限公司拟在北厍镇沈家港村建设热电厂1座,临太浦河北岸木瓜荡段建设约150米生产配套码头1座。"苏州市水利局经过初审后按规定程序上报省水利厅审批。4月7日,省水利厅批复同意。

全年完成巡查1200余人次,现场处理各类违法违章行为18起,立案查处水事案件4起,并对东太湖查实的17户1032亩(约68.8公顷)非法圈圩养殖的圩堤进行拆除(拆除圩堤1500米,土方1000立方米,投入人力700人次,土方机械16个台班)。

2004年6月18日,市水利局向苏州市水利局上报《关于上报吴江市三白荡取土工程有关事宜的请示》:"芦墟镇政府为建设临沪经济区,保障区内道路工程用土需求,拟在三白荡取土。"7月28日,苏州市水利局经过审查后批复同意。

同年7月14日,市水利局向苏州市水利局上报《关于要求对袁浪荡取土工程项目进行审查的请示》:"为合理利用原太浦河S4排泥场的土地资源,吴江市振兴公司计划在袁浪荡内取土,吹填平整原S4排泥场。袁浪荡内计划取土100万方,取土范围为距岸线100米外,取土深度控制在3米以内,坡比1:5,初定于10底完成。"8月5日,苏州市水利局经过审查后批复。

全年加大乱占、乱用、乱挖河道、滩地、岸线等案件查处力度,查处水事违章违法事件56件,其中立案查处4件,处罚金4万元。

2005年,全年查处水事违章违法事件4件,其中立案查处3件,结案2件,处罚金6万元。

---

①　"二河一湖":指太浦河、望虞河、太湖。

专记　清溪塘水污染及水事矛盾纪实

清溪塘,又称麻溪港,相邻于江苏省苏州市与浙江省嘉兴市之间,全长 13 千米,河面宽 40~80 米,连接京杭大运河(澜溪塘)和苏嘉运河(老运河),是两省边界主要泄水通道和交通要道。苏州吴江市的盛泽镇和嘉兴秀洲区的王江泾镇分别位于清溪塘的上下游。

历史上,盛泽镇是著名的丝绸重镇,素有"日出万绸,衣被天下"之称。随着印染业的快速发展,该镇在生产过程中,因污水处理设施建设滞后和运转效率不高,向河网排放处理未达标的印染污水流入嘉兴市北部地区,并向上海方向发展。80 年代末,两地交界处水质处于Ⅲ类状态,90 年代开始逐年恶化,1992 年起劣于Ⅳ类,1996 年起劣于Ⅴ类。根据太湖流域管理局太湖监测管理处 20 世纪末几年间监测,清溪塘上游水质常年为Ⅳ类~劣Ⅴ类。污水致使当地生产、生活用水,水产养殖和群众健康均受到影响。

1993 年,上游污水开始造成死鱼现象,引发边界纠纷。1995 年,下游 200 多名渔民将大量死鱼堆在盛泽镇政府院子里。嘉兴市政府和环保部门与江苏方面进行紧急磋商,全国人大环境资源委员会副主任林宗堂、国家环境保护总局副局长王杨祖也相继到现场调查,协调处理。国家环境保护总局下发《关于盛泽—嘉兴地区水污染纠纷处理意见的通知》,要求江苏方面出资 200 万元补偿嘉兴受害渔民。江苏拿出 100 万元。其后,国家有关部门和两省各级政府部门多次协调,受害群众多次上访,皆因涉及两省界面地方产业发展、经济利益、管理体制诸多矛盾,印染污水处理和河网水质未得到有效改变。2000 年 5 月 14 日,国家环境保护总局召开两省有关部门协调会,形成九点协调意见,也未能很好地贯彻落实。

2001 年 11 月 12 日,嘉兴方面为阻止盛泽印染污水欲封堵清溪塘的信息传入吴江。

11 月 13 日,吴江市水利局派员调查核实后,向吴江市委、市政府、苏州市水利局、江苏省水利厅、太湖流域管理局进行汇报。

11 月 17 日,吴江市委副书记范建坤在市水利局及有关部门陪同下查看清溪塘现场。

2001 年 11 月 18 日,嘉兴方面购买 5 吨左右水泥船 70 条,陆续运至秀洲区王江泾镇西雁村村部门前河湾集中。

同日,一批渔民到江苏省政府集体上访。

11 月 19 日上午,停船地段,又运到 60 吨船只 20 条、麻袋 2 卡车,500 多名民工取土装船、灌泥装袋、驳运块石,准备封堵清溪塘。

同日 15 时 30 分,吴江市委、市政府向苏州市委、市政府发送《关于浙江方面封堵省界河道——清溪塘,要求立即制止的紧急报告》,同时抄报国家水利部办公厅、江苏省政府办公厅、江苏省水利厅、太湖流域管理局、苏州市水利局。

同日,太湖流域管理局在接到江苏省水政监察总队"浙江省嘉兴方面欲封堵江浙两省界河清溪塘"电话后立即组成调查组,赶赴现场进行调查协调,同时要求两省水利厅派人同赴现场。

同日晚,根据苏州市领导指示,苏州市政府副秘书长王国祥、市水利局局长黄雪球会同吴江市委副书记范建坤及有关部门领导赴嘉兴市协商,但未达成协议。

同日晚,太湖流域管理局调查组与浙江方面交换意见。

11 月 20 日凌晨,江苏省水利厅副厅长张小马、省环保厅副厅长秦亚东等到达吴江,传达省政府领导指示,并与吴江市政府市长马明龙、市委副书记范建坤等进行协商。

同日 9 时 30 分,吴江市委、市政府向省人民政府发送《关于浙江方面欲封堵省界河道——清溪塘紧急情况的报告》,同时抄报国家水利部、国家交通部、国家环境保护总局、太湖流域管理局、苏州市政府、省水利厅、省环境保护厅、省交通厅、苏州市水利局、苏州市环境保护局、苏州市交通局。

同日,江苏省水利厅、省环境保护厅领导在吴江市领导陪同下察看清溪塘现场。

同日,太湖流域管理局调查组在盛泽镇与江苏方面交换意见,并促成嘉兴、苏州两市领导直接协商。双方均表示同意,防止堵坝事件发生。

同日晚,苏州、吴江有关领导再次赴嘉兴市协商,仍未达成协议。

11 月 21 日,江苏省水利厅、省环境保护厅领导回南京向省政府汇报事件发展情况,并向上级有关部门汇报。当晚,苏州市政府召开紧急会议,商讨事态发展应对措施。

同日,嘉兴市政府向苏州市政府发出《关于要求立即停止排污迅即给予赔偿的紧急通知》。

同日中午,嘉兴市封堵河道所用的沉船、泥土和块石准备就绪。

同日下午,封堵附近学校停课,嘉兴市在校内设立封堵河道指挥机构。

同日 16 时,嘉兴市公安局四部公安车辆到现场。

同日 22 时左右,嘉兴市公安、防暴警察封锁封堵现场通道,禁止江苏方面人员进入。

同日 23 时,清溪塘封堵现场 20 多名电工安装照明线路。

11 月 22 日零时,清溪塘封堵开始,引起中央震惊和媒体关注。

同日 1 时,江苏省水利厅向国家水利部发送《浙江省擅自违法封堵江浙省际河道清溪塘的紧急请示》:"据苏州市水利局报告,浙江省嘉兴市于 11 月 22 日凌晨 0:00 左右,动用 400 多人、5 台推土机和 11 月 19 日开始装土的近 100 条船只以及部分石块突击封堵位于江浙省际河道清溪塘,目前封堵行为仍在进行。"

同日 10 时,吴江市水利局向苏州市水利局发送《关于浙江嘉兴方面封堵省界河道清溪塘要求严肃查处并追究有关人员责任的紧急报告》:"浙江方面于 11 月 22 日零时,出动 500 多名民工、动用 5 台推土机、近 100 条船、1400 多吨块石,拉出电线,灯火通明,实施封堵江浙两省交界河道——清溪塘……在封堵河道过程中,浙江省嘉兴方面动用防爆(暴,编者注)警察、公安警察、武警和海事部门人员近 100 人……500 多民工在武装警察、公安的保护下,身穿救生衣,开始封堵河道。先将装满泥的船沉入河中,再抛石、抛泥袋,还动用 5 台推土机推土。整个封堵行动有条不紊,秩序井然。"

同日,新华社江苏分社在《国内动态清样》中,分别以《江浙省界主泄洪道遭封可能引发冲突》《江浙省界清溪塘事件现场聚集 4000 余人》为题,报道这次沉船拦污事件。"今天凌晨,清溪塘边打开预先设置的聚光灯,近千名施工人员统一戴安全帽,着橘黄色救生衣,在 300 平方米的范围内封堵省界河道,约 30 米宽的河道聚集了近 100 条水泥船,已被陆续凿沉。清溪塘两岸都打出了大幅标语,嘉兴方面的标语是:'为了子孙后代坚决堵住污水''还我一河清水,还我鱼米之乡',而吴江一方的标语是:'还我名誉政府公然违法断水堵航天下奇闻,试问中央政府还在不在你眼里。'嘉兴一方还架起高音喇叭,大声喊话,支持堵坝群众。"

太湖流域管理局在事后的《江苏苏州与浙江嘉兴边界水污染和水事矛盾调处工作总结》中写道:"由于水污染矛盾由来已久,同时看不到改善的希望,2001年1月22日凌晨,嘉兴市秀洲区王江泾镇、西堰镇,群众运用了船只和机械,开始了他们所谓的'零点行动',沉船筑坝,封堵了边界河道麻溪港……我局工作组当日下午13时赶至封堵现场时发现,江苏、浙江当地群众均在各自地界树起若干大幅标语,在约50米宽河道上,有6台(原文数据,编者注)推土机在现场推土作业,上下游共有20多条作业船只,其中部分船只正在向河道内抛投石料,堵坝已露出水面约0.5米,顶宽约15米,双方围观群众达千余人。至下午15时,在各方的严厉制止下,参与堵坝的群众停止了行动。此时,这条深3.5米的河道已被完全封堵。"

同日下午,太湖流域管理局工作组在吴江听取江苏省水利厅以及苏州市政府等有关部门情况汇报后,随即赶往嘉兴,敦促浙江省水利厅迅速制止堵坝行为。

同日晚,国家水利部工作组抵达现场后,会同太湖流域管理局工作组连夜召集两省水利部门进行协调。

11月23日上午,形成解决矛盾七条原则意见。随后,国家水利部和太湖流域管理局工作组现场察看堵坝情况以及盛泽镇污水排放点排污情况。

同日,太湖流域管理局向江苏省政府办公厅、水利厅,浙江省政府办公厅、水利厅,苏州市政府,嘉兴市政府发出《关于紧急邀请江苏省人民政府、水利厅和浙江省人民政府、水利厅协商边界水事矛盾的函》:"为及时调处苏、浙两省边界水事矛盾,水利部党组成员、国家防总秘书长鄂竟平同志将抵达嘉兴。请你省人民政府、水利厅及两地市人民政府负责同志赶赴嘉兴共同商议解决两地边界水事矛盾事宜。"

同日,国家水利部派部党组成员、国家防汛抗旱总指挥部秘书长鄂竟平会同国家环境保护总局副局长宋瑞祥,按照国务院总理朱镕基、副总理温家宝以及国务委员王忠禹批示精神飞抵上海,并立即驱车前往堵坝现场。鄂竟平在听取太湖流域管理局工作组工作报告与国家水利部工作组关于协调处理情况汇报后,向国家水利部工作组和太湖流域管理局传达国务院领导和国家水利部部长汪恕诚指示精神。朱镕基批示:"请王忠禹督促水利部和环保局迅即赶往现场解决问题。"温家宝批示:"太湖防洪和治污需要两省和有关部门密切合作,有问题共同协调,请国家水利部、国家环保总局即派人前往出事地点,与江浙两省政府一起尽快解决争端,避免事态扩大。"鄂竟平还对协调工作作具体布置,要求国家水利部工作组和太湖流域管理局细致周密地与国家环境保护总局工作组及时做好江苏、浙江两省水污染水事矛盾的调处工作。

同日晚,在广泛听取两省意见的基础上,国家水利部和太湖流域管理局工作组与国家环境保护总局工作组密切配合,提出四点协调意见与两省领导磋商。浙江省副省长章猛进、江苏省副省长王荣炳均表示从社会稳定的大局出发,坚决执行中央领导批示精神。

11月24日下午,在对协调意见进一步磋商后,两省和两部(局)领导分别在《关于江苏苏州与浙江嘉兴边界水污染和水事矛盾的协调意见》上签字。《协调意见》明确要求江苏方面立即对盛泽镇所有超标排污企业责令停产治理,并依法予以处罚,同时立即查封排污暗管。浙江方面立即组织拆除堵坝,恢复河道原貌。上述工作要求于12月5日前完成。

11月26日,盛泽地区水环境综合整治会议召开,吴江市委常委姚林荣主持会议,苏州市政府副市长姜人杰、吴江市政府市长马明龙、副市长王永健在会上发言。

同日,国家水利部向国务院报告苏浙边界水污染和水事矛盾调处情况,并责成太湖流域管理局对落实《协调意见》进行督察。

同日,苏州市政府向嘉兴市政府发出《关于建立边界水污染防治联席会议制度的函》。

11月27日,吴江市政府与嘉兴市秀洲区政府沟通,愿意"进一步加强两地的合作和磋商"。

11月28日,嘉兴市政府复函苏州市政府,同意建立水污染联席会议制度。

12月1日起,太湖流域管理局太湖监测管理处在流域省界水体水量、水质同步监测的基础上,增加5个监测断面,对盛泽地区相关河道及入河排污口水量、水质进行每天一次连续监测。

12月3日下午3时开始的拆坝工作,因水污染治理需要一个过程,加上没有得到相应赔偿、害怕拆坝后污水再来等原因,拆除堵坝受到浙江方面群众阻拦未能实施。

12月4日,嘉兴方面再次进场拆坝,几十名渔民躺在推土机前,称要用生命来捍卫生活环境和生存权利,拆除堵坝再次受阻。

同日,嘉兴市政府向国务院递交报告,请求在麻溪河设立拦污船闸。

12月5日,太湖流域管理局会同国家水利部、国家环境保护总局太湖流域水资源保护局派出联合工作组,赴江苏苏州督察落实《协调意见》。

同日晚,工作组听取苏州市、吴江市政府有关盛泽地区水污染治理情况汇报,要求江苏方面积极做好水污染治理工作,保持边界稳定。

12月6日,工作组赴盛泽现场检查《协调意见》落实情况。

同日,国家水利部政策法规司副司长王治率国家水利部工作组赴嘉兴督察《协调意见》落实情况,要求浙江不折不扣按照《协调意见》,把自己的事情做好。

12月6日,国家水利部和太湖流域管理局工作组赴拆坝现场察看受到群众围阻。

同日16时,国家水利部和太湖流域管理局工作组驱车至杭州,约见浙江省副省长章猛进,通报有关情况以及国家水利部领导要求浙江方面认真贯彻《协调意见》的意见。

12月8日上午,浙江省副省长章猛进赴现场与群众交换意见,做说服和劝解工作。

同日22时,清溪塘拆坝工作在浙江省嘉兴市450多名公安干警和预备役人员设置三道警戒线封锁现场所有道口后实施。

12月9日6时,堵坝水上部分三分之二被拆除,水下挖深平均约20厘米,河道通水。

12月14日,堵坝基本拆除,恢复通航。

12月18日,堵坝后期清理工作全部完成,河道恢复原貌。

12月19日,太湖监测管理处对麻溪港堵坝拆除情况进行现场实测。

12月20日,国家水利部工作组组织太湖流域管理局和浙江省水利厅、嘉兴市政府对堵坝拆除工作进行验收,与会代表察看堵坝拆除现场,听取嘉兴市水利局有关堵坝拆除工作汇报和太湖监测管理处有关堵坝拆除河道断面测量情况汇报,并进行讨论形成验收意见。

12月28~30日,根据国务院领导批示,国家环境保护总局组织两省政府及太湖流域水资源保护局,对两省落实整改工作进行现场检查。检查组听取苏州、嘉兴两市政府汇报,检查污水处理厂、印染企业及河道清淤工作,察看盛泽镇镇东闸水利设施、镇内河道、运河、王江泾、清溪塘水质,形成检查意见。太湖流域水环境监测中心对苏浙边界河网水质监测结果显示,按国家有关标准评价,盛泽河道出境水已达III~IV类水标准。

至此,江浙边界水污染及水事矛盾基本告一段落。同时,受害渔民渔业赔偿问题也进入法律程序。

第十二章 建设管理

建设管理旨在建设项目的施工周期内,运用系统工程的理论、观点和方法进行规划、决策、组织、协调、控制等管理活动,按既定的质量要求、控制工期、投资总额、资源限制和环境条件实现建设目标。吴江境内涉及水利的建设管理主要分两大类。一类是流域工程(又称国家基建工程)建设管理:主要有太浦河工程、环太湖大堤工程和杭嘉湖北排通道工程三大项目,均属《太湖流域综合治理总体规划方案》确定实施的骨干工程。总工程建设时间长达10多年,其中太浦河工程历时8年(1992~2000年),2004年起,又开始实施完善项目;环太湖大堤工程历时10年(1992~2002年);杭嘉湖北排通道工程历时8年(1997年6月至2005年6月)。为完成工程建设,国家和地方都指定相关部门为建设主管单位,成立指挥机构,设置职能部门;公开招投标数10家施工企业参加工程施工;多家专业设计、监理、质监单位参加工程设计、监理和质监。一类是农田水利工程(又称农补工程)管理:根据市(县)水利建设需求和财力等实际情况,每年由水利部门组织规划、立项、设计、施工和验收。工程实施也相继采取招投标、质量、程序、资金管理等模式。1986~2005年,全市(县)水利建设完成土方1.41亿万立方米,石方51.8万立方米,混凝土24.47万立方米;投入建设资金10.49以万元,其中,用于基本建设4.89亿万元,农田水利5.35亿万元,防汛岁修2438.16万元,其他81.37万元。

第一节 流域工程

一、工程机构

为使国家、地方的水利建设计划能够全面地得到实施和如期完成,除水行政主管部门的组织管理外,一般还会成立专项工程建设机构,代表国家和地方行使组织领导权力和负责指导实施。

(一)建设单位

建设单位依法对工程建设项目的勘查、设计、施工、监理以及工程设备材料采购供招标等,实施全面领导、组织协调、检查督促、工程验收和资料归案。建设项目确立后,一般设立工程指挥部,下设工程、质检、财供等业务部门,全程跟踪工程项目建设。

太浦河：太浦河工程建设时，国家还没有推行项目法人责任制，采用组建指挥部的形式，承担相应的项目建设管理和组织协调工作。太湖流域管理局会同江苏省水利厅为太浦河工程（江苏段）的建设主管部门。1992年冬，江苏省治淮、治太领导小组根据太湖治理的需要，决定在江苏省望虞河工程指挥部的基础上组建江苏省治太指挥部，全面负责"两河"[①] 工程建设过程中的组织协调、检查督促，同时，具体负责"两河"工程主要控制枢纽、国际标段河道疏浚及望虞河上段河道工程建设。指挥部下设指挥室、总工室、工程组、质检组、财供组、综合组，作为具体办事部门。同年，成立苏州市治太办，主管和协调苏州市内所属工程的建设；成立吴江市治太指挥部，负责太浦河工程（江苏段）的河道工程、配套建筑物、跨河桥梁、浦南补偿和影响补偿等项目的组织实施，并做好征地拆迁、政策处理等地方性协调工作。1993年，江苏省水利厅按照"分级建设、分级管理、分级负责"的原则，以苏水基〔1993〕59号文下达工程执行概算，并对省、市、县三级建设单位明确建设任务、目标和责任，建立以省、市、县三级建设单位为主体的建设单位负责制。1994年，国家水利部太湖流域管理局成立太浦闸加固工程指挥部，直接负责该工程的组织实施。

环太湖大堤：环太湖大堤工程建设由江苏省水利厅、苏州市水利局作为上级主管部门。1992~2002年，建设单位第一阶段为吴江市（县）水利局；第二阶段为吴江市治太指挥部；第三阶段分别为吴江市大浦口水利枢纽工程建设管理处（2000年5月23日成立，下设工程组、财务组、政策组、质量组、档案组和统计组），吴江市瓜泾口水利枢纽工程建设管理处、吴江市太湖大堤工程建设管理处（均于2001年2月24日成立，下设工程组、财务组、政策处理组、质量管理组和资料统计组），以及吴江市堤闸管理所。

杭嘉湖北排通道：杭嘉湖北排通道工程建设由太湖流域管理局、江苏省水利厅和苏州市水利局为上级主管部门，吴江市水利局为工程项目主管部门。上级主管部门主要负责项目的计划、审批、调整、质量监督、验收等工作。1997年6月至2000年5月，大坝水路应急工程实施由吴江市治太指挥部作为建设单位。2000年5月至2005年6月，由吴江市北排通道工程建设管理处作为第二阶段项目建设单位，下设工程组、政策处理组、质量管理组、财务组和资料统计组，负责征占拆、清障、招投标管理、委托设计监理管理、预算结算编制、工程实施建设管理等工作。此外，吴江市政府还在芦墟、黎里、平望、盛泽、梅堰、南麻、铜罗、桃源、青云、震泽、八都、七都、庙港等13个乡镇成立工作班子，协调征地拆迁工作和解决工程实施中暴露出来的有关矛盾。

（二）设计单位

太浦河：1992年，《太浦河（江苏段）工程初步设计》由江苏省水利勘测设计院（水电甲级设计资质）和江苏省太湖水利设计研究院（水电乙级设计资质）编制完成；《北窑港枢纽工程初步设计》由上海勘察设计研究院（水电甲级设计资质）负责，上海勘察设计研究院总负责。1994年，《太浦闸加固工程施工图设计》由江苏省太湖水利设计研究院编制完成。建设期间，太浦河江苏段河道、北窑港枢纽以及部分配套建筑物的单项初步设计和施工图设计由苏州市水利勘测设计研究院（水利丙级设计资质）完成；其他配套建筑物、浦南补偿工程单项初步设

---

① 两河：指太浦河、望虞河。

计和施工图设计,分别由扬州大学水利设计院(水电丙级设计资质)、苏州市水利勘测设计研究院(乙级)、吴江市水利勘测设计室(水电丁级设计资质)完成;太浦河跨河桥梁工程施工图设计由上海城市建设勘测设计院(国设乙级设计资质)完成;水文设施单项初步设计由江苏省水文水资源勘测局完成。实施过程中,大中型工程设计单位设立现场设计代表组或驻工地代表,解决施工中的技术问题,参与重大技术问题的研究,其他小型工程设计单位不设立设计代表组,根据监理或建设单位通知,及时处理设计方面问题和参加重要问题的研究。

环太湖大堤:1992年,《太湖环湖大堤工程可行性研究报告》由水利电力部上海勘测设计研究院(甲级工程设计资质)编制完成。1997年,《太湖大堤工程总体初步设计》由江苏省太湖水利设计研究院(甲级)编制完成。建设期间,苏州市水利勘测设计研究院(乙级)和吴江市水利勘测设计室(丙级)负责堤防土方、护砌、口门建筑物等单项初步设计和施工图设计。设计人员实地查勘、合理布置,对基础处理、结构设计、外观形状等重大问题征求建设单位意见,并在工程开工前做好技术交底工作;现场跟踪服务,出现技术难题,与施工和监理单位共同研究解决方案。

杭嘉湖北排通道:1998年,《太湖流域杭嘉湖北排通道工程初步设计报告》由水利电力部上海勘测设计研究院(甲级工程设计资质)、浙江省水利水电勘测设计院(甲级工程设计资质)编制完成。建设期间,苏州市水利勘测设计研究院(乙级工程设计资质)负责史北节制闸、章湾圩公路桥、西菜花漾水道堤防和护岸工程、千字圩南水道河道工程、南桥公路桥、长村桥等6项工程施工图设计,江苏省水利勘测设计院苏南分院(乙级工程设计资质)负责厍港桥工程施工图设计,桐乡市水利勘测设计院负责郑产桥、行孝太平桥等工程施工图变更设计,常熟市勘测设计院负责李家桥等工程施工图变更设计。

(三)施工单位

太浦河:1992~2000年,太浦河工程(江苏段)有中国水利水电第十三工程局、河南省水利第一工程局、上海内河航道疏浚工程公司、盐城市水利建筑工程处等11家企业参与施工。施工单位根据工程施工需要,设立项目经理部,配有项目经理、项目副经理以及施工、技术、质检、财务、综合等现场项目管理人员,项目经理、项目副经理一般均能保持在场,节假日能保持一人在场,由施工单位总部协调,总部负责人一般在关键时段或业主、监理通知时到场。施工生产人员及设备一般根据工程进度需要及时调遣。

环太湖大堤:1992~2002年,环太湖大堤工程瓜泾口水利枢纽工程由淮阴水利建设集团有限公司(一级企业)施工;大浦口水利枢纽工程(防洪闸)由昆山市水利建设安装工程公司(二级企业)施工;其余较小的单项工程均由三级企业施工,主要有苏州市水利工程公司、吴江市土石建筑工程公司、吴江市水利建筑工程公司、吴江市疏浚工程公司、吴江市水利市政工程公司和松陵、梅堰、菀坪、庙港、莘塔、横扇、八都、堤闸所等水利工程队。

杭嘉湖北排通道:1997年6月至2005年6月,杭嘉湖北排通道工程主要有吴江市水利市政工程有限公司、吴江市水利建筑工程有限公司、吴江市水利疏浚工程有限公司、苏州市水利工程有限公司、吴江市土石建筑工程公司5家单位施工,均具有水利水电三级施工资质。

(四)监理单位

监理单位一般成立监理部或监理组,配备总监、副总监、各专业工程师、计量工程师、质量工程师等人员,具体负责监理工作。监理工程师根据施工合同和监理合同规定的权利和义务,进行"三控两管一协调"(工程进度、质量、投资控制,合同、信息管理,组织协调),对关键部位实行跟班旁站。

太浦河:1994年,太浦河(江苏段)工程实施国际标段河道疏浚监理,随后太浦闸加固也试行建设监理。1996年7月,推行工程建设监理制后,国内标河段疏浚、河道护砌、配套建筑物等也实施监理制。太浦河(江苏段)主要工程共实施监理19个,其中国际标段河道疏浚及运西段5个标段、太浦闸加固、3座跨河桥梁全部实施监理,36座建筑物实施监理4个,浦南补偿15座建筑物实施监理5个。其中,太浦河国际标段河道疏浚工程、太浦闸加固工程、浦南补偿3个泵站、跨河桥梁工程等由江苏省苏源建设监理中心(监理甲级)承担。运西段河道疏浚工程、北窑港枢纽工程及部分河道护砌、配套建筑物由苏州市水利勘测设计院监理部(监理乙级)承担。

环太湖大堤:1992~2002年,参加环太湖大堤工程监理的单位有苏州市水利建设监理有限公司(乙级)、苏源建设监理有限公司扬大水院监理部及苏南院分部(甲级)、江苏河海工程监理有限公司(甲级)。

杭嘉湖北排通道:1997年6月至2005年6月,杭嘉湖北排通道工程实行全面监理制。工程监理以江苏省苏源工程建设监理中心扬大水院监理部为主。其余的西菜花漾水道工程,章湾圩水道、堤防工程,元黄荡水道、堤防工程,雪河机耕桥工程,章湾公路圩桥工程,直港新开河工程由苏州水利工程监理有限公司监理,厍港桥工程由苏南分院监理。

(五)质监单位

质监任务主要是对项目划分、监理大纲等进行审批;施工过程中现场检查、指导并提出质监意见,规范参建单位质量管理行为和帮助提高管理水平;配合阶段验收、竣工初验并提供工程质量评价和评定意见;委托江苏省水利基建工程质量检测中心、苏州市水利工程质量检测中心进行跟踪和最终质量检测。

环太湖大堤:参加环太湖大堤工程的质监单位有江苏省水利工程质量监督中心站和苏州市水利建设工程质量监督站。2000年实施的复堤工程和2001年3月至2002年8月实施瓜泾口水利枢纽由省、苏州市联合质监项目站负责,其他工程受江苏省质监中心站委托苏州市水利建设工程质量监督站负责。

杭嘉湖北排通道:杭嘉湖北排通道工程根据国家水利部水利工程质量监督总站太湖流域分站太管质〔2004〕10号文精神,由国家水利部水利工程质量监督总站太湖流域分站及江苏省水利工程质量监督中心站联合成立质监项目组,负责对河道、堤防和桥梁等工程实施监督工作。河道疏浚单项工程质量监督部门以太湖流域分站为主、江苏省水利工程质量监督中心站为辅参加,其余单项工程以江苏省水利工程质量监督中心站为主,太湖流域分站视情况参加,同时负责项目单元、分部、单位、单项工程划分审批及项目质量等级评定。

二、招标管理

太浦河:1992~2000年,太浦河工程招标管理采用4种方式,分别是:国际竞争性招标,项目有太浦河国际标段河道疏浚工程;国内竞争性招标,项目有太浦闸加固、北窑港枢纽主体部分、梅堰大桥、黎里大桥、汾湖大桥以及太浦河运西段河道疏浚等工程；简易竞争性招标，项目有22座口门建筑物和护岸工程；自营方式，项目有28座口门建筑物以及堤防、防汛公路、大部分绿化工程。

环太湖大堤：1996年7月前实施的环太湖大堤工程和之后实施的单项合同价低于50万元的工程采用自营方式，直接发包给境内水利系统内信誉好、施工经验丰富的水利工程公司承建。1996年7月以后，凡是单项合同价超过50万元的工程，均采用招标方式选取施工单位，部分工程采用国内简易招标方式，大部分工程采用公开招标方式。大浦口水利枢纽、瓜泾口水利枢纽等主要枢纽工程均通过公开招标落实施工单位。

杭嘉湖北排通道：杭嘉湖北排通道工程分两个类型实施：2000年前，大坝水路应急工程主要以简易邀请招标和议标制方式选择施工单位；2000年后，主体项目按照水利基建工程有关规定，对超过50万元以上的主要河道工程和配套建筑物全部通过公开招投标的形式确定施工单位，对于绿化项目、补偿项目和少于50万元的项目采用简易邀请招投标或议标制来选择施工单位。

三、合同管理

太浦河：1992~2000年，为利用世界银行贷款项目，根据太湖流域管理局《利用世行贷款太湖防洪项目招标采购实施办法》，太浦河工程主体工程均通过招标实施。合同类型大多采用单价承包方式，按监理工程师计量认可的工程量计量支付。

环太湖大堤：1992~2002年，环太湖大堤工程除复堤土方、临时工程、绿化及管理设施采用固定总价合同外，其余工程均采用固定单价合同，早期的建筑物工程采取苏州市水利局和吴江市水利局签订包干协议的方式。部分项目由于施工条件变化、设计变更等原因造成工程量变化或投资增加，均经过监理或建设单位计量签证。

杭嘉湖北排通道：1997年6月至2005年6月，杭嘉湖北排通道工程执行"合同管理制"。第一阶段，大坝水路应急工程以所在河道的疏浚、护岸、堤防、桥梁、水闸等工程等进行议标或邀标合同管理，合同中临时工程、疏浚工程、土方工程为总价承包方式，其余为单价承包方式。第二阶段，河道工程以每条河道为招投标单位工程进行合同管理；桥梁工程以每一条河道上的桥梁或相邻河道上的桥梁作为招投标单位工程进行合同管理；河道工程和桥梁工程合同中临时工程、疏浚工程、土方工程为总价承包方式，其余为单价承包方式；绿化工程以每个乡镇每条河道为单位进行合同管理，以文件形式下达各乡镇水利站，全部实行合同经费包干使用；补偿工程以浦南堤防加固加高工程和平望镇区防洪工程为合同管理内容，全部以文件形式下达各乡镇政府和平望镇水利站，实行合同经费包干使用。工程合同管理主要包括勘测设计合同、政策处理合同、项目施工合同、监理合同等管理内容。

四、材料及设备供应

环太湖大堤：1992~2002年，环太湖环湖大堤工程涉及材料和设备供应的，主要有配套建筑物、护砌、防汛公路工程。绝大多数工程的原材料均由中标单位（承包商）自行采购；钢闸门和启闭机主要由江苏省水利机械总厂生产提供。无论是哪种供货方式，都要求原材料必须有出厂质保单,钢闸门、启闭机等金属结构和机电设备都有生产许可证和产品合格证。材料进场后,均委托有资质的检测单位进行检测,测试合格的方可使用。

杭嘉湖北排通道:1997年6月至2005年6月,杭嘉湖北排通道工程的水泥、黄砂、石子和钢材、施工机械用油、用电及主要设备全部由施工单位自行采购。施工材料均由施工单位提供原材料质保单或合格证明材料,并须有经相应资质单位检测或抽测的材料试验、试配报告,由建设单位和监理单位联合采用合格验收方式验收。水闸机电设备均由有资质的厂家提供,并现场安装调试,电力操作系统由当地供电部门核准后,由其代为施工和监督、检测。

第二节　农田水利工程

一、招投标管理

1985年,县水利局开始对小型农田水利工程(以下简称小农水工程)施工管理进行探索性改革,推行水利工程施工承包责任制。

1986年,县水利局对小农水工程施工单位和个体户进行资格审查,对具备施工条件的发放《小型水工建筑物施工合格证》,规定从1987年1月1日起,全部农水工程实行有证施工。

1988年4月2日,县水利局针对工程队多、乱、技术水平低、滥竽充数、转包、"拉夫"施工等现象,作出《关于进一步加强机电排灌工程施工管理几项补充规定》:凡由水利局批准的机电排灌工程项目,包括1988年工程,必须先经水利局、水利管理服务站对施工单位(包括水利系统工程队)进行资格审查,合格者由工程所在乡(镇)机电站与承建单位签订施工合同;严禁无证施工,不准转包、"拉夫"施工;任何人不得以介绍为名,从中渔利。违反规定,追究领导责任并赔偿经济损失。

1987年,县农田水利工程施工开始试行招标投标管理。经过实践,证明有很大的优越性。

1989年下半年,县水利局发出通知,规定2万元以上的农水工程都要推行招标施工。

1990年10月20日,县水利局正式推出《吴江县农用水利工程施工招标投标工作管理试行办法》(初稿)。该办法有招标投标工程范围、单位、必备条件、主管部门职能、投标、决标等9条,从1991年起全面推广。办法规定,凡建设经费由国家全部投资或部分补助的农田水利工程及其配套工程均应进行招标。实行的工程有新建排涝站、灌溉站、排灌结合站、套闸、防洪闸、分级闸以及预算建设总经费在2万元以上(含2万元)的各种形式护岸护堤工程、输水涵洞、防渗渠道、水利桥梁、水电设备安装(不含设备费)和其他水工建筑物。改建、扩建、加固的农田水利工程,预算建设总经费在2万元以上的也须招标。凡预算经费10万元以上的工程应公开招标或邀请招标;2万元以上10万元以下的工程可公开招标或邀请招标,也可内部承包招标;2万元以下工程允许内部议标。办法明确,除特别规定外,农田水利工程招标由各乡镇水利管理服务站主持(为招标单位)。县内持有水利建筑施工企业资格证书和经县计委、县水利局批准建立的水利建筑工程队均可参加投标。水利局指导、监督招标投标工作的实施,协调处理出现的重大问题,可以否决不合理决标。

2003年3月6日,市政府办公室转发由市建设局、发展委员会、交通局、水利局、城市管理局、财政局、审计局联合制定的《吴江市建设工程施工招标投标暂行规定》,从 2003 年 3 月 1 日起执行。规定共有适用范围、招标方式、招标公告、投标人的确定、招标文件、评标方法、限价、评标委员会的组成、中标投标保证金和履约保证金、监督管理和执行时间 12 条。明确吴江市范围内依法必须进行施工招标的房屋建筑、市政基础设施交通、水利、电信、电力、燃气、园林绿化等工程均适用该暂行规定;招标分为公开招标和邀请招标,全部使用国有资金和集体资金或者国有资金投资占控股或主导地位的,应当公开招标,其他工程可以实行邀请招标;招标公告必须在吴江市工程建设交易中心发布,500 万元以上的建设工程还须在"江苏工程建设网"或报纸、电视等媒介发布,招标公告发布的时间不得少于 3 个工作日。明确招标人应当根据招标公告所确定的条件和要求,对投标申请人进行资格预审,资格预审合格的投标申请人少于 7 家的,招标人应当允许申请人全部参加投标;预审合格投标申请人超过 7 家的,招标人可以抽签方式确定 7 家投标申请人,也可由招标人择优确定 2 家投标申请人,其余 5 家投标申请人抽签确定;资格预审合格的投标申请人少于 3 家的则重新招标。该暂行规定还明确了招标文件的主要内容、评标的操作、最高和最低限价、评标委员会的组成、中标的确定、投标保证金和履约保证金、监督管理的相关要求。

2003 年 6 月 10 日,市水利局根据市监察局意见,结合全市水利工程建设实际情况,制定《吴江市水利工程建设项目施工招标评标评分简表》,发布执行。

二、质量管理

1989 年 6 月 15 日,县水利局提出《关于加强水利工程施工管理,提高工程质量的实施意见》。该意见针对 1985 年开始建筑业体制改革以来出现的一些问题,提出扣留农补项目下拨补助经费的 15% 作为质量保证金,采取按质论补(优质多补,劣质少补)的办法,在工程竣工验收合格后结清;质量保证金中的 2% 属统筹奖励基金,用于优质工程奖励补助(奖给施工单位);制定施工质量罚款细则,实施返工、罚款、通报批评、取消施工资格的处罚手段。明确机电站分管站长、工程员分别为工程项目的行政负责人和技术负责人,实行项目管理责任制,直接与奖金挂钩(在机电站内只享受两个月的基本奖,其余的主要从优质单项工程奖和冬、春水利行动奖中获得,由水利局统一组织评比后发给);技术职务的聘任与工程实绩挂钩,实行向上浮动工资奖励和高、低聘技术职务。清理已发放的施工合格证和实行年度签证;建立挂牌施工制度。工程预算报水利局审批;签订施工承包合同和合同副本报水利局备案;推行招标施工试点(要求当年每个机电站搞一个项目试点,有工程队的搞一个单包工程试点)。提供竣工验收报告和组织县、乡(镇)、村领导及机电站、信用社、施工队联合验收;县水利局成立工程质量评比领导小组和工程质量检查评比小组,开展工程项目质量评比。同年 12 月 15 日,县水利局印发《关于进行 1989 年度农水工程施工质量评比的通知》和《吴江县 1989 年度农水工程施工质量评比办法》,并专门成立质量评比领导小组。评比过程分五步进行:第一步由各水利站在自查基础上申报参评项目;第二步由县水利局对申报项目进行资格审查;第三步由县水利局组织工程质量检查小组实地进行百分考核;第四步将工程质量检查小组成员无记名考评打分汇总平均后得出的分数,与施工中期检查分数按比例计算确定最终得分;第五步由质量评比领导小组与工程质量检查小组共同讨论划定一、二、三等奖分数界限,并由此确定工程质量等级。对获奖工程项目颁发奖状；对获奖项目负责人颁发荣誉证书和奖金，符合条件的给予下一年度上浮一级工资的特殊奖励。

1990年4月21日，县水利局针对预制多孔板在全县护岸建设中普遍推广和分散生产的情况，为加快生产进度和提高产品质量，决定实行定点工厂化生产预制多孔板，并制定了《预制多孔板质量负责制试行办法》。办法共8条。从建立产品质量负责制入手，明确产品质量行政负责人和技术负责人；对单位产品质量、总体产品质量、全年总体产品质量划分档次打分；提出抽查办法、补助方式、奖罚措施；自当年起试行。

2003年3月10日，市水利局发布《吴江市水利工程质量监督管理规定》，共有总则、机构与人员、机构职责、质量监督、质量检测、工程质量监督费、奖惩和附则8章35条，自发布之日起施行。该规定明确市水行政主管部门主管水利工程质量监督工作，市水利工程质量监督机构是市水行政主管部门对水利工程质量进行监督管理的专职机构，负责对水利工程质量进行强制性的监督管理；凡在境内从事水利工程建设活动的项目法人（建设单位）、施工单位、监理等单位和个人，必须遵守和接受水利工程质量监督机构的监督；水利工程实行项目法人（建设单位）负责，勘测、设计、施工，监理单位控制和政府监督相结合的质量管理体制。该规定明确对规模较大或需由不同质监机构联合履行质量监督职责的工程，可设置工程质量监督项目站行使具体质量监督的职责，对其他工程，由质量监督机构根据受监工程项目的具体情况，委派质量监督人员并明确负责人行使质量监督职责；要求水利工程质量监督员经过培训并通过考核取得水利工程质量监督员证和持证上岗。该规定还明确了水利工程质量监督站的职责；工程质量监督的主要内容、工程项目质量监督员监督权限、工程项目质量监督的程序；工程质量检测办法；工程质量监督费的标准计取、缴纳；工程质量监督的奖罚措施等。同年8月23日，市水利局印发《关于实行兼职质监员制度的通知》，要求各水利站原则上设1名。同时发布《吴江市水利工程兼职质量监督员暂行管理办法》。暂行管理办法有总则、岗位与设置、标准和条件、工作职责和范围、工作程序和内容、工作守则、奖励和惩罚、附则等内容，从发布之日起施行。

三、程序管理

2000年8月1日，市水利农机局提出《吴江市农水工程建设管理实施意见》。意见共有农水工程建设的项目管理、农水工程建设程序、工程决算审定、工程资料归档及报验工作、工程验收、工程项目发包和财务决算公开6条，自2001年起施行。意见明确规定经市政府审定列入年度计划并由市级直接投资、市级补助和镇村自筹相结合等投资方式兴建的防洪、除涝工程（包括新建、续建、翻建、改建等水利工程）纳入项目管理；农水工程建设严格执行落实工程项目计划、项目组织实施程序；工程决算要由审计部门审计认定；工程建设过程中形成的技术资料及工程预决算、竣工图等要整理归档；工程竣工要由市水利农机局、市财政局、市防洪保安资金办公室、镇政府、镇水利站等有关单位联合验收；工程项目发包和财务决算情况要在镇政务公开栏中张榜公布，接受群众监督。

2003年6月12日，市水利局发出《关于进一步规范吴江市水利工程项目建设管理的通知》，同时发布《吴江市农水工程项目建设程序》和《吴江市水利工程施工质量检验评定标准》

及《吴江市水利工程竣工验收要求提供及备查的资料目录》。对水利工程施工质量检验评定标准从目的及编制依据,适用范围,单位、分部、单元工程定义,工程质量评定,单元工程质量评定标准,分部工程质量评定标准,单位工程质量评定标准和质量评定工作的组织与管理8个方面进行细化。对水利工程竣工验收要求提供及备查的资料目录统一文本框架,具体提供的文本和单位分别是:工程建设管理工作报告——项目法人;工程建设监理工作报告——监理单位(＃);工程施工管理工作报告——施工单位;工程招投标资料——项目法人;工程承发包合同——项目法人;工程质量评定资料——项目法人;工程建设监理资料——监理单位(＃);施工图纸、竣工图纸——项目法人;主要设备产品出厂资料——项目法人;有关检查检测试验资料——施工单位;竣工决算资料——施工单位;决算审计报告——审计单位;吴江市水利工程基本资料卡——项目法人。全市农水工程项目建设程序得到全面规范(带＃符号为实施监理的工程应提供的资料)。

表 12-1　　　　　　　　　　2003 年吴江市农水工程项目建设程序表

执行阶段	操作步骤	执行阶段	操作步骤
前期立项阶段	前期立项阶段	施工实施阶段	＊设计单位技术交底
	工程计划批复		＊提交水准点高程
施工前期准备	委托勘测设计		＊提供放样轴线
	办理报批手续		＊单元工程划分
	＊办理招标申请		＊提高监理大纲
	办理质监申请		日常施工管理
	＊申请批复同意		施工质检资料
招标评标阶段	＊编制招标文件		工程质量检查
	＊发出招标通告	竣工验收阶段	施工单位总结
	＊召开招标前会		＊监理质检资料
	＊组成评标委员会		＊监理单位总结
	＊召开开标会议		建设单位总结
	＊评定中标单位		工程竣工图编制
	＊发中标通知		编制竣工决算
	＊签署合同协议		申请验收报告
	＊委托工程监理		组织竣工验收
			下达补助经费

注:标有＊符号为招标工程(单项工程50万元以上建议招标)。

四、资金管理

1986 年 3 月 1 日,县水利局、财政局、农业银行联合向湖滨、芦墟、北厍、坛丘、横扇、七都、庙港、震泽、青云等乡机电站、信用社、财政所发出通知:"为改革资金管理,促进资金筹集,保证工程按质按量按时完工,并当年发挥效益,决定在 1986 年对小型农田水利补助资金试行'先贷后拨'信贷管理办法。"该办法有六条:一是确定工程项目,先由乡政府会同机电站、信用社、财政所根据抗洪排涝的需要,共同拟定小农水项目,然后报县水利局,由水利局会同财政局、农业银行根据当年的财政预算安排,分轻重缓急,全面平衡后,确定并下达具体项目;二是签订工程合同,由受益单位(乙方)与县水利局(甲方)签订,明确乙方如期筹足自筹资金,按规定组织施工、竣工,如违反规定则接受甲方处理;三是银行的监督,财政局根据用款计划拨款,农行(信用社)按照核定的预算计划和签订的施工合同监督支付,一般先贷补助资金的80%,留20%工程验收后再贷;四是验收和结报,由水利部门合同农行(信用社)、财政所一起验收,农行(信用社)凭验收单将贷款转为拨款,如数核报,不记利息,如经费存余可续用水利工程建设,超支由乙方解决;五、六是违约的处理、利息和手续费。同时还规范水利工程合同书、水利工程建筑协议书和水利工程建设自筹资金存储签证书的统一文本。此后,对全县农补经费管理使用进行三方面的改革尝试,即实行先贷后补、先做后补(在规划线内,经水利局同意)和按质论价。

1990年12月19日,县水利局、财政局联合制定《农田水利工程建设财务管理办法》,进一步规范农田水利资金的筹集、使用、结算等管理细则,从发文之日起实行。该管理办法规定:水利站按照"谁受益,谁负担;多受益、多负担;少受益、少负担"的原则落实下达项目的自筹资金并在开工前划到水利站账户;财政所和县水利局分别按工程进度划拨国家补助款,自筹资金不到位不拨国家补助款;自筹资金、补助款必须纳入水利站财务管理。实行项目责任制,项目负责人对工程质量和资金的正确使用负责;实行预决算管理制度,水利站会计必须根据预算支付工程经费;实行施工合同制,明确承包金额、质量要求、施工期限、奖罚措施及经费结算方式,无预算和施工合同水利站会计不得划款;支出凭证必须合理合法,不得以白条作为支出凭证;按工程项目明细核算并编制财务月报上报县水利局。实行预算包干,经水利局审核批准后与水利站签订经费预算包干合同;水利站在保证质量,完成项目后节余的经费实行60%转生产发展基金、20%转职工福利基金、20%转奖励基金的分成,超支部分自筹资金弥补;通过招标节余的经费经县局有关部门验收合格的参照执行,否则不得结转。擅自变更建设地点,项目内容,自筹资金不落实,不按规定设账核算农水资金,以白条作为支出凭证,不按月上报月报表,不及时结报竣工项目,月报表、验收鉴定、财务竣工决算与账户资金不符,无施工合同或合同不符合规定的,不按规定设置账户、核算混乱的,县水利局将不拨农水补助经费;在账上报表上虚列虚报自筹资金骗取批准项目和补助资金的,对责任人通报批评和扣发半年以内奖金,并撤销下达项目、收回国家补助资金;乡(镇)财政所和水利站对资金的正确使用共同负责。

同年12月31日,为贯彻落实全国农田基本建设会议"不论利用哪一方面资金修建的农田水利水保工程,其工程设计和设计文件都要由当地水利主管部门审批,未经审批的不得施工"的规定,县政府办公室转发县水利局、财政局联合制定的《吴江县农田水利工程试行审批办法》,共11条,从1991年农田水利计划项目起执行。该审批办法规定:凡列入县农田水利工程计划、安排补助经费的农田水利工程均按本办法进行审批;乡村级自办、不安排补助经费的农田水利工程,由乡(镇)水利站参照本办法进行审批;防渗沟渠工程另行制定办法。县级补助资金由县水利局审批,市级以上的由苏州市水利局审批,县局转批。审批工程项目的总原则是"统一计划、突出效益、落实资金、择优安排、综合平衡、分项审批";审批补助经费的原则是贯彻"自力更生为主,国家补助为辅"的方针,排涝站补助机、泵、管、变、线机电设备费,套闸、防洪闸、分级闸、护坡、水利桥等农田水利建筑物补助总造价的 30%~50% ；重建工程与新建工程补助标准相同，围垦荡工程不补；挖压废土地、青苗和房屋拆迁不在补助范围。审批程序采取由乡（镇）水利站在上年 9 月 1 日至 9 月 15 日期间提出计划报县水利局审查核实；县水利局根据"突出工程效益，落实自筹资金"的审核原则将审核结果汇总后报县政府审批；根据县政府的审批意见，在补助经费总额内择优安排、确定农田水利工程项目指标，由县水利局会同县财政局下达给各乡（镇），由乡（镇）水利站根据下达的指标进一步落实自筹资金，并把自筹资金存入水利站的专项账户；乡（镇）水利站对下达的指标项目进行工程设计、编制施工预算后报县水利局；县水利局进行单项审批。乡（镇）水利站作为乡（镇）水利主管部门对经过审批的农田水利工程实行包干。补助经费根据工程进度分期分批下拨。

1992 年 6 月，县水利局在"七五"发展粮食生产专项资金使用管理方面成绩突出，被江苏省水利厅评为先进单位。

1999 年 9 月 20 日，市政府办公室行文，提出《关于部分防洪排涝工程实施市级补助的意见》。该意见明确市级补助资金安排以解决排涝能力不足、水闸老化低标准为重点的工程；经市政府审定并列入市年度实施计划的排涝站、水闸由市给予定额补助；护坡和防洪墙工程的建设经费原则上市级不予补助。对补助标准作出具体规定。对审批程序也进行规范：各镇水利站初拟防洪排涝计划，报镇政府审定后，以镇政府文件形式报市水利农机局；市水利农机局根据各镇的上报计划，进行审查、平衡、汇总，提出全市年度建设计划，报送市政府审批；市政府根据财力情况对全市年度建设计划进行研究审定，确定全年总工程量、总投资额及市级补助总盘子，并下发年度施工项目计划意见；市水利农机局、财政局、防保办根据市政府下达的年度实施工程项目联合下文，预拨 30% 工程补助费；各镇按水利建设程序和项目建设责任制的要求组织建设，在汛期前保质保量完成好年度工程项目，市水利农机局强化对工程质量、进度的监督管理；工程完工后，经各镇组织水利站、财政所、经营办等部门初步验收合格后，报告市水利农机局；市水利农机局会同市财政局、防保办等部门实地检查验收，并填好验收表；经市检查验收合格后，由水利农机局、财政局、防保办联合下达补助经费文件，市财政、审计等部门加强防洪工程建设资金的监督管理，确保专款专用。

表 12-2　　　　　　　　　　1999 年吴江市防洪排涝工程补助标准表　　　　　　　单位：万元

项目类别	补助标准			
	浦南浙江沿线	浦南其他地区	浦北地区	同规模同标准翻建
新建手动葫芦启闭 4 米防洪闸	3.1	2.9	2.4	新建补助的 30%
新建手动葫芦启闭 6 米防洪闸	4.3	3.8	3.4	新建补助的 30%
新建电动葫芦启闭 4 米套闸	9.6	8.6	7.7	新建补助的 50%
新建卷扬机启闭 4 米套闸	11.5	10.6	9.6	新建补助的 50%
新建卷扬机启闭 6 米套闸	14.9	13.4	12.0.	新建补助的 50%
新建 1 立方米每秒排涝站	10.0			
增变翻建排涝站 1 立方米每秒	7.5			
不增变翻建排涝站 1 立方米每秒	5.0			
机改电	3.8			

表 12-3　　　　　　1986~2005 年吴江市（县）水利建设投资情况表　　　　　　单位：万元

年份	投资使用				投资来源				
	基本建设	农田水利	防汛岁修	其他	中央、省	苏州市	吴江市（县）	镇村自筹	其他
1986	101.00	220.94	24.90	8.00	—	71.50	101.00	182.34	—
1987	27.00	463.22	40.50	2.50	113.60	17.30	74.19	328.13	—
1988	15.00	1410.54	24.30	—	91.80	13.00	205.20	1139.84	—
1989	82.00	1271.21	15.60	—	153.00	89.93	299.08	760.40	66.40
1990	—	1476.07	—	—	218.80	154.42	326.65	776.20	—
1991	187.86	1361.47	280.65	7.57	383.50	262.61	249.70	941.74	—
1992	577.83	3431.53	86.65	2.50	300.70	83.85	1220.16	1836.47	657.33
1993	2679.00	2833.46	115.05	4.30	1410.20	117.95	1619.57	1595.09	889.00
1994	3138.60	2689.92	36.30	—	1553.30	100.00	939.80	1470.72	1801.00
1995	2257.42	2414.86	147.20	2.00	114.80	1286.77	869.81	1357.75	1192.35
1996	2604.33	2311.85	146.20	—	842.80	182.40	846.60	1113.25	2077.33
1997	2638.85	2644.25	125.00	16.00	2138.00	779.85	1037.57	1468.68	—
1998	4464.14	1965.56	192.00	5.50	4583.14	175.00	823.50	1045.56	—
1999	4705.41	2419.56	586.70	15.00	4568.70	858.41	1193.00	1106.56	—
2000	4339.71	3517.00	41.40	4.00	690.46	1220.65	3789.78	2201.22	—
2001	14102.55	2013.80	54.00	—	9636.00	3462.50	2047.05	1024.80	—
2002	3070.00	2488.57	126.71	4.00	2783.00	463.00	808.71	1679.57	—
2003	2050.00	4500.00	125.00	5.00	1000.00	1050.00	2600.00	4080.00	—
2004	1200.00	6500.00	130.00	—	450.00	750.00	2000.00	4630.00	—
2005	650.00	7570.19	140.00	5.00	400.00	250.00	1683.78	6031.41	—
总计	48890.70	53504.00	2438.16	81.37	31431.8	11389.14	22735.15	34769.73	6683.41

注：投资来源中其他资金包括以工代赈，市防洪保安资金，中央、省粮食发展基金；1986 年投资来源中苏州市含省级。

第十三章　工程管理

为满足太湖流域水势调控，城乡防洪保安和农田水利排涝、灌溉、降渍需要，国家和地方在境内建有大量水利工程设施，主要有河道、堤防、渠系、闸涵、泵站、护坡等。水利工程管理的内容主要涉及建立健全流域性、地区性和单项工程的管理机构和管理规章制度；开展工程检查观测、养护修理、水利调度和水域、水质等技术管理工作；改善经营管理，提高工作效率和服务质量，加强经济核算，提供各类产品和有偿服务等方面。其目标是保护水源、水域和水利工程，维护其系统功能，确保安全运行，充分发挥消除水害增加水利的效益。1981 年 5 月，国家水利电力部要求"把水利工作的着重点转移到管理上来"。1986 年 9 月，《江苏省水利工程管理条例》公布。1987 年，在菀坪乡试点，对所有的水利工程包括圩堤、三闸、排涝站及其他水利建筑物进行普查、建档、定权、发证，随后在全县展开，1989 年完成全县普查建档工作。1988 年 1 月，全国人大常委会颁发《中华人民共和国水法》。1988 年 6 月，国务院发布《中华人民共和国河道管理条例》。至 2005 年，中央和各级政府、部门不断制定、修订相关法律、法规、规章，吴江市（县）政府和水利部门也相继制定规范性文件，加强水利工程管理，使水利管理从建设管理型向经营管理型、资源管理型转变，并逐步走上依法治水、依法管水的道路。

第一节　管理规定

1986 年 6 月 20 日，制定《吴江县农田水利工程管理规则》（草案），共 5 章 25 条。内容涉及总则、组织管理、工程管理、经营管理、奖励和惩罚等方面，从 1986 年 10 月 20 日起执行。水利工程管理开始规范化，尤其是"各乡（镇）应建立水利管理委员会（或联圩管理委员会），作为乡（镇）政府的一个职能机构，负责农田水利建设、管理运用、防汛抗旱等工作"的条款体现地方管理特色。

1988 年 3 月 14 日，县水利局、公安局联合发布《关于保护太浦河工程和设施的通告》：太浦河是太湖流域重要的骨干排水河道，河槽青坎、大堤、绿化林带、块石护坡、界桩等工程设施，任何单位和个人均有义务严加保护。为保证太浦河的畅通无阻，严禁向太浦河河漕内倾倒矿渣、煤渣、碎砖、垃圾以及含毒的废液污水等。汛期 5~10 月不得在河内设置鱼籪、阻水障碍等，对已有的阻水障碍要按"谁设障，谁清障"的原则彻底清除。未经批准，禁止在太浦河管理范围内破堤、扒口、取土、挖坑、堆物、埋葬、放牧等一切行为。对有害太浦河工程和设施的行为，任何人都有权制止，凡违反本规定的单位和个人视情节轻重，责令赔偿或处以罚款，情节严重者，由司法机关依法惩处。

1989年9月27日，县政府颁发《吴江县水利工程管理实施细则》。该实施细则有7章27条。第一章总则，阐明法律依据和适用范围。第二章管理机构，明确县、乡（镇）、村专业管理组织和职能。第三章工程保护，划分保护范围和规定。第四章工程管理，确定管理内容和要求。第五章经营管理，提出经营内容和要求。第六章奖励和惩罚，规定奖惩条款。第七章附则，要求各乡（镇）村可根据本细则并结合本地具体情况制订乡规民约。这是比较全面规范全县水利工程管理的规范性文件，自颁布之日起施行，并由县水利局负责解释。[详见附录二吴江市（县）规范性文件《吴江县水利工程管理实施细则》]

同年10月29日，县防汛防旱指挥部《关于加强东太湖大堤管理的通知》规定：大堤管理范围，迎水坡堤脚外20米，背水坡有取土坑鱼池的以鱼池为界（含水面），没有取土坑鱼池的，堤脚外10~15米，在管理范围内，必须服从县堤闸管理所的管理监督、不得进行有害大堤工程的任何活动。太湖大堤在建设中已征用的土地，所有权属国家，由县堤闸管理所进行管理和使用，被其他单位和个人占用的必须立即归还。大堤内外的取土坑养鱼，对堤身毁坏严重，从1989年冬天起，凡未做好块石护坡或楼板护坡的，一律不准养鱼。对已经做好护坡工程的地段，需要养鱼的，必须与堤闸管理所签订合同，服从管理，交纳经济补偿费每亩每年60~100元，并控制鱼种，不得放养鲤鱼。禁止在大堤堤身、内外青坎上进行放禽、养禽、建房、挖土等毁坏水利工程的行为。对危害大堤工程的行为，任何人都有权制止。凡违反本规定的单位和个人，视情节轻重，责令赔偿或处以罚款，情节严重者，由司法机关制裁。

1991年5月28日，县水利局、劳动局、供电局、三电办①、农业局联合发出《关于加强对排灌小机泵管理的通知》，针对小机泵管理中出现的无证操作、机电设备不按规定安装、输电线乱拉乱接，特别是盲目增设、事故不断、费用增加、效益下降、串灌漫灌、影响农业生产等现象，从1991年7月起在全县范围内实行小机泵合格安全运行制度（在松陵镇先行试点）。

同年6月3日，县水利局发出《关于农灌变压器的使用与管理的补充通知》，要求接用国营机房、乡镇联圩机房农灌变压器上的其他用电逐步割开，另设变压器用电；一时难于分割的首先满足排灌用电，严格控制外接用电负荷，严禁超载运行。更新更换变压器，村级机房由相关村负担，联圩排涝站由受益单位负担。国营机房变压器产权属水利局，由水利站与村签订用电协议书；变压器产权属供电局的由水利站会同管电站与村签订用电协议书；变压器与县保险公司办理保险手续。农业脱粒、粮食加工、乡村企业用电单独向供电局申请安装变压器。

1993年1月17日，市计划委员会、水利局联合转发《河道管理范围内建设项目管理的有关规定》。明确市水利局是市河道主管机关；建设单位在河道管理范围内兴修建筑物及其他设施应首先向市河道主管机关提出申请进行审批。[详见附录二吴江市（县）规范性文件《河道管理范围内建设项目管理的有关规定》]

同年8月16日，市政府颁发《吴江市城镇防洪排涝工程管理实施暂行办法》。该办法设

---

①　三电办：具有管理计划用电、节约用电、安全用电的政府职能部门。

总则、管理机构、工程保护区、排水网络建设、保护区范围内工程审批程序、工程保护、经营管理、奖惩等条款(详见附录二吴江市(县)规范性文件《吴江市城镇防洪排涝工程管理实施暂行办法》)。

1995 年 12 月 25 日,市水利局制定《吴江市水利防洪通航套(船)闸管理规定》,从 1996 年 1 月 1 日起执行。该规定设总则、管理、运行、保养和修理、安全生产、过闸费的使用、处罚 7 章,共 27 条。明确套(船)闸及其附属设施,管理范围内的土地、水域和设施,受国家法律保护,任何单位或个人不得侵占或破坏;水行政主管部门是水利防洪套(船)闸的主管部门;通航套(船)闸的管理范围原则上为上下游河道各 50 米,左右侧各 30 米,船舶上下游停泊区起点线为上下闸首以外各 5 米,对于船舶量大的应会同交通部门单独确定;套(船)闸操作人员必须经过专门培训,管理人员和操作人员应建立岗位责任制;套(船)闸应建立完整的技术档案;上下游水位差超过 15 厘米时实行定时开启使用,超过 3.8 米危险水位或市防汛指挥部发布停航通告时停止使用,7 级以上大风、能见度在 30 米内的大雾、特大暴雨、套(船)闸发生重大事故危及通航安全时停止通航;按规定征收过闸费和贯彻专款专用的原则;对套(船)闸实行例行保养、定期保养和大修、岁修、抢修;加强安全生产管理和执行事故处理、报告制度;对违反规定的处罚等。

第二节　河道管理

境内河道管理按类型划分,实行统一管理和分级管理相结合、专业管理和群众管理相结合的办法。涉及航运功能的京杭运河、长湖申航道、苏申外港线等过境段河道,由交通部门和水利部门实施交叉管理。24 条县级河道,主要由市(县)水利主管部门管理。297 条乡级河道由市(县)水利主管部门委托各水利站会同当地镇(乡)政府共同管理。其余乡村河道由联圩管理委员会、村、队等组织管理。本节主要记述太浦河管理。

1987 年 8 月 24 日,县水利局根据苏州市水利局"太浦闸委请吴江县水利局代管"的精神,将吴江县太浦河节制闸的行政、业务、安全归口吴江县堤闸管理所代管。

1988 年 8 月 20 日,县编委核定太浦河节制闸管理所人员编制 15 名。

1990 年,太浦河节制闸管理所实有管理人员 5 名,合同临时工 4 人,其管理任务主要是闸的维护保养,经营闸管所范围土地和周边绿化、水位观测等。

1993 年 1 月 29 日,国家水利部《关于太浦河工程初步设计的批复》决定,太浦河枢纽工程由国家水利部太湖流域管理局管理,设置太浦闸管理所(核定人员编制 100 人),归属国家水利部太湖流域管理局苏州管理处。同时要求,本着集中养护与分散运行相结合,堤、闸管理相结合的原则,太浦河河道、堤防(包括堤顶公路)和两岸配套建筑物(包括船闸)由所在地方水利部门管理,设置太浦河管理所(核定人员编制 149 人)。

1994 年 1 月 10 日起,对太浦闸进行加固,改建公路桥和启闭机房,更新闸门与启闭机,排架及工作桥采取补强措施(1995 年 7 月竣工)。

同年 8 月 29 日,苏州市编委同意建立吴江市太浦河工程管理所,为吴江市水利局直属事业单位。太浦河沿线增设管理站,为太浦河工程管理所派出机构,接受市水利局和所在镇政府的双重领导。核定人员编制 149 名。

同年 10 月 31 日,市水利局行文,明确太浦河管理所主要职能:西起太浦河节制闸、东至苏沪行政区界线内,沿河两岸经办理征用手续的地域和水域范围,包括各类水利工程设施、建筑物、水土资源、树木、果园、鱼塘等,均列入太浦河工程管理所管辖范围(上述区域以外的流域性工程管理的隶属关系不变,原堤闸管理所经营管理的平望大桥北侧西塽的三产基地的隶属关系不变),授权对太浦河工程的堤、闸、站等工程设施进行绿化和维护运行管理,制定年度绿化规划、防汛岁修计划和各种资源的开发利用规划。

同年 12 月 13 日,市水利局行文,太浦河沿线暂设横扇、平望、黎里、芦墟 4 个管理站,均为太浦河工程管理所的派出机构。横扇站管辖太浦河流经横扇、梅堰两镇行政区划内已征用的工程范围;平望站管辖太浦河流经平望行政区划内已征用的工程范围;黎里站管辖太浦河流经黎里、北库行政区划内已征用的工程范围;芦墟站管辖太浦河流经芦墟、莘塔行政区划内已征用的工程范围。

1995 年 2 月 10 日,太湖流域管理局、省水利厅和苏州市水利局、吴江市水利局、太湖流域管理局苏州管理处的代表 13 人在苏州就太浦闸移交工作具体事项进行商谈,同意在 3 月底前完成交接手续。王同生、徐木生、瞿浩辉、王宝柱、范家麒分别在交接纪要上签字。同年 3 月 6 日,苏州市编委办公室、苏州市水利局行文,太浦河节制闸管理所成建制地移交给国家水利部太湖流域管理局管理(人员 21 名,其中在职职工 11 名、离退休人员 4 名、抚恤人员 6 名),成立太湖流域管理局太浦闸管理所,原太浦河节制闸管理所撤销。

1997 年 12 月 25 日,芦墟镇区防洪工程管理由太浦河工程管理所成建制地移交给芦墟水利管理服务站,工程项目及范围为南窑港船闸、甫字塘闸站、西栅港闸、南市河闸等防洪排涝水利工程及其各项配套设施、附属设备、水利工程的用地等,还有 9 名管理和值勤人员。

1998 年 5 月 12 日,成立吴江市北窑港水利枢纽工程管理所,为股级全民事业单位,隶属市水利农机局。人员编制 40 名,经费自收自支。

2003 年 11 月,太浦河泵站工程竣工(2000 年 12 月 26 日开工)。是年 12 月 31 日,由上海市水务局建设管理、设施管理等职能部门牵头,将太浦河泵站工程实物移交上海市太湖流域工程管理处。

至 2005 年底,除太浦闸外,太浦河沿线有水利枢纽 2 处,水闸 30 座,堤防 72.3 千米,护坡 72.3 千米,全部由太浦河管理所派员管理。

表 13-1　　　　　　　　　　　2005 年吴江市太浦河水利枢纽工程基本情况表

水闸名称	闸型	竣工年月	启闭形式	闸墙顶高(米)	闸门顶高(米)	闸室长宽(米)	设计水位(米)	桥梁(米)		设计荷载等级
								桥宽	梁底高	
北窑港	12 米套+10 米防	1998.9	电动卷扬式升卧门	5.5/5	4.4/4.3	160×14	4/3.5	12	8.5/8	汽-20挂-100
	8 米防	1998.9	电动卷扬式升卧门	5.5/5	4.4	—		7	7.4	汽-20挂-100
	4 米防×2	1998.9	—	5.5	5/4.4			5		汽-10
沧浦港	6 米套+8 米防	1997.5	电动卷扬式升卧门	5.3/5	4.5/4.3	50×9	4/3.5	—		—

表 13-2　　　　　　　　　　　2005 年吴江市太浦河水闸工程基本情况表

水闸名称	孔径（米）	竣工年月	所在河道名称	所在村名	闸型	启闭形式	闸门顶高（米）	闸室长宽（米）
华中港	4	1998.11	太浦河	伟民	套	手动简易	6.5/4.3	—
东姑荡	6	1997.10	太浦河	新南	防	手动简易	4.6	—
东栅港	4	1999.12	太浦河	—	防	手动简易	4.8	—
南栅港	4	1999.12	太浦河	—	防	手动简易	4.8	—
钱长浜	4	1995.12	太浦河	高树	防	手动简易	5	—
西大港	4	1997.06	太浦河	东玲	防	手动简易	4.5	—
东啄港	4	1996.8	太浦河	东玲	防	手动简易	5	—
西汾湖口	4	1996.12	太浦河	—	防	手动简易	5	—
东西港	6	2000.5	太浦河	荣字	防	电动简易	5	—
木瓜荡	5	1997.10	太浦河	华字	防	手动简易	4.5	—
杨秀港	5	1996.11	太浦河	华字	套	电动卷扬	4.5/4.5	45×8
平桥港	4	2000.4	太浦河	斜网	套	电动简易	5.0/4.7	12×4
茶壶港	6	1997.10	太浦河	利丰	套	升卧式门	4.5/4.3	50×9
蜘蛛港	4	1999.1	太浦河	利丰	防	电动卷扬	4.5	—
西林港	6	1998.8	太浦河	利丰	套	升卧式门	4.5	—
乌桥港	5	1995.3	太浦河	乌桥	套	电动卷扬	4.5/4.5	50×9
张家港	4	1998.1	太浦河	利星	防	电动简易	4.5/4.3	—
张贵村	4	1996.12	太浦河	前村	防	手动简易	4.8	—
东槽港	4	1999.10	太浦河	新丰	防	手动简易	4.6	—
直大港	4	1999.10	太浦河	新丰	防	手动简易	5	—
大河港	4	1997.10	太浦河	新丰	套	电动卷扬	4.5/4.0	—
南汇港	4	2000.5	太浦河	—	防	手动简易	4.5	—
塘前港	4	1999.12	太浦河	联农	套	电动简易	5.0/4.7	33×9
共进河	5	1997.10	太浦河	上横	套	升卧式门	4.5/4.3	50×9
向阳河	4	1993.10	太浦河	向阳	套	液压升滑门	5.4/5.1	10.5×4
陆家荡	6	1997.3	太浦河	星字湾	防	手动简易	4.5	—
圣塘港	4	1994.5	太浦河	沧州	分	电动卷扬	4.5	—
冬瓜荡	4	1995.6	太浦河	倪家扇	套	电动卷扬	5.6/4.5	34×7
叶家港	4	1994.5	太浦河	叶家港	套	电动卷扬/手推横拉	5.0/4.7	34×7
亭子港	5	1994.5	太浦河	亭子港	套	电动卷扬/手推横拉	4.5/4.3	34×7

表 13-3　　　　　　　　　　2005 年吴江市太浦河堤防、护坡工程基本情况表

地段	堤防总长（千米）	桩位	长度（米）	堤顶高程（米）	堤顶宽（米）	护岸形式	长度（米）
横扇段	14.721	浦北：亭子港闸—叶家港泵站	1029	6.5	10	直立墙	1029
		叶家港泵站—横扇港闸	2429	6.0	10	直立墙	2429
		横扇港闸—沧浦港闸	1036	6.5	10	直立墙	1036
		沧浦港闸—冬瓜荡泵站	2800	6.0	10	直立墙	2800
		冬瓜荡泵站—陆家荡闸	1050	5.5	10	直立墙	1050

（续表）

地段	堤防总长 （千米）	桩位	长度 （米）	堤顶高程 （米）	堤顶宽 （米）	护岸形式	长度 （米）
横扇段	14.721	浦南：南亭子港闸—小红头闸	1512	6.0	10	直立墙	1512
		小红头闸—大南河闸	1078	5.5	10	直立墙	1078
		大南河闸—蚂蚁漾泵站	784	5.5	10	直立墙	784
		蚂蚁漾泵站—桃花漾穿堤段	3003	6.5	10	直立墙	3003
平望段	18.942	浦北：陆家荡闸—梅堰大桥	1274	6.5	10	直立墙	1274
		浦南：桃花漾穿堤—西城港闸	1071	5.5	10	直立墙	1071
		西城港闸—梅堰大桥	1036	6.5	10	直立墙	1036
		浦北：梅堰大桥—向阳河闸	945	6.5	10	直立墙	945
		向阳河闸—共青河闸	1617	6.5	10	直立墙	1617
		共青河闸—平望大桥	1855	6.5	10	直立墙	1855
		平望大桥—运河口	511	6.0	10	直立墙	511
		运河口—乌桥港闸	3115	6.0	10	直立墙	3115
		浦南：梅堰大桥—忠字港闸	2912	5.5	10	直立墙	2912
		忠字港闸—运河口	427	5.5	10	直立墙	427
		运河口—平望大桥	882	6.0	10	直立墙	882
		平望大桥—东溪河闸	679	6.0	10	直立墙	679
		东溪河闸—川泾港	2618	5.5	10	直立墙	2568
黎里段	21.781	浦北：乌桥港闸—黎里大桥	2667	5.5	10	直立墙	2667
		黎里大桥—蜘蛛港闸	469	6.5	10	直立墙	469
		蜘蛛港闸—将军荡闸	2254	6.0	10	直立墙	2254
		将军荡闸—黎里东大桥	735	6.5	10	直立墙	735
		黎里大桥—木瓜荡	2366	6.5	10	直立墙	2366
		木瓜荡—张家港	1260	5.5	10	直立墙	1260
		张家港—东西港	1334	6.0	10	直立墙	1344
		浦南：川泾港—下丝港闸	4074	5.5	10	直立墙	4074
		下丝港闸—黎里大桥	3248	5.5	10	直立墙	3248
		黎里大桥—黎里东大桥	2240	6.0	10	直立墙	2240
		黎里东大桥—浙江交界	1134	6.0	10	直立墙	1134
芦墟段	16.835	浦北：东西港桥—东啄港闸	2086	6.5	10	直立墙	2086

第三节　堤防管理

　　境内堤防管理实行统一管理和分级管理相结合、专业管理和群众管理相结合的办法。环太湖大堤由市（县）水利主管部门设立专门机构统一管理，各镇（乡）联圩堤防由市（县）水利主管部门委托各水利站会同当地镇（乡）政府和联圩管理委员会共同管理。本节主要记述环太湖大堤管理。

　　东、西太湖复堤工程和太湖口至平望镇的太浦河两岸大堤长约66千米。1978年起，经10年绿化造林，全线共有林木14.25万棵，果园60亩。其中东太湖大堤林木5.9万棵，果园30

亩；西太湖林木 3.75 万棵，果园 20 亩；太浦河两岸大堤林木 4.6 万棵，果园 10 亩。

1988 年 6 月 17 日，苏州市水利局批准，在太浦河节制闸设立"吴江县堤闸管理所堤防绿化管理站"，作为县堤闸所的派出机构，全面负责东西太湖大堤及太浦河两岸的绿化管理工作。

1992 年 9 月 1 日，县堤闸管理所下属的庙港堤闸站并入庙港水利管理服务站，实行"一套班子、两块牌子"。西太湖大堤庙港段及闸涵，管理范围内的土地、果园树木、堤闸站的房屋、人员全部移交，业务工作由堤闸管理所指导，防汛岁修工程及涵闸的维修仍根据省市批准的项目由堤闸管理所下达。

1993 年 7 月 1 日，县堤闸管理所下属的七都堤闸站并入七都水利管理服务站。

2000 年 6 月 1 日，庙港、七都堤闸站回归县堤闸管理所，由堤闸管理所恢复有关管理职能，原移交人员由双方协商确定，两站在庙港、七都水利管理服务站管理期间形成的人、财、物等资料一并移交。

2002 年 4 月 27 日，成立吴江市瓜泾口水利枢纽工程管理所，为股级全民事业单位，人员编制 13 名，经费由财政拨款。

至 2005 年底，县堤闸管理所下属松陵、东太湖、菀坪、横扇、庙港、七都 6 个堤闸管理站。环太湖大堤沿线 33 个口门除薛埠港建涵、徐杨港封堵和太浦闸移交太湖流域管理局管理外，有水利枢纽 2 处，水闸 27 座，堤防 45.2 千米，护坡 45.2 千米，全部由堤闸管理所派员管理。

表 13-4　　　　　　　　　2005 年吴江市环太湖水利枢纽工程基本情况表

水闸名称	闸型	竣工年月	启闭形式	闸墙顶高（米）	闸门顶高（米）	闸室长宽（米）	设计水位（米）	桥梁（米）	
								桥宽	梁底高
大浦口	6 米套 +8×4 米防	2001.5	电动卷扬式升卧门	7.5/7.2	5.5	50×9	4.66/3.16	9	7.5
瓜泾口	12 米套 +16×2 米防	2002.8	电动卷扬式升卧门	8/8	5.5	135×12	4.66/3.16	6	7.78

注：大浦口水利枢纽桥梁设计荷载汽 -20 挂 -100，瓜泾口水利枢纽桥梁设计荷载汽 -10。

表 13-5　　　　　　　　　2005 年吴江市环太湖闸涵工程基本情况表

地段	水闸名称	孔径（米）	竣工年月	所在河道名称	所在村名	闸型	启闭形式	闸门顶高（米）	闸室长宽（米）
七都段	西丁家港	—	—	—	—	涵			
	薛埠港	4.0	1996.12	薛埠港	—	涵	电动卷扬	3.5	—
	吴娄港	6.0	1992.7	吴娄港	吴娄	套	电动卷扬	6.0	55×9
	方港	4.0	1992.9	方港	—	防	电动卷扬	6.0	—
	叶港	6.0	1992.12	叶港	—	套	升卧式	6.0	34×9
	西亭子港	4.0	1992.8	亭子港	—	防	电动卷扬	6.0	—
庙港段	丁家港	6.0	1986.1	丁家港	—	套	电动卷扬	6.6	14×12
	陆家港	4.0	1985.11	陆家港	—	套	电动卷扬	6.6	—
	大庙港	6.0	1995.3	大庙港	—	套	电动卷扬	6.0	—
	大明港	4.0	1993.4	大明港	—	套	电动卷扬	6.0	34×9
	时家港	4.0	1994.2	时家港	—	套	电动卷扬	6.0	34×7

（续表）

地段	水闸名称	孔径（米）	竣工年月	所在河道名称	所在村名	闸型	启闭形式	闸门顶高（米）	闸室长宽（米）
庙港段	汤家浜	4.0	1995.3	汤家浜	—	套	电动卷扬	6.0	34×7
	白甫港	4.0	1994.8	白甫港	—	防	电动卷扬	6.0	—
	罗家港	4.0	1994.12	罗家港	—	防	电动卷扬	5.5	—
	亭子港	4.0	1982.3	亭子港	叶家港	套	电动卷扬	6.0	24×7
	盛家港	4.0	2004.12	盛家港	圣牛	防	电动卷扬	6.0	—
	朱家港	4.0	1996.2	朱家港	姚家港	套	电动卷扬	6.0	34×7
菀坪段	戗港	6.0	2002.12	戗港	戗港	套	电动卷扬	6.0	—
	新开路	5.0	2003.12	新开路	王焰	套	电动卷扬	6.0	—
	沈家路	4.0	2005.3	沈家路	王焰	防	电动卷扬	6.0	—
	草港	4.0	1991.4	草港	诚心	套	电动卷扬	6.0	48×9
	建新港	4.0	1989.3	建新港	同芯	套	电动卷扬	6.0	34×10
松陵段	牛腰泾	4.0	2003.12	牛腰泾	部队农场	防	电动卷扬	6.0	—
	西塘港	4.0	1993.3	西塘港	吴新	套	电动卷扬	6.0	65×12
	柳胥港	4.0	1995.3	柳胥港	柳胥	防	电动卷扬	5.5	—
	新开河	4.0	2003.12	新开河	姚家庄	套	电动卷扬	6.0	—
	杨湾港	6.0	1995.3	杨湾港	姚家庄	套	电动卷扬	5.5	—
东太湖段	三船路	6.0	2002.12	三船路	养殖场	套	电动卷扬	6.0	—
	外苏州河	6.0	2003.12	外苏州河	部队农场	防	电动卷扬	6.0	—

注：东太湖指东太湖水产养殖总场。

表 13-6　　　　2005 年吴江市环太湖大堤堤防、护坡工程基本情况表

地段	堤防总长（千米）	桩号	长度（米）	堤顶高程（米）	堤顶宽（米）	护岸形式	长度（米）
七都段	5.338	13+067~12+269	798	7.0	7.0	块石护坡	798
		12+253~10+635	1618	7.0	7.0	块石护坡	1618
		10+635~9+728	827	7.0	7.0	块石护坡	827
		9+717~9+248	469	7.0	7.0	块石护坡	469
		9+200~8+459	741	7.0	7.0	块石护坡	741
		8+420~7+535	885	7.0	7.0	块石护坡	885
庙港段	6.876	7+500~6+147	1353	7.0	7.0	块石护坡	1353
		6+127~4+374	1753	7.0	7.0	块石护坡	1753
		4+350~2+515	1835	7.0	7.0	块石护坡	1835
		1+965~0+555	410	7.0	7.0	块石护坡	1410
		0+525~0+000	525	7.0	7.0	块石护坡	525
横扇段	6.123	33+948~32+575	1373	7.0	6.0	块石护坡	1373
		32+545~30+815	1730	7.0	6.0	块石护坡	1730
		30+785~29+855	930	7.0	6.0	块石护坡	930
		29+810~27+720	2090	7.0	6.0	块石护坡	2090

（续表）

地段	堤防总长（千米）	桩号	长度（米）	堤顶高程（米）	堤顶宽（米）	护岸形式	长度（米）
菀坪段	9.450	27+662~24+712	2950	7.0	6.0	块石护坡	2950
		24+669~23+539	1130	7.0	6.0	块石护坡	1130
		23+509~21+619	1890	7.0	6.0	块石护坡	1890
		21+554~18+644	2910	7.0	6.0	块石护坡	2910
		18+622~18+052	570	7.0	6.0	块石护坡	570
东太湖段	10.470	17+977~13+807	4170	7.0	6.0	块石护坡	4170
		13+722~7+422	6300	7.0	6.0	块石护坡	6300
松陵段	6.934	7+364~6+994	370	7.0	6.0	块石护坡	370
		6+749~3+999	2750	7.0	6.0	块石护坡	2750
		3+949~3+730	219	7.0	6.0	块石护坡	219
		3+703~2+753	950	7.0	6.0	块石护坡	950
		2+663~2+263	400	7.0	6.0	块石护坡	400
		2+245~0+000	2245	7.0	6.0	块石护坡	2245
合计	45.191	—	45191	—	—	—	45191

注：东太湖指东太湖水产养殖总场。

第四节　联圩管理

一、管理模式

1986年，《吴江县农田水利工程管理规则》（草案）出台后，联圩管理开始规范化，尤其是各乡（镇）建立水利管理委员会（或联圩管理委员会）作为乡（镇）政府的一个职能机构，负责农田水利建设、管理运用、防汛抗旱等工作。历经发展，至2005年，全市联圩管理模式有三种，即水利站直接管理、委托水利站管理和镇村管理。常年需要排涝的主体包围工程由水利站直接管理，人员、经费、设施以及工程运行，均由水利站负责，此类管理模式有铜罗、青云、桃源、八都、梅堰、震泽、盛泽、松陵等镇。委托水利站管理的包围大部分属于半高田包围，其中又分两类，一类是通过签订协议明确水利站对包围的管理职责，经费实行定额包干或由镇政府核定，平时管理由水利站负责，有黎里、北厍、芦墟、金家坝等镇；另一类是人员、经费由镇政府管理，排涝业务、财务由水利站代管，有庙港等镇。镇、村管理的包围大部分属于汛期高水位需要关闭的包围，人员、经费均由镇、村管理，业务上由水利站提出建议，有横扇、平望、屯村等镇。

二、设备维护

（一）国有闸站

国有闸站即水利站直接管理的闸站，其设备维修由水利站按照机电设备运行状况进行维修保养，费用统一计入水利站设备维修费；水利站根据各操作岗位配备人员，人员经费等支出按规定标准享受工资、福利和社会保险,该费用也纳入水利站统一核算,年终所有支出费用均列入排涝水费成本。至 2005 年底,全市共有国有泵站 151 座、流量 517.26 立方米每秒,水闸 108 座。水利站直接管理的闸、站规模大、投入大,都是大包围的主体工程,是 50 年代后期到 2005 年逐步形成的。

（二）镇村闸站

镇村闸站有两种管理模式,即镇村管理和委托水利站管理,镇村自管的大包围泵站设备维修、人员经费等支出来源根据"谁受益,谁负担"的原则收取排涝费,排涝标准由镇村自行确定,财务由镇村自行管理;委托水利站管理的大包围泵站,一般按照委托管理移交中的协议而定,多数按照收支平衡的原则掌握基本费用支出,也有根据实际情况,对收支达不到平衡的(如莘塔、芦墟、北厍、黎里),由水利站调剂平衡,财务管理由水利站代管。至 2005 年底,全市委托水利站代管的泵站有 124 座、流量 373.43 立方米每秒,水闸 180 座;镇村管理的泵站有 319 座、流量 213.53 立方米每秒,水闸 604 座。

三、运行状况

2004 年,市水利局对各镇 747 座水闸运行状况进行调查评级。其中,建筑物上下游部分优良、合格、不合格分别为 206 座、465 座和 75 座,闸门优良、合格、不合格分别为 167 座、462 座和 117 座,启闭机优良、合格、不合格分别为 82 座、414 座和 40 座,综合评级优良、合格、不合格分别为 180 座、456 座和 113 座。需小修、大修和报废的分别为 35 座、46 座和 25 座。

表 13-7　　　　　　　　　　2004 年吴江市各镇水闸安全状况表　　　　　　　　　　单位:座

镇名	建筑物上下游部分			闸门			启闭机			综合评级		
	优良	合格	不合格	优良	合格	不合格	优良	合格	不合格	优良	合格	不合格
松陵	8	52	4	7	45	12	8	52	4	8	52	4
同里	1	23	—	—	24	—	1	12	—	1	23	—
芦墟	78	63	11	79	60	13	33	38	1	76	62	14
横扇	84	22	15	19	27	15	2	42	15	20	24	17
平望	19	117	—	16	114	6	15	112	6	16	112	8
黎里	46	55	9	20	64	26	9	87	3	38	45	27
盛泽	11	59	16	12	59	15	4	40	4	11	59	16
震泽	1	12	3	2	8	6	—	6	—	1	11	4
七都	11	31	11	2	34	17	3	6	—	3	34	16
桃源	7	17	5	7	16	6	7	13	6	6	17	6
东太湖	—	—	1	—	—	1	—	—	1	—	—	1
开发区	—	14	—	3	11	—	—	6	—	—	14	—
合计	206	465	75	167	462	117	82	414	40	180	456	113

注:开发区指吴江经济开发区;东太湖指吴江市东太湖水产养殖总场。

2005 年,市水利局对各镇 306 座泵站运行状况进行调查评级。其中,排涝站优良、合格、不合格分别为 128 座、156 座和 22 座,排灌结合站优良、合格、不合格分别为 17 座、71 座和 21 座,灌溉站优良、合格、不合格分别为 2 座、149 座和 10 座。

表 13-8　　　　　　　　　2004 年吴江市各镇泵站安全状况表　　　　　　　　　单位：座

镇名	排涝站			排灌结合站			灌溉站		
	优良	合格	不合格	优良	合格	不合格	优良	合格	不合格
松陵镇	17	19	1	1	5	—	—	5	—
同里镇	—	14	—	—	—	—	—	14	—
芦墟镇	14	28	4	2	3	—	—	—	—
横扇镇	15	7	2	1	4	1	—	15	1
平望镇	10	29	3	3	15	4	1	33	2
黎里镇	8	10	—	—	—	1	—	—	—
盛泽镇	35	15	—	2	17	2	—	11	1
震泽镇	10	2	1	3	5	8	1	24	—
七都镇	6	10	1	3	6	1	—	26	—
桃源镇	8	12	2	2	15	4	—	21	6
东太湖	—	3	8	—	—	—	—	—	—
开发区	5	7	—	—	1	—	—	—	—
总计	128	156	22	17	71	21	2	149	10

注：开发区指吴江经济开发区；东太湖指吴江市东太湖水产养殖总场。

2005 年，全市 130 个包围中处于常开、常关和半开状态的分别为 6 个、53 个和 71 个。

表 13-9　　　　　　　　　2005 年吴江市包围利用情况表　　　　　　　　　单位：个

镇名	小计	常开	常关	半开
松陵	18	6	—	12
同里	1	—	1	—
横扇	9	—	4	5
黎里、芦墟	22	—	—	22
平望	16	—	1	15
盛泽	18	—	14	4
震泽	9	—	8	1
七都	12	—	1	11
桃源	20	—	20	—
开发区	3	—	2	1
东太湖	2	—	2	—
11	130	6	53	71

注：1. 开发区指吴江经济开发区；东太湖指吴江市东太湖水产养殖总场。2. 松陵 6 个常开的包围在水位 3.8 米以上需关闭。

第五节　确权划界

太浦河工程和环太湖大堤工程建设，都按基本建设程序办理国有土地征用手续，完工后，划定护堤地、顺堤河、取水坑等，也设过界址桩；城镇防洪治理和乡（镇）联圩内的国有泵站、水闸等水利工程完工后也都划定界址,明确管理范围。但集体和私人越界占用现象时有发生,水利工程用地仍存在权属不清的问题。1992 年,国家水利部和国家土地管理局联合发出国土籍字〔1992〕11 号《关于水利工程用地确权有关问题的通知》。1993 年,省水利厅、土地管理局印发苏水管〔1993〕35 号、苏土籍〔1993〕33 号《关于下发〈江苏省水利工程用地确权划界工作有关问题补充意见〉的通知》。1994 年,吴江市根据苏州市国土局、苏州市水利局关于《苏州市水利工程用地确权划界工作有关问题的补充意见》和《苏州市水利工程用地确权工作步骤和若干政策规定》,对在水利工程管理范围内的国有土地、集体土地一并确权发证。至 2005 年底,全市水利工程用地 520 宗,征用土地 8318.63 亩。其中已确权办证 213 宗,土地面积 6932.02 亩;未确权办证 307 宗,土地面积 1386.61 亩。

表 13–10   2005 年末吴江市水利工程用地土地确权划界办证情况表

单位	已确权办证		未确权办证	
	宗数(件)	面积(亩)	宗数(件)	面积(亩)
堤闸管理所	7	4252.00	—	—
太浦河管理所	26	2172.00	8	1163.00
松陵水利站	12	63.18	—	—
同里水利站	2	10.00	—	—
黎里、芦墟水利站	20	70.68	268	124.4
平望水利站	22	71.31	—	—
盛泽水利站	43	151.31	—	—
横扇水利站	5	21.89	—	—
震泽水利站	21	44.08	—	—
七都水利站	16	21.88	14	28.23
桃源水利站	38	41.19	9	14.98
开发区水利站	1	12.50	8	56.00
合计	213	6932.02	307	1386.61

注:开发区指吴江经济开发区。

第十四章　水资源管理

吴江市地处太湖之滨,水源充沛。历史上,严重缺水的情况少有发生,境内的水资源除极少量的印染业和生活污染外,基本处于纯天然状态。吴江民众多数沿河、湖居住,以饮用河水、湖水为主,少数饮用井水。50年代,开展粪便管理,清扫垃圾,改良水井,以保护水源;凿井以开辟新水源。60年代起,兴办自来水厂逐步摆上各级政府工作日程,松陵、盛泽等地相继凿建深井取用地下水。1984年起,在农村推广村办小型自来水厂。至1985年底,全县已有6个乡镇、2个村办自来水厂,全县饮用自来水人口10万人以下。1988年起,对乡镇自来水厂进行水质周期性监测。1990年8月,建立县水政水资源股。1991年5月,县政府制定《吴江县城建供水资源管理实施办法》,要求加强地表供水水源的保护、地下水资源的开发和城镇用水的管理。1992年,吴江县被列为全国第二批实施取水许可制度基础工作试点单位,水资源管理与保护工作正式进入常规。2002年5月,建立市水资源管理办公室。水资源管理的目的是提高水资源的有效利用率,保护水资源的持续开发利用,充分发挥水资源工程的经济效益,在满足用水户对水量和水质要求的前提下,使水资源发挥最大的社会、环境和经济效益。

第一节　水资源调查评估

1992年1月24日,吴江县列为全国第二批实施取水许可制度基础工作试点单位。同年6月~1993年2月,市政府成立以分管副市长为组长,市政府办公室、农工部、计委、经委、科委、水利、农业、统计、城建、环保、水产、土管、卫生、交通、气象等有关部门领导组成的吴江市水资源开发利用现状分析工作领导小组;制定《吴江市开展水资源开发利用现状分析工作实施方案》;试点工作列入市水利局重要议事日程,由局长亲自主持组成专业工作小组,完成《吴江市水资源开发利用现状分析报告》。1993年3月1日,江苏省水利厅受国家水利部委托,会同太湖流域管理局、苏州市水利局、南京水文水资源研究所等单位对《吴江市水资源开发利用现状分析报告》进行验收,国家水利部水资源司、市政府和有关部门也派员参加。验收小组听取试点组织情况和分析成果汇报并进行审议,认为试点工作符合验收标准,同意通过验收。该报告基本搞清全市的水资源现状,掌握丰水年、平水年、中等干旱年、特殊干旱年的水资源评价量、可利用水资源量、可供水量和全年的实际用水量,为合理开发利用水资源提出符合吴江实际、切实可行的对策。

1995 年 12 月至 1996 年 12 月,市水利农机局与江苏地质工程勘察院水文地质研究所共同合作,完成《吴江市地下水资源调查评价报告》。先后 46 人参加,投入经费 16 万元,调查机井 256 眼、地下水动态观测孔 23 眼、稳定流抽水 9 层次、非稳定流抽水 2 个孔组,全分析水样 41 个、微量元素分析 2 个,搜集水文地质普查孔 3 个、物探测深点 60 个,进行 1 个层次的资源电算,对域内地下水资源作出较系统的评价。该《报告》基本查明域内水文地质条件,并重点分析研究域内主要开采层地下水补给,径流排泄条件和动态特征,采用数值法建立模型模拟地下水流场,首次以乡镇为单位核定可开采资源。1997 年 2 月 20 日,《吴江市地下水资源调查评价报告》通过江苏省水利厅评审验收。

2005 年 9 月,市水利局和江苏省水文水资源勘测局苏州分局共同编制完成《吴江市水资源开发利用与保护规划》。《规划》报告针对境内自然地理和社会经济概况,分析评价水资源量、水资源开发利用现状,预测不同规划水平年的需水量,提出水资源保护对策措施、技术路线;通过降水、蒸发、地表水资源量、地下水资源量、过境水量、水资源总量、地表水水质等水资源要素的分析评价,全面反映水资源的量、质状况及水资源特点,水资源供、用、耗、排和水质现状;根据城镇体系规划纲要等相关规划中有关经济和社会发展预测,提出不同规划水平年的生活、生产、生态需水量,为水资源管理和保护、合理利用水资源提供依据;在污染源现状调查的基础上,根据批准的水功能区划确定水质目标,提出污染源总量控制方案及地表水水资源保护对策措施。同年 11 月 6 日,江苏省水利厅在吴江市主持召开《吴江市水资源开发利用与保护规划》评审验收会,河海大学,江苏省水利厅水资源处、水资源服务中心、水利工程规划办公室、太湖水利设计研究院、水文水资源勘测局,苏州市水利局,吴江市发展改革委员会、建设局、环境保护局、水利局,江苏省水文水资源勘测局苏州分局等单位的专家和代表 30 余人参加,并成立专家组。专家组最后认定:《规划》报告对收集的资料和已有成果进行可靠性、合理性分析,内容丰富,资料翔实,符合《江苏省水资源综合规划技术大纲》的相关要求,建议作为水资源管理、水资源综合规划及其他相关规划的依据。

第二节　取水许可管理

1991 年 5 月 29 日,县政府《关于印发〈吴江县城建供水资源管理实施办法〉的通知》,要求加强地表供水水源的保护、地下水资源的开发和城镇用水的管理,并规定奖惩办法。自此,全市取用地下水、地表水的单位和个人全面开展取水登记,发放取水许可证。新建、扩建、改建取水或增加取水量的项目备案 11 件。登记总量为:工矿企业用水 503 户,年取水量 0.79 亿立方米;农业用水 559 户,年取水量 6.08 亿立方米。

1992 年 6 月,对 1051 个取水单位进行登记,并核发取水许可证。全年受理建设项目的取水申请、审批 17 件。对全市非农业户安装取水跟踪计时器 500 台。

1993 年,重新核实取水登记并换发国家水利部制发的取水许可证 1108 张,按规定程序办理取水许可手续。年内发放取水许可证 27 张,对工矿企业用水安装取水跟踪计时器 45 只,受理新建、扩建、改建取水和增加取水量的建设项目 25 件。

1994年，对1094户用水户核发取水许可证，并在《苏州日报》上发布取水许可公告，对取用地下水开展审批工作，形成取水预申请—办理凿井许可—成井验收—取水申请—交付使用的审批程序，开始征收水资源费。

1995年，全年办理新建、扩建、改建建设项目的取水许可登记49户。

1996年7月1日，市水利局发布《吴江市取用地下水审批管理办法》。该审批管理办法分7章23条，自1996年8月1日起施行。主要内容为：明确市人民政府水行政主管部门是全市行政区域内水资源的主管部门，负责取用地下水许可和凿井许可审批及地下水资源的使用管理、监督保护工作。规定确因生产、生活需要取用地下水的单位，须向市水利局提出取水许可申请（涉及城镇规划的先由建设管理部门签署意见）；市水利局根据水资源开发利用规划、水文地质条件，经现场勘查按取水许可审批程序进行审批；经市水利局批准并核发凿井许可证、交纳相关管理费，建设单位方可组织凿井，严禁先凿井后办证或无证凿井；凿井施工单位持资质证书和营业执照经市水利局核发凿井质量信誉证后，方可凿井施工；凿井施工按有关规范执行；工程竣工经验收合格由市水利局核发取水许可证后，建设（取水）单位方可取用地下水源；实行计划用水、节约用水，由取水单位提出用水计划申请，市水利局会同有关部门下达开采计划和所在地区开采强度，并签订地下水《开采管理协议书》；取水单位按月或按季交纳水资源费，超计划、无计划用水实行加价收费；实行取水许可年度审核；对成绩显著的单位和个人给予表彰和奖励，对违反规定的进行处罚。

1996年10~12月，全市进行取水许可年审。这是实施《取水许可制度实施办法》后的第一次年审。地下水需年审164户，参加年审146户（其中需申请注销年审18户）；地表水需年审418户，参加年审350户（其中需申请注销51户）；对未参加年审的86户在1997年初补课。年审中补发（因种种原因遗失）取水许可证34张，对11家新发现的用水户按取水许可程序补办相应的取水许可手续。各用水户随同年审申报1997年取水计划申报表。1996年，全市取用地下水2079万立方米，取用地表水1.28亿立方米。全年共核发新建、扩建取水许可证57张。

1997年，全市发放取水许可证129张，审查核准开凿新井27口，批准报废深井29口，并对全市351口深井（其中在用244口，停用51口，报废56口）建立档案。全市非农业取水许可年审565户，地表水计划取水量1.37亿立方米，实际取水量1.07亿立方米；地下水计划取水量1838万立方米，实际取水量1849万立方米。通过年审，撤销24户地下水、44户地表水申请，停用15户地下水、8户地表水申请，遗失补证14户，核实漏报地下深井11口。

1998年，全年发放取水许可证39张，批准取水量340万立方米，其中地表水28张194万立方米，地下水11张146万立方米。全年地表取水6.15亿立方米，其中农业用水5.09亿立方米，非农业用水1.06亿立方米。

2000年，全市换发取水许可证1085份，其中农业取水577份，地表水355份，地下水153份。全年地表取水5.96亿立方米，其中农业用水4.88亿立方米，非农业用水1.08亿立方米。

2001年，全市核发取水许可证63份，核准水量984万立方米。年审取水单位1085户，核实全年实际取水量为6.06亿立方米（其中农业4.6亿立方米，工业0.99亿立方米，生活0.38亿立方米，其他0.09亿立方米）。

2002年，全市新核发取水许可证58张，新增取水量254万吨。年审取水单位1024户，核实全年实际取水量为 5.65 亿立方米(其中农业 4.14 亿立方米,工业 0.98 亿立方米,生活 0.48 亿立方米,其他 0.05 亿立方米)。新安装计时器 65 台,维修改换计时器 120 台,维修计量表 85 台。

2003 年,安装计时计量设施 350 台。

2004 年,在全市建立推广地表水"四个一"管理制度(对用户实行一证、一表、一卡、一牌管理)。完成取水许可证年审单位 934 个,安装地表水计时器 251 台套,并对吴江中良热电有限公司等 8 个用水大户安装超声波流量计 11 台套。

2005 年,市水利局对盛泽镇搬迁企业三联印染有限公司等 5 个用水单位进行水资源论证报告编制和审查工作,完成取水许可申请审批 53 项,并编制完成《吴江市农村饮水现状调查评估报告》和《吴江市水资源开发利用与保护规划》。

"十五"期间,全市共开展水资源论证项目 12 个,完成取水许可审批及年审 1021 项。

第三节　入河排污口设置审批

1994 年 3 月,市政府在关于贯彻实施《江苏省水资源管理条例》的通知中规定,设置排污口向水体排污的单位和个人,必须经市水利局报市环保局审批。

1996 年,市水利局、环境保护局联合发出《关于开展河道排污口普查登记工作的通知》,在全市范围内对直接向河道、湖泊等水体排放废水的单位和个人开展申报登记工作。从 8 月开始,历时 3 个月,全面完成排污口普查登记工作。全市有排污单位 195 家,排污量达 1784.4 万吨。对核实后的排污单位、排污口数、所在河道、详细地点、废水排放量、污染物质种类、浓度等资料均在电脑上建立档案。

2003 年起,依据国家水利部《入河排污口监督管理办法》,市水利局对排污口设置申请组织专家论证。

2004 年,基本摸清全市范围内入河排污口位置、数量、排污量和水质等情况,为进一步加强排污口监管打好基础。

第四节　地下水资源监测

90 年代中期,地面沉降遍及全市,大部分乡镇累计沉降量在 100~500 毫米之间,累计沉降量大于 100 毫米的沉降区面积已超过 500 平方千米。一些主要开采地段,如松陵、盛泽、平望等地已形成水位降落漏斗,漏斗中心水位埋深已超过 40 米。1996 年,通过 15 个乡镇观测井水位资料分析显示,大多数 2~3 月水位最高,8~9 月水位最低。

表 14-1　　　　　　　　　1996 年吴江市各乡镇静水位埋深表　　　　　　　　单位:米

镇名	井号	层位	1 月	2 月	3 月	4 月	5 月	6 月	7 月	8 月	9 月	10 月
松陵	3081	II	44.4	—	—	43.0	44.3	45.0	45.3	47.2	47.8	46.8
同里	3012	II	43.2	43.2	43.8	41.7	42.0	43.7	39.4	42.0	43.1	41.4

（续表）　　　　　　　　　　　　　　　　　　　　　　　　　　　　　　单位：米

镇名	井号	层位	1月	2月	3月	4月	5月	6月	7月	8月	9月	10月
屯村	3037	Ⅱ	43.2	—	42.5	42.3	42.8	42.9	42.3	43.0	42.9	42.8
菀坪	1059	Ⅰ＋Ⅱ	27.4	26.0	25.1	26.5	27.3	26.2	28.2	28.9	30.3	28.3
莘塔	279	Ⅱ	38.5	39.4	38.2	39.2	39.6	39.5	38.2	38.2	38.0	38.1
北厍	262	Ⅱ	37.7	35.7	35.6	35.9	36.3	36.7	37.2	38.1	38.0	—
黎里	252	Ⅱ	28.3	—	26.6	21.5	25.0	24.8	24.6	26.5	27.0	27.5
平望	231	Ⅱ	35.0	—	32.4	32.7	34.1	33.7	34.3	34.3	—	—
梅堰	1058	Ⅱ	27.0	26.4	25.8	28.2	23.2	29.5	27.3	27.4	—	—
坛丘	1055	Ⅱ	19.1	18.4	17.7	17.9	18.2	18.4	19.7	20.3	20.4	19.8
八都	217	Ⅱ	26.3	—	24.0	23.2	24.6	24.0	27.5	28.0	28.5	30.0
横扇	3009	Ⅱ	19.1	—	19.2	19.9	20.3	19.9	18.2	—	—	—
震泽	201	Ⅱ	39.8	—	25.2	26.0	27.1	27.8	26.6	28.0	28.9	31.4
铜罗	1019	Ⅱ	22.4	21.9	22.6	22.1	21.6	21.7	22.4	23.7	24.4	23.9
桃源	1001	Ⅱ	37.6	42.2	39.7	40.1	43.2	37.1	37.7	39.8	42.6	45.1
桃源	1002	Ⅰ＋Ⅱ	27.8	28.0	31.0	30.4	27.1	34.0	24.7	31.4	32.9	34.0

1997年，在苏州市水利局统一组织下，全市开始建立地表水、地下水资源动态监测网络。地表水监测点33个（以后有所调整），其中饮用水源地6处，委托苏州水文水资源勘测局承担监测任务，2个月一次，均在同一天取样，监测项目有水位、断面、历时流速、流量和水质分析，并作出相应评价，年终根据监测成果报告和《太湖流域省界水环境质量报告通报》编发《吴江市年度地表水水质动态监测报告（简要）》报送市委、市人大、市政府等主要领导参阅。地下水监测点26个（以后有所调整）、确定专人观测记录，10天一次，监测项目有动水位、静水位、水温和取水量，委托江苏省地质环境监测总站进行评价分析，提交每季度水情报告和年度水情总结报告。

1998年，实施地下深井直接管理办法，推广节约用水技术，采用溴化锂降温增湿系统取代地下水，有效压缩地下水开采量。

1999年，完成《吴江市地下水开采与地面沉降研究》课题，建立GPS全球卫星定位地面沉降监测点12处。地下水位普遍上升，漏斗面积得到有效控制，从161平方千米缩小到150平方千米。

2000年，建立和完善地下水动态监测网络，配合江苏省地质调查研究院建立GPS卫星定位沉降监测点12处。漏斗面积有所缩小，境内第Ⅱ承压层地下水位埋深平均为33.87米，比1999年上升1.71米，漏斗中心松陵垂虹丝织厂水位埋深为43.58米，大部地区均在40米以浅。

2001年，18个镇26口井按每月上中下旬3次进行地下水静动水位、水量、水质、水温监测；主要河道37个断面按汛前、汛期、汛后6次进行地表水水量、水质同步监测。安装计时器155台。全市范围地下水位普遍上升，幅度在1~5米之间，重点警示区已消除，一般警示区范围比2000年同期缩小60%以上，水位降落漏斗面积比2000年同期大幅度减少，漏斗中心区水位埋深同比分别上升4.06米和5.26米。

2002年,26口深井监测有序进行。境内地下水位升幅在0.5~3.99米之间,平均水位埋深30.86米。

2003年,完成《地下水自动监测系统》科研课题,通过江苏省、苏州市等组织的专家鉴定。境内地下水位平均埋深29米,比2002年上升1.86米。

2004年,境内第Ⅱ承压水埋深在18.24~39.23米之间,平均水位埋深25.48米,较2003年同期上升3.52米。水情警示区消失,水情预警区缩小近三分之一。

2005年,境内平均水位埋深26.41米,比2000年同期上升7.46米,达到水情安全区范围。

表14-2　　　　　2000~2005年吴江市企业禁采地下水后年平均水位埋深表　　　单位:米

位置	2000年	2001年	2002年	2003年	2004年	2005年	变幅
松陵垂虹丝织厂	43.58	40.96	39.03	30.33	23.76	22.79	20.79
芦墟汾湖电力公司	40.33	39.59	37.96	36.32	38.65	35.98	4.35
金家坝天水味精厂	37.16	37.88	36.79	33.61	29.48	26.26	10.90
八都华宁水产养殖场	27.27	26.36	26.32	22.11	17.87	16.14	11.13
横扇水厂1#	39.49	33.74	—	—	20.56	20.31	19.18
震泽新民丝厂	22.09	22.62	22.77	22.83	18.94	16.14	5.95
铜罗棉纺厂	23.48	24.75	25.58	4.15	21.87	23.19	0.29
桃源皮革厂	33.93	28.45	23.20	21.89	24.35	22.39	11.54

第五节　水资源保护

一、水功能区划

2001~2005年,依据《江苏省地表水(环境)功能区划》,对涉及境内的水功能区进行保护。其中,2004年,对全市范围内27个水功能区按照"保护区""保留区""缓冲区"和"饮用水源区"进行确界立碑。2005年,《江苏省吴江市水资源开发利用与保护规划》确定全市水功能区划49个,由水功能区划确定水质保护目标。

表14-3　　　　　　　　2005年确定的吴江市水功能区表

水功能区名称	河流湖库	范围		水质目标	
		起始断面	终止断面	2010年	2020年
太湖江苏水源地保护区	太湖	吴江市境内		Ⅱ	Ⅱ
太浦河苏浙沪调水保护区	太浦河	东太湖	苏沪交界	Ⅲ	Ⅱ
京杭运河吴江缓冲区	京杭运河	平望、八圻界	太浦河	Ⅳ	Ⅲ
元荡苏沪边界缓冲区	元荡	莘塔镇	白石矶桥	Ⅲ	Ⅲ
新运河吴江缓冲区	京杭运河	平望、盛泽界	太浦河	Ⅳ	Ⅲ
新运河浙苏缓冲区	京杭运河	坛丘秀才浜河	浙江乌镇市河	Ⅳ	Ⅲ
古运河浙苏缓冲区	京杭运河	平望新运河	浙江王江泾北	Ⅳ	Ⅲ
頔塘苏浙边界缓冲区	頔塘	浙江南浔息塘	震泽蠡思港	Ⅳ	Ⅲ
頔塘吴江缓冲区	頔塘	平望、梅堰界	草荡京杭运河	Ⅳ	Ⅲ

（续表）

水功能区名称	河流湖库	范围		水质目标	
		起始断面	终止断面	2010 年	2020 年
北横塘河苏浙边界缓冲区	北横塘河	与漾西交界	金鱼洋	Ⅲ	Ⅲ
南横塘河苏浙边界缓冲区	南横塘河	与轧村交界	鼓楼港	Ⅲ	Ⅲ
严墓塘苏浙边界缓冲区	大德塘	鲳鲏港	新运河	Ⅳ	Ⅲ
麻溪苏浙边界缓冲区	麻溪、清溪	盛泽、坛丘界	古运河	Ⅳ	Ⅲ
双林塘苏浙边界缓冲区	双林塘	湾里荡	古运河	Ⅳ	Ⅲ
史家浜苏浙边界缓冲区	史家浜	湾里荡	古运河	Ⅳ	Ⅲ
长三港苏浙边界缓冲区	长三港	薛塘	沈庄漾	Ⅲ	Ⅲ
上塔庙港苏浙缓冲区	上塔庙港	新运河	浙江里塘交界	Ⅲ	Ⅲ
新塍塘西支浙苏缓冲区	新塍塘	浙江八字乡	新运河	Ⅲ	Ⅲ
三白荡吴江缓冲区	三白荡	牛长泾	北窑港	Ⅲ	Ⅲ
芦墟塘苏浙缓冲区	芦墟塘	太浦河	浙江白娄泾	Ⅲ	Ⅲ
北永兴港苏浙边界缓冲区	北永兴港	澜溪塘	浙江黄家桥港	Ⅲ	Ⅲ
鼓楼港苏浙边界缓冲区	鼓楼港	金鱼洋	浙江南浔迪塘	Ⅲ	Ⅲ
横泾港苏浙边界缓冲区	横泾港	浙江薛塘	澜溪	Ⅲ	Ⅲ
雪河吴江缓冲区	雪河	平望下游航标	太浦河口	Ⅳ	Ⅲ
北窑港吴江缓冲区	北窑港	三白荡	太浦河	Ⅲ	Ⅲ
京杭运河吴江工农业用水区	京杭运河	尹山大桥	平望、八坼界	Ⅳ	Ⅳ
新运河吴江工农业用水区	新运河	平望、盛泽界	坛丘秀才浜口	Ⅳ	Ⅳ
急水港吴江工农业用水区	急水港	屯村大桥	周庄大桥	Ⅳ	Ⅳ
頔塘吴江工农业用水区	頔塘	八都蠡思港	平望、梅堰界	Ⅳ	Ⅲ
麻溪、清溪吴江工农业用水区	麻溪、清溪	大德塘	盛泽、坛丘界	Ⅳ	Ⅳ
同里湖渔业、景观用水区	同里湖	同里湖		Ⅲ	Ⅲ
八荡河吴江工农业用水区	八荡河	南庄荡	元荡	Ⅳ	Ⅲ
大窑港吴江工农业用水区	大窑港	江南运河	同里湖口	Ⅳ	Ⅳ
大庙港吴江工农业用水区	大庙港	庙港闸	頔塘	Ⅲ	Ⅲ
大浦港吴江工农业用水区	大浦港	大浦口枢纽	京杭运河	Ⅲ	Ⅲ
瓜泾港吴江工农业用水区	瓜泾港	东太湖	京杭运河	Ⅳ	Ⅲ
屯浦塘吴江工农业用水区	屯浦塘	吴淞江	屯村	Ⅳ	Ⅳ
紫荇塘吴江工农业用水区	紫荇塘	大德塘	新运河	Ⅳ	Ⅲ
大德塘吴江工农业用水区	大德塘	頔塘	鲳鲏港	Ⅳ	Ⅲ
吴家港吴江景观娱乐用水区	吴家港	东太湖	松陵镇	Ⅳ	Ⅲ
行船路吴江工农业用水区	行船路	大浦港	盛家库	Ⅲ	Ⅲ
半爿港吴江工农业用水区	半爿港	南星湖	牛长泾	Ⅳ	Ⅲ
中元港吴江工农业用水区	中元港	大窑港	南星湖	Ⅳ	Ⅲ
牛长泾吴江工农业用水区	牛长泾	半爿港	三白荡	Ⅳ	Ⅲ
横草路吴江工农业用水区	横草路	戗港	海沿漕	Ⅲ	Ⅲ
长牵路吴江工农业用水区	长牵路	吴淞江	大窑港	Ⅳ	Ⅳ
金鱼漾吴江工农渔业用水区	金鱼洋	金鱼漾		Ⅲ	Ⅲ
麻漾吴江工业农渔业用水区	北麻洋	北麻漾		Ⅲ	Ⅲ
长漾吴江工业农渔业用水区	长洋	长漾		Ⅲ	Ⅲ

依据《江苏省地表水（环境）功能区划》，境内设一级功能区 26 个（其中保护区 2 个，缓冲区 24 个）和二级功能区 25 个（其中湖泊 4 个，河流 21 条）。主要包括饮用水水源区和主导功能分别为工业用水、农业用水、景观娱乐用水、渔业用水、过渡、排污控制等二级区。2005 年，参评全年期水功能区一级功能区 26 个，二级功能区 11 个，涉及河长 238.8 千米。

全年期达到水质目标的水功能区 6 个，河长 22.8 千米，湖泊 1.97 平方千米，分别占评价水功能区个数的 16.2%、河长的 9.5% 和湖泊面积的 1.9%；汛期达到水质目标的水功能区 1 个，河长 5 千米，分别占评价水功能区个数的 2.7% 和河长的 2.1%，湖泊均未达标；非汛期达到水质目标的水功能区 8 个，河长 38 千米，湖泊 1.97 平方千米，分别占评价水功能区个数的 21.6%、河长的 15.9% 和湖泊面积的 1.9%。

全年期评价保护区 2 个，水质目标 Ⅱ 至 Ⅲ 类，河长 40 千米，湖泊 78 平方千米，全年期、汛期和非汛期达标功能区都没有；全年期评价缓冲区 23 个，水质目标 Ⅲ 至 Ⅳ 类，河长 118.9 千米，湖泊 26 平方千米，全年期达标功能区 3 个，河长 13 千米，达标率为 12.5% 和 10.9%，汛期达标功能区 1 个，河长 5 千米，达标率为 4.2% 和 5.8%，非汛期达标功能区 5 个，河长 28.2 千米，达标率为 20.8% 和 23.7%，湖泊均未达标；全年期评价景观娱乐用水区 2 个，水质目标 Ⅳ 类，河长 3 千米，湖泊 3.08 平方千米，全年期达标功能区 1 个，河长 3 千米，达标率为 50% 和 100%，汛期没有达标功能区，非汛期达标功能区 1 个，河长 3 千米，达标率为每 50% 和 100%，湖泊均未达标；全年期评价工业、农业用水区 8 个，水质目标 Ⅳ 至 Ⅴ 类，河长 76.9 千米，全年期达标功能区 1 个，河长 6.8 千米，达标率为 12.5% 和 8.8%，汛期没有达标功能区，非汛期达标功能区 1 个，河长 6.8 千米，达标率为 12.5% 和 8.8%；全年期共评价渔业用水区 1 个，水质目标为 Ⅱ 至 Ⅲ 类，湖泊 1.97 平方千米，全年期达标功能区 1 个，湖泊 1.97 平方千米，达标率为 100% 和 100%，汛期没有达标功能区，非汛期达标功能区 1 个，湖泊 1.97 平方千米，达标率为 100% 和 100%。

二、禁采地下水

（一）浅层地下水

50 年代，在全县推行开凿公井取用潜水，数量近千眼。1974 年起，在农村推行一户一井。至 1982 年底，全县累计凿井 29185 眼，饮用井水户占总户数的 66.05%。90 年代以后，随着农村经济的发展和农民生活水平的提高，用水量不断增加，微承压水开始受到重视，一般是采用小水泵抽取地下水，多用于生活洗涤、水产养殖等。2000 年后，区内深层地下水开始禁采，一些特殊的中小企业也开始凿建"小深井"开采微承压水作为工业用水或职工生活用水，但其用水规模远比潜水利用量要小的多。全市潜水井使用分布较为广泛，除七都、八都、梅堰、庙港等地外，大部分乡镇潜水井都在千眼以上。2005 年底，全市共有民井 51294 眼，年开采量 476.76 万立方米，主要用于农村居民洗涤用水；微承压水开发利用程度相对较低，开采井分布密度与微承压含水层发育及水质情况密切联系，全市有微承压开采井 40 余眼，主要分布在含水层等较好的松陵、同里、芦墟及莘坪等地，其他地区几乎没有微承压水井，年开采量约 2.1 万立方米，受水质影响，开采用途多以冷却、水产、洗涤为主。2005 年，区域上潜水与微承压水的水位变化基本维持在天然状态，水位埋深一般在 1~5 米，局部地区微承压水位略低于潜水位 1 米左右。

表 14-4　　　　　　　　　　　2005 年吴江市浅层地下水开采状况表

镇名	潜水			微承压水		
	井数（眼）	井深范围（米）	开采量（万立方米）	井数（眼）	井深范围（米）	开采量（万立方米）
同里	1000	5~7	12.00	10	15~50	0.1
芦墟	3600	5~8	43.00	15	10~30	0.1
黎里	4000	5~6	60.00	—	—	—
北厍	800	6	8.00	—	—	—
桃源	3184	4	17.45	—	—	—
南麻	2000	5~8	24.00	—	—	—
平望	2980	4	5.44	—	—	—
盛泽	3960	5~6	33.80	—	—	—
菀坪	2700	5	25.2	5	12	1.8
松陵	15000	6~8	150.00	10	20	0.1
庙港	630	3~5	22.90	—	—	—
铜罗	2100	4~9	7.50	—	—	—
八都	100	5	0.90	—	—	—
七都	90	5~7	0.10	—	—	—
震泽	2700	5~7	32.67	—	—	—
梅堰	450	6	1.80	—	—	—
金家坝	2000	5~6	12.00	—	—	—
横扇	4000	5~8	20.00	—	—	—
合计	51294	—	476.76	40	—	2.1

（二）深层地下水

60 年代，境内开始打井开采地下水，但数量很少，开采量也只有 4000 多立方米每日。1963 年 3 月，县人民医院建 100 毫米自流井 1 眼，井深 390 米，有 20 吨水塔 1 座，配置全套空气压缩机及电动设备，全院使用自制自来水。同年，盛泽镇在王家庄、斜桥、敦仁里等处开凿深井 4 眼。1965 年，全县第一家供水站在松陵镇成立。在银行弄开凿 1 号深井，建高 25 米、容量 60 立方米的水塔，日产水 1344 立方米，敷设输水管 1.05 千米，镇上部分居民开始饮用自来水。1966 年，全县开凿水泥管井 18 口。1968 年，盛泽镇在怀远路建自来水厂，水源为深井水，1970 年开始供水，可供几十户居民用水。

1971 年后，每年均有增加，至 1980 年开采井 31 眼，开采量 13201 立方米每日。1981 年后开采井数量与开采量均迅速增加，至 1995 年，全市打井 256 眼，开采井数 200 眼，平均开采量达 5.34 万立方米每日。1996 年，通过调查与搜集以往打井资料，大略推知出不同时段（1970 年前至 1995 年）开采井数量和开采量。

表 14-5　　　　　　　1970 年前至 1995 年吴江市（县）各镇开采井数及开采量表

镇名	开采井数（眼）/ 开采量（立方米每日）						废井及不用井数量（眼）
	1970 年前	1971~1975	1976~1980	1981~1985	1986~1990	1991~1995	
松陵	2/545	2/545	5/1365	10/2725	20/5450	31/8449	3
同里	—	—	2/428	6/1284	9/1930	23/4930	—

（续表）

镇名	开采井数（眼）/开采量（立方米每日）						废井及不用井数量（眼）
	1970年前	1971~1975	1976~1980	1981~1985	1986~1990	1991~1995	
屯村	—	—	—	—	2/288	17/2452	—
金家坝	—	—	—	—	3/870	10/2902	3
北厍	—	—	—	2/430	6/1290	7/1500	1
莘塔	—	—	—	1/330	2/660	6/2000	—
芦墟	—	—	—	—	1/200	12/1880	1
八坼	1/200	1/200	1/200	1/200	1/200	—	1
黎里	—	—	1/433	2/867	2/867	3/1300	4
莞坪						4/1300	
平望	2/1600	4/2505	6/5110	17/7340	25/7975	10/1580	15
盛泽	5/1550	5/1550	10/3100	22/6820	30/9300	21/6510	15
梅堰	—	—	—	1/240	4/960	5/1200	—
坛丘	—	—	—	—	—	1	—
横扇	—	—	—	—	—	3/1000	—
庙港	—	—	—	—	1/500	4/2096	1
七都	—	—	—	—	1/130	2/260	1
八都	—	—	—	—	4/1030	12/3090	1
震泽	1/428	2/855	6/2565	10/4275	13/5558	12/5130	3
南麻	—	—	—	1/30	1/30	2/60	—
铜罗	—	—	—	3/390	3/390	3/390	3
青云	—	—	—	—	1/180	4/720	1
桃源	—	—	—	1/450	4/1810	8/4620	2
合计	6/4323	14/5655	31/13201	77/25381	131/38835	200/53369	56

1994年，完成庙港、八都、同里、梅堰四镇供水工程。

1996年，全市取用地下水2079万立方米，比1995年减少0.2%。

1997年，全市地下水计划取水量1838万立方米，实际取水量1849万立方米，比历史最高年下降32%。

1998年，全市地下水开采量1500万立方米，比省计划开采1680万立方米下降10.7%。

1999年，全市全年地下水开采量1432万立方米，比省计划开采1550万立方米下降3%。

2000年8月26日，江苏省第九届人大常委会第十八次会议通过《关于在苏锡常地区限期禁止开采地下水的决定》，要求在2003年12月31日前全部封闭超采区内开采地下水的深井，在2005年12月31日前封闭苏锡常地区所有开采地下水的深井。江苏省政府下达吴江市2000年度地下水开采计划1450万立方米（其中超采区900万立方米，其他地区550万立方米）。对此，市政府确定2000年度地下水开采计划为1142万立方米。随后，市水利局向市政府报送《吴江市地下水禁采实施方案》。该方案对地下水开采现状和地下水超量开采形成地面沉降的影响作分析，并对地下水禁采实施步骤和工作措施提出详尽意见，同时附上全面停采地下水分年实施规划。

同年9月9日,市政府召开限期禁采地下水工作会议,具体部署分期分批全面禁止开采地下水。各镇也分别召开专门会议发动贯彻。

同年9月19日,市水利局向江苏省水利厅提交《关于报送地下水禁止开采封井计划的报告》:全市共有深井383眼。计划2001~2005年分别封井139眼、91眼、89眼、14眼和50眼。其中严重超产区涉及10个镇,共有深井237眼,计划2001~2003年分别封井102眼、65眼和70眼;一般超产区涉及11个镇,共有深井146眼,计划2001~2005年分别封井37眼、26眼、19眼、14眼和50眼。在全部深井中计划保留55眼深井,其中留作地下水动态监测的观测井24眼,特殊行业用水深井31眼(特殊工艺生产用水8眼;纯白或浅色印染特殊用水10眼;特种养殖用水13眼)。

同年,完成封填深井56眼。全市地下水实际开采量944.82万立方米,比1999年下降34%,是省政府下达开采计划的63%。完成莘塔地面水厂1座,日供水量1万吨;松陵管网延伸25千米,覆盖面积2平方千米,7个村地下水厂和3个地下水取用单位并入管网;金家坝镇管网延伸12.5千米,覆盖全镇,除1家特殊用水单位外,其余5家地下水取水单位全部并入管网。

2001年,全年封填深井144眼,比年度计划139眼超额完成5眼,占年度计划的3.6%。地下水开采量594.8万立方米,占省年度开采计划840万立方米的70.8%。

2002年,全年封填深井102眼,完成省政府年度下达计划,地下水开采量551万立方米,占省年度开采计划580万立方米的95%。

2003年,是地下水严重超产区实行全面封井的最后一年,计划封井95眼,地下水计划开采量400.6万立方米。到年底,除原屯村镇特殊情况的14眼和边远村2眼外,完成封井79眼,地下水全年实际开采量265万吨,占省下达年度计划400万吨的66%。

2004年,全年完成封井27眼。全市地下水实际开采量208万立方米,占年度计划256万立方米的81%。

2005年,全年共完成封井24眼,完成省人大下达的383眼封井任务。地下水计划开采量150万立方米,实际开采量地下水170万立方米。

"十五"期间,全市累计开采量2126万立方米,占计划开采量2396万立方米的88.7%。

第十五章　规费征收

根据相关法律法规,吴江市(县)征收的涉水规费有 10 项。水利部门负责征收的主要有水利工程水费、水资源费、河道采砂管理费、河道堤防工程占用补偿费、排涝水费、船舶过闸费等,协助征收的有防洪保安资金(水利建设基金)等。1988 年,县水利局配备 2 名工作人员专项从事水费的收缴工作。1991 年 4 月,建立县水费管理所。同年 7 月,县水利局要求在 24 个派出机构各设立 1 名专(兼)水利工程水费收费员。1994 年 6 月,市水费管理所增加人员编制 3 名。1996 年 3 月,市水利局发文,明确市水费管理所是全市水利工程水费征收管理的专职机构,属市政府水行政主管部门领导。基本职责是宣传水法律法规;编制全市水费征收规划和年度计划,依法征收水费,组织水费年度计划的实施;依法直接征收市属大集体以上用水单位的水利工程水费及地表水水资源费和全市地下水水资源费;指导和检查水利站的水费征收工作,并组织考核、评比、总结,促进全系统水费工作的健康发展;组织对各水利站收费管理和使用情况的检查、指导,确保水费的有效管理和合理使用。

第一节　水利工程水费

1989 年 3 月 15 日,省政府苏政发〔1989〕38 号文印发《江苏省水利工程水费核订、计收和使用管理办法》,共 6 章 21 条,自颁布之日起施行,1982 年 4 月 2 日江苏省政府批转的《江苏省水利工程水费收缴使用和管理实施办法(试行)》同时废止。

表 15-1　　　　　　　　　　1989 年江苏省水利工程供水收费标准表

分类			太湖及苏南沿江	泰淮河	苏北沿江	里下河	洪泽湖	骆马湖	微山湖	水库
农业	按方收费(厘每立方米)		1.9	6.7	3.7	3.6	4.2	4.8	5.5	7.8
	按亩收费 (元每亩)	稻麦田	1.6	2.0	3.0	2.5	4.0	4.0	4.0	4.0
		旱田	0.2	0.3	0.4	0.3	1.0	1.0	1.0	1.0
	市、县上交省比例(%)		0	30	0	30	30	30	30	0
	水产用水		按年总产值的 1%~2%收费							
小水电	专发		按售电电价的 30%收费							
	结合发		按售电电价的 10%收费							

（续表）

分类		太湖及苏南沿江	泰淮河	苏北沿江	里下河	洪泽湖	骆马湖	微山湖	水库
工业	消耗水（厘每立方米）	30.0							
	循环水（厘每立方米）	6.0							
	贯流水（厘每立方米）	9.0							
城镇生活（厘每立方米）		9.0							

注：1. 农业用水以支渠口门为计量点。2. 水产用水、小水电、工业以及城镇生活用水所收水费交省比例按农业水费交省比例执行。

1990 年 5 月 15 日，县财政局、水利局、农业银行印发《关于转发〈水利工程水费财务管理办法（试行）〉的通知》。水费收入是各水利管理服务站的主要经费来源，水利站要加强财务管理，收好用好水费，要确保用于供水工程的管理、运行、维修养护、大修理和更新改造，以及各站收费员工资和按规定开支的管理。严禁用工程水费顶抵乡（镇）村新建项目的自筹资金。对不认真收好工程水费的将取消或扣减下年度县以上的农补经费。各水利站征收水费的方法仍可采取委托经管办、银行、信用社、自来水厂等单位代收和站组织专人自收；其中农业水费可分夏收秋收两次收清。代收以协议形式固定。全部水费都应汇到水利站账户，任何单位不得截留和结存。水利站按实际代收数的 3% 付给代收单位，银行、信用社托收按 2% 付给。水费"专户存储，专款专用"。水利站单独设账核算，以"工程水费收入""工程水费支出""工程水费盈余"三级明细科目。

1995 年 10 月 4 日，省政府第 66 号令发布《江苏省水利工程水费核订、计收和管理办法》，共 6 章 22 条，自 1996 年 1 月 1 日起施行，1989 年 3 月 15 日省政府印发的《江苏省水利工程水费核订、计收和使用管理办法》同时废止。同年 12 月 11 日，苏州市政府苏府〔1995〕118 号印发《关于贯彻实施〈江苏省水利工程水费核订、计收和管理办法〉的意见》。1996 年 1 月 30 日，市政府吴政发〔1996〕12 号转发苏州市政府《关于贯彻实施〈江苏省水利工程水费核订、计收和管理办法〉的意见》的通知，明确规定：各级水利部门是水费工作的职能部门；在全市范围内的河道、湖荡、堤防、水库、涵闸、抽水站、沟渠、塘坝等水利工程和设施，都具有供水作用，都要实行有偿供水；农业（含部队、劳改农场等所属农、林、茶场）、工矿企业（含外商投资企业、乡镇村企业）和其他一切用水户，都应按规定向水利部门交付水费；凡向河道、湖荡、水库等排放污废水的企事业单位（含商业、饮食、宾馆旅店、医院）和个体工商户，其废污水必须经过水利工程供水冲污稀释等清污处理，达到排放标准，同时必须向水利部门交付冲污水费。

表 15-2　　　　　　　　　　　1996 年吴江市水利工程水费收缴标准表

分类	农业用水（元每亩）			水产用水（元每亩）		工业用水（分每立方米）		冲污水（分每立方米）	城镇生活用水（分每立方米）
	稻麦田	旱地	经济作物	内塘	外塘	循环水	消耗水		
水费	4.00	0.50	4.00	15.00	3.00	1.00	4.00	8.00	1.50

注：1. 表中各项收费标准按省政府令第 66 号附表规定。2. 农业用水中经济作物用水、水产用水、冲污水费按省政府令规定幅度核定。

2000 年 10 月 10 日，市物价局、水利局吴价发〔2000〕134 号、吴水政〔2000〕176 号转发

《关于调整水利工程水费价格的通知》,从 2000 年 10 月 1 日起对水利工程水费价格作出相应调整。

表 15-3   2000 年吴江市水利工程水费价格表

分类			收费标准
农业	按亩收费	麦田	7.00 元
		旱田	0.90 元
		经济作物	7.00 元
工业	按立方米收费	消耗水	直接取用地表水的 9 分
			取用自来水厂供水的 6 分
		循环水	2.25 分
水产	按亩收费	池塘养鱼	25.00 元
		湖荡、河沟养殖	7.50 元
自来水厂(地表水)按立方米收费			3 分
船闸:按立方米收费			待省另行规定后下达
其他:按立方米收费			按成本核定价格

2001 年 2 月 12 日,市水利局吴水政〔2001〕20 号转发《关于水利工程水费由事业性收费转为经营性收费的贯彻实施意见》,要求从 2001 年 1 月 1 日起,各地收取的水利工程水费由事业性收费转为经营性收费管理,统一使用税务发票。《意见》重申水是国家资源,依法缴纳水利工程水费是每个用水单位和个人应尽的义务;水利工程水费由事业性收费转为经营性收费管理是国家农村税费改革的重要组成部分,仍要搞好收缴合同的签订工作;计费标准仍按吴价发〔2000〕134 号吴水政〔2000〕176 号《关于调整水利工程水费价格的通知》执行;继续做好供水服务和计量设施的检查、维修、安装工作;统一使用地税部门印制的收费票据和清理回收原财政票据;征收方法尽可能立足自收(原各有效方法仍可采用);水费收入纳入水利经营管理单位财务统一核算并执行 1994 年财政部颁发的《水利工程管理单位财务制度》。市水利局还以第 5 号公告形式在《吴江日报》刊登各项收费标准。

2003 年 5 月 2 日,国务院国函〔2003〕57 号对国家发展改革委员会、国家水利部作出《国务院关于废止〈水利工程水费核订、计收和管理办法〉的批复》,要求制定《水利工程供水价格管理办法》。据此,市水利局开始实施《水利工程供水价格管理办法》。

截至 2005 年底,全市(县)征收水利工程水费 1.03 亿万元。

表 15-4   1990~2005 年吴江市(县)水利工程水费征收情况表   单位:万元

年份	征收金额	年份	征收金额	年份	征收金额
1990	305.58	1996	458.00	2002	1171.00
1991	357.56	1997	462.00	2003	1134.40
1992	393.98	1998	469.00	2004	1155.70
1993	397.50	1999	462.00	2005	1434.30
1994	426.90	2000	413.00	合计	10343.62
1995	452.00	2001	850.70		

第二节 水资源费

1991年5月29日,县政府吴政发〔1991〕82号印发《关于印发〈吴江县城建供水资源管理实施办法〉的通知》,要求加强地表供水水源的保护、地下水资源的开发和城镇用水的管理,并规定奖惩办法。

1995年12月12日,市政府吴政发〔1995〕155号印发《关于进一步加强水资源费征收管理工作的通知》,声明水资源是属于国家所有的一种资源,征收水资源费是国家对水资源实施统一管理、调配和保护的主要手段,凡取用地表水或地下水的各用水户都应依法自觉缴纳水资源费。规定凡利用水工程或机械提水设施直接从江、河、湖泊或者地下取水的单位(包括"三资"企业)和个人,都应缴纳水资源费(农业灌溉用水暂不征收水资源费)。明确市水利局负责全市水资源的统一管理、保护和监督,并负责水资源费的征收工作。松陵、盛泽、震泽、平望、黎里、芦墟、同里、北库等镇原由自来水厂负责征收的在年底前办理移交手续。规定取用地表水的每立方米为0.01元,取用地下水的每立方米为0.15元。工厂企业的地下水资源费可列入生产成本,事业单位从事业经费中列支,自来水厂列入供水成本。要求各用水户必须与收费单位签订缴费协议,每月10日前一次性付清上月应缴纳的水资源费,水行政主管部门可以根据协议在有关银行办理无承付托收;逾期不缴的,每逾期一天,加收1‰滞纳金;逾期三个月以上或者拒交水资源费的,按水资源管理条例有关规定处理;征收的水资源费统一按期解缴市财政专户存储,专款用于水资源的调查、规划、保护、管理和供水、节约用水。还要求所有取水单位都要安装计量设施,未安装计量设施的要限期安装,已安装的要经常检查是否运转正常。地表水水资源费可按水利工程水费的计量收取相应的水资源费,地下水水资源费要严格按计量征收。该通知自1996年1月1日起执行。

1997年6月18日,根据省物价局、财政厅苏价工〔1997〕252号、苏财预〔1997〕32号《关于调整地下水资源收费标准的通知》,对苏锡常地区水资源费与工商营业用水价格之比调整为1∶1,其他地区仍为0.5∶1。全省境内一切取用地下水资源的用户(不含农业灌溉用水)都必须按规定交纳地下水资源费(公共设施供水暂维持现状,如何收费待定)。苏锡常地区在城市水厂供水区域内取用地下水的执行当地工业用水价格,在城市区域外取用地下水的执行当地生活用水价格。

2000年1月8日,根据省物价局苏价工〔2001〕11号《关于调整苏锡常地区地下水资源费的通知》,调整苏锡常地区的地下水资源费标准。凡取用地下水资源的用户都必须按当地自来水分类到户价格(含各种附加规费)交纳地下水资源费,具体标准由省辖市制定。征收的地下水资源费按规定纳入财政统一管理和按规定用途专款专用。同年2月15日,市水利局接到苏州市物价局、财政局《关于调整地下水资源费标准的通知》后立即研究测算方案报市政府审查,同年3月15日,在收到市物价局、财政局批复后即印发各用水单位执行地下水资源费调整标准。

2001年5月15日起,根据省物价局、财政厅苏价工〔2001〕140号《关于调整地表水水资源费的通知》,调整地表水水资源费标准为:农业灌溉用水中水稻田、水面养殖和种植 0.005 元每立方米,其他 0.01 元每立方米;电厂的锅炉消耗水 0.03 元每立方米,循环冷却用水不交,市公共用水厂用水 0.03 元每立方米,乡镇及乡镇以下农村水厂农民生活用水部分缓征,非生活用水按规定征收;其他用水 0.03 元每立方米;不具备计量条件的农业灌溉用水暂按合理用水定额折算成亩均收费的办法收取,水田每亩 3~4 元,其他每亩 2 元。征收的水资源费纳入同级财政预算内管理,缴入同级国库。

2004 年 4 月 21 日,市政府办公室吴政办〔2004〕48 号转发市物价局等部门《关于调整污水处理费和自来水价格的意见》的通知。

表 15-5　　　　　　　　　2004 年吴江市污水处理费调整及自来水价费组成表　　　　单位:元每立方米

分类		基本水价		城市附加费	水资源费	污水处理费		省水处理专用费用	总水价	
		调前	调后			调前	调后		调前	调后
居民生活用水	市区	0.64	0.84	0.04	—	0.35	0.80	0.02	1.05	1.70
	各镇	0.66	0.86					—		
工业用水	市区	0.83	1.03	0.04	0.0l	0.35	0.80	0.02	1.35	2.00
	各镇	0.85	1.05					—		
商服用水	市区	1.13	1.33	0.04	0.01	0.35	0.80	0.02	1.65	2.30
	各镇	1.15	1.35					—		
宾娱用水	市区	1.43	1.63	0.04	0.01	0.20	0.80	0.02	1.80	2.60
	各镇	1.45	1.65					—		

注:1.基本水价含水利工程水费 0.04 元。2.污水处理及自来水价格调整执行日期为 2004 年 5 月 1 日;具体执行办法为 2004 年 5 月 1 日起第一次抄表按现行规定的价格执行,第二次抄表按照调整后的价格执行。

2004 年 7 月 8 日,市物价局、财政局、水利局吴价发〔2004〕179 号、吴财综〔2004〕150 号、吴水〔2004〕101 号转发《关于调整水资源费标准的通知》,对水资源费标准作出调整:地表水水资源费,除农村中农民生活和农业用水外调整为 0.13 元每立方米。地下水水资源费,自备水源井的为 2.4 元每立方米;洗浴、室内游泳池、洗车、啤酒、饮料、矿泉水等用水的为 2.7 元每立方米;乡及乡以下农村水厂非农民生活用水为 1.2 元每立方米(农民生活用水免收)。

2005 年 11 月 18 日,市水利局吴水行〔2005〕168 号印发《关于进一步做好水资源费征收管理工作的通知》,要求水资源费收入从 2005 年度 1 月 1 日起全额缴入"吴江市水资源费专户",由市水利局集中缴入同级财政国库。规定水资源费先收后支,年终结余可跨年度结转使用,任何单位不得挪用;经财政部门核定用款计划后划拨到征收单位。水资源费主要用于水资源的调查、规划、保护和管理,包括水资源调查、评价、规划、监测工作;重点水源工程建设、节约措施的推广和计量设施投入的补贴;水资源保护措施和地下水回灌工程建设等;水资源节约与保护的科研工作;水资源管理机构人员工资、管理费、管理设施、设备购置;宣传、培训、政策法规制定及水资源管理执法等。

同年 12 月 12 日,市水利局吴水行〔2005〕197 号转发《江苏省水资源费征收使用管理暂行办法》,该《暂行办法》有 18 条,从 2006 年 1 月 1 日起执行。主要内容有:水资源征收实行统一领导,分级管理的原则,财政主管部门负责收支管理和监督,水行政主管部门负责征收和按计划使用；水资源费包括地表水和地下水（含矿泉水、地热水），实行计量征收，除省人民政府确定外市、县（市、区）政府和任何部门一律不得免征、缓征、减征；水资源费按月或按季征收，逾期不缴纳从滞纳之日起加收滞纳部分2%的滞纳金并处应缴或补缴部分1倍以上5倍以下的罚款；每月最后1个工作日各级财政部门将财政专户所收款按省30%市、县（市、区）70%的比例分别缴入本级金库；使用收费许可证和专用收据；缴纳的水资源费企业计入生产、经营成本或费用，行政事业单位在行政事业费中开支；实行计划征收，目标考核管理；专款专用；编入年度预算，实行项目化管理；用于水源工程、水资源保护工程建设、节水措施推广、水资源管理和奖励；接受财政、审计等有关部门的监督和检查。

截至2005年底，全市（县）征收水资源费2172.75万元。

表15-6　　　　　　　　1993~2005年吴江市（县）水资源费征收情况表　　　　　　单位：万元

年份	征收金额	年份	征收金额	年份	征收金额
1993	27.00	1998	135.26	2003	242.90
1994	69.60	1999	137.00	2004	197.00
1995	101.39	2000	150.00	2005	206.20
1996	115.00	2001	343.70	合计	2172.75
1997	122.00	2002	325.70		

第三节　防洪保安资金

1991年11月7日，建立县水利建设指挥部，下设办公室，由财政局、水利局、农业局三家联合办公，同时各乡（镇）成立水利建设基金办公室，同年开始征收水利建设基金。

1991年12月31日，省政府苏政发〔1991〕148号印发《关于筹集防洪保安资金的暂行规定》，要求江苏境内一切有销售收入（或营业收入）的全民、集体（含乡、村）和私营企业（另有规定的除外）缴纳防洪保安资金，并制定具体征收标准，从1992年1月1日起执行。

1993年7月6日，市水利建设基金办公室印发《关于水利建设基金正名为防洪保安资金的通知》，将市、乡（镇）两级水利建设基金办公室统一正名为防洪保安资金办公室，水利建设基金改名防洪保安资金。

1994年12月22日，省政府办公厅苏政办发〔1994〕111号印发《关于筹集防洪保安资金有关政策的补充通知》，对筹集防洪保安资金的政策作补充：原属征收范围的企业，无论转制为中外合资、中外合作或股份制的生产、流通、服务企业，其中方资产部分和中方员工，仍应缴纳防洪保安资金；征收标准按省政府苏政发〔1991〕148号文规定执行，从1994年1月1日起执行。

1996年3月11日，省政府苏政发〔1996〕34号《关于继续征收防洪保安资金的通知》，从全省治理淮河、太湖、开挖泰州引江河和区域性水利、城市防洪等工程的实际出发，决定"九五"期间在全省继续征收防洪保安资金（国务院规定的河道工程维护管理费不重复征收）。《通知》明确征收对象、范围、标准和办法按原规定不变；由各级财政部门负责管理，实行统一规划，分级筹集，分级配套，集中使用；在主要用于治理淮河、太湖和开挖通榆河、泰州引江河等水利重点工程前提下,各级可安排征收额的 10%~20% 用于河道工程的维修、管理,设区的市不超过 30% 用于城市防洪工程的建设和维修。

同年 3 月 24 日,江苏省财政厅苏财农发〔1996〕13 号《江苏省防洪保安资金征收和使用管理实施细则》,设征收对象、征收标准、征收机关和征收办法、使用和管理、奖励与处罚、附则等章节,自 1996 年 1 月 1 日起执行。

1997 年 2 月 25 日,国务院国发〔1997〕7 号发布《水利建设基金筹集和使用管理暂行办法》。《办法》有 12 条,自 1997 年 1 月 1 日起实行到 2010 年 12 月 31 日止。

同年 7 月 18 日,省政府苏政发〔1997〕75 号《关于建立水利建设基金有关问题的通知》,要求从 1997 年起建立水利建设专项基金,省和市、县分级筹集,分级使用。规定从省级收取的养路费、公路建设基金(包括高等级公路建设资金、交通重点建设资金、越江通道建设资金)、车辆通行费、公路运输管理费、地方分成的电力建设基金中提取 3%;从市、县收取和分成的市政设施配套费、驾驶员培训费、市场管理费、个体工商业管理费、征地管理费中提取 3%;有重点防洪任务的城市从城市建设维护税中划出一定比例资金(苏州市不少于 5%);以及市、县政府批准的其他资金。水利建设基金由各级财政部门负责征收,纳入财政预算管理,专项列收列支;在 1997 年至 2000 年省集中征收的预算外资金中每年定额提取 1.5 亿元,一定 4 年不变。

1999 年 4 月 10 日,市政府吴政发〔1999〕55 号《关于建立水利建设基金的通知》,对水利建设基金的筹集和使用管理作出规定:从城市建设维护税中划出 5%,在市建委收取的市政设施配套费中提取 3%,市工商局分成的市场管理费、个体工商业管理费中提取 3%,市国土局收取的征(拨、用)地管理费中提取 3%;实行按季结转,年终决算,由缴纳义务单位在季度终了后 10 日内按提取比例划转市财政局防洪保安资金专户;纳入财政预算管理,专项列收列支,每年由市水利局根据水利建设计划项目,经市财政局、市计委审核拨付,用于太湖水利工程和市级河道整治工程,当年节余的可连年结转使用。该规定从 1999 年 1 月 1 日起执行。

1999 年 5 月 17 日,省政府苏政发〔1999〕46 号关于印发《江苏省防洪保安资金征收和使用管理规定》的通知,根据财政部《关于征收水利建设基金有关问题的批复》(财综字〔1998〕143 号),结合江苏省历年征收防洪保安资金的实际情况,重新制定《江苏省防洪保安资金使用和管理规定》。《规定》共 6 章 30 条,在征收对象中明确缴纳和免缴的条件、批准权限。该规定自 1999 年 1 月 1 日起执行,原省政府《关于筹集防洪保安资金的暂行规定》、省政府办公厅《关于筹集防洪保安资金有关政策的补充通知》、省政府《关于继续征收防洪保安资金的通知》、省财政厅《江苏省防洪保安资金征收和使用管理实施细则》同时废止。

2001 年 4 月 12 日,省政府苏政发〔2001〕61 号《关于继续征收水利建设基金有关问题的通知》,明确由省财政直接从省工商行政管理局管理的市场管理费、个体工商业管理费中按 3% 提取水利建设基金,并根据各地上交的数额如数直接返还各市财政,专项用于地方水利基础设施建设。同时规定"十五"期间,在省级集中征收的预算外资金中每年定额提取 1.5 亿元作为省级水利建设基金,一定 5 年不变;交通和车辆税费改革后,原从养路费、交通重点建设资金、公路运输管理费中提取的省级水利建设基金数额,由省级财政在地方所得的燃油税收入中定额提取。

截至 2005 年底,全市共征收防洪保安资金 23542 万元。

表 15-7　　　　　　　　　　1992~2005 年吴江市防洪保安资金征收情况表　　　　　　　　　单位：万元

年份	征收数	年份	征收数	年份	征收数
1992	1256.00	1997	1056.00	2002	2413.00
1993	1640.00	1998	1243.00	2003	2072.00
1994	1839.00	1999	1185.00	2004	2109.00
1995	1100.00	2000	2024.00	2005	2395.00
1996	1120.00	2001	2090.00	合计	23542.00

第四节　排涝水费

2002 年 12 月 16 日,市政府吴政印发〔2002〕188 号批转《市委农村工作部办公室等部门〈关于减轻农民负担合理调整排涝水费标准的意见〉的通知》。针对前些年包围内因大量工厂企业形成,造成产水量、排涝时间大幅度增加和排涝泵站数量增加、规模扩大,致使排涝费用大量增加的现象,按照"谁受益,谁负担"的政策,对原排涝水费的负担政策进行合理调整。要求降低农业用地的排涝水费标准,减轻农民负担;在联圩内的企事业单位按照占地面积合理负担排涝水费;在包围内收费的公路按占地面积合理负担排涝费;向包围内排水的企事业单位按照排入内包围的用水量合理负担排涝费;包围内的河道、村镇道路等公益占地仍不征收排涝费。

表 15-8　　　　　　　　　　　　2002 年吴江市排涝水费价格核定表

镇名	农业生产用地单价（元每亩）	企事业单位占地单价（元每亩）	收费道路占地单价（元每亩）	企事业单位排入内河的用水量（元每立方米）
菀坪	34.55（含电费）	320~354	—	0.10
莘塔	8.00	120~146	—	0.10
芦墟	8.00	120~146	—	0.10
北厍	17.22	150~180	80.00	0.10
黎里	8.00	100~120	—	0.10
平望	8.00	130~157	80.00	0.10
梅堰	9.00	130~157	80.00	0.10
盛泽(联圩)	15.00（含电费）	110~135	80.00	0.10
南麻	13.51	170~195	—	0.10
八都	11.99	170~195	80.00	0.10
七都	10.32	170~195	—	0.10
震泽	9.49	170~195	80.00	0.10
铜罗	13.01	170~195	—	0.10
青云	11.18	170~195	—	0.10
桃源	9.49	170~195	—	0.10

注：盛泽城区、盛泽西白漾收费标准仍按市政府原规定执行。

2005 年 7 月 1 日,市物价局、水利局就调整盛泽城区防洪工程排涝费向市政府请示。盛泽城区防洪工程范围从 7.83 平方千米扩大至 34.5 平方千米,原分摊办法涉及单位构成发生很大变化,工程运行成本相应提高,原排涝收费标准难于适应工程正常运转的需要。要求按照

"谁受益,谁负担"的原则,由原来按单位收费调整为按面积计收排涝费;将防洪工程范围内常年控制水位 1.5 米以下、1.5~2.5 米、2.5 米以上的区域分为一、二、三类区域核定排涝费的等级;城区范围内所有受益的政府机关、企事业单位和个人都按标准负担盛泽城区防洪工程排涝费;非营利性的个人住宅暂不收取排涝费。一、二、三类区域分别按 500 元亩每年、350 元亩每年、200 元亩每年计收排涝费;单位和个人实际占有面积不足 0.2 亩的按 0.2 亩计收年排涝费;向包围内排水的企事业单位安排入内河用水量每立方米 0.1 元的标准负担排涝费。

表 15-9　　　　　　　　2005 年盛泽城区防洪工程排涝水费价格核定表

区域	排涝成本(万元)			收费面积(亩)	实际测算单价(元每亩)	核定单价(元每亩)
	合计金额	基本费	生产费			
一类区域	156.88	64.54	92.34	2208.64	710.3	500
二类区域	170.48	107.94	62.54	3478.224	490.15	350
三类区域	244.79	130.78	114.01	8742.077	280.02	200
合计	572.15	303.26	268.89	14428.94	396.53	

排涝水费的征收直接纳入各圩区管理成本,全市(县)未有专项统计。

第五节　其他规费

1990~2005 年,全市(县)涉及水规费征收的项目还有河道采砂(取土)管理费,河道堤防工程占用补偿费,船舶过闸费,占用农业灌溉水源、灌排工程设施补偿费,水土保持设施补偿费、水土流失防治费,农业重点开发建设资金。其中,河道采砂(取土)管理费和河道堤防工程占用补偿费征收处于起步阶段;船舶过闸费只是在沿太湖和少数低洼圩区略有征收;占用农业灌溉水源、灌排工程设施补偿费,水土保持设施补偿费、水土流失防治费和农业重点开发建设资金没有开征。

一、河道采砂管理费

1990 年 6 月 20 日,国家水利部、财政部、物价局水财〔1990〕16 号印发《河道采砂收费管理办法》,共 13 条,自公布之日起施行。《管理办法》规定:河道采砂实行许可证制度;河道采砂必须向发证单位交纳河道采砂管理费;计费标准由各省、自治区、直辖市水利部门报同级物价、财政部门核定;所收的管理费用于河道与堤防工程的维修、工程设施的更新改造及管理单位的管理费。

1991 年 11 月 28 日,省水利厅、财政厅、物价局苏水政〔1991〕41 号、苏财综〔1991〕138 号印发《江苏省河道采砂收费管理实施细则》,共 23 条,自公布之日起施行。《细则》规定:征收河道采砂管理费,分别按产地销售价的 15%~20%(砂、石料)、10%~15%(土料)、10%~25%(其他金属或非金属)收取。所收的管理费除向省、市河道主管部门各上交 10% 外,主要用于河道堤防的维修、养护、河道采砂的勘测、工程设施和管理设施的更新改造及管理单位的管理费,其他任何部门不得截留或挪用。

2003 年 5 月 28 日,市水利局吴水基〔2003〕106 号转发《关于加强苏州市河道、湖泊取土工程项目管理的通知》,规定凡在全市行政区域内河道、湖泊(含荡漾)取土的工程均应按程序和权限向水行政主管部门办理审批手续;提供项目法人(建设)单位的项目申请书或申请报告、建设项目所依据立项文件、河(湖)取土工程论证报告等申报材料;向河道堤防单位和水行政主管部门缴纳河道堤防工程占用补偿费和河道采砂(取土)资源管理费(向省、市水行政主管部门各上交收费总数的 10%);建设单位在项目经批准后必须将组织设计送水行政主管部门审核同意,开工前办理征占用手续和缴纳施工场地、拆除围堰等清理保证金,承担施工期间的防汛责任,竣工后做好资料整理报请水行政主管部门验收。河道采砂管理费标准按 1991 年 11 月 28 日,省水利厅、物价局苏水政〔1991〕41 号、苏财综〔1991〕138 号印发的《江苏省河道采砂收费管理实施细则》规定收取。

2004 年 3 月 8 日,市物价局、财政局吴价发〔2004〕39 号、吴财综〔2004〕32 号转发《关于同意收取河道采砂管理费的批复》的通知,重申河道采砂管理费是国家公布的行政性收费项目,具体标准仍按 1991 年 11 月 28 日,省水利厅、财政厅、物价局苏水政〔1991〕41 号、苏财综〔1991〕138 号《江苏省河道采砂收费管理实施细则》规定执行。

二、河道堤防工程占用补偿费

2000 年 1 月 14 日,市水利局吴水行〔2000〕4 号转发《关于核定河道堤防工程占用补偿费征收标准的通知》,在全市正式执行。河道堤防工程占用补偿费标准为:兴建建筑物、设施和停放、堆放物料每月 0.5~1 元每平方米;占用内河河道岸线每月 3~5 元每米,占用长江岸线每月 4~8 元每米(面积和岸线同时占用按单项收费额较高的收取);占用河道、湖泊湖荡、水库等从事旅游、娱乐的每月 0.2~0.8 元每平方米;占用河道、湖泊湖荡、水库等从事种植、养殖的每月 0.01~0.05 元每平方米,设置渔网、鱼簖等捕鱼设施每月每张(道、处)10~50 元。占用人缴纳的占用补偿费可以纳入生产、建设、经营成本。收取的占用补偿费在每年年底之前上交省河道主管机关 10%。

同年 11 月 20 日,省水利厅、财政厅、物价局苏水政〔2000〕47 号、苏财综〔2000〕199 号、苏价费〔2000〕373 号印发《关于核减水产种植养殖河道堤防占用补偿费水费标准的通知》,对占用河道、湖泊湖荡、水库等水域从事种植、养殖的单位和个人征收的占用补偿费标准,由原每月每平方米 0.01~0.05 元(折合每年每亩约 80~400 元)核减至每年每亩 20~50 元;设置渔网、鱼簖的,由每月每张(道、处)10~50 元核减每月每张(道、处)5~20 元。其他占用情况的收费标准不变。对确因自然灾害造成种植、养殖产量不足正常年份产量一半的予以减免,具体减免办法由各市水利、财政、物价局联合制定。

三、船舶过闸费

1996 年 12 月 26 日,省物价局、财政厅、水利厅苏价费〔1996〕541 号、苏财综〔1996〕198 号、苏水财〔1996〕25 号印发《江苏省水利系统船舶过闸费征收和使用办法》。该《办法》共 15 条,从 1997 年 1 月 1 日起施行。具体标准:轮队每吨 0.6 元(空船 0.5 元);挂机空船、机帆船、工作船、货轮(空重不分)每吨 0.7 元;拖轮、挖泥船、泥驳、宿舍船等每吨 0.1 元;抽(戽)水机船每吨 0.8 元;排筏每吨 0.4 元。

2001 年 4 月 13 日,市水利局吴水行〔2001〕字 64 号转发《江苏省水利系统船舶过闸费征收和使用办法》,船舶过闸费执行该标准。

四、占用农业灌溉水源、灌排工程设施补偿费

1995 年 11 月 13 日,国家水利部、财政部、国家计委水政资〔1995〕457 号文件印发《占用农业灌溉水源、灌排工程设施补偿办法》,共 20 条,自发布之日起施行。1996 年 10 月 23 日,江苏省水利厅、财政厅、计划与经济委员会、物价局苏水政〔1996〕61 号、苏财综〔1996〕133 号、苏价费〔1996〕473 号印发《江苏省占用农业灌溉水源、灌排工程设施补偿费实施细则》。该《实施细则》共 24 条,自发布之日起施行。《实施细则》规定:3 年以上占用农业灌溉水源的(除按规定交纳水资源费及水费外),日取水量每立方米苏州市不低于 17 元;占用农业田间小沟以下灌排工程设施的按所占农田面积计算,苏南地区每亩不低于 1500 元;占用农田小沟以上灌排工程设施的按新建被占用等量等效替代工程设施总投资额交纳。不满 3 年的按占用时间(月)÷(3×12 月)× 等量等效替代工程总投资的计算方法征收开发补偿费。

五、水土保持设施补偿费、水土流失防治费

1996 年 10 月 4 日,省政府办公厅苏政发〔1996〕248 号印发《江苏省水土保持设施补偿费、水土流失防治费征收和使用管理办法》,自发布之日起施行。《办法》规定,水土保持设施补偿费:苏州市 15°~25° 梯田 4400 元每亩;水土保持林,5 年以内用材林 5~10 元每株,5 年以内薪炭林 200~500 元每株,5 年以内经济林 10~30 元每株,5 年以上用材林按当年市场价值,5 年以上经济林按其前 3 年产果平均年产值的 3 倍;牧草,原生草 0.5~1.5 元每平方米,人工种植草 2~5 元每平方米;治沟和治坡的工程设施、监测设施和科研设施等,按恢复原状和重新建造的价值补偿。水土流失防治费:由水行政主管部门治理的按水土保持方案的预算;弃渣、弃土及其他固体废弃物 10~30 元每平方米;不便以体积计算的按水土保持方案的预算。

六、农业重点开发建设资金

1991 年 12 月 31 日,省政府苏政发〔1991〕148 号印发《关于筹集农业重点开发建设资金的暂行规定》,自 1991 年 1 月 1 日执行。《暂行规定》明确:非农业建设新征(拨)占用土地加收土地开发资金(苏南每亩 1200 元);按征收城镇国有土地使用税的标准增收 10% 的土地开发资金;所收资金主要用于增强抗御自然灾害能力和农业发展后劲为目标的重点农业开发项目和大农业基础设施、大中型骨干工程项目投资;省对市、县采取核定基数、包干上缴的办法,超基数部分留市、县,用于当地水利和农业建设项目。

1999 年 5 月 17 日,省政府根据国家财政部财综字〔1998〕143 号《关于征收水利建设基金有关问题的批复》,省政府苏政发〔1991〕148 号按征收城镇国有土地使用税的标准增收 10% 的农业重点开发资金的规定,从 1999 年 1 月 1 日起停止执行,对新占用土地征收农业重点开发建设资金的规定仍然执行。

第十六章　水利经济

　　水利经济是水利事业的重要组成部分。改革开放前,境内水利系统综合经营项目主要以粮食饲料加工、机械加工修配、水泥制品等为主。1978 年,国家水利电力部在全国水利管理会议上肯定综合经营的合法地位后,县水利局在桃源乡召开会议,为开展水利综合经营正名,纠正水利队伍中搞综合经营是不务正业的偏见。70 年代末,综合经营成为水利管理工作的一个重要方面,经营上突破为农业服务的范围,向各行业发展。1986 年,全县 23 个水利管理站、2个抽水机管理站和 1 个堤闸管理所综合经营范围涉及工、农、商、林、渔、运输、建筑、养禽等 8个方面,完成总产值 1732.81 万元,利润 279.71 万元。至 2001 年,全市 16 年累计完成综合经营总收入 42.64 亿元,实现净收入 2.81 亿元。20 世纪末 21 世纪初,水利发展进入新的改革阶段,综合经营逐步调整思路,各基层单位相继完成企业改制。综合经营的发展对巩固水利管理队伍、加强工程管理、促进水利建设、增加国家和集体收入、改善职工福利、提供职工子女就业起到重要作用,成为推进水利事业发展的有力支撑。

第一节　综合经营发展与改革

　　1986 年,县水利局在全县全面推行站、厂长负责制,并在 1983 年出台的水利综合经营“利润交 30 留 70”基础上提出“承包指标内交 30 留 70,超利润指标交 15 留 85”的新政策,理顺主管部门与基层单位的分配关系。

　　同年 5 月 7 日,召开全县水利系统综合经营会议,围绕“发展生产,振兴事业,改善福利”的目标展开大讨论。主要内容涉及:完善多种形式的经济承包责任制;扩大基层单位自主权和实行站长责任制;借助大城市的技术、信息、产品优势发展横向经济。基层单位实行经济承包责任制后全年奖金分解到月,按月核定利润,留 10%~15% 余地,完成合同每月发 7~8 元,超减部分按比例增减,亏本单位不发;对车间、班组及单位承包的原则上按合同兑现,并留有余地(奖金发放超过 4 个月考虑奖金税);站干部奖金全年不高于职工的 30%;对基层领导参照无锡、常熟的经验实行年度贡献奖(幅度掌握在超利润的 0.5%~2%,由局统一提留、平衡发放给正副站长、书记);对供销人员实行购销承包奖;实行科研成果奖。

　　同年,在苏州市企业家协会支持下开办企业管理短训班,对全系统站厂长和管理骨干进行培训。

同年底,县水利局确定"三厂五站"(水利机械厂、电力器材厂、第二农机修造厂和同里、青云、屯村、坛丘、八坼机电站)列入县计委计划。

1987年,县水利局确定基层单位综合经营经济指标5年一定不变,按正常比例递增的原则。同年11~12月,举行全县水利系统厂长、经理受职大会,在县计委分管的七大系统中,第一个按计划完成任务,列苏州市水利系统最前列。

1988年,全县水利系统综合经营重点在完善厂长负责制和划小核算单位两方面完善配套。主要做法是:增设和完善引进资金奖、产品开发奖、联营"红娘"奖、产品销售奖、引进紧缺物资奖、项目业务开发奖、领证鉴定奖、外贸鼓励奖、特别贡献奖、合理化建议奖等10种奖励办法。

同年8~12月,县水利局参加全省水利工程管理、综合经营会议,提交《十年成就,功在改革——吴江县水利综合经营10年回顾》交流材料:1978~1988年,10年累计完成产值1.21亿元,利润1756万元,全员劳动生产率11698元(含水利管理人员);固定资产总值1130万元,自由流动资金436万元;打入综合经营成本支出的管理人员工资福利费用711万元;弥补排灌亏损30多万元,直接用于农田水利投资113万元;招收各类合同工近千名(其中80%属于职工家属子女);职工人均收入1653元(1987年收入是10年前的3倍),兴建职工宿舍3万平方米,17个单位700多职工用上石油液化气;全系统开办退休统筹金;技术装备、管理水平、人员素质均有明显提高和改善,跨部、市入先进行列。

同年,全县水利系统固定资产实有原值1886万元,折旧413万元,净值1473万元,其中盘盈147万元。

1990年,县水利局确定水利机械厂、电力器材厂等12家企业为综合经营骨干单位。

1991年,全县水利综合经营开始进入第二轮承包期。县水利局制定《关于贯彻执行中央2号文件、深化内部改革、增强激励机制的决定》《关于加快发展水利经济的决定》。主管局明确抓好"三个一"(一张承包合同、一个法人代表、一本账结算兑现)。全年固定资产原值0.94亿元,其中,水工建筑物0.74亿元,房屋生产设备等0.2亿元,固定资产重置完全价值1.87亿元。

1992年4月,县水利局在1991年度兴办"三资"企业 ① 成绩显著,受到县委、县政府表彰。

1993年上半年,全系统清仓利库,回收两年以上陈欠销售货款502万元;清财摸底,全系统行政事业单位拥有全部资产1.68亿元,其中国有资产0.81亿元,负债及视同负债0.87亿元。全年为发展水利经济筹集资金1950万元,其中水利站、厂使用1210万元,农机站、厂使用740万元。

1994年1月起,针对基层管理单位全是财政差额预算单位的实际情况,建立水利系统内部"三项基金",即按综合经营创收盈余10%建立事业单位"差额自补基金",按综合经营创收盈余30%统筹"水利事业风险基金",按综合经营创收盈余计提"政策性资本折耗基金"(根据水工建筑物原值按标准计提折旧)。全市计提政策性资本折耗基金47.5万元,计提差额自补基金147.1万元,计提水利事业风险基金441.2万元。

---

① "三资"企业:指在中国境内设立的中外合资经营企业、中外合作经营企业和外资企业。

同年,根据国家财政部、国家水利部《关于一九九四年在水利全行业开展清产核资工作的通知》,通过清产核资价值重估,全系统固定资产 1.68 亿元,其中固定资产原值 1.34 亿元,固定资产净值 1.04 亿元。所有者权益重估核实批准数 1.65 亿元,其中实收资本 1.1 亿元,资本公积 0.46 亿元,盈余公积 0.09 亿元。国有资产价值总量 1.64 亿元。全系统固定资产账外水工建筑物盘盈 1718 万元,水工建筑物更新报废 34 万元,流动资产盘盈、盘亏 28 万元。

1995 年 5 月 19 日,全国水利经济工作会议在吴江召开,市水利局作题为《接轨市场经济,健全运行机制,不断推进吴江水利经济持续健康发展》的汇报。同年,全省水利综合经营发展座谈会、苏州市水利经济工作会议也相继在吴江召开。

1996 年 1 月 5 日,市水利局对获得部级先进企业的厂长钱桂根、王金荣、吴扣龙、计龙生,对 1995 年度自营出口创汇突破 100 万美元的合资企业总经理宋裕金,对市水利局主管、分管领导和综合经营站沈志诚分别嘉奖 1.88 万元。

同年,市水利局制订以资产增值保值为主要考核内容的《“九五”经济承包责任制》《机关、直属事业单位经济责任制意见》《关于对基层领导班子的考核奖励试行办法》,对站厂长实行风险抵押和年薪制。

1997 年,市水利局对企业转制进行基础准备工作。

1998 年,震泽水利站采取“动产出售,不动产租赁”的办法,将下属企业分成 5 块租赁经营。坛丘水利站实行计件工资制(标准工资进档案)。市热管锅炉总厂停产,合并到屯村分厂。总厂的土地、厂房以 600 万元的价格一次性置换给市属的石油机械厂。对总厂原有的 30 名土地工一次性买断安置,11 名原费用工全部辞退,原借用和新招的基本工回屯村分厂工作。全系统清理工商登记企业经营执照,租、挂、靠执照办理变更登记或限期注销。清理后,全系统有各类营业执照 246 个,其中企业法人执照 144 个,非法人营业执照 102 个。按照“经营性、非经营性、水利工程和资源性”等资产分类,全水利系统国有资产国有权益 1.78 亿元,其中经营性资产 0.9 亿元,非经营性资产 0.4 亿元,水利工程资产 0.48 亿元。

1999 年 4 月 13 日,召开全市水利农机系统站办企业改制座谈会,市水利局下发《吴江市水利农机系统站办企业产权制度改革的指导意见》。松陵机电站与西安西北光电仪器厂联合举办的苏州西北光电仪器厂中止联营关系,设备搬到城西泵站重新生产,原有土地厂房以 268 万元拍卖给台资企业。震泽、八坼水利站和八坼镇联营的吴江轿车修理厂(又称第一汽车制造厂服务站,简称一汽轿车服务站,下同)采用动产拍卖不动产租赁的形式完成改制工作,由原负责人领衔租赁。全年完成改制企业 16 家,占改制企业的 66%,其中,拍卖转制 5 家,组成有限责任公司 3 家,租赁经营 5 家,关闭 3 家。实际回收资金 1094 万元,租赁使用不动产的年租赁费 125.77 万元。解决挂编职工 171 人,自谋职业 39 人,内退 11 人,清理辞退费用工和年度临工 373 人。

2000 年,梅堰水利站下属的纸管厂、龙升公司实施改制,动产以 40 万元拍卖,不动产租赁。震泽水利站下属的吴江镇南汽修厂评估净资产 45.27 万元,以 54.04 万元出售;震泽进口汽车修理厂评估净资产 83.49 万元,以 75.5 万元出售;联营企业吴江轿车修理厂评估净资产 477.11 万元,在电视、报纸等媒体上公布后无人应拍,经董事会同意以 310 万元出售。震泽水利站共回收资金 156.34 万元。3 个单位原有 41 名在编职工全部终止劳动关系,一次性发放补偿金

70 万元；解除劳动关系的职工社保关系全部转入社保局托管中心（其中按事业性质参加保险的 8 人，转企业性质参加保险的 8 人）。3 个新企业聘用其中职工 35 名，下岗 6 人。全市水利系统中除变压器厂外，16 个单位 26 家企业完成改制，盘活资产 2162.4 万元，实现不动产租赁费 148.2 万元。解决挂编职工 342 人，一次性买断职工 123 人。

2001 年底，按照国家水利部《水利清产核资实施办法》，水利资产账面价值原值 2.01 亿元，净值 1.53 亿元，清查重估值原值 23.67 亿元，净值 23.1 亿元。

2002 年，市变压器厂投入技改资金 800 多万元，新建厂房 4000 多平方米，新开发的 Sll-MR 系列卷铁芯、35 千伏安系列油浸、非晶合金铁芯变压器和组合式箱变 4 种新产品通过鉴定并投入生产。全系统 5 家三级施工企业，在做好水利工程的同时，向境外、工民建、市政工程建设等方向发展。

2003 年，市水利局推进局属企业和生产经营型事业单位改制。至年底，水利房产公司完成改制。对水利建筑工程公司与平望舒怡物业管理中心联营投资的平望镇西农贸市场，属公益性部分的固定资产净值 41.62 万元实行剥离，由水利资产经营公司接收管理，同时确定改制方案。平望、松陵抽水机管理站也相继确定和制订改制方案。

2004 年，市水利建筑工程公司和松陵、平望抽水机管理站相继完成产权制度改革任务。

松陵抽水机管理站改制土地经评价，单位平均地价 292.94 元，总地价 1370.31 万元。核定出让价格每亩 14 万元，合计土地资产实际转让价为 982.317 万元。改制土地性质由原"行政划拨工业用地"转为"出让工业用地"，不改变土地用途。

2005 年 2 月，市水利局对屯村水利站下属企业吴江市热管锅炉总厂屯村分厂，按"动产拍卖，工厂厂房建筑物 2214.6 平方米一起转让，土地资产租赁，原企业资产、人员、债权债务三接收"方式改制。经评估后，对原租赁土地（6214.1 平方米）采取公开拍卖形式，以总地价 109.35 万元有偿转让吴江市中意锅炉制造有限公司。

同年 3 月，市水利局对松陵、平望抽水机管理站退休人员档案移交市退休职工社会化管理服务中心，托管费一次性交纳，其中松陵抽水机管理站 141 人，托管费 8.7 万元，平望抽水机管理站 103 人，托管费 6.18 万元。两单位退休人员档案托管费 14.88 万元由市水利资产经营公司列支。

同年 8 月，市水利局将松陵、平望抽水机管理站管理改制时先行剥离到水利资产经营公司的抗排机泵 71 台套，原值 55.42 万元，净值 25.26 万元，无偿调拨到水利物资站维护、保养和资产管理。

同年 10 月，市水利局对平望镇西农贸市场剥离的资产净值 41.62 万元折价 16 万元，对市国资委办核销的账销案存资产 170.59 万元折价 2 万元，合计 18 万元，均由改制企业水利建筑工程公司收购。

同年 11 月，市水利局将松陵抽水机管理站改制时先行剥离到水利资产经营公司的原值 609.13 万元、净值 542.73 万元无偿调拨到水利物资站经营管理。

第二节　综合经营生产与效益

　　1986 年,全县水利系统 25 个水利管理单位,综合经营总产值 1732.81 万元,利润 279.71 万元,全员劳动生产率 7544 元,人均利润 1218 元。主要产品:电力变压器 359 台 3.89 万千伏安,小型发电机组 447 台套 770 千瓦,小型电机 5155 台,工业水泵 2164 台,电力电容器 1.2 万台 14.3 千瓦,电容柜 113 台,农机齿轮 5 万只,轴流风机 1087 台,E 级蒸汽锅炉 57 台,水泥电杆 9056 支,硬塑管 107 吨,化纤织物 60 万米,服装 6 万多件,玻纤布 45 万米,以及修配、运输、经营服务等。电力器材厂、水利机械厂、震泽、湖滨、八坼、平望、八都、铜罗等 8 个单位实现利润翻一番。25 个单位中,创利 100 万的一个,50 万元的一个,10 万以上的 7 个。

　　1987 年,全县水利系统综合经营取得三突破,产值 2516.5 万元(突破 2000 万元),利润 398.3 万元(突破 300 万元),全员劳动生产率 1.1 万元(突破万元)。创利单位中,超 100 万元的 2 个,超 20 万元的 2 个,超 10 万元的 6 个,全系统消灭亏损单位。

　　1988 年,全县水利系统综合经营产值 3448 万元,利润 371.01 万元。超 100 万元的 1 个,超 70 万元 1 个,超 20 万元的 4 个,超 10 万元的 4 个。同年,县水利局被国家水利部评为综合经营先进单位和苏州市水利系统开展综合经营先进单位。

　　1989 年,全县水利系统综合经营产值 3347.9 万元,利润达 357.3 万元。形成 12 个创利 10 万元以上的骨干单位。

　　1990 年,全县水利综合经营产值 3400 万元,利润达 421 万元。晋升部级企业 2 个。同年,县水利局颁发水利系统综合经营人均创利"金杯奖",水利电力设备厂、坛丘机电站、八坼机电站分别获得一、二、三名;授予水利电力设备厂、电力器材厂、水利建筑工程公司和松陵、八坼、同里、屯村、梅堰、盛泽、坛丘、震泽、七都机电站为"水利综合经营骨干单位"称号。

　　1991 年,全县水利系统综合经营产值 4739 万元,创利税 610.63 万元。实现农机经营收入 3186.3 万元,利税 101.47 万元,水利、农机合计创利税 712.1 万元。在企业升级中,水利电力设备厂、齿轮厂通过部级先进企业复查考评,通用电器设备厂、震泽进口汽车修配厂通过部级先进企业的升级考评。在产品创优中,水利电力设备厂有 1 个系列被评为部优产品,2 种产品通过省优产品考评。在全国水利系统先进评比中,县水利局再度被国家水利部评为全国综合经营先进单位。县热管锅炉厂旁置式热管锅炉排反烧锅炉列入国家"星火计划",由国家专项拨款,资助生产。

　　1992 年,全市水利农机系统综合经营总收入 2.36 亿元(其中,水利 1.81 亿元,农机 0.55 亿元)。水利电力设备厂、水利工程公司均总收入突破 2000 万元,盛泽、坛丘、八坼、平望水利站及局水利物资站、农机公司总收入均超 1000 万元。工业产值 8880 万元超历史。利税总额 1624 万元,其中利润 1190 万元为历史最高。净利润 4 个单位超 100 万元,3 个单位超 50 万元,10 个单位超 20 万元。主要产品:电力变压器 30 万千伏安,热管锅炉 133 台,机械齿轮 22 万件,化纤织物 257 万米,工业水泵 4496 台,低压配电柜 1716 台,水泥杆 10415 支。市水利局被国家水利部评为全国综合经营先进单位。

　　1993年，全市水利农机总收入3.86亿元，其中水利综合经营收入2.8亿元。全年利税额3145万元，全员劳动生产率7.13万元，人均创利1.06万元（第一年突破万元）。水利电力设备厂第一年出现销售超5000万元、利税突破1000万元的情况。形成一定生产规模的企业19家，产值超千万利税超百万的11家，其中利税达千万1家，300万1家，200万2家。有中外合资企业2家，1993年自营出口7个集装箱，创汇10万美元。全系统有部级先进企业4家，部优、省优产品4只，13种产品领取生产许可证，被国家水利部再度评为全国综合经营先进单位。主要产品：电力变压器60万KVA，热管锅炉168台，机械齿轮30万件，化纤织物2700万米，工业水泵3697台，低压配电柜2443台，水泥杆7793支。江苏省水利系统20强企业，吴江市占4家。人均收入从1992年的4500元提高到7000元。投入技改开发项目5个，投入资金2200万元，相当于固定资产净值的85%。

　　1994年，全市水利农机综合经营总收入4.12亿元，其中水利综合经营总收入3.25亿元。当年工业产值1.63亿元；实现工业产品销售1.75亿元，产销率100%。全年利税3170万元，自营出口创汇23万美元。

　　1995年，全市水利系统技改投入2600万元，总收入4.7亿元，其中工业产值2.05亿元。全年创利税3700万元，自营出口创汇101万美元。全系统拥有部级先进企业4家，省水利系统20强企业5家，部优产品1只，省优产品4只。吴江市被国家水利部表彰为"发展水利经济先进县"。

　　1996年，全市水利农机系统技改投入1500万元，总收入5.2亿元，其中工业产值2.4亿元。实现自营出口创汇180万美元，综合经济效益3000万元。农机经营经销和效益均比1995年有不同程度下降。水利农机经济继续在全省和全国保持领先地位，被省水利厅评为"水利综合经营先进单位"，获国家水利部"全国水利经济十强县"称号。同年，变压器厂、电力器材厂，坛丘、盛泽、八坼、震泽、平望、梅堰水利站被市水利农机局评为"水利综合经营先进单位"。

　　1997年，全市水利农机系统总收入5亿元，其中水利4.23亿元，农机0.77亿元。实现净收入2000万元，自营出口创汇242万美元。技改投入1200万元，一汽轿车服务站建成运行。变压器厂通过法国BVQI①公司的ISO9002质量体系认证评审，领取产品进入国际市场的通行证，通用电器设备厂、市齿轮厂、梅堰龙升公司、一汽轿车服务站等单位均按ISO9000②质量体系建章立制。市水利局获国家水利部"全国水利经济突出贡献奖"。

　　1998年，全市水利农机综合经营总收入4.5亿元，其中工业产值1.6亿元。实现净收入2484万元，自营出口创汇215万美元。

　　1999年，全市水利农机综合经营总收入4.8亿元，净收入4050万元，其中工业产值2.05亿元，自营出口创汇250万美元。

　　2000年，水利农机综合经营总收入3.09亿元，净收入417万元，其中工业产值2.19亿元。

　　2001年，水利系统完成综合经营总收入3.1亿元，净收入2117万元。变压器厂技改投入300万元，新开发的单相变压器通过省级鉴定并投入批量生产，除稳定江浙沪市场外，还开拓广东、华东、北方市场。环氧干式变压器车间实施租赁承包。全年销售1.3亿元，利税1300万元。

　　① BVQI：法国国际检验局下属的专门从事质量和环境体系认证及其他行业标准认证的国际机构。
　　② ISO9000：国际上通用的一种质量管理体系。

2002年,市变压器厂投入技改资金800多万元,新建厂房4000多平方米,新开发的SⅡ-MR系列卷铁芯、35KVA系列油浸、非晶合金铁芯变压器和组合式箱变4种新产品通过鉴定并投入生产。

表16-1　　　　1986~2001年吴江市(县)水利系统综合经营效益表　　　　单位:万元

年份	产值	利润	备注	年份	产值	利润	备注
1986	1732.81	279.71		1994	41200.00	3170.00	含农机系统
1987	2516.50	398.30		1995	47000.00	3700.00	含农机系统
1988	3448.00	371.01		1996	52000.00	3000.00	含农机系统
1989	3347.90	357.30		1997	50000.00	2000.00	含农机系统
1990	3400.80	421.00		1998	45000.00	2484.00	含农机系统
1991	4739.00	610.63	利润含税	1999	48000.00	4050.00	含农机系统
1992	23509.00	1624.00	含农机系统	2000	30900.00	417.00	含农机系统
1993	38600.00	3145.00	含农机系统	2001	31000.00	2117.00	

注:1.1992年起统计口径有所调整,产值栏为收入,利润栏为利税(1996年为经济效益,1997年后为净收入);2.2002年10月撤销市水利综合经营服务站,综合经营收益不再单独统计。

表16-2　　　　1990年吴江县水利综合经营获部(省)级优质产品表

年份	产品名称	企业名称	产品等级
1990	S7系列低损耗变压器30-500KVA等8个规格	吴江县水利电力设备厂	部优
1990	DLTF-6冷却塔专用冷却轴流风机	吴江县七都轴流风机厂	省优
1990	S7系列315KVA低损耗电力变压器	吴江县水利电力设备厂	省优
1990	PGL低压配电框	吴江县八坼通用电器设备厂	省优
1990	旁置式热锅炉排反烧锅炉等6项系列产品	吴江热管锅炉厂	部级

表16-3　　　　1989~1997年吴江市(县)水利综合经营产品获国家专利表

年份	专利名称	专利单位	专利人	专利号
1989	热管炉排反烧生活锅炉	吴江热管锅炉厂	朱有良	88202557
1989	热管燃气生活锅炉	吴江热管锅炉厂	邹文祥、朱有良、沈志诚	89200228
1990	热管燃气开水器	吴江热管锅炉厂	朱有良	89204692
1990	旁置式热管炉排反烧生活锅炉	吴江热管锅炉厂	朱有良	89209087
1990	热管热水器	吴江热管锅炉厂	朱有良	90209251
1990	热管炉排反烧炉灶	吴江热管锅炉厂	朱有良	89216431
1990	低噪声高效玻璃钢冷却塔	吴江热管锅炉厂	朱有良	88220695
1992	多孔型煤侧饲横烧炉灶	吴江热管锅炉厂	朱有良	91200639
1992	分相燃烧式热管锅炉	吴江热管锅炉厂	朱有良	92201230
1993	分相燃烧的热管锅炉	吴江热管锅炉厂	朱有良	92201230
1994	避雷器内藏式电力变压器	吴江市变压器厂	何有水、张家骞、林灿华、毛健元、沈向东	93247114
1995	旁置式水管炉排反烧锅炉	吴江热管锅炉总厂	朱有良、金秋生、秦小毛、顾玉珍、韩承昌、程景玉	94245312
1996	炊事组合厨	吴江市长城炉具厂	彭海志、顾勤良、徐国华	95318061
1997	炊事组合厨	吴江市长城炉具厂	彭海志、顾勤良、徐国华	96203317

第三节 综合经营企业选介

80年代中期,在水利综合经营稳定发展的基础上,县水利局确定水利机械厂、电力器材厂等12个骨干企业,采取适当放权让利的政策,予以重点扶持。经过努力,这12个骨干企业起到排头兵的作用,成为全市(县)综合综营的中坚力量。本章主要记述吴江市水利电力设备厂、吴江市通用电器设备厂两家部级先进企业和部分水利施工企业的有关情况。

一、吴江市水利电力设备厂

(一)企业沿革

1971年7月,吴江县水利机械修配厂在松陵镇三江桥县水利局仓库成立。主要担负全县农田水利、排灌机电设备的修配和部分设备的制造。厂内设金工、电工、维修等车间。1974年10月,成立吴江县第二抗旱排涝队,设在县水利机械修配厂内,实行队厂统一领导。1986年3月,县第二抗旱排涝队改称国营吴江县松陵抽水机管理站。1988年3月,县水利机械修配厂改名国营吴江县水利电力设备厂,撤销原增挂的江苏省水利工程综合经营公司吴江县水利电力设备厂名称。同年10月,县水利电力设备厂增挂吴江县水利电子仪器厂名称。1992年5月,吴江撤县设市,原冠名中县称全部改为市称。同月,县水利电子仪器厂更名为吴江市变压器厂。1995年5月,市变压器厂与沈阳变压器厂技术联营,挂沈阳变压器厂吴江分厂牌子。2004年7月,市松陵抽水机管理站、市变压器厂、沪江特种变压器厂整体改制为吴江市变压器厂有限公司。

(二)产品开发

建厂初期,工厂主要生产排灌、积肥专用泵和修理电动机、拖拉机、柴油机。1972年,第一台发电机和变压器相继研制成功。1973年,为吴江化肥厂制造3台35千伏电压等级1800千伏安变压器全部达国家标准。1976年唐山大地震后,完成苏州指定的矿用变压器生产任务。1983年10月,完成10台S7-100/10电力低损耗变压器样机试制。1985年,S7-30-315电力变压器获省水利厅科技成果一等奖。1988年,电力变压器取得省标准局质量合格证。1990年,工频柴油发动机组的4个品种产品生产许可证通过国家机电部审查验收;S7-315千伏安/10电力变压器获得江苏省优质产品性能审查验收;S7-30-500电力变压器获省计划经济委员会"优质产品奖"。1991年,S7-30~500千伏安/10系列电力变压器通过国家水利部优质产品性能验收;新型TZS-2255-430千瓦三相同步发电机通过试制鉴定,并经国家检测中心(上海电器科学研究所)性能测试合格。1992年,工厂硬件性能测试试验经国家机电部生产许可证验收合格;农用变压器试制通过性能测试和省检测中心试验,并通过国家机电部农机公司组织的部级鉴定。1993年,SFL-100-500/10内藏式避雷变压器获上海市电力工业局质量认可证书。1994年,避雷器内藏式电力变压器获国家专利(专利号93247114.5)。1997年,CSP-B-100-50G/10自保防雷配电变压器获"吴江市科技进步二等奖""苏州市科技进步四等奖";通过ISO9001质量体系以及法国BVQI认证。1998年,SH11-30-500/10、DH-25-100/10非晶合金铁芯配电变压器获"吴江市科技进步一等奖";新S9系配电变压器获"吴江市科技进步三等奖";被省授予"高新技术企业"奖牌和证书;进入国家经济贸易委员会第一批全国城乡电网建设与改造所需主要设备产品及生产企业推荐目录,并列入国家重点经贸产品招标与采购目录,1999~2000年相继进入第二、第三批。2003年,质量体系转换为ISO9001—2000版。

(三)技改投入

建厂初期,工厂土地面积1800平方米,厂房面积480平方米,固定资产9.28万元,流动资金6.99万元。后自己动手建造1000多平方米厂房,制造28台4千瓦电动机、6台613车床、1台加长630车床、1台60吨冲床、3台8吨冲床、3台3米×1.2米剪板机,扩大工厂生产能力。1991年6月,在老厂区西侧征地60亩建设新厂区,1994年7月竣工。新厂区内厂房、办公大楼及附属设施一应俱全,道路、绿化全部配套。1994年底,工厂土地面积47360平方米,建筑面积13760平方米,厂房面积12269平方米。

表 16-4　　　　　　　　　　　1983~1994 年水利电力设备厂职工、面积表

年份	职工(人)		面积(平方米)		
	总人数	技术人员	土地	建筑	厂房
1986	230	8	5650	3660	2760
1987	245	21	9277	6355	5300
1988	245	23	9277	6855	6209
1989	252	25	9277	7300	6389
1990	260	33	9277	7300	6389
1991	260	35	9277	7300	6389
1992	281	43	9277	7300	6389
1993	307	46	47360	12680	11189
1994	350	38	47360	13760	12269

(四)生产经营

1986年,工厂固定资产172.54万元,流动资金134.33万元,工业总产值364.03万元,生产发电机447台套/0.7102万千瓦,变压器359台套/4.247万千伏安,工厂销售299.72万元,税金14.99万元,利润53.67万元,人均创利2333元。1994年,工厂固定资产1165万元,流动资金2243万元,工业总产值6292万元,生产发电机376台套/0.5458万千瓦(产品产量调整),变压器2284台套/80.372万千瓦,销售5433万元,税金210万元,利润636.2万元,人均创利1.8177万元。

表 16-5　　　　　　　　　　　1986~1994 年水利电力设备厂生产经营情况表

年份	固定资产(万元)	流动资金(万元)	工业总产值(万元)	发电机产量 台套/万千瓦	变压器产量 台/万千伏安	销售额(万元)	税金(万元)	利润(万元)	人均创利(万元)
1986	172.54	134.33	364.03	447/0.7102	359/4.247	299.72	14.99	53.67	0.2333
1987	181.70	176.30	682.15	687/1.3626	663/7.804	551.60	28.00	71.83	0.2931
1988	219.20	224.90	1036.00	735/1.56	929/12.367	1002.80	50.20	103.40	0.4220
1989	347.50	412.70	1167.00	1253/3.053	354/6.482	862.30	43.10	152.70	0.6059

（续表）

年份	固定资产（万元）	流动资金（万元）	工业总产值（万元）	发电机产量台套/万千瓦	变压器产量台/万千伏安	销售额（万元）	税金（万元）	利润（万元）	人均创利（万元）
1990	400.90	455.00	1054.00	147/0.3252	598/9.1295	744.80	34.80	180.50	0.6942
1991	445.50	439.00	1234.80	247/0.0866	718/11.706	1155.30	57.74	193.89	0.7456
1992	508.10	583.00	2262.90	298/0.374	1340/32.5170	2208.60	110.40	231.00	0.8220
1993	705.40	2158.00	5325.00	376/0.5458	2244/60.1995	5325.00	375.74	489.20	1.5934
1994	1165.00	2243.00	6292.00	376/0.5458	2284/80.3720	5433.00	210.00	636.20	1.8177

（五）职工福利

1975年，开始在吴江市区建造4处新工房，1991年达95套（全厂职工250人，其中双职工占40%）。1992年，全厂已婚职工基本拥有一套40~45平方米的结婚用房。1994年9月，新建80平方米男女浴室（每室设置10只淋浴喷头）交付职工使用。至1995年7月，全厂职工住宅面积为8698平方米，职工人均24.8平方米。职工房租每平方米0.06元。单身职工宿舍配备彩电、电扇和液化气。工会活动室有录像机、彩电等文体设施。全厂职工每月按工龄发放煤气补贴。

表16-6　　　　　　　　1995年水利电力设备厂职工住宅情况表

住宅区地名	数量(套)	每套建筑面积(平方米)	住宅区地名	数量(套)	每套建筑面积(平方米)
辉德湾	18	52.00	鲈乡西区	1	67.44
西元圩	26	41.00	县府街	1	53.89
下塘街	14	58.70	永康弄	1	63.94
新土街	28	57.30	木浪桥	1	63.46
辉德湾西弄	2	70.96	下塘街	1	72.76
辉德湾西弄	2	79.00	木浪桥	1	80.00
庆丰弄	1	65.60	下塘街	2	78.66
鲈乡西区	1	65.80	新　区	40	93.00

二、吴江市通用电器设备厂

1987年，吴江县通用电器设备厂建立。1990年获部级生产合格证。1997年4月开始，按质量保证模式的要求建立质量管理体系，1998年，获得ISO9002质量体系认证。同年，被国家经济贸易委员会列入全国城乡电网建设与改造主要设备产品及生产企业推荐目录，被省电力工业局定为在省内发供电单位具有销售资质的企业，具有全面生产各类高、低压交流配电设备和控制设备的能力和资格。2000年3月，企业转制为吴江通用电力电器设备有限责任公司。

该厂先后被评为国家水利部先进企业、省水利系统二十强企业、省水利系统先进管理企业、苏州市文明单位、吴江市文明单位、吴江市属工业十面红旗竞赛优胜单位、"AAA"级资质信用企业、重合同守信用单位。工厂产品被评为苏州市质量信得过产品、苏州市名牌产品。产品销售遍布全国，并远销伊朗、叙利亚、厄瓜多尔和新加坡等国。典型工程有：上海博物馆，上海凤凰自行车厂，南京中日友好会馆，广西南宁、柳州、贵港（贵糖集团）等造纸工程，东山国宾馆,苏州精细化工集团,世界银行援建江苏四大水利工程,嘉兴发电厂及常熟发电厂等工程。

三、水利施工企业

80年代前,吴江没有专门的水利施工队伍,境内的农田水利工程基本上都是由水利部门根据工程规模大小,临时组织零散在乡间的石匠和泥瓦匠承担施工任务。1985年,平望机电站成立水利工程队,登记为乡办集体,成为县内首家水利施工队伍。80年代中后期,随着农田水利工程的发展,各基层水利管理单位开始成建制地建立水利工程施工队伍。1990年,经江苏省水利厅、江苏省建设委员会批准,吴江县水利建筑工程公司获得水利水电建筑施工三级资质,吴江县梅堰机电站水利工程队、吴江县松陵水利工程队、国营吴江县盛泽机电站水利工程队获得水利水电建筑施工四级资质,成为县内水利施工骨干队伍。1993年,为提升水利工程施工资质,市水利局组建吴江市土石建筑工程公司,兼并15家基层水利站的水利施工队伍,施工资质为二级。市内所有水利施工队伍的经济性质均为全民所有制。1996年2月,成立水利局基建办公室。1998年,建立江苏省苏源工程建设监理中心吴江工程建设监理分站,从事工程建设监理。监理分站有注册监理工程师19名。

（一）吴江市水利建筑工程公司

1980年,在平望机电站组建,1985年,登记为乡办集体。1986年,经县水利局批准,正式成立吴江县水利工程队。1987年3月27日,县水利局下发《关于吴江县水利工程队人员编制实行独立通知》,已定位在水利工程队的固定工人员编制从平望机电站划出,列入水利工程队,人员性质不变。工程队实行独立核算。并建议平望镇党委给水利工程队另设党支部。同年10月21日,县水利局向县计委提出《关于水利工程队等单位调整性质的请批报告》,将县水利工程队并入县堤闸管理所,作为该所的第二名称,性质与堤闸管理所相同,为全民事业单位。同年12月25日,县水利局再次向县计委提出《关于成立吴江市水利建筑工程队的请批报告》,同日,县计委批复同意成立吴江县水利建筑工程队,企业性质为全民所有制,实行独立核算。工程队由堤闸管理所统一领导,并加强工程技术和安全管理。1988年,吴江县水利建筑工程队取得进入上海市许可证。1989年5月17日,县计委批复同意吴江县水利建筑工程队更名为吴江县水利建筑工程公司,经济性质和管理体制不变。1990年,申报水利水电建筑施工三级资质并获江苏省水利厅、江苏省建设委员会批准。1992年5月,吴江撤县设市,更名为市水利建筑工程公司。2002年9月2日,获得房屋建筑工程总承包二级资质和地基与基础工程专业承包三级资质。2004年,企业改制,市水利建筑工程公司完成产权制度改革任务。

（二）吴江市松陵水利工程队

1986年,在松陵机电站组建。1987年3月,经县水利局批准,正式成立国营吴江县松陵机电站水利工程队。1990年,更名为吴江县松陵水利工程队,其隶属关系、经济性质和核算形式不变。同年,申报水利水电建筑施工四级资质并获江苏省水利厅、江苏省建设委员会批准。1995年,根据市水利局要求,并入吴江市土石建筑工程公司,改称市土石建筑工程公司松陵分公司。1998年,向市水利局申请与总公司脱钩,恢复吴江市松陵水利工程队独立法人建制。1999年,重新获得省水利厅、省建委批准的水利水电建筑施工四级资质。2002年,获得水利水电工程施工总承包三级资质。2005年,获得市政公用工程施工总承包三级资质和地基与基础工程专业承包三级资质。

（三）吴江市水利市政工程公司

1985年,在梅堰机电站组建。1987年11月,经县水利局批准,正式成立吴江县梅堰水利工程队。1990年,申报水利水电建筑施工四级资质并获省水利厅、省建设委员会批准。2002年,获得水利水电工程施工总承包三级资质。

（四）吴江市土石建筑工程公司

1993年2月13日,市计委批复市水利局,同意成立吴江市土石建筑工程公司,经济性质为全民所有制,实行独立核算,人员内部调剂安排。同年8月21日,市水利局下发《关于撤销原施工企业的通知》,水利系统原来的15个水利工程队撤销,全部资产统归土石建筑工程公司,对外接洽业务一律以土石建筑工程公司(或分公司)出面。工程公司施工资质为二级。2001年9月10日,划归吴江市太浦河工程管理所,作为其下属单位。2002年8月9日,获得水利水电工程施工总承包三级资质。

（五）其他水利工程队

1987年,同里机电站工程队、国营盛泽机电站水利工程队、国营吴江县芦墟机电站水利工程队相继成立。1988年3月,吴江县水利水电安装工程队成立,属事业办企业性质。1989年,七都、坛丘、平望、莘塔、金家坝、北厍、黎里、屯村、横扇、八坼、东太湖、青云、铜罗、桃源、菀坪机电站水利工程队相继成立。1990年12月,吴江县南麻水利建筑工程队成立。之后,随着八都、庙港、震泽水利工程队的成立,全县23个乡镇水利管理单位全部拥有水利工程施工队伍。

第十七章　水利科技

　　水利科技要求各级水利部门和科技人员在水利工程建设和管理中遵循客观实际,应用科学理念规划水利,使用先进技术设备武装水利,采用现代方式管理水利。随着现代农业开发、城镇建设和国民经济的提升、科技组织的健全、科技队伍的扩大、科技人员技术素质的提高、水利技术学科的增多,吴江的水利科技也不断进步。1989年9月,县水利局设置水利勘测设计室,主要负责全县水利勘测设计工作并对外服务。1994年,水利勘测设计室获勘测丙级、测量丙级资质。水利工程指导站测绘业务涉及控制测量、地面测量、市政工程测量、水利工程测量等。80年代中期之后,水利工程施工队伍快速发展壮大。水利学会组织的学术活动也随着水利任务和社会需求逐年增加。据不完全统计,1986~2005年,全市(县)立项的应用与推广科技课题有31项,其中,获得省(部)级奖的有15项、苏州市级奖的有10项、吴江市(县)级奖的有26项(一些项目多层次获奖);在省级以上刊物发表的论文有47篇。水文测报也为防汛抗旱、水利建设提供科学依据和有效服务。

第一节　科技组织

一、水利学会

　　市水利学会是在市委、市政府领导下的水利科学技术工作者的学术性群众团体,是市科学技术协会的组成部分,是党和政府联系水利科学技术工作者的纽带和开展水利科学技术事业的助手,同时亦是苏州市水利学会的当然团体会员。

　　1987年12月10~12日,县水利学会召开第三届会议,学会全体理事、各机电站和其他单位的会员代表60多人出席会议。理事长宋大德代表第二届理事会作工作报告,副理事长宋夕英作理事会选举办法说明。会议选出第三届理事会组成人员。朱克丰任理事长,张卫国任秘书长。会议还推选宋大德为名誉理事长,宋夕英、卢崇甲、李克、毛玉斌、邹文祥为名誉理事。学会设勘测设计组、农田水利组、工程管理组、机电排灌组。

　　1994年4月26日,市水利学会召开第四届会议。会议传达市科协工作会议精神,改选市水利学会理事会,并对1991~1993年的科技成果和学术论文进行评选。第四届理事会由朱克丰任理事长,姚雪球、李新民、朱平任副理事长,薛金林任秘书长,陈东阜、邵明其任副秘书长。

1999 年 5 月,市水利学会召开第五届会议。会议听取上一届理事工作报告,改选理事会。第五届理事会由金红珍任理事长,薛金林任秘书长。

2004 年 4 月 29 日,市水利学会第六届代表大会在鲈乡山庄会议中心召开。出席会议的代表 48 名,代表全系统 150 多名水利学会会员。代表中具有大专以上文化的 38 名,占79.16%;具有高级职称的 9 名,占 18.75%;中级职称的 28 名,占 58.33%。理事长金红珍代表第五届理事会作工作报告;会议通过《吴江市水利学会章程》;选举第六届理事会组成人员,产生理事长、副理事长、秘书长和各学组负责人。市科协领导参加会议。第六届理事会由姚雪球任理事长,徐瑞忠任秘书长。学会设咨询中心、规划与设计学组、水政监察学组、工程管理学组、水资源学组、建设与施工学组、财经学组、人事政工学组、防汛抢险学组。

表 17-1　　　　　　　　　1980~2005 年吴江市(县)水利学会理事会领导人员表

届　别	理事长	副理事长	秘书长	副秘书长	任职时间
第一届	宋大德	宋夕英、张明岳、凌志沂、卢崇甲	张明岳(兼)		1980.3~1985.7
第二届	宋大德	蒋伯荣、宋夕英、卢崇甲	蒋伯荣(兼)	张卫国	1985.7~1987.12
第三届	朱克丰		张卫国		1987.12~1994.4
第四届	朱克丰	姚雪球、李新民、朱平	薛金林	陈东阜、邵明其	1994.4~1999.5
第五届	金红珍		薛金林		1999.5~2004.4
第六届	姚雪球		徐瑞忠		2004.4~2005.12

注:第三届水利学会还推选宋大德为名誉理事长,宋夕英、卢崇甲、李克、毛玉斌、邹文祥为名誉理事。

二、水利勘测设计室

1989 年 9 月 29 日,县编制委员会批准建立吴江县水利勘测设计室(与水利工程指导站实行一套班子两块牌子),属全民事业单位,独立核算。主要负责全县水利勘测设计工作,争取对外服务。人员编制暂定 8 人(本系统内抽调)。筹建经费在局预算外收入中列支。办公地点设在松陵镇西门庆丰桥县堤闸管理所院内。

1992 年 5 月,撤县设市,更名为吴江市水利勘测设计室。

1993 年 12 月 25 日,市编制委员会批准吴江市水利勘测设计室单独建制,为股级全民事业单位,人员编制 12 名,经费自理。办公地点设在松陵镇西环路水利局办公大楼内。

至 1993 年 12 月底,水利勘测设计室为全市设计水闸 152 座,造价 2324 万元;泵站 36 座,合计流量 94.3 立方米,造价 1697 万元。其中莘塔龙泾泵站(流量 8 立方米)、八都贯桥泵站(流量 6 立方米)获"苏州市十佳工程",梅堰梅南 6 米套闸、莘塔龙泾 5 米套闸获"苏州市水利工程二等奖"。

1994 年,水利勘测设计室获勘测丙级、测量丙级资质。

2000 年 10 月 18 日,市水利局水利工程指导站测绘资格证书更名为市水利勘测设计测绘资格证书。测绘业务主要是控制测量、地面测量、市政工程测量、水利工程测量等。

第二节　科技活动与成果

一、应用与推广课题

据不完全统计,1986~2005 年吴江水利系统立项的应用与推广科技课题有 31 项,其中,获得省(部)级奖的有 17 项、苏州市级奖的有 10 项、吴江市(县)级奖的有 26 项(一些项目多层次获奖)。

1987 年,完成《水稻直播机、水稻插秧机对比试验》和《池塘养鱼机械化技术推广试验》等课题。

1990 年 6 月,《预制混凝土多孔板研究与应用》课题经过 8 年试建推广,通过技术鉴定,省市同行专家认为属省内首创,国内同级实用技术上具领先地位,具有推广价值和很明显的社会效益。同年 12 月,《升滑门的研究与应用》课题经 3 年研究应用,通过技术鉴定,专家认为升滑门设计构思新颖,造价较低,适应于圩口闸,在实用技术上具有独特的创造,达到国内先进水平。《鱼虾机械化养殖技术》是县水利农机局参与的一项全国性课题,推广使用中,在芦墟一次投入 35 台,经测定鱼体发育正常,并有明显的增肉比。同年底,《手拖水田驱动耙》课题通过技术鉴定。同年进行的还有《三麦免耕播种机械化技术》课题。

1991 年 11 月 13 日,县水利工程指导站发明的"水闸门的启闭装置"经中国专利局审查授予专利权,专利号 91202083。同年 12 月 16 日,由市科委组织的"纤维水泥土砂浆"科技成果鉴定会在梅堰水利站召开。苏州市水利局,吴江市科委、市水利局,梅堰水利站等单位的专家和技术人员出席鉴定会。鉴定会由苏州市水利局高级工程师瞿兴雄主持。会上,专家们一致认为,该砂浆为国内首创,并具有推广应用价值,达到国内先进水平。

1992 年,完成《WY-1 型小型泵站无线电遥控通讯装置》课题。

1993 年,市政府行文确定 8 项吴江市"八五"科技发展规划水利项目,分别为"太湖流域十大骨干工程实施后,我市水情的演变分析及对洪涝灾害的预防对策""吴江经济技术开发区环境治理的探讨""吴江市水资源开发利用现状分析""我市建设'吨粮田'的模式研究""复活砖化钢筋混凝土的试制与应用""纤维水泥土砂浆的开发利用""泵站清污设备的研制""闸站结合设计的研究"。完成《江苏省吴江市水资源开发利用现状与分析研究》《浮箱迭梁式钢插板门(含启闭运输装置)的研究应用》课题。

1994 年,《吴江市盛泽经济技术开发区西区环境综合治理工程》《泵站自动清污机研制》课题通过省厅级鉴定。

1995 年,《人工挖孔现浇桩新工艺的研制和应用》课题通过市级技术鉴定。

1997 年,《吴江市地下水资源调查评价报告》通过省水利厅评审验收。《苏口(SK)型旋塞式农田放水口门》课题通过省水利厅和专家组技术鉴定。《河道疏浚机械机型的选择》应用研究申报省水利厅立项。

1998 年 3 月 15 日,吴江变压器厂研制生产的非晶合金铁心配电变压器技术鉴定会在吴江宾馆举行。鉴定会由苏州市供电局、机械局组织。与会专家一致认为工艺装备齐全、产品结构合理、产品性能为国内领先,达国际同类产品水平,具有广泛的推广应用前景。同年9月3~4日,"吴江市城市总体规划"评审论证会在松陵饭店召开。会上,由市水利农机局编制的《吴江市城市防洪排涝规划方案》通过专家评审,并受到好评。同年12月11日,"谷物低温烘干储藏、加工技术研究"项目成果鉴定会在市水利农机局举行。会议由苏州市科委主持,省农机局、苏州市水利农机局、吴江市科委的专家和领导参加技术鉴定。鉴定会认为:该项目完成计划任务规定的建设经济指标,经济效益和社会效益明显,其使用技术及机具选型组合在南方水稻区处于领先水平。完成《新型农田放水口门研究》课题,并通过省级技术鉴定。开展《大流量潜水电泵在农田排灌上的研究与应用》和《小型灌区的自动化研究》课题。

1999年2月1日,"液压抓斗自航式河道清淤机"通过省农机局、苏州市水利农机局、苏州市航道管理处等单位组织的科技成果项目鉴定和小批量生产技术鉴定。在苏州现代农业吴江震泽示范园区进行"日本RR6、RR6F高速插秧机性能、生产、适应性试验和经济效益分析",完成试验面积10公顷,其成果得到农业部农机技术推广总站验收。"乡村中小型河道清淤机械的研制和试验"经省农机部门科技成果鉴定和新产品小批试制鉴定,并在全省布点推广11台套。完成"秸秆气化技术的应用与试验"的调研和方案设计。同年7月,完成《吴江市地下水开采与地面沉降研究》课题。中科院在吴江建立GPS地面沉降监测系统,设置松陵、同里、莘塔、平望、横扇、太浦闸、七都、震泽、桃源、盛泽10个监测点。

2000年,开展秸秆还田机和3WD、3WX系列高效喷雾机的示范试验,对引进的手提式3WD-150型、手拖式3WX-200型、中拖式3WX-600型、背负式3WA-16型机动喷雾机进行适用性试验。

2001年5月25日,"劈裂灌浆技术在环太湖大堤加固中的应用"技术鉴定会在市水利农机局三楼会议室召开。会议由苏州市水利农机局主持,与会专家在实地查看现场和听取施工建设单位汇报后,通过该项目成果的技术鉴定。

2002年1月11~13日,省水利厅,苏州市科技局、水利局和有关科研院校组成专家组,对吴江市2001年度实施的3项科技项目("吴江市水位雨量自动采集系统的研制应用""QW120A型悬挂抓斗式清污机的研制应用""水泵电动机软起动软停车技术的推广应用")进行鉴定验收。同年3月19日,苏州市水利局组织优秀建筑物评比专家组到吴江,对"吴江市经济开发区运东分区防洪工程规划"项目进行评审。同年7月4日,省水利厅在吴江召开"吴江市区域供水工程水资源论证报告书"审查会。省水文水资源局,苏州市水利局、水文水资源局,吴江市水利局、吴江市区域供水工程指挥部等单位的领导参加会议。

2003年12月22日,"吴江市地下水水位水量自动监测信息管理系统"项目评审鉴定会议召开。省水利厅、东南大学、省水科院和苏州市水利局、科技局的领导和专家,对项目的研制和实施进行鉴定,一致认为该项目具有国内领先水平。

2005年,完成《城镇河道护岸工程生态混凝土开发及应用》课题。

表 17-2　　　　　　　1986~2004 年吴江水利系统获省（部）级科技成果奖情况表

年份	项目名称	授奖部门	获奖情况	获奖单位	项目主要完成人员
1986	ST-30-315/10 电力变压器	江苏省水利厅	水利科技成果一等奖	吴江县水利电力设备厂	
1986	20 寸轴流泵肘形进水弯管	江苏省水利厅	水利科技成果二等奖	吴江县水利局、吴江县青云机电站	
1990	升滑门的研究与应用	江苏省水利厅	水利科技进步二等奖	吴江县水利局	朱克丰、姚雪球、陆雪荣、邹文祥、盛永良
1990	预制钢筋混凝土多孔板护坡的研究与应用	江苏省水利厅	水利科技进步三等奖	吴江县水利局	张明岳、姚雪球、陆雪荣、陈士元
1991	鱼虾养殖增产适用机械化配套技术	农业部	科技成果二等奖	江苏省农机技术服务中心、吴江县水产局、吴江县水利农机研究所	李明孚、葛德宏、陈新华、成麦、计新明
1992	WY-1 型小型泵站无线电遥控通讯装置	江苏省水利厅	水利科技进步二等奖	吴江市水利局、吴江现代电子设备厂	朱平、陈炳元、朱鸿斌
1993	江苏省吴江市水资源开发利用现状与分析研究	江苏省水利厅	水利科技进步二等奖	吴江市水利局	徐金龙、谭荣初、曹国强、陈强、李金观
1993	浮箱迭梁式钢插板门（含启闭运输装置）的研究与应用	江苏省水利厅	水利科技进步三等奖	吴江市堤闸管理所	贝民建、贺春权、朱克丰、陈东阜、王汝才
1995	人工挖孔现浇桩新工艺的研制与应用	江苏省水利厅	水利科技进步三等奖	吴江市水利局	姚雪球、包晓勇、朱克丰、陈士元、汝雪明
1995	吴江市盛泽镇经济技术开发西区环境综合治理	江苏省水利厅	水利科技进步三等奖	吴江市水利局	张明岳、姚雪球、朱克丰、赵培江、金红珍
1996	吴江市地下水资源调查评价报告	江苏省水利厅	水利科技进步二等奖	吴江市水利局、江苏地质工程勘察院	徐金龙、谭荣初、刘家晋、于军、张仲根、吴建斌
1997	苏口（SK）型旋塞式农田放水口门	江苏省水利厅	水利科技进步三等奖	苏州市水利农机局、吴江市水利农机局、吴县市水利农机局	陈江红、瞿兴雄、骆金标、汪家云、王福荣
1999	吴江市地面沉降与开采地下水关系的研究	江苏省水利厅	水利科技进步三等奖	吴江市水利农机局、江苏省地质调查研究院	徐金龙、姚炳奎、谭荣初、张仲根、唐忠林

（续表）

年份	项目名称	授奖部门	获奖情况	获奖单位	项目主要完成人员
2001	软起动和软停车技术在中小型泵站中的研究应用	江苏省水利厅	水利科技推广三等奖	吴江市水利局、上海宏港电气节能技术研究所	朱平、金红珍、孙贵林、朱兴福、颜欲晓、仲惠民、朱敏华、汝雪明
2001	吴江市水位雨量自动采集系统的研制应用	江苏省水利厅	水利科技推广三等奖	吴江市水利局、吴江市新源计算机网络工程有限公司	姚雪球、金红珍、邱俊杰、薛金林、姚忠明
2003	水闸工程自动化控制系统的研制应用	江苏省水利厅	水利科技优秀成果三等奖	吴江市水利局、江苏省引江水利水电设计研究院	姚雪球、金红珍、陆雪荣、孙汉明、孔月芬
2004	吴江市地下水水位水量自动监测管理信息系统	江苏省水利厅	水利科技优秀成果二等奖	吴江市水利局、苏州东大智能系统有限公司	张为民、陆雪林、邱俊杰、张仲根、吴建斌、薛金林

表 17–3　　　　1988~2005 年吴江水利系统获苏州市级科技成果奖情况表

年份	项目名称	授奖部门	获奖情况	获奖单位	项目主要完成人员
1988	吴江盛泽镇洪涝综合治理	苏州市政府	科技进步二等奖	吴江县水利局	朱克丰、李新民、朱平、姚雪球、宋文荣
1990	升滑门的研究与应用	苏州市政府	科技进步三等奖	吴江县水利局	
1993	江苏省吴江市水资源开发利用现状分析研究	苏州市政府	科技进步三等奖	吴江市水利局	
1993	浮箱迭梁式钢插板门的研究与应用	苏州市政府	科技进步四等奖	吴江市堤闸管理所	贝民建、贺春权、朱克丰、陈东皋、王汝才
1997	CSP–B–100–50G/10 自保防雷配电变压器	苏州市政府	科技进步四等奖	吴江变压器厂	林灿华、吴益东、沈向东、毛健元、花虹
1998	吴江市地下水资源调查评价	苏州市政府	科技进步四等奖	吴江市水利农机局、江苏地质工程勘察院	徐金龙、谭荣初、刘家晋、于军、张仲根、吴建斌
1998	谷物低温烘干贮藏、加工技术研究	苏州市政府	科技进步三等奖	吴江市水利农机局、震泽镇农业公司、震泽镇农机站	汤卫明、王承义、王成学、朱学明、潘志荣
1999	乡村中小型河道清淤机机械的研制和试验	苏州市政府	科技进步四等奖	吴江市水利农机研究所、吴江芦墟农机厂	汤卫明、朱金根、葛德宏、詹雄伟、罗成定
2000	吴江市地面沉降与开采地下水关系的研究	苏州市政府	科技进步四等奖	吴江市水利农机局、江苏省地质调查研究院	徐金龙、姚炳奎、谭荣初、张仲根、唐忠林
2003	水闸工程自动化控制系统的研制应用	苏州市政府	科技进步三等奖	吴江市水利局、江苏省长江水利水电设计研究院	姚雪球、金红珍、陆雪荣、孙汉明、孔月芬

表 17-4　　　　　1988~2005 年吴江水利系统获吴江市（县）级科技成果奖情况表

年份	项目名称	授奖部门	获奖情况	获奖单位	项目主要完成人员
1988	吴江盛泽镇洪涝综合治理	吴江县政府	科技进步奖	吴江县水利局	朱克丰、李新民、朱平、姚雪球、宋文荣
1989	热管炉排双层反烧锅炉	吴江县政府	科学技术进步一等奖	吴江热管锅炉厂	朱友良、邹文祥、张俊耀、韩承昌
1990	升滑门的研究与应用	吴江县政府	科学技术进步一等奖	吴江县水利局	朱克丰、姚雪球、陆雪荣、邹文祥、盛永良
1990	预制钢筋混凝土多孔板护坡的研究与应用	吴江县政府	科学技术进步二等奖	吴江县水利局	
1991	旁置式热管炉排反烧锅炉	吴江县政府	科学技术进步一等奖	吴江热管锅炉厂	朱友良、韩承昌、金秋生、杜令棣、顾玉珍
1991	镇东排水站工程	吴江县政府	科学技术进步三等奖	吴江县水利局	朱平、朱克丰、陈士元
1991	鱼虾养殖增产适用机械化配套技术	吴江县政府	科学技术进步二等奖	江苏省农机技术服务中心、吴江县水产局、吴江县水利农机研究所	李明孚、葛德宏、陈新华、成麦、计新明
1993	江苏省吴江市水资源开发利用现状分析研究	吴江市政府	科学技术进步一等奖	吴江市水利局	徐金龙、谭荣初、曾国强、陈强、李金观
1993	浮箱迭梁式钢插板门的研究与应用	吴江市政府	科学技术进步二等奖	吴江市堤闸管理所	贝民建、贺春权、朱克丰、陈东阜、王汝才
1993	直升门的水力助动改进设计	吴江市政府	科学技术进步三等奖	吴江市水利局	姚雪球、金红珍、张锦煜
1994	吴江市盛泽经济技术开发区西区环境综合治理	吴江市政府	科学技术进步二等奖	吴江市水利局	张明岳、姚雪球、朱克丰、赵培江、金红珍
1995	人工挖孔现浇桩新工艺的研制与应用	吴江市政府	科学技术进步二等奖	吴江市水利局	包晓勇、姚雪球、朱克丰、陈士元、汝雪明
1997	CSP-B-100-50G/10 自保防雷配电变压器	吴江市政府	科学技术进步二等奖	吴江变压器厂	林灿华、吴益东、沈向东、毛健元、花虹
1997	吴江市地下水资源调查评价	吴江市政府	科学技术进步二等奖	吴江市水利农机局、江苏地质工程勘察院	徐金龙、谭荣初、刘军晋、于军、张仲根
1998	SH11-30-500/10 DH-25-100/10 非晶合金铁芯配电变压器	吴江市政府	科学技术进步一等奖	吴江市变压器厂	钱桂根、林灿华、沈向东、葛晓村、吴益东
1998	谷物低温烘干贮藏、加工技术研究	吴江市政府	科学技术进步一等奖	吴江市水利农机局、震泽镇农业公司、震泽镇农机站	汤卫明、王承义、王成学、朱学明、潘志荣
1998	新S9系配电变压器	吴江市政府	科学技术进步三等奖奖	吴江市变压器厂	林灿华、沈向东、吴益东、杜心庄、花虹
1998	水稻生产机械化机具造型配套示范试验	吴江市政府	科学技术进步三等奖	吴江市水利农机研究所	葛德宏、赖文良、汤卫明、詹雄伟、罗成定
1999	乡村中小型河道清淤机机械的研制和试验	吴江市政府	科学技术进步一等奖	吴江市水利农机研究所、吴江芦墟农机厂	汤卫明、朱金根、葛德宏、詹雄伟、罗成定

（续表）

年份	项目名称	授奖部门	获奖情况	获奖单位	项目主要完成人员
1999	吴江市地面沉降与地下水开采关系的研究	吴江市政府	科学技术进步二等奖	吴江市水利农机局、江苏地质调查研究院	徐金龙、姚炳奎、谭荣初、张仲根、唐忠林
2000	多功能乡村道路、农田水利作业机的研制和试验	吴江市政府	科学技术进步奖	吴江市水利农机研究所、吴江市长江工程机械公司	詹雄伟、顾文良、郑一冰、陈浩、钮红妹
2001	吴江市水位雨量自动采集系统的研制应用	吴江市政府	科学技术进步一等奖	吴江市水利局、吴江市新源计算机网络工程公司	姚雪球、金红珍、邱俊杰、薛金林、姚忠明
2002	水闸工程自动化控制系统的研制应用	吴江市政府	科学技术进步一等奖	吴江市水利局、江苏省长江水利水电设计研究院	姚雪球、金红珍、陆雪荣、孙汉明、孔月芬
2002	劈裂灌浆技术在环太湖大堤加固中的应用	吴江市政府	科学技术进步二等奖	吴江市堤闸管理所、江苏鸿基岩土工程有限公司	姚雪球、金红珍、包晓勇、陆雪荣、徐瑞忠
2004	吴江市地下水水位水量自动监测管理信息系统	吴江市人民政府	科学技术进步二等奖	吴江市水利局、苏州东大智能系统有限公司	张为民、陆雪林、张仲根、吴建斌、薛金林
2005	城镇河道护岸工程生态混凝土开发及应用	吴江市政府	科学技术进步二等奖	吴江市水利局、扬州大学、苏州市水利局	姚雪球、周明耀、赵瑞龙、杨鼎宜、金红珍、杨鼎久

二、科普与学术活动

1986年5月，县水利学会组织大部分会员去浙江省新安江水库及吴江上游部分地区进行考察。同年，为吴江新江电厂、县政府行政科宿舍区工程提供勘测、设计。

1987年3月，为吴江新江钢铁厂设计驳岸与L型行车基础工程。同年10月，举办工程员业务指导班。

1988~1989年，为平望供销社、皮革厂、金家坝杨文头村、松陵西门新区规划等提供钻探、设计、测量等技术咨询项目31项。组织以学组为单位的学术交流4次，8篇论文在会议上交流。1989年5月，县科协举办"科技兴农"学术讨论会，水利学会推荐4篇论文，其中2篇分别获得一等奖和二等奖。

1990年3月27~29日，县水利学会召开全体会员大会。会议传达县科技工作会议精神；交流和奖励8篇"科技兴水"学术论文；决定自1990年起，会员个人每年交纳会费2元（每半年交1元）。同年3月底，有9个单位以团体名义参加县水利学会，分别是水利工程指导站、堤闸管理所、水利管理服务站、水利工程公司、平望厂和盛泽、黎里、南麻、莞坪水利站，并交纳团体会费。同年10月13日，县水利学会理事会决定设立水利科技进步奖、优秀规划设计奖和优秀学术论文奖。

1993年4月16~18日，市水利学会到浙江省湖州市召开理事会，出席会议28人（项目参研人员）。会议组织与会人员参观湖州市治太工程,听取湖州市防汛办公室主任介绍湖州境内水系和水情调度情况,研究落实吴江市"八五"科技发展规划水利项目参研人员和完成时间,议定开展水利科技进步奖评比活动的方法。

1994 年,市水利农机局与水利学会共同发起水利科研学术活动,对 1992 年后课题、论文进行评选。参赛项目 75 项,共评出一等奖 5 项、二等奖 15 项。同年 4 月 26 日,学会对 1991~1993 年的水利科技成果和学术论文进行评选。评出一等奖 3 项、二等奖 9 项、三等奖 18 项、鼓励奖甲 29 项、鼓励奖乙 6 项。

1995 年,一批科技论文在省级以上刊物发表,其中《剖析吴江市水资源现状,看江南水网地区创造良好水环境措施》被收入省人口、资源、环境研究文集;《盛泽:城镇水利促经济》获《中国水利》社会办水利征文二等奖。

1997 年,组织 20 多篇论文在苏州市级以上会议、期刊上交流发表。《抓好四个结合,培养四支队伍,塑造跨世纪人才》一文在省水利厅人才开发管理项目征文中获三等奖。

1998 年 1 月 20 日,配合市科协组织送科技书籍下乡活动,赠送各类科技型及普及型图书 100 册。派技术人员在市广播电台讲授水政水资源建设、机电排灌管理与设备维修、农田水利建设、太浦河工程管理等课程。同年 9 月 25 日,参加吴江市科普宣传周活动,召开水利农机专业学术论文报告会。43 篇论文参加评比,6 人在会上作学术交流,市科协主席到会并讲话。会上,评出一等奖 8 篇、二等奖 14 篇、三等奖 13 篇、鼓励奖 8 篇。选送 5 篇论文参加吴江市、苏州市优秀论文评选。同年 12 月 3~4 日,东太湖防洪、资源与环境学术研讨会在吴江市召开。这次学术研讨会由国家水利部太湖流域管理局、吴江市水利农机局等 6 个单位发起筹办,吴江市水利农机局承办。来自江苏、上海的生态环境专家学者近 50 人出席研讨会。与会专家学者分别就东太湖防洪、资源利用和改善生态环境等课题,提交论文,阐述学术观点。专家们指出,1998 年国家实施太湖流域水达标排放工程,是保护太湖生态环境和可持续发展的重要举措,对东太湖渔业、养殖、水利建设和水体保护进行研讨是事关东太湖可持续发展的大问题。《东太湖防洪、供水和建设探讨》论文在会上交流。同年,还组织施工队伍现场"大比武",8 支施工队伍参加浆砌块石操作比赛并评出一、二、三等奖。在黎里镇举办水利科普技术应用讲座,镇农业公司领导和各村主任参加听课,举办部分村管水员培训 8 期 380 人。编写《农田地下水排水和水稻水浆管理》和《河道清淤机械使用和管理》两本教材。

1999 年 5 月,选送 8 篇学术论文参加苏州市优秀学术论文评选活动,其中,分别获得苏州市政府优秀学术论文奖二等奖 2 篇、三等奖 2 篇,获苏州市科协优秀论文奖 4 篇。

2000 年 11 月 22 日,召开水利、农机学会学术课题论文评选工作交流会。对 1998 年 8 月至 2000 年 8 月的 45 项科研课题、论文进行评奖,共评出一等奖 4 项、二等奖 16 项、三等项 21 项、鼓励奖 4 项。同年 12 月 13 日,参加在黎里水利站、农机站召开的由市科协牵头组织的农村实用技术培训工作座谈会。

2001 年 5 月 16~19 日,举办 2001 年机电辅导员技术培训班。全市 21 个水利站、2 个抗排队的 25 名机电辅导员参加培训,系统学习水泵与泵站、电动机与电气设备、柴油机、灌排管理等课程。同年 9 月 19 日,在第十三届科普宣传周活动中,市水利学会召开"吴江市水环境保护工作学术研讨会",就水环境现状、"创模"及水资源保护展开广泛讨论。会上,还邀请省水利厅教授级高工潘贤德作南水北调工程学术报告。

2003年2月28日,在连云港召开的江苏省水利学会理事扩大会暨总结表彰大会上,市水利学会被评为2002年度省水利学会先进县(市)级学会。同年12月24日,《对河道疏浚结合吹填筑堤的施工技术浅谈》获吴江市政府2001—2002年度吴江市自然科学优秀论文三等奖。

2004年2月,市水利学会在市科协举办的学会、协会评比中获一等奖。同年5月14日,水利学会代表参加吴江市第十六届科普宣传周开幕式,并在开幕式现场设摊开展水法规咨询活动。同年10月28日,苏州市水利学会召开2004年学术年会,市水利学会选送7篇论文参加评比,其中,获二等奖1篇、三等奖3篇。

2005年1月,由省基础地理信息中心编制、市水利局监制的吴江市水利图(内部)制作完成。同年3月,市水利学会开展2001—2005年度水利科技优秀学术论文评选。同年5月,吴江市地下水位水量自动监测管理信息系统获苏州市科协、经贸委、人事局、劳社局2004年度"双杯奖"项目证书奖。同年10月,《吴江市湖荡地区穿湖筑堤利用土工织物加固堤身工程技术》获吴江市政府2003—2004年度吴江市自然科学优秀论文二等奖。

表17-5　　　　　　　1991~2005年吴江市水利系统在省级以上刊物发表论文情况表

论文标题	作者	刊物名称
升滑闸门设计	姚雪球(吴江县水利局)	1991年第8期《农田水利与小水电》
吴江盛泽镇区防洪工程及其启示	姚雪球(吴江县水利局)	1991年第12期《铁道师院学报》
盛泽人的水意识	贡瑞金(苏州市水利局)、薛金林(吴江市水利局)、祖苏(苏州市水利局)	1993年第2期《水利史志专刊》
盛泽人的水意识	贡瑞金(苏州市水利局)、薛金林(吴江市水利局)、祖苏(苏州市水利局)	1993年6月《九十年代水利改革潮》
社会集资办水利,保证经济上台阶	贡瑞金(苏州市水利局)、薛金林(吴江市水利局)、祖苏(苏州市水利局)	1993年第2期《江苏水利科技》
杭嘉湖地区护岸工程形式的探讨	陆雪荣(吴江市水利局)	1993年第2期《江苏水利科技》
任意断面土方的简捷量算法	李新民(吴江市水利局)	1993年第2期《江苏水利科技》
纤维水泥土砂浆抹面护坡技术	金红珍、姚雪球(吴江市水利局)	1994年第3期《江苏水利科技》
纤维水泥土砂浆抹面护坡技术	金红珍、姚雪球(吴江市水利局)	1994年第3期《农田水利与小水电》
浅层软基沉管现浇桩技术	包晓勇、姚雪球(吴江市水利局)	1994年第10期《江苏水利科技》
适应新形势,采取新对策,确保水利经济持续快速发展	吴江市水利局	1995年1月《江苏水利科技》增刊
盛泽:城镇水利促经济	金红珍(吴江市水利局)	1995年第7期《中国水利》
太浦河梅堰汾湖两桥工程承包合同的分析与比较	金红珍(吴江市水利农机局)	1996年第6期《江苏水利科技》
抓好四个结合,培养四支队伍,塑造水利人才群体	姚忠明、薛金林(吴江市水利农机局)	1997年第四期《水利职工教育》
加快河道疏浚,促进良好水环境	吴江市水利农机局	1998年第3期《江苏水利》
东太湖防洪、供水和建设探讨	姚雪球、金红珍(吴江市水利农机局)	1998年《东太湖防洪、资源与环境学术研讨会论文集》
实施行政执法责任制,进一步提高水行政执法水平	谭荣初(吴江市水利农机局)	1998年第4期《水政水资源》

（续表）

论文标题	作者	刊物名称
人才、技改、管理是企业发展的三大支柱	钱桂根（吴江市变压器厂）	1998 年第 8 期《江苏水利》
营造发展水利经济小环境	薛金林（吴江市水利农机局）	1998 年第 12 期《江苏水利》
非静态变压器的开发与应用	钱桂根（吴江市变压器厂）	1998 年第 12 期《江苏水利》增刊
大搞水利建设，抗御特大洪灾	姚雪球、金红珍（吴江市水利农机局）	1999 年第 9 期《江苏水利》
吴江市地面沉降与地下水开采关系的研究	谭荣初（吴江市水利农机局）	1999 年《水资源保护》季刊
推广粮食低温烘干机，闯出农机服务新天地	汤为民（吴江市水利农机局）	1999 年 1 月《中国农机化报》
苏南地区中小型河道清淤机选型探讨	顾文良、钮红妹	1999 年 1 月《水利电力机械》
WCY-50 型河道清淤机研制成功	罗成定、詹雄伟	1999 年第 3 期《江苏农机与农艺》
谷物烘干机使用中应注意的几个问题	顾文良、罗成定、詹雄伟	1999 年 2 月《中国农机化报》
吴江市大力推广低温谷物烘干机	王承义、姚忠明	1999 年第 1 期《江苏农机化》
洋马联合收割机柴油机输油泵的常见事故	詹雄伟、顾文良	1999 年第 3 期《农业机械化》
深化改革，走自我发展之路	朱金根	1999 年第 3 期《农业机械化》
苏南地区中小型河道清淤机现状和开发	罗成定、詹雄伟	1999 年第 4 期《农业机械化》
谷物烘干机应用探析	詹雄伟、罗成定	1999 年第 3 期《农机试验推广》
路靠自己闯——农机校几年来培训工作实践	葛德宏	1999 年《中国农业工程学会华东地区成人教育研讨会论文集》
秸秆利用新途径——秸秆汽化	葛德宏、朱金根、罗成定	2000 年第 3 期《农机质量与监督》
全社会动员，全方位实施，全过程监理——环太湖土方加固做法	姚忠明（吴江市水利农机局）	2000 年 8 月全省环太湖土方工程竣工验收会上交流
秸秆综合利用技术研究与试验	罗成定、顾文良	2000 年《农机之友》
抓好六个到位，推进水利绿化	姚忠明、陆雪林（吴江市水利农机局）	2001 年第 4 期《江苏水利》
对河道疏浚结合吹填筑堤的施工技术浅谈	徐瑞忠（吴江市水利局）	2002 年 10 月机械疏浚专业委员会第十六次疏浚与吹填技术经验交流会
薄壁水工混凝土的温度干缩裂缝成因分析和处理方法	曹国强（吴江市水利局）	2002 年 12 月《扬州大学学报》理论与实践研究 4 期
三向荷载作用下液固耦合平面有限元分析	王媛（河海大学）、浦德明（吴江市水利局）	2003 年第 2 期《河海大学学报》（自然科学版）
炎热期水工混凝土的施工	浦德明、徐瑞忠（吴江市水利局）	2003 年第 2 期《江苏水利》
谈水利基本建设统计的几个问题	何爱梅（吴江市水利局）、李明（江苏省水利厅）	2003 年第 4 期《江苏统计》
城市河道整治与生态城市建设	浦德明（吴江市水利局）、何刚强（上海市水利工程设计研究院）	2003 年第 5 期《江苏水利》

（续表）

论文标题	作者	刊物名称
大庆市水资源优化配置研究	吴国权、于翠玲（黑龙江省大庆市水利勘测设计研究院），浦德明（吴江市水利局）	2003年第7期《东北水利水电》
吴江市湖荡地区穿湖筑堤利用土工织物加固堤身工程技术	徐瑞忠（吴江市水利局）、鲍学高（江苏省太湖治理指挥部）	2003年国家水利部建设与管理司、国家水利部建设与管理总站编辑的《"九五"重点水利工程建设技术总结》
压密注浆法在水利工程基础处理中的运用	曹国强（吴江市水利局）	2004年第4期《江苏水利》
农村河道长效保洁管理机制的调查研究	包晓勇、顾新民、全方、徐瑞忠（吴江市水利局）	2004第6期《江苏水利》
处理好防洪建设与水环境建设的关系初探	姚雪球、金红珍、徐瑞忠、陆雪林、包晓勇、沈育新（吴江市水利局）	2005第1期《江苏水利》

三、科技刊物

1990年10月20日，《吴江水利》首期创刊。刊物由县水利局、县水利学会联合创办。县水利学会理事会在发刊词中号召会员踊跃投稿。刊物共出4期。首期刊登文章4篇；1991年出第2期，刊登文章3篇；1993年出第3、第4期，分别刊登文章4篇和6篇。

第三节　水文测报

1986年，吴江县有瓜泾口、平望、震泽、芦墟、吴溇、太浦闸、金家坝、铜罗、菀坪、三船路闸10个水文站。境内曾先后设水文站（测站）14个。撤销水文测站8个：吴江、庞山湖、八坼、南厍、菀坪、三船路、芦墟和震泽。至2005年，境内有国家水文站3个，分别是瓜泾口、平望和太浦闸站；委托站3个，分别是金家坝、铜罗和吴溇站。

一、观测项目及设备

早期，水文观测项目主要有水位、流量和降水，后逐步增加蒸发量、地下水位、水化测验等。1986年，平望站由原缆道测流改为在平望大桥上测流。1999年，瓜泾口站新增水位、雨量遥测装置。2000年7月31日至2002年4月15日，因上游建造瓜泾口水利枢纽筑坝断流，瓜泾口站流量停测。2005年底，全市有3个站使用自记雨量计，3个站使用自记水位计，3个站拥有遥测技术，基本实现水文测报信息化。

二、水文巡测

除固定水文测站外，全市有3条巡测路线，在汛期对沿线河道的62个断面施测。环太湖巡测线，北自吴江与苏州吴中区交界处，南与湖州交界，共32个断面，1956年起施测，至2005年，共施测43年（1959~1965年停测）；太浦河南岸巡测线，西自太浦河闸，东到昆山市周庄，共 26 个断面,1971 年起施测,至 2005 年,共施测 29 年(1972、1980~1983、2005 年停测);平望至王江泾巡测线,沿十苏王公路平望至嘉兴市王江泾,共 13 个断面,1975 年施测,至 1982 年,共施测 6 年(1980、1981 年停测)。

三、水质监测

1958 年起,配合苏州水文站进行河湖水化学成分的测验,除化验水的物理性质外,还包括 PH 值、钙、镁、钠、钾、重硫酸根、硫酸根、氯等主要离子的数量。因"文化大革命"停顿。1989~1991 年,进行不同质蒸发皿对比试验。2005 年底,吴江市内布设水样采集点 47 个,全面监测境内水质变化情况,主要监测项目有:水温、酸碱度(PH 值)、电导率、悬浮物、氯化物、硫酸盐、溶解氧、氨氮、硝酸盐氮、高锰酸盐指数、生化需氧量、氰化物、砷、挥发酚、六价铬、汞、镉、铅、铜、铁、锌、氟化物、总磷、总氮、锰等。

四、水文试验

1979 年开始,为掌握不同水文条件下的水文数据变化,瓜泾口水文站进行多项相关水文试验。其中,1979~1982 年,进行地下水与河水互补试验;1979~1983 年 5 月,进行屋顶—地面—坑式雨量比测试验;1980 年,进行流量测次试验;1982~1986 年,进行落差与流量关系试验;1989~1991 年,进行不同质蒸发皿对比试验。

五、水文拍报

1956 年 6 月 1 日,瓜泾口站开始拍报水情,用电话向省、县防汛防旱指挥部汇报水位。1964 年,水利电力部颁发《水文情报预报拍报办法》,用电话汇报水位、降水和流量。

第十八章 水工建筑物

水工建筑物涉及许多科学领域,除基础学科外,还与水力学、水文学、工程力学、土力学、岩石力学、工程结构、工程地质、建筑材料以及水利勘测、水利规划、水利工程施工、水利管理等密切相关。本章记述的水工建筑物主要指狭义范围内境内的水闸、泵站、护坡三种永久性水工建筑物的基本情况。2005年底,除太浦闸、太浦河泵站外,境内共有闸涵899座(处)、泵站586座、护坡836千米。

第一节 水 闸

水闸是具有挡水和泄水功能的低水头水工建筑物。关闭闸门,可以拦洪、挡潮、抬高水位,以满足上游取水或通航的需要;开启闸门,可以泄洪、排涝、冲沙、取水或根据下游用水需要调节流量。水闸通常建在河道、渠道及水库、湖泊岸边。境内的水闸除少部分建在沿太湖溇港口外,绝大部分建在联圩连通外河的河口上。按水闸形式可分为防洪闸、套闸和分级闸。按闸室结构形式可分为开敞式水闸和涵洞式水闸。按照水闸门叶材料分为钢闸门、混凝土和钢筋混凝土闸门。按照闸门门叶运行移动状况分为直升式、升卧式、横拉式和一字式等。

水闸由闸室和上、下游连接段三部分组成。闸室是水闸的主体,设有底板、闸门、启闭机、闸墩、胸墙、工作桥、交通桥等。闸门用来挡水和控制过闸流量,闸墩用以分隔闸孔和支承闸门、胸墙、工作桥、交通桥等。底板是闸室的基础,将闸室上部结构的重量及荷载向地基传递,兼有防渗和防冲作用。闸室分别与上下游连接段和两岸或其他建筑物连接。上游连接段由防冲槽、护底、铺盖、两岸翼墙和护坡组成,用以引导水流平顺地进入闸室,延长闸基及两岸的渗径长度,确保渗透水流沿两岸和闸基的抗渗稳定性。下游连接段一般由护坦、海漫、防冲槽、两岸翼墙、护坡等组成,用以引导出闸水流均匀扩散,消除水流剩余动能,防止水流对河床及岸坡的冲刷。

水闸大多建在低洼地区的软土地基上。地基土壤承载能力、抗冲能力低,抗渗稳定性差,压缩性大以及水头低而水位变幅大是水闸的主要工作特点。水闸设计包括选择和闸址闸槛高程选择、水力设计、防渗排水设计、结构设计。

沿太湖水闸主要是控制、调节太湖水位,沿太浦河水闸主要是防止太浦河行洪时水流倒灌淀泖区和杭嘉湖区,均属境内的骨干水工建筑物。太浦闸由29孔4米节制闸组成,瓜泾口水利枢纽由1孔12米套闸和2孔16米防洪闸组成,大浦口水利枢纽由1孔6米套闸和4孔8米防洪闸组成,北窑港水利枢纽由1孔12米套闸和1孔10米、1孔8米、2孔4米防洪闸组成,沧浦港水利枢纽由1孔6米套闸和1孔8米防洪闸组成。

圩区水闸大多数是单孔水闸,闸孔净宽2~6米不等,一般为4米。水闸多采用U型钢筋混凝土结构,闸门顶高程根据设计水位而定,高3.6~5.5米。90年代前,闸门启闭形式以横拉门居多,后以直升式为主。圩区有的水闸还和排涝站共同布置,建成闸站结合形式。

2005年末,除太浦闸外,太浦河沿线有水闸32座处(其中水利枢纽2处,套闸13座,防洪闸16座,分级闸1座);环太湖大堤有水闸31座处(其中水利枢纽2处,套闸18座,防洪闸9座,涵洞2座);各镇有闸涵836座(其中套闸158座,防洪闸560座,分级闸75座,涵洞43座)。

图18-1　　　　　　　吴江市境内常规套闸剖面图(震泽分乡桥套闸)

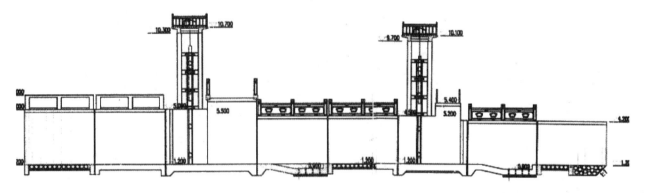

图18-2　　　　　　　吴江市境内常规防洪闸剖面图(七都庙西防洪闸)

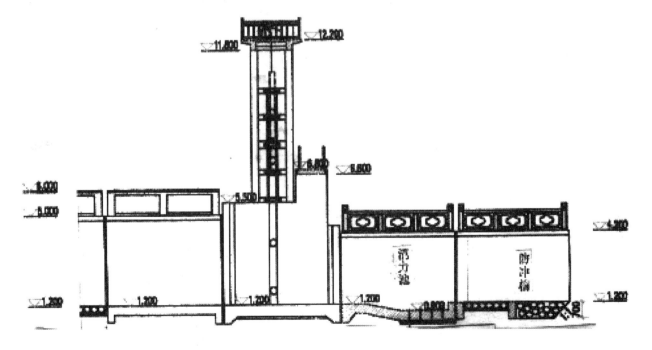

表 18-1　　　　　　　　　2005 年吴江市各镇闸涵工程基本情况表

镇名	闸涵名称	孔径(米)	竣工年月	所在村名	闸型	启闭形式	闸门顶高（米）	闸室长宽（米）
松陵	田头港闸	4.0	2003	友谊	防	手动简易	5.0	—
松陵	小港闸	3.5	1980.7	苗圃场	防	一字门	4.6	—
松陵	红庙头闸	3.5	1984.6	友谊	防	一字门	4.6	—
松陵	二图港闸	4.0	1994.7	友谊	防	手推横拉	4.6	—
松陵	一图港闸	4.0	1996.5	友谊	防	手动简易	4.6	—
松陵	五方港西口闸	4.0	2004.6	友谊	防	手动简易	5.0	—
松陵	农创北闸	4.0	1996.6	农创	防	电动卷扬	4.5	—
松陵	水厂闸	4.0	1998.8	农创	防	手推横拉	4.6	—
松陵	张阿港闸	4.0	1990.5	联民	防	手推横拉	4.6	—
松陵	千亩头港闸	4.0	1991.5	联民	防	手推横拉	4.6	—
松陵	倪家浜闸	3.5	1966.5	联民	防	一字门	4.6	—
松陵	冯家弯闸	4.0	1994.6	联民	防	手推横拉	4.5	—
松陵	庄苏港闸	4.0	1994.7	联民	防	手推横拉	4.6	—
松陵	龚阿港闸	3.5	2005.6	汤华	防	手动简易	5.0	—
松陵	毫南闸	3.5	1988.7	中南	防	一字门	4.6	—
松陵	新开港闸	3.5	1986.5	中南	防	一字门	4.6	—
松陵	南小港闸	4.0	1995.10	中南	防	手推横拉	4.6	—
松陵	急毛无港	4.0	2000.5	中南	防	手推横拉	4.8	—
松陵	化城港北闸	4.0	1995.10	联盟	防	手推横拉	4.6	—
松陵	化城港南闸	4.0	2004.6	汤华	防	手动简易	5.0	—
松陵	新开港闸	3.5	1991.6	汤华	防	手推横拉	4.6	—
松陵	草甸港东闸	3.5	2003.6	汤华	防	手动简易	5.0	—
松陵	草甸港西闸	4.0	1989.7	汤华	防	手推横拉	4.6	—
松陵	汤大坝闸	4.0	1992.5	汤华	防	手推横拉	4.6	—
松陵	华字港闸	3.5	1980.12	汤华	防	一字门	4.6	—
松陵	陶汤港闸	4.0	1994.6	汤华	防	手推横拉	4.6	—
松陵	石铁港闸	3.5	1988.5	石铁	防	手推横拉	4.6	—
松陵	西横港闸	3.5	1978.5	石铁	防	一字门	4.6	—
松陵	新定港闸	4.0	1991.6	黑龙	防	手推横拉	4.6	—
松陵	东港闸	4.0	1991.5	黑龙	防	手推横拉	4.6	—
松陵	石人头坝闸	4.0	1992.6	黑龙	防	手推横拉	4.6	—
松陵	蛋壳港闸	3.5	2000.5	新云	防	手动简易	5.0	—
松陵	麻子港闸	3.5	1985.6	新云	防	一字门	4.6	—
松陵	大船口闸	4.0	1984.6	新云	防	一字门	4.6	—
松陵	杨家浜闸	3.5	1986.7	新云	防	一字门	3.6	—
松陵	平沙闸	3.6	2001.11	练聚	防	手动简易	5.0	—
松陵	江新闸	4.0	1997.8	江新	防	电动简易	4.8	—
松陵	太平桥闸	4.0	2004.11	高新	防	电动简易	4.8	—
松陵	曲尺湾闸	4.0	1994.3	梅里	防	手推横拉	4.8	—

（续表）

镇名	闸涵名称	孔径（米）	竣工年月	所在村名	闸型	启闭形式	闸门顶高（米）	闸室长宽（米）
松陵	东城河闸	4.0	2000.8	江新	防	升卧式	5.0	—
松陵	大港河闸	4.0	1996.8	吴新	防	电动简易	5.0	—
松陵	柳胥闸	4.0	1994.10	柳胥	防	升卧式	5.5	—
松陵	芦荡闸	4.0	2001.7	芦荡	防	手动简易	5.0	—
松陵	大陆港闸	4.0	1998.4	芦荡	防	手动简易	4.8	—
松陵	沈家港闸	4.0	1998.5	芦荡	防	手动简易	4.8	—
松陵	西匠人港闸	4.0	2005.6	芦荡	防	手动简易	5.0	—
松陵	永利闸	4.0	2000.7	南厍	防	手动简易	5.0	—
松陵	直亨闸	4.0	1992.7	南厍	防	手推横拉	4.7	—
松陵	南厍闸	4.0	1988.3	南厍	防	手推横拉	5.0	—
松陵	联湖闸	4.0	2000.7	南厍	防	手动简易	5.0	—
松陵	中间圩闸	4.0	1991.6	南厍	防	手推横拉	4.7	—
松陵	银杏桥闸	4.5	1996.6	南厍	防	手动简易	4.7	—
松陵	五路塘闸	4.5	1989.7	南厍	防	手动简易	4.5	—
松陵	牌楼港东闸	3.5	1995.8	白龙桥	防	手推横拉	4.8	—
松陵	牌楼港套闸	4.0	1992.6	白龙桥	套	手动简易	4.8	—
松陵	横港闸	4.0	1986.6	庞杨	防	手推横拉	4.8	—
松陵	贝小闸	3.5	1994.7	庞杨	防	手推横拉	4.8	—
松陵	湖东联圩闸	4.0	1991.6	湖东联圩	防	手推横拉	4.5	—
松陵	新开河闸	4.0	2003.12	姚家庄	防	电动卷扬	4.5	—
松陵	陈家港闸	4.0	1989.5	直港	防	手推横拉	4.6	—
松陵	新开港闸	3.5	1982.6	直港	防	一字门	4.6	—
松陵	横介路闸	3.5	1981.6	虹桥	防	一字门	4.6	—
松陵	大刘下港闸	3.5	2005.6	南刘	防	—	5.0	—
松陵	后港闸	3.5	1991.5	南刘	防	手推横拉	4.6	—
松陵	邱阿港闸	3.5	1995.4	南刘	防	一字门	4.6	—
松陵	五方港北口闸	4.0	1995.6	友谊	防	手推横拉	4.6	—
松陵	太气港闸	4.0	2003.6	友谊	防	手动简易	5.0	—
松陵	老渔港闸	4.0	2003.7	南厍	防	手动简易	5.0	—
松陵	山荡口闸	4.0	2003.3	农创	防	手动简易	5.0	—
松陵	姜阿港闸	3.5	1966.5	联盟	防	一字门	4.5	—
松陵	中浩闸	3.5	1984.12	新云	防	一字门	4.6	—
松陵	蒋家圩套闸	4.0	1984.12	南刘	套	一字门	4.8	—
松陵	号上套闸	4.5	1994.7	石铁	套	手推横拉	4.6	—
松陵	牛腰泾套闸	4.	1982.5	渔业	套	升卧式	4.8	25×6
松陵	空塔圩闸	3.5	1989.10	三联	套	一字门	4.7	20×12
松陵	西塘港套闸	6.0	1992.5	柳胥	套	电动卷扬	5.0	30×8
松陵	湖田港套闸	4.0	1990.7	三联	套	手推横拉	4.8	30×12
松陵	横港套闸	4.0	1990.10	芦荡	套	手推横拉	4.8	20×12

（续表）

镇名	闸涵名称	孔径(米)	竣工年月	所在村名	闸型	启闭形式	闸门顶高（米）	闸室长宽（米）
松陵	沈家路套闸	4.0	1988.10	芦荡	套	手推横拉	4.8	26×15
松陵	白龙桥套闸	4.0	1994.7	白龙桥	套	电动卷扬	4.5	—
松陵	庞杨套闸	4.0	1990.7	庞杨	套	手推横拉	4.8	—
开发区	仪塔南闸	4.0	1999.5	仪塔	防	电动卷扬	4.5	—
开发区	仪塔北闸	4.0	1998.5	仪塔	防	电动卷扬	4.5	—
开发区	淞南闸	4.0	2001.1	淞南	防	手动简易	4.8	—
开发区	张家港闸	6.0	2001.4	—	防	手推横拉	4.8	—
开发区	吉庆闸	4.0	1999.4	三里桥	防	升卧式	4.6	—
开发区	小桥南闸	4.0	2000.5	栅桥	防	手动简易	4.5	—
开发区	小桥北闸	4.0	2000.5	栅桥	防	手动简易	4.5	—
开发区	潦浜南闸	4.0	2002.6	同兴	防	手动简易	5.0	—
开发区	潦浜东闸	4.0	2002.6	同兴	防	手动简易	5.0	—
开发区	燕浜闸	4.0	2002.6	同兴	防	手动简易	5.0	—
开发区	仪塔套闸	4.0	1990.6	仪塔	套	手推横拉	4.5	25×7
开发区	小桥套闸	4.5	1990.6	栅桥	套	手推横拉	4.4	25×7
同里	小庞山套闸	4.0	1990.6	富渔	套	手推横拉	4.5	20×6
同里	九里港闸	4.0	1994.5	群益	防	手推横拉	4.5	—
同里	石坝头闸	4.0	1996.5	九里湖	防	手动简易	4.5	—
同里	坝桥港闸	4.0	1994.5	九里湖	防	手推横拉	4.5	—
同里	浦家浜闸	4.0	2000.5	文安	防	手动简易	5.0	—
同里	珍字圩闸	4.0	2000.5	彩字	防	手动简易	5.0	—
同里	中心港北闸	5.0	1991.5	叶泽湖	防	手推横拉	4.5	—
同里	李家港闸	4.0	2001.5	双庙	防	手动简易	5.0	—
同里	坚港闸	4.0	2000.5	彩字	防	手动简易	5.0	—
同里	中心港南闸	5.0	1991.5	叶泽湖	防	手推横拉	4.5	—
同里	直港浪闸	4.0	2000.5	文安	防	手动简易	5.0	—
同里	浩里闸	4.0	2000.5	文安	防	手动简易	5.0	—
同里	钱家泾闸	4.0	1994.5	九里	防	手推横拉	4.5	—
同里	小石桥防港闸	4.0	1997.6	旺塔	防	手动简易	4.5	—
同里	洋益湖防港闸	4.0	1991.6	旺塔	防	手推横拉	4.5	—
同里	站家楼防洪闸	4.0	1992.6	大南港	防	手推横拉	4.5	—
同里	新开港防洪闸	4.0	1989.5	湘楼	防	手推横拉	5.0	—
同里	吴家浜防洪闸	4.0	2000.6	方港	防	手动简易	4.5	—
同里	八百亩防洪闸	3.5	1996.6	方港	防	手动简易	4.5	—
同里	厍头港防洪闸	4.5	1990.5	谢巷	防	—	4.5	—
同里	清水港防洪闸	4.0	2000.6	肖甸湖	防	手动简易	4.5	—
同里	上代港防洪闸	3.6	2000.6	肖甸湖	防	手动简易	4.5	—
同里	仪塔南闸	4.0	1997.5	仪塔	防	手动简易	4.5	—
同里	长条港闸	3.5	2000.6	栅桥	防	手动简易	5.0	—

（续表）

镇名	闸涵名称	孔径(米)	竣工年月	所在村名	闸型	启闭形式	闸门顶高（米）	闸室长宽（米）
同里	仪塔北闸	4.0	1997.5	仪塔	防	手动简易	4.5	—
同里	万字港闸	3.5	2000.5	栅桥	防	手动简易	50	—
同里	仪塔新开泾闸	4.0	1981.5	仪塔	防	手推横拉	4.5	—
同里	王家浜闸	4.0	1994.5	九里湖	防	手推横拉	4.5	—
同里	孙家库闸	4.0	1993.5	双庙	防	手推横拉	4.5	—
同里	黄壳圩闸	4.0	2002.3	彩字	防	手动简易	5.0	—
同里	南栅港防洪闸	4.5	1992.7	旺塔	防	手推横拉	4.5	—
同里	邱舍闸	4.0	2003.1	邱舍	防	手动简易	4.5	—
同里	燕浜闸	4.0	2002.12	同兴	防	手动简易	5.0	—
同里	潦浜南闸	4.0	2002.12	同兴	防	手动简易	5.0	—
同里	潦浜东闸	4.0	2002.12	同兴	防	手动简易	5.0	—
同里	新开港闸	4.0	1992.5	旺塔	防	手动简易	4.5	—
同里	南栅港防洪闸	5.0	—	—	防	手动简易	4.5	—
同里	张家娄闸	4.0	1992.6	—	防	手动简易	4.5	—
同里	马家浜闸	4.0	1993.6	九里湖	分	手推横拉	4.5	—
芦墟	秋田新开河	4.0	1991.6	秋田	分	升卧式	4.2	—
芦墟	爱好白荡湾东闸	4.0	1980.7	爱好	分	一字门	4.2	—
芦墟	城司北洋港闸	4.0	2003.5	城司	分	手动简易	4.8	—
芦墟	三村五娘子港闸	4.0	1984.6	三村	分	一字门	4.2	—
芦墟	甘溪东闸	4.0	1996.7	甘溪	分	手动简易	4.2	—
芦墟	朱家港闸	4.0	2002.6	甘溪	分	手动简易	4.5	—
芦墟	白巨斗闸	4.0	2002.7	城司	分	手动简易	4.5	—
芦墟	吊子圩闸	5.0	2001.6	秋田	防	电动简易	4.5	—
芦墟	思古名东闸	4.0	2001.6	秋田	防	手动简易	4.5	—
芦墟	思古名北闸	4.0	2002.6	秋田	防	手动简易	4.5	—
芦墟	爱好紧水港闸	4.0	2001.6	爱好	防	手动简易	4.5	—
芦墟	爱好北府港闸	4.0	2001.6	爱好	防	手动简易	4.5	—
芦墟	低高东寿港闸	4.0	2002.6	低高	防	手动简易	4.5	—
芦墟	底高新开河闸	4.0	2002.6	低高	防	手动简易	4.5	—
芦墟	爱好小荡湾闸	5.0	2002.6	低高	防	手动简易	4.5	—
芦墟	城司韩棚港闸	4.0	2002.6	城司	防	手动简易	4.5	—
芦墟	城司洋砂坑闸	2.0	2002.6	城司	防	手动简易	4.5	—
芦墟	甘溪村中闸	4.0	2004.6	甘溪	防	手动简易	4.5	—
芦墟	甘溪村西闸	4.0	1996.7	甘溪	防	手动简易	4.2	—
芦墟	南厅港闸	4.0	1998.7	开发区	防	手动简易	4.5	—
芦墟	北芦墟闸	5.0	2002.6	甘溪	防	电动简易	4.5	—
芦墟	东姑荡闸	6.0	2004.5	开发区	防	电动卷扬	5.0	—
芦墟	城司新开河闸	4.0	2002.6	城司	防	手动简易	4.5	—
芦墟	姚家浜北闸	4.0	2004.6	芦东	防	手动简易	4.8	—

（续表）

镇名	闸涵名称	孔径(米)	竣工年月	所在村名	闸型	启闭形式	闸门顶高（米）	闸室长宽（米）
芦墟	姚家浜东闸	4.0	2004.6	芦东	防	手动简易	4.8	—
芦墟	池上闸	4.0	2004.6	芦东	防	手动简易	4.8	—
芦墟	港南浜北闸	4.0	2000.8	芦东	防	手动简易	4.8	—
芦墟	港南浜南闸	4.0	2002.6	芦东	防	手动简易	4.8	—
芦墟	新开河闸	4.0	1997.7	汾湖湾	防	手动简易	4.2	—
芦墟	道士浜闸	4.0	1998.7	汾湖湾	防	手动简易	4.2	—
芦墟	吕风港闸	4.0	2004.5	汾湖湾	防	手动简易	4.5	—
芦墟	荣字港西闸	4.0	1995.5	汾湖湾	防	电动简易	4.2	—
芦墟	娄里闸	4.0	1972.7	汾湖湾	防	—	4.2	—
芦墟	来秀桥闸	4.0	2003.5	汾湖湾	防	手动简易	4.8	—
芦墟	东玲北闸	4.0	2003.9	汾湖湾	防	手动简易	4.8	—
芦墟	朱家港闸	4.0	1980.7	汾湖湾	分	手推横拉	4.2	—
芦墟	高士港闸	4.0	2000.7	高树	防	手动简易	4.5	—
芦墟	杨树兜闸	4.0	1993.7	高树	防	电动简易	4.2	—
芦墟	东琢港闸	4.0	1996.7	汾湖湾	防	手动简易	4.5	—
芦墟	西大港闸	4.0	1997.7	汾湖湾	防	手动简易	4.5	—
芦墟	钱长浜闸	4.0	1996.6	高树	防	手动简易	4.5	—
芦墟	北字港闸	4.0	1997.6	高树	防	手推横拉	4.5	—
芦墟	东玲新开河闸	4.0	1991.7	汾湖湾	防	电动简易	4.2	—
芦墟	南字港小闸	3.0	2001.8	高树	防	手动简易	4.5	—
芦墟	华中港套闸	4.0	1998.10	伟明	套	手动简易	4.5	—
芦墟	云田岸东闸	4.0	2002.7	伟明	防	手动简易	4.8	—
芦墟	东湾北闸	4.0	2002.6	伟明	防	手动简易	4.8	—
芦墟	小港里北闸	4.0	2000.7	伟明	防	手动简易	4.8	—
芦墟	小港里西闸	4.0	2000.8	伟明	防	手动简易	4.8	—
芦墟	云田岸西闸	5.0	2002.8	伟明	防	手动简易	4.8	—
芦墟	东闸	4.0	1995.10	中星	防	手推横拉	4.5	—
芦墟	南窑港套闸	8.0	1995.10	镇区	套	电动卷扬	4.5	—
芦墟	东角圩闸	6.0	2000.6	镇区	防	电动卷扬	4.8	—
芦墟	西栅闸	4.0	1995.10	中星	防	电动卷扬	4.5	—
芦墟	南栅闸	4.0	1999.12	镇区	防	手动简易	4.5	—
芦墟	东栅闸	4.0	1999.12	镇区	防	手动简易	4.5	—
芦墟	东港闸	4.0	2000.7	芦东	防	手动简易	4.8	—
芦墟	夫子浜闸	4.0	2001.7	镇区	防	手动简易	4.8	—
芦墟	汾湖小闸	2.2	2005.7	镇区	防	手动简易	4.8	—
芦墟	龙泾套闸	5	1992.12	龙泾	套	电动卷扬	4.5	40×12
芦墟	掘泥场闸	4.5	1988.9	三友	套	手推横拉	4.5	42×14
芦墟	港字闸	4.5	1997.8	女字	套	电动卷扬	4.4	60×10
芦墟	朱黄浜闸	3.8	2002.6	朱黄浜	分	手动简易	3.8	—

（续表）

镇名	闸涵名称	孔径(米)	竣工年月	所在村名	闸型	启闭形式	闸门顶高（米）	闸室长宽（米）
芦墟	张家浜闸	3.5	2002.5	张家浜	分	手动简易	1.2	—
芦墟	孙家浜闸	4.0	2004.6	孙家浜	分	手动简易	4.2	—
芦墟	女字闸	3.5	1987.4	女字	分	一字门	3.8	—
芦墟	南庄港闸	4.0	2003.10	江南	分	手动简易	3.6	—
芦墟	王家浜闸	3.5	1992.5	龙泾	分	手动简易	3.8	—
芦墟	三家村闸	3.8	1987.4	三家村	分	一字门	3.9	—
芦墟	长浜闸	3.5	1998.10	长浜	防	手动简易	4.8	—
芦墟	吴家圩闸	3.5	1901.03	吴家圩	防	手动简易	—	—
芦墟	排沙港闸	3.5	1999.12	汇泽	防	手动简易	4.8	—
芦墟	大西港闸	3.5	1980.10	张枝	防	一字门	4.0	—
芦墟	碑字闸	3.5	1991.6	南庄	防	手动简易	4.2	—
芦墟	墟字闸	3.2	1993.4	黄巢	防	手动简易	4.0	—
芦墟	汇浜闸	4.0	1902.5	东头溪	防	手动简易	4.8	—
芦墟	黄来圩闸	4.5	1998.9	三友	防	手动简易	4.8	—
芦墟	陆家浜闸	3.5	1998.4	陆家浜	分	手动简易	4.2	—
芦墟	大流闸	3.8	1987.5	南传	分	手推横拉	—	—
芦墟	南汾港闸	4.0	2001.5	南汾港	防	手动简易	4.8	—
芦墟	金车港闸	4.1	2002.3	枫字	防	手动简易	4.8	—
芦墟	南传闸	5.0	2000.5	南传	防	手动简易	4.8	—
芦墟	陆家桥闸	4.0	1999.11	陆家桥	防	手动简易	4.8	—
芦墟	种畜场闸	4.0	2002.4	莘新	防	手动简易	4.8	—
芦墟	东传闸	4.0	2001.5	东传港	防	手动简易	4.8	—
芦墟	时基湾闸	4.0	2001.6	时基港	防	手动简易	4.8	—
芦墟	陆方圩闸	3.4	1993.4	陆方圩	防	手动简易	4.3	—
芦墟	吴家村闸	3.8	1987.5	吴家	防	手推横拉	4.2	—
芦墟	西岑闸	3.7	1992.5	西岑	防	手动简易	4.2	—
芦墟	善湾闸	3.8	1988.6	善湾	防	手推横拉	4.5	—
芦墟	冲字闸	4.0	2000.5	莘南	防	手动简易	4.8	—
芦墟	莘新闸	4.0	1992.5	莘新	防	电动卷扬	5.2	—
芦墟	倪家路闸	3.6	1991.6	荡西	防	手动简易	—	—
芦墟	倪家路闸	3.6	1992.7	荡西	防	手动简易	—	—
芦墟	南盈港闸	3.5	1995.5	杨文头	防	手推横拉	4.33	—
芦墟	袁家浜闸	3.6	1996.5	埭上	防	手推横拉	4.5	—
芦墟	埭上西闸	4.0	1991.5	埭上	防	手推横拉	4.5	—
芦墟	傍字闸	4.0	1992.5	羊笔港	防	手推横拉	4.5	—
芦墟	半片港套闸	4.0	2000.5	南星	套	手动简易	5.0	—
芦墟	转址浜闸	4.0	2001.5	金友	防	手推横拉	5.0	—
芦墟	周家扇闸	4.0	1990.5	南星	防	手推横拉	4.61	—
芦墟	杨家村桥闸	4.0	1996.5	南星	防	手推横拉	4.5	—

（续表）

镇名	闸涵名称	孔径（米）	竣工年月	所在村名	闸型	启闭形式	闸门顶高（米）	闸室长宽（米）
芦墟	南北口闸	4.0	1989.5	金友南星	防	手推横拉	4.58	—
芦墟	斜港闸	4.0	1989.5	金友	防	手推横拉	4.53	—
芦墟	双石村闸	3.6	1994.10	金友	防	手推横拉	4.58	—
芦墟	三家村防洪闸	3.6	1994.5	南星	防	手推横拉	4.53	—
芦墟	大西港闸	4.0	1991.5	南星	防	手推横拉	4.45	—
芦墟	北栅港闸	4.0	1999.6	南星	防	手推横拉	4.56	—
芦墟	九曲港防洪闸	4.0	1989.5	南星	防	手推横拉	4.71	—
芦墟	蚬南套闸	4.0	1993.5	蚬南	套	手推横拉	4.33	30×7
芦墟	贤字港套闸	5.0	1991.5	南厅	套	升滑门	4.43	40×9
芦墟	十字港套闸	4.0	1992.5	长胜	套	手推横拉	4.74	—
芦墟	中家浜防洪闸	4.0	1998.5	双喜	防	手动简易	4.58	—
芦墟	管家浜防洪闸	4.0	2000.5	双喜	防	手推横拉	5.0	—
芦墟	北河圩防洪闸	4.0	2000.5	双喜	防	手推横拉	5.0	—
芦墟	南河浜防洪闸	4.0	2002.5	双喜	防	手动简易	5.0	—
芦墟	俞厍港防洪闸	4.0	1992.5	双喜	防	手推横拉	4.47	—
芦墟	金家庄防洪闸	4.0	2001.5	和平	防	手动简易	5.0	—
芦墟	农科站防洪闸	4.0	1995.5	南厅	防	手推横拉	4.43	—
芦墟	南仰仙桥闸	4.0	1993.5	南厅	防	手推横拉	4.5	—
芦墟	西轸防洪闸	4.0	2000.5	西轸港	防	手动简易	5.0	—
芦墟	沈庄防洪闸	4.0	1995.5	长胜	防	手推横拉	4.48	—
芦墟	长巨新开河防洪闸	4.0	2001.5	长胜	防	手动简易	5.0	—
芦墟	蚬南大西港防洪闸	4.5	1994.5	蚬南	防	手推横拉	4.4	—
芦墟	北印防洪闸	4.0	2001.5	雪巷	防	手动简易	5.0	—
芦墟	孙家港防洪闸	4.0	1990.5	雪巷	防	手推横拉	4.49	—
芦墟	邱舍防洪闸	4.0	1988.5	雪巷	防	手推横拉	4.48	—
芦墟	西轸娄防洪闸	3.5	2000.6	西轸	防	手推横拉	5.0	—
芦墟	排舍港防洪闸	3.5	1994.5	蚬南	防	手推横拉	4.33	—
芦墟	西头溪防洪闸	3.5	1994.5	蚬南	防	手推横拉	4.33	—
芦墟	女字防洪闸	3.5	1975.5	长胜	防	一字门	4.5	—
芦墟	五厍浜防洪闸	4.0	1990.5	双喜	分	手推横拉	4.51	—
芦墟	兄卯闸	4.0	1990.5	雪巷	分	手推横拉	4.2	—
芦墟	蚬南闸	4.0	1989.5	蚬南	分	手推横拉	4.2	—
芦墟	同字闸	3.6	1992.5	群众	分	手推横拉	4.03	—
芦墟	金家坝套闸	3.6	2003.5	红旗	套	手推横拉	4.5	—
芦墟	小南惊套闸	4.5	2001.5	金友	套	电动简易	5.0	—
芦墟	方家浜套闸	3.6	2004.5	红旗	防	手动简易	4.5	—
芦墟	油车港防洪闸	4.0	1996.5	金友	防	手动简易	4.5	—
芦墟	北陛防洪闸	4.0	1996.5	金友	防	手动简易	4.5	—
芦墟	牌田北港防洪闸	4.0	2001.5	梅石金友	防	手动简易	5.0	—

（续表）

镇名	闸涵名称	孔径(米)	竣工年月	所在村名	闸型	启闭形式	闸门顶高（米）	闸室长宽（米）
芦墟	瓦田港防洪闸	4.0	1996.5	梅石	防	手推横拉	4.62	—
芦墟	梅家栅防洪闸	4.0	2000.5	梅石	防	手推横拉	5.0	—
芦墟	戴阿港防洪闸	4.0	1998.5	梅石	防	手动简易	4.54	—
芦墟	新开河防洪闸	3.6	2000.5	梅石	防	手推横拉	5.0	—
芦墟	旺家浜防洪闸	3.6	1994.5	梅石	防	手推横拉	4.5	—
芦墟	牛字港防洪闸	4.0	1994.5	羊笔港	防	手推横拉	4.5	—
芦墟	市河北头桥闸	4.0	1994.5	金家坝	防	手推横拉	4.4	—
芦墟	西浜防洪闸	4.0	1996.5	红旗	防	手动简易	4.5	—
芦墟	中浜闸	4.0	1994.5	红旗	分	手推横拉	4.2	—
芦墟	梅田桥闸	4.0	1993.5	梅石	分	手推横拉	4.63	—
芦墟	王江岸闸	4.0	1994.5	红旗	分	手推横拉	4.33	—
芦墟	石前闸	4.0	1992.5	梅石	分	手推横拉	4.03	—
芦墟	牌田闸	3.5	1981.5	梅石	分	一字门	4.03	—
芦墟	孟香港南闸	4.0	2000.5	小里	防	手动简易	5.0	—
芦墟	孟香港北闸	4.0	2001.5	小里港	防	手推横拉	5.0	—
芦墟	小里港闸	4.0	2000.5	小里港	防	手动简易	5.0	—
芦墟	吴家浜闸	4.0	2000.5	小里港	防	手动简易	5.0	—
黎里	镇东套闸	6.0	1997.11	黎花	套	电动卷扬	4.2	6×40
黎里	白马港水闸	4.0	1996.10	黎花	防	手推横拉	3.8	—
黎里	寺后荡套闸	6.0	1998.5	黎花	套	电动卷扬	4.2	6×40
黎里	望平桥小闸	4.0	1996.7	黎花	防	电动卷扬	4.2	—
黎里	下丝港南闸	4.0	2000.5	黎花	防	手动简易	5.0	—
黎里	下丝港北闸	4.0	2001.4	黎花	防	手动简易	5.0	—
黎里	新开港水闸	3.0	1999.7	黎花	防	手动简易	4.5	—
黎里	和尚圩港闸	40	1989.6	黎花	防	手推横拉	3.8	—
黎里	东阳港水闸	3.5	1998.6	黎阳	防	手动简易	4.2	—
黎里	姜河荡闸	4.0	1998.6	黎阳	防	手动简易	4.2	—
黎里	黎泾港西闸	3.5	1983.6	黎阳	防	手推横拉	3.8	—
黎里	黎泾港东闸	4.0	1989.6	黎阳	防	手推横拉	3.8	—
黎里	惠具港水闸	4.0	1990.10	黎阳	分	手推横拉	3.8	—
黎里	蟹鱼港水闸	4.0	2000.5	黎阳	防	手动简易	5.0	—
黎里	靴统荡水闸	4.0	2003.5	黎阳	防	手推横拉	4.8	—
黎里	史家甸水闸	4.0	1996.7	史北	防	手推横拉	4.2	—
黎里	华士港水闸	4.0	1997.6	雄锋	防	手动简易	4.5	—
黎里	南星河水闸	4.0	1997.6	雄锋	防	手动简易	4.5	—
黎里	大小平防洪闸	3.5	2002.5	雄锋	防	手动简易	5.0	—
黎里	北胜港水闸	4.0	2000.8	史北	防	手动简易	5.0	—
黎里	史北闸	4.0	2000.8	史北	防	手动简易	5.0	—
黎里	南杨秀港水闸	4.5	2003.5	华英	防	手动简易	4.8	—

（续表）

镇名	闸涵名称	孔径(米)	竣工年月	所在村名	闸型	启闭形式	闸门顶高（米）	闸室长宽（米）
黎里	新开河水闸	4.0	1989.7	史北	分	手推横拉	3.8	—
黎里	元黄港水闸	4.5	1992.6	史北	防	手动简易	4.2	—
黎里	黄字港水闸	4.0	2000.5	史北	防	手动简易	5.0	—
黎里	甲华里水闸	4.5	1990.7	雄锋	防	手动简易	4.2	—
黎里	小官荡水闸	40	1996.7	雄锋	防	电动卷扬	4.5	—
黎里	小圩坝水闸	4.5	1991.12	方联	防	手动简易	4.2	—
黎里	康家浜水闸	3.6	2002.6	大联	分	手动简易	3.8	—
黎里	大坝水闸	4.0	1989.7	华英	防	手推横拉	4.0	—
黎里	庄基港水闸	4.0	1987.6	阳扇	防	手推横拉	3.8	—
黎里	何家浜水闸	4.0	1988.6	汤角	防	手推横拉	—	—
黎里	张字港水闸	3.5	2000.6	大联	防	手动简易	4.5	—
黎里	汝家坟水闸	4.5	1991.1	方联	套	升滑门	4.0	—
黎里	平桥港水闸	4.0	2000.9	华英	套	电动简易	4.5	—
黎里	董家港水闸	4.0	1988.6	华英	防	手推横拉	3.8	—
黎里	胜字圩闸	4.0	2001.4	大联	防	手动简易	5.0	—
黎里	杨秀港套闸	6.0	1996.10	华英	套	电动卷扬	4.5	—
黎里	赵甸港水闸	4.5	1993.6	大联	防	手推横拉	3.8	—
黎里	小月港水闸	3.5	1998.3	大联	防	手动简易	4.5	—
黎里	南湖港水闸	4.0	1997.9	方联	防	手动简易	4.2	—
黎里	鹤脚扇水闸	4.0	2000.6	黎花	防	手动简易	5.0	—
黎里	西林港水闸	4.0	2000.6	建南	防	手动简易	4.5	—
黎里	茶瓶斗水闸	4.0	1988.7	建南	防	手推横拉	3.8	—
黎里	南吴荡闸	4.0	2002.6	建南	防	手动简易	4.8	—
黎里	甘家浜水闸	4.0	1985.7	建南	防	手推横拉	3.8	—
黎里	柴思港水闸	3.5	1984.6	建南	防	手推横拉	3.8	—
黎里	西晒港水闸	4.0	1996.7	黎花	防	手推横拉	4.0	—
黎里	安全港套闸	3.5	1982.6	黎花	套	一字门	3.8	—
黎里	蜘蛛港水闸	4.0	1998.3	黎花	防	手动简易	4.5	—
黎里	西林塘水闸	6.0	1999.12	黎花	防	电动卷扬	4.2	—
黎里	西林荡水闸	4.0	1988.6	黎花	防	手推横拉	3.8	—
黎里	茶壶港套闸	6.0	1997.11	黎花	套	电动卷扬	4.2	6×40
黎里	西林港套闸	4.5	2001.4	汤角	套	电动简易	4.5	4.5×30
黎里	坝里港套闸	5.5	1996.7	乌桥	套	电动卷扬	4.2	6×40
黎里	滑沿路水闸	4.5	1998.5	青石	防	手动简易	4.2	—
黎里	坝里港西闸	4.0	1996.6	乌桥	防	手动简易	4.2	—
黎里	肥皂港水闸	4.0	2002.1	乌桥	防	手动简易	4.2	—
黎里	石湾港水闸	4.5	1992.6	汤角	防	手推横拉	3.8	—
黎里	湾林港水闸	4.0	1989.8	汤角	防	手推横拉	3.8	—
黎里	大圩扇西水闸	4.0	1992.6	青石	防	手动简易	4.0	—

（续表）

镇名	闸涵名称	孔径（米）	竣工年月	所在村名	闸型	启闭形式	闸门顶高（米）	闸室长宽（米）
黎里	大圩扇东水闸	4.5	1993.6	青石	防	手推横拉	4.0	—
黎里	青石庄水闸	4.0	1987.6	青石	防	手推横拉	3.8	—
黎里	匠人港水闸	4.0	2003.6	青石	防	手动简易	4.8	—
黎里	水车港水闸	3.5	2005.6	青石	防	手动简易	4.8	—
黎里	东长闸	4/3.5	1988.8	大长港	套	升滑／一字	4.8	30×14
黎里	川心港闸	4/3.5	2002.5	川心港	套	电简／一字	5.0	28×45
黎里	接菅亭闸	3.5	1976.10	川心港	套	一字门	4.5	25×15
黎里	吕家栅闸	3.5	1975.12	永新	套	一字门	4.5	20×12
黎里	西浜港南闸	3.5	2005.10	永新	套	手简／一字	4.5	30×12
黎里	小港里闸	3.5	1974.6	沈家港	套	一字门	4.4	30×11
黎里	南西麻港闸	3.5	1974.2	沈家港	套	一字门	4.5	35×13
黎里	梓树下闸	4.0	2001.6	黎星	套	电简／一字	4.8/4.	20×10
黎里	梅墩闸	4.0	1998.6	梅墩	套	电简／一字	4.8	20×10
黎里	大港上闸	4.5	1999.11	汾湖	套	电动简易	4.8	30×15
黎里	横港里闸	4.0	2005.6	元鹤	套	手简／横拉	4.5	—
黎里	玩字闸	4/3.5	2002.5	元鹤	套	电间／一字	4.8	—
黎里	大长浜闸	4.0	2000.6	大长港	防	手动简易	4.8	—
黎里	螺蛳港闸	3.5	1982.12	大长港	防	一字门	4.5	—
黎里	西浜北闸	4.0	1992.10	永新	防	手推横拉	4.7	—
黎里	永加北闸	4.0	2000.6	永新	防	手动简易	5.0	—
黎里	赵甸港闸	4.0	2002.5	永新	防	手动简易	4.8	—
黎里	张家浜闸	4.0	2001.6	永新	防	手动简易	5.0	—
黎里	长方闸	3.5	2005.5	汾湖	防	手动简易	4.5	—
黎里	野人浜闸	4.0	2005.5	沈家港	防	手动简易	4.5	—
黎里	北西麻港闸	4.0	1995.6	沈家港	防	手动简易	4.8	—
黎里	钱家湾塘闸	3.5	2001.6	黎星	防	手动简易	5.0	—
黎里	张家港闸	4.0	1998.6	汾湖	防	电动简易	5.0	—
黎里	汾湖闸	4.0	1998.7	汾湖	防	手动简易	5.0	—
黎里	种子场闸	4.0	2001.6	镇区	防	手动简易	5.0	—
黎里	碳港里闸	4.0	1993.7	梅墩	防	手推横拉	4.6	—
黎里	西姚浜闸	4.0	2005.5	沈家港	防	手动简易	4.5	—
黎里	金塘闸	4.0	2001.6	沈家港	防	手动简易	5.0	—
黎里	池家湾闸	4.0	1997.5	东方	防	手动简易	4.6	—
黎里	西闸	6.0	1997.5	镇区	防	电动卷扬	4.5	—
黎里	梅东闸	4.0	2004.6	梅墩	防	手动简易	4.4	—
黎里	东村闸	4.0	2004.7	梅墩	防	手动简易	4.2	—
黎里	盛家湾闸	4.0	2000.6	大胜	防	手动简易	5.0	—
黎里	大胜闸	4.0	2002.6	大胜	防	手动简易	4.8	—
黎里	东浜港闸	4.0	2000.6	大胜	防	手动简易	5.0	—

（续表）

镇名	闸涵名称	孔径(米)	竣工年月	所在村名	闸型	启闭形式	闸门顶高（米）	闸室长宽（米）
黎里	沿头港闸	4.0	2000.6	大胜	防	手动简易	5.0	—
黎里	打铁港闸	4.0	2000.6	东方	防	手动简易	5.0	—
黎里	油车港闸	4.0	2000.6	东方	防	手动简易	5.0	—
黎里	南港闸	4.0	2001.6	元鹤	防	手动简易	4.8	—
黎里	小月港闸	4.0	2002.8	元鹤	防	手动简易	4.4	—
黎里	翁家港闸	4.0	1992.8	大长港	防	手推横拉	4.5	—
黎里	郎庙湾闸	4.0	1996.7	大长港	防	手动简易	4.5	—
黎里	朱家湾闸	4.0	2000.6	东方	防	手动简易	5.0	—
黎里	新开港闸	4.0	2000.10	汾湖	分	手动简易	4.6	—
平望	新开河西闸	4.0	1988	群星	套	升滑门	5.0	30×12
平望	西张家甸南	3.2	1984	前丰	防	一字门	4.5	25×15
平望	大河港闸	4.0	1997	前丰	套	电动卷扬	5.0	40×12
平望	新开河闸	4.0	1989	上横	套	手动简易	4.5	30×13
平望	塘前港闸	4.0	1999改	联农	套	手动简易	5.0	—
平望	共进河闸	5.0	1998	上横	套	升卧式	5.0	50×15
平望	安田港闸	4.0	1987	顾扇	套	一字门	4.5	—
平望	三里桥闸	4.0	1984	平西	防	一字门	4.5	25×12
平望	直港闸	4.0	2005改	小圩	防	手动简易	5.0	—
平望	干字闸	4.0	2001	联农	套	手动简易	5.0	30×12
平望	东溪河闸	6.0	1998	镇区	套	升卧式	5.0	—
平望	亭子港闸	4.0	2005	胜墩	防	手推横拉	4.5	20×7
平望	照家扇闸	4.0	1997	小圩	分	手推横拉	5.0	—
平望	横港闸	4.0	1988	小圩	分	手推横拉	4.5	—
平望	火龙港闸	4.0	1989	端市	分	手推横拉	4.5	—
平望	三官桥分级闸	3.0	1990	联农	分	—	4.5	—
平望	横路港闸	4.0	1989	小西	分	手推横拉	4.5	—
平望	新开河东闸	4.0	2001	藏龙	防	手动简易	5.0	—
平望	翁家浜闸	4.0	1994	平东	防	手动简易	5.0	—
平望	青龙港闸	4.0	2003	藏龙	防	手动简易	4.5	—
平望	桃字港西闸	3.6	1985	藏龙	防	一字门	4.5	—
平望	桃字港东闸	3.6	1985	藏龙	防	一字门	4.5	—
平望	木梳湾闸	4.0	1986	雪湖	防	手推横拉	4.5	—
平望	西掌兜闸	3.8	1987	雪湖	防	手推横拉	4.5	—
平望	平字港闸	4.0	1985	雪湖	防	手推横拉	4.5	—
平望	石桥头闸	4.0	1995	雪湖	防	手动简易	5.0	—
平望	直大港闸	4.0	1999	前丰	防	手动简易	5.0	—
平望	东曹港闸	4.0	1999	前丰	防	手动简易	5.0	—
平望	东危港闸	4.0	1987	前丰	防	手推横拉	5.0	—
平望	东张贵闸	4.0	1988	前丰	防	手推横拉	4.5	—

（续表）

镇名	闸涵名称	孔径(米)	竣工年月	所在村名	闸型	启闭形式	闸门顶高（米）	闸室长宽（米）
平望	西张家甸北闸	4.0	1988	前丰	防	手推横拉	4.5	—
平望	金塘港闸	3.5	1989	联丰	防	手推横拉	4.5	—
平望	张贵村闸	4.0	1996	前丰	防	手动简易	4.5	—
平望	大水路闸	4.5	1994	联丰	防	手动简易	5.0	—
平望	九曲港闸	3.5	1988	联丰	防	一字门	4.5	—
平望	马家浜闸	4.0	2000	前丰	防	手动简易	5.0	—
平望	新开河闸	4.0	1990	前丰	防	手动简易	5.0	—
平望	牌楼头闸	4.0	2001	联丰	防	手动简易	5.0	—
平望	沈家浜闸	4.0	1966	上横	防	手动简易	4.5	—
平望	钱家桥闸	3.2	2005	上横	防	手动简易	4.5	—
平望	吃水河闸	3.2	1988	庄田	分	手推横拉	4.5	—
平望	新开河闸	4.0	1987	庄田	分	手推横拉	4.5	—
平望	孙家港闸	3.2	1967	庄田	分	手推横拉	4.5	—
平望	天字港闸	4.0	1998	庄田	防	手动简易	5	—
平望	南小港闸	4.0	1990	庄田	分	手推横拉	4.5	—
平望	南工圩闸	4.0	1992	庄田	防	手推横拉	4.5	—
平望	枭腰桥闸	4.0	2000	唐家湖	防	手动简易	5	—
平望	燕桥头闸	4.0	1989	南杨	防	手推横拉	4.5	—
平望	坟塘港闸	4.0	1998	庙扇	防	手动简易	4.5	—
平望	杨扇西闸	4.0	1998	平西	防	手动简易	4.5	—
平望	杨扇东闸	4.0	1998	平西	防	手动简易	4.5	—
平望	后港闸	4.0	1985	柳湾	防	手动简易	5.0	—
平望	忠家港闸	4.0	1996	柳湾	防	手动简易	5.0	—
平望	东木港闸	4.0	1997	平西	防	手动简易	5.0	—
平望	柳家湾港闸	3.5	1982	柳湾	防	一字门	4.5	—
平望	新开港闸	3.5	1985	平西	防	一字门	4.5	—
平望	新开港闸	4.0	1985	柳湾	防	手动简易	4.5	—
平望	草田港闸	3.5	1983	平西	防	一字门	4.5	—
平望	乌鸡潭闸	4.0	1984	柳湾	防	手动简易	5.0	—
平望	东塘湾闸	4.0	2000	同心	防	手动简易	5.0	—
平望	戚家荡闸	4.0	2000	北方	防	手动简易	5.0	—
平望	北万浜闸	4.0	2000	北万	防	手动简易	5.0	—
平望	南万港南闸	3.5	2005	同心	防	手动简易	5.0	—
平望	南万港北闸	3.5	2005	同心	防	手动简易	5.0	—
平望	西掌港闸	4.0	1999	同心北万	防	手动简易	5.0	—
平望	新开河闸	3.2	1983	莺湖	防	一字门	4.5	—
平望	五渡港南闸	3.5	2000	莺湖	防	手动简易	5.0	—
平望	五渡港北闸	3.5	2000	莺湖	防	手动简易	5.0	—
平望	长浜口闸	4.0	1989	长浜	防	手推横拉	5.0	—

（续表）

镇名	闸涵名称	孔径（米）	竣工年月	所在村名	闸型	启闭形式	闸门顶高（米）	闸室长宽（米）
平望	路东港闸	4.0	2003	小圩	防	手动简易	5.0	—
平望	石家桥闸	4.0	1997	端市	防	手动简易	5.0	—
平望	麻字港闸	4.0	2004	小圩	防	手动简易	4.5	—
平望	章港闸	4.0	1999	复兴	防	电动简易	5.0	—
平望	杨家港北闸	4.0	1988	金联	防	手推横拉	4.5	—
平望	杨家港南闸	4.0	1988	金联	防	手推横拉	4.5	—
平望	金家潭闸	4.0	1989	金联	防	手推横拉	4.5	—
平望	干字南闸	4.0	2000	联农	套	手动简易	5.0	—
平望	九华闸	6.0	1999	镇区	防	升卧门	5.0	—
平望	马家浜闸	4.0	1988	南杨	防	手推横拉	4.5	—
平望	马家浜闸	4.0	1986	溪港	防	手推横拉	4.5	—
平望	小圩港闸	4.0	1989.6	胜灯	防	手推横拉	4.5	—
平望	沿圩湾闸	4.0	1987.6	增库	防	手推横拉	4.5	—
平望	新开河闸	4.0	1997.7	胜墩	防	手动简易	4.5	—
平望	娄圩闸	4.0	1989.8	—	防	手推横拉	4.5	—
平望	常富港闸	4.0	1999.7	胜墩	防	手动简易	5.0	—
平望	铁枪河闸	4.0	2003.1	—	防	手动简易	5.0	—
平望	青龙港闸	3.5	2003.6	复兴	防	手动简易	5.0	—
平望	急水港闸	3.5	1986	联丰	防	一字门	4.5	20×12
平望	徐排港闸	4.0	1989.6	平安	套	手推横拉	5.0	35×12
平望	滑水渠闸	4.0	2005.6	平安	防	手动简易	5.0	—
平望	丁香坝闸	4.5	2000.8	三官桥	套	电简/横拉	4.8	—
平望	古塘港西闸	4.0	1993.7	龙南	套	升滑门	5.0	30×10
平望	西城港闸	6.0	1994.6	龙南村	套	升卧式	4.5	45×14
平望	东城港闸	4.0	1998.8	龙南村	套	升卧式	5.0	—
平望	狗头颈闸	4/3.8	2003.6	联合	套	手简/一字	4.8	36×10
平望	摇水桥闸	4.0	2002.9	庙头	套	电动简易	5.0	45×16
平望	向阳河南闸	4.0	1992.5	龙南	套	电卷/升滑	4.5	40×12
平望	开基港闸	4.0	2000.6	平安	防	手动简易	5.0	—
平望	朱家港闸	4.0	1988.7	平安	防	手推横拉	5.0	—
平望	川桥港东闸	4.0	1998.10	平安	防	手动简易	4.6	—
平望	黑家港闸	3.5	2004.5	平安	防	手动简易	5.0	—
平望	东港闸	4.0	1988.6	秋泽	防	手推横拉	5.0	—
平望	南港闸	3.5	1996.6	秋泽	防	手动简易	5.0	—
平望	村前港闸	4.0	2000.6	秋泽	防	手动简易	5.0	—
平望	将军港闸	3.5	1990.6	秋泽	防	手推横拉	5.0	—
平望	杨湾港闸	4.0	1992.6	三官桥	防	升滑门	5.0	—
平望	油车港闸	4.0	2003.6	三官桥	防	手动简易	4.8	—
平望	大曰港闸	4.5	1993.7	双浜	防	升滑门	5.0	—

（续表）

镇名	闸涵名称	孔径(米)	竣工年月	所在村名	闸型	启闭形式	闸门顶高（米）	闸室长宽（米）
平望	古塘港东闸	3.5	2004.5	龙南	防	手动简易	5.0	—
平望	北女港闸	4.0	1988.12	龙南	防	手推横拉	5.0	—
平望	袁太港南闸	3.0	2005.6	龙南	防	手动简易	5.0	—
平望	袁太港北闸	4.0	1998.7	龙南	防	手动简易	4.5	—
平望	板家桥闸	4.0	1995.6	双浜	防	手动简易	4.8	—
平望	凌家里闸	3.5	2005.5	联合	防	手动简易	5.0	—
平望	西济桥闸	6.0	1999.6	镇区	防	电动卷扬	4.5	—
平望	塌皮港闸	4.0	1992.6	新南	防	手推横拉	5.0	—
平望	钿字港闸	4.0	2001.6	新南	防	手动简易	5.0	—
平望	新路桥闸	4.0	1998.7	庙头	防	电动卷扬	4.5	—
平望	团圆浜闸	3.0	2004.5	庙头	防	手动简易	5.0	—
平望	下墩港闸	4.0	2003.6	庙头	防	手动简易	4.8	—
平望	西港闸	4.0	2003.6	庙头	防	手动简易	4.8	—
平望	直港闸	3.5	1989.6	联合	防	手推横拉	5.0	—
平望	花甲浜闸	4.0	2002.6	龙南	防	手动简易	4.7	—
平望	北浜闸	4.0	2002.6	龙南	防	手动简易	4.7	—
平望	南浜闸	4.0	2002.6	龙南	防	手动简易	4.7	—
平望	耀字港闸	4.0	1996.6	龙南	防	手动简易	4.8	—
平望	向阳河北闸	4.5	1994.7	龙南	防	升滑门	5.0	—
平望	梅南河闸	6.0	1991.10	三官桥	防	手动简易	5.0	48×16
平望	乌家浜闸	1.5	1998.10	新南	涵	—	3.0	—
平望	周家田闸	2.0	1995.4	双浜	涵	—	3.5	—
平望	安桥港闸	3.5	1985.2	三官桥	分	一字门	4.0	—
平望	宜水港闸	3.5	1990.10	龙南	分	手推横拉	4.0	—
平望	谢路港闸	3.5	1994.5	庙头	分	手推横拉	3.8	—
盛泽	龚家坝闸	3.6	1985.6	永和	防	手推横拉	4.8	—
盛泽	乌木坝闸	4.0	2005.5	新东	套	手推横拉	4.8	8×30
盛泽	白蒋港闸	4.0	1995.1	茅塔	分	手推横拉	5.0	—
盛泽	摇船湾闸	4.0	1994.6	茅塔	分	手推横拉	5.0	—
盛泽	干家港闸	4.0	1996.2	茅塔	分	手推横拉	4.5	—
盛泽	沉目桥闸	4.0	1996.3	虹州	分	手动简易	4.5	—
盛泽	新开河闸	4.0	1989.6	虹州	分	手推横拉	4.5	—
盛泽	吴家埭闸	3.8	1984.6	虹州	分	手动简易	4.5	—
盛泽	蒋家港闸	4.0	1989.12	东港	分	手推横拉	4.5	—
盛泽	里龙港闸	3.6	1984.6	兴桥	防	手动简易	5.2	—
盛泽	吕墩闸	3.8	1983.2	前跃	分	一字门	4.8	—
盛泽	首字港闸	4.0	1993.5	庄塔	防	手推横拉	5.0	—
盛泽	新开河闸	4.0	1993.5	前跃	防	手推横拉	5.0	—
盛泽	新开河闸	3.8	1986.6	庄塔	防	手推横拉	4.8	—

（续表）

镇名	闸涵名称	孔径(米)	竣工年月	所在村名	闸型	启闭形式	闸门顶高（米）	闸室长宽（米）
盛泽	三洞港闸	4.0	1984.5	吉桥	套	手推横拉	5.0	10×20
盛泽	坛西闸	3.5	1984.12	亭心	套	手推横拉	4.8	10×20
盛泽	老龙港闸	4.0	1992.5	南塘	防	手推横拉	4.8	—
盛泽	肫肥桥闸	4.0	2004.6	南塘	防	手动简易	5.2	—
盛泽	北旺桥闸	3.5	2000.5	北旺	防	手动简易	5.2	—
盛泽	前港闸	4.0	1991.12	双熟	防	手推横拉	4.8	—
盛泽	南旺港闸	3.5	2002.5	北旺	防	手动简易	5.2	—
盛泽	混水河闸	4.0	1992.5	人福	套	手推横拉	4.8	10×20
盛泽	新安头闸	4.0	1986.12	人福	套	手推横拉	4.8	10×25
盛泽	荡湾里闸	3.5	2001.12	坛丘	防	手动简易	5.2	—
盛泽	后港闸	3.5	1978.12	坛丘	套	一字门	4.5	10×10
盛泽	东浜闸	3.5	1975.5	南塘	防	一字门	4.5	—
盛泽	火发港闸	4.0	2002.3	南塘	防	手动简易	5.2	—
盛泽	计生港闸	4.0	1990.12	南塘	防	手推横拉	4.8	—
盛泽	荡湾港闸	3.5	2002.4	南塘	防	手动简易	5.2	—
盛泽	张家浜闸	4.0	2002.1	溪南	防	手动简易	5.2	—
盛泽	南塘港闸	3.5	2003.5	南塘	防	手动简易	5.2	—
盛泽	洋口闸	3.0	2005.5	南塘	防	手动简易	5.2	—
盛泽	中浜闸	1.0	1993.12	龙桥	涵	—	—	—
盛泽	川桥港闸	—	2001.5	南塘	涵	—	—	—
盛泽	思安桥闸	5.0	1993.1	胜天	套	电动卷扬	5.0	10×50
盛泽	新开河闸	4.0	1979.5	胜天	套	手推横拉	5.0	8×20
盛泽	稳水港闸	4.0	1990.12	大东	套	手推横拉	5.0	10×30
盛泽	河泥泾闸	4.5	2002.2	大新	套	电动卷扬	5.4	13×16
盛泽	三里桥闸	5.0	1999.1	上升	套	电动卷扬	5.4	12×20
盛泽	潘家湾闸	4.0	1990.11	南肖	套	手推横拉	5.0	10×25
盛泽	南肖港闸	4.0	1997.5	南肖	防	手动简易	5.5	—
盛泽	南肖港闸	4.0	1996.12	南肖	防	手推横拉	5.0	—
盛泽	哺鸡港闸	3.8	2002.12	溪东	防	手动简易	5.2	—
盛泽	南施港闸	4.0	1995.11	双林	防	手推横拉	5.0	—
盛泽	六里桥闸	3.5	2002.5	上升	防	手动简易	5.2	—
盛泽	坝里港闸	4.0	1993.5	南肖	防	手推横拉	5.0	—
盛泽	大成浜闸	3.6	2002.3	大成	防	手动简易	5.2	—
盛泽	龙南闸	4.0	1996.3	龙桥	防	手动简易	4.8	—
盛泽	计牙港闸	4.0	1995.4	南肖	防	手动简易	5.0	—
盛泽	大通桥闸	3.5	1996.4	北角	分	手动简易	4.5	—
盛泽	李家浜闸	3.5	1999.12	李家浜	防	手动简易	5.2	—
盛泽	西张埭闸	4.0	1995.10	慰塘	防	手推横拉	5.0	—
盛泽	三吊桥闸	4.0	1984.4	圣塘	防	一字门	4.6	—

（续表）

镇名	闸涵名称	孔径(米)	竣工年月	所在村名	闸型	启闭形式	闸门顶高（米）	闸室长宽（米）
盛泽	十字溪闸	4.0	1995.5	慰塘	防	手推横拉	5.0	—
盛泽	新开河闸	3.0	1996.5	慰塘	分	手动简易	3.5	—
盛泽	乌龙浜闸	4.0	1996.6	大谢	套	手推横拉	4.8	8×15
盛泽	凤凰浜闸	3.5	1992.4	大谢	防	一字门	4.8	—
盛泽	陈家湾闸	4.0	1989.12	大谢	套	手推横拉	4.8	10×20
盛泽	摇船浜闸	4.0	1993.4	沈泥	套	手推横拉	4.8	10×20
盛泽	小谢浜闸	3.5	2001.4	小谢	防	手动简易	5.2	—
盛泽	陆家浜闸	4.0	2005.5	圣塘	防	一字门	4.8	—
盛泽	南章圩闸	8.0	1988.6	永和	套	手推横拉	5.4	12×120
盛泽	镇东闸	6.0	1988.5	镇区	套	手推横拉	5.4	10×65
盛泽	园明闸	5.0	1988.5	镇区	套	手推横拉	5.4	10×50
盛泽	目澜闸	5.0	1988.5	镇区	套	手推横拉	5.4	10×50
盛泽	红坊湾闸	3.0	2001.5	镇区	分	电动简易	3.0	—
盛泽	古龙庵闸	4.0	2005.5	前庄	分	手动简易	4.5	—
盛泽	盛溪河闸	5.0	1994.5	虹州	防	电动卷扬	5.5	—
盛泽	三家坝闸	4.0	1985.12	永和	防	手推横拉	4.8	—
盛泽	兴桥闸	4.0	2003.10	兴桥	防	电动简易	5.2	—
盛泽	前跃闸	2×3	2003.10	前跃	分	手动简易	4.0	—
盛泽	西港闸	3.60	2003.10	庄塔	防	手动简易	5.2	—
盛泽	南塘港闸	3.40	2003.9	南塘	防	手动简易	5.2	—
盛泽	哺鸡港闸	3.50	2003.5	南肖	防	手动简易	5.2	—
盛泽	东港闸	4.0	2003.8	庄塔	防	手动简易	5.2	—
盛泽	长浜闸	2×2	2003.8	前跃	分	手动简易	3.5	—
盛泽	永兴桥闸	4.0	2005.5	前庄	分	手动简易	4.0	—
盛泽	盛郎河闸	4×3	2005.5	茅塔	分	电动简易	4.5	—
盛泽	吴家埭闸	4×2	2005.5	虹州	分	电动简易	4.5	—
盛泽	西厍港闸	4.0	2005.5	郎中	分	电动简易	4.0	—
盛泽	坛丘港北闸	6.0	2004.5	坛丘	防	电动卷扬	5.2	—
盛泽	坛丘港南闸	6.0	2004.5	坛丘	防	电动卷扬	5.2	—
盛泽	庄口套闸	4.5	1993.3	太平	套	升滑门	5.0	46×12
盛泽	林头坝防洪闸	4.0	2001.4	下庄	防	手动简易	5.0	—
盛泽	栅头桥防洪闸	4.0	2001.3	永平	防	手动简易	5.0	—
盛泽	镇北套闸	4.5	1992.7	桥北	套	升滑门	5.0	46×12
盛泽	北庄套闸	4.5	1996.5	中旺	套	升滑门	5.0	46×12
盛泽	穆家港防洪闸	4.0	2002.3	龙北	防	手动简易	5.0	—
盛泽	小方防洪闸	4.0	2003.5	桥南	防	手动简易	5.0	—
盛泽	沈家防洪闸	4.0	2003.6	沈家	防	手动简易	5.0	—
桃源	民益套闸	3.5	1990.4	民益	套	手推横拉	4.8	27×7
桃源	广福套闸	3.0	1987.5	广福	套	手推横拉	4.7	25×8

（续表）

镇名	闸涵名称	孔径(米)	竣工年月	所在村名	闸型	启闭形式	闸门顶高（米）	闸室长宽（米）
桃源	徐家闸	4.5	1993.10	雄壮	套	升滑门	4.7	33×9
桃源	双庆闸	4.5	1994.5	东桥	套	电动卷扬	4.7	38×8
桃源	大同闸	4.5	1992.6	新桥	套	升滑门	4.8	33×8
桃源	新民套闸	4.5	1994.5	李家坝	套	升滑门	4.7	35×9
桃源	新亭套闸	3.5	1988.5	新亭	套	手推横拉	4.7	—
桃源	陆家浜防洪闸	3.6	1996	利群	防	手动简易	5.2	—
桃源	沈庄漾防洪闸	3.6	2000	民益	防	手动简易	5.2	—
桃源	胜利防洪闸	3.6	2000	三民	防	手动简易	5.2	—
桃源	匠人浜防洪闸	4.0	2003	前窑	防	手动简易	5.2	—
桃源	南都村防洪闸	4.0	2004	前窑	防	手动简易	6.0	—
桃源	后港防洪闸	4.0	2005	广福	防	手动简易	6.0	—
桃源	御龙闸	5.0	1993	—	套	电动卷扬	4.82	36×12
桃源	三家浜	3.8	1977	新和	套	一字门	5.11	22×20
桃源	川泾港闸	5.0	1990	大德	套	升滑门	4.91	38×12
桃源	民丰闸	4.0	1990	文民	套	升滑门	5.24	30×10
桃源	天亮闸	5.0	1996	天亮浜	套	电动卷扬	4.85	50×10
桃源	光明闸	3.5	2000.3	青云	套	手动简易	5.5	20×20
桃源	陶墩闸	4.0	1991	陶墩	套	升滑门	4.95	28×10
桃源	金光闸	3.8	1984	金光	套	一字门	4.91	20×15
桃源	洋西闸	3.0	1978	梵香	套	一字门	4.91	25×20
桃源	集贤防洪闸	3.5	1984.4	贤胡	防	一字门	5.0	—
桃源	后兴防洪闸	4.0	2000.8	罗北	防	升卧式	5.5	—
桃源	李家桥闸	—	—	旺家	防	手动简易	5.0	—
桃源	祝香浜闸	—	2002.7	西亭	防	手动简易	5.5	—
桃源	虹桥港闸	3.5	2003.10	贤胡	防	手动简易	5.3	—
桃源	南院浜防洪闸	3.5	2004.12	仙南	防	手动简易	5.15	—
桃源	王上浜防洪闸	3.5	2005.6	迎春	防	手动简易	5.15	—
桃源	迎春河防洪闸	3.5	2003.11	迎春	防	手动简易	5.15	—
桃源	小坊套闸	3.2	1965.9	严东	套	一字门	5.09	21×10
桃源	百花漾闸	4.5	1992.4	南田	套	升滑门	4.8/4.2	31×14
桃源	塔老闸	4.5	2002.3	南田	套	升滑门	5.5/4.5	27×13.5
桃源	后练闸	4.5	1991.11	后练	套	升滑门	4.9	31×16
桃源	后兴桥套闸	5.0	1989.7	罗北	套	升滑门	4.7/4.1	40×25
桃源	钟家坝闸	4.0	1988.6	付乡	套	手推横拉	4.9/4	34×12
桃源	后村港闸	3.5	2002.7	仙南	套	电动简易	5.5	23×10
震泽	永乐防洪闸	3.6	1985.4	永乐	防	一字门	5.0	—
震泽	石坝套闸	4.5	1986.9	朱家浜	套	手推横拉	5.0	20×10
震泽	火箭套闸	4.0	1987.9	新幸	套	手推横拉	5.0	20×10
震泽	分乡桥套闸	4.0	2004.6	南浦浜	套	电动卷扬	5.0	25×10

（续表）

镇名	闸涵名称	孔径(米)	竣工年月	所在村名	闸型	启闭形式	闸门顶高（米）	闸室长宽（米）
震泽	醋家港套闸	4.0	1989.7	齐心	套	手推横拉	5.0	25×10
震泽	红星防洪闸	3.2	2001.5	徐家浜	防	手动简易	5.5	—
震泽	谢家套闸	3.5	2003.5	谢家	套	一字门	5.5	25×10
震泽	良姜港防洪闸	3.5	2001.6	徐家埭	防	手动简易	5.5	—
震泽	虹桥闸站	4.0	1996.11	镇区	防	电动卷扬	4.8	—
震泽	禹迹桥防洪闸	6.0	1997.4	镇区	防	—	4.8	—
震泽	思范桥防洪闸	5.0	1996.11	镇区	防	升卧式	4.8	—
震泽	贯桥闸	5.0	1993.10	贯桥	套	电动卷扬	4.73	40×10
震泽	花园桥闸	5.0	1996.10	龙联	套	电动卷扬	5.3	36×9
震泽	如山庙闸	4.0	1987.5	前港	套	手推横拉	4.76	30×10
震泽	联星闸	4.0	2002.5	联星	套	电动卷扬	5.3	27×13
震泽	勤星闸	4.0	1988.5	勤星	防	手推横拉	4.7	—
七都	大家港闸	3.5	2005.12	东风	防	手动简易	4.5	—
七都	小墩村防洪闸	4.0	2000.4	东风	防	手动简易	5.7	—
七都	顺堤河防洪闸	4.0	2000.4	蒋家港	防	手动简易	5.7	—
七都	庙西防洪闸	4.0	2001.6	东风村	防	手动简易	5.7	—
七都	双石港闸	4.0	2000.7	东风村	防	电动卷扬	5.7	—
七都	南小圩防洪闸	4.0	2000.5	李家港	防	手动简易	5.7	—
七都	人字港防洪闸	4.0	2000.5	行军	防	手动简易	5.7	—
七都	姚庄闸	2.5	2000.8	环湖	防	手动简易	5.7	—
七都	吴溇闸	5.0	2002.8	环湖	防	电动卷扬	6.0	—
七都	渔业防洪闸	3.5	1992.5	渔业	防	一字门	4.8	—
七都	胡溇港涵洞	2.5	2000.2	隐读	涵	手动简易	5.5	—
七都	大儒套闸	3.5	1972.8	行军	套	一字门	4.8	18×8
七都	人字套闸	3.5	1973.5	行军	套	一字门	4.8	20×7
七都	吴溇套闸	3.5	1960.4	环湖	套	一字门	—	—
七都	群丰套闸	3.5	1963.5	隐读	套	一字门	4.8	25×7
七都	七都套闸	5.0	1997.7	沈家湾	套	电动卷扬	4.8	36×10
七都	木鱼山防洪闸	3.5	2002.4	菱田	防	手动简易	5.5	—
七都	急水港防洪闸	5.0	2000.6	菱田	防	手动简易	5.7	—
七都	东肖港防洪闸	3.5	2000.8	菱田	防	手动简易	5.7	—
七都	菱南防洪闸	4.0	2004.5	吴越	防	电动卷扬	6.0	—
七都	菱荡套闸	4.5	2005.6	勤幸	套	电动卷扬	5.5	40×10
七都	桥下防洪闸	4.0	2005.6	勤幸	防	手动简易	6.0	—
七都	丝厂套闸	4.0	1999.6	吴越	套	一字门	5.0	24×8.5
七都	金龙桥闸	3.5	1975.12	东庙桥	分	一字门	4.0	—
七都	荒字圩闸	3.5	1976.1	长桥	分	一字门	4.0	—
七都	虹呈港防洪闸	5.0	2000.6	长桥	防	手动简易	5.7	—
七都	长村套闸	3.5	1975.4	东庙桥	套	一字门	4.8	26×8

（续表）

镇名	闸涵名称	孔径(米)	竣工年月	所在村名	闸型	启闭形式	闸门顶高（米）	闸室长宽（米）
七都	沈坟头防洪闸	4.5	2004.5	东庙桥	防	电动卷扬	6.0	—
七都	虹民套闸	3.5	1974.3	长桥	套	一字门	4.8	28×8
七都	董家田闸	3.5	1977.5	浙江漾西	防	一字门	4.5	—
七都	焦田防洪闸	4.0	2003.5	丰田	防	一字门	6.0	—
七都	北庄西防洪闸	4.0	2001.5	丰田	防	手动简易	5.7	—
七都	三洋联圩闸	3.5	2000.7	三洋联圩	防	手动简易	5.7	—
七都	群丰防洪闸·	4.0	2003.5	隐读	防	手动简易	6.0	—
七都	徐罗坝防洪闸	5.0	2002.3	丰民	防	电动卷扬	5.3	—
七都	北村港闸	3.5	1976.4	开弦弓	套	一字门	5.2	28×10
七都	四方圩闸	3.5	1976.12	开弦弓	套	一字门	5.2	—
七都	城家田闸	5.0	2004.6	开弦弓	防	电动卷扬	5.2	—
七都	旺家港闸	3.5	1976.6	丰民	套	一字门	5.5	25×10
七都	吴越战闸	3.5	1993.5	丰民	防	一字门	5.3	—
七都	四方圩涵	1.2	1976.4	开弦弓	涵	—	—	—
七都	东联圩河东闸	3.5	2002.10	节制闸	防	手动简易	5.2	—
七都	时家港南闸	3.5	1977.6	节制闸	套	一字门	5.2	28×10
七都	大明港南闸	5.0	2004.5	联强	防	电动卷扬	5.2	—
七都	庄港闸	3.5	2005.5	七一	防	电动卷扬	5.2	—
七都	汤家浜闸	4.0	1994.10	节制闸	套	电动卷扬	6.0	34×9
七都	东联圩涵	0.6	1976.11	—	涵	—	—	—
七都	顺堤河东闸	4.0	1986.3	庙港	套	手推横拉	5.2	25×10
七都	南望闸	5.0	1992.10	庙港	套	电动卷扬	5.0	45×12
七都	东草田闸	3.5	2000.6	轮穗	防	手动简易	5.2	—
七都	南庄闸	3.5	1985.2	轮穗	防	一字门	5.25	—
七都	倪家港闸	3.5	1984.9	陆港	防	一字门	5.0	—
七都	联圩河西口闸	3.5	1978.11	陆港	套	一字门	5.15	25×10
七都	顺堤河西闸	4.0	1985.12	陆港	套	电动卷扬	5.2	25×10
七都	陆家港涵	0.6	2000.10	联星	涵	—	—	—
七都	黑长圩闸	3.5	1981.12	开明港	套	一字门	5.2	25×10
七都	米古其闸	4.0	1986.3	开明	防	手推横拉	5.35	—
七都	渔业生产河涵	0.8	1999.6	渔业	涵	—	—	—
横扇	张家港	4.0	1995.10	库港	防	手动简易	4.8	—
横扇	吊港防洪闸	4.0	1993.9	库港	防	升滑门	5.2	—
横扇	三十亩防洪闸	4.0	1995.10	大家港	防	手动简易	4.8	—
横扇	南斗港防洪闸	3.5	2000.5	光荣	防	手动简易	5.2	—
横扇	南湾里闸	3.5	1992.3	双湾	防	手推横拉	5.2	—
横扇	徐河湾闸	4.0	1995.10	双湾	防	手动简易	4.8	—
横扇	陆家湾闸	3.5	1992.3	双湾	防	手推横拉	5.2	—
横扇	小红头套闸	4.0	1997.7	双湾	套	升卧式	4.5	30×7

（续表）

镇名	闸涵名称	孔径（米）	竣工年月	所在村名	闸型	启闭形式	闸门顶高（米）	闸室长宽（米）
横扇	大南河套闸	4.5	1991.6	大家港	套	升滑门	5.2	40×9
横扇	高桥闸	4.0	1996.12	厍港	套	升卧式	4.5	34×7
横扇	大荣闸	3.0	1966.4	大家港	分	一字门	4.8	—
横扇	歌字港闸	3.5	1989.9	北横	防	手推横拉	5.0	—
横扇	东池港闸	4.0	2004.5	北横	防	手动简易	5.0	—
横扇	东北横港闸	4.0	2005.5	北横	防	手动简易	5.2	—
横扇	石塘闸	4.0	2003.5	北横	防	手动简易	4.8	—
横扇	横东闸	4.0	1992.3	北横	套	升滑门	5.2	34×7
横扇	戗港闸	3.5	1987.9	北横	防	一字门	5.2	—
横扇	施家新开港闸	3.5	1974.8	旗施村	套	一字门	5.2	18×7
横扇	上中浜闸	3.5	1994.5	北横	防	手推横拉	5.2	—
横扇	百念港闸	3.5	1987.4	北横	防	一字门	5.2	—
横扇	潘其港闸	4.0	2005.5	北横	防	手动简易	4.8	—
横扇	后河浜闸	4.0	2004.5	北横	防	手动简易	4.8	—
横扇	北雀闸	4.0	2005.5	北横	防	手动简易	4.8	—
横扇	冬瓜荡闸	4.0	1994.10	星字湾	套	电动卷扬	4.5	34×9
横扇	打吊港闸	4.0	2004.5	星字湾	防	手动简易	4.8	—
横扇	长板桥闸	4.0	2004.5	星字湾	防	手动简易	4.8	—
横扇	北上闸	4.5	1992.12	星字湾	套	升滑门	5.2	40×9
横扇	凌荡湾闸	4.0	1994.7	四都	防	手推横拉	5.2	—
横扇	陈家场闸	4.0	2004.5	四都	防	手动简易	4.8	—
横扇	小娄里闸	3.5	1993.10	四都	防	手推横拉	5.0	—
横扇	西角圩闸	3.5	1993.10	前塘	防	手推横拉	5.0	—
横扇	虹桥港闸	4.0	1993.10	四都	套	升滑门	5.2	—
横扇	四都村闸	4.0	2004.5	四都	防	手动简易	4.8	—
横扇	库前港闸	4.0	1994.8	四都	防	手推横拉	5.2	—
横扇	陆家浜闸	3.5	1989.10	四都	防	手推横拉	5.0	—
横扇	机房港闸	4.0	2004.5	四都	防	手动简易	4.8	—
横扇	坝上闸	4.0	1997.6	四都	防	手动简易	4.8	—
横扇	梅介坝闸	4.0	2003.5	星字湾	防	手动简易	4.8	—
横扇	石桥头闸	4.0	1998.5	四都	分	手动简易	4.8	—
横扇	镇东闸站	5.0	2005.5	镇区	防	电动卷扬	4.8	—
横扇	横扇港闸	4.0	1994.10	镇区	防	升卧式	4.5	—
横扇	叶家港闸	4.5	1994.10	叶家港	套	电动卷扬	4.5	—
横扇	横路西闸	4.0	2003.5	叶家港	防	电动卷扬	4.8	—
横扇	盛家港闸	4.0	1995.10	大堤	套	电动卷扬	5.4	18×7
横扇	朱家港闸	4.0	1996.8	大堤	套	电动卷扬	5.4	18×7
横扇	横路东闸	4.0	2003.5	沧洲	防	手动简易	4.8	—
横扇	横港上闸	3.5	1991.11	沧洲	防	手推横拉	5.2	—

（续表）

镇名	闸涵名称	孔径(米)	竣工年月	所在村名	闸型	启闭形式	闸门顶高（米）	闸室长宽（米）
横扇	彭家桥闸	4.0	1991.10	北前	防	手推横拉	5.2	—
横扇	南新港闸	4.0	1990.10	沧洲	分	升滑门	5.2	30×7
横扇	长家扇闸	3.5	1970.9	圣牛	分	一字门	5.0	18×7
横扇	七圩八港闸	3.5	1970.10	叶家港	分	一字门	5.2	18×7
横扇	婆姿港闸	3.5	1986.9	姚家港	分	一字门	5.0	18×7
横扇	张骑庙闸	3.5	1967.11	姚家港	分	一字门	5.0	18×7
横扇	北坑闸	3.2	1966.11	沧洲	分	一字门	5.2	18×7
横扇	叶家港闸	4.0	1994.10	叶家港	分	一字门	5.2	—
横扇	老太湖闸	3.5	1995.10	圣牛	分	一字门	5.2	—
横扇	朱家港闸	3.5	1986.10	太湖	分	一字门	5.2	—
横扇	婆阿浜闸	3.5	1980.10	太湖	套	一字门	5.2	18×7
横扇	亭子港闸	3.5	1980.10	太湖	套	一字门	5.2	18×7
横扇	盛家港闸	4.0	1984.10	太湖	套	一字门	5.2	18×7
横扇	盛家港闸	4.0	2005.6	太湖	防	手动简易	5.5	—
横扇	菀南2号涵洞	0.45	1984.12	菀南	涵	—	—	—
横扇	菀南1号涵洞	0.6	2000.5	菀南	涵	—	—	—
横扇	平沙涵洞	0.6	1992.4	新平	涵	—	—	—
横扇	新坪1号涵洞	2.0	2002.5	新平	涵	—	—	—
横扇	新坪2号涵洞	0.45	1998.4	新平	涵	—	—	—
横扇	菀北涵洞	0.6	1999.4	菀北	涵	—	—	—
横扇	草港涵洞	0.6	1988.8	诚心	涵	—	—	—
横扇	西湖涵洞	0.45	1993.4	戗港	涵	—	—	—
横扇	联圩分级闸	3.5	1987.5	新坪	分	手推横拉	4.0	16×8
横扇	菀东套闸	5.0	1993.6	镇区	套	电动卷扬	4.8	44.5×9
横扇	银吉套闸	3.5	1989.7	王焰	套	一字门	4.5	20×8
横扇	菀西套闸	5.0	2000.8	镇区	套	电动卷扬	4.8	40×10
横扇	南湖闸	4/3.5	2003.7	戗港	套	电动卷扬	5/4.6	24×9
横扇	西湖套闸	3.5	1991.4	戗港	套	一字门	4.5	22×7
横扇	小南湖套闸	3.5	1988.8	戗港	套	升滑门	4.6	20×8
东太湖	十四分场涵洞	0.6	1998.12	14分场	涵	—	—	—
东太湖	十二分场涵洞3	0.6	2000.6	12分场	涵	—	—	—
东太湖	十二场涵洞2	0.6	1991.6	12分场	涵	—	—	—
东太湖	十二分场涵洞1	0.6	2001.6	12分场	涵	—	—	—
东太湖	十一分场涵洞2	0.6	2000.6	11分场	涵	—	—	—
东太湖	十一分场涵洞1	0.6	1993.12	11分场	涵	—	—	—
东太湖	十分场涵洞	0.6	1998.6	10分场	涵	—	—	—
东太湖	十八分场涵洞	0.6	2001.12	18分场	涵	—	—	—
东太湖	十六分场涵洞	0.6	2000.6	16分场	涵	—	—	—
东太湖	十七场涵洞	0.6	2000.12	17分场	涵	—	—	—

（续表）

镇名	闸涵名称	孔径（米）	竣工年月	所在村名	闸型	启闭形式	闸门顶高（米）	闸室长宽（米）
东太湖	十三场涵洞	0.6	2001.6	13分场	涵	—	—	—
东太湖	九分场涵洞	0.6	2002.6	9分场	涵	—	—	—
东太湖	八分场涵洞	0.6	2000.6	8分场	涵	—	—	—
东太湖	七分场涵洞	0.6	1996.12	7分场	涵	—	—	—
东太湖	二分场涵洞1	0.6	1973.5	2分场	涵	—	—	—
东太湖	二分场涵洞2	0.5×2	1998.6	2分场	涵	—	—	—
东太湖	三分场涵洞	0.6	1975.6	3分场	涵	—	—	—
东太湖	屯村涵洞2	0.6	2000.6	屯村捕捞	涵	—	—	—
东太湖	四分场涵洞2	0.6	1999.6	4分场	涵	—	—	—
东太湖	四分场涵洞1	0.6	1997.12	4分场	涵	—	—	—
东太湖	屯村涵洞1	0.6	1998.12	屯村捕	涵	—	—	—
东太湖	五分场涵洞	0.6×2	1999.12	5分场	涵	—	—	—
东太湖	菀坪新湖涵洞	0.6	1976.12	菀坪新湖	涵	—	—	—
东太湖	菀坪人民涵洞	0.6	1984.12	菀坪人民	涵	—	—	—
东太湖	菀坪卫星涵洞	0.6	1980.5	菀坪卫星	涵	—	—	—
东太湖	菀坪建新涵洞	0.6	1979.5	菀坪建新	涵	—	—	—
东太湖	一分场涵洞	0.6	2000.12	1分场	涵	—	—	—

注：开发区指吴江经济开发区；东太湖指吴江市东太湖水产养殖总场。

第二节　泵　站

　　境内的水利泵站有排涝、灌溉和排灌结合之分，主要设置在联圩口和灌区内。一般情况下，联圩内只设一级排涝站，直接将圩内涝水排入外河。有些联圩因面积过大或地面情况复杂，通常采取两级排涝的方法，即先将圩内涝水排入内河，经内河滞蓄后再由一级排涝站排入外河。松陵镇区大包围就是采取两级排涝的方法处理区域内涝水。只要外河水位高于圩内，排涝站基本上处于常年工作状态。灌溉站则专为农作物提供生产用水，大多以村为单位设置灌区，也有以联圩为单位设置的。灌溉站的使用季节性较强，主要在春夏农作物需水期间。为节约工程成本和方便管理，一些泵站往往建成灌排两用站。此外，在太浦河上游还建有太浦河泵站，主要作用是改善黄浦江上游水质，提供上海半数以上人口生活和企业用水保障，同时具有从长江引水入太湖和黄浦江的调水功能。

　　排灌泵站常用的叶片泵有离心泵、轴流泵和混流泵等。离心泵扬程较大，流量较小；轴流泵扬程较低，流量较大；混流泵介于离心泵和轴流泵二者之间。排灌泵站常用水泵的结构形式有卧式、立式和斜式三种。卧式离心泵与立式离心泵相比，安装精度较低，检修方便，特别是双吸离心泵，不用拆卸电动机和进、出水管路即可对水泵进行检修。叶轮在水面以上，腐蚀较轻，机组造价较低，泵房高度较小，地基承载力分布较均匀。水泵启动前进行充水，泵房平面尺寸较大。中、小型水泵吸水管路长，水头损失大。主轴挠度大，轴承磨损不均，在最高防洪水位时,泵房需采取防洪措施。卧式水泵房适用于地基承载力较小、水源水位变幅较小的泵站。立式液下泵占地面积较小,要求泵房平面尺寸较小,水泵叶轮淹没于水下,水泵启动前不需充水,启动方便。管路短,水头损失小,动力机安装在上层,便于通风,有利于防潮、防洪。泵房高度较大,安装精度要求较高,检修麻烦,机组整体造价高,主要部件在水中,易腐蚀。立式水泵适用于水源水位变幅较大的排灌泵站。

一般情况下,灌溉泵站扬程较高,常选用离心泵或混流泵;排水泵站扬程较低,多选用立式或卧式轴流泵,或混流泵。境内排涝站泵型一般选用低扬程轴流泵,单泵流量 0.25~2 立方米每秒,动力配套电动机。

2005 年末,除太浦河泵站外,境内有泵站 586 座(其中排涝 326 座,灌溉 125 座,排灌结合 135 座),流量 1143.87 立方米每秒(其中排涝 913.88 立方米每秒,灌溉 49.63 立方米每秒,排灌结合 180.36 立方米每秒),动力 5.07 万千瓦(其中排涝 3.91 万千瓦,灌溉 0.25 万千瓦,排灌结合 0.91 万千瓦)。

图 18-3 　　　　　　　　　　吴江市境内常规泵站剖面图(松陵团结泵站)

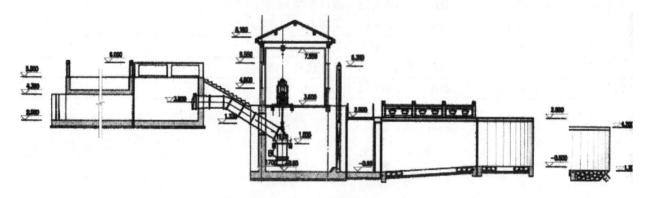

表 18-2 　　　　　　　　　　2005 年吴江市各镇泵站工程基本情况表

镇名	泵站名称	竣工年月	类型	流量(立方米每秒)	动力(千瓦)	进水池(米)		出水池(米)	
						底高	长	底高	长
松陵	西塘港泵站	2000.9	排	18.0	1040	0.0	110	2.0	42
松陵	东城河闸站	2000.9	排	10.0	400	0.0	25	2.0	10
松陵	江新泵站	1993.7	排	2.0	94	0.5	40	1.5	20
松陵	城北泵站	1992.11	排	2.5	92.5	0.0	10	2.0	30
松陵	桃园泵站	1992.5	排	1.6	67	0.0	5	2.0	2
松陵	东元圩泵站	1992.5	排	0.6	30	0.0	10	1.5	15
松陵	城西泵站	1993.6	排	3.5	129.5	0.5	20	1.5	15
松陵	西元圩泵站	1992.5	排	0.7	30	1.0	5	2.0	5
松陵	西门二站	1996.9	排	2.0	90	0.5	3	2.0	20
松陵	红光泵站	1966	排	0.5	30	0.5	2	2.0	15
松陵	梅里 3-4 队泵站	1976	排	0.2	13	1.0	1	2.0	—
松陵	高新泵站	1992	排	1.0	45	1.0	5	2.0	60
松陵	安惠机房	1977	排	0.93	61	1.2	3	3.2	40
松陵	庞山湖泵站	1992	排	4.5	195	0.0	50	2	7

（续表）

镇名	泵站名称	竣工年月	类型	流量（立方米每秒）	动力（千瓦）	进水池（米）底高	进水池（米）长	出水池（米）底高	出水池（米）长
松陵	庞山泵站	2001.3	排	5.5	260	−0.6	6	1.8	6
松陵	庞东泵站	1999	排	2.0	95	−0.5	15	2	7
松陵	庞东机排站	1965	排	1.5	58	0.5	3	2	8
松陵	甘泉泵站	1987.5	排灌	0.5	30	−0.5	4	2	10
松陵	方尖港泵站	2002.9	排	8.25	390	−0.5	70	1.1	50
松陵	大益排灌站	1995.3	排灌	0.3	15	1.0	10	2	15
松陵	仪塔排涝站	1996.10	排灌	1.5	75	−0.5	6	3.5	60
松陵	人民机房	1999.4	排灌	0.24	34	−0.8	3	4.2	40
松陵	淞山闸站	2001.3	排	5.5	260	−0.4	6	2.0	6
松陵	淞南泵站	2002.8	排	6.0	240	—	—	—	—
松陵	庞北西站	1977	排	0.5	30	1.0	25	2.5	30
松陵	庞北泵站	2002.10	排	8.25	360	—	—	—	—
松陵	庞北东站	1965	排	2.0	98	0.5	3	2.5	30
松陵	帮瑾机房	1964	排	1.5	73	0.5	3	3.0	30
松陵	大二勤机房	1980	灌	0.24	13	0.5	5	1.2	15
松陵	联瑾机房	1999	排	4.0	160	−0.5	20	1.5	25
松陵	马韩机房	1990	排灌	2.0	90	0.0	40	3.5	150
松陵	大代赊机房	1984	排灌	0.15	13	1.2	5	3.0	8
松陵	湖东联圩北站	1996	排	2.0	75	0.5	50	3.0	40
松陵	松陵捕捞泵站	1965	排	0.25	17	0.5	10	2.5	15
松陵	联合机房	1968	排	0.5	30	1.0	4	2.5	15
松陵	向荣泵站	1972	排灌	0.24	13	1.0	2	3.0	15
松陵	联明泵站	—	排灌	3.0	125	0.5	2	3.0	5
松陵	贝小机房	1978	排灌	0.24	13	1.2	2	3.0	5
松陵	共青机排	1973	排灌	1.5	75	1.0	5	3.0	20
松陵	芦荡排涝站	1997	排	4.0	160	1.0	40	3.0	20
松陵	白龙桥闸站	1995	排	4.0	160	1.0	3	3.0	5
松陵	南大港泵站	1977	排	1.0	56	1.2	5	3.0	40
松陵	白龙桥机房	1979	灌	0.24	13	1.0	3	3.5	10
松陵	南库排涝站	1988.8	排	1.0	45	1.0	3	2.5	15
松陵	永利机房	1964	排灌	0.12	13	1.0	2	3.5	10
松陵	永红1-8队机房	1979	灌	0.24	17	1.2	3	3.2	25
松陵	湖傥捕捞泵站	1965	排	0.45	28	0.6	5	3.2	8
松陵	永红机排站	1979	排	1.5	58	0.5	3	3.4	20
松陵	永红电排站	1978	排灌	0.24	13	0.5	3	3.4	20
松陵	三公司排涝站	2000	排	0.5	30	0.5	15	2.5	10
松陵	长板机房	2002	排	2.0	110	0.5	15	3.3	200
松陵	永利排涝站	1998.5	排	2.0	80	1.0	5	3	10
松陵	外圩排涝站	2000	排	1.0	55	0.5	3	4.2	18

（续表）

镇名	泵站名称	竣工年月	类型	流量（立方米每秒）	动力（千瓦）	进水池（米）底高	进水池（米）长	出水池（米）底高	出水池（米）长
松陵	南联排涝站	1987.6	排	1.05	45	0.0	8	3.8	13
松陵	周阿港排涝站	—	排	1.05	40	−0.5	0	3.5	8
松陵	头田排涝站	2000	排	1.35	63	0.2	0	3.8	50
松陵	谊新排涝站	1977	排	1.0	56	1.2	5	3.0	40
松陵	苗圃排涝站	2000.6	排	1.0	45	0.5	5	3.5	8
松陵	农创排涝站	1996.5	排灌	0.86	71	0.0	15	3.6	10
松陵	新开港排涝站	2000.6	排	2.3	103	0.0	—	3.5	60
松陵	草甸排涝站	1974.5	排	0.18	13	0.7	0	3.5	4
松陵	中南排涝站	1974.8	排	0.43	28	0.4	—	3.8	5
松陵	新开港排涝站	2002	排	1.62	75	0.6	—	3.3	5
松陵	西城排涝站	1971.8	排	0.42	27	0.9	12	3.8	6
松陵	新开港排涝站	1979.6	排	0.22	13	0.6	5	3.8	6
松陵	陈阿港排涝站	1973.10	排	0.18	13	0.5	13	2.65	8
松陵	新开港排涝站	1988.8	排	3.0	135	0.2	15	3.8	4
松陵	号上排涝站	2003	排	3.0	132	0.0	30	3.8	15
松陵	中告排涝站	1984.8	排	2.0	90	0.0	—	3.8	10
松陵	渔业排涝站	2003	排	1.0	55	0.5	8	3.5	5
松陵	五金漾排涝站	1981.7	排	0.53	60	−2.2	4	2.8	8
松陵	石铁荡排涝站	1979.8	排	0.21	18.5	−1	5	2.8	10
松陵	无字圩机房	1976.7	灌	0.18	13	0.5	15	3.8	15
松陵	三联机房	1966.7	灌	0.36	27	0.5	—	—	—
松陵	常府机房	1977.6	灌	0.18	13	0.5	—	—	—
松陵	农创南机房	1989.9	灌	0.22	15	0.5	5	—	—
松陵	农创北机房	1980.8	灌	0.22	13	0.5	5	—	—
松陵	中机房	1980.5	灌	0.22	14	0.0	5	—	—
松陵	横港机房	1996	灌	0.22	13	1.0	8	—	—
松陵	唐申港机房	1975.5	灌	0.18	13	0.8	8	—	—
松陵	三五机房	1966.5	排	0.36	20	0.0	—	3.6	6
松陵	东港排涝站	2003.3	排	2.0	90	1.0	0	3.8	0
松陵	柳胥泵站	2005.7	排	2.0	45	−0.8	3	3.0	3
松陵	七里港泵站	2005.7	排	2.0	45	−0.8	3	3.0	3
松陵	北城河泵站	2005.7	排	2.0	45	−0.8	3	3.0	
松陵	三江桥闸站	2004.7	排	6.0	396	1.0	6	3.0	0.5
松陵	五方港泵站	2004.8	排	6.0	264	1.0	60	3.6	10
同里	十三洛排涝站	1992.5	排	1.5	100	5.0	5.5	2.4	10
同里	四区排涝站	—	排	0.5	44	−0.1	30	2.45	10
同里	小庞山排涝站	1970.5	排	0.68	44	—			
同里	叶泽湖西一站	1978.10	排	1.0	90	−1.2	15	2.1	6
同里	叶泽湖西二站	1992.10	排	2.0	95	−1.2	20	2.1	8

（续表）

镇名	泵站名称	竣工年月	类型	流量（立方米每秒）	动力（千瓦）	进水池（米）底高	进水池（米）长	出水池（米）底高	出水池（米）长
同里	九里湖排涝站	1992.10	排	4.0	190	-1.2	15	2.0	8
同里	九里湖排涝一站	1974.5	排	2.0	93	-1.1	15	2.0	8
同里	叶泽湖东一站	1978.10	排	1.0	90	-1.2	15	2.1	6
同里	叶泽湖东二站	1998.10	排	1.0	100	-1.2	58	2.1	6
同里	旺塔排涝站	2000.7	排	3.0	105	1.2	30	3.2	10
同里	洋溢湖排涝站	1977	排	0.4	58	0.5	5	3.0	5
同里	张家溇排涝站	1992.4	排	0.24	15	1.5	2	3.8	2
同里	毛塔湖排涝站	2003	排	1.0	76	1.0	5	3.0	6
同里	三合排涝站	1999	排	1.0	55	0.5	20	3.5	15
同里	肖甸湖排涝站	2000	排	3.46	210	0.0	30	3.0	20
同里	同兴闸站	2003	排	1.0	80	0.5	50	2.0	10
同里	邱舍排涝站	2003	排	1.0	55	—	—	—	—
芦墟	元白荡排涝站	2005.5	排	1.0	45	-1.0	20	4.0	30
芦墟	东姑荡排涝站	2004.6	排	10.0	400	1.0	15	1.0	40
芦墟	北芦墟泵站	2002.1	排	2.0	90	1.0	15	1.0	12
芦墟	甘溪排涝站	1996.5	排	1.0	45	1.0	8	2.5	25
芦墟	思古甸灌溉站	1976.5	灌	0.25	13	1.5	18	3.5	20
芦墟	硒浜灌溉站	1975.5	灌	0.1	10	1.0	5	3.5	18
芦墟	南铃灌溉站	1965.4	灌	0.25	13	1.5	25	3.0	30
芦墟	道士浜灌溉站	1965.3	灌	0.25	10	1.5	20	3.0	18
芦墟	荣字港排涝站	1996.4	排	1.0	45	1.0	5	2.0	8
芦墟	吕凤港排涝站	2004.5	排	1.0	45	1.0	8	3.0	6
芦墟	云字灌溉站	1965.4	灌	0.25	13	1.5	9	3.5	20
芦墟	丰产方灌溉站	1994.2	灌	0.1	7.5	1.0	8	3.5	12
芦墟	东玲北排涝站	2002.5	排灌	0.25	13	1.5	5	3.0	30
芦墟	蛇舌荡排涝站	2003.3	排	1.0	45	1.5	1.3	3.0	30
芦墟	钱长浜灌溉站	1966.4	灌	0.25	13	1.0	8	3.0	20
芦墟	东琢港排涝站	2001.7	排	0.5	20	1.0	10	1.0	25
芦墟	高士港北排涝站	2001.4	排	1.0	45	1.0	7	1.0	30
芦墟	姚家浜北排涝站	2004.5	排	1.0	45	1.0	8	3.0	6
芦墟	云田岸西排涝站	2002.3	排	1.0	45	1.0	6	1.0	—
芦墟	大名圩灌溉站	1992.4	灌	0.1	10	1.5	8	3.5	20
芦墟	东闸站	1995.10	排	6.0	165	1.0	30	1.0	—
芦墟	港南浜南排涝站	2004.4	排	1.0	45	1.0	8	3.0	7
芦墟	龙泾泵站	1991.5	排	8.0	320	0.3	14	3.2	16
芦墟	摇泥场泵站	1994.8	排	5.0	200	0.6	—	2.5	22
芦墟	港字泵站	2003.10	排	4.0	160	0.8	10	2.5	15
芦墟	陆家桥泵站	2000.6	排	2.0	90	1.2	7	1.2	3.4
芦墟	东传港泵站	2001.6	排	4.0	160	0.5	—	0.5	—

（续表）

镇名	泵站名称	竣工年月	类型	流量（立方米每秒）	动力（千瓦）	进水池（米）底高	进水池（米）长	出水池（米）底高	出水池（米）长
芦墟	元荡泵站	1992.4	灌	0.1	10	—	—	—	—
芦墟	玫字圩机房	1977.3	灌	0.25	13	0.8	—	4.3	—
芦墟	莘新泵站	2000.3	排	1.0	37	1.35	18	2.9	11
芦墟	西岑泵站	2000.6	排	1.0	37	1.4	7.5	2.9	10
芦墟	友好泵站	2001.4	排	1.0	37	1.2	5	3.0	5.4
芦墟	莘南泵站	2000.6	排	0.25	15	1.2	—	1.5	—
芦墟	杨文头排涝站	2003.5	排	1.0	44	0.7	15	2.3	8
芦墟	光明排涝站	1992.5	排	2.0	90	0.7	5	3.0	30
芦墟	东港口排涝站	2003.8	排	1.0	44	0.3	7	2.1	8
芦墟	双石村排涝站	1989.5	排	1.0	45	0.6	10	2.3	20
芦墟	半片港排涝站	2000.5	排	3.0	110	0.8	14	2.3	18
芦墟	贤字港排水总站	1992.5	排	6.0	260	0.9	15	2.3	52
芦墟	农科站排涝站	2000.5	排	2.0	90	1.3	8	2.7	12
芦墟	十字港排水站	1994.5	排	2.0	90	0.5	12	3	5
芦墟	十字港泵站	2002.8	排	4.0	160	0.75	8	2.0	7
芦墟	北印排涝站	1988.5	排	2.0	90	0.9	6	2.5	18
芦墟	十字港机排站	1974.12	排	2.0	148	0.5	32	2.1	10
芦墟	白潮灌区泵站	1992.5	排灌	1.5	67	0.33	44	2.13	35
芦墟	石前荡排涝站	2000.5	排	2.0	90	−0.6	8	1.5	12
芦墟	戴阿港排涝站	1999.4	排	2.0	90	0.9	8	2.5	22
芦墟	小南惊排涝站	1997.5	排	4.0	160	0.9	10	2.3	78
芦墟	白潮排水站	1996.5	排	2.0	90	0.9	8	2.5	4
芦墟	南坝排涝站	2003.6	排	0.5	22	0.7	5	2.0	12
芦墟	石前荡机排站	1977.12	排	2.0	118.4	0.0	5	1.5	12
芦墟	孟香港泵站	2000.5	排	0.3	28	1.0	1	3.5	8
芦墟	吴家浜泵站	2000.5	排	0.12	7.5	1.0	1	3.5	8
黎里	平桥港泵站	1992.5	排灌	3.45	129.5	0.8	10	2.0	30
黎里	大联泵站	2001.6	排灌	1.45	84	0.1	5	3.0	15
黎里	章湾荡排涝站	1976.11	排	1.45	132.5	0.5	4	1.0	32.5
黎里	镇区排涝站	1998.8	排	4.0	160	1.0	4.5	1.0	30
黎里	三家村泵站	1996.6	排	8.0	320	1.0	15	2.2	36
黎里	张字港泵站	2000.6	排	6.0	240	1.0	4	2.5	35
黎里	团结排涝站	1999.6	排	6.0	240	1.0	5	2.5	30
黎里	滑沿路泵站	2001.6	排	2.0	55	0.5	4.5	3.0	4
黎里	先锋排涝站	1994.5	排	4.0	160	0.8	15	2.5	20
黎里	黎锋排涝站	2000.6	排	1.0	45	1.0	8	2.4	20
黎里	姜河荡泵站	1994.6	排	4.0	160	1.0	4	2.5	15
黎里	四方荡机房	1970.5	排灌	0.3	28	−0.5	5	2.5	槽道
黎里	东城机房	1965.3	灌	0.9	42	0.5	3	2.8	4

（续表）

镇名	泵站名称	竣工年月	类型	流量（立方米每秒）	动力（千瓦）	进水池（米）		出水池（米）	
						底高	长	底高	长
黎里	东长（国营）机房	1965.3	灌	0.6	28	0.5	3	2.8	4
黎里	南参机房	1992.8	灌	0.25	13	—	—	—	—
黎里	东方机房	1976.5	灌	0.25	13	—	—	—	—
黎里	汾湖机房	1996.6	灌	0.5	22	1.0	180	2.8	18
黎里	差鱼号泵站	2006.9	排	4.0	160	0.85	3.4	2.1	20
黎里	螺蛳港泵站	2001.7	排	6.0	240	0.5	20	1.5	10
黎里	张家港泵站	1998.5	排	8.0	320	0.75	110	1.5	40
黎里	黑鱼港泵站	1976.6	排	2.0	55	1.1	—	—	—
黎里	陶文港泵站	2002.6	排	2.0	80	1.05	7	1.2	2
黎里	池家湾泵站	2004.8	排	6.0	240	0.45	2.6	1.6	24
黎里	沿头港泵站	2002.6	排	2.0	90	1.4	2.5	—	—
黎里	横港里泵站	2005.6	排	1.0	45	1.0	3	1.0	3
黎里	翁家港泵站	1992.8	排	0.5	22.5	1.0	8	2.6	85
黎里	镇区北泵站	1995.10	排	1.0	45	0.2	5	1.2	1.5
黎里	玩字泵站	2003.5	排	1.0	45	1.4	2.5	1.5	—
平望	新开河机房	1974	排灌	0.5	17	0.5	4	3.4	40
平望	国营机房	1960	排灌	1.5	55.5	0.5	1	3.5	30
平望	北万浜机房	1998	排灌	0.3	15	1.5	5	2.8	2
平望	六平塔机房	1986	排灌	0.3	15	1.5	2	2.5	25
平望	丁家浜机房	1988	排灌	0.15	7.5	1.8	3	2.5	4
平望	雪湖石桥头机房	1970	排灌	0.6	26	0.5	4	3.5	12
平望	北机房	1974	排灌	0.6	26	0.5	4	2.5	12
平望	唐家湖南机房	2002	排	0.5	15	1.0	—	3.8	130
平望	北草荡排涝站	1993.5	排	0.5	30	0.5	—	3.8	25
平望	安头港机房	1986.7	排灌	0.5	17	1.0	—	4.5	60
平望	东围圩泵站	2005	排灌	0.5	22	0.8	—	4.5	5
平望	五渡港泵站	1996	排灌	0.3	15	1.6	10	3.2	45
平望	金家潭机房	1988	排灌	0.6	26	0.0	15	3.5	20
平望	小西排涝站	1984	排灌	1.5	55.5	0.5	5	3.5	25
平望	西掌家甸机房	1967	排灌	0.2	15	1.2	5	3.6	3
平望	天字荡排涝站	2003.6	排	6.0	240	1.0	—	—	—
平望	新开河机房	1999	排	0.3	15	1.2	—	4.2	10
平望	戚家荡泵站	2000	排	1.0	45	0.5	5	3.5	6
平望	国营机房	2000	排	2.0	82	0.0	10	4.0	10
平望	河西港排涝站	1992	排	1.0	40	0.8	6	3.5	14
平望	大水路机房	1984.9	排	4.5	165	0.8	—	3.6	35
平望	大河港机房	1984.9	排	3.0	180	0.8	—	3.6	65
平望	东张家甸机房	1967	排	0.2	13	1.4	5	3.6	8
平望	联东机房	1994	排	0.4	26	1.4	—	3.7	10

（续表）

镇名	泵站名称	竣工年月	类型	流量（立方米每秒）	动力（千瓦）	进水池（米）		出水池（米）	
						底高	长	底高	长
平望	李家浜机房	1990	排	1.0	44	0.8	20	3.8	30
平望	生肖机房	1965.4	排	0.5	28	1.0	—	—	—
平望	汶塘港泵站	2000.8	排	1.0	44	1.0	—	3.8	16
平望	朱家桥机房	1978	排	0.25	11	2.0	2	3.5	4
平望	南章荡机房	1979	排	0.5	45/15	0.0	3	3.5	60
平望	六里桥排涝站	1990	排	2.0	74	0.8	10	3.5	80
平望	乌鸡潭排涝站	2001	排	1.5	59	1.0	3	运	河
平望	雅雀浜泵站	2000	排	2.0	90	1.0	6	3.5	6
平望	茑湖竹港桥泵站	2001	排	0.8	22	2.1	20	3.2	8
平望	青龙港泵站	2003	排	4.0	160	1.0	—	3.6	30
平望	直港排涝站	2000.9	排	1.0	45	0.5	2	3.2	30
平望	章港泵站	2000	排	1.0	44	5.0	8	3.2	22
平望	石家桥泵站	2000	排	1.0	55	1.0	10	3.2	25
平望	长浜口排涝站	1978	排	0.6	30	0.5	4	3.8	100
平望	大桥排涝站	1993.6	排	6.0	220	0.5	130	1.5	32
平望	东溪河排涝站	1997.8	排	4.0	160	0.5	8	0.5	8
平望	杨家港机房	1989	排	0.25	17	1.0	4	4.0	3
平望	民营小区泵站	1999	排	0.3	15	1.4	10	4.0	12
平望	渔业草荡机房	1979	排	1.0	52	1.0	—	3.8	15
平望	混水河排涝站	2003	排	2.0	90	0.5	5	3.5	10
平望	马家港机房	1987.6	排	1.0	37	1.0	—	3.8	—
平望	亭子港机房	1989	排	1.0	37	1.0	—	3.8	60
平望	增库排涝站	1993.5	排	1.0	44	1.2	—	—	—
平望	溪港排涝站	1993.4	排	0.5	22	1.2	5	3.6	30
平望	北唐家湖	1979.8	排	1.0	85	1.0	—	3.8	20
平望	草荡排涝站	2003	排	1.0	90	0.5	5	3.5	10
平望	章港泵站	2001	排	0.45	22.5	5.0	8	3.2	22
平望	北音字机房	1979.5	灌	0.5	17	1.0	7	3.0	8
平望	芦坝桥机房	1974.6	灌	0.5	26	1.0	7	3.0	10
平望	汪鸭浜机房	1976.7	灌	0.5	26	0.8	7	3.0	8
平望	徐排港机房	1981.5	灌	0.5	17	0.8	7	3.0	10
平望	东小港机房	1977.8	灌	0.5	26	1.0	10	3.0	7
平望	南庄港机房	1980.6	灌	0.25	13	1.0	7	2.5	8
平望	滑水渠机房	1981.7	灌	0.5	17	1.0	7	3.0	7
平望	骆驼港机房	1971.5	灌	0.5	17	1.0	6	3.0	6
平望	金家浜机房	1975.6	灌	0.25	13	1.0	7	2.5	4
平望	鱼骨兜机房	1975.8	灌	0.25	13	1.0	10	3.0	7
平望	小石机房	1976.5	灌	0.25	13	1.0	7	2.5	10
平望	杨湾港机房	1991.8	灌	0.5	18.5	1.0	10	3.0	8

（续表）

镇名	泵站名称	竣工年月	类型	流量（立方米每秒）	动力（千瓦）	进水池（米）		出水池（米）	
						底高	长	底高	长
平望	申家兜机房	1971.6	灌	0.25	13	1.0	7	3.0	10
平望	三官桥机房	1979.7	灌	0.25	17	1.0	7	3.0	6
平望	宜水港机房	1989.5	灌	0.2	13	—	—	3.0	7
平望	北女机房	1983.7	灌	0.2	13	1.0	7	3.0	7
平望	北心机房	1979.5	灌	0.25	13	1.0	7	3.0	10
平望	古塘港机房	1980.4	灌	0.25	13	0.8	7	3.0	12
平望	西城港机房	1976.8	灌	0.25	13	1.0	7	3.0	10
平望	朱家浜机房	1976.6	灌	0.5	26	1.0	8	3.0	7
平望	三级河机房	1976.6	灌	0.25	13	1.0	7	3.0	8
平望	王家港机房	1996.7	灌	0.5	30	1.0	6	3.0	7
平望	大日港机房	1980.5	灌	0.25	13	1.0	7	2.8	6
平望	中瑾机房	1990.8	灌	0.25	13	1.0	7	3.0	12
平望	染店浜机房	1976.6	灌	0.25	13	1.0	8	3.0	6
平望	九曲港机房	1990.3	灌	0.25	13	1.0	6	2.8	6
平望	百步桥机房	1975.7	灌	0.25	30	1.0	7	2.8	12
平望	联北机房	1992.7	灌	0.25	13	1.0	8	3.0	12
平望	联东机房	1990.6	灌	0.5	17	1.0	8	3.0	12
平望	联西机房	1991.8	灌	0.5	17	1.0	7	3.0	6
平望	新开港机房	1978.6	灌	0.2	13	—	—	3.0	6
平望	南枉港机房	1979.7	灌	0.25	13	1.0	7	2.5	6
平望	北枉港机房	1975.7	灌	0.25	13	1.0	14	2.8	4
平望	毛西桥机房	1962.6	灌	0.5	28	0.5	0.5	2.5	12
平望	新路桥机房	1989.8	灌	0.25	13	1.0	7	2.6	3
平望	肖家桥机房	1976.8	灌	0.25	13	0.8	8	2.8	13
平望	徐家港机房	1966.5	灌	0.5	30	0.8	35	2.8	14
平望	新南港排灌站	2003.7	排灌	1.0	37	1.0	65	1.0	6
平望	李家浜排灌站	1977.5	排灌	0.5	28	1.0	7	3.0	6
平望	耀字排灌站	2000.7	排灌	1.5	73	1.0	8	3.0	6
平望	麻漾排灌站	1962.5	排灌	1.0	68	0.8	7	3.0	40
平望	幸福排灌站	1962.7	排灌	1.0	56	0.5	7	3.0	10
平望	青龙港排灌站	1970.6	排灌	1.0	28	0.8	6	2.8	7
平望	梅西排灌站	1959.6	排灌	2.0	74	0.5	7	3.0	18
平望	梅东排灌站	1959.6	排灌	1.5	100	0.5	12	3.2	14
平望	庙头排灌站	1994.7	排灌	3.5	157	1.0	56	3.0	43
平望	塌皮港排灌站	2001.8	排灌	0.6	33	1.0	6	3.0	10
平望	龙北排灌站	1965.7	排灌	0.5	28	0.5	7	3.0	8
平望	农场排涝站	1978.5	排	4.0	230	−1	50	1.5	8
平望	丁香坝排涝站	2000.5	排	8.0	320	1.0	40	2.5	50
平望	梅南河机排站	1981.7	排	4.0	233	0.8	7	2.5	58

（续表）

镇名	泵站名称	竣工年月	类型	流量 （立方米每秒）	动力 （千瓦）	进水池（米）		出水池（米）	
						底高	长	底高	长
平望	梅南河电排站	1990.8	排	4.0	148	1.0	62	2.5	6
平望	桃花漾排涝站	1997.3	排	6.0	240	1.0	40	2.5	16
平望	大龙排涝站	1987.8	排	2.5	96	0.5	30	3.0	24
平望	摇水桥排涝站	2002.6	排	4.0	160	1.2	40	1.2	—
盛泽	金家浜机房	1964	排灌	0.3	14	1.0	5	2.6	15
盛泽	新东机房	1961	排灌	0.5	45	0.8	8	2.6	40
盛泽	南宵机房	1966	排灌	1.0	34	0.6	8	2.3	16
盛泽	丁家坝机房	1958	排灌	2.0	90	0.5	15	2.3	19
盛泽	杨桥港泵站	2001	排灌	2.0	90	0.5	15	2.4	25
盛泽	北王泵站	2004	排	4.0	170	0.5	5	2.5	15
盛泽	新大谢机房	1966	灌	0.5	40	0.6	5	2.5	7
盛泽	老大谢机房	1959	排	1.8	100	0.5	5	2.3	12
盛泽	陈家湾机房	1978	排	3.0	125	0.5	4	2.4	20
盛泽	坛西机房	1959	排	3.0	137	0.4	10	2.3	8
盛泽	坛西排水站	1999	排	6.0	240	0.4	15	2.6	20
盛泽	桥门机房	1962	排	0.5	38	0.7	7	2.5	70
盛泽	坛东机房	1959	排	1.5	84	0.5	5	2.4	12
盛泽	东港口泵站	2003	排	2.5	160	0.4	4	2.4	10
盛泽	烧香港泵站	2001	排	1.0	45	1.0	5	2.2	4
盛泽	西白漾机房	1971	排	1.0	100	−2.0	18	0.0	10
盛泽	龙桥西河泵站	2002	排	2.0	90	0.6	25	2.2	20
盛泽	西扇泵站	2002	排	2.0	90	0.6	5	2.4	12
盛泽	南塘泵站	2003	排	1.5	67	0.6	5	2.4	80
盛泽	龙南泵站	1997	排	1.0	55	1.2	5	1.2	8
盛泽	河泥泾机房	1978	排	6.0	200	0.5	20	2.3	25
盛泽	思安桥机房	1977	排	4.0	104	0.5	15	2.4	10
盛泽	田前荡泵站	2002	排	4.0	160	0.25	18	2.0	14
盛泽	三里桥泵站	2004	排	15.0	594	0.0	50	2.0	80
盛泽	胜天泵站	2002	排	2.0	90	0.5	35	2.2	15
盛泽	荷花泵站	2002	排	2.0	90	0.5	80	2.2	10
盛泽	溪东泵站	2000	排	0.5	15	0.3	15	2.5	18
盛泽	三洞港泵站	1994	排	0.5	22	0.5	10	2.5	10
盛泽	北王联圩泵站	2004	排	4.0	170	0.5	3	2.4	4
盛泽	盛家港泵站	2005	排	10.0	400	0.0	50	2.0	4
盛泽	目澜泵站	2004	排	10.0	535	−2.0	80	1.0	150
盛泽	盛溪河泵站	1994	排	4.0	190	0.5	10	2.2	10
盛泽	镇南泵站	1998	排	8.0	360	0.5	10	2.2	20
盛泽	红纺湾泵站	2001	排	2.0	90	0.25	5	0.25	5
盛泽	兴桥万圩泵站	1997	排	1.0	45	0.5	3	2.2	5

（续表）

镇名	泵站名称	竣工年月	类型	流量（立方米每秒）	动力（千瓦）	进水池（米）		出水池（米）	
						底高	长	底高	长
盛泽	镇东泵站	1987	排	12.0	390	0.5	20	2.2	30
盛泽	叶家板排涝站	1981	排	4.0	202	0.5	4	2.0	9
盛泽	十字溪排涝站	1980	排	1.5	66	0.5	5	2.3	10
盛泽	前跃泵站	2003.5	排	4.0	160	0.1	22	2.2	12
盛泽	兴桥泵站	2003.5	排	4.0	160	0.1	50	2.2	17.5
盛泽	吉桥泵站	2003.5	排	2.0	80	0.5	4.5	2.2	24
盛泽	革新泵站	2003.7	排	4.0	160	-1.7	11	1.0	15
盛泽	梁山坝泵站	2003.1	排	4.0	145	0.3	17	2.0	14
盛泽	十字溪泵站	2003.6	排	4.0	160	0.1	20	2.0	24
盛泽	李家浜泵站	2003.6	排	6.0	240	0.15	35	2.8	30
盛泽	郎中泵站	2003.1	排	6.0	240	0.25	29.5	1.7	40
盛泽	盛溪河泵站	2003.9	排	12.0	440	-0.2	63	2.0	33
盛泽	计鸭港泵站	2004.6	排	4.0	160	0.0	25	2.0	15
盛泽	沈前港泵站	2004.6	排	12.0	440	0.0	65	2.0	25
盛泽	陆家浜泵站	2005.6	排	4.0	160	0.0	12	0.5	10
盛泽	古龙庵泵站	2005.5	排	4.0	160	-0.2	60	0.0	25
盛泽	永兴桥泵站	2005.5	排	2.0	90	-0.2	15	0.0	15
盛泽	镜东泵站	2005.5	排	3.0	150	-0.5	55	2.0	25
盛泽	三家坝泵站	2005.5	排	2.0	90	0.0	35	2.0	10
盛泽	屯肥港泵站	2004.5	排	4.0	160	0.1	26	0.5	25
盛泽	坛丘港北泵站	2004.5	排	6.0	220	0.0	30	0.0	35
盛泽	镇北泵站	1991.10	排灌	3.5	157	-0.8	20	3.0	20
盛泽	七庄泵站	1999.11	排灌	5.0	215	-0.5	10	3.0	7
盛泽	太平泵站	2000.11	排灌	5.0	205	-0.5	15	3.0	14
盛泽	人民泵站	2001.11	灌	1.0	45	-0.7	10	3.0	217
盛泽	汤家泵站	1999.11	排灌	7.0	285	-0.5	—	2.5	50
盛泽	龙北泵站	2001.11	排灌	3.0	125	-0.5	—	3.0	25
盛泽	东庄泵站	1991.11	排灌	2.0	90	0.0	—	3.0	5
盛泽	南麻泵站	2000.11	排	2.0	90	-0.5	—	3.0	30
桃源	新成泵房	2005	排	12.0	528	0.5	125	2.5	12
桃源	新成机房	1960	灌	2.0	77	0.6	—	3.4	15
桃源	新蕾泵站	2003	灌	0.5	30	0.7	—	3.2	50
桃源	光明机房	2002	排灌	0.25	15	0.5	6	3.4	15
桃源	光明机房	1980	排灌	1.25	61.5	0.8	—	3.5	45
桃源	新农机房	—	排灌	0.25	13	0.3	—	3.0	30
桃源	红卫机房	1983	排灌	0.75	35	0.8	—	3.4	52
桃源	金光机房	2000	排灌	1.25	65	0.6	—	3.3	35
桃源	匣子港机房	1982	排灌	1.4	85	0.6	—	3.5	15
桃源	先丰机房	1995	排灌	1.0	60	8.8	—	3.1	15

（续表）

镇名	泵站名称	竣工年月	类型	流量（立方米每秒）	动力（千瓦）	进水池（米）		出水池（米）	
						底高	长	底高	长
桃源	和平机房	1994	排灌	0.25	15	0.8	—	3.4	15
桃源	划船漾机房	1999	排	0.75	67	0.2	—	3.0	60
桃源	漾西机房	2003	排	0.25	15	0.7	—	3.2	30
桃源	红心机房	2004	灌	0.25	15	0.5	—	3.5	—
桃源	星南机房	1974	灌	0.5	26	0.5	—	3.4	—
桃源	新民机房	1974	灌	0.25	13	0.6	—	3.5	—
桃源	大德机房	1976	灌	0.5	27	0.7	—	3.5	—
桃源	新联机房	1976	灌	0.5	23	0.7	—	3.5	—
桃源	新安机房	1978	灌	0.25	13	0.7	—	2.8	—
桃源	福事机房	1980	灌	0.25	13	0.5	—	3.5	—
桃源	水家港机房	1982	灌	0.25	13	0.6	—	3.5	—
桃源	仁堂坝机房	1982	灌	0.25	13	0.6	—	3.5	—
桃源	红丰机房	1974	灌	0.25	13	0.6	—	3.5	—
桃源	庆丰机房	1979	灌	0.25	13	0.8	—	3.2	—
桃源	民丰机房	1980	灌	0.25	13	0.8	—	3.5	—
桃源	青云泵站	1990	排	3.5	165	0.5	60	2.8	35
桃源	三家浜机房	1978	排	3.6	211.5	0.8	—	2.8	80
桃源	御龙泵站	1993	排	4.0	160	0.8	—	2.7	55
桃源	天亮泵站	1996	排	4.5	182	0.5	20	3.2	45
桃源	沈庄漾机房	1979	排	1.1	85	0.3	—	2.8	40
桃源	胜利灌排站	1991	排灌	3.5	139	0.7	15	2.6	40
桃源	南长浜机房	1976	排灌	0.95	52.5	0.6	闸墩	2.5	30
桃源	南庄头机房	1988	排灌	1.22	51	0.6	10	2.7	120
桃源	徐家桥泵站	2001	排灌	4.5	190	0.7	100	2.2	15
桃源	大同机房	1961	排灌	1.5	62	0.3	15	2.6	15
桃源	新民泵站	2002.5	排灌	6.5	258.5	0.6	100	1.9	25
桃源	新亭灌排站	1993	排灌	0.5	18.5	0.2	15	2.6	10
桃源	塘东机房	2002	排灌	0.45	22.5	—	—	—	—
桃源	前浩泵站	2000.5	排灌	1.5	67	0.6	20	2.0	18
桃源	南坝排涝站	1986	排	4.0	164	0.3	15	2.6	25
桃源	双庆排涝站	1984.10	排	3.5	147	0.2	60	1.9	30
桃源	大同泵站	2000.5	排	4.0	160	0.6	45	1.9	30
桃源	禹王坝排涝站	60年代初	排	1.0	55	0.2	—	2.4	8
桃源	画书浜机房	1985	排	1.22	50	0.6	1	2.0	12
桃源	匠人排涝站	2003	排	0.5	30	1.2	30	—	—
桃源	南和开发区一站	2003	排	0.75	37	1.2	10	2.6	7
桃源	南和开发区二站	2003	排	0.4	29.5	1.2	7.5	2.6	9.8
桃源	高路泵站	1998.7	排灌	4.01	197	0.6	30	3.0	15
桃源	沈家浜机房	1974.8	排灌	0.86	37	0.5	6	2.65	4

（续表）

镇名	泵站名称	竣工年月	类型	流量（立方米每秒）	动力（千瓦）	进水池（米）		出水池（米）	
						底高	长	底高	长
桃源	匣子港泵站	2001.5	排灌	2.44	125	0.5	—	2.8	24.7
桃源	浜西浜机房	1964.6	灌	0.36	30.8	0.4	32	3.2	34
桃源	长浜机房	1992.5	排灌	0.27	15	0.2	29	3.2	23
桃源	东浜机房	1964.6	灌	0.54	44.8	0.2	19	3.23	32
桃源	开阳陈安桥	1982.10	排灌	2.0	95	0.6	10	3.2	15
桃源	杨家桥机房	1980.8	排灌	2.46	137	0.3	3	2.7	15
桃源	后塘机房	1989.4	排灌	1.86	92	0.3	13.3	0.8	5.88
桃源	乌桥机房	1981.10	灌	0.43	17	0.3	8.1	3.0	5
桃源	北浜机房	1980.10	灌	0.318	13	0.6	—	3.1	5
桃源	吴家旺机房	1976.10	灌	0.43	17	0.3	12	2.8	7
桃源	杨安坝机房	1974.3	灌	0.66	30	0.6	3	3.5	3
桃源	袁家荡机房	1988.7	灌	0.318	13	0.5	10	3.4	7.8
桃源	后练长浜机房	1979.8	灌	0.22	13	0.6	5.7	3.0	3
桃源	周字圩机房	1973.12	灌	0.23	13	0.6	3	3.0	5
桃源	华字圩机房	1983.7	灌	0.18	17	0.8	—	2.8	—
桃源	姚家浜机房	1964.6	灌	0.18	16.8	0.6	14	3.2	4.5
桃源	桥南机房	1963.6	灌	0.36	30.8	1.0	55	3.2	6
桃源	南田仁浜机房	1964.6	灌	0.36	38.8	0.8	30	3.25	4
桃源	丁家浜机房	1988.5	灌	0.43	18.5	0.3	7	3.2	3
桃源	百花漾泵站	1992.4	灌	0.45	22	0.6	3	3.4	5
桃源	王上浜泵站	1992.7	灌	0.45	22	0.6	5	3.2	3
桃源	塔老泵站	2002.5	排	3.4	55×2	1.0	3	2.8	48
桃源	后村港排水站	1991.12	排	4.02	182	0.35	23	2.8	29
桃源	李家桥机房	1976.6	排	2.0	80	0.6	—	3.0	70
桃源	钟家坝泵站	1993.5	排	2.67	130	0.4	4.5	2.8	65
桃源	迎春河泵站	2003.11	排	3.34	130	1.3	—	1.3	—
震泽	梅东排灌站	1959.6	排灌	2.5	102	-0.5	35	2.8	8
震泽	外倚排水站	2003.5	排灌	6.0	240	0.2	50	2.8	40
震泽	星火排灌站	1968.10	排灌	1.0	45	1.0	15	3.0	10
震泽	新民排灌站	1960.6	排灌	1.0	34	0.5	5	3.0	15
震泽	三家坝排灌站	1967.1	排灌	1.0	45	0.5	12	2.5	15
震泽	三家坝排水站	2002.5	排	60	260	2.0	10	2.6	20
震泽	红旗机房	—	灌	0.5	17	0.5	3	2.8	2
震泽	新华机房	—	灌	0.5	17	0.5	5	2.8	2
震泽	星火东机房	—	灌	0.5	17	0.5	5	2.8	2
震泽	星火西机房	—	灌	0.5	17	0.5	3	2.8	2
震泽	红卫机房	—	灌	0.5	17	0.5	2	2.6	2
震泽	红丰机房	—	灌	0.5	17	0.5	2	2.5	3
震泽	菱荡浜机房	—	灌	0.5	17	0.5	3	2.6	3

（续表）

镇名	泵站名称	竣工年月	类型	流量（立方米每秒）	动力（千瓦）	进水池（米）		出水池（米）	
						底高	长	底高	长
震泽	幸福灌排站	1967.6	排灌	1.5	67	0.5	5	2.2	20
震泽	柳塘东排水站	2000.4	排	6.0	260	0.5	15	3.0	62
震泽	柳塘西排水站	2000.4	排	3.0	127	0.0	16	3.1	80
震泽	和平排灌站	1990.1	排灌	1.5	55.5	0.5	8	2.8	6
震泽	红星机房	1969.2	灌	1.0	45	0.0	5	2.8	5
震泽	乌鹊浜机房	—	灌	0.5	17	0.0	—	—	—
震泽	建新塘口机房	—	灌	0.5	17	0.5	5	3.2	2
震泽	庄胜港机房	—	灌	0.5	22	0.0	5	2.8	2
震泽	分乡桥排水站	1985.3	排	3.0	111	0.7	40	2.6	7
震泽	双阳排灌站	1959.6	排灌	3.0	169	0.0	25	3.0	58
震泽	新农机房	—	灌	0.5	17	1.0	3	2.8	2
震泽	范家坝机房	—	灌	1.0	56	0.5	6	2.7	3
震泽	新丰机房	—	灌	0.5	17	0.2	2	2.5	3
震泽	三扇排灌站	2001.11	排灌	0.8	29.5	0.2	3	2.6	15
震泽	鸟家扇机房	—	灌	0.75	30	0.3	3	2.8	3
震泽	东风排灌站	1968.7	排灌	1.0	37	0.2	5	2.8	8
震泽	寿元浜机房	—	灌	0.5	22	0.3	2	2.8	3
震泽	麻花浜排水站	2001.11	排	1.0	45	0.5	4	2.3	7
震泽	东园坝排灌站	1975.5	排灌	1.0	55	0.5	16	2.6	30
震泽	虹桥闸站	1996.4	排	2.0	90	0.0	—	—	—
震泽	分乡桥排涝站	2000.2	排	4.5	202	0.2	40	2.6	30
震泽	贯桥排水站	1992.10	排	6.0	250	0.3	40	2.3	55
震泽	贯南排水站	2000.5	排	6.0	240	0.3	30	1.5	35
震泽	蠡思港排水站	2005.4	排	10.0	424	−0.2	20	0.5	38
震泽	徐家漾排水站	1991.4	排	6.0	204	0.5	34	2.7	26
震泽	徐南机房	1959.6	排灌	2.0	77	0.2	25	3.0	48
震泽	徐中机房	1960.10	排灌	1.4	57	0.2	30	3.2	25
震泽	徐北机房	1997.5	排灌	4.0	180	0.5	22	3.7	24
震泽	贯东机房	1959.3	排灌	2.0	82	0.5	35	3.4	8
震泽	贯北泵站	2000.5	排灌	4.0	205	−0.1	20.5	1.5	14
震泽	联星机房	1966.8	灌	0.8	35.5	0.6	2	3.2	53
震泽	枫林村机房	1974.3	灌	0.43	17	1.35	18	2.74	5
震泽	陶安渠村机房	1976.7	灌	0.43	17	0.5	7	3.3	3
震泽	联星村机房	1992.12	灌	0.25	15	0.6	5.5	1.9	5
震泽	徐东排水站	2003.5	排	9.0	390	0.0	20	2.5	15
七都	大儒泵站	—	排灌	1.0	55	0.5	18	2.5	20
七都	黄家漾泵站	2001.4	排	0.25	30	0.2	8	3.2	15
七都	七都排涝站	1998.8	排	6.0	240	1.2	35	2.0	220
七都	大阳泵站	2003	排灌	3.0	135	0.8	45	2.0	21

（续表）

镇名	泵站名称	竣工年月	类型	流量（立方米每秒）	动力（千瓦）	进水池（米）		出水池（米）	
						底高	长	底高	长
七都	西洋泵站	—	排灌	0.5	30	0.6	14	2.2	14
七都	跃进泵站	—	排灌	0.625	31.5	0.5	8	2.8	10
七都	调字泵站	—	排灌	0.5	17	0.5	12	2.2	10
七都	东方红泵站	—	排灌	0.5	17	0.5	16	2.0	10
七都	成字泵站	—	排灌	0.5	17	0.5	30	2.2	40
七都	吴溇泵站	—	排灌	0.5	17	0.8	4	2.6	8
七都	染店泵站	—	排灌	0.5	17	0.5	6	2.5	10
七都	光明泵站	—	排灌	0.5	17	0.5	10	2.4	12
七都	葫芦泾泵站	2000.6	排	4.0	160	0.5	38	1.0	44
七都	吴溇抗排站	2002.7	排	4.0	160	1.0	20	1.1	26
七都	双石港泵站	2000.7	排	4.0	160	0.83	32	1.0	37
七都	勤丰泵站	—	排灌	0.5	17	0.5	12	2.3	16
七都	茶家山泵站	—	灌	0.5	18.5	0.5	12	2.5	8
七都	胜旗泵站	—	灌	0.75	30	0.4	14	3.5	16
七都	菱东泵站	—	灌	0.75	31	0.5	8	2.8	14
七都	卫星泵站	—	排灌	0.25	15	0.6	10	2.2	8
七都	邱田泵站	—	排灌	0.5	18.5	0.6	12	2.2	15
七都	苗木场泵站	2003	排	0.5	31.5	1.0	44	2.5	12
七都	菱塘一站	1988.8	排灌	4.5	198.5	0.5	15	2.8	8
七都	菱塘二站	2001.8	排	6.0	240	0.5	22	3.3	18
七都	菱南泵站	—	排灌	1.0	44.5	0.5	12	2.6	15
七都	建民泵站	—	排灌	0.5	17	0.5	10	2.6	12
七都	伏字泵站	—	排灌	0.5	18.5	0.5	14	2.6	10
七都	前浜泵站	—	排灌	0.25	13	0.5	10	2.5	8
七都	桥下泵站	—	排灌	0.25	15	0.8	12	2.5	10
七都	中塘泵站	—	灌	0.25	13	0.5	12	2.2	14
七都	建民泵站	—	灌	0.5	17	0.4	10	2.6	6
七都	吉字泵站	—	排灌	0.5	17	0.5	12	2.3	14
七都	灯笼桥泵站	—	排灌	0.25	13	0.5	8	2.4	12
七都	长村泵站	—	排灌	0.5	17	0.5	10	2.5	8
七都	方桥泵站	2000.5	排灌	4.0	170	0.6	32	2.6	42
七都	虹呈港排涝站	2004.7	排	6.0	260	1.0	22	1.5	18
七都	南日圩泵站	—	排	0.5	17	0.8	10	2.5	8
七都	建勤泵站	—	排	0.25	13	0.6	8	2.3	10
七都	先锋泵站	—	排	0.75	30	0.8	6	2.2	10
七都	急水港泵站	2001.3	排灌	0.25	15	0.6	8	2.2	10
七都	星丰泵站	2003.6	排	2.0	90	1.0	22	2.2	14
七都	五一泵站	—	排	0.25	17	1.0	8	2.4	12
七都	焦田泵站	—	排灌	0.5	30	1.0	10	2.2	8

（续表）

镇名	泵站名称	竣工年月	类型	流量（立方米每秒）	动力（千瓦）	进水池（米）		出水池（米）	
						底高	长	底高	长
七都	横塘泵站	2004.7	排	2.0	82	1.0	10	2.5	14
七都	三洋泵站	—	排	1.5	165	0.5	32	3.2	36
七都	东方红泵站	2003.6	排灌	1.5	63.5	1.0	26	2.0	18
七都	白鱼湾泵站	1975.4	排	2.0	55	0.5	5	2.8	12
七都	民字机房	1965.5	排灌	0.75	56	0.5	5	2.5	5
七都	徐罗坝泵站	2002.5	排	4.0	160	0.75	12	2.0	12.5
七都	徐罗坝排涝站	1989.4	排	3.0	111	0.8	20	2.5	22
七都	南西漾排涝站	1983.4	排	1.0	55	0.7	5	2.8	8
七都	南西漾泵站	1997.5	排	4.0	160	0.8	45	2.6	15
七都	南角泵站	2003.2	排	1.0	55	0.8	12	2.5	6
七都	南望排水站	1993.3	排	4	180	0.9	43	3.2	60
七都	古月机房	1975	排灌	0.22	13	0.7		2.6	8
七都	东草田泵站	2002.5	排	4.5	165	0.85	30	2.8	33
七都	横云电灌	1971.6	排灌	0.43	22	0.4	4	3.0	10
七都	南凉亭机房	1983.7	排灌	0.22	18	0.5	4.95	2.8	5
七都	跃进圩排涝站	1996	排	0.5	37	1.0	5	4.0	11.5
横扇	蚂蚁漾泵站	1997.5	排	6.0	240	0.55	23.7	2.5	20.7
横扇	吊港排涝站	1975.9	排	1.0	40	0.5	5	2.5	20
横扇	东小梅电站	1986	排灌	—	22	0.5	—	2.8	10
横扇	胜利机房	1985.7	排灌	0.45	18.5	0.5	50	3.0	50
横扇	小荣机房	1965.7	灌	0.26	14	0.5	5	3.5	3
横扇	古池泵站	2002.12	排	9.0	390	0.0	16	1.5	6.5
横扇	横东泵站	1997.5	排	4.0	160	0.5	60	2.1	60
横扇	横西泵站	2000.5	排	6.0	240	0.65	15	2.0	13
横扇	叶家港泵站	1994.4	排	4.0	160	0.8	40	1.2	7
横扇	镇东闸站	2005.5	排	2.0	95	0.8	7	0.8	18.9
横扇	盛东泵站	2002.6	排	1.0	45	0.5	5	3.0	2
横扇	盛西泵站	2002.6	排	1.0	45	0.5	5	2.5	2
横扇	菀南机房	1982.5	排灌	1.0	40	−0.2	4.5	1.5	13
横扇	渡口机房	2003.12	排灌	2.0	110	0.3	5	1.8	15
横扇	安湖机房	1974.3	排灌	0.5	38	0.0	48	0.2	12
横扇	菀北机房	1934.2	排灌	1.5	55	0.0	6	1.5	4
横扇	东青机房	1976.3	排灌	0.5	75	0.0	4	1.2	6
横扇	银吉机房	1989.3	排灌	1.0	30	0.1	4	1.6	3.5
横扇	建红机房	1976.4	排灌	0.5	19	0.0	65	0.0	21
横扇	联合机房	1974.7	排灌	0.5	28.5	0.0	79	0.0	12
横扇	西湖机房	1989.5	排灌	1.0	73	0.0	5	1.6	6
横扇	南湖6队机房	1980.5	排灌	0.5	30	0.1	3.5	1.5	5
横扇	菀东三队机房	1981.5	灌	0.5	38	0.0	10	0.5	8

（续表）

镇名	泵站名称	竣工年月	类型	流量（立方米每秒）	动力（千瓦）	进水池（米）		出水池（米）	
						底高	长	底高	长
横扇	东诚机房	1984.6	灌	0.5	55	0.0	29	0.8	21
横扇	红旗机房	1961.4	灌	2.0	30	0.0	4	1.0	4.5
横扇	塘前机房	1979.5	灌	0.5	45	−0.1	6	1.0	7
横扇	东方红机房	2003	排	1.0	40	0.4	4	1.5	13
横扇	菀东排水站	1992.6	排	8.0	380	0.1	4.5	1.0	14
横扇	新坪排水站	2002.1	排	4.0	190	0.1	50	1.2	35
横扇	新开路排水站	2000.1	排	6.0	285	−0.1	96	1.5	15
横扇	菀西排水站	1997.1	排	8.0	380	0.1	12	1.0	30
横扇	菀西泵站	1990.3	排	2.0	55	0.0	5	1.0	3.5
横扇	新湖污工泵	1966.7	排	1.0	45	0.0	5	1.5	7
横扇	西湖南排站	1981.3	排	2.0	45	0.0	4.5	1.3	5
横扇	南湖污工泵	1967.12	排	1.0	30	0.2	4	1.6	4.5
横扇	南湖4队机房	1981.5	排	1.0	45	0.5	4	2.2	9
横扇	戗港排水站	2003.6	排	1.0	50	0.4	2.5	—	12
东太湖	八都机房	1973.12	排	2.0	110	−1.0	5	2.0	10
东太湖	八圻机房	1975.10	排	2.0	110	−1.0	6	2.0	10
东太湖	苗圃机房	1997.3	排	0.5	30	−1.0	3	2.5	8
东太湖	莘塔机房	1976.10	排	0.5	40	−1.0	3	2.5	8
东太湖	芦墟机房	1972.10	排	1.0	74	−1.0	6	3.0	8
东太湖	菀坪机房	1976.3	排	1.0	55	−1.0	4	2.0	10
东太湖	平望机房	1982.2	排	0.5	22	−1.0	3	2.0	10
东太湖	湖滨机房	1977.10	排	1.5	85	−1.0	6	2.5	10
东太湖	团结机房	2003	排	3.0	135	−0.5	6	2.0	10
东太湖	金家坝机房	1977.3	排	0.5	40	−1.0	4	2.5	10
东太湖	横扇机房	2003	排	3.0	135	−0.5	7	2.0	12
东太湖	同里机房	1972.10	排	1.0	67	−1.0	6	3.0	8

注：东太湖指吴江市东太湖水产养殖总场。

第三节　护　坡

　　为防止沿湖河荡漾的堤防坍塌，劳动人民自古以来就在堤防迎水面建筑护坡工程，以抗御风浪的冲刷。护坡工程按种类基本分为植物工程护坡和建筑工程护坡二大类。植物工程护坡主要是在堤防坡脚和近水面种植杞柳、芦苇、蒿草等水生植物，利用自然因素的功能作生态保护。建筑工程护坡则是利用各种建筑材料采用不同形式的施工方法加以人工保护。

　　境内的堤防保护主要是采用建筑工程护坡。建筑工程护坡的形式有多种。按建筑材料分有块石护坡、混凝土护坡、楼板护坡。按建筑形状分有直立式护坡、斜坡式护坡、组合式护坡。按建筑方法分有抛石护坡、干砌石护坡、浆砌石护坡、喷浆护坡、格状框条护坡、锚固法护坡等。

　　2005年末,沿太浦河岸建筑护坡72千米,环太湖大堤建筑护坡45千米,各镇圩区堤防建筑护坡719千米。

图18-4　　　　　　　　　　　　　　吴江市境内常规护坡剖面图

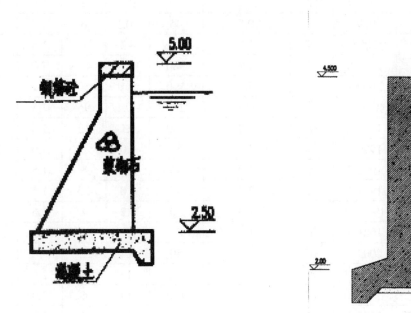

1.浆砌块石护坡　　　　　　　　　　　　　　2.钢筋混凝土护坡

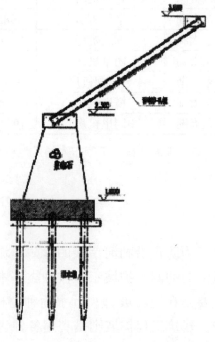

3.楼板护坡　　　　　　　　　　　　　　4.组合式护坡

表 18-3　　　　　　　　　2005 年吴江市圩区堤防护岸工程基本情况表

镇名	联圩名称	堤防总长(千米)	护坡长度(米)
松陵	运西包围	27.60	19300
	长板西联圩	12.53	7430
	向阳联圩	9.67	2200
	团结联圩	9.50	6050
	长板东联圩	10.35	3400
	运东包围北区、城东联圩(开发区)	13.55	8250
	运东包围南区、庞山联圩(开发区)	15.70	7900
	胜建联圩(开发区)	12.50	9700
	向荣联圩(开发区)	2.70	2300
	外圩(八坼社区)	5.20	—
	东包围(八坼社区)	2.80	—
	南联(八坼社区)	10.47	1100
	友谊(八坼社区)	15.51	7210
	农创(八坼社区)	6.06	2550
	中南(八坼社区)	4.67	—
	联民(八坼社区)	8.63	550
	化城(八坼社区)	4.77	990
	草甸(八坼社区)	2.50	1610
	丰字(八坼社区)	2.40	200
	大阳(八坼社区)	16.35	3370
	新南(八坼社区)	7.60	3580
同里	叶泽湖	7.32	5960
	北围圩	0.826	—
	四区	0.40	400
	九里湖	5.25	5250
	九里湖围垦荡	1.64	1340
	肖甸湖围垦荡	2.90	2900
	小澄湖围垦区	0.65	300
	八百亩	1.60	1600
	澄湖滩	—	1500
	黄泥兜	—	940
	毛塔湖围垦荡	2.00	1650
	白蚬湖滩	—	400
	小庞山坝	0.76	500
芦墟	东包围	26.36	21740
	蛇舌荡联圩	10.46	5950
	芦西联圩	8.79	2190
	镇区联圩	8.70	1930
	伟明小港联圩	5.95	300
	芦东时上联圩	4.08	—

（续表）

镇名	联圩名称	堤防总长（千米）	护坡长度（米）
芦墟	芦东港南浜联圩	5.25	400
	北联圩（莘塔社区）	23.3	3032
	南联圩（莘塔社区）	13.36	1870
	塘北联圩（金家坝社区）	18.21	3977
	塘南联圩（金家坝社区）	13.00	2780
	金星联圩（金家坝社区）	10.80	142
	光明联圩（金家坝社区）	10.04	3745
	小里港联圩（金家坝社区）	3.12	200
黎里	藏龙联圩	9.15	6253
	团结联圩	20.77	12956
	南英联圩	23.84	17854
	章湾联圩	12.37	10648
	黎锋联圩	5.156	4486
	先锋联圩	4.585	4585
	镇区联圩	6.818	6488
	南联圩（北库社区）	22.00	4512
	西联圩（北库社区）	17.26	5696
	东联圩（北库社区）	4.58	180
	元鹤联圩（北库社区）	2.339	1138
	玩字联圩（北库社区）	2.24	850
平望	藏龙联圩	11.75	7550
	运东联圩	13.96	10210
	平北联圩	14.43	9940
	前进联圩	3.75	—
	顾扇联圩	10.75	3400
	平西联圩	13.70	12450
	平南联圩	10.30	8300
	幸福联圩	4.16	4160
	盛北联圩	10.45	8400
	镇区包围	14.82	1482
	梅南联圩（梅堰社区）	27.23	20031
	大龙联圩（梅堰社区）	14.85	9925
	庙头联圩（梅堰社区）	15.95	11630
	南桥联圩（梅堰社区）	6.80	4128
	耀字联圩（梅堰社区）	5.43	3360
盛泽	溪南联圩	25.77	13564
	盛北联圩	35.04	27139
	镇区联圩	41.79	37266
	群铁联圩	8.675	7824
	吉桥联圩	2.513	2513

（续表）

镇名	联圩名称	堤防总长（千米）	护坡长度（米）
盛泽	坛西联圩	20.49	9343
	坛东联圩	14.21	10317
	坛丘联圩	6.738	3128
	南塘联圩	5.85	3786
	西扇联圩	5.108	2263
	太平联圩	5.673	5095
	开阳联圩（南麻社区）	15.03	4578
	太平联圩（南麻社区）	17.56	2859
	北麻联圩（南麻社区）	15.03	6140
	跃进联圩（南麻社区）	14.58	2017
	南麻联圩（南麻社区）	14.26	6627
桃源	民益联圩	12.42	1850
	广福联圩	5.70	520
	朝阳联圩	14.57	1235
	双庆联圩	14.44	1150
	新贤联圩	18.60	6320
	前浩独圩	10.40	2432
	青云联圩（青云社区）	22.50	4419
	天亮联圩（青云社区）	13.00	2691
	光明联圩（青云社区）	5.80	2251
	红卫联圩（青云社区）	3.70	405
	金光联圩（青云社区）	10.00	815
	先丰联圩（青云社区）	4.60	50
	和平联圩（青云社区）	1.35	556
	集贤联圩（铜罗社区）	18.01	5053
	镇南联圩（铜罗社区）	15.68	1523
	威莫联圩（铜罗社区）	3.724	1292.5
	高路联圩（铜罗社区）	18.15	7974
	严东联圩（铜罗社区）	8.853	2708
	开阳联圩（铜罗社区）	2.18	1655
	后练联圩（铜罗社区）	10.74	3052
震泽	柳塘联圩	23.671	10464
	梅桥联圩	26.541	10694
	双阳联圩	11.618	5807
	火箭联圩	11.865	1926
	东风联圩	14.414	5995
	胜利联圩	12.335	6932
	贯桥联圩（八都社区）	21.138	8245
	徐家漾联圩（八都社区）	47.745	14089

（续表）

镇名	联圩名称	堤防总长（千米）	护坡长度（米）
七都	大儒－七都	20.93	3360
	菱塘联圩	25.62	8967
	方桥联圩	10.01	4864
	建勤联圩	5.865	—
	星丰联圩	3.03	—
	五一北联圩	2.91	—
	横塘联圩	6.571	1501
	三洋联圩	0.94	768
	南联圩（庙港社区）	21.08	9353
	月字联圩（庙港社区）	10.04	920
	民字小联圩（庙港社区）	2.71	1870
	浦北联圩（庙港社区）	0.77	—
	东联圩（庙港社区）	15.61	7425
	西联圩（庙港社区）	20.71	6760
横扇	横东联圩	11.521	1048
	古池联圩	20.033	5743
	横西联圩	15.789	5372
	横南联圩	17.999	9547
	千字联圩	4.625	1683
	太湖围垦	7.70	4750
	菀东联圩（菀坪社区）	12.748	10608
	菀西联圩（菀坪社区）	11.193	10663
	西湖联圩（菀坪社区）	4.704	2850
	南湖联圩（菀坪社区）	0.983	983
东太湖	南联圩	6.85	4951
	北联圩	9.72	9147

注：开发区指吴江经济开发区；东太湖指吴江市东太湖水产养殖总场；莘塔、金家坝（撤并入芦墟镇），北厍（撤并入黎里镇），梅堰（撤并入平望镇），南麻（撤并入盛泽镇），青云、铜罗（撤并入桃源镇），八都（撤并入震泽镇），庙港（撤并入七都镇），菀坪（撤并入横扇镇）均为社区单位。

表 18-4 　　　　　　　　　　2005 年吴江市水工建筑物基本情况表

类别	圩区（个）		堤防（千米）		闸涵（座）					泵站（座）		
	低洼	半高田	堤长	护坡	水利枢纽	套闸	防洪闸	分级闸	涵洞	排涝	灌溉	灌排结合
联圩	80	50	1598	719	—	158	560	75	43	326	125	135
太浦河	—	—	72	72	2	13	16	1	—	—	—	—
环太湖	—	—	45	45	2	18	9	—	2	—	—	—

注：太浦闸、太浦河泵站未计入。

第十九章　党群建设

吴江市（县）水利系统的党组织分局机关和基层水利单位两块。局机关归口市（县）机关党委领导，基层水利单位归口乡（镇）党委领导。工会、共青团、妇女组织随各建制单位视实际情况设立，接受本单位党组织领导和上级条线部门业务工作指导。按照《中国共产党章程》规定，局机关党组织协助行政负责人完成任务、改进工作，对包括行政负责人在内的每个党员进行监督，不领导本单位的业务工作。基层水利单位党组织发挥政治核心作用，对重大问题进行讨论和作出决定，同时保证行政领导人充分行使自己的职权。党的建设始终围绕党和政府的中心工作展开，同时根据水利事业发展要求做好具体工作。工会、共青团、妇女组织也根据各自特点完成本单位党组织和上级条线部门交办的工作任务，共同推进吴江水利事业向前发展。

第一节　中国共产党

一、组织

1989年5月5日，县直属机关党委行文，县委组织部同意县水利局设立党总支。县直属机关党委研究同意县水利局党总支分设机关、水利工程、农机和农机公司4个党支部。

1992年5月，撤县设市，县水利局党总支改称市水利局党总支。

1996年5月2日，经市直属机关党委批复，成立吴江热管锅炉总厂党支部和苏州西北光电仪器厂党支部。

同年12月9日，市委行文，"鉴于市水利农机局的整体发展情况，经研究，决定：建立中共吴江市水利农机局委员会、中共吴江市水利农机局纪律检查委员会，同时撤销中共吴江市水利局党总支委员会""市水利农机局党委隶属市委领导，在党建业务上由市机关党工委指导"。

1997年5月16日，市水利农机局党委、纪委成立大会在松陵镇明月楼三楼会议室召开。全体党员和建党对象出席会议，市委组织部及部分直属、基层单位领导应邀参加。党委书记张明岳在成立大会上讲话。市水利农机局党委下设行政、水利工程、农机、堤闸所、农机公司、锅炉总厂、苏州西北光电仪器厂7个党支部。

1999年，市水利农机局党委下设机关、水费管理所、水利工程、农业机械化服务站、直属、农机安全监理所、水利农机研究所、水利物资站、堤闸管理所、农机公司、锅炉总厂、太浦河节制闸 12 个党支部。

2001 年 6 月 4 日,鉴于吴江市锅炉总厂的锅炉生产合并到屯村和多数党员的组织关系也陆续转移出的实际情况,市水利农机局党委决定撤销锅炉总厂党支部。

同年 10 月 17 日,市委行文:"鉴于机构改革中水利农机局已更名为市水利局,经研究,决定撤销市水利农机局党委、纪委,成立市水利局党委、纪委。"

同年 10 月 24 日,根据职能转变需要,农机划归农林局。随后,农业机械化服务站、农机安全监理所、水利农机研究所、农机公司 4 个党支部转至农林局。市水利农机局党委更名为市水利局党委。

同年 11 月 30 日,市水利局第二次党员大会在明月楼召开。听取和审查第一届委员会工作报告;听取和审查纪委工作报告;选举第二届委员会和纪律检查委员会。党委书记胡奇根和纪委书记孙阿毛分别代表党委和纪委向大会作报告。市水利局党委下设局机关、水费、水工、堤闸所、直属、太浦闸、水利物资站 7 个党支部。

2003 年 5 月 7 日,市水利局党委调整所属党支部,设局机关、水费管理所、水政监察大队、水利工程管理处、水利工程质量监督站、堤闸管理所、太浦河管理所、水利物资站 8 个党支部。

2005 年 9 月 7 日,市水利局党委调整所属党支部,设机关党支部、水工党支部、堤闸管理所党支部、太浦河工程管理所 4 个党支部。

表 19-1　　　　　　1986~2005 年吴江市(县)水利行政主管部门党务书记情况表

部门名称	职务	姓名	性别	籍贯	任职时间	备注
县水利局	书记	张明岳	男	江苏吴江	1986.1~1989.5	党支部
县水利局	书记	张明岳	男	江苏吴江	1989.5~1992.5	党总支部
市水利局	书记	张明岳	男	江苏吴江	1992.5~1996.12	党总支部
市水利农机局	书记	张明岳	男	江苏吴江	1996.12~1997.11	党委
市水利农机局	书记	姚雪球	男	江苏吴江	1997.11~2001.10	党委
市水利局	书记	胡奇根	男	江苏吴江	2001.10~2002.11	党委
市水利局	书记	姚雪球	男	江苏吴江	2002.11~2003.12	党委
市水利局	书记	顾新民	男	江苏吴江	2003.12~2005.12	党委

表 19-2　　　　　　1986~2005 年吴江市(县)水利行政主管部门党务副书记情况表

部门名称	职务	姓名	性别	籍贯	任职时间	备注
县水利局	副书记	宋大德	男	上海川沙	1986.1~1989.5	党支部
县水利局	副书记	宋大德	男	上海川沙	1989.5~1990.5	党总支部
市水利局	副书记	宋大德	男	上海川沙	1990.5~1996.12	党总支部
市水利农机局	副书记	姚雪球	男	江苏吴江	1996.12~1997.11	党委
市水利局	副书记	姚雪球	男	江苏吴江	2001.10~2002.11	党委
市水利局	副书记	姚雪球	男	江苏吴江	2003.12~2005.12	党委

表 19-3　　　　　　1995~2005 年吴江市（县）级水利行政主管部门党务纪检领导情况表

部门名称	职务	姓名	性别	籍贯	任职时间	备注
市水利局	纪检组长	万有成	男	江苏吴江	1995.11~1996.12	党总支部
市水利农机局	纪委书记	万有成	男	江苏吴江	1996.12~1997.11	党委
市水利农机局	纪委书记	万有成	男	江苏吴江	1997.11~1998.12	党委
市水利农机局	纪委书记	孙阿毛	男	江苏吴江	1998.12~2001.10	党委
市水利局	纪委书记	孙阿毛	男	江苏吴江	2001.10~2005.12	党委

二、廉政建设

1996 年，组织党员干部和机关工作人员观看孔繁森先进事迹录像、无锡新兴公司特大非法集资案例教育录像和执着的追求、江淮正气歌等录像。参加中纪委、监察部举办的党纪政纪条规竞赛，完成答卷 75 份。参加市直机关组织的中国特色社会主义理论考试，13 名 45 周岁以下人员统考成绩均在 95 分以上，参考率 100%。

1997 年，组织电化教育 5 次 10 部，参加人数 255 人次。局建成住房 40 套，属内部优惠购房 37 套，其中副镇（局）级以上现职领导干部购换房 2 人，享受副镇（局）级干部待遇 5 人，一般干部 30 人，所换购房经房改部门核准，面积均在控制范围，符合购换房有关规定。进行公费住宅电话和手持电话清理，副局以上领导干部按规定办理报批手续，通话费转入个人名下结算，其他干部的住宅电话也都按规定转入个人名下，并交纳所有权费，收回 39 人 2.51 万元，冲减行政经费。

1998 年，对机关及直属事业单位公费安装的住宅电话和手机进行清理，清理住宅电话 60 部，收回资金 4.24 万元；清理手机 30 部，其中折价给个人 24 部，上交 6 部，收回资金 3.5 万元。对 51 个基层企事业单位公费安装的住宅电话和手机进行清理，清理住宅电话 143 部，收回资金 8.87 万元；清理手机 66 部，收回资金 9.3 万元。规定允许盈利 10 万元以上单位正职领导手机费用定额包干在 300 元以内。

1999 年，组织学习"江苏党员电化教育通用教材支部党课"1~3 期，播放 10 次，参加人数 260 人次。其间，党委书记姚雪球分别作《健全有效机制，深化服务内涵》《脚踏实地，突出服务，把"三讲两加强"①工作引向深入》电视讲话。与 68 个责任单位、部门负责人签订《市水利农机局系统党风廉政建设责任书》，印发《1999 年党风廉政建设责任制考核细则》。

2001 年，在清理住房中，局机关 21 套存量公房，除 16 套规划拆迁外，5 套出售。对机关公务用车、车辆管理工作作出规定，取消专车专用，实现统一调度，车辆实行定额用油、包干修理费用。

三、保持共产党员先进性教育

2005 年 1 月 25 日，根据《吴江市第一批先进性教育活动实施方案》要求，成立市水利局共产党员先进性教育领导小组，市水利局党委书记顾新民任组长。围绕"提高党员素质，加强

---

① "三讲两加强"：指"讲学习、讲政治、讲正气"和"加强基层干部队伍建设、加强机关效能建设"。

基层组织,服务人民群众,促进各项工作"的总体目标,联系实际,以实践"三个代表"[①]、实现"两个率先"[②]为主线,增强机关党员立党为公、执政为民的意识,努力使机关广大党员成为"科学发展的促进者,基层群众的服务者"。活动分学习动员(1月20日至2月28)、分析评议(3月1~31日)、整改提高(4月1至5月10日)三个阶段进行。

四、扶贫帮困

1996年,扶贫梅堰平安村;组织完成大化肥捐款2.5万元,教育基金捐款2.4万元,春蕾助学基金0.26万元;向西藏捐衣1490件。

1997~1999年,从思想、工业、农业3方面扶贫屯村张家港村,基本完成市委下达的12万元的经济指标。

2000~2002年,扶贫金家坝肖庄村,3年内出资90万元修筑路桥和改造水利基础设施,比计划74.8万元超20.32%。

五、纪检监察

1992年,立案查处经济案件1件,1人受到开除党籍和公职处分并判处有期徒刑。

1996年,对5次农水工程招投标的10项工程实施监督,其中3项实行全程监督。

1997年,收到并办结信访12件,办结12件。

1998年,收到并办结信访8件,办结8件。

1999年,收到纪检信2件、其他信访8件,立案查处贪污案件1件,均办理完毕。

2001年,收到纪检信2件,其中1人涉及违纪,给予行政记大过处分;收到非纪检监察信访8件,均办理完毕。

2002年5月10日,根据市纪委《关于印发〈吴江市关于2002年重点工程建设项目执法监察部门立项的实施意见〉的通知》精神,市水利局提出《吴江市2002年水利执法监察工作实施意见》。该《意见》以《中国检察机关在工程建设领域监察工作手册》为指导,成立水利系统监察工作领导小组,对水行政执法、招标投标、征地拆迁、工程资金使用管理、工程建设质量、物资采购实行监督,并明确2002年执法监督的任务为运东水利大包围工程、菀坪新坪排水站、金家坝十字港排涝站和水政执法4项。

2005年,立案查处经济案件4件,6人分别受到开除党籍和公职(或辞退)处分,并判处有期徒刑(或缓行)。

第二节　工　会

2001年6月22日,根据各直属单位的职能及职工人数,堤闸管理所(包括水利房产开发公司)、太浦河工程管理所(包括北窑港水利枢纽工程管理所、土石建设工程公司)、水利物资

---

① "三个代表":指中国共产党代表着中国先进社会生产力的发展要求,代表着中国先进文化的前进方向,代表着中国最广大人民的根本利益。

② "两个率先":即率先全面建成小康社会,率先基本实现现代化。

站、农机安全监理所、农机化技术推广站(包括农机培训班)、局机关(包括市防汛防旱指挥部办公室、水政监察大队、水费管理所、水利工程指导站、水利管理服务站、综合经营服务站、农业机械化服务站、水利勘测设计室)6个直属单位,同时召开本单位第一届工会成立大会。分别选举陈一苏、朱振达、李伟、沈建明、詹雄伟、孙阿毛为各工会主席。

同年7月2日,市水利农机局党委下发《关于调整和设置工会组织的通知》,经报请市总工会同意,成立水利农机局工会,下设直属单位6个工会。同日,市水利农机局工会批复各直属单位工会,同意选举结果。

同年9月13日,市水利农机局召开第一次工会会员代表大会,选举孙阿毛、徐水生、薛金林、沈菊坤、全方、朱振达为市水利农机局工会第一届委员会委员;选举孙阿毛、徐水生为水利农机局工会第一届委员会主席、副主席;选举沈菊坤为水利局农机工会第一届经费审查委员会主任;选举全方为水利农机局工会第一届女职工委员会主任。

同年10月24日,撤销市水利农机局,组建市水利局。市水利农机局工会改称市水利局工会。

同年12月17日,市总工会批复市水利局工会,同意选举结果。

各工会组织依照法律规定组织职工采取与单位相适应的形式,参与单位民主管理,就有关工资、福利、劳动安全卫生、社会保险等涉及职工切身利益的事宜向单位提出意见。按规定收缴会费。根据经费独立原则,建立预算、决算和经费审查监督制度。工会经费主要用于为职工服务和工会活动,如组织会员外出旅游、开展文体活动等。

表 19-4　　　　2001~2005 年吴江市水利局工会组织主要领导情况表

组织名称	工会主席	经费审查委员会主任	女职工委员会主任	任职年月
市水利农机局	孙阿毛	沈菊坤	全　方	2001.9~2001.10
市水利局	孙阿毛	沈菊坤	全　方	2001.10~2005.12

第三节　中国共产主义青年团

2001 年 8 月 28 日,市水利农机局召开共产主义青年团(以下简称共青团)大会,选举新一届支委会。支部书记钱伟建,组织委员赵青,宣传委员徐瑞忠。局机关有团员青年 10 名,其中男性 8 名,女性 2 名。

2003 年 11 月,市水利局团支部换届选举,徐瑞忠、赵青任支部书记、副书记;焦晓峰任组织委员;张辉任宣传委员。

共青团组织充分发挥党联系青年的桥梁和纽带作用,积极协助局党委和行政部门管理青年事务,在维护国家和人民利益的同时代表和维护青年的具体利益,围绕党的中心任务,开展适合青年特点的独立活动,关心青年的工作、学习和生活,切实为青年服务,向党和政府反映青年的意见和要求,开展社会监督,同各种危害青少年的现象作斗争,保护和促进青少年的健康成长。

表 19-5　　　　　　　　2001~2005 年吴江市水利局共青团支部书记、副书记表

组织名称	书记			副书记		
	姓名	性别	任职时间	姓名	性别	任职时间
市水利农机局	钱伟建	男	2001.8~2001.10	—	—	—
市水利局	钱伟建	男	2001.10~2003.11	—	—	—
市水利局	徐瑞忠	男	2003.11~2005.12	赵　青	女	2003.11~2005.12

第四节　妇女联合会

80 年代前,吴江水利局机关女职工不多,没有专门的妇女组织,妇女的相关工作由工会的女工委员承担。90 年代末,市水利局党委开始明确 1 名妇女成员分管妇女工作。主要是协调计划生育工作,维护女职工的基本权益,组织"三八"国际妇女节活动等。至 2005 年,妇女联合会未有重大活动。

第二十章　水利人文

　　太湖流域是我国最重要的经济地区之一,其水系以太湖为枢纽分上源和下委两个系统。吴江地处太湖流域下游,其水系的形成、划分和治理受太湖源委所制约。太湖的上游来水量、下游去水量及本身容蓄量,三者平衡则水旱无虞,三者失衡则水旱肆虐。兴修水利是历代重要农政,有关"治国安邦"、解决"民困国虚"的大事。吴江的生存、发展与安危无不与太湖水系和治理紧密相连,息息相关。围绕太湖流域和吴江地区的水利治理,历代有识之士为此不断著书立说,探古究今,提出各种治理太湖的方略。有关太湖治理的论著丰富繁博,汗牛充栋,不少人为探究太湖治理殚精竭虑,费尽心血。新中国成立后,党和政府更是注重水利建设,积极发展水利教育和科研事业,大力培养水利科技人才;制定《太湖流域综合治理总体规划方案》和专项水利规划;协调、落实各项治理措施,对推进吴江的水利建设起着不可估量的作用。在漫长的治理过程中,吴江水利人才辈出,硕果累累,形成浓厚的水利人文色彩。

第一节　人　　物

一、人物传略

　　于　頔(？—818)　字允元,河南洛阳人。唐朝大臣,贞元年间(785~805)先后任过湖州(今浙江)、苏州刺史。贞元八年(792),他兴工整修荻塘岸,"缮完堤防,疏凿畎浍,列树以表道,决水以溉田",自平望西至南浔五十三里皆成堤,民颂其德,改名頔塘。

　　王仲舒(762—823)　字弘中,并州祁(今山西)人。唐朝文学家。少好学,工诗文。历任苏州刺史、婺州刺史、中书舍人等。他任苏州刺史期间,苏州、松陵、平望之间,驿递不通,舟行不能牵挽,且因波涛汹涌,船只常遭覆溺。唐元和五年(810),他"堤松江为路",在太湖东沿修筑塘路,即是南运河塘里的起始。

　　范仲淹(989—1052)　字希文,江苏吴县(今苏州)人。北宋大臣、政治家、文学家,文官至参知政事,武官至枢密副使,曾主持疏浚太湖东北地区港浦。景祐元年(1034)任苏州知州。他热心水利,曾修筑泰州捍海堰143里(后人称范公堤),知苏时又兴修太湖水利,创设府学,惠泽乡民。他的《上吕相公书》和《条陈江南、浙西水利》是议论苏州及太湖水利的两篇早期著作,论及问题实际,举措得宜,在当时行之有效,对后来的治水者也有启示,是太湖地区治水有影响的古文献之一。文称苏湖常秀一带,原有较好的圩田、河塘等水利工程设施,苏州并有常设管理专业队伍从事维修养护,产量高,出赋多,称得上"膏腴千里,国之仓庾"。但自皇朝一统,慢于农政,水利失修,圩田、河塘大半隳废,失去大利。尤以姑苏四郊平洼为甚,受太湖纳数郡之水过境,湖河泛滥,横没诸邑,水灾更重于其他州郡。因此,他积极倡议兴修水利,以拯民困国虚之急。他主张疏浚入江入海各水道,把苏州之积潦分两路泄,即"不惟使东南入于松江(吴淞江),又使东北入于扬子江与海"。景祐二年(1035)他亲至江浒,督浚白茆、福山、黄泗、浒浦、奚浦、茜泾、下张、七丫等港浦,导诸邑之水,为重兴苏州水利打开僵局。他主张新导之河(指通江达海港浦),一定要设挡潮闸,使"常时御潮防淤,旱时蓄水溉田,涝时开闸排水"。清光绪《常熟·昭文两县合志》载:"范仲淹于福山置闸,依山麓为固,旧址今尚存,人名曰范公闸。"他主张裁直吴淞江的盘龙港湾道。这一工程,"范公曾经度之,未遑兴作",后至宝元元年(1038)由两浙转运使叶清臣付诸实施,将40里长的湾道裁直为10里长的直道。朱文长称"道直流速,其患遂弥"。他建议每年入秋后,有关部门就要将应开的河渠、应筑的堤堰陂塘之类,调查清楚,做好计划,春季兴役,"如此不绝,数年之间,农利大兴"。元代任仁发在其《水利集》中赞称:"范文正公,宋之名臣,尽心于水利,尝谓修围、浚河、置闸三者如鼎足,缺一不可,三者备矣,水旱岂足忧哉。"他倡导的"修圩、浚河、置闸"治水方略,仍为后人治理苏州水网圩区的重要理论根据。

苏　轼(1037—1101)　字子瞻,号东坡居士,四川眉山人。宋嘉祐二年(1057)进士,累除中书舍人、翰林学士,历端明殿学士、礼部尚书。他在出任会稽太守的荐书中提到,"臣到吴中二年虽为多雨亦未过甚,而苏湖常三州皆大水害稼,至十七八""昔苏州以东官私船舫皆以篙行无陆挽者,古人非不知为挽路""自长桥挽路之成,公私漕运便之,日葺不已,而松江始艰噎不快。江水不快,软缓而无力,则海之泥沙随潮而上,日积不已。故海口湮灭,而吴中多水患"。他认为:"今欲治其本,长桥挽路固不可去,惟有凿挽路于旧桥外,别为千桥桥谷各二丈,千桥之积为二千丈。水道松江宜加迅驶,然后官私出力,以浚海口。海口既浚,而江水有力,则泥沙不复积,水患可以少衰。"

郏　亶(1038—1103)　字正夫,出生于江苏太仓农家(当时地属昆山县)。宋嘉祐二年(1057)进士。他对苏州水利颇有研究,撰写的《苏州治水六失六得》和《治田利害七论》两篇文著,得到宰相王安石的赞许。文中,他盛赞唐代的治水及其创建的"塘浦圩田",对塘浦圩田的规划布局、工程规模、经营管理和工程效益以及高低分治的工程遗迹,追述甚详,并能列举出苏秀境内塘浦港沥多达265条之名,指出塘浦圩田受到破坏的十条原因,为唐和五代缺乏记载填补空白。他提举兴修两浙水利的所作所说,主要是图谋恢复已经隳坏的塘浦圩田古制;指责苏州治水有六失,也主要是说前人没有重视维护塘浦圩田工程。熙宁五年(1072)授司农寺丞,提举兴修两浙水利。但施工仅一年就工程中辍,罢官回乡。由于北宋的农业生产经营体制已与唐代不同,以及其他原因,使郏亶治理苏州水利未能实现计划。他的论述未必全然,也有为强调自己观点而贬低前人治水成就之处,然而,他提出的水旱并重、高低分治、治田为本、蓄泄兼施等论点,明确可取,为后人称道。尤其他的两篇名著,内容系统全面,资料丰富具体,不失为后人研究水利历史的宝贵财富。

单　锷（1031—1110）　字季隐,江苏宜兴人。宋嘉祐五年(1060)进士。存心三州水利达 30 年,尝乘小舟往来于苏州、常州和湖州之间,考察水利形势。元祐三年(1088)作《吴中水利书》,翰林学士苏轼代奏于朝,但未得实施。《吴中水利书》主要是议论"三州"水害及太湖洪水治理问题。书中指出,水为害苏、常、湖三州,已五十多年,十年之间熟无一二,有人认为是天数,不可治;有人虽深求力究治水之策,但不得要领,找不出水害根源,因循失治。他认为三州水患原因有三:一是庆历二年(1042)欲便运粮,筑吴江长堤,横截江流,太湖水溢而不泄,壅灌三州之田;二是唐末废去东坝五堰,致使宣、歙、金陵、水阳江之水东灌苏、常、湖;三是宜兴百渎湮塞,荆溪之水不能畅入太湖而为患,其中尤以吴江长堤阻水,是三州水患最根本的原因。他对处理太湖洪水的论点和措施,可以概括为"杀其入,宣其出,利其泄"。提出上治五堰,使西水不入荆溪;中治宜兴百渎之故道,使西部之水归入太湖;下治吴江长堤为木桥千所,开白蚬、安亭江,使太湖之水东注于海。而外,置常州运河斗门十四所,筑堤管水入江;开夹苎干渎,泄漏湖水入大吴渎、白鱼湾、高梅渎及白鹤溪,北入常州运河,经十四渎泄入大江;开通、疏凿太湖下游临江临湖的一切港渎。很多后人指责其"排"重于一切的治水方针,及凿通吴江长堤就可以解决三州水害的治水观点存在片面性。

郏　侨(生卒年不详)　字子高,晚年自号凝和子,郏亶之子,江苏昆山人。北宋官吏,为将仕郎,水利学家。为官继承父志,研究太湖水利,取舍前人之说,参以己见,作《水利书》。在治洪问题上,他主张决水阳江之水由芜湖、当涂入长江,决常州、镇江一带之水向北入长江,决杭州山源之水入于钱塘江,不使水壅入太湖为害。主张辟吴江塘路多置桥梁,通畅湖水出路;浚青龙江、吴淞江决太湖水入海。他反对导太湖之水由东北诸港浦排入江海,以免洪水先害民田,然后出海;提出筑吴淞江两岸堤塘,不使洪水北入于苏和南入于秀危害二州之田,导由吴淞江迳趋于海,即以吴淞江为排太湖洪水专道之意。对地区涝水主张分片处理,他认为欲决常州、润州之水,则莫若决无锡县之五泻堰,使水趋于扬子江,欲决苏州、湖州之水,莫若开昆山之茜泾浦,使水东入大海,开昆山之新安浦、顾浦,使水南入于松江,开常熟之浒浦、梅李浦,使水北入于扬子江;于秀州治华亭、海盐诸港浦,疏导积潦。对治田与决水问题,不同意其父与单锷各执一偏之争论,"若止于导江开浦,则为无近效;若止于浚泾作捍,则难以御暴流,要合二者之说,相为首尾,乃尽其善"。他的大中小结合方针,使太湖地区治水理论得到发展。

黄　震(1213—1280)　字东发,慈溪人,宋宝祐四年(1256)进士。景定二年(1261)以吴县尉摄华亭(今松江)县事,因邑境水乡,大究塞泄之法,论修田塍,又议复塘浦,驾水归海。

潘应武(生卒年不详)　字茂仁,江苏昆山县人。他尝慨三吴水利不修,操小艇出没太湖吴淞间考察水利,于元世祖至元三十年(1293)著《水利论》三篇。经实地相视水势后,他认为太湖东部水道阻塞,权势侵占湖荡为田,致使湖水泛滥成灾,"四年两潦,朝廷亏失米粮百万石,浙西百姓离散大半"。他说:"吴江长桥系三州六县太湖众水之咽喉,长桥南塊,古来水到龙王庙侧,又被筑塞五十余丈。沿塘三十六座桥道,实乡村河港众流之脉络,多被钉断……亦有桥道被筑实,坝水不通流,所以不流、不活、不疾、不驶,不能随即涤去淤塞,以致淀山湖东小曹港口、大沥口、汉港口等处,潮沙日壅积成数十里之广……被权豪势要占据为田。湖水潮水不相往来,积水不去。"因此认为"决放湖水为急务"。又说:"决放水路,以救百姓,以保公私,实为居安虑危、经理根本大计。候水减退,然后次第开浚诸处河港。此即古人所谓下流既通,上流可导也。"他主张先浚淀山湖北的道褐浦、石浦、千墩浦、小沥口4处，使湖水通流入吴淞江下海，然后开浚吴江塘路沿塘的36座桥洞和乡村河港。

任仁发（1254—1327）　字子明，号月山，松江青龙镇（今上海青浦）人。元朝官吏，历官都水少监、宣慰使掾、浙东道宣慰副使。世祖至元二十一年（1284），仁发奏请抢救太湖、练湖、淀山湖和疏通河港。成宗大德七年（1303）太湖地区淫雨成灾，仁发再度上书，条陈利弊疏导之法。次年，奉命疏治吴淞江。泰定帝泰定元年（1324），再度主持治理太湖，疏浚吴淞江。他一生致力于水利，其主要治水活动在太湖流域，著有《浙西水利议答录》十卷。这部治理太湖的专著，既总结前人的治水经验，又阐述自己的见解。他认为治理太湖必须研究太湖水性，"治水之法，须识潮水之背顺，地形之高低，泥沙之聚散，隘口之缓急。寻源溯流，各得其当。合开者开，合闭者闭，合堤防者堤防，庶不徒劳民力，而民享无穷之利"，又认为"浙西地面，有江、海、河、浦、湖、泖、荡、漾、溪、涧、沟、渠、汊、泾、浜、漕、溇等名……水名既异，则拯治方略亦殊"，即必须针对水性特征，采取不同治理措施。还认为"大抵治水之法，其事有三：浚河港必深阔，筑围岸必高厚，置闸窦必多广。设遇水旱，就三者而乘除之，自然不能为害"，即疏浚以泄水，筑堤以障水，置闸以限水，三者并重，是防洪排涝的有效措施。他从全局上考虑太湖洪水的出路问题，提出多通道泄水的设想，即：东南有上海浦泄放淀山湖、三泖之水；东则刘家港、耿泾疏通昆承等湖之水，中有距太湖最近的吴淞江。认为疏浚这三道泄水出路，太湖洪水就可以"滔滔不绝，势若建瓴，直趋于海，实疏导潴蓄之上策也。与古三江，其势相埒"。

周文英（生卒年不详）　字子华，浙江盐官（今浙江海宁县）人。元至元间（1335~1340）上书《论三吴水利》。鉴于当时吴淞江海口段"地势涂涨，日渐高平"，恢复吴淞江为太湖排水主要出路已不可能，提出导吴淞江水自刘家港等东北诸浦入海的主张。他认为"为今之计，莫若因水势之趋，顺其性而疏导之，则易于成效"。建议："弃吴松东南涂涨之地，置之不论，而专意于江之东北刘家港、白茆浦等处，开浚放水入海者。盖刘家港即古娄江三江之一也，地深港阔。此三吴东北泄水之尾闾也。"斯所谓顺天之时，随地之宜也。指出："东北沿海，如耿泾、福山东西横塘、吴泗浦、许浦、千涉泾、奚浦、黄泗浦，可以通海去处，亦系泄水之要津，宜开挑深阔，疏泄水势，入海有归，则浙西数郡，可免巨浸之忧矣。"他的主张未被朝廷采纳。后来，吴王张士诚得此论，遂以所部士卒开浚白茆、盐铁塘，得益匪浅。《论三吴水利》对元末以后太湖水利的治理产生过较大影响，明永乐间夏原吉治水江南，"掣淞入浏"，实际上是采纳周文英的意见。

夏原吉（1366—1430）　字维喆，祖籍德兴（今江西浔阳），后迁居湘阴（今属湖南）。明永乐元年（1403）为左侍郎，后与蹇义同任尚书。因嘉兴、苏、淞诸郡频岁水患，屡敕有司督治，讫无成绩，命夏原吉治理。夏原吉于永乐元年疏浚夏驾浦，接通浏河，分泄吴淞江之水，后人称之谓"掣淞入浏"；又开范家浜，导淀山湖积水从南跄浦出海，即今黄浦江的前身；永乐二年（1404）夏原吉又浚白茆、浏河、千灯浦等导阳澄水入江，九月工毕水泄。苏淞水利，得益匪浅。他在施工时布衣徒步，日夜经画，盛暑不能盖，曰"民劳，吾不忍独适"。后人为纪念他的功绩，曾将夏驾浦改名尚书浦。

史　鉴（1434—1496）　字明古，自号西村人，称西村先生，江苏吴江盛泽人。明代文学家、收藏家，尤深于水利。他认为"吴江之地，土疏水缓，左江右湖，故水之为患也特甚""吴江据江湖之会，屹然中流，每遇霖雨积旬，潦水涨溢，渺然无际，或风涛大作，吞啮冲击，其害又甚于雨。东风则江水西浸,西风则湖水东泛,俄顷数尺,人力莫施""吴江水多田少,溪渠与江湖相连,水皆周流,无不通者,特有大与小,急与缓之异尔"。为此,他提出"筑堤防""审分泄""务车救""专委任"四项水利措施。所论较切合实际。

叶　绅(1440—1505)　字廷缙,江苏吴江人。明成化二十三年(1487)进士。弘治元年(1488),选老成司封驳,授绅户科给事中。三年(1490),补吏科,进礼科左给事中。七年(1494)奉使闽浙,过家,值吴中连岁大水,民罹饥馑。绅上言:国家粮饷仰给东南,顷苏、松、常、杭、嘉、湖诸郡水道湮塞,甚为农事害,请择任廷臣中有才力者疏通之,并议蠲赈,以苏民困。上报可,命工部侍郎徐贯治水,户部主事祝萃赈饥。贯至吴,遣官相度开浚吴江长桥、吴淞江、白茆江以及斜堰、七浦诸处。水大泄,民甚德之。

金　藻(生卒年不详)　上海县人。明弘治九年(1496)前后著《三江水利论》,对太湖流域排水的布局主张恢复古时三江,提出"正纲领,顺形势"之说。他认为:"七郡之水有三江。譬犹网之有纲,裘之有领也;支河派港,网之条目也;湖潭泖瀼,裘之襟袖也。"又认为东江为纲,淀山湖之水应属东江,而浚千墩浦入吴淞江是不明纲领,"掣淞入浏"和开范家浜由黄浦入海都是纲领不正。他主张恢复三江排水形势,以正纲领。"寻东江之旧迹,以正东南之纲领,而淀湖所受急水港以来之水,与夫陈湖(今澄湖)所接白蚬江之水,皆得以达于东南以入海,则黄浦之势可分,而千墩浦等水不横冲于淞江,而淞江可通矣。又开淞江之首尾,以正东西之纲领,则黄浦之势又可分,而跄口既通,吴江石窦增多,而淞江可以不塞矣。又开娄江之昆山塘以至吴县胥塘(今胥江),另接太湖之口添置石窦,则新洋江之潮势可分,而不使横冲淞江,而东北之纲领又正矣。"

姚文灏(生卒年不详)　江西贵溪人。明成化甲辰(1484年)进士,官工部主事。撰《浙西水利书》。考《明孝宗实录》,载弘治九年(1496)七月,提督松江等处水利工部主事姚文灏,言治水六事,上从之。则是书当为是时作也。大旨以天下财赋仰给东南,南直隶之苏、松、常三府,浙江之杭、嘉、湖三府,环居太湖之旁,尤为卑下。太湖绵亘数百里,受诸州山涧之水,散注淀山等湖,经松江以入海。其稍高昂者,则受杭、禾之水,达黄浦以入海。淫潦时至,辄泛溢为患。盖以围田掩遏,水势无所发泄,而塘港湮塞故也。因取宋至明初言浙西水利者,辑为一编。大义以开江、置闸、围岸为首务,而河道及田围则兼修之。其于诸家之言,间有笔削弃取。如单锷《吴中水利书》及任仁发《浙西水利议答录》之类,则详其是而略其非。而宋郏氏诸议,则以其凿而不录。盖斟酌形势,颇为详审,不徒采纸上之谈。

伍馀福(生卒年不详)　字天锡,临川人,明正德十二年(1517)进士,官陕西按察司副使。撰《三吴水利论》。有成化《陕西志》,已著录,是书凡分八篇。一论五堰,二论九阳江,三论夹苎干,四论荆溪,五论百渎,六论七十三溇,七论长桥百洞,八论震泽。皆吴中水利要害,大旨本宋单锷所论,而推广之。

盛应期(1474—1535)　字思徵,号值庵,永乐朝御医盛寅四世孙,江苏吴江松陵人。弘治六年(1493)进士,授工部都水司主事,历任云南安宁驿丞、禄丰知县、顺庆府(今四川南充)通判、武昌府、长沙府同知、云南金事分巡金沧洱诸道、河南按察使、山东右布政、陕西左布政、右副都御史巡抚四川、右都御史总理河道等职。嘉靖六年(1527),黄河泛滥,河水溢入漕渠,导致徐州沛县北部的庙道口淤积数十里,粮船受到影响不能通行。盛应期通过实地调查,提议在昭阳湖东面,新挖一条长约140余里河道,北部始自江家口,南部至留城口,这样相对于疏浚漕渠旧河道省力且利益长远。虽由于朝廷争论,最后未能完工。但在三十多年后的隆庆六年(1572),左副都御史朱衡循着盛应期旧河遗迹完成新河的开通工程,给河道运输带来很多便利,造福后世。

吴　韶(生卒年不详)　松江华亭(今上海松江)人,自号秦皇山人。撰《全吴水略》,是书成于明嘉靖戊戌年(1538)。首载苏、松七府为《总图》,次作《捍海塘纪》,次列太湖、三江及诸水源委。凡疏导修筑之事,以及历代官司职掌、公移事实,悉采录之。

吴　山(1470—1542)　江苏吴江松陵人,字静之,号讱庵,明代名臣。正德三年(1508)中进士,历任山东按察副使、陕西右参政、福建按察使等,官至刑部尚书。为官期间,承扬父志父德,清正廉明,不畏权势,不徇私情。嘉靖九年(1530),升副都御史巡抚河南,见河南水利工程几乎荒废,百姓苦于水患,遂实地考查,组织治理汾河,并著《汾河通考》十卷,为后人治水留下宝贵的经验。鉴于家乡常遭受洪水侵扰,城中河道淤浅不能饮用,市民取水不便,在宅院西南雇工匠开凿三角井(怀德井)。后人赞其"治狱明允,治河著书。有为有守,永垂令誉"。因与其父吴洪同任尚书且都以廉明公允见称,而成为美谈,被后人敬仰。

周　用(1476—1547)　字行之,号佰川,江苏吴江盛泽人,长居平望澜溪。弘治十五年(1502)中进士,历任地方要职及工、刑、吏部尚书。为人诚恳,端亮有节,为政崇尚少说多做,深得当事官员的敬重,在当时已被称为"名臣"。嘉靖十五年(1536),转任工部尚书后,足迹几乎踏遍数千里的黄河沿岸。经过实地踏勘发现,数千里黄河只有河南开封、兰考的东西方向有河可以使河水分流,而其他地方皆无,他就提出用沟洫治理黄河的建议。他认为修浚沟洫,黄河的水可以分流,分散到田间地头;不仅可以消除黄河的洪患,而且有利于农业生产。他的这种治河思想,打破历史上单纯靠下游堤防治理的局限性,因此被后世尊为"治河名人"。

王同祖(1497—1551)　字绳武,南直隶苏州府昆山(今属江苏)人,文徵明甥。少孤,明正德十六年(1521)进士,选庶吉士,授编修,后官至国子司业。绩学有闻。读书中秘,益事宏博。六经子史外,阴阳律历,山经地志,均有涉猎,其诗清丽,有唐人风,善草隶。嘉靖四年(1525)著《治水要略》。他认为水患原因主要在于入海口淤塞,如果决去长桥而不疏海口,则吴江、昆山、常熟三县将尽为深渊,故而长桥不可尽决。他说:"治水之要有三,一曰开决三江古道,以泄震泽之水;二曰浚治港浦,以泄江湖之水;三曰疏导泾港,以泄田中之水。"另著有《东吴水利通考》。

吴邦桢(生卒年不详)　字子宁,吴山第三子,明苏州府吴江人。明嘉靖二十八年(1549)举人,三十二(1553)年进士,授刑部主事,升郎中。四十一年(1562),升湖广(今湖南、湖北和广东)按察副使。荆襄大水,他调集船只进行抢救,开仓赈饥。用收取的赎罪经费,修筑监利至夷陵的700里江堤。

沈　启(1490—1563)　字子由,号江村,江苏吴江松陵人。明嘉靖十七年(1538)进士,授南京工部营缮司主事,后知绍兴府,将废弃的兰亭重建,又迁湖广按察司副使。十四年(1535),他目睹吴江洪水泛滥、庐舍漂没、民不聊生的惨景,立志查清吴江水患之源,提出治水方略,著《吴江水考》。全书分五卷:第一卷含《水图考》《水道考》《水源考》等三章;第二卷含《水官考》《水则考》《水年考》《堤水岸式》《水蚀考》《水治考》《水栅考》等七章;第三、四、五卷均为《水议考》。记载历代太湖治水名人的议论,其文体有奏疏、公移、上书等,是一部记载太湖水利的重要文献。《吴江水考》成书于明嘉靖四十三年(1564)。他认为,治理吴江水患,首先要治理太湖,太湖无险则吴江平安。治理的根本是保证太湖水入海畅通,疏浚三江,上游七郡之水入太湖,再经吴江入海,不致泛滥。他还针对吴江地势低洼的状况提出将小圩并成联圩,降低圩内水位,可保护农田之功的设想。他的著作还有《南厂志》《南船志》。

归有光(1507—1571)　字熙甫,又称震川先生,江苏昆山人,后迁居上海嘉定安亭。明嘉靖四十四年(1565)进士。嘉靖年间著《三吴水利录》。明代后期的归有光,对吴中水利作过研究,著有《水利论前》《水利论后》,又先后上书兵道熊桴、知府王仪及昆山知县彭富,阐述自己的治水观点。他是昆山县人,又是名学者,颇受地方人士注目。他对吴中治水的基本主张是"专力于吴松江"。提出"松江既治,则太湖之水东下,而余水不劳余力矣""独治松江,则吴中必无白水之患,而从其旁引以溉田,无不治之田矣"的论点。《水利论后》中进一步强调开挖吴松江要有大禹治水那种"山陵当路者,毁之"的气概。赞扬单锷"迁沙村之民,运去涨土,凿堤岸千桥走水"和苏轼"欲松江不塞,必尽徙吴江一县之民"的言论。《上兵道熊桴水利书》恳求把大开吴松江看作与屯兵百万于海上防倭同等重要大事。在水利论述中,他还对太湖水的处理作过评论,不同意拆除吴江塘路排泄太湖水的主张,提出"夫水为民之害,亦为民之利,就使太湖干枯,于民岂为利哉"的见解,这是从战略高度提出的有关太湖水资源利用的课题,对后人治理太湖向引、蓄、排、泄全面考虑有启迪。

林应训(生卒年不详)　明万历初(1573),任御史时曾治理苏松水利,开浚吴淞江。他认为:"苏松水利,在开吴淞江中段以通入海之势。太湖入海,其道有三:东北由浏河,即古娄江故道;东南由大黄浦,即古东江遗境;其中为吴淞江,经昆山、嘉定、青浦、上海,乃太湖正脉。今浏河、黄浦皆通,而松江独塞者,盖江流与海潮遇,海潮浑浊,赖江水迅涤之。浏河独受巴阳诸湖,又有新洋江,夏驾浦从旁以注;大黄浦总杭嘉之水,又有淀山泖荡从上而灌,是以流皆清驶,足以敌潮,不能淤也。惟吴淞江源出长桥石塘,下经庞山,九里二湖而入。今长桥石塘已湮,庞山九里复为滩涨,其来已微;又为新洋江,夏驾浦掣其水以入浏河,势乃益弱,不能胜海潮汹涌之势,而涤浊浑之流,日积月累,淤塞仅留一线,水失故道时致泛滥。支河小港,亦复壅滞,旧熟之田半成荒亩。"万历六年(1578),他制定圩田施工章程,主要内容有:圩堤有固定尺寸规格,临近河荡处的断面应适当增加;取土筑圩之田,其损失由全圩计亩出银津贴,日后再陆续取河泥填平;圩堤修筑经费和劳务计亩摊派;施工前塘长分段插标,由圩甲通知各户按时出工;圩甲主持施工,负责处置违纪者。不负责的要受处罚,圩长是义务性质,无津贴;施工结束,由县府派员查勘,并追究施工草率和拖延工期的负责人责任。对于施工用料管理也有相应细则。

徐　阶(1503—1583)　字子升,号少湖,松江华亭(今上海松江)人。明嘉靖二年(1523)进士。任翰林院编修。嘉靖三十一年(1552)入内阁,任东阁大学士。四十二年(1563)任首辅,隆庆二年(1568)七月致仕归。是驱逐严嵩的名臣。谥文贞。有《世经堂集》《少湖文集》等。他对水利也有议论:"凡言水利者,大率二端:蓄与泄是也。而所谓蓄泄,有大蓄泄焉,有小蓄泄焉。大泄者以海为壑,凿白茅诸港,吴淞诸江,导江湖之水而注之尾闾也。大蓄者,去江湖之淤淀,使足以受支河之水也。小泄者,以近田之支河为壑,导田间之水而之其中也。小蓄者,疏浚支河,使足以受田间之水也。夫专意于泄,于救潦可矣,即不幸五六月间复如去岁之不雨,何以济之。不若致力于蓄,则旱既足以救,而潦亦有所容而不为害也。蓄泄之大者,甚势用财力必多,未易猝举。今姑治其小,则莫若修筑圩岸。然亦不可概云修筑而已。敝邑之田,东西二乡高下迥绝。东乡本不苦水。岸高则车救愈劳,当令保以修筑之力,疏浚支河。为蓄之水计,仍远徙其泥,毋俾复壅。西乡圩岸在所必筑而艰于得土,亦当督令浚河,固取涂泥附之旧岸,筑而加高广焉。庶财力不虚费,而旱涝皆有备矣。"

周大昭(生卒年不详) 字继之,号斗墟,周大章弟,太学生。懂兵法,也精于水利,为右金都御史巡抚浙江胡宗宪幕僚。明万历五年(1577),巡按御史林应训兴修东南水利,采纳他的意见,先疏浚长桥两滩,以通上游十府来水之咽喉,继治理白茅、吴淞、七浦诸塘,以泄太湖下游。十年(1582)秋,狂风连雨,尽管湖海相连,但没几天水就退去。他认为,东南水患源于太湖,流入三江(东江、娄江、吴淞江)诸浦后,滞留于湖泖,最终归入大海。过去是开河筑围,重在设置闸门;而今则筑围为先,开河次之,置闸又次之。但常州、镇江是上游,不疏浚则无法清其源;苏州、松江(今上海)为下游,不治理则无法引导水的出路。所以一定要增修二坝,恢复五堰(在高淳广通镇,始筑于唐),使西北之水进入长江;疏浚三江,开通诸浦,使东南之水流入大海。著有《水利节略》。

徐显卿(1537—1602) 字公望,号检庵,明朝南直隶长洲(今苏州)人。明隆庆二年(1568)进士。曾修《明神宗实录》,官至吏部侍郎。万历十七年(1589)三月二十二日因遭劾,三次上书请求致仕(退休)得准,就此罢官。著有《天远楼集》二十七卷,《四库总目》王穉登为之序。关于其事迹多失载,有徐显卿宦迹图及诗序传世。他对治水也颇有研究。"浙西之地,苏州最低,淞为下流。太湖汪洋数百里,散注淀山、三泖等湖,注三江入海。三江者,湖海之咽喉也。三江既入,震泽底定。自海塘南障,而东江堙废,水势始北折而为黄浦,趋于吴淞,并于娄江,又溢于七浦白泖,其道迂回屈曲,不能驶急。又海潮日有二至,夹带泥沙,淤塞江路,则湖水泛溢为患。此三吴水利之大凡也。向无专官,每因时疏浚以救目前,而无永久之计。"他认为:"今之吴淞江、娄江七浦、白泖四湖者,襟带湖海,吐纳众流,不可一日不通者也。吴淞江抚台海公开后,复渐淤矣,白苑七浦同受昆承阳城诸湖,与娄江之溢水善涨易壅,自昆山常熟之间,筑有斜堰,而七浦之流溢细,旋开旋塞。今宜疏白茆之淤,开七浦之塞,切去斜堰,或为石拱,或为石闸,而诸湖以渐开浚可也。娄江虽无阻,太仓以东,多有涨沙,比之腹内特高。如内地开深一丈。则此处倍而为二丈,其势乃平。此开江开湖以治委也。"

屠 隆(1542—1605) 字纬真,一字长卿,号赤水、鸿苞居士。明浙江鄞县人。少时才思敏捷,落笔数千言立就。万历五年(1577)进士。除颍上知县,调青浦县。在任时游九峰、三泖而不废吏事。后迁礼部主事。被劾罢归,家贫,卖文为生。著有《昙花记》等。任青浦知县时,他认为"谈三吴水政者虽多端,大约不出治水治田两者,而治田之与治水实相表里。要之治田所以治水也。水之利害系于田,水政修则田获其利;水政失修则田受其害。而治水治田两者自不可缺。治田而不治水则田功固施,治水而不治田则水政尚缺,均非完计也""三吴诸水咸入太湖,而分注三江以入大海。是吞吐元气翕荡东南之一大关键也。南则杭湖天目诸山发源苕雨言等溪,系湖州七十二溇而入;西则金陵、溧水、溧阳、九阳江、洮湖、荆溪诸水,由常州百渎而入,北有运河受京口大江;及练湖诸水,北由江阴一十四渎入于大江,东由常熟昆山之三十六浦入于大海。而入江海不及者亦由武进无锡诸港以入太湖,太湖三面受水,独湖东一面泻之三江,以入大海。然三江水道仅有吴江一十八港入江,是太湖三面受水一面分流,吞多吐少,易蓄难泄。水口一有梗塞,则停缓无力,天时一遇淫雨则泛溢为灾,是水口之宜通而不宜塞,彰彰明甚也"。

袁　黄(1533—1606)　字坤仪,号了凡,江苏吴江芦墟人。明万历十四年(1586)进士,十六年(1588)任河北省宝坻县知县,筑堤浚潦有实绩。著《三吴水利考》《皇都水利》《宝坻劝农书》等水利著作。他认为黄浦、浏河是"顺水之道",批评归有光专治吴淞江的主张为"泥古而不通今"之说。他认为长桥淤塞的原因是东坝修筑后长江水不再直通太湖,湖流渐微,"而湖水不能冲涤诸桥之淤",因而极力反对"尽去长桥"的主张。他是当地人,又主持水利多年,其《三吴水利考》被费承禄称为"水利工程之药石"。

王　圻(1530—1615)　字元翰,号洪洲,上海人,明文献学家、藏书家。祖籍江桥(时属青浦县)。幼年就读于诸翟,明嘉靖四十四年(1565)进士,授清江知县,调万安知县,升御史。因敢于直言,与宰相张居正等相左,黜为福建佥事,继又降为邛州判官。张居正去世后,王圻复起,任陕西提学使、神宗傅师、中顺大夫资治尹,授大宗宪。著有《东吴水利考》。其书首列《东吴七郡水利总图》,其中虽列七郡,但只详述苏、松、常、镇、嘉、湖六郡,杭郡并未述之。前九卷为《图考》,图各系以说。后一卷为《历代名臣奏议》,所采亦复寥寥。

刘时俊(?—1629)　字尹升,号勿所,明重庆府荣昌县人。明万历二十六年(1598)进士。曾任桐庐县、吴县知县。三十二年(1604),兴修长洲(今苏州吴中)至秀水(今浙江嘉兴)塘路88里,石塘一万二千丈,民称"刘公堤"。

徐光启(1562—1633)　字子先,号玄扈,上海县人。中国明末数学家和科学家、农学家、政治家、军事家,官至礼部尚书、文渊阁大学士。著有《农政全书》,其中用四卷篇幅讲述东南地区(主要是太湖)的水利、淤淀和湖垦,提出"预弭为上,有备为中,赈济为下"的以预防为主(即指"浚河筑堤,宽民力,祛民害")的方针。

张国维(1595—1646)　字九一,号玉笥,浙江东阳人。明末政坛的重要政治人物,浙东人民抗清的领袖,也是一位杰出的水利专家。崇祯八年(1635),时任巡抚都御史期间,会同巡抚御史王一鹗修吴江石塘,勘核全坍应修1055丈,半坍2086丈,平望西诸聚水缺,应筑内外塘760丈,并修长桥、三江桥、翁泾桥。针对太湖洪水下泄不畅,于崇祯九年(1636)上书请求开浚吴江县长桥两侧的泄水通道。《明史》评价张国维"建苏州九里石塘及平望内外塘,长洲至和等塘,修松江捍海堤,浚镇江及江阴漕渠,并有成绩"。他写成并刊刻一部70万字的《吴中水利全书》,为我国古代篇幅最大的水利学巨著,是研究苏、松、常、镇四郡的一部至关重要的水利文献。

钱中谐(生卒年不详)　字宫声,号庸亭,吴县人。顺治戊戌(1658)进士,官泸溪知县。康熙己未(1679)召试博学鸿词,授编修。纂修明史。史评:"学问淹贯。为诸生时,请减苏松浮赋,条议三吴水利,皆切于国计民生。诗文雄赡,多散失不存。"

顾士琏(1608—1691)　字殿重,又号樊村,江苏太仓人,诸生。清顺治(1644~1661)间,娄江塞,水无所归,三吴连困于水。当时议浚,以贵繁而阻。士琏佐知州白登明用销圩法先疏朱径,继疏浏河,州人名曰新浏河,以娄江旧名浏河也,士琏辑其始末,为《新浏河志》。康熙

（1662~1722）时，吴中大潦，吏复议疏浏河，延士琏问策。士琏请仿海瑞折漕例，约以4万两浚淤段五千丈，建闸天妃镇，以利蓄泄，从之。工竣，复辑《娄江志》。著有《水利五论》《吴中开江书》等。

沈恺曾（1651—1730）　归安（今浙江湖州）人，清康熙二十六年（1687）进士，官至山东道监察御史。撰《东南水利》。是书前四卷录康熙以来太湖、浏河、白茆、孟河诸处兴修开浚奏议公牍，第五卷录折解、缓征、议赈、兵粮、关税诸奏议。其目录内自注有曰："是卷内有无关水利，因当事大臣仰体主恩，曲为生民请命，俾安乐利，故载入。"盖因水利而附录者也。第六、七卷皆前代水利沿革，于郡城修筑之外，亦附录赋额、田税、均粮、盐口诸事，盖亦留心于民事者。然志乘皆已具载，此为赘出矣。

徐大业（1693—1771）　一名大椿，字灵胎，号洄溪，江苏吴江人。工文辞，通晓音律、水利等学，尤精医学，《乾隆吴江县志》和《乾隆震泽县志》的《山水》《治水》《修塘》等卷由大业撰写。清乾隆年间（1736~1795），针对郏侨所论"西北、东南之水俱令不入太湖"的观点，他说："（侨）不知东南之利全在太湖。若必令尽从他道以入海，而太湖之水大减，此非东南之利也。"又说："盖治太湖之法不患来水之多，而患去水之少。"针对单谔"凿吴江岸为木桥千所"的论点，他说："来水、过水与出水之处三者相称，则已无水患矣。即如三江出海之地其阔何等，则通水之处少加于出水之处足矣。设开桥拱二千丈，而出海处不及千丈，又桥欲下流诸港亦未必足二千丈之数，则水之过桥拱全无所碍，而桥欲之东仍积而不去，犹无望也。"

金友理（生卒年不详）　字玉相，清乾隆年间（1736~1795）江苏吴县东山（今江苏苏州）人。撰《太湖备考》。是书卷首为巡幸图说。卷一总志太湖。卷二为沿湖水口、滨湖山。卷三为水治、水议。卷四为兵防、湖防、论说、记兵、职官。卷五为湖中山泉、港渎、都图、田赋。卷六为坊表、祠庙、寺观、古迹、风俗、物产。卷七为选举、乡饮。卷八为人物。卷九为列女。卷十、十一为诗。卷十二、十三为文。卷十四为书目、灾异。卷十五为补遗。卷十六为杂记。

凌介禧（生卒年不详）　字少著，浙江吴兴人。清道光四年（1824）著《东南水利略》（一名《蕊珠仙馆水利集》）6卷。他在书中说"就太湖言之……计环湖支流共二百七十七口，太湖之源委通，则数郡蒙其利；太湖之源委不通，则数郡受其害。若常郡自东坝筑而来源微。又运河分泄江阴入江，与太湖关系少轻。惟湖郡上承万山之水，地滨太湖，势当最冲。苏、松等郡居太湖之下流，而松郡尤甚。然则杭、湖、苏、松通经络脉，为源为流，岂非一以贯之哉""统苏、湖数郡言之：天目，首也；余杭南湖，口也；湖郡碧浪湖及诸溇，咽喉也，膈胃也；太湖，腹也，吴淞等江，尾闾也；苏、松太诸浦泾入江入海，足也；嘉郡之水，肢股也。一有不治，则两省数郡均受其害。犹一身血脉贯通，而众窍各有经络，不得藉口于吴淞等江既开，而湖州之水患可减。夫湖州之水归于太湖，太湖之水必经长桥等河而后归于吴淞各江入海。苏、松徒开吴淞等江，则太湖之水仍然隔抑不能畅消，以吴江长桥为淤阻也。且潮沙日上，渐开渐塞。况湖州之水，并不能畅消太湖，乃自塞其咽喉，犹不谓之气绝，夫谁信哉？复不得浸执湖州湖道之壅遏，而不问长桥吴淞等江之通塞也。至苏、湖溇港毗连，尤必会同开浚"。

钱　泳（1759—1844）　原名钱鹤，字立群，号台仙，一号梅溪，清代江苏金匮（今无锡）人。为官府经历，长期做幕客，足迹遍及大江南北。著有《履园丛话》《履园谭诗》《兰林集》《梅花溪诗钞》等。辑有《艺能考》。他在《三吴水利赘言》中议论，"大凡治事，必须通观全局，不可执一而论。昔人有专浚吴淞,而舍浏河、白茆者;亦有专治浏河,而舍吴淞、白茆者,是未察三吴水势也。盖浙西诸州,惟三吴为卑下。数州之水,惟太湖能储蓄。三吴与太湖相联络,一经霖潦,有不先成巨浸乎? 且太湖自西南而趋东北,故必使吴淞入海以分东南之势,又必使浏河、白茆皆入扬子以分东北之势,使三江可并为一,则大禹先并之矣,何曰三江既入,震泽底定也"农人之利于湖也,始则张捕鱼虾,决破堤岸,而取鱼虾之利,继则放菱芦,以引沙土,而享菱芦之利。既而沙土渐积,乃挑筑成田,而享稼穑之利。既而衣食丰足,造为房屋,而享安居之利。既而筑土为坟,植以松楸,而享风水之利。湖之淤塞,浦之不通,皆由于此。一旦治水而欲正本清源,复其故道,怨者必多,未为民便也。或曰兴举水利,正所以便民也。譬诸恶人不惩治,病者无医药,恐岁月寝久,日渐填塞,使水无所泄,旱无所溉,农民既困,赋税无由,为三吴之大害,当何如耶? 余则曰:方将兴以惠民,何忍扰民以增害,然单锷有言,上流峻急,则下水泥沙自然啮去。今能以太湖之水通泄三江之口不淤,则向之豪民占而为田为屋为坟墓者可十坍其五六。此不待惩而自治,不待医而自药也"。

李庆云(生卒年不详) 字景卿,湖北监利县人。清同治十年(1871)任吴江县候补知县,负责修建吴江震泽桥洞,同治十一年(1872)任震泽县知县,捐工费一千数百缗重修震泽、八坼以南塘堤23里。同治十二年(1873)八月候补直隶州知州、水利局观察使。光绪十五年(1889)春完成《续纂江苏水利全案》。

黄象曦(生卒年不详) 字亮叔,江苏吴江人。清光绪十九年(1893)续编《吴江水考增辑》。

万青选(1819—1898) 初名启甸,字泉甫,一字兰谷,号少云、少筠、少昀,晚号随庵,祖籍江西南昌,寄籍湖北江陵。自小随父亲万承紫生长在淮安袁浦(今属淮安),通晓河务,曾在淮安、清河(今属淮安)、盐城、吴江、震泽和安东(今涟水)、江浦、淮阴(今属淮安)等地做官达30余年,官至里河同知(为知府的副职,正五品,驻淮安府清河县),曾治理过淮河、洪泽湖,颇有政绩。任吴江知县期间,鉴于塘岸年久失修,于同治十三年(1874)将所得俸禄捐献出来,修筑自三里桥至八坼大浦桥塘岸,共3110丈。采用"凡断民讼曲直,曲方输款以助桥资"的方式,亲自募捐修复当时盛泽陆上连接外地的交通要道圆明寺桥,历时3年而成。

胡雨人(1867—1928) 原名尔霖,以字行,江苏无锡人。年少即怀有壮志,毕业于南洋公学,1902年留学日本弘文学院师范科,加入孙中山先生组织的同盟会。回国后,参加辛亥革命,辛亥革命失败后,军阀纷争,他厌恶仕途,把毕生精力放在教育和水利事业上,出任北京女子师范学校等多所学校的校长。曾任江苏水利协会调查员、江浙水利联合会审查员。他认为"浚茆分干,有利无害,浚泖合流,有害无利",主张太湖洪水应分五大干流入长江,反对全湖之水合出黄浦一途入海。他说:"全湖流域三十七县,现分五大干流入江,约计由白茆、七浦出者十三县,娄江、吴淞出者十县,黄浦出者十四县,各就其自然之势,为之疏浚,自可顺势轨而行。必欲强之并为一条,无论其不从令也。果使黄浦一江愈刷愈大,黄浦之水愈引愈多,其余四条日以就湮,一旦洪水大至,全域之水争集淀泖,卒至壅塞不流,真鱼烂不可收拾矣。"

金松岑(1874—1947) 原名懋基,又名天翮、天羽,号壮游、鹤望,笔名金一、爱自由者,自署天放楼主人,江苏吴江同里人。曾任江苏省第一届国民参议会议员,常驻苏州醋库巷。民国6年(1917)任江苏水利协会筹备处筹备员,同年9月成立江苏水利协会,任常驻职员研究员。

民国 8 年（1919）3 月成立江浙水利联合会，为特别会员。民国 16 年（1927）任太湖流域水利工程处总务科长，时年 55 岁。他在《江苏水利协会杂志》多次发表有关水利的文章，计有《江南水道述》《筹兴江南水利应从测量入手案》《铁道与水利之关系》《江南水利之商榷》《致省长公署水利主任陈君书》《江浙水患补救策》《湖史甄微》等。他对治理太湖提出"治水须有统系，统系者，含古今上下而通盘之计也"。认为太湖流域的水利要全面规划，协同治理，不主张以省界为限。

费承禄（生卒年不详）　字仲笆，江苏吴江松陵人。民国 4 年（1915）2 月至 5 年（1916）10 月任吴江水利委员，主持浪打穿疏浚工程。民国初期，费承禄极力推崇袁黄之说，主张浚支港、修圩岸，认为"另辟大江或复吴淞故道，清不敌浑，势必引盐水内侵，内地未受水之利，滨海小民将无食宿地矣"。

黄文熙（1909—2001）　江苏吴江平望人。中科院院士、中国土力学工程技术的奠基人和开拓者。毕业于中央大学土木工程系，先后获得美国密歇根大学硕士、博士学位。历任中央大学、南京大学、华东水利学院、清华大学水利系教授，兼任中国水利水电科学研究院副院长。长期致力于水工结构与岩土工程的研究和实践，取得独特的成就。提出拱坝分析格栅法，著有《格栅法在拱坝、壳体和平板分析中的应用》。积极参加淮河、黄河治理，西南水电建设、三峡水利枢纽工程以及武汉长江大桥等国家重点工程的咨询和研究工作。出版有《土的工程性质》等专著。

二、专业技术人员

1986 年初，吴江县水利系统拥有专业技术职称的人员有 24 名，其中工程师 6 名，助理工程师 4 名，技术员 14 名，全部分布在水利工程施工和管理岗位上。2005 年末，吴江市水利系统在职专业技术人员共有 279 名，其中高级专业技术人员 9 名，中级专业技术人员 89 名，分别占专业技术人员总数的 3.23% 和 31.9%。人员分布涉及水利工程、经济、财会、政工、档案等系列，其中，中、高级工程师 77 名，中、高级经济师 3 名，会计师 12 名，政工师 5 名，馆员 1 名。

表 20-1　　　　　　　　　　2005 年末吴江市水利系统中级以上专业技术人员情况表

姓名	性别	出生年月	学历	毕业院校/专业	工作单位	职称	取得资格（年）
张彩萍	女	1955.10	本科	北京工业学校/光学工程	松陵水利站	高级工程师	1997
赵培江	男	1963.10	本科	江苏农学院/机电排灌	水利工程质量监督站	高级工程师	1999
金红珍	女	1967.7	本科	河海大学/农田水利	水利局	高级工程师	2002
盛永良	男	1962.5	本科	江苏农学院/农田水利	水利工程质量监督站	高级工程师	2002
朱兴复	男	1963.2	本科	江苏农学院/机电排灌	盛泽水利站	高级工程师	2002
浦德明	男	1966.1	本科	河海大学/水利水电工程建筑	水利工程建设科	高级工程师	2003
姚忠明	男	1968.8	本科	河海大学/地质	防汛值班室	高级工程师	2003
何爱梅	女	1952.6	大专	华东水利学院/水利工程建筑	水利工程质量监督站	高级工程师	2004
顾新民	男	1952.1	大专	苏州管理干部学院/企业管理	水利局	高级经济师	1995
姚雪球	男	1958.8	本科	吴江党校/涉外经济	水利局	工程师	1993
彭海志	男	1953.12	大专	苏州地区农大/水利系	松陵水利站	工程师	1993

（续表）

姓名	性别	出生年月	学历	毕业院校/专业	工作单位	职称	取得资格（年）
倪凤才	男	1954.11	大专	苏州地区农大/水利系	八都水利站	工程师	1993
张锦煜	男	1953.9	大专	苏州地区农大/水利系	松陵水利站	工程师	1993
张仲根	男	1955.11	大专	苏州地区农大/农学系	水资源管理办公室	工程师	1993
沈菊坤	男	1963.5	大专	苏州职业大学/财务	水利局	会计师	1993
郑树人	男	1953.5	大专	江西电大/机械	水利工程管理处	工程师	1993
陆志伟	男	1955.5	大专	江苏师中	平望水利站	工程师	1993
钱春林	男	1964.3	中专	南京农机校/财会	水利局	会计师	1994
庄荣汉	男	1947.6	中专	苏州财经函授中等学校	八都水利站	会计师	1994
唐忠林	男	1956.9	大专	吴江党校/经济管理	水利局	工程师	1994
薛金林	男	1954.10	大专	中国行政大学/人事管理	水政监察大队	工程师	1994
陆雪荣	男	1963.6	本科	吴江党校/涉外经济	瓜泾口水利枢纽工程管理所	工程师	1994
梅巧凤	女	1964.8	大专	苏州大学/经济管理	堤闸管理所	会计师	1994
郭蔚	女	1963.3	大专	吴江电大/机械	水利工程管理处	工程师	1995
姚惠强	男	1972.1	中专	扬州水利学校/财会	水利工程管理处	会计师	1995
张永根	男	1967.2	大专	盐城工业专科学校/建筑材料制品	平望水利站	会计师	1995
严明珍	女	1963.9	大专	苏州职业大学/会计	盛泽水利站	会计师	1995
吴月芳	女	1962.1	大专	江苏省党校/经济管理	青云水利站	会计师	1995
王汝才	男	1960.8	大专	吴江党校/经济管理	水利物资站	工程师	1996
孔月芬	女	1970.5	本科	河海大学/水文系	瓜泾口水利枢纽工程管理所	工程师	1996
顾星雨	男	1963.6	大专	江苏水利专科学校/水利工程	盛泽水利站	工程师	1996
计明华	男	1950.9	初中	庙港中学	庙港水利站	工程师	1996
吴建鸣	男	1960.2	大学	江苏化工学院/化工机械	铜罗水利站	工程师	1996
尹宏章	男	1969.6	本科	河海大学/陆地水文	盛泽水利站	工程师	1996
包晓勇	男	1965.12	大专	江苏水利工程专科学校/水工	水利工程管理处	工程师	1997
徐国华	男	1961.3	大专	江苏电大/机械	松陵水利站	工程师	1997
马旭荣	男	1968.5	本科	河海大学/农田水利	金家坝水利站	工程师	1997
汝雪明	男	1966.2	本科	江苏水利工程专科学校/经济	梅堰水利站	工程师	1997
夏忆云	男	1962.3	大专	吴江电大/机械制造	同里水利站	工程师	1997
沈玉财	男	1948.1	中专	吴江党校/政工专业	南麻水利站	政工师	1997
吴云萍	女	1962.10	大专	吴江电大/档案专业	水利工程质量监督站	馆员	1997
王福源	男	1966.2	大专	江苏水利工程专科学校/经济	平望水利站	工程师	1998
曹国强	男	1970.9	本科	江苏农学院/农田水利	水利工程质量监督站	工程师	1998
姚建斌	男	1968.10	大专	江苏水利工程专科学校/水工	水利工程建设科	工程师	1998
赵荣方	男	1966.6	大专	江苏水利工程专科学校/水工	水利工程管理处	工程师	1998
顾莉群	女	1963.6	大专	河海大学/农田水利	防汛值班室	工程师	1998
徐方文	男	1963.11	大专	苏州职业大学/机械制造工艺	松陵水利站	工程师	1998

（续表）

姓名	性别	出生年月	学历	毕业院校/专业	工作单位	职称	取得资格（年）
毛林丽	女	1963.5	中专	湖北荆州农机校/经济管理	水利工程管理处	经济师	1998
赵林明	男	1972.10	本科	苏州财经学院/会计	水资源管理办公室	会计师	1999
陆雪林	男	1966.9	大专	江苏水利工程专科学校/农水	水资源管理办公室	工程师	1998
朱敏华	男	1968.9	本科	扬州大学/电气自动化	松陵水利站	工程师	1998
梅春生	男	1967.4	本科	南京林业大学/林业专业	堤闸管理所	工程师	1998
顾建忠	男	1967.11	大专	江苏水利专科学校/水工建筑	南麻水利站	工程师	1999
严建华	男	1968.9	本科	苏州城建环保学院/建筑工程	堤闸管理所	工程师	1999
陈小秦	男	1966.3	大专	苏州职业大学/机械制造	北窑港水利枢纽工程管理所	工程师	1999
徐瑞忠	男	1970.10	大专	江苏水利工程专科学校/水工	水利局	工程师	2000
颜欲晓	男	1971.1	本科	江苏大学/计算机科学与应用	青云水利站	工程师	2000
徐峰	男	1976.6	本科	焦作工学院/水文	梅堰水利站	工程师	2000
潘志魁	男	1948.1	大专	华东水利学院/陆地水文	盛泽水利站	工程师	2000
邱伟文	女	1970.7	本科	中国地质大学/会计学	堤闸管理所	会计师	2000
陈罡	男	1970.8	大专	苏州丝绸工学院/丝绸工程	盛泽水利站	工程师	2000
吴扣龙	男	1952.5	大专	苏州工业经济管理学校/经济管理	震泽水利站	政工师	2000
邱惠泉	男	1971.6	函本	江苏水利工程专科学校/水工	水利工程建设科	工程师	2001
卢大雄	男	1970.4	大专	江苏水利工程专科学校/水工	水利工程建设科	工程师	2001
吴建林	男	1971.7	本科	青岛建工学院/工民建筑	同里水利站	工程师	2001
吴永根	男	1956.3	大专	河海大学/农田水利	青云水利站	工程师	2001
沈婷	女	1976.1	大专	徐州师范大学/会计	水资源管理办公室	会计师	2001
吴庆祥	男	1950.5	高中	吴江县铜罗中学	铜罗水利站	政工师	2001
朱述松	男	1971.8	大专	江苏水利工程专科学校/经济	水利局	经济师	2001
毛兴根	男	1958.1	大学	吴江党校/涉外经济	水利局	工程师	2002
赵勤星	男	1971.11	大专	江苏水利工程专科学校/水工	水利工程质量监督站	工程师	2002
翁雪平	男	1974.3	大专	扬州大学水利学院/农田水利	松陵水利站	工程师	2002
汝中华	男	1975.3	本科	扬州大学函授农水工程	北库水利站	工程师	2002
彭洁	女	1970.8	大专	苏州电大/应用电子	松陵水利站	工程师	2003
相晓群	男	1963.8	大专	河海大学/农田水利	莀坪水利站	工程师	2003
陈振华	男	1965.4	大专	河海大学/农田水利	梅堰水利站	工程师	2003
沈连根	男	1960.6	大专	河海大学/农田水利	铜罗水利站	工程师	2003
曹春良	男	1974.9	大专	扬州大学水利学院/电气技术	盛泽水利站	工程师	2003
蔡美华	女	1972.8	本科	扬州大学农学院/农业机械化	盛泽水利站	工程师	2003
俞勤星	男	1960.2	本科	江苏广播电视大学/党政管理	盛泽水利站	政工师	2003
王福金	男	1949.12	大专	河海大学/农田水利	吴东水利站	工程师	2003
邹兴荣	男	1955.10	大专	河海大学/农田水利	吴东水利站	工程师	2003
张连观	男	1953.8	大专	江苏省党校/经济管理	松陵水利站	工程师	2004
曹悦	男	1970.10	大专	丹江口工程管理职大/经营管理	黎里水利站	工程师	2004

（续表）

姓名	性别	出生年月	学历	毕业院校/专业	工作单位	职称	取得资格（年）
徐才明	男	1965.9	大专	河海大学/农田水利	盛泽水利站	工程师	2004
孙和根	男	1966.5	大专	河海大学/农田水利	屯村水利站	工程师	2004
陈 刚	男	1971.6	大专	吴江电大/计算机应用	梅堰水利站	工程师	2004
秦小毛	男	1970.11	大专	西安交通大学/锅炉专业	屯村水利站	工程师	2004
戴红权	男	1957.1	大专	江苏省党校/经济管理	桃源水利站	工程师	2004
朱 华	男	1966.1	大专	河海大学/农田水利	桃源水利站	工程师	2004
吴建斌	男	1973.3	中专	扬州水利学校/水工专业	水资源管理办公室	会计师	2005
钱金法	男	1946.6	初中	庙港开弦弓农业中学	庙港水利站	工程师	2005
焦晓锋	男	1977.10	本科	扬州水利学院/水利水电建筑工程	水利工程质量监督站	工程师	2005
孙和根	男	1966.5	大专	河海大学/农田水利	屯村水利站	工程师	2005
蒋建荣	男	1975.12	大专	扬州大学/农田水利	盛泽水利站	工程师	2005
刘建民	男	1956.2	高中	吴江县横扇中学	横扇水利站	工程师	2005
杨晓春	男	1964.2	大专	河海大学/农田水利	青云水利站	工程师	2005
吕中秋	女	1963.8	大专	江苏省党校/经济管理	松陵水利站	政工师	2005

注：1.表内所列均为2005年末在编人员；2.毕业院校为职称人员最高学历；3.工作单位为人员编制所在单位；4.职称顺序按高级至中级排列；5.职称系列按工程、经济、财会、政工、档案排列；6.相同职称按资格取得时间先后排列。

第二节 遗 迹

一、吴江塘路

吴江塘路，又称运河古纤道。自唐代起，吴江境内陆续修建的塘路主要有三条。

第一条自吴江市平望镇至浙江省湖州市南浔区，长26.5千米，名頔塘，古称荻塘，又称东塘、吴兴塘。晋太康年间（280~289），吴兴太守殷康发民开东塘，筑堤岸，障西来诸水之横流，导往来之通道，旁溉田千顷，成为太湖南岸最早修筑并成型的环湖大堤。因沿岸丛生芦荻，故名荻塘。唐贞元八年（792），湖州刺史于頔"缮完堤防，疏凿畎浍，列树以表道，决水以溉田"，自平望西至南浔五十三里皆成堤，原名荻塘，民颂其德，又名頔塘。頔塘具有"通驿递，利漕运，卫农田，获水利"之功能，历史上曾多次对其进行大规模的整修，成为通往湖州的驿递道路。

第二条自吴江市南太湖之滨练聚桥至浙江省湖州市，长约40千米，称湖塘。宋庆历年间（1041~1048）沿太湖开航道，壅土为塘路，元末张士诚又加以修筑。纤道高于地面，士兵可以作为防线，防守太湖沿岸，东西绵延百余里，像一座土城，又叫土城。明弘治年间（1488~1505）废，不复为官路，现尚有沿湖运河遗址数处。

第三条为自吴江市北至浙江省嘉兴市的运河段，长百余里。这是一条江浙要道，由古塘、北塘、石塘、官塘、土塘五段组成。其中，唐元和五年（810）苏州刺史王仲舒始"堤松江为路"

（当时为土堤），以通驿道，利纤挽，成为"九里石塘"（因全长九里而名）前身。至五代时，加修平望至吴江段，开始用石驳护坡，"以除水患"。这 50 里纤道为古塘（北七星桥至三江桥）、石塘（三江桥至彻浦桥）、官塘（彻浦桥至平望安德桥）三段，皆沿大运河取开河的泥土修建。宋庆历八年（1048）对塘路增石修治。宋治平三年（1066）始垒石岸。宋政和元年（1111）"修松江堤，易土为石"。元天历二年（1329），知县孙伯恭因石塘旧石块皆小，易被风浪冲荡坍塌，筹资购木材和巨石修筑条石护坡。又根据地理情况建泄水孔百余。元至正六年（1346），达鲁花赤（官名）那海和知州孙嗣运"南自津口至甘泉桥江湖中""市巨石累之"。巨石统一尺寸，长 1.8~2.2 米，宽 0.6 米，厚 0.4~0.5 米。路基用直径 10~12 厘米的杉木梢打入土中，路体内外有两道石墙，中间填入泥石。这次工程耗时 7 年，修筑石塘"长一千八十丈，高一丈，广一丈四尺"，又增加 3 个泄水孔，共计 136 处。工毕，在南浦亭设石碑，上刻"至正石塘"，并镇四大石狮。石塘上有三、五、七孔石桥九座，自北而南为三江桥、三山桥、定海桥、万顷桥、仙槎桥、甘泉桥、七星桥、彻浦桥、白龙桥。其后，明、清两代数度修治，因风涛洗荡，岁月坠毁，受损较为严重。清雍正年间（1723~1735），石塘路已大半废没。30 年代苏（州）嘉（兴）公路筑成，石塘路成为单纯纤道。1978 年，启动大运河古纤道整修工程，仍用旧石对古纤道进行修复，共两段，一段从松陵镇庞山村渡口向北，一段从北七星桥往南，计长 1660 米。纤道宽 3.1 米，高 1.59 米，统一采用长 2.71 米、宽 0.74 米、厚 0.53 米的旧青石。同时修复三山桥（梁式五孔）、南七星桥（梁式六孔），以及仙槎桥、甘泉桥等五座古纤道桥。1985 年，吴江古纤道修复工程竣工。自三山桥起至彻浦桥止，共建直立墙护岸 5.88 千米。1986 年 7 月，"运河古纤道"列为吴江县文物保护单位。1995 年 4 月，列为江苏省文物保护单位。

二、垂虹桥

垂虹桥位于吴江市松陵镇东门外，旧名利往桥，又称长桥。

唐元和五年（810），苏州刺史王仲舒"堤松江为路"，"时松陵镇（今吴江城区所在地）南、北、西俱水乡，抵郡（苏州）无陆路"。

宋庆历二年（1042），苏州通判李禹卿筑长堤界松江太湖之间，横截五六十里，以益漕运。吴江县城松陵镇为古吴淞江所分隔，交通全依赖舟楫，官府漕运与居民往来极为不便。庆历七年（1047）冬，县知事李问、县尉王廷坚募捐建垂虹桥。次年 6 月建成。桥长千余尺，为砖木混合结构 85 孔木桥，西北东南走向。桥面铺砌青砖，双边萦以修栏，用木万计。桥中部较宽阔，建"垂虹亭"。自此，舟楫免于风波之险，徒行者晨往暮归，皆为坦道，取名"利往桥"，寓"便来济往，安若履道"之意。建炎四年（1130）垂虹桥毁于金兵。绍兴四年（1134）重建。德祐元年（1275），垂虹桥再毁于兵乱，同年重建。

元大德八年（1304），增建 14 孔，共 99 孔。泰定二年（1325），知县张显祖从浙江湖州调来白石垒砌，改建成长 1300 余尺 62 孔联拱石桥。

明永乐二年（1404），改砌砖面，翼以层栏。正统五年（1440）、成化七年（1471）再修，成化十六年（1480），桥坍塌有半，重建。

清康熙五年（1666），增置石栏。康熙五十九年（1720），桥坍塌半座，重建。嘉庆四年（1799），重修。

历经明、清两朝屡次修建,桥孔增至 72 孔。原桥中除建有"垂虹亭"外,还在桥两堍分立"汇泽""厎定"亭,并镇以石狮两对。因桥型环如半月,长若垂虹,三起三伏,蜿蜒如龙,被誉为"江南第一桥"。

民国 4 年(1915),重修垂虹桥,耗银千万两。修建后,桥堍"汇泽""厎定"两亭与石狮、桥面栏板等荡然无存,桥孔亦半陷陆地,仅存 44 孔。

1957 年 8 月,垂虹桥被列为江苏省文物保护单位。时存 47 孔,全长 237.6 米。

1967 年 5 月 2 日晚 8 时 40 分,垂虹桥西大孔及紧连的二小孔倒塌。次年春,东西诸孔相继塌毁。

1986 年,垂虹桥遗迹被列为吴江县文物保护单位。

1996 年和 2005 年,吴江市政府先后修缮西端与东端遗迹共 17 孔,并在两端立垂虹桥遗迹碑。

垂虹桥南截太湖,北跨吴淞江,不仅是一座交通长桥,而且是古代太湖三大泄洪口门之一。自宋始,垂虹桥水道成为吴淞江第一要口,至清代,东太湖湾形成后才使"太湖水唯去瓜泾为速"。

三、吴江水则碑

水则碑,刻在石碑上用以观测水位的标尺,又叫水志。

吴江水则碑,共两块,原嵌于吴江县松陵镇东门外垂虹桥(俗称长桥,又名利往桥)之垂虹亭侧北桥墩左(东)、右(西)踏步墩墙上。当时,垂虹桥南临太湖,北滨吴淞江口。左水则碑记录历年最高水位,右水则碑则记录一年中各旬、各月的最高水位。所测水位可大致反映吴江县境各地受灾程度,对太湖及湖东地区预测汛灾具有指导性。

吴江水则碑准确设置时间俱无考。明张国维《吴中水利全书》载:"宋宣和二年(1120),立浙西诸水则碑……则长桥二碑之立,正在此时。想他处立石尚多,惟兹独存耳。"据此推测,立碑时间约在 1120 年。明张国维《吴中水利全书》载:"今左水则碑已亡,惟右水则尚存垂虹亭右,而无上下二横六直,只有十八细直,直上亦无正月至六月字,只有七月至十二月字。又在石之上截,非若此图在石之中截也。又碑之正中,有'正德五年(1510)水到此''正德六年(1511)水到此'之文,连贯写下,字大二寸许,尚隐然可辨。既连贯书在此碑,又无横格为限,所谓尽失古人建置之意者也。"可知右碑亦已更换。清黄象曦《吴江水考增辑》称,清乾隆十二年(1747)吴江知县仿原式重刻一块设置原处,称"重刻横道水则碑",表示不是原来的左碑。据此分析,乾隆时两碑,均不是宋代原物,左碑损毁后于乾隆十二年(1747)以前补立,右碑损毁后于明正德五年(1510)汛期前仿制立于原处。

1964 年 6 月,国家水利电力部上海勘测设计院会同上海博物馆水文调查时,右水则碑(又称直道水则碑)仍在垂虹亭北侧岸头,碑顶尚为平整,碑底已受侵蚀,碑面虽有破碎和裂缝之处,尚可见到刻有七至十二月的每月分三旬的细线,共有十八直划,并刻有"正德五年水至此"等字迹四处。碑身地面以上高 1.86 米,宽 0.7 米,厚 0.5 米。左水则碑(又称横道水则碑)从桥下捞起,碑面字迹上部清晰,下部已模糊,但尚能识别痕迹,碑脚损去一角。因碑位已离原位,无法接测。碑面划分七则,则距 0.25 米,碑石高 1.87 米,宽 0.88 米,厚 0.18 米。所测分则高程资料无法直接应用。经上海勘测设计院论证,七则高程为 4.48~4.93 米,六则高程为 4.23~4.48 米,五则高程为 3.98~4.23 米,四则高程为 3.73~3.98 米,三则高程为 3.48~3.73 米……

1967 年,垂虹桥倒塌,为清理航道,垂虹亭下石墩一并拆除。自此,吴江水则碑亦无下落。现存苏州市碑刻博物馆水则碑,为清光绪二年(1876)仿照吴江横道水则碑刻制。

四、太湖水利同知署旧址

太湖水利同知署旧址,位于吴江市同里镇东柳圩太平桥北塊东首。

太湖流域历来是国家重要的税赋之地,历朝对太湖流域治理都极为重视。清雍正九年(1731),朝廷在吴江县同里镇特设太湖水利同知署,专司(太湖)水利事务,老百姓习惯称“同知衙门”。雍正十三年(1735),移驻吴县洞庭东山改设抚民厅。旧署遂改为民居。

据史料记载,太湖水利同知署原址为康熙三十九年(1700)进士,历官营缮司主事、礼科给事中、刑科掌印给事中陈沂震(字起雷,号狷亭)的住宅改建而来。占地 17 亩 8 分,房屋 7 进,大门宽 7 开间,后宽 17 开间,东西备弄,后为花园,房屋共 91 间。雍正初年(1723),陈沂震被抄家,住宅入官。乾隆元年(1736),此宅经官发卖,由同里诸生王铨以 3000 两纹银购得居住,取堂名“敬仪堂”。咸丰十年(1860)五月二十八日,太平军占领同里,忠王李秀成之弟李明成部驻扎此宅。同治元年(1862)六月,太平军溃退后,王家搬回入住。现存遗址占地面积 3611 平方米,建筑面积 2428 平方米。原建筑结构为砖木结构,后期修建建筑多为砖混结构。

太湖水利同知署旧址作为现存极少的治水机构历史遗址,对研究太湖水利疏浚史与衙署类型建筑具有较大的实证参考价值。

第三节 荣 誉

一、集体荣誉

据不完全统计,除水利科技成果获奖外,1986~2005 年,全市(县)有关单位获得各种荣誉 202 项。其中,国家水利部 16 项,江苏省级 41 项,苏州市级 55 项,吴江市(县)级 90 项。按类分列如下。

1986~2000 年,吴江市(县)农村水利建设获奖 14 项。其中,省级 4 项,苏州市级 10 项。

表 20-2 　　　　　　　　1986~2000 年吴江市(县)农村水利建设获奖表

年份	获奖单位	获奖名称	授奖单位
1986	吴江县水利局	农村水利建设三等奖	江苏省水利厅
1987	吴江县水利局	农村水利建设三等奖	江苏省水利厅
1987	吴江县水利局	水利工程建筑优秀奖	苏州市水利局
1989	吴江县水利局	农村水利建设三等奖	苏州市水利局
1990	吴江县	“大禹杯”水利建设先进县	江苏省政府
1991	吴江县水利局	水利建设“大禹杯”竞赛活动先进县	江苏省水利厅
1991	吴江县水利局	水利建设先进县	苏州市水利局

（续表）

年份	获奖单位	获奖名称	授奖单位
1996	吴江市	水利建设先进市（县）	苏州市水利局
1998	吴江市	水利建设土方工程进步市（县）	苏州市水利农机局
1998	盛泽、八坼镇	水利建设先进乡镇二等奖	苏州市水利农机局
2000	吴江市	水利建设土方工程先进市（县）	苏州市水利农机局
2000	震泽、盛泽镇	水利建设先进乡镇一等奖	苏州市水利农机局

1991~1999 年,吴江市（县）水利系统抗洪救灾获奖 10 项。其中,省级 1 项,苏州市级 4 项,吴江县级 5 项。

表 20-3　　　　　1991~1999 年吴江市（县）水利系统抗洪救灾获奖表

年份	获奖单位	获奖名称	授奖单位
1991	吴江县水利局	抗洪救灾先进集体	苏州市委、市政府
1991	吴江县水利局	抗洪救灾先进集体	吴江县委、县政府
1991	吴江县水利局工程指导站	抗洪救灾先进集体	苏州市水利局
1999	吴江市防汛防旱指挥部、平望水利站	抗洪救灾先进集体	苏州市委、市政府
1999	平望、梅堰、桃源、震泽水利站	抗洪救灾先进集体	吴江市委、市政府
1999	市防汛防旱指挥部办公室	全省先进防办称号	江苏省防汛防旱指挥部

1986~2004 年,吴江市（县）水利系统财会工作获奖 9 项。其中,省级 4 项,苏州市级 5 项。

表 20-4　　　　　1986~2004 年吴江市（县）水利系统财会工作获奖表

年份	获奖单位	获奖名称	授奖单位
1986~1988	吴江县水利局财务科	省水利系统财会工作先进集体	江苏省水利厅
1988	吴江县电力器材厂财务科	苏州市水利财会系统先进集体	苏州市水利局
1989~1991	吴江县水利局财务科	省水利系统财会工作先进集体	江苏省水利厅
1992~1994	吴江市水利局财务科	省水利系统财会工作先进集体	江苏省水利厅
1995~1997	吴江市水利农机局财务科	省水利系统财会工作先进集体	江苏省水利厅
2001~2004	吴江市水利局财务审计科	全市内部审计工作先进集体	苏州市审计局、市内部审计协会
2002	吴江市水利局	苏州市水利基建、水费、报表工作先进单位	苏州市水利局
2003	吴江市	苏州市水利财务报表编制工作先进单位	苏州市水利局
2004	吴江市	苏州市水利财务报表工作先进单位	苏州市水利局

1989~2005 年,吴江市（县）水利系统宣传工作获奖 8 项。其中,苏州市级 1 项,吴江市（县）级 7 项。

表 20-5　　　　　1989~2005 年吴江市（县）水利系统宣传工作获奖表

年份	获奖单位	获奖名称	授奖单位
1989	吴江县水利局	水利通讯、信息工作一等奖	苏州市水利局
1996~2000	吴江市水利农机局、水政监察大队	普法、依法治市先进集体	吴江市依法治市领导小组

（续表）

年份	获奖单位	获奖名称	授奖单位
2001	吴江市水利局	市级机关"三讲两加强"活动考评一等奖	吴江市委
2001	吴江市水利局	市信息工作先进单位三等奖	吴江市委办
2002	吴江市水利局	"永远跟党走"知识竞赛三等奖	共青团吴江市委
2004	吴江市水利局	市基层党委宣传思想工作百分考核二等奖	吴江市委宣传部
2001~2005	吴江市水利局	市法制宣传教育先进单位	吴江市委宣传部、依法治市办、司法局

1987~2005年，吴江市（县）水利工作先进获奖31项。其中，省级3项，苏州市级3项，吴江市级25项。

表 20-6　　　　　　　　1987~2005 年吴江市（县）水利工作先进获奖表

年份	获奖单位	获奖名称	授奖单位
1987	吴江县水利局工程指导站、吴江县堤闸管理所	先进集体	吴江县委、县政府
1989	吴江县松陵抽水机管理站	省先进集体	江苏省政府
1995	吴江市水利局	水利先进单位	江苏省水利厅
1996	松陵抽水机管理站、农业机械安全监理所	苏州市水利农机系统先进集体	苏州市人事局、水利农机局
1997	吴江市水利局	县（市）级水利先进单位	江苏省水利厅
1997	水利电力设备厂，梅堰、震泽、八坼、盛泽、八都、桃源水利站	市水利农机系统先进集体	吴江市人事局、水利局
1999	水机厂、工程站，菀坪、梅堰、盛泽、坛丘、震泽、黎里水利站，水利建筑工程公司，农机所	市水利农机系统先进工作单位	吴江市水利农机局
2001	水利工程指导站，松陵、梅堰、盛泽水利站，变压器厂	市水利系统先进集体	吴江市人事局、水利局
2003~2004	松陵水利站	市水利水务系统先进集体	苏州市人事局、水利（水务）局
2005	吴江市水利局	机关效能建设先进单位	吴江市委、市政府

1991~2000年，吴江市（县）水政监察工作获奖4项，均为省级。

表 20-7　　　　　　　　1991~2000 年吴江市（县）水政监察工作获奖表

年份	获奖单位	获奖名称	授奖单位
1991	吴江县	水政监察工作先进县	江苏省人民政府
1998	吴江市水利局	省水政监察文明示范单位	江苏省水利厅
1999	吴江市水政监察大队	水政监察规范化建设先进单位	江苏省水利厅
2000	吴江市水政监察大队	省水政监察文明窗口单位	江苏省水利厅

1987~2001年，吴江市（县）水利工程建筑物获奖26项。其中，省级1项，苏州市级25项。

表 20-8　　　　　　　　1987~2001 年吴江市(县)水利工程建筑物获奖表

年份	获奖单位	获奖名称	授奖单位
1987	吴江县水利局	水利工程建筑优秀奖	苏州市水利局
1990	菀坪乡菀西套闸	全市小型农田水利建筑物施工质量评比一等奖	苏州市水利局
1990	黎里镇黎泾防洪闸	全市小型农田水利建筑物施工质量二等奖	苏州市水利局
1996	吴江市	水利建设配套先进市(县)	苏州市水利局
1996	八坼农创闸站、青云天亮闸站、平望胜墩灌溉站、北厍汾湖灌溉站	优秀配套建筑物	苏州市水利局
1997	吴江市	水利建设配套进步市(县)	苏州市水利局
1997	菀坪菀西泵站	优秀配套建筑物一等奖	苏州市水利局
1997	八都花园桥套闸、震泽虹桥排涝闸站	优秀配套建筑物二等奖	苏州市水利局
1997	震泽思范桥防洪闸	优秀配套建筑物三等奖	苏州市水利局
1998	北厍张家港排涝站	优秀配套建筑物一等奖	苏州市水利局
1998	铜罗高路泵站、梅堰桃花漾排涝站、平望大河港套闸	优秀配套建筑物三等奖	苏州市水利局
1999	盛泽兴桥排涝站、八坼友谊泵站、七都排涝站	优秀配套建筑物二等奖	苏州市水利局
2000	梅堰丁香坝闸站	优秀配套建筑物一等奖	苏州市水利局
2000	松陵东城河闸站、七都双石港闸站	优秀配套建筑物二等奖	苏州市水利局
2000	八都贯南排涝站	优秀配套建筑物三等奖	苏州市水利局
2001	环太湖大堤瓜泾口水利枢纽工程	水利建设工程文明工地	江苏省水利厅
2001	运东分区防洪排涝工程建设规划	农村水利建设优秀配套项目	苏州市水利局

1987~1997 年,吴江市(县)水利管理获奖 11 项。其中,省级 9 项,苏州市级 1 项,吴江县级 1 项。

表 20-9　　　　　　　　1987~1997 年吴江市(县)水利管理获奖表

年份	获奖单位	获奖名称	授奖单位
1987	吴江县堤闸管理所、梅堰机电站、震泽镇朱家浜村灌区	水利管理先进单位	江苏省水利厅
1987	梅堰机电站	最佳服务单位	吴江县委、县政府
1990	吴江县堤闸管理所	江苏省河道堤防管理先进集体	江苏省水利厅
1991~1995	吴江市太浦河大堤绿化工程	省最佳水利绿化工程	江苏省绿化委员会
1994	吴江市水利局	国有水利工程用地确权划界工作中成绩显著	江苏省水利厅
1995	吴江市堤闸管理所	水利工程管理优良	苏州市水利局
1996	吴江市堤闸管理所	水利渔业先进单位	江苏省水利厅
1997	梅堰、八坼水利管理服务站	先进水利管理服务站	江苏省水利厅

1995~2005 年,吴江市水资源管理工作获奖 6 项,均为省级。

表 20-10　　　　　　　　1995~2005 年吴江市水资源管理工作获奖表

年份	获奖单位	获奖名称	授奖单位
1995	吴江市水利局	省水政水资源工作先进单位	江苏省水利厅

（续表）

年份	获奖单位	获奖名称	授奖单位
1996	吴江市水利局	水资源征收管理先进单位	江苏省财政厅、水利厅
1996	吴江市水利农机局	县（市）水政水资源工作先进单位	江苏省水利厅
1997	吴江市水利农机局	全省水政水资源工作先进单位	江苏省水利厅
1998	吴江市水利局	省水政水资源工作先进单位	江苏省水利厅
2005	吴江市水利局	苏锡常地区地下水禁采先进集体	江苏省人事厅、水利厅、建设厅、国土厅

1996~2005年，吴江市水利工程水费工作获奖3项。其中，省级2项，苏州市级1项。

表20-11　　　　　　　　1996~2005年吴江市水利工程水费工作获奖表

年份	获奖单位	获奖名称	授奖单位
1996	吴江市水费管理所	水利工程水费工作先进集体	苏州市水利农机局
2002	吴江市水费管理所	全省水利工程水费工作先进单位	江苏省水利厅
2005	吴江市水利局	全省水利工程水费工作先进单位	江苏省水利厅

1988~1997年，吴江市（县）水利系统综合经营获奖20项。其中，国家水利部16项，省级4项。

表20-12　　　　　　　　1988~1997年吴江市（县）水利系统综合经营获奖表

年份	获奖单位	获奖名称	授奖单位
1988	吴江县水利局	全国综合经营先进单位	国家水利部
1990	吴江县水利电力设备厂、吴江县齿轮厂、吴江县八坼通用电器设备厂、吴江县震泽进口汽车修配厂	全国综合经营先进企业	国家水利部
1991	吴江县水利局	全国综合经营先进单位	国家水利部
1991	吴江县水利电力设备厂、吴江县齿轮厂、吴江县八坼通用电器设备、吴江县震泽进口汽车修配厂	全国综合经营先进企业	国家水利部
1992	吴江市水利局	全国综合经营先进单位	国家水利部
1993	吴江市水利局	发展综合经营突出贡献单位	国家水利部
1993	吴江市变压器厂、吴江县齿轮厂	江苏省水利综合经营20强企业	江苏省水利厅
1994	吴江市	发展水利经济先进县	国家水利部
1995	吴江市	发展水利经济先进县	国家水利部
1995	吴江市变压器厂	明星企业	江苏省水利厅
1996	吴江市	全国水利经济十强县	国家水利部
1996	吴江市水利农机局	水利综合经营先进单位	江苏省水利厅
1997	吴江市水利农机局	全国水利经济突出贡献奖	国家水利部

1991~2005年，吴江市（县）水利科技工作获奖8项。其中，省级3项，苏州市级3项，吴江市级2项。

表20-13　　　　　　　　1991~2005年吴江市（县）水利科技工作获奖表

年份	获奖单位	获奖名称	授奖单位
1991	吴江县水利局工程指导站	苏州市农田水利科技先进集体	苏州市水利局
2002	吴江市水利学会	江苏省水利学会先进集体	江苏省水利学会

（续表）

年份	获奖单位	获奖名称	授奖单位
2001~2002	吴江市水利学会	市自然科学优秀论文三等奖	吴江市政府
2001~2003	吴江市水利局	江苏省水利科技先进单位	江苏省水利厅
2001~2002	吴江市水利学会	市自然科学优秀论文三等奖	吴江市政府
2004~2005	吴江市水利局	江苏省水利科技工作先进集体	江苏省水利厅
2004	吴江市水利局	苏州市科技进步"双杯奖"竞赛活动群众科技活动优秀单位	苏州市科协、经贸委、人事局、劳社局
2005	吴江市水利局	苏州市水利科普知识竞赛三等奖	苏州市水利水务学会

1992~2005 年,吴江市水利系统扶持农村工作获奖 7 项,均为吴江市级。

表 20-14　　　　　1992~2005 年吴江市水利系统扶持农村工作获奖表

年份	获奖单位	获奖名称	授奖单位
1992	吴江市水利局	局、村挂钩丰产方竞赛活动中成绩显著	吴江市委、市政府
2000~2002	吴江市水利局	扶持经济薄弱村工作优秀奖	吴江市委、市政府
2000~2002	盛泽机电站	镇级挂钩单位贡献奖	吴江市委、市政府
2002	吴江市水利局	市级机关部门服务工作考评二等奖	吴江市委
2004	吴江市水利局	第三轮扶持经济薄弱村工作先进单位一等奖	吴江市薄弱村扶持工作领导小组
2005	吴江市水利局	市指导员工作先进集体	吴江市委
2005	吴江市水利局	推进农村十项实事先进单位	吴江市委

1994~2005 年,吴江市水利系统基层党组织获奖 11 项,均为吴江市级。

表 20-15　　　　　1994~2005 年吴江市水利系统基层党组织获奖表

年份	获奖单位	获奖名称	授奖单位
1994~1995	八坼机电站、水利机械厂、电力器材厂党支部	先进基层党组织	吴江市委、市政府
1996	八坼、梅堰机电站党支部,水利电力设备厂党总支,电力器材厂党支部	先进基层党组织	吴江市委
2001~2002	吴江市水利局、水利工程党支部	先进基层党组织	吴江市委
2003~2005	吴江市水利局、水利工程党支部	先进基层党组织	吴江市委

1996~2004 年,吴江市水利系统计划生育、卫生工作 3 项。其中,苏州市级 1 项,吴江市 2 项。

表 20-16　　　　　1996~2004 年吴江市水利系统计划生育、卫生工作获奖表

年份	获奖单位	获奖名称	授奖单位
1996	八坼机电站	计划生育工作先进集体	吴江市委、市政府
2002	吴江市水利局	市无偿献血先进集体	吴江市精神文明建设委员会、献血领导小组、红十字会、卫生局
2003~2004	吴江市水利局	市爱国卫生先进集体	苏州市爱卫会、人事局

1987~2005 年,吴江市(县)水利系统文明单位获奖 31 项。其中,苏州市级 1 项,吴江市(县)级 30 项。

表 20-17　　　　　　　　1987~2005 年吴江市（县）水利系统文明单位获奖表

年份	获奖单位	获奖名称	授奖单位
1987	吴江电力器材厂	文明单位	苏州市委、市政府
1987	电力器材厂、水利机械厂,梅堰、松陵、八坼、菀坪、坛丘、平望、铜罗机电站	文明单位	吴江县委、县政府
1988~1989	松陵水利站	文明单位	吴江县委、县政府
1990~1991	松陵水利站	文明单位	吴江县委、县政府
1992~1993	市水利局、松陵水利站	文明单位	吴江市委、市政府
1994~1995	八坼、莘塔、梅堰、坛丘、松陵、盛泽、平望机电站,水利电力设备厂	文明单位	吴江市委、市政府
1996~1997	松陵水利站	文明单位	吴江市委、市政府
1998~1999	松陵水利站	文明单位	吴江市委、市政府
2000~2001	松陵水利站	文明单位	吴江市委、市政府
2002~2003	松陵、桃源、盛泽、梅堰、芦墟水利管理服务站	文明单位	吴江市委、市政府
2004~2005	松陵水利站	文明单位	吴江市委、市政府

二、个人荣誉

据不完全统计,1986~2005 年,全市（县）水利系统干部职工获奖 113 人次。其中,国家水利部 3 人次,江苏省政府 1 人次,江苏省人事厅、水利厅、国土局、防汛指挥部、治理太湖工程指挥部 25 人次,苏州市人事局、水利农机局、科协、经贸委、劳社局、总工会 36 人次,吴江市（县）委、市（县）政府、市（县）人大常委会 48 人次。

表 20-18　　　　　　　　1986~2005 年吴江市（县）水利系统个人获奖表

年度	获奖人姓名	获奖名称	授奖单位
1986	彭海志	档案工作先进个人	吴江县委、县政府
1987	朱克丰	先进个人	吴江县委、县政府
1987	张卫国	水利信息员三等奖	江苏省水利厅
1987	张卫国	水利通讯、信息工作先进个人	苏州市水利局
1987	邹文祥	先进个人	吴江县委、县政府
1987	沈新民	劳动模范	吴江县人大常委会
1987	宋文荣	防汛抗灾先进个人	江苏省防汛指挥部
1987	秦补生	水利管理先进个人	江苏省水利厅
1988	张明岳	工资升一级奖励	吴江县政府
1988	张绍仁	水利财会系统先进个人	苏州市水利局
1988	姜长贵	全国区乡优秀水利水保员	国家水利部
1988	沈新民	全国水利系统综合经营先进个人	国家水利部
1988~1989	邹文祥	科技系统先进工作者	苏州市科学技术协会
1989	朱克丰	先进个人荣誉称号	江苏省政府
1989	陈锦明	记大功	吴江县政府
1989	钱桂根、姜长贵、王金荣、计龙升、陈士元、季子孝、王胜泉、朱新荣、沈志诚、王承义、宋文荣	记功	吴江县政府

（续表）

年度	获奖人姓名	获奖名称	授奖单位
1989	张卫国	水利通讯信息先进个人二等奖	苏州市水利局
1989~1991	梅巧凤	水利系统财会工作先进会计工作者	苏州市水利局
1994~1995	王金荣	劳动模范	吴江市人大常委会
1994~1995	王福源、钱桂根、张锦煜、于永法、沈海福	优秀共产党员	吴江市委
1994~1995	钱桂根	企业家	吴江市委、市政府
1994~1995	朱金根、金红珍、谭荣初、沈菊明、王承义	先进工作(生产)者	吴江市委、市政府
1995~1997	庄荣汉	水利系统财会工作先进个人	江苏省水利厅
1996	张明岳	全国水利系统优秀干部	国家水利部
1996	俞春华、沈志诚、绍明麒、宋裕金、沈海福、吴扣龙、计龙生、宋文荣、王金荣、王福源、潘志荣、吴荣生、施传四、胡庆峰	水利农机系统先进工作(生产)者	苏州市人事局、水利农机局
1996	王福源、沈海福、邵明麒、王承义	优秀共产党员	吴江市委
1995~1996	于永法、沈海福、陈士元、刘建民、钱金法、沈菊坤	治太"两河"工程建设管理先进工作者	江苏省治理太湖工程指挥部
1996	谭荣初	水利工程水费工作先进个人	江苏省水利厅
1996	王培元	水利综合经营工作先进个人	江苏省水利厅
1996	李新民	优秀质监(质检)员	江苏省水利厅
1996	何爱梅	统计工作先进个人	苏州市水利农机局
1997	张明岳	水利优秀领导干部	江苏省水利厅
1997	朱洪祥、谭荣初	水政水资源工作先进个人	江苏省水利厅
1997~1998	金红珍、包晓勇、沈菊坤、徐瑞忠	治太"两河"工程建设管理先进工作者	江苏省治理太湖工程指挥部
1997	何爱梅、全芳	统计工作先进个人	苏州市水利农机局
1998	何爱梅、全芳	统计工作先进个人	苏州市水利农机局
1998	绍明麒	三等功	吴江市政府
1999	顾星雨、倪凤才、张锦煜、宋文荣	抗洪抢险先进个人	吴江市委
1999~2001	俞春华、顾星雨	先进生产(工作)者	吴江市政府
2001~2002	陈士元、钱金法、杨晓春、殷燕春、顾星雨、吴扣龙、谭荣初	优秀共产党员	吴江市委
2002	邱伟文	工会财务工作先进个人	苏州市总工会
2002	居振飞	多种经营工作先进个人	江苏省水利厅
2001~2003	姚雪球	水利科技管理先进个人	江苏省水利厅

（续表）

年度	获奖人姓名	获奖名称	授奖单位
2003~ 2004	姚忠明	爱国卫生先进工作者	苏州市爱卫会、人事局
2004	薛金林	水政监察工作先进个人	江苏省水利厅
2004	沈育新	水利先进个人	江苏省水利厅
2004	张为民、陆雪林	科技进步"双杯奖"竞赛活动记功人员	苏州市科协、经贸委、人事局、劳社局
2005	俞春华、肖红、倪凤才、陈士元、施建荣、吴建林、顾建忠、杨晓春	水利水务系统先进工作(生产)者	苏州市水利局、人事局
2005	张为民	苏锡常地区地下水禁采先进工作者	江苏省人事厅、水利厅、国土局
2005	赵荣方	市农村指导员工作先进个人	吴江市委

附 录

一 国家涉水主要法律、法规、规章目录

1984~2005 年国家涉水主要法律、法规、规章目录表

名 称	制定机关	公布时间	施行时间	修改时间	备 注
中华人民共和国水污染防治法	全国人民代表大会常务委员会	1984.5.11	1984.11.1	1996.5.15	1984 年 5 月 11 日第六届全国人民代表大会常务委员会第五次会议通过 根据 1996 年 5 月 15 日第八届全国人民代表大会常务委员会第十九次会议《关于修改〈中华人民共和国水污染防治法〉的决定》修正
中华人民共和国水法	全国人民代表大会常务委员会	1988.1.21	2002.8.29	1988.7.1	1988 年 1 月 21 日第六届全国人民代表大会常务委员会第二十四次会议通过 1988 年 1 月 21 日中华人民共和国主席令第 61 号公布 2002 年 8 月 29 日第九届全国人民代表大会常务委员会第二十九次会议修订通过 2002 年 8 月 29 日 中华人民共和国主席令第 74 号公布
中华人民共和国水土保持法	全国人民代表大会常务委员会	1991.6.29	1991.6.29		1991 年 6 月 29 日第七届全国人民代表大会常务委员会第二十次会议通过 1991 年 6 月 29 日中华人民共和国主席令第 49 号公布
中华人民共和国防洪法	全国人民代表大会常务委员会	1997.8.29	1998.1.1		1997 年 8 月 29 日第八届全国人民代表大会常务委员会第二十七次会议通过 1997 年 8 月 29 日中华人民共和国主席令第 88 号公布
中华人民共和国河道管理条例	国务院	1988.6.10	1988.6.10		1988 年 6 月 3 日国务院第七次常务会议通过 1988 年 6 月 10 日国务院令第 3 号发布
中华人民共和国防汛条例	国务院	1991.7.2	1991.7.2	2005.7.15	1991 年 6 月 28 日国务院第八十七次常务会议通过 1991 年 7 月 2 日中华人民共和国国务院令第 86 号发布 根据 2005 年 7 月 15 日《国务院关于修改〈中华人民共和国防汛条例〉的决定》修订 中华人民共和国国务院令第 441 号公布

（续表）

名　称	制定机关	公布时间	施行时间	修改时间	备　注
中华人民共和国水污染防治法实施细则	国务院	2000.3.20	2000.3.20		2000年3月20日中华人民共和国国务院令第284号发布　1989年7月12日国务院批准、国家环境保护局发布的《中华人民共和国水污染防治法实施细则》同时废止
国务院对确需保留的行政审批项目设定行政许可的决定	国务院	2004.6.29	2004.7.1		2004年6月29日中华人民共和国国务院令第412号发布
江苏省水利工程管理条例	省人民代表大会常务委员会	1986.9.9	1987.7.1	1994.6.25 1997.7.31 2004.6.17	1986年9月9日江苏省第六届人民代表大会常务委员会第二十一次会议通过　根据1994年6月25日江苏省第八届人民代表大会常务委员会第八次会议《关于修改〈江苏省水利工程管理条例〉的决定》第一次修正　根据1997年7月31日江苏省第八届人民代表大会常务委员会第二十九次会议《关于修改〈江苏省水利工程管理条例〉的决定》第二次修正　2004年6月17日江苏省第十届人民代表大会常务委员会第十次会议通过　2004年6月18日江苏省人民代表大会常务委员会公告第59号公布
江苏省水资源管理条例	省人民代表大会常务委员会	1993.12.29	2003.10.1	1997.7.31 2003.8.15	1993年12月29日江苏省第八届人民代表大会常务委员会第五次会议通过　根据1997年7月31日江苏省第八届人民代表大会常务委员会第二十九次会议《关于修改〈江苏省水资源管理条例〉的决定》修正　2003年8月15日江苏省第十届人民代表大会常务委员会第四次会议修订江苏省第十届人民代表大会常务委员会公告第25号公布
江苏省实施《中华人民共和国水土保持法》办法	省人民代表大会常务委员会	1994.12.30	1995.3.1	2004.4.16	1994年12月30日江苏省第八届人民代表大会常务委员会第十二次会议通过　根据2004年4月16日江苏省第十届人民代表大会常务委员会第九次会议《江苏省人民代表大会常务委员会关于修改〈江苏省实施《中华人民共和国水土保持法》办法〉的决定》第一次修正
江苏省太湖水污染防治条例	省人民代表大会常务委员会	1996.6.14	1996.10.1		1996年6月14日江苏省第八届人民代表大会常务委员会第二十一次会议通过　1982年5月30日江苏省第五届人大常委会第十四次会议制定的《太湖水源保护条例》同时废止
江苏省防洪条例	省人民代表大会常务委员会	1999.6.23	1999.7.1		1999年6月18日江苏省第九届人民代表大会常务委员会第十次会议通过　1999年6月23日发布

（续表）

名　称	制定机关	公布时间	施行时间	修改时间	备　注
江苏省人民代表大会常务委员会关于在苏锡常地区限期禁止开采地下水的决定	省人民代表大会常务委员会	2000.8.26	2000.9.1		2000 年 8 月 26 日江苏省第九届人民代表大会常务委员会第十八次会议通过
江苏省湖泊保护条例	省人民代表大会常务委员会	2004.8.20	2005.3.1		2004 年 8 月 20 日江苏省第十届人民代表大会常务委员会第十一次会议通过江苏省第十届人民代表大会常务委员会公告第 82 号公布
水政监察工作章程	水利部	1990.8.15	1990.8.15	2000.5.15 2004.10.21	1990 年 8 月 15 日中华人民共和国水利部令第 1 号发布　2000 年 5 月 15 日中华人民共和国水利部令第 13 号修正发布　2004 年 10 月 21 日中华人民共和国水利部令第 20 号修正发布
开发建设项目水土保持方案编报审批管理规定	水利部	1995.5.30	1995.5.30	2005.7.8	1995 年 5 月 30 日中华人民共和国水利部令第 5 号发布　中华人民共和国水利部令第 24 号修正发布
取水许可监督管理办法	水利部	1996.7.29	1996.7.29		1996 年 7 月 29 日中华人民共和国水利部令第 6 号发布
水利工程质量管理规定	水利部	1997.12.21	1997.12.21		1997 年 12 月 21 日中华人民共和国水利部令第 7 号发布
水行政处罚实施办法	水利部	1997.12.26	1997.12.26		1997 年 12 月 26 日中华人民共和国水利部令第 8 号发布　1990 年 8 月 15 日水利部发布的《违反水法规行政处罚暂行规定》和《违反水法规行政处罚程序暂行规定》同时废止
水土保持生态环境监测网络管理办法	水利部	2000.1.31	2000.1.31		2000 年 1 月 31 日中华人民共和国水利部令第 12 号发布
开发建设项目水土保持设施验收管理办法	水利部	2002.10.14	2002.12.1	2005.7.8	2002 年 10 月 14 日中华人民共和国水利部令发布 16 号　2005 年 7 月 8 日中华人民共和国水利部令 24 号修正发布
水行政许可实施办法	水利部	2005.7.8	2005.7.8		2005 年 7 日 8 日中华人民共和国水利部令第 23 号发布
水利工程建设安全生产管理规定	水利部	2005.7.22	2005.9.1		2005 年 6 月 22 日国家水利部部务会议审议通过 2005 年 7 月 22 日中华人民共和国水利部令第 26 号公布
江苏省河道管理实施办法	省政府	1996.8.23	1996.8.23	2002.11.25	1996 年 8 月 8 日省人民政府第 75 次常务会议讨论通过 1996 年 8 月 23 日江苏省人民政府令第 80 号发布　根据 2002 年 11 月 25 日江苏省人民政府令第 199 号修正发布

（续表）

名　称	制定机关	公布时间	施行时间	修改时间	备　注
江苏省水文管理办法	省政府	2002.1.21	2002.3.1		2002 年 1 月 17 日经省人民政府第 73 次常务会议讨论通过　2002 年 1 月 21 日江苏省人民政府令第 187 号公布
苏州市河道管理条例	市人民代表大会常务委员会	2004.10.26	2005.1.1		2004 年 9 月 23 日苏州市第十三届人民代表大会常务委员会第十二次会议制定 2004 年 10 月 22 日江苏省第十届人民代表大会常务委员会第十二次会议批准　2004 年 10 月 26 日苏州市第十三届人民代表大会常务委员会公告第 23 号公布　1997 年 7 月 12 日施行的《苏州市市区河道保护条例》同时废止

二　吴江市（县）规范性文件

吴江县水利工程管理实施细则

（1989 年 9 月 27 日吴江县人民政府吴政发〔1989〕120 号）

第一章　总则

第一条　为加强水利工程管理,保证工程完好和安全,充分发挥水利工程的防洪、排涝、灌溉、航运等综合效益,保障人民生命财产和国家财产的安全,促进社会主义建设事业的发展,根据《中华人民共和国水法》《江苏省水利工程管理条例》和《苏州市水利工程管理实施办法》的规定,结合我县具体情况,特制定本细则。

第二条　本细则适用于本县行政区域内的河道、湖荡、堤防、涵洞、泵站、灌区、沟渠等各类大、中、小型水利工程和设施。

第三条　保护水利工程设施的完好和安全是每个公民的义务。一切机关、团体、部队、企业和事业单位,城乡集体经济组织和个人,都应遵守本细则。

第二章　管理机构

第四条　县水利局是水利工程的主管部门,可根据工程管理需要,设置水利工程专业管理机构。水利工程主管部门的主要职责为：按照《中华人民共和国水法》《江苏省水利工程管理条例》《苏州市水利工程管理实施办法》和本细则的规定,负责水利工程的管理、维修和养护,维护工程完好,制止破坏工程的行为,制定和执行水情调度方案,保证工程设施正常运行,为工农业生产、交通航运和城乡人民生活服务。加强经营管理,实行有偿供水,开展多种生产经营,提高职工的政治、业务素质和科学管理水平。

第五条　乡（镇）机电站是县水利局的派出机构,在县水利局和乡（镇）人民政府的领导下,具体负责本乡（镇）农田水利的建设和管理。村水利（综合）服务站、专业队,负责本村水利工程兴建、维护及水浆管理,实行常年服务。联圩管理委员会隶属机电站,经济独立核算,性质不变。

县堤闸管理所是东、西太湖大堤和太浦河工程的专业管理机构。

第三章　工程保护

第六条　为了确保工程安全和防汛抢险的需要,水利工程的管理范围规定如下:

一、太湖大堤:迎水坡堤脚外 20 米,背水坡有顺堤河的,以顺堤河为界(含水面),没有顺堤河的,堤脚外 5 米至 15 米。

二、太浦河:迎水坡的坡面、青坎、河槽,背水坡坡面,堤脚外(有堆土区的为堤顶外)5 米至 10 米。

三、太浦闸:闸上游河道至入湖口,闸下游河道 300 米,左右侧各 200 米。

四、太湖、太浦河的沿堤涵闸:上、下游河道各 50 米,左右侧各 30 米。

五、联圩:(一)圩堤。背水坡有顺堤河(或取土坑)的,以顺堤河(或取土坑)为界;没有顺堤河(或取土坑)的,堤脚外 3 米至 5 米。(二)河道。河口线以外 3 米至 5 米。(三)涵闸和排涝站。上、下游河道各 20 米至 30 米,左右侧各 5 米至 10 米。

六、灌区:(一)泵站。进、出水池以外各 10 米至 20 米,左右侧各 5 米至 10 米。(二)干渠。背水坡坡脚外 2 米至 3 米。

第七条　太湖大堤,太浦河在建设中已征用的土地,所有权属国家的,由县堤闸管理所进行管理和使用,被其他单位和个人占用的,必须归还。在工程管理范围内,属集体所有的土地,其所有权和使用权不变,但应服从堤闸管理所的管理,不得进行损害工程的任何活动。

第八条　为了保护水利工程设施的安全,发挥工程应有的效益,所有单位和个人必须遵守以下规定:

一、禁止损坏涵闸、排灌站等各类建筑物及机电设备、水文通讯、供电、观测等设施。

二、禁止在堤坝、渠道上扒口、取土、打井、挖坑、埋葬、建房、垦种、放牧和毁坏护坡工程、林木、草皮等。

三、禁止在引、排河道和渠道内设置影响行水的建筑物、障碍物或种植高秆植物。

四、禁止向湖荡、河道、渠道等水域和滩地倾倒垃圾废渣、农药、排放油类、酸液、碱液、剧毒废液以及《环境保护法》《水污染防治法》禁止排放的其他有毒有害的污水和废弃物。

五、禁止在湖荡、河道、沟渠等水域炸鱼、毒鱼、电鱼。

六、禁止擅自在水利工程管理范围内盖房、圈围墙、堆放物料、埋设管道电缆或兴建其他的建筑物。

七、禁止擅自在河道滩地、湖荡内圈圩。

八、禁止任意平毁和擅自拆除、变卖、转让、出租农田、水利工程和设施。

九、在堤防沿线的取土坑内养鱼,必须采取保护措施,严禁损害堤防。

第四章　工程管理

第九条　各乡(镇)人民政府对水利工程每年应组织检查。对损坏的工程设施进行维修、加固,所需经费应纳入财政年度计划。

第十条　各类水利工程设施应按照受益和影响范围的大小,实行统一管理和分级管理相结合、专业管理和群众管理相结合的办法进行管理,对管理人员,实行定权发证。受益范围在两个乡以上的,由县水利局负责管理。受益在一个乡范围内的工程,由乡(镇))机电站负责管理。集体性质的排灌站由乡(镇)机电站逐步实行统一管理。

由县管理的水利工程,有的可以按照工程的统一标准和管理要求,委托乡(镇)机电站管理;属集体经济组织的工程,也可以按照统一的规定,承包给专业队、专业户进行管理。

第十一条　场圃厂矿企业、事业单位和部队自建的水利工程,必须按照防洪排涝和工程管理的要求,由兴建单位负责管理、维修。

第十二条　利用堤坝做公路的,路面(含路两侧各50厘米的路肩)以及涵闸上的公路桥由县交通局负责维修养护。

第十三条　运河、顿塘、澜溪塘、屯浦塘、吴淞江、急水港是主要航道,河岸护坡工程由县交通局负责兴建、维护。

因养鱼而使圩堤遭到破坏的,由水产养殖单位负责投资维修加固。

第十四条　县、乡(镇)边界水利工程的管理,应严格按照国家和上级人民政府的有关规定或双方的协议执行。任何一方不得自行其是,损害另一方的利益。有争议的,由双方协商处理,不能解决的,报请上级人民政府裁决。

第十五条　确因生产、工作需要,必须在水利工程管理范围内兴建工程设施和建筑物的,应从严控制,建设单位必须先将建设项目的选址、工程规模、结构形式和占地范围,向县水利局提出书面申请报告。经审查批准后,方可向上级主管机关报送设计任务书。

第十六条　规模较大的水利工程,应根据维护工程设施安全的需要,经县人民政府批准,设置公安警卫人员。

第十七条　城镇规划区域内的防洪排涝工程,必须符合水利规划,由县城乡建设局按照防洪排涝的要求,统一纳入城镇总体规划,进行建设和管理。

第十八条　在水利工程管理范围内,危害水利工程安全和影响防洪抢险的生产、生活设施及其他各类建筑物,应限期拆除。

第十九条　行洪排涝河道中阻碍行水的围堤、码头、坝埂、鱼籪、河道清障废渣等障碍物,应按照"谁设障,谁清障"的原则,限期予以清除。

第二十条　防汛期间,在超过警戒水位的河道、湖荡内行驶的船只和在堤防上行驶的车辆及生产施工作业等活动,都必须按照防洪安全的要求,服从县防汛指挥部的统一指挥。

第五章　经营管理

第二十一条　工业、农业和其他一切由水利工程提供水源的用水单位和个人,都应实行计划用水、节约用水。并按照国家规定向水利工程管理单位交付工程水费。在水利工程防洪、排涝范围内受益的工商企业、农场、农户和其他单位及个人,应按规定向水利工程管理单位交付工程修护费。

第二十二条　凡在太湖大堤、太浦河大堤管理范围内(属国家的土地)已建的房屋、工厂、货栈及其他堆放的材料等,不论是国营、集体和个人,均应向县堤闸管理所交纳经济补偿费。其标准按实际占用面积(包括围墙内空隙地)1平方米每月交纳3角。临时性建筑和堆料1平方米每月交纳5角,取土坑养鱼种桑(果)每亩每年60元至100元。

第二十三条　乡(镇)机电站、联圩管理委员会及其他水利工程管理单位,应严格执行本细则的各项规定,在管好用好水利工程的前提下,充分利用管理范围内的水土资源和设备、技术条件,因地制宜地开展多种生产经营,增加收入,逐步提高自给能力。

第六章　奖励和惩罚

第二十四条　任何单位和个人,对违反本细则的行为,有权制止、揭发、控告,并受法律保护。对模范遵守细则和保护工程有功的单位和个人,要给予表扬和奖励。

第二十五条　对有下列行为之一的,由县水利局给予处罚,构成犯罪的,由司法机关依法追究刑事责任。

(一)违反本细则第八条第一项,情节轻微的,除令其负责修复或照价赔偿外,对责任人员处于200元至500元罚款。

(二)违反本细则第八条第二项,除令其恢复工程设施原状外,对违章者处以200元至500元罚款。

(三)违反本细则第八条第三、第四、第六、第七项,除责令违章单位和个人清除外,并对单位领导和直接责任人处以300元至500元罚款。

(四)违反本细则第八条第五项,除令其立即停止外,对违章者处以30元至50元罚款。

(五)违反本细则第八条第八项,责令其立即纠正,视情节轻重给予行政处分。

(六)违反本细则第八条第九项,责令其停止养鱼,限期修复被损坏的堤防。对责任人处以200元至500元罚款。

(七)毁坏、盗窃或以其他方法破坏水利工程设施及附属设备构成犯罪的,依法追究刑事责任。

(八)在施行本细则中以暴力威胁阻碍管理人员执行公务的,无理取闹打骂管理人员,不服从调度,有意制造水利纠纷,造成重大事故者,视情节轻重,由公安部门根据《中华人民共和国治安管理处罚条例》严肃处理。触犯刑律的,由司法部门依法处理。

(九)在水利工程管理工作中,滥用职权,徇私舞弊,玩忽职守,视情节轻重追究单位主管人员和有关责任人员的经济责任、行政责任,触犯刑法构成犯罪的,要追究刑事责任。

(十)违反本细则所收的罚款,由县水利局上交县财政,赔偿费用于修复被损坏的水利工程。

第二十六条　被处理单位和个人对水利局处理决定不服的,可在接到处罚通知书15日内,向当地人民法院起诉。逾期不起诉又不履行的,由水利部门申请人民法院依法强制执行。

第七章　附则

第二十七条　各乡(镇)村可根据本细则并结合本地具体情况制订乡规民约。

本细则自颁布之日起施行,并由县水利局负责解释。

转发《河道管理范围内建设项目管理的有关规定》的通知

（1993 年 1 月 17 日吴江市计划委员会、吴江市水利局吴水政〔1993〕字第 20 号）

各乡（镇）人民政府：

现将《河道管理范围内建设项目管理的有关规定》转发给你们。根据国家水利部、国家计委、省水利厅、计经委和苏州市计委、水利局通知精神，结合我市实际情况，提出如下实施意见，请一并贯彻执行。

一、为了维护堤防安全，保持河势稳定和行洪、排涝、引水、航运通畅，确保我市国民经济发展和人民生命财产安全，各地要严格执行《河道管理范围内建设项目管理的有关规定》。

二、根据《中华人民共和国河道管理条例》第一章第四条规定"国务院水行政主管部门是全国河道的主管机关，各省、自治区、直辖市的水行政主管部门是该行政区域的河道主管机关"，吴江市水利局是吴江市河道主管机关。

三、建设单位在以下河道管理范围内兴修建筑物及其他设施，应首先向市河道主管机关提出申请进行审批：

（一）太浦河、大运河、頔塘、澜溪塘、吴淞江、麻溪、大窑港、屯浦塘、急水港、牛长泾、卖盐港、窑港、八荡河、大浦港、三船路、横草路、航船路、乌桥港、大德塘、鳑鲏港、紫荇塘、同里港、海盐港、严墓塘、盐船港等市内骨干河道管理范围内兴建的建设项目。

（二）在东西太湖、元荡、麻漾、长漾、白蚬湖、金鱼漾、南星漾、汾湖、三白荡、小澄湖、同里湖、石头潭、黄泥兜、元鹤荡等主要湖泊管理范围内兴建的建设项目。

（三）其他涉及两乡（镇）以上的主要河道、湖泊管理范围内兴建的建筑项目。

（四）沿太湖、太浦河等其他各类水利工程管理范围内兴建的建设项目。

四、河道、湖泊管理范围，包括沿河、湖堤防及水面滩地迎水坡、堤坡、背水坡、内青坎，有顺堤河以顺堤河为界，没有顺堤河的，以堤脚线外 5 米至 10 米为界。

五、今后凡新建、扩建、改建的建设项目，需直接从河道、湖泊取水的要严格按吴政发〔1991〕34 号文件精神执行，建设单位在报送设计任务书时，应当附有审批取水申请机关的书面意见。

六、对上述河道、湖泊及其他水利工程管理范围内已建的建筑物及其他设施，由水行政主管部门负责登记造册，加强管理。

吴江市城镇防洪排涝工程管理实施暂行办法

（1993 年 8 月 16 日吴江市人民政府吴政发〔1993〕229 号）

一、总则

（一）城镇防洪排涝工程是保障镇区工农业生产和人民生命财产安全的重要设施，也是城镇建设的基础工程，为了更好地确保工程安全，发挥工程效益，促进城镇经济的发展，根据《吴江市水利工程管理实施细则》，结合城镇特点，特制定本管理办法。

（二）城镇防洪排涝工程是一项系统工程,涉及水利、城建、新区规划、环保等有关部门,各部门在城镇区域内的各项工程设施要符合城镇排涝工程的要求。

（三）本办法适用于本市行政区域内的市府所在地和乡镇集镇的城镇区域。

（四）城镇所有单位和个人都有义务保护城镇防洪排涝工程,有权对破坏和损害城镇防洪排涝工程的行为进行监督。

二、管理机构

（一）设立镇区防洪工程管理所,实行专业管理,统一管理镇区范围内的堤防、三闸(套闸、防洪闸、分级闸)、排水涵洞、引水河道和机电泵站。

（二）镇区防洪工程管理所的职责是负责镇区防洪工程的管理、维修和养护,维护工程完好,制止破坏工程的行为,保证工程设施正常运行,抢排预降镇区积水,实施镇区内水体交换,改善镇区生态环境,为工农业生产、交通航运和城镇人民生活服务。

（三）镇区防洪工程管理所设在机电站,不增加人员,实行"两块牌子一套班子",在市水利局和当地镇政府的领导下开展日常工作。

三、工程保护区

（一）为了确保镇区防洪工程安全、完整,根据工程需要,设立工程保护区,并设置明显的标志。

（二）机电泵站凡建设时周边明确并已建围墙的,围墙内为管理范围,凡未明确的要重新正式划定,围墙外侧 2 米,进、出水池以外 20 米为保护范围。

（三）三闸(套闸、防洪闸、分级闸)和排水涵洞:上下游河道各 30 米,左右侧各 10 米为保护范围。

（四）圩堤:背水坡有顺堤河(或取土坑)的以顺堤河(或取土坑)为界,无顺堤河(或取土坑)的堤脚外 5 米为界;

（五）河道:河口线以外 5 米,在已建好工程区域,埋设界桩,确定建筑控制红线。

（六）保护区一经划定,对保护区范围内一切妨碍镇区防洪排涝的建筑物应全面进行清理,提出区别处理意见,限期实施。

四、排水网络建设

（一）城镇区域一般蓄水面积较小,河网水系不配套,城区发展迅速,基础设施滞后,建设好排水网络是确保城镇防洪排涝工程发挥作用的基础。

（二）城镇区域内的河道是镇区排水网络的基础,水利部门要根据区域面积、抢排要求、排水能力,确定过水断面要求,制定排水河道网络整治方案,报市政府批准后实施。

（三）排水河道网络一经确定,对主要引水河道为了确保畅通,确定建筑控制红线,在建筑控制红线内任何单位、任何部门均不得兴建建筑物。

（四）地下排水系统是主要的组成部分,除了要完善区内排水系统网络外,城管部门要对地下排水系统进行清查,对外排涵洞要建档标图,对原有外排涵洞要逐个对照抢排要求进行检查,不适应的要重新进行改造,规划部门在项目审批时,要审查地下排水系统是否和镇区排水标准相符合,确保排水畅通。

五、保护区范围内工程审批程序

(一)确因生产、生活需要,必须在水利工程保护区范围内兴建工程设施和建筑物的,应从严控制。

(二)建设单位必须在保护区范围内兴建工程的,应先将建设项目的规划、选址、工程规模、结构形式和占地范围,向市水利、城建、规划部门提出书面申请报告,经审查批准后,计划部门方可以立项。

六、工程保护

(一)在工程保护区范围内,危害水利工程安全和影响防洪抢排的生产、生活设施及其他各类建筑物的,应限期拆除。

(二)排水河道中阻碍行水和围堰、码头、坝埂、鱼簖、废渣等障碍物,应按照"谁设障,谁清障"的原则,限期予以清除。

(三)所有单位和个人必须遵守以下规定:

1.禁止损坏涵洞、闸门、机电泵站引水管道等各类建筑物及机电设备;

2.禁止在堤坝、圩堤上扒口、取土、打井、挖坑、埋葬、建房、垦种、放牧和毁坏护坡工程、林木、草皮;

3.禁止在排水河道网络内设置影响行水的建筑物、障碍物或种植高秆植物、向河道水域内倾倒垃圾废渣和废弃物,在现有河口线外建驳岸、码头,缩小过水断面;

4.禁止擅自在水利工程保护区范围内盖房、圈围墙、堆放物料、兴建其他建筑物;

5.禁止擅自占用水利工程设施和专用电源。

七、经营管理

(一)城区防洪排涝工程运行费用包括人员费用、燃料动力费用、折旧维修费等,应按照"谁受益,谁负担"的原则自行筹集,自行平衡。

(二)工程范围内的通行船闸应按有关规定收取过闸费以补充工程运行费用。

(三)工程运行费用的分摊应由当地政府确定负担方案,落实筹集渠道。

(四)防洪工程管理所可在确保工程安全运行的基础上利用现有人力、设备等条件开展综合经营,以弥补工程经费不足。

八、奖惩

(一)对城镇防洪排涝工程保护作出显著成绩的单位和个人,给予表彰和奖励。

(二)根据《中华人民共和国水法》《中华人民共和国河道管理条例》《江苏省水利工程管理条例》《苏州市水利工程管理实施条例》《吴江市水利工程管理实施细则》及《违反水法规行政处罚暂行规定》对违反本办法的行为由水行政主管部门及其派出机构给予一定处罚:

1. 情节轻微的,除责令其恢复工程设施原状外或照价赔偿外,并对责任人处以 500 元以下罚款;

2. 情节比较严重或经指出坚持不改的,除责令违章单位和个人进行清除或负责修复外,并对违章单位领导和直接责任人分别处以 500 元以下罚款;

3. 毁坏、盗窃或以其他方法破坏水利工程设施及附属设备构成犯罪的,依法追究刑事责任;

4. 在施行本办法中以暴力威胁阻碍水政执法人员执行公务,无理取闹打骂管理人员,不服从调度,有意制造水事纠纷,造成重大事故的,视情节轻重由公安部门根据《中华人民共和国治安管理处罚条例》严肃处理;

5. 被处理单位和个人对水行政主管部门处理决定不服的,可在接到处罚通知书 15 日内,向当地人民法院起诉,逾期不起诉又不履行的,由水利部门申请人民法院强制执行。

九、附则

本办法解释权属水行政主管部门。

关于进一步加强水资源费征收管理工作的通知

（1995 年 12 月 12 日吴江市人民政府吴政发〔1995〕155 号）

各镇人民政府、市各委办局（公司）、市各直属单位:

根据《中华人民共和国水法》、国务院《取水许可制度实施办法》、《江苏省水资源管理条例》和上级有关文件精神,为强化水资源的依法保护和管理,进一步做好水资源费的征收管理工作,现将有关事项通知如下:

一、水资源是属于国家所有的一种资源,征收水资源费是国家对水资源实施统一管理、调配和保护的主要手段。凡取用地表水或地下水的各用水户都应依法自觉缴纳水资源费。

二、征收范围:凡在本市范围内利用水工程或机械提水设施直接从江、河、湖泊或者地下取水的单位（包括"三资"企业）和个人,都应缴纳水资源费。农业灌溉用水暂不征收水资源费。

三、征收机构:市水利局是政府水行政主管部门,负责我市水资源的统一管理、保护和监督,并负责水资源费的征收工作。松陵、盛泽、震泽、平望、黎里、芦墟、同里、北库等镇原由自来水厂负责征收的,应在年底前办理移交手续。

四、收费标准:取用地表水的每立方米为 0.01 元,取用地下水的每立方米为 0.15 元。工厂企业的地下水资源费可列入生产成本,事业单位从事业经费中列支,自来水厂列入供水成本。

五、收费管理和使用:各用水户必须与收费单位签订缴费协议,每月 10 日前一次性付清上月应缴纳的水资源费,水行政主管部门可以根据协议在有关银行办理无承付托收。逾期不缴的,每逾期一天,加收 1‰滞纳金。逾期三个月以上或者拒交水资源费的,按水资源管理条例有关规定处理。征收的水资源费统一按期解缴市财政专户存储,专款用于水资源的调查、规划、保护、管理和供水、节约用水。

六、计量收费：所有取水单位都要安装计量设施，未安装计量设施的要限期安装，已安装的要经常检查是否运转正常。地表水水资源费可按水利工程水费的计量收取相应的水资源费，地下水水资源费要严格按计量征收。

七、本通知自一九九六年一月一日起执行。

吴江市取用地下水审批管理办法

（1996 年 7 月 1 日吴江市水利局吴水政〔1996〕172 号）

第一章 总则

第一条 为合理开发利用和保护地下水资源，促进国民经济的持续发展，根据《中华人民共和国水法》、国务院《取水许可制度实施办法》和《江苏省水资源管理条例》《江苏省凿井管理暂行规定》等法律、法规、规章制定本办法。

第二条 本办法适用于本行政区域内按照规定取用地下水和从事水源深井开凿工作的一切单位和个人。

第三条 市人民政府水行政主管部门（以下称市水利局）是本行政区域内水资源的主管部门，负责本行政区域内取用地下水许可和凿井许可审批及地下水资源的使用管理、监督保护工作。

第四条 开发利用地下水应按照地表水、地下水统筹兼顾、综合利用、优水优用的原则，进行全面规划、合理开发、科学使用、强化管理。

第二章 取水许可

第五条 确因生产、生活需要取用地下水的单位，须向市水利局提出取水许可申请。申请单位应严格按照国家《取水许可制度实施办法》的规定填写书面报告并详细说明申请理由、取水目的、取水量和回灌措施等。凡涉及城镇规划的要先由建设管理部门签署意见。

第六条 市水利局受理取水许可申请后，应根据水资源开发利用规划、水文地质条件，经现场勘查按取水许可审批程序进行审批。

第三章 凿井许可

第七条 取水许可申请经批准后，取水申请（建设）单位方可确定凿井施工单位和签订凿井协议。建设单位持批准的取水许可申请书、凿井协议书、水源探井凿井设计图会同凿井施工单位到市水利局办理凿井许可手续。经审核并核发凿井许可证、交纳相关管理费后，建设单位方可组织凿井。严禁先凿井后办证或无证凿井。

第四章 凿井管理

第八条 凿井施工单位必须持合格的资质证书和工商行政管理部门核发的营业执照到市

水利局注册登记,经考核认可,核发凿井质量信誉证后,方可持证在本行政区域内承接与其施工资质等级相符的凿井施工业务。

第九条　凿井施工单位必须严格按照有关规范施工,在施工中必须做到:

(一)按批准层位进行开采,对批准开采层位以上的含水层须采取严格的封(隔)层措施,实行分层开采,严禁混合开采,防止污染地下水源;

(二)施工过程中明确专人做好凿井进钻记录,并按进钻顺序做好土、砂缩样标本(随同验收时送市水利局存查)。在进行下井管、井壁回填、洗井、抽水试验等主要工序时,施工单位应提前通知市水利局,由水利局会同有关部门派员到场监督;

(三)施工单位应确保工程质量,要求达到井斜每百米不得超过1度,井管须高出地坪70厘米以上,井台须留有观测孔,回填滤料须采用天然石英砂,止水回填材料须采用土坯或干净粘土;

(四)成井后要安装好计量仪表,抽水试验稳定时间不得少于24小时。

第十条　工程竣工后,建设单位和施工单位应联合向市水利局提出验收申请,并按规定提交成井报告、抽水试验资料,由市水利局会同有关部门组织验收,经验收合格后由市水利局核发取水许可证,建设(取水)单位方可取用地下水源。

第五章　使用管理

第十一条　取水单位应确定专人具体负责水井的日常管理、维护保养工作,认真填写取水记录台账。

第十二条　取水单位必须实行计划用水、节约用水,并采取综合节水措施,提高水的利用率。取水单位应于每年年初编报用水计划申请,由市水利局会同有关部门根据国家下达的开采计划和所在地区开采强度,统筹核定开采量并签订地下水《开采管理协议书》。取水单位须按月向市水利局填报取水报表、年终编报取水总结。

第十三条　取水单位在取水过程中应坚持日常观察,出现水色浑浊、含砂量超标、井台塌陷、井管移位、计量装置损坏和出水量锐减等现象,应立即停止抽水并向市水利局报告,以便及时采取措施,待恢复正常后方可使用。

第十四条　为了保护地下水资源,防止因过量开采而引发地质环境灾害,取水单位要制订回灌措施,按规定搞好回灌。

第十五条　为了稳定水质水量,延长水井使用年限,必须对水井实施定期清洗制度,一般每二年清洗一次,当水井出现异常情况应及时清洗或维修。水井的清洗维修,由经市水利局认定许可的工程队实施。并对水井用户给予一定的补贴,补贴经费在征收的水资源费中列支。

第十六条　报废手续。需要报废的水井,由使用单位向市水利局提出报告,经勘查认定后予以批准报废。对报废的水井须按规定拆除取水、用电设备或进行封堵填没,以察安全。对在施工中出现的废井废孔须切实进行封堵填没,防止污染地下水源,因故需暂停使用(停用时间在一年以上)的水井,使用单位应向市水利局提出书面申请报告,经查勘后予以认定。

第十七条　取水单位应按月或按季根据实际用水量向市水利局交纳水资源费。超计划、无计划用水的将实行加价收费。

第十八条　取水单位必须接受市水利局取水许可年度审核,并按时办理年审手续。年审时,取水单位应主动提交取水许可证及年审相关的文件资料。

第十九条　取水单位必须主动配合市水利局定期开展水井动态观察和检查,自觉按检查中提出的要求进行整改。

第六章　奖励和处罚

第二十条　凡积极宣传、自觉遵守、严格执行国家有关水资源管理的法律、法规,实行计划用水、节约用水成绩显著的单位和个人给予表彰和奖励。

第二十一条　凡擅自凿井,拒不安装量水设施或量水设施损坏后不及时修复,不按时填报用水计划和用水报表,拒不缴纳水资源费,阻挠、拒绝日常观察和检查的,市水利局可根据国家、地方有关规定采取限制取水、拆除取水设备、封井等措施,并责令其停止违法行为,没收生产工具和非法所得,并处以罚款。

第七章　附则

第二十二条　本办法由市水利局负责解释。

第二十三条　本办法自 1996 年 8 月 1 日起施行。

关于建立水利建设基金的通知

(1999 年 4 月 10 日吴江市人民政府吴政发〔1999〕55 号)

各镇人民政府、市各委办局、市各直属单位:

根据《国务院关于印发〈水利建设基金筹集和使用管理暂行办法〉的通知》(国发〔1997〕7 号)和省政府《关于建立水利建设基金有关问题的通知》(苏政发〔1997〕75 号)以及苏州市政府《关于建立水利建设基金的通知》(苏府〔1999〕11 号)的规定,结合我市实际情况,现对水利建设基金的筹集和使用管理有关问题通知如下:

一、为加快水利建设步伐,提高防洪、排涝、抗旱及水资源保障能力,促进全市经济和社会发展,根据国务院、省和苏州市政府有关规定,决定从 1999 年起建立水利建设专项基金。

二、市级水利建设基金的来源:从城市建设维护税中划出 5%;市建委收取的市政设施配套费的 3%;市工商局分成的市场管理费、个体工商业管理费的 3%;市国土局收取的征(拨、用)地管理费的 3%。水利建设基金的筹集实行按季结转,年终决算。具体划转办法是:由缴纳义务单位(市建委、工商局、国土局)在季度终了后 10 日内按提取比例划转市财政局防洪保安资金专户。开户银行:市农业银行营业部,账号:0801012335。

三、水利建设基金属政府性基金,由市财政局负责征收,纳入财政预算管理,专项列收列支。用于太湖水利工程和市级河道整治工程。水利建设基金严格执行先收后支的原则。每年年初由水利农机局根据水利建设计划项目,经市财政局、市计委审核拨付资金。当年度筹集的水利建设基金有结余的可结转下年使用。

四、建立水利建设基金,是增加水利投入、加强水利基础设施的一项重要政策,各有关部门要高度重视,加强对基金筹集和使用管理的领导,确保征足用好,发挥效益。市财政、审计部门要加强对水利建设基金筹集、使用的监督检查,对截留、挤占和挪用基金的要按有关规定严肃查处。

五、本通知自 1999 年 1 月 1 日起执行。

六、本通知由市财政局负责解释。

吴江市建设工程施工招标投标暂行规定

（2003 年 3 月 6 日吴江市人民政府办公室转发

吴江市建设局、计委、交通局、水利局、城管局、财政局、审计局文件）

为规范我市建设工程施工招标投标活动,维护招投标当事人的合法权益,根据《中华人民共和国招标投标法》,国家计委等 7 部委 12 号令《评标委员会和评标方法暂行规定》、建设部第 89 号令《房屋建设和市政基础设施工程施工招标投标管理办法》等有关法律法规的规定,制定本暂行规定。

一、适用范围

吴江市范围内依法必须进行施工招标的房屋建筑、市政基础设施交通、水利、电信、电力、燃气、园林绿化等工程均适用本规定。

二、招标方式

招标分为公开招标和邀请招标。全部使用国有资金和集体资金或者国有资金投资占控股或主导地位的,应当公开招标,其他工程可以实行邀请招标。

三、招标公告

招标公告必须在吴江市工程建设交易中心发布,500 万元以上的建设工程还须在"江苏工程建设网"或报纸、电视等媒介发布。招标公告发布的时间不得少于 3 个工作日。

四、投标人的确定

招标人应当根据招标公告所确定的条件和要求,对投标申请人进行资格预审,资格预审合格的投标申请人少于 7 家的,招标人应当允许申请人全部参加投标;预审合格投标申请人超过 7 家的,招标人可以抽签方式确定 7 家投标申请人,也可由招标人择优确定 2 家投标申请人,其余 5 家投标申请人抽签确定。资格预审合格的投标申请人少于 3 家的则重新招标。

五、招标文件

招标文件应当包括下列内容:

（一）投标须知:包括工程概况,招标范围,资格审查条件,工程资金来源或者落实情况,标段划分,工期要求,质量标准,现场勘察和答疑安排,投标文件编制、提交、修改、撤回的要求,投标报价要求,投标有效期,开标的时间和地点,评标的方法和标准,等等;

（二）招标工程的技术要求和设计文件;

（三）采用工程量清单招标的,应当提供工程量清单;

（四）投标函的格式及附录;

（五）拟签订合同的主要条款;

（六）要求投标人提交的其他材料。

六、评标方法

评标方法有二种：一是综合评估法，二是经评审的最低投标价法。

（一）经评审的最低投标价法，一般适用于具有通用技术、性能标准或者招标人对技术、性能没有特殊要求的招标项目。

（二）不宜采用经评审的最低投标价法的招标项目，一般应当采取综合评估法（不宜采用经评审的最低投标价法的工程类别详见附件）。

（三）具体评审办法：

1. 根据经评审的最低投标价法，能够满足招标文件的实质性要求，并且经评审的最低投标价的投标，应当推荐为中标候选人。

2. 根据综合评估法，评标委员会对投标文件技术部分和商务部分进行量化，计算出每个投标人的综合得分，分值最高的，能够最大限度满足招标文件中规定的各项综合评价标准的投标，应当推荐为中标候选人。

技术标评审，应当对投标文件提出的工程质量、施工工期、施工组织设计、机械设备、投标人及项目经理业绩等进行评审。各类评比奖项不得额外加分。

商务标评审，按经评审的最低投标价法进行评审。经评审的最低投标价的投标为最高分，其余根据此报价从低到高，逐个加大扣分幅度。技术标部分和商务标部分的分值比例约占30% 和 70%。

七、限价

所有应公开招标的建设工程项目都应设最高限价。最高限价根据有资质的造价咨询单位编制的预算造价确定，并不得高于预算造价。高于最高限价的投标报价为无效标。最高限价于开标前 3 天在吴江市工程建设交易中心内公布。最低限价由市专治办协调有关职能部门根据工程特征确定，公布幅度指标（下浮系数）等。

八、评标委员会的组成

招标人在开标前按规定组成评标委员会，评标委员会由招标人的代表和有关技术、经济等方面的专家组成，成员人数为 5 人以上单数，其中技术、经济等方面的专家人数不得少于三分之二。一般招标项目可以采取开标前一小时由招标人在专家评委库中随机抽取方式确定，工程技术特殊的招标项目可以由招标人直接确定。招标人的代表为评标委员会负责人。

九、中标

招标人根据评标委员会提出书面报告及在择优推荐的1~2 名中标候选人中确定中标人，也可授权评标委员会直接确定中标人。使用国有资金和集体资金或国家融资的工程项目，招标人应当确定排名第一的中标候选人为中标人。当确定中标的候选人放弃中标或因不可抗力提出不能履行合同的，招标人可以依序确定其他候选人为中标人。

十、投标保证金和履约保证金

（一）投标人须交不超过工程造价 2% 的投标保证金，最高不得超过 50 万元，订立合同后招标人退还投标保证金。

（二）中标人须交中标价 5%~10% 的履约担保（保函），同时招标人提供相同金额的银行支付保函,确保合同的履行。

十一、监督管理

（一）吴江市建设工程招标投标办公室对本市范围内的所有招投标项目进行全过程监督管理。

（二）招标人和中标人自订立合同后 7 日内,将招投标资料交市招标办备案。

（三）加强对中标人的跟踪管理,督促其履行合同,市招标办协同各行政主管部门对其进行考核,考核结果作为企业和项目经理业绩的依据。

（四）财政、审计部门应加强对工程结算的审计监督,所有招投标项目,必须按合同均定支付工程款并进行结算审计,同时交招标办备案。

（五）大力引进市外优质施工队伍参与吴江建设,提高本市的整体建设水平。任何地区、部门和单位都不能搞任何形式的地方保护主义和行业垄断。

（六）建立《施工企业不良行为登记制度》,对违法违规施工企业及项目经理依法处罚,限制其参与投标的资格,直至清出本市建设市场。

十二、本规定自 2003 年 3 月 1 日起执行。

附件:

不宜采用经评审最低投标价法的工程类别

一、建筑工程

1. 8 层以上高层建筑;

2. 设有地下室的大型公共建筑;

3. 跨度 24 米以上或沿高 9 米以上单层工业建筑;

4. 沿高 12 米以上多层工业建筑;

5. 技术要求特别复杂的中小型公共建筑。

二、市政建筑

1. 高架路;

2. 特大桥;

3. 箱涵顶进;

4. 水底隧道;

5. 顶管工程。

三、园林工程

1. 艺术性要求特别高的园艺、雕塑工程;

2. 省级文物古迹复建和建筑修缮;

3. 技术难度较高的音乐喷泉。

四、交通工程

1. 大及特大桥;

2. 大及特大隧道。

五、水利工程

技术特别复杂的水工建筑物及交叉建筑物。

吴江市水利系统国有资产管理规程

（2005 年 6 月 17 日吴江市水利局吴水行〔2005〕98 号）

根据国家财政部对国有资产管理规定和上级水利部门对水利国有资产的管理要求，为了进一步加强水利系统国有资产的管理，规范财务行为，特制定本规定，希各单位严格遵照执行。

一、财务管理规程

（一）严格审批制度。各单位生产经营、管理服务日常成本费用支出，要严格执行内部控制，严格控制消耗性的费用支出，对单位日常费用（主要要包括修理费用、办公用品、差旅费、会议费、业务招待费）单笔支出超过 5000 元以上的要经领导班子集体研究决定，并报经局审批同意后才能办理；直属事业单位的费用支出按《吴江市水利局财务结算中心财务报销审批制度》执行。

（二）加强现金管理。认真执行国家《会计法》和现金管理条例，严格按照国家有关现金管理的规定和银行结算制度办好本单位的款项收、付。严格执行库存现金限额，根据需要一般核定 1000~2000 元限额，不准坐支或以白条抵库，严禁任意挪用现金。不准超出现金使用范围，不准利用账户替其他单位和个人套取现金，不准携带大量现金采购。现金的使用范围：

1. 支付给职工的工资、补贴、奖金、福利费和差旅费等款项；

2. 支付各种退职退休金、丧葬费、抚恤费、补助费以及国家规定给职工支付的其他款项；

3. 付给不能转账的城乡居民个人的劳务报酬及采购农副产品等；

4. 支付不足 1000 元以下的日常零星杂支款项；

5. 因采购地点不确定，抢险救灾及其他特殊情况，必须使用现金的必须经财务主管审核，报单位领导签字，批准后，予以支付现金，并及时结清。

（三）强化政府采购。各水利事业单位从事水利经营和管理服务工作，需购置的机电设备、电器设备、交通工具、空调、办公用具、车辆维修（1000 元以上）、车辆保险、油料、大宗印刷（500元以上）等，符合吴江市政府集中采购目录和采购限额标准的，要按照吴水行〔2004〕157 号转发吴江市财政局、吴江市监察局《关于印发〈吴江市 2005 年度政府集中采购目录和采购限额标准〉的通知》办理；对"财政性资金"实施的基本建设项目按照吴水行〔2004〕46 号转发市政府办公室〔2004〕44 号《关于转发市财政局等部门〈吴江市财政性基本建设资金实行政府采购管理办法〉的通知》执行；对水利企业经营需要购置的"固定资产"按《水利系统"固定资产"管理规定》执行。

（四）加强票据管理，规范行业收费。各种票据（发票、事业服务收据、过闸费票据、结算凭证）严格执行票据管理制度的有关规定，有专人管理，领用、缴验手续齐全，票据使用规范。事业经营服务和行业性的收费，水资源费、水利工程水费、河道采砂（土）管理费、堤防维护占用费、排涝费等，使用税务、财政专用票据的收费，要进一步加强经济责任制考核，做到年初有计划，年度有考核，严格按照市物价部门核定的收费标准执行，确保收足、收齐，专款专用。各项经营、服务收入纳入单位财务统一核算，严禁账外设账或私设小金库。

（五）强化资金管理。所属单位不准对外出借资金,不准擅自进行对外投资;不准私人借用公款;不准对外提供任何形式的经济担保。对所属单位的各项应收及预付款项,落实经济责任制,彻底清理核对,及时催讨回收应收款。要把每笔应收及预付款项落实到人。水利工程专项资金的支出,严格按照水利工程项目建设程序、手续办理资金的拨付款。对无合规的原始凭证、无有效合同、无齐全的报销审批手续,不得办理款项支付。单位领导和财务人员要切实履行职责。

（六）规范坏账报批。单位坏账损失的处理必须严格执行国家规定,对属于债务单位破产,依照法律程序进行清偿后,确属无法追回或者债务人死亡,既无资产可清偿,又无义务承担人,确定无法追回所形成的坏账损失,在取得有关合法证明后,方可按规定报批后进行处理;对于超过三年以上的应收账款,单位仍要制定催收计划,明确责任人催收。对确实构成坏账,不能收回的,在取得有关合法证明后,必须填报"应收款申请坏账核销处理单"报市局审核并上报市财政局(国资委办)审批同意后处理。同时对核销的坏账,记好备查账,做到"账销案存"。任何单位不得自行转销坏账处理。

二、"固定资产"管理规程

（一）固定资产标准及分类

1.固定资产标准

（1）生产设备凡使用年限在一年以上,单位价值一般在 800 元以上,并在使用过程中基本保持原有物质形态的资产;单位价值虽未达到规定标准,但是使用时间在一年以上的大批同类物资,也按固定资产管理。

（2）不属于生产经营设备的办公物品,单位价值在 2000 元以上,并且使用期限超过两年的,也作为固定资产。

2.固定资产的分类

（1）水工建筑物;

（2）房屋和其他建筑物;

（3）专用设备;

（4）工具和仪器;

（5）防护林和经济林木;

（6）其他固定资产。

（二）固定资产的修建购置和出租转让规定

1.固定资产购建审批程序

各单位为满足管理服务、生产经营需要进行技术改造,添置生产设备和基建等固定资产投资,购置办公用品(达到固定资产计价标准),必须严格按规定程序进行报批。生产设备 1 万元以上,零星基建 2 万元以上,购置办公用品单项价值在 2000 元以上,必须先向局上报书面报告,同时填报"固定资产购置预算表",经市局行文批准后办理,符合政府采购范围的同时严格办理政府采购物品审批手续。经有关部门按基建程序批准实施的水利工程项目在竣工决算结账时还要附上经中介机构出具的审计报告,转入固定资产。未经审批,单位不得擅自购置和修建"固定资产"。

2. 固定资产转让、出租程序

今后,单位的房产、土地、设备资产,凡对外出租或国有资产需转让的、按规定需评估的,先进行价值评估后,单位提出申请报局审核,报经吴江市财政局(资委办)审批后由局委托中介机构实行公开招租或公开拍卖。

3. 固定资产管理

(1)各单位要落实责任,明确专人负责本单位固定资产的验收、保管、检查和维修工作,并根据固定资产的增减变协调整固定资产卡片,维护、管理单位的全部固定资产。

(2)各单位要建立和健全固定资产清查盘点制度,定期、不定期进行清查盘点。在每年财务决算编制前,必须对单位的固定资产进行全面清查盘点,编制固定资产明细表随年度财务决算一并上报市局。通过清查盘点做到账账、账卡、账实相符,保证单位固定资产的安全、完整。发现账实不符,必须追根究底。

(三)固定资产报废规定

固定资产的减少,包括固定资产的正常报废、毁损、无偿调出、有偿调出(即售出)、向其他单位投资、捐赠、盘亏等。不论何种原因减少固定资产,都必须按规定先办理申报审批手续,经批准后,并应取得合法的原始凭证,单位方可进行账务处理。

1. 正常报废的固定资产处理。正常报废的固定资产是指该固定资产不能正常投入运行,且已失去其使用价值需退役的固定资产的报废,必须先经过严格的技术鉴定,填报"固定资产申请报废处理单"报市局审核,上报市财政局(国资委办)审批后处理。对上述报废的资产净值在2万元以上或批量较多需对外出售的,要先进行评估确认价值后按照吴水行〔2004〕71号《关于转发吴江市人民政府、吴政发〔2004〕34号〈关于印发吴江市国有资产公开转让暂行办法的通知〉》执行。

2. 局调拨的固定资产处理。根据主管局意见,为提高该项资产的利用率,固定资产需在系统内流动,调出、调入单位根据局固定资产调拨批文、固定资产调拨单办理。

3. 非正常报废的固定资产处理。由于水利工程改造、地震、火灾、洪水等自然灾害造成毁损或因人为事故、故障等提前报废的固定资产,盘盈、盘亏固定资产必须详细查明原因后,填报"固定资产申请报废处理单"报市局审核,上报市财政局(国资委办)审批后处理。若属人为造成固定资产丢失或毁损的要追查责任人的经济责任,按其管理责任,责令其赔偿损失,构成犯罪的移送司法机关处理。

4. 对外投资、捐赠固定资产处理。因需要固定资产对外投资、对外捐赠的经单位申请,报市局审核,市财政局(国资委办)审批后办理。

(本规定从二〇〇五年七月一起实行)

三　吴江市水利学会章程

吴江市水利学会章程

第一章　总则

第一条　本团体的名称：吴江市水利学会；英文译名：Wujiang City Water Conservancy Institute；缩写为WJWCI。

第二条　本会的性质：吴江市水利学会是在中共吴江市委、市政府领导下的水利科学技术工作者的学术性群众团体，是吴江市科学技术协会的组成部分，是党和政府联系水利科学技术工作者的纽带和开展水利科学技术事业的助手。学会在吴江市水利农机局领导下，由会员自愿组成，为实现会员共同意愿，按照水利学会的章程开展学术活动的非营利性社会组织。

第三条　学会的宗旨：在遵守宪法、法律、法规、国家政策和社会道德风尚的前提下，坚持四项基本原则，坚持改革开放，坚持百花齐放、百家争鸣，贯彻"经济建设必须依靠科学技术，科学技术工作者必须面向经济建设"的方针，倡导"献身、创新、求实、协作"的科学精神，围绕组织全市广大水利科研、教育、生产技术工作者，学习和应用辩证唯物主义广泛开展学术交流、科学普及和科技咨询活动，促进全市水利科学技术事业的繁荣、发展，促进水利科学技术人才的成长和提高，为振兴吴江水利和实现基本现代化作贡献。

第四条　本会接受吴江市水利局和吴江市科协的业务指导，同时接受吴江民政局的监督管理。

第五条　本会的住所在江苏省吴江市松陵镇世纪大厦18F。（地址：吴江市松陵镇笠泽路77号；邮编：215200。）

第二章　业务范围

第六条　本会的业务范围

（一）开展学术活动。针对吴江水利建设重点的攻关任务，进行科学研究，组织学术讨论、科学论证和技术考察，编辑出版水利学术刊物和科技资料。

（二）普及科学知识。推广先进技术，进行经验交流，开展水利科技咨询服务。

（三）接受市委、市政府和各级领导机构委托和交办的任务。对全市水利发展战略、水资源保护、水利科学技术政策和重大工程建设发挥咨询参谋作用，并接受委托进行科技项目论证、科技成果鉴定，推荐科技成果、发明创造，进行优秀学术论文和科普作品评比。

（四）开展学术交流活动。加强同市内外科学技术团体和科学技术工作者的友好联系和学术交流，引进吸收用于我市水利现代化的先进科学技术。

（五）根据水利现代化和科学发展的需要，举办各种讲座、报告会、培训班、讲习班、进修班等活动，提高水利科技人员的业务水平，同时推荐表彰优秀会员，促进学会事业的发展。

（六）关心和维护水利科技人员的正当权益。举办为水利科技工作者服务的各种事业活动，向有关部门反映科技工作者的意见和提出合理化建议。

第三章 会员

第七条 吴江市水利学会由单位会员和个人会员共同组成。

第八条 凡是拥护中国共产党的领导，遵守中华人民共和国宪法，热爱水利事业，承认本学会章程，同时具备下列条件之一者，均可申请加入本会。

1. 具有技术员以上技术职称和中专以上学历的从事水利建设、科研、推广、教育、管理等工作满1年以上的人员；

2. 具有一定学术水平和独立工作能力的或虽非高等院校毕业，有相当的工作经验和学术水平的水利科技人员和具有突出成就、技术专长的基层工作人员；

3. 热心积极支持水利学会工作的各级领导干部。

对于团体会员，凡与水利学会专业有关，并有一定数量科技人员的企事业单位和学术团体，承认本会章程，愿意参加本学会活动，积极支持学会工作，均可接受为团体会员。

第九条 会员入会的程序是：

1. 提交入会申请书；

2. 经理事会讨论通过；

3. 由学会发给会员证，成为正式会员。

第十条 会员享有下列权利：

1. 本学会的选举权、被选举权和表决权；

2. 参加本学会组织的活动；

3. 优先参加本学会举办的学术会议、科技培训和其他学术活动；

4. 优先取得本学会编辑出版的刊物和学术资料；

5. 对本学会的工作有批评建议权和监督权；

6. 入会自愿，退会自由。

第十一条 会员履行下列义务：

1. 自觉执行本学会的决议；

2. 维护本学会的合法权益；

3. 积极参加学会组织的活动，完成本学会交办的工作；

4. 按规定按时交纳会费；

5. 向本学会反映真实情况，提出合理化建议和提供有关资料。

第十二条 会议退会时应书面报告本学会，说明退会原因，并交回会员证。会员如果1年不交纳会费或不参加本学会组织的活动，视为自动退会。

第十三条 会员如有严重违反本会章程的行为，经理事会表决通过，予以除名。

第四章 组织机构和负责人产生、罢免

第十四条 本学会的组织原则是民主集中制，最高权力是会员大会，会员大会的职权是：

1.制定和修改章程；

2.选举和罢免理事；

3.审议理事会的工作报告和财务报告；

4.表彰、奖励学会优秀专兼职干部及会员；

5.决定终止事宜；

6.决定其他重大事宜。

第十五条　会员大会须有 2/3 以上的会员出席方能召开,其决议须经到会会员半数以上表决方能生效。

第十六条　会员大会每届 5 年。因特殊情况需提前或延期换届的,须由理事会表决通过,报业务主管单位审查并经社团登记管理机关批准同意。但延期换届最长不超过 1 年。

第十七条　理事会是会员大会的执行机构,在闭会期间领导本学会开展日常工作,对会员大会负责。

第十八条　理事会的职权是：

1.执行会员大会的决议；

2.选举和罢免理事长、副理事长、秘书长；

3.筹备召开会员大会；

4.向会员大会报告工作和财务状况；

5.决定会员的吸收或除名；

6.决定设立办事机构、分支机构、代表机构和实体机构；

7.决定副秘书长、各机构主要负责人的聘任；

8.领导本学会各机构开展工作；

9.制定内部管理制度；

10.推荐科技成果、发明创造、优秀学术论文、科普作品,进行奖励和表彰活动；

11.决定其他重大事项。

第十九条　理事会须有 2/3 以上理事方能召开,其决议须经到会理事 2/3 以上表决方能生效。

第二十条　理事会每年至少召开 1 次会议,情况特殊的,也可采用通讯形式召开。

第二十一条　本学会设立常务理事会,常务理事会由理事会选举产生,在理事会闭会期间行使第十八条 1、3、5、6、7、8、9 项职权,对理事会负责,但常务理事人数不超过理事人数的 1/3。

第二十二条　本学会的理事长、副理事长、秘书长必须具备下列条件：

1.坚持党的路线、方针、政策,政治素质好,作风正派；

2.在本学会业务领域内有较大影响；

3.理事长、副理事长、秘书长最高任职年龄不超过 70 周岁,秘书长为专职；

4.身体健康,能坚持正常工作；

5.未受过剥夺政治权利的刑事处罚的；

6.具有完全民事行为能力；

7.理事会组成要体现老、中、青结合并有一定比例的妇女名额。

第二十三条　本学会理事长、副理事长、秘书长如超过最高任职年龄的,须通过理事会表决通过,报业务主管部门审查并经社团登记管理机构批准同意后,方可任职。

第二十四条　本学会理事长、副理事长、秘书长任期5年(理事长、副理事长、秘书长任期最长不得超过2届),因特殊情况需延长任期的须经会员大会2/3以上会员表决通过,报业务主管单位审查并经社团登记管理机构批准同意后方可任职。

第二十五条　本学会理事长为本学会法定代表人。本学会法定代表人不兼任其他学会的法定代表人。

第二十六条　本学会理事长行使下列职权:

1. 召集和主持理事会工作;

2. 检查会议大会、理事会决议的落实情况;

3. 代表本学会签署有关重要文件;

4. 代表理事会向会员大会作工作报告和财务报告;

5. 处理理事会其他重要事项。

第二十七条　本学会秘书长行使下列职权:

1. 主持办事机构开展日常工作,组织实施年度工作计划;

2. 协调各分支机构、代表机构、实体机构开展工作;

3. 提名副秘书长以及各办事机构、分支机构、代表机构和实体机构主要负责人,交理事会或常务理事会决定;

4. 决定办事机构、代表机构、实体机构专职工作人员的聘用;

5. 处理学会的其他日常事务。

第五章　资产管理、使用原则

第二十八条　本学会经费来源:

1. 会员会费;

2. 个人、单位或团体的捐赠;

3. 政策的资助,上级有关部门的课题经费;

4. 在核准的业务范围内开展活动和服务咨询的收入;

5. 利息;

6. 其他合法收入。

第二十九条　本学会按照国家有关规定收取会费。

第三十条　本学会经费必须用于本章程规定的业务范围和事业的发展,不得在会员中分配。

第三十一条　本学会建立严格的财务管理制度,并实行年度审计,保证会计资料合法、真实、准确、完整。

第三十二条　本学会配备具有专业资格的会计人员,会计不得兼任出纳,会计人员必须进行会计核算,实行会计监督。会计人员调动工作或离职时,必须与接管人员办清交接手续。

第三十三条　本学会的资产管理必须执行国家规定的财务制度,接受会员大会和财政部门的监督。资产来源属于国家拨款或者社会捐赠、资助的,必须接受审计机关的监督,并将有关情况以适当方式向社会公布。

第三十四条　本学会换届或更换法定代表人之前必须接受社团登记管理机构和义务主管部门组织的财务审计。

第三十五条　本学会的资产,任何单位、个人不得侵占、私分和挪用。

第三十六条　本学会专职工作人员的工资和保险、福利待遇,参照国家对事业单位的有关规定执行。

第六章　章程的修改程序

第三十七条　对本学会章程的修改,须经理事会表决通过后报会员大会审议。

第三十八条　本学会修改的章程,须在会员大会通过后 15 日内,经业务主管单位审查同意,并报社团登记管理机关核准后生效。

第七章　终止程序及终止后的财产处理

第三十九条　本学会完成宗旨或自行解散或由于分立、合并等原因需要注销的,由理事会或常务理事会提出终止动议。

第四十条　本学会终止动议须经会员大会表决通过,并报业务主管单位审查同意。

第四十一条　本学会终止前,须在业务主管单位及有关单位指导下成立清算组织,清理债权债务,处理善后事宜。清算期间,不得开展清算以外的活动。

第四十二条　本学会经社团登记管理机关办理注销手续后即为终止。

第四十三条　本学会终止后剩余财产,在业务主管单位和社团登记管理机关的监督下,按照国家有关规定,用于发展本学会宗旨相关的事业。

第八章　附则

第四十四条　本章程经 2004 年 4 月 29 日会员大会表决通过。

第四十五条　本章程的解释权属本会的理事会。

第四十六条　本章程自社团登记管理机关核准之日起生效。

四　世界水日和中国水周

(一)世界水日

1993 年 1 月 18 日,第四十七届联合国大会通过 47/193 号决议。决议的主要内容为:回顾联合国环境与发展大会通过的《二十一世纪议程》第十八章的有关条款,考虑到虽然一切社会和经济活动都极大地依赖于淡水的供应量和质量,但人们并未普遍认识到水资源开发对提高经济生产力、改善社会福利所起的作用;还考虑到随着人口增长和经济发展,许多国家将很快陷入缺水的困境,经济发展将受到限制;进一步考虑到推动水的保护和持续性管理需要地方一级、全国一级、地区间、国际间的公众意识。1.根据《二十一世纪议程》第十八章所提出的建议,从1993年开始,确定每年的3月22日为"世界水日"。2.请各国根据各自的国情,在这一天就水资源保护与开发和实施《二十一世纪议程》所提出的建议,开展一些具体的活动,如出版、散发宣传品,举行圆桌会议、研讨会、展览会等,以提高公众意识。3.请秘书长就联合国秘书处尽目前条件之可能,且在不影响现行活动的情况下,以任何方式与方法帮助各国组织"世界水日"活动,提出建议,集中在一个与水资源保护有关的特定主题,做出必要的部署,并保证活动的成功。4.建议可持续发展委员会在执行其任务时把实施《二十一世纪议程》第十八章放在优先地位。

设立世界水日的宗旨就是应对与饮用水供应有关的问题;增进公众对保护水资源和饮用水供应的重要性的认识;通过组织世界水日活动加强各国政府、国际组织、非政府机构和私营部门的参与和合作。

1996年,由水问题专家学者和相关国际机构组成的世界水理事会成立,并且决定在世界水日前后每隔3年举行一次大型国际会议,即世界水论坛会议。

此后,联合国每年都为世界水日确定主题。

1994年(第二届):关心水资源是每个人的责任(Caring for Our Water Resources is Everyone's Business)。

1995年(第三届):妇女和水(Women and Water)。

1996年(第四届):为干渴的城市供水(Water for Thirsty Cities)。

1997年(第五届):水的短缺(Water Scarce)。

1998年(第六届):地下水——看不见的资源(Ground Water——Invisible Resource)。

1999年(第七届):我们(人类)永远生活在缺水状态之中(Everyone Lives Downstream)。

2000年(第八届):卫生用水(Water and Health)。

2001年(第九届):21世纪的水(Water for the 21st Century)。

2002年(第十届):水与发展(Water for Development)。

2003年(第十一届):水——人类的未来(Water for the Future)。

2004年(第十二届):水与灾害(Water and Disasters)。

2005年(第十三届):生命之水(Water for Life)。

(二)中国水周

1988年1月21日,《中华人民共和国水法》颁布后,国家水利部确定每年的7月1日至7日为中国水周。1993年1月18日,联合国确定世界水日后,考虑到中国水周与世界水日的主旨和内容基本相同,国家水利部便从1994年开始,把中国水周的时间改为每年的3月22日至28日,不仅在时间上重合,更使宣传活动突出世界水日的主题。自1996年起,中国水周历年的主题是:

1996年(第九届):依法治水,科学管水,强化节水。

1997年(第十届):水与发展。

1998年(第十一届):依法治水——促进水资源可持续利用。

1999 年(第十二届)：江河治理是防洪之本。

2000 年(第十三届)：加强节约和保护,实现水资源的可持续利用和保护。

2001 年(第十四届)：建设节水型社会,实现可持续发展。

2002 年(第十五届)：水资源的可持续利用支持经济社会的可持续发展。

2003 年(第十六届)：依法治水,实现水资源可持续利用。

2004 年(第十七届)：人水和谐。

2005 年(第十八届)：保障饮水安全,维护生命健康。

五　防汛抗旱常识

(一)城市等级和防洪标准

1999 年 4 月 2 日,江苏省防汛防旱指挥部转发国家防汛抗旱总指挥部办公室《关于上报城市防洪有关情况的通知》,要求城市防洪能力达到《防洪标准》(GB50201-94)。城市等级和防洪标准见表。

等级	重要性	非农业人口(万人)	防洪标准(重现期限)	备注
Ⅰ	特别重要的城市(特大城市)	≥150	≤200	防洪标准 2000 年前按下限执行,2010 年前按上限执行。
Ⅱ	重要的城市(大城市)	150~50	200~100	
Ⅲ	中等城市	50~20	100~50	
Ⅳ	一般城市(小城市)	≤20	50~20	

(二)洪涝划定标准

夏季出现洪涝的等级根据降水距率百分率(ΔR)确定：

20% ≤ ΔR <50%　　　偏涝

50% ≤ ΔR <80%　　　大涝

ΔR ≥ 80%　　　　　特涝

江苏省夏季降水量分布呈北多南少的趋势,全省以盐城、连云港为最多,往南递减,无锡、苏州为最少。根据这一分布特征,将全省分成淮北(徐州、连云港为代表站)、江淮之间(扬州、东台、高邮、淮阴为代表站)、沿江苏南(南京、常州、苏州为代表站)三个区域。当全省有两个或以上区域出现偏涝以上等级时确定为全省性洪涝,当有一个区域出现时确定为局部性洪涝。

(三)梅雨期划定标准

划定梅雨期以大气环流季节性的转折、调整为主要依据。在分析环流调整时,以暖湿气流的稳定北上,即西太平洋副热带高压在 120° E 处脊线的北移位置为主,以西风带环流的调整为辅。根据以上原则,先确定入、出梅的环流调整日,然后再结合大范围降水现象的起始和终止日期,具体划分梅期。

入梅环流调整日指标：5~6 月份,当加尔各答 500hPa 稳定西风结束,出现东、西风相间之

后，以下指标同时连续 3 天达到

1. 20°E 副热带高压 ≥ 20°N。

2. 15°E、120°E、125°E 经度上 588 线平均位置 ≥ 25°N（或 115°E、120°E、125°E 584 线平均位置，满足 ≥ 30°N，≤ 35°N）。

3. 120°E 上，-8°C 等温线位置 ≥ 35°N。

出梅环流调整日指标：入梅后，持续 3 天同时出现

1. 20°E 副热带高压 ≥ 27°N（或 115°E、120°E、125°E 588 线平均位置 ≥ 31°N）。

2. 120°E 上，-8°C 等温线位置 ≥ 40°N。

（四）干旱划定标准

干旱的等级根据降水距率百分率（ΔR）确定。

-50%< ΔR ≤ -20%　　偏旱

-80%< ΔR ≤ -50%　　大旱

ΔR ≤ -80%　　　　　特旱

区域的划分及代表站的选取与洪涝分析相同。当全省有两个或以上区域出现干旱时确定为全省性干旱，当有一个区域出现干旱时确定为局部性干旱。

（五）暴雨量级及区域划定标准

暴雨是主要天气过程之一，往往是引起洪涝灾害的直接原因，严重的暴雨会给人们的生命财产带来重大损失。但不同量级、不同范围的暴雨，其灾害程度也不同。根据有关规定，结合江苏省的具体情况，对暴雨的强度和范围按以下标准划分：

暴雨　　　　　　　　日雨量（20 时～次日 20 时）≥ 50 毫米

大暴雨　　　　　　　日雨量（20 时～次日 20 时）≥ 100 毫米

特大暴雨　　　　　　日雨量（20 时～次日 20 时）≥ 250 毫米

单点、局部暴雨　　　只有 1 站，或 2 站以上，但无相邻 5 站出现暴雨

区域性暴雨　　　　　全省有相邻 5 站或以上出现暴雨

大范围暴雨　　　　　全省有相邻 10 站或以上出现暴雨

（六）热带气旋定义和标准

按国际规定，发生在低纬度海洋上的低压或扰动统称为热带气旋，根据热带气旋的强度将其划分为四个等级：

1. 热带低压：热带气旋中心附近的最大平均风力 6~7 级。

2. 热带风暴：热带气旋中心附近的最大平均风力 8~9 级。

3. 强热带风暴：热带气旋中心附近的最大平均风力 10~11 级。

4. 台风：热带气旋中心附近的最大平均风力 12 级或以上。

影响江苏的热带气旋的定义标准是：对江苏造成区域性降水或区域性大风（平均风速达 9m/s 或以上），或风雨兼有的热带气旋。

(七)连阴雨划定标准

连阴雨是春、秋季常见的一种严重气象灾害,对工业、农业、交通、仓储等行业十分不利。根据气象观测规范和江苏省实际情况,确定以下的连阴雨过程标准:

1.7 天以上的连阴雨过程,日雨量(20 时~次日 20 时)达 0.1 毫米的日数与过程总日数的比率达 70% 或以上;若含无雨日,该日的日照时数在 5 小时以下。

2. 连续 3 日无 0.1 毫米或以上降水,作为连阴雨结束。

3. 一次过程的总雨量必须在 10 毫米以上。

4. 为了分析区域性的连阴雨,同时要求在全省范围内 10 站以上达到上述标准。

(八)高温划定标准

气象上将日最高气温大于或等于 35℃ 的定义为高温日;连续 5 天以上的高温日称为持续高温;相邻 5 个站或以上为区域性高温。

(九)强对流天气特性

1. 强对流天气发生于中小尺度天气系统,空间尺度小,一般水平范围大约在十几千米至二三百千米,有的水平范围只有几十米至十几千米。

2. 生命史短,约为一小时至十几小时,较短的仅有几分钟至一小时。

3. 要素场水平梯度大。

4. 有明显的突发性。

(十)寒潮划定标准及分类

按国家气象局规定,对局部地区而言,当冷空气影响时,24 小时内气温下降 ≥ 10℃ 或 48 小时内气温下降 ≥ 12℃,同时最低气温下降至 5℃ 或以下时,称之一次寒潮天气过程。

影响江苏的寒潮,按季节可划分为秋季寒潮(10~11 月)、冬季寒潮(12 月~次年 2 月)和春季寒潮(3~4 月)。按影响地区划分,可分为全省性寒潮、淮北寒潮、江淮寒潮和苏南寒潮,其中全省性寒潮和淮北寒潮为最多。

(十一)冻害气候指标及分类

冻害指越冬作物、果树林木及牲畜在越冬期间因遇到 0℃ 以下(或剧烈变温,甚至在 -20℃ 左右)或长期持续在 0℃ 以下的温度,引起植株体冰冻或使丧失一切生理活力,造成植株死亡或部分死亡等现象,称为冻害。分为冬季冻害和霜冻害二类。

(十二)雪量级划定标准

大雪:24 小时降雪量为 5 毫米~9.9 毫米。

暴雪:24 小时降雪量 ≥ 10 毫米,且积雪深度 ≥ 5 厘米。

区域性大雪(暴雪):相邻 5 个站或以上出现大雪(暴雪)。

（十三）大雾天气标准

雾是悬浮在近地面空气中的水汽的凝结物。它影响水平和垂直能见度，是一种常见的天气现象。雾和云的主要区别是雾接近地而云悬浮在空中。

江苏省规定：使水平能见距离降低到 1 千米以下、相邻三县市出现称之为大雾。

（十四）天气预报种类及预报划分

天气预报是指气象台站基于对天气演变规律的认识而对未来一定时期内天气变化所作出的主观或客观的判断。天气预报方法很多，常用的有天气学方法、各种诊断方法、统计学方法、统计–动力学方法、数值预报方法等。天气预报的发布时效、发布范围因时因地而异。就预报时效而言，有短时预报、短期预报、中期预报、长期预报（又称短期气候预测）几种；就空间范围而言，有单点预报和区域预报两种；按农业、工业、渔业、航空、交通运输等生产部门的特点和需要，又可分为各种不同的专业天气预报，如农业气象预报、航海气象预报、医疗气象指数预报等。天气预报是气象为国民经济和国防建设服务的重要手段。

1. 短时天气预报

短时天气预报一般是未来 12 小时内的天气预报，其中 0~2 小时称为临近预报。除采用短期天气预报常用的预报方法外，主要根据雷达、气象卫星以及天气实况资料进行分析并制作和发布预报，短时预报的主要对象是生命史短的中小尺度天气系统，如冰雹、龙卷风、雷雨大风、飑线、短时强降水等强对流灾害性天气，短时预报的主要内容为有无强对流天气的发生以及强对流天气出现的时间、地点和可能产生的灾害性等。

2. 短期天气预报

短期预报是指未来 12~72 小时内的天气预报，内容按需要而定。常规的短期预报内容有天空状况、有无降水（雨、雪）、风向风速、最高气温、最低气温等。

天空状况分为晴天、少云、多云、阴天几类。"晴天"是指天空无云或有零星云层但不到 1 成；"少云"有 1~3 成的中低云，或 4~5 成高云；"多云"是指天空中有 4~7 成的中低云，或有 6~10 成的高云；"阴天"是指天空中中低云量在 8 成以上。另外，随着城市建设和高速公路的不断发展，现在省气象台还在天气状况中增加了雾的预报。

风向是指风的来向。风速通常以风的等级来表示，风的等级一般可分为 12 级。

最高气温一般出现在每天下午 2 点钟左右，最低气温一般出现在早晨太阳出来之前，即早晨 5 点到 6 点之间。

3. 中期天气预报

中期预报是指未来 72~240 小时的天气预报。通常分周报、旬报二种。内容主要是降水、气温、灾害性天气、转折性天气等，包括连晴、连阴、晴雨转折以及旬雨量、旬雨日、旬平均气温、旬极端最高和极端最低气温，还有 5 天天气趋势等。在数值预报可用时效内，还制作逐日滚动的常规天气要素预报。

4. 长期天气预报

长期预报又称为短期气候预测，是预测 10 天以上到 1 年的旱涝和冷暖趋势。目前，省气象台制作发布的长期预报有月预报、季度预报及汛期（5~9 月）预报、年度预报等，有时也可根据用户的需要，发布 10~30 天的天气趋势预报、春运预报等等。

长期预报的内容有降水总量、平均气温、最高最低气温、旱涝趋势等等，其中月预报还有降水过程，春季（春播期、春运）预报还有低温连阴雨时段和晴暖时段及有无倒春寒等，汛期预报还有入梅期、出梅期、梅期时长及梅雨期降水总量等，秋季预报还有连阴雨时段和初霜冻，冬季预报还有积雪深度，等等。

（十五）灾害性天气警报及发布标准

气象部门负责向公众发布气象天气预报和灾害性天气警报，发布灾害性天气警报有一定的标准。广义上的警报又分为消息、警报、紧急警报和报告。具体标准如下：

1. 消息

预计某种灾害性天气系统将于 60~48 小时后影响本地区（如本省、本地区、本市县，下同），或尚难确定有无重大影响，但对本地区具有威胁性时，可先发布"消息"。如热带风暴消息、冷空气消息（11~4 月发布）等，在发布热带风暴消息时应说明当时热带风暴中心位置（用经、纬度表示）、中心强度、近中心最大风力。

2. 报告

预计 48 小时之内，将有某种灾害性天气出现，对生产有一定影响，但达不到"警报"标准时，可发布"报告"。

3. 警报

预计某种灾害性天气系统将在 48 小时以内影响本地区，且危害较大，即发布"警报"。

4. 紧急警报

预计某种灾害性天气系统将在 24 小时以内影响本地区，且危害较大，即发布"紧急警报"。

5. 常用的报告及警报名称

热带风暴警报：预计热带风暴（包括热带风暴、热带风暴蜕变的低压或热带风暴倒槽）将在 48 小时以内影响本地区，平均风力将增加到 6 级或以上时，便发布"热带风暴警报"。预计热带风暴将在 24 小时以内影响本地区，平均风力在 6 级或以上时，可发布"热带风暴紧急警报"，可含暴雨而不再使用"（大）暴雨警报"名称。当热带风暴减弱消失，或逐渐离开本地区，风力减弱到 6 级以下时，"热带风暴警报"或"热带风暴紧急警报"的名称应停止使用，视情况应改发警报或消息并在该次预报中将有关情况加以说明。在发布热带风暴警报或紧急警报时应将当时热带风暴中心位置（用经、纬度或用某地某方向的千米数表示）、中心强度（中心气压数值）、移动速度（千米 / 小时）、移动方向（方位）和伴随热带风暴所出现的天气现象（如近中心最大风力等）逐一加以说明。

强热带风暴警报：预计编号强热带风暴在未来 48 小时内将影响本责任区的沿海或登陆时发布"强热带风暴警报"，预计 24 小时内影响时发布"强热带风暴紧急警报"。

台风警报：预计编号台风在未来 48 小时内将影响本责任区的沿海或登陆时发布"台风警报"，预计 24 小时内影响时发布"台风紧急警报"。

寒潮警报：预计 48 小时之内有强冷空气影响本地区，气温急剧下降，24 小时降温达 10℃

或以上,最低气温可降到 5℃ 或以下,便发布"寒潮警报"。如有暴雪则应与之并列发布。

暴雨警报:预报时段内,预计 12 小时降水量 ≥ 30 毫米,或 24 小时降水量 ≥ 50 毫米,可发布"暴雨警报"。24 小时降水量 ≥ 100 毫米可发布"大暴雨警报"。

暴雪警报:预报时段内,预计 24 小时内降雪量 ≥ 10 毫米,并将有 > 5 厘米深度的积雪,可发布"暴雪警报"。

大风警报:预报时段内,平均风力将达到 6 级或以上,或平均风力 5~6 级同时伴有阵风 7 级以上时,即发布"大风警报"。已发布"热带风暴警报"或"寒潮警报"时,不再同时使用"大风警报"的名称。

高温报告:预报时段内,最高气温 ≥ 35℃ 时,可发布"高温报告"。

降温报告:因受冷空气影响,预计气温有明显下降,24 小时降温 > 7℃ 但达不到 10℃,最低气温可达到 5℃ 以下时可发布"降温报告"。

低温报告:寒潮或强冷气影响后,温度继续降低,预计最低气温可降到 -2℃ 或以下,同时将有严重结冰,可发布"低温报告"。

霜冻报告:在每年 3 月 20 日之后(21 日起)和 11 月 10 日之前(含 10 日),预计在冷空气影响后,将有白霜或霜冻(地面最低温度 ≤ 0℃)出现时,可发布"霜冻报告"。

(十六)气象名词解释

气温:表示空气冷热程度的物理量。天气预报中发布的气温值是观测场中离地面 1.5 米高的百叶箱内的空气的温度,其单位采用摄氏温标(℃)。气温在 1 天 24 小时内不断变化,总有一个最大值和一个最小值,这就是日最高气温和日最低气温,目前公众天气预报中就发布日最高和最低气温。

气压:地球表面被一层厚厚的大气包围着,大气有重量,单位面积上所承受的大气的重量称大气压强,简称"气压"。同一位置不同高度上的气压值是不同的,越往上气压值越低。气象上一般用"百帕"(hPa)作为气压单位,1 个标准大气压 = 1013 百帕。

湿度:即大气的潮湿程度,是衡量大气中的水汽多少的物理量。一般用相对湿度来表示。相对湿度为实际水汽压与饱和水汽压的比,即空气中的实际含水量与相同条件下可以达到的最大含水量的百分比。相对湿度越小,表示空气越干燥。相对湿度在 40%~70% 时人感到较舒适。

天气图:用于分析大气物理状况和天气特性图表的统称,根据同一时刻各地测得的天气实况,译成天气符号或数字,按一定格式填在特制的地图上而成。将地面观测到的或换算出的海平面气压、气温、云量、能见度、风向、风速、天气现象、降水量等气象要素按照规定填写到特制的地图上,根据图上气压值描绘出等压线,结合天气分布及各气象要素,综合分析出各类天气系统,就是"地面天气图"。将高空探测所得的气象要素按照规定填写在不同层次的特制的图纸上,描绘出等高线和等温线,从而显示出天气系统的空间分布,就是"高空天气图",或称"高空形势图"。

卫星云图:通过气象卫星从太空"拍摄"而发送回地面,经地面卫星接收系统处理显示的地球大气中的云状态分布的图片。能显示大范围的云况,是天气预报的重要参考依据之一。

分为红外云图、可见光云图以及水汽图三种。

天气系统：形成大气中天气变化及其分布的气压(包括温度的配置)系统。其运动形式大都呈涡旋状或波状。例如高压、低压、高空槽脊等。天气系统是存在于三维空间内的,要使用多种探测方式和多层次的气象图表才能了解其物理结构及演变规律。不同的天气系统往往形成不同特征的天气。

天气过程：即天气系统及其形成的天气的发生、发展、减弱和消亡的演变过程。例如,江苏省寒潮天气过程基本如下：冷空气南下,冷锋过境,天气由晴转阴雨(雪),气温下降,风向转北,风力加大,随后冷锋南压出境。江苏省受冷高压控制,雨(雪)天气渐止转晴,冷空气变性,气温回升,过程结束。

天气形势：大范围大气环流与不同类别天气系统的分布概貌统称为"天气形势"。天气系统的发生、发展、减弱、消亡和各类天气过程的出现都与天气形势的变化有关。当其处于相对稳定阶段时,天气系统及其相应的天气变化是渐进的和连续的;当天气形势显著变动或大气环流调整时,则随之出现异常或剧变天气。预测天气形势的变化是当前天气预报的难点和研究方向,正确的天气形势演变的分析是天气预报的主要科学依据。

锋：大气中大范围的冷暖气团相交的狭长的过渡带。其长度可达数百至数千千米;水平宽度在近地层约数十千米,在高层可达数百千米。因其水平宽度远小于大尺度的气团,所以可以近似地看为一几何面,称为"锋面"。锋面与地面的交线称为"锋线"。有时将锋面和锋线统称为"锋"。锋面附近天气变化相当剧烈。

冷锋：当冷气团势力强于暖气团,推着锋面向暖区移动时,这种锋叫做"冷锋"。冬季和初春及深秋季节,冷锋南下时往往造成大风降温及雨雪天气。

暖锋：当暖气团势力强于冷气团,推着锋面向冷区移动时,这种锋叫做"暖锋"。暖锋附近一般会产生较大的降水。

静止锋：如果冷暖势力相当,锋面会摆动或处于静止、准静止状态,这种锋面叫做"静止锋",亦称"准静止锋"。

切变线：天气图上具有气旋式切变的风场不连续线,地面或高空均可生成,但常反映于850百帕(约1500米)和700百帕(约3000米)的高空。是造成降水的重要天气系统之一。切变线全年均有出现,以春末夏初最为频繁。春季活动在华南地区,称为"华南切变线";春夏之交多位于江淮流域,称为"江淮切变线";7月中旬至8月多出现在华北地区,称为"华北切变线"。江淮切变线在江苏省的降水过程中占有重要地位。

高压：在同一高度上,中心气压高于四周的大气旋涡称为"高气压",简称"高压",又叫"反气旋"。高压控制地区通常为晴好天气。

副高：由于地球自转及太阳辐射的不均匀,在中纬度以南、赤道以北地区常年都存在一个高压带,称之为副热带高压带,简称为"副高"。副热带高压带又由若干个单体组成,每个单体就其所在的地理位置不同而称谓不同。如,影响我国的副高称为"西太平洋副高"。它是一种深厚的、相对稳定少动的暖性高压系统,其位置和强度随季节而略有变动。在其边缘常与低值系统相互作用而多降水天气系统活动。西太平洋副热带高气压的强弱和位置的变化对中国旱涝和台风活动的影响极大。

低压：亦称"低气压"，又叫"气旋"。在同一高度上，中心气压低于其四周的大尺度和中尺度的涡旋称为低压。

高压脊：天气图上的等压线或等高线不闭合而呈"∪"形或"∩"形突出的高气压区域。其中等压线或等高线的反气旋性曲率最大处各点的连线称为"脊线"，即"高压脊"。在高压脊内，气流辐散下沉，故一般少阴雨天气。

低压槽：简称"槽"。从低气压区中延伸出来的狭长区域。槽中的气压值比两侧的气压要低。在天气图上，低压槽一般从北向南伸展。凡从南向北伸展的槽称为"倒槽"（一般出现在地面图上），从东向西伸展的槽称为"横槽"。槽中各条等压线弯曲最大处的连线称为"槽线"。在对流层的中下部，低压槽附近有强烈辐合上升的气流，故在高空低压槽下层附近易产生气旋等天气系统，多阴雨。

热带气旋：发生在低纬度海洋上的低压或扰动统称为"热带气旋"。中心附近最大平均风力为6~7级的热带气旋称为"热带低压"，中心附近最大平均风力为8~9级的称为"热带风暴"，10~11级的称为"强热带风暴"，12级或以上的称为"台风"。

梅雨：常年6月中下旬至7月上半月的初夏，我国长江中下游两岸（或称江淮流域）至日本南部这一狭长区域内往往有一段连续阴雨时段，出现频繁的降水过程，常有大到暴雨。这时，正值江南梅子成熟时期，故称"梅雨"。又因高温高湿，衣服物件容易受潮发霉，故也俗称"霉雨"。梅雨是一种大范围降水过程，它的雨带常呈准稳定性或南北摆动。这与大气环流形势密切相关。

温室效应：地球接收太阳短波辐射能量的同时也不断地向外发射长波辐射能量，大气中的一些气体具有吸收长波辐射而使其重新返回到地面的特性，使得地球外逸辐射减少，气温升高，这种现象称为"温室效应"。二氧化碳、水汽、甲烷、一氧化氮、臭氧等气体吸收和放出长波辐射的能力特别强，因而被称为"温室气体"。矿物燃料的大量使用、现代工业的发展、森林砍伐等人类活动是造成这些气体浓度增加的主要原因。

热岛效应：由于城市的发展、下垫面的变化、人为热源及温室气体的释放等原因引起的城市近地面气温高于郊区或乡村的现象称为"热岛效应"。

厄尔尼诺现象：厄尔尼诺为西班牙语"El Nino"的音译（"圣婴"的意思，即上帝之子）。在南美的厄瓜多尔和秘鲁沿岸，海水每年都会出现季节性增暖现象，因为这种现象发生在圣诞前后，故被当地渔民称为厄尔尼诺。现在厄尔尼诺一词已被气象和海洋学家用来专指发生在赤道太平洋东部和中部的海水表面大范围持续异常增暖的现象。这种现象一般2~7年发生一次，持续时间为半年到一年半。80年代以来，厄尔尼诺发生频数明显增多，强度明显加强，1982~1983年和1997~1998年的事件则是本世纪最强的两次事件。

拉尼娜现象：拉尼娜是西班牙语"La Nina"的音译，"小女孩"的意思。气象学家用以专指赤道太平洋东部和中部的海水表面温度大范围持续异常变冷的现象，也称作"反厄尔尼诺现象"。从近50年的结果来看，这种现象发生频率少于厄尔尼诺，强度也比厄尔尼诺弱，持续时间则大多数偏长。厄尔尼诺和拉尼娜现象通常交替出现，它们通过改变大气环流而影响气候，对气候的影响大致相反。它们的出现都将导致全球气候的异常，引起较严重的洪涝、干旱等自然灾害。

季风与季风气候：由于大陆及邻近海洋之间存在温度差异,形成大范围的盛行风向随季节有显著变化的风系,具有这种大气环流特征的风被称为季风。受季风支配的区域里的气候又被称为季风气候。季风气候区一般夏季受海洋气流影响,冬季受大陆气流影响,主要特征为冬干夏湿。季风气候最显著的地区有亚洲南部和东南部、非洲东部和西部、澳大利亚北部等。

沙尘暴：由于强风将地面大量尘沙吹起,使空气浑浊,水平能见度小于1000米的天气现象叫做"沙尘暴"。我国西北地区的农民根据沙尘暴出现时天色昏暗的程度形象地称之为"黑风""黄风"。它是干旱和荒漠化地区特有的一种灾害性天气,给当地造成不同程度的危害。首先是以强风摧毁建筑物及公共设施、树木等,甚至造成人畜伤亡。其次是以风沙流的形式淹没农田、沟渠、村舍、道路、草场等。另外,沙尘暴形成和经过的地区都会程度不同地受到风蚀的危害,轻者刮走农田表层沃土,重者可风蚀土壤耕作层上部达1~10厘米左右,使农作物根系外露或连苗刮走,而最为普遍的是污染环境。

降水等级及预报用语表

预报用语	降水量（毫米）		预报用语	降水量（毫米）	
	12 小时	24 小时		12 小时	24 小时
小雨	0.1~4.9	0.1~9.9	大一特大暴雨	105~170	175~300
小一中雨	3~9.9	5~16.9	特大暴雨	>140	>250
中雨	5~14.9	10~24.9	小雪	0.1~0.9	0.1~2.4
中一大雨	10~22.9	17~37.9	小一中雪	0.5~1.9	1.3~3.7
大雨	15~29.9	25~49.9	中雪	1~2.9	2.5~4.9
大一暴雨	23~49.9	38~74.9	中一大雪	2~4.4	3.8~7.4
暴雨	30~69.9	50~99.9	大雪	3~5.9	5.0~9.9
暴一大暴雨	50~104.9	75~174.9	大一暴雪	4.5~7.5	7.5~15
大暴雨	70~140	100~250	暴雪	≥ 6	≥ 10

蒲福风力等级表

等级	距地10米高处的相当风速（m/s）	海面浪高（m）		陆地地面物征象
		一般	最高	
0	0.0~0.2	0.1	0.1	静烟直上
1	0.3~1.5	0.2	0.3	烟能表示风向,但风向标不能转动
2	1.6~3.3	0.6	1.0	人面感觉有风,树叶微动,风向标能转动
3	3.4~5.4	1.0	1.5	树叶及树枝摇动不息,旌旗展开
4	5.5~7.9	2.0	2.5	能吹起地面灰尘和纸张,树的小枝摇动
5	8.0~10.7	3.0	4.0	有叶的小树摇摆,内陆的水面有小波
6	10.8~13.8	4.0	5.5	大树枝摇动,电线呼呼有声,举伞困难
7	13.9~17.1	5.5	7.5	全树摇动,大树枝弯下来,迎风步行感到费劲
8	17.2~20.7	7.0	10.0	可以折毁小树枝,人迎风前行感觉阻力很大
9	20.8~24.4	9.0	12.5	烟囱及屋顶受到损坏,小屋易遭到破坏
10	24.5~28.4	11.5	16.0	陆上少见,见时可把树木刮倒或建筑物毁坏较重
11	28.5~32.6	14.0	—	陆上少见,见时必有重大毁损

（续表）

等级	距地 10 米高处的相当风速（m/s）	海面浪高（m）		陆地地面物征象
		一般	最高	
12	32.7~36.9	—	—	陆上很少见,其摧毁力极大
13	37.0~41.4	—	—	陆上绝少见,其摧毁力极大

热带气旋命名表

英文名	中文名	名字来源	意义
		第一列	
Damrey	达维	柬埔寨	大象
Longwang	龙王	中国	神话传说中的司雨之神
Kirogi	鸿雁	朝鲜	一种候鸟,在朝鲜秋来春去,和台风的活动很相似
Kai-tak	启德	中国香港	香港旧机场名
Tembin	天秤	日本	天秤星座
Bolaven	布拉万	老挝	高地
Chanchu	珍珠	中国澳门	珍珠
Jelawat	杰拉华	马来西亚	一种淡水鱼
Ewiniar	艾云尼	密克罗尼西亚	传统的风暴神（Chunk 语）
Bilis	碧利斯	菲律宾	速度
Kaemi	格美	韩国	蚂蚁
Prapiroon	派比安	泰国	雨神
Maria	玛丽亚	美国	女士名（Chamarro 语）
Saomai	桑美	越南	金星
Bopha	宝霞	柬埔寨	花儿名
Wukong	悟空	中国	孙悟空
Sonamu	清松	朝鲜	一种松树,能扎根石崖四季常绿
Shanshan	珊珊	中国香港	女孩儿名
Yagi	摩羯	日本	摩羯星座
Xangsane	象神	老挝	大象
Bebinca	贝碧	中国澳门	澳门牛奶布丁
Rumbia	温比亚	马来西亚	棕榈树
Soulik	苏力	密克罗尼西亚	传统的 Pohnpei 酋长头衔
Cimaron	西马仑	菲律宾	菲律宾野牛
Chebi	飞燕	韩国	燕子
Durian	榴莲	泰国	泰国人喜爱的水果
Utor	尤特	美国	飚线（Marshalese 语）
Trami	潭美	越南	一种花
		第二列	
Kon-rey	康妮	柬埔寨	高棉传说中的可爱女孩儿
Yutu	玉兔	中国	神话传说中的兔子
Toraji	桃芝	朝鲜	朝鲜山中一种花,开花时无声无息不惹人注意,花能食用和入药
Man-yi	万宜	中国香港	海峡名,现为水库
Usagi	天兔	日本	天兔星座

（续表）

英文名	中文名	名字来源	意 义
Pabuk	帕布	老挝	大淡水鱼
Wutip	蝴蝶	中国澳门	一种昆虫
Sepat	圣帕	马来西亚	一种淡水鱼
Fitow	菲特	密克罗尼西亚	一种美丽芳香的花（Yapese 语）
Danas	丹娜丝	菲律宾	经历
Nari	百合	韩国	一种花
Vipa	韦帕	泰国	女士名字
Francisco	范斯高	美国	男子名（Chamarro 语）
Lekima	利奇马	越南	一种水果
Krosa	罗莎	柬埔寨	鹤
Haiyan	海燕	中国	一种海鸟
Podul	杨柳	朝鲜	一种在城乡均有的树，闷热天气时人们喜欢在其下休息聊天
Lingling	玲玲	中国香港	女孩儿名
Kajiki	剑鱼	日本	剑鱼星座
Faxai	法茜	老挝	女士名字
Vamei	画眉	中国澳门	一种鸟
Tapah	塔巴	马来西亚	一种淡水鱼
Mitag	米娜	密克罗尼西亚	女士名字（Yap 语）
Hagibis	海贝思	菲律宾	褐雨燕
Noguri	浣熊	韩国	狗
Ramasoon	威马逊	泰国	雷神
Chataan	查特安	美国	雨（Chamarro 语）
Halong	夏浪	越南	越南—海湾名
		第三列	
Nakri	娜基莉	柬埔寨	一种花
Fengshen	风神	中国	神话中的风之神
Kalmaegi	海鸥	朝鲜	一种海鸟
Fung-wong	凤凰	中国香港	山峰名
Kammuri	北冕	日本	北冕星座
Phanfone	巴蓬	老挝	动物
Vongfong	黄蜂	中国澳门	一类昆虫
Rusa	鹿莎	马来西亚	鹿
Sinlaku	森拉克	密克罗尼西亚	传说中的 Kosrae 女神
Hagupit	黑格比	菲律宾	鞭子
Changmi	蔷薇	韩国	花名
Megkhla	米克拉	泰国	雷天使
Higos	海高斯	美国	无花果（Chamarro 语）
Bavi	巴威	越南	越南北部一山名
Maysak	美莎克	柬埔寨	一种树
Haishen	海神	中国	神话中的大海之神
Pongsona	凤仙	朝鲜	一种美丽的花，自古以来深受朝鲜妇女喜爱
Yanyan	欣欣	中国香港	女孩儿名

（续表）

英文名	中文名	名字来源	意　　义
Kujira	鲸鱼	日本	鲸鱼座
Chan-hom	灿鸿	老挝	一种树
Linfa	莲花	中国澳门	一种花
Nangka	浪卡	马来西亚	一种水果
Soudelor	苏迪罗	密克罗尼西亚	传说中的 Pohnpei 酋长
Imbudo	伊布都	菲律宾	漏斗
Koni	天鹅	韩国	一种鸟
Hanuman	翰文	泰国	有趣的猴子
Etau	艾涛	美国	风暴云（Palauan 语）
Vamco	环高	越南	越南南部一河流
第四列			
Krovanh	科罗旺	柬埔寨	一种树
Dujuan	杜鹃	中国	一钏花
Maemi	鸣蝉	朝鲜	一种蝉，台风袭来时会发出响声
Choi-wan	彩云	中国香港	天上的云彩
Koppu	巨爵	日本	巨爵星座
Ketsana	凯萨娜	老挝	一种树
Parma	芭玛	中国澳门	澳门的一种烹调风格
Melor	茉莉	马来西亚	一种花
Nepartak	尼伯特	密克罗尼西亚	著名的勇士（Kosrae 语）
Lupit	卢碧	菲律宾	残酷
Sudal	苏特	韩国	水獭
Nida	妮妲	泰国	女士名字
Omais	奥麦斯	美国	漫游（Palauan 语）
Conson	康森	越南	古迹
Chanthu	灿都	柬埔寨	一种花
Dianmu	电母	中国	神话中的雷电之神
Mindulle	蒲公英	朝鲜	一种小黄花，春天开放，是朝鲜妇女淳朴识礼的的象征
Tingting	婷婷	中国香港	女孩儿名
Kompasu	圆规	日本	圆规星座
Namtheun	南川	老挝	河
Malou	玛瑙	中国澳门	一种玉石
Meranti	莫兰蒂	马来西亚	一种树
Rananim	云娜	密克罗尼西亚	喂，你好（Chuukese 语）
Malakas	马勒卡	菲律宾	强壮，有力
Megi	鲇鱼	韩国	鱼
Chaba	暹芭	泰国	热带花
Kodo	库都	美国	云（Marshalese 语）
Songda	桑达	越南	越南西北部一条河流
第五列			
Sarika	莎莉嘉	柬埔寨	雀类鸟
Haima	海马	中国	一种鱼

（续表）

英文名	中文名	名字来源	意　　义
Meari	米雷	朝鲜	回波
Ma-on	马鞍	中国香港	山峰名
Tokage	蝎虎	日本	蝎虎星座
Nock-ten	洛坦	老挝	鸟
Muifa	梅花	中国澳门	一种花
Merbok	苗柏	马来西亚	一种鸟
Nanmadol	南玛都	密克罗尼西亚	著名的 Pohnpei 废墟
Talas	塔拉斯	菲律宾	锐利
Noru	奥鹿	韩国	狍鹿
Kularb	玫瑰	泰国	一种花
Roke	洛克	美国	男子名（Chamarro 语）
Sonca	桑卡	越南	一种会唱歌的鸟
Nesat	纳沙	柬埔寨	渔夫
Haitang	海棠	中国	一种花
Nalgae	尼格	朝鲜	有生气，自由翱翔
Banyan	榕树	中国香港	一种树
Washi	天鹰	日本	天鹰星座
Matsa	麦莎	老挝	女人鱼
Sanvu	珊瑚	中国澳门	一种水生物
Mawar	玛娃	马来西亚	玫瑰花
Guchol	古超	密克罗尼西亚	一种香料（调味品）（Yapese 语）
Talim	泰利	菲律宾	明显的边缘
Nabi	彩蝶	韩国	蝴蝶
Khanun	卡努	泰国	泰国水果
Vicente	韦森特	美国	女士名（Chamarro 语）
Saola	苏拉	越南	越南最近发现的一种动物

公众气象服务天气符号图示

（十七）水文名词解释

洪峰流量：洪水流量过程线上最高点的流量。即该次洪水的最大流量，属洪水特征之一。

最高水位：即在江河上某一测站，经过长期观测水位后，挑选出各时段的最高值。如月最高、年最高或若干年最高及历年来的最高水位等。

设计水位：按指定频率设计标准，对各种水文特征值通过水文计算，而得出的当地可能出现的水位。包括设计洪水位、设计平均水位和设计枯水位。设计水位是水工建筑物规划设计的基本数据。设计水位或设计流量大体可分为两类：

1.有关工程安全和经济的洪水位或流量。若洪水量定得过小，大坝易遭洪水损毁；若定得过大，会使工程规模过大而造成浪费。又如内河港口的码头仓库不得为洪水所淹没，洪水水位成为决定流域标高的依据。这类设计水位，工程上常用频率来确定，例如，以百年一遇的洪水或百年一遇的水位作为设计依据。

2.有关正常通航的设计水位或流量。例如，浅滩的最小水深和航道的最低水位是关系到通航的重要依据。

设防水位：汛期江河水位达到某一高度而工程有可能出险时，防汛部门开始组织有关人员到工地定期巡堤查险，并准备必要的人力物力，此时的水位称为设防水位。一般以刚漫滩的水位或堤身开始挡水为准。

警戒水位：汛期江河水位达到某一高度而工程已开始出现险情或可能随时发生较大险情，防汛抢险人员应昼夜坚守在工地全面巡查，以发现险情立即抢护，此时的水位称为警戒水位。一般地说，警戒水位比设防水位高 1~2 米。

保证水位：堤防工程已达到或基本达到设计标准的洪水位，堤防险情大量发生，防汛部门全力以赴组织足够的防守力量和抢护物资，严密巡查险情，及时抢护险情和控制险情的发展。确保堤防工程安全，不能失事。此时的水位称保证水位。一般地说，保证水位是建国以来已发生的实测最高水位，此水位比堤顶高度低 1 米左右。

分（行）蓄洪区：政府为解决河道安全泄量与上游巨大而频繁洪量极不适应的问题，建设的超过河道安全泄量的洪水蓄纳的重要设施。

（十八）有关单位名称对照表

单位名称	单位符号	单位名称	单位符号	单位名称	单位符号
兆焦耳每平方米（功率）	MJ/m^2	毫米	mm	北纬（度）	°N
小时	hr	位势米（高度）	gpm	东经（度）	°E
米	m	米每秒	m/s	百帕（气压）	hPa
厘米	cm	摄氏度	℃		

六　抗洪纪实

（一）吴江市1991年抗洪纪实报告

太湖北依长江，东临东海，南近钱塘，京杭运河插边而过，三面可通江。太湖水面积2460平方千米，平均水深1.89米。由于湖面大，每上涨1厘米，可蓄水2300多万立方米，故洪枯水位变幅小。水位2.99米时，库容44.23亿立方米。水位3.6米时，库容62.1亿立方米。水位4.65米时，库容约83亿立方米。一般每年4月雨季开始水位上涨，7月中下旬达到高峰，到11月进入枯水期，2~3月水位最低。一般洪枯变幅在1~1.5米之间。

"水能载舟，亦能覆舟。"在大自然面前，太湖就像一叶小舟，水满是要翻船的。1991年，太湖流域发生暴雨洪水，太湖平均水位4.79米，为历史最高，灾害造成损失百亿元。

5月18日入梅，梅雨提前一个月报到，比早梅的1956年还提前半个月；梅期长达58天，比常年平均多34天，比最长年的1954年还多1天。

吴江县气象站显示梅雨量589.9毫米，是常年190.4毫米的2倍多，比多梅雨的1986年还多167毫米。全县16个测站平均梅雨量552.4毫米，其中最多的铜罗站达635.7毫米，最少的震泽站亦达480.6毫米。梅雨量占全汛期雨量的74.4%，比常年平均多45.6%，比最高的1986年还多9.9%。一日最大雨量是91毫米，比1954年一日最大雨量多17.9毫米。梅期内大雨5次，暴雨3次，比1954年分别增加2次。

6月14日8时，吴江县境内普遍超过警戒水位3.5米。

6月15日8时，吴江县境内普遍达到危险水位3.8米。

国家防汛抗旱总指挥部汛期报告：

6月16日8时，太湖水位3.92米。

6月17日8时，太湖水位4.05米。

6月18日8时，太湖水位4.08米。

6月19日8时，太湖水位4.15米。

6月20日8时，太湖水位4.20米。

6月21日8时，太湖水位4.22米。

平时以3~3.5米为宜的太湖，容纳不下这突如其来的水。

"水往低处流。"吴江地处太湖东岸，平均海拔3.5~3.8米，低处3米不到，松陵镇、菀坪乡内还有2.2米左右的海拔地表。既是"屯水仓库"，又是"洪水走廊"。

太湖洪水出路何在？

吴江县人大常委会城建工委在《治理太湖的要策——开通太浦河》中指出：

"太浦河是太湖地区综合性骨干水利工程，西起太湖东岸吴江县庙港乡时家港，东接青浦县泖河与黄浦江相通。全长57.17千米，穿越江、浙、沪两省一市，河底宽150米，最大泄洪能力可达800立方米每秒。太浦河开挖于1958年……由于受行政区划的制约和人们对太湖地区水利建设的不同认识,浙江境内 2.1 千米未动工,上海境内青浦县钱盛村附近约 3 千米长河段开挖后未投入使用,后被分隔数段养鱼。因此至今太浦河仍然是一项未完工程,成为太湖整治中的一大顽症。

但是,太浦河水利工程尽管没有最后竣工,三十多年来,在太湖地区泄洪、交通、灌溉、环保等各个方面还是发挥出相当大的作用。

首先,为太湖泄洪开创出一条最宽敞、最敏捷的通道,减轻了太湖地区的洪涝灾害,初步奠定了以太浦河—黄浦江为主,望虞河等河道为辅的太湖泄洪水系和整治太湖的基本框架。

其次,促进了浙北、苏南与上海之间的水陆交通。一方面改善了航道状况,缩短了航运距离,使浙北山区及宜兴一带丰富的建材、地方特色产品通过太浦河源源输入上海,能源和工业产品不断从上海运回。另一方面,太浦河北侧堤岸为沪宣(上海至安徽宣州)公路的建设提供了穿越湖荡区的路基,目前该段公路已成为上海到安徽等地的 318 国道的一部分。

再次,为黄浦江直接引来太湖水源,增大黄浦江流量,为改善上海市区水质、防止吴淞口潮汐泥沙的淤积发挥出不可忽视的作用。

……

水急则冲,水缓则淤。关闭 33 年之久的太浦河至今淤浅已十分明显,太浦河节制闸西侧河口,枯水期船只已难以航行,再封闭下去,那么上游河段终将变成废河。同时,不开通太浦河,黄浦江就不能直接得到太湖水源的更新和冲刷,随着吴淞口潮汐泥沙淤积加快,那么有可能使黄浦江成为第二条吴淞江,这对于上海港的稳定和发展显然是一个值得重视的因素。

鉴于太浦河吴江段 40.3 千米已开通,太浦河工程的 80% 工程量已完成,并已建成太浦河节制闸及平望大桥等一批配套设施和建设项目,这是进一步搞好太湖流域水利建设的重要基础,也是苏南各县几十万民工用汗水积累起来的劳动果实,我们没有理由再让太浦河工程继续荒废下去。

……

从近期看,开通太浦河主要是疏导吴江芦墟以东至青浦县泖河之间的 16.87 千米河段,由于大部分是水面,工程量不太大。其中,浙江境内 2.1 千米河段内狭泾要拓宽,青浦县境内约 3 千米长的钱盛荡要在今年抗洪中炸坝的基础上,彻底清除坝障,退池还河,使太浦河全线全部达到原设计标准。

从长远看,这一工程还应在全线开通的基础上,做好以下几项工作:

1. 全线疏通和拓宽了太浦河河道,增大泄洪能力。两岸口门挡不封,今后视实践情况再定。

2. 太浦河节制闸增加航运套闸,把太浦河建成太湖地区东西向主航道,加强太湖东西两侧的水运联系。

3. 拓宽南汇县大治河或奉贤县金汇江,开辟太湖直接入海的行洪道,利用低潮,开启蕴藻浜、淀浦河、大治河、金汇江闸,为黄浦江分洪,确保洪水期间上海市区的安全。

为了理顺太湖水系,根治太湖水害,充分发挥太浦河水利工程在整个流域中的综合服务功能,我们期望有关方面都要以流域全局为重,统一认识,协调配合,共同把太湖的事办好,早日把太浦河开通开好。”

但是,给抗御太湖洪水找对策绝非易事。

6月16日,江苏省防汛防旱指挥部向国家防汛抗旱总指挥部发出特急电报:

"太湖流域6月12日至14日三天连降暴雨157至263毫米,太湖水位猛涨,四天内上涨0.5米,16日8时湖平均水位已达3.89米。湖西地区河湖水位普遍超过1954年记录,尚有10多亿立方米水量还未进入太湖。我们分析,即使不雨,太湖平均水位将达4.2米至4.3米。目前距梅雨结束尚有20多天,雨区仍稳定在江淮流域,如果继续降雨150至200毫米,太湖水位即将超过历史最高水位4.65米,汛情十分危急,恳请开启太浦闸早泄。"

6月18日2时30分,江苏省省长陈焕友向上海市市长黄菊发出特急电报:

"17日太湖平均水位已达4.03米,并继续以每天10多厘米的速度上涨;苏州淀泖地区水位高达4米左右,吴县、吴江、昆山三县市大片农田受淹,工厂、居民区进水,已危及当地工农业生产和人民财产的安全。为缓解灾情,恳请在不影响上海青松地区防洪安全的前提下,打开淀浦河西闸、蕴藻浜闸,以利退水,盼请大力支持。"

11时,江苏省政府收到上海市政府明传电报:蕴藻浜东西闸分别打开。淀浦河西闸将在下午5时之前打开。据6月21日《解放日报》报道:"上海蕴藻浜和淀浦河水闸从前天开闸,三天来共泄洪排水2600万立方米。"

气象部门报告,6月16日雨止转入高温,至6月28日两次降雨。

6月19日19点35分,江苏省防汛防旱指挥部再次向国家防汛抗旱总指挥部并报国家水利部发出特急电报:

"自5月21日入梅以来,太湖流域连续降雨,特别是6月12日已连降三场暴雨,太湖水位猛涨,今天8时湖平均水位4.15米,已超过警戒水位0.65米,并在继续上涨,已威胁我省苏锡常地区和镇江、南京部分地区的16个县、1380万人口的生命财产安全;严重影响到全省45%的工农业产值和50%财政收入的大局,情况十分危急。

我省陈焕友省长和我部已多次电报、电话请示国家防总呼吁尽快开启太浦闸,但至今未开,发展下去后果不堪设想,特再次电请指示太湖流域管理局当机立断,迅即开启太浦闸,以减轻灾害所造成的损失。并请即示复。同时,我部要求防总负责同志前来坐镇指挥,具体指导。"

6月21日,江苏省收到上海市明传电报,同意开启太浦河节制闸但需得到国家防汛抗旱总指挥部指令。随即,江苏省防汛防旱指挥部同日又收到一份盖有国家防汛抗旱总指挥部办公室朱印的明传电报:

"关于要求迅即开启太浦闸的紧急请示收悉。因太湖流域近期连续降雨,河、湖水位普遍迅速上涨,江苏、浙江、上海两省一市部分地区遭受洪涝灾害。你省苏锡常地区已遭受水灾,浙江省嘉兴水位19日20时达4.04米,超过警戒水位0.54米,杭嘉湖地区已有27527亩农田、9561间民房受淹,156万人受灾,乡镇企业损失4500万元,直接经济损失估计2.88亿元。目前正在加紧防洪排涝,南排工程长山闸已全部开启排水。上海市从大局出发,已打开蕴藻浜闸和淀浦河闸增加排水,米市渡19日8时水位为3.43米,超过警戒水位0.13米,淀泖地区已有部分农田受淹,防汛亦十分紧张。当前由于太浦河尚未开通,太浦闸开闸放水势必加重杭嘉湖和淀泖地区的洪涝灾害。浙江省、上海市均表示当前不宜开太浦闸。经我办反复研究,考虑两省一市都已遭受灾害的情况下,目前以暂不开太浦闸为宜。"

6月21日上午,长江中下游防汛会议在镇江一泉饭店召开,江苏省省长陈焕友致欢迎词,希望国家水利部和各方面支持江苏抗洪,提出应当开启太浦闸。

6月22日8时,太湖水位4.26米。

6月25日,国务院副总理田纪云签发国家防总明传电报1号,内容是《关于开启太浦闸泄洪的通知》:

"一、充分发挥现有入江、入海排涝河道的泄水作用,尽快降低河网水位,湖西、沿江、淀泖和杭嘉湖地区要充分利用泵站、涵闸等排水设施排涝。二、进一步落实防守措施和抢险料物,加强环湖大堤、城镇圩堤和低洼圩区的防守和抢险,并进行必要的加固;对没有退水作用的圩堤缺口要抓紧堵复。三、原则上控制嘉兴水位3.40米,米市渡水位3.3米时运用太浦闸泄洪。根据目前下游落水情况,决定于26日12时开启太浦闸泄洪,先开20%左右,然后视情况再行调度。同时,东太湖、运河东岸和太浦河北岸闸、涵、口门也要敞开泄水。有关太湖泄洪调度方案,由水利部太湖流域管理局确定,并负责调度和监督执行。"

15时35分,田纪云副总理亲自用毛笔批示的明传电报到达南京的上海路9号大院。

"请苏、浙两省,上海市即按通知执行。并请转达国务院对战斗在防洪第一线的广大干部、群众、解放军、武警指战员的崇高敬意。"

江苏省水利厅厅长孙龙立即在电报上签批,电传省委:沈达人同志,曹鸿鸣同志。省政府:陈焕友同志,高德正同志,凌启鸿同志。顾委:周泽同志。人大:韩培信同志。政协:孙颔同志。并转发苏州市、无锡市、常州市三市防指。

此时,太湖水位4.23米,太浦河水位3.51米,一闸之隔,相差0.72米。

6月26日12时,29孔,130多米长的太浦河闸第一次发出建造32年来的泄洪巨鸣。巨大的电动机带动卷扬机徐徐转动,第15、16闸首先缓慢上升,接着从第11闸到第20闸这10孔闸门都被提起1米。流量100立方米每秒。太湖流域管理局、江苏省和苏州市防汛抗旱指挥部领导到现场指挥。

13时过后,太浦河闸前太湖水位明显下降,太湖洪水开始有出路。但太浦河水位相应上升10多厘米,吴江境内,尤其太浦河沿线的抗洪压力增加。

6月30日到7月2日,太湖流域普降暴雨。苏锡常地区再次遭灾。

7月2日18时,江苏省防汛防旱指挥部明传电报告国家防汛抗旱总指挥部:

"因苏锡常等城市进水,形势严峻,要求面对太湖地区突发大洪大涝迅即加大太浦闸泄洪,紧急请示。"

7月4日10时35分。田纪云在《关于太湖流域汛情及防汛部署意见》上签署:

"同意发。此件报泽民同志。"

18时03分,这份以国家防汛抗旱总指挥部名义发布的意见用明传电报发至南京、杭州、上海:

"今年入梅后,太湖流域连续降雨,至今已出现了两次大的降雨过程,太湖水位持续上涨,6月11日至20日第一次降雨过程,太湖流域平均雨量达300多毫米,入湖水量20多亿立方米,湖水位由6月22日的3.40米上涨到6月23日的4.28米,超过警戒水位0.78米。为确保防洪安全,经与江苏、浙江两省和上海市协商并报田副总理批准,于6月26日12时开太浦闸泄洪,同时打开东太湖一些退水口门加大出湖流量,至7月1日太湖水位降低到4.09米。6月30日以来太湖流域出现了第二次降雨过程,截至7月3日全流域平均降雨140毫米,7月3日14时水位又上涨到4.32米,超警戒水位0.82米,预计本次降雨过程太湖水位可能达到4.4~4.45米,距1954年最高水位仅差0.2米,由于太湖流域综合治理规划没有实施,洪水没有出路,太湖高水位还将持续相当长的时间,目前正值大汛,还有可能再次发生暴雨洪水,太湖水位可能继续上涨,防汛形势十分严峻。

根据目前的汛情,迅速降低太湖水位是当务之急,有关省市必须顾全大局,团结抗洪,共同承担防洪任务,必要时牺牲局部,为确保上海、无锡、苏州、嘉兴等大中城市和沪宁、沪杭铁路干线的安全,把洪涝灾害减少到最低限度,决定采取以下措施:

一、请江苏省立即打开东太湖的大鲇鱼口出水口门;清除三船路、瓜泾港、牛腰泾、西塘港、柳胥港、扬湾港、新开河、大浦口,以及小鲇鱼口等出水通道内的行洪障碍,加大出湖流量;清除太浦河北岸向北泄水的阻水障碍,增大太浦河北排的能力。

太湖地区要充分发挥现有入江、入海排涝河道的泄水作用,尽快降低河网水位,湖西、沿江、淀泖和杭嘉湖地区要充分利用泵站、涵闸等排水设施排涝。

二、请上海市做好群众工作,尽快破除太浦河下游河道内的钱盛荡等民圩,打通太浦河至黄浦江的泄洪通道;打开红旗塘上的堵坝,打通红旗塘至黄浦江的泄洪通道。在以上泄洪通道打通后,太浦闸泄量加大到200立方米每秒。

三、当太湖水位超过4.5米并继续上涨时,进一步加大太浦闸的泄量,同时采取利用望虞河排太湖洪水的方案(包括破除望虞河入口沙墩港堵坝),加大出湖流量,请江苏省提前研究落实措施。

四、认真落实防守措施,加强环湖大堤和城镇的防守,确保安全。特别是本次降雨主要集中在常州、无锡一带,前两市的水位均高于太湖平均水位,苏州、嘉兴水位也比较高,应采取措施,抢排涝水,保护城镇安全。各工矿企业也要积极采取堵截、抢排水等措施,保障生产正常进行。

请江苏、浙江省和上海市,继续发扬顾全大局、团结治水、必要时牺牲局部保护整体的共产主义精神,按照以上部署动员组织干部群众认真贯彻,抓紧落实,并及时报告执行情况,团结一致,共同夺取太湖地区防洪斗争的胜利。"

7月4日下午,吴江县打开新开河、牛腰泾、三船路等8个通运河的口门。

7月5日,七都站太湖水位达到4.87米的最高水位,境内的松陵4.18米,震泽4.33米,桃源4.28米,平望4.16米。江苏省委副书记曹鸿鸣、省政府副秘书长陈根兴、省水利厅厅长孙龙,察看太湖吴江段有关口门。

当天傍晚,大鲇鱼口上的坝被炸开。这标志着国家防汛抗旱总指挥部提出的10个出水口门全部打开。同日,横亘在青浦与嘉善县之间33年长80余米的红旗塘坝被炸开4个大决口。

7月6日8时,太湖水位达4.68米,超过1954年历史最高水位。9时,吴江的被淹稻田由20万亩增到35万亩,民舍被淹2.18万户,倒塌近千间,480家工厂进水停产。

同日中午,田纪云副总理冒雨前往太浦河,乘船实地查看太浦闸情况,并在江苏省苏州市吴江县的平望镇召开两省一市治水现场协调会。江苏省副省长凌启鸿、浙江省副省长许行贯、上海市副市长倪天增等参加会议。

太湖水位继续直线上升。

太浦闸流量在 100 个立方米每秒时，嘉兴地区水位不是上升而是下降，对上海地区影响不大。国家防汛抗旱总指挥部明传电报 5 号命令太浦闸 14 点起将泄量增加 50 立方米每秒。此时，太湖水位局部超 4.65 米，平均水位 4.55 米。

7 月 8 日 15 时 20 分起，上海连续炸开钱盛荡坝 8 道。

浙江澉浦南排工程 7 孔全部打开，日泄量 1300 万立方米。

水位还在上升。太湖水位仍然居高不下，达到 4.7 米。

7 月 9 日下午，中共中央总书记江泽民、国务院副总理田纪云，在国家民政部部长崔乃夫、国家水利部部长杨振怀、中共江苏省委书记沈达人、省长陈焕友、南京军区司令员固辉等陪同下，到横扇察看太浦河节制闸水情。中央领导高度赞扬吴江人民，顾全大局开闸泄洪，保证太湖上下游抗洪全面胜利的自我牺牲精神。

为加快太湖洪水下泄，吴江县防汛防旱指挥部同日立即发出对吴淞江、瓜泾港、太浦河、芦墟塘紧急清障通知；次日，又召开全面开展泄洪河道清障工作会议。有关乡镇立即行动，共清除杠网 2 番、鱼簖 53 番、虾网 4 条、虾笼 2 条、窑厂残渣 2000 立方米，阻水作物 33 处，5500 平方米，投工 4352 工。

当天，国家防汛抗旱总指挥部明传电报 7 号继续命令太浦闸 16 时起流量增加到 200 立方米每秒。

7 月 11 日 8 时，沙墩港坝被炸开。东坝口面宽 142.4 米，平均深度 0.57 米；西坝口门宽 50 米，平均深度 1.60 米，过水断面均达 80 平方米。

7 月 14 日，国务院江苏抗洪救灾工作组来苏，由国务院生产办公室副主任张彦宁带队，7 月 14 日到张家港、常熟市，7 月 15 日到吴县、苏州城区，7 月 16 日上午赴吴江察看灾情。

7 月 19 日，国家防汛抗旱总指挥部明传电报 13 号再次命令太浦闸自 20 点起流量加大到 250 立方米每秒！

国家防汛抗旱总指挥部明传电报一个紧接一个。

7 月 21 日 20 时起，太浦闸流量加大到 300 立方米每秒！

7 月 23 日 24 时起，太浦闸流量加大到 350 立方米每秒！

7 月 24 日 20 时起，太浦闸流量加大到 400 立方米每秒！

8 月 7 日 17 时许，强龙卷风又助纣为虐，全县骤降暴雨，点雨量大，其中北库 1 小时内竟达 125 毫米，全县水位再次抬高，三船路站太湖水位达 4.47 米。

8 月 14 日，上海市副市长庄晓天考察横扇太浦河节制闸，太湖流域管理局副局长、总工程师黄宝传向他们介绍太湖流域治理和太浦河口开控问题。

高水位持续不下，又正值酷暑炎热，真正的"水深火热"之中！

人们在煎熬中顽强地抗争。

8 月 29 日，太湖水位终于降至 3.5 米，国家防总命令关闭太浦闸。

9 月 1 日晚，太浦闸正式关闭。期间，共泄太湖洪水 12.34 亿立方米，降低太湖水位 0.5 米。

9 月下旬，太浦闸水位回落到警戒水位以下。

整个汛期是一场暴雨一次汛、一片灾!

灾害造成全县淹没稻田 66.88 万亩,成灾 10.8 万亩,失收 2.38 万亩;受淹桑、果、瓜、蔬、鱼池 19.8 万亩;3659 个工厂积水,其中停产、半停产 698 个;4.18 万户民宅进水;水利工程损失土方 173.3 万立方米、石方 27.36 万立方米,直接经济损失达 4.15 亿元(交通停航 40 天损失未计入)。

有着吴风越韵、精诚致远精神的吴江人民没有被灾难吓倒。

面对灾难,吴江县委、县政府 7 次召开抗灾紧急会议部署抗灾,58 次发出传真通知,要求抓好抗灾工作和抓好灾后恢复生产。全县上下领导有方,决策果断,行动迅速,抗灾顽强,组织抢险队 1242 个,3.3 万人,投入抗灾抢险 46.14 万人次,其中干部 2.49 万人次;抢筑堤坝险段 4925 处,长度 319.6 千米,土方 183.9 万立方米;投入抗灾草包 72.5 万只、编织袋 137.7 万只,树棍、毛竹 6.3 万枝,木材 78 立方米,柴油 5170 吨。投入 1500 台、4.1 万千瓦固定泵站和 3300 台、2.2 万千瓦流动机泵排涝;圩区内低田、特低田分级抢筑围堰,分级抢排,排涝面积 89 万亩。全县 120 只联圩没有破圩,没有发生一起人为责任事故。期间,全县城乡群众自发、领导带头和单位捐赠救灾款 1391 万元,粮票 17.15 万千克。

太湖前哨的苑坪乡团结圩和县联合水产养殖场的南圩,大堤严重滑坡塌方,多次出现险情。县委、县政府领导分别带领县机关 200 多名抢险队员,火速奔赴现场,指挥抗灾,与当地群众一起抢险,整整奋战一天,抢修险工地段 8 处,终于制住塌方,消除隐患,保住圩内万亩农田、鱼池和几千名群众的生命财产安全。

横扇太浦河蚂蚁漾大堤出现 8 次塌方,严重危及圩内 1800 亩农田和 6 家工厂、8000 多名群众生命财产的安全。乡三套班子带领机关干部 50 多人和 20 个村的 4000 多名劳力紧急抢修,克服取土远、劳动强度大、气温高等困难,一天内加高加固大堤 2.25 千米,加固 5 座病闸,确保安全度汛。

芦墟东玲村发现太浦河堤坝有一大漏洞,随时有堤垮沉圩的危险。镇人大代表徐兴观潜入 6.5 米深的河底,上下 20 多次,在水中作业一个多小时,用草包把漏洞堵死,保住农田、村民住宅的安全。

不破不立。

事情朝着好的方向发展。肆无忌惮的洪水也把国家计划委员会 1987 年 6 月批准的《太湖流域综合治理总体规划方案》彻底地推向全面实施。在国务院的统一部署下,江苏、浙江、上海两省一市人民携手合作,开始加快太浦河、望虞河、环湖大堤、杭嘉湖南排、湖西引排、红旗塘、东西苕溪防洪、扩大拦路港泖河及斜塘、武澄锡引排、杭嘉湖北排通道等"十大骨干工程"建设。

(编者根据有关资料整理后采用报告文学体撰写)

(二)吴江市 1999 年抗洪纪实

1999 年 6 月 7 日,受第 3 号台风减弱后倒槽和冷热气流持续稳定在太湖流域上空的影响,全市提前 10 天入梅。6 月 28 日,全市 23 个镇水位全面超历史。

吴江市委、市政府从 6 月 24 日开始,多次召开电视电话会议并多次发出紧急通知,作出紧急动员和部署,把抗洪救灾作为压倒一切的中心任务来抓。

桃源镇灾情较为严重,先后出动3万余人次,加高加固37千米外河圩堤。

6月30日清晨5点20分,市区西塘桥段出险。市机关抢险队办公口30人立即上阵抢险,随着险情的加剧,中午又出动200人的预备队增援。傍晚时分刚从八圻抢险回来的政法口、经委口队员也驰援西塘桥。直到次日凌晨,西塘桥两侧筑坝近千米,险情得到缓解。

同日,吴淞江十三洛段圩堤告急,直接危及庞山湖北端的庞北、湖西、仪塔村和吴县戈湾村近6000亩粮田、鱼池和民宅的安全。同里镇紧急动员,在市机关抢险队的支援下,组织1000多人连续奋战两天一夜,填筑土方1万多立方米,加固加高圩堤2000多米,有效控制险情。

北麻漾坛丘段外围圩堤长9.3千米,涉及坛丘镇9个村,3000多农户,约20平方千米的保护范围,并影响到盛泽镇东方丝绸市场。坛丘镇出动近2万人次加高加固圩堤。7月1日晚,个别地段不时漫水,出现塌方迹象,近百名村民冒雨彻夜奋战在大堤上。

7月2日,桃源、盛泽、七都、八都4镇水位均达5米以上,桃源站凌晨1时测得最高水位高5.22米,比1991年最高水位高出0.92米(均为未修正水位)。凌晨1时,邻省圩堤被洪水撕开一道10多米长的口门,洪水直泄七都焦田村长洋圩。七都镇组织人员在缺口上游的北木桥下筑坝。经过3小时努力未获成功。1个半小时后,5个村、20多个企事业单位和镇机关组成的200多名抢险队员到达,300多名武警战士也奉命从苏州、镇江增援,共同在3千米长的圩堤上加高加固。下午,险情得到控制。

同日凌晨开始,经过北库数千名干部群众、机关抢险队员、部队官兵3天的努力,在潘水港—里古漾—野鸭荡筑成一道长达5千米的抗洪大堤,保住了下游1.4万亩粮田和鱼塘,使30多个村和镇区的居民安全度汛。

7月7日上午,太湖水位涨至5.07米,比1991年历史最高水位高出0.2米,太湖大堤的防汛形势极为严峻。根据"全线防,重点保"的战略方针,全市调集1万多人次上堤抢险,严防死守,使环太湖大堤28处险工险段安然无恙。

7月8日14时,太湖平均水位最高达5.08米。根据国家防汛抗旱总指挥部下达的调度指令,太浦闸开闸泄洪(7月20日,太浦河实测最大流量779立方米每秒。至8月17日关闸,排泄洪水8亿立方米,加上前期排出的7亿立方米,共排出太湖洪水15亿立方米,造成吴江境内水位下降缓慢)。

7月9日上午,中共中央政治局委员、国务院副总理、国家防汛抗旱总指挥部总指挥温家宝,受中共中央总书记江泽民和国务院总理朱镕基委托,代表党中央、国务院到吴江检查部署防汛抗洪工作。温家宝在国家水利部部长汪恕诚,江苏省委书记陈焕友,省长季允石,省委常委、苏州市委书记梁保华,副省长姜永荣,苏州市委副书记黄俊度,苏州市副市长江浩等陪同下,查看太湖汛情和环太湖大堤,向全市人民转达党中央、国务院的关怀,并与各级领导共商抗灾救灾措施。温家宝激励吴江人民振奋精神,坚定信心,人在堤在,确保太湖大堤和人民生命财产安全,战胜洪涝灾害。随同温家宝检查的还有国务院副秘书长马凯、国家民政部副部长李宝库、国家财政部副部长张佑才、解放军总参作战部副部长张盘洪、国家防汛抗旱总指挥部办公室副主任赵春明等。

7月20日出梅,梅雨期历时44天,比常年平均多21天,梅期雨日共34天。全市15个测站平均梅雨量为 771.2 毫米,是常年平均梅雨量 201.7 毫米的 3.8 倍,为历史最大纪录,其中梅雨量最大的平望站达 843.2 毫米,最小的太浦闸站也达 684.5 毫米。整个梅雨期共出现三段(6月 7~10 日,15~17 日,23~30 日)雨量大、范围广、持续时间长的降雨过程,其中 6 月 23~30 日全市 15 个测站平均降雨量达 433.7 毫米,占整个梅雨量的 56.2%,6 月 30 日一天全市 15 个测站平均降雨量达 115.8 毫米,最大的金家坝站达 144 毫米,最小的铜罗站为 96.2 毫米。

汛期太湖水位超历史最高水位 4.79 米时间达 19 天(7 月 2~20 日),超过 5 米以上 8 天(7月 5~12 日),超过 4 米以上 69 天(6 月 27 日至 8 月 7 日,8 月 22 日至 9 月 17 日),超过警戒水位 3.5 米长达 116 天(6 月 10 日至 10 月 3 日)。

汛期,全市投入抢险干群 100 多万人次,消除堤防险情 2000 余处,耗用草包、编织袋、麻袋527 万只,块石 2.13 万吨,石子 9000 吨,道渣 2.1 万吨,毛竹、木桩 31 万枝,彩条布、土工布 41万平方米,柴油 2090 吨,电 2850 万度,启用抗排机具 4700 台(套)6.6 万千瓦。期间,从江苏省、苏州市紧急调运抗排机泵 90 台(套),草包 30 万只、编织袋 66.4 万只,接受江苏省红十字会药物 7 万多元,投入抗洪抢险经费 1.34 亿元。中国人民解放军某装甲部队、驻吴江农场部队和中国人民武装警察部队苏州、镇江支队、吴江中队、吴江消防大队先后出动官兵 4000 多人次,车辆584 台次参与抗洪抢险。分布全市 120 个联圩、9 个镇区大包围、环太湖控制线、太浦河沿线的754 座水闸、429 座排涝站、1825 千米防洪堤防、746 千米护岸,未发生垮闸、决堤事故。

水灾造成重大损失。全市有 23 个镇 531 个村 40 个街道受灾,受灾人口 5.6 万人;23 个城镇的 650 条街道、道路积水,22671 户城镇、农村居民住宅进水,损坏房屋 8286 间 12.4 万平方米;2000 余个企业进水,其中 1016 个积水严重,505 个全部停产,500 个半停产,市农资公司化肥农药仓库、10 个粮库和 20 多个茧站长期处在高水位包围中;58 万亩水稻田全面压水,其中30 万亩没顶;20 多万亩经济作物受灾,其中 10 万亩桑园出现不同程度积水,6 万多亩特种蔬菜瓜果、1.2 万亩果树、1.2 万亩苗木严重受淹;受淹猪舍 18.5 万平方米,生猪 4.5 万头,受淹羊棚 4830 平方米,羊 3729 只,受淹家禽 4.04 万羽;3 万多亩鱼池受洪水冲击,其中 5 万亩内塘、3 万多亩外塘养殖、1 万多亩围养不同程度出现鱼苗逃逸,有 3 万多亩鱼苗、蟹苗全部逃光,一大批鱼池池埂、网具、鱼箔受损,累计直接经济损失约 5.08 亿元。全市 1400 千米堤防遭到不同程度冲刷,其中 140 千米堤防冲刷严重,损坏护岸 14 千米,损坏水闸 110 座,损坏桥、涵 50座,损坏机电泵站 45 座,损失石方 2.5 万立方米,混凝土方 0.2 立方米,水利设施直接经济损失约 6000 万元。

七　吴江市(县)建置及乡镇沿革

吴江建县于五代后梁太祖开平三年(909),距今已有 1 千余年。元成宗元贞二年(1296),吴江县升为州,明太祖洪武二年(1369)复改为县。清世宗雍正四年(1726)分设吴江和震泽两县,同城而治。民国元年(1912)复合为吴江县。1992 年 5 月,吴江撤县建市。吴江先后隶属于苏州、中吴军、平江军、平江府、平江路、苏州府、江苏省、苏南行政区苏州行政分区、江苏省苏州专区、苏州地区、苏州市。

吴江建县前即有乡之建置。建县后,自宋至清,设乡、都、区、保、图(里),下辖圩。清末,推行地方自治,县以下设镇。民国年间一度为地方自治;民国16年(1927)改为区、乡(镇)、街、村;民国23年(1934)年底实行保甲制。中华人民共和国成立后,废保甲制,分区、乡(镇)、村(街道);1958年建立人民公社,实行政社合一,县以下设公社(镇)、生产大队(街道)、生产队(居民小组);1983年恢复乡(镇)、村建制;1985年7月起,部分乡镇合并,开始实行镇管村体制,至1994年2月全部完成。

1949年(民国38年)4月29日,吴江解放,建立人民政权,全县设8个区,38个乡、镇。分别为:城厢区辖松陵、八坼2镇,南厍、越溪2乡;同里区辖同里1镇,新三、石泓2乡;平望区辖平望、横扇2镇,溪港、梅堰2乡;黎里区辖黎里1镇,黎东、黎西、黎北3乡;芦墟区辖芦墟、北厍、莘塔3镇,周庄1乡;震泽区辖震泽1镇,大儒、大庙、七都、八都、开弦、柳塘、蠡泽7乡;严墓区辖铜罗1镇,南麻、善骏、集贤、志和、桃源5乡;盛泽区辖盛泽1镇,谢圣、洪福、忠介、新杭4乡。

1950年1月,全县设8个区,110个乡镇,1个县属镇。分别为:城厢区辖松陵、八坼2镇,庞山、湖滨、长板、南厍、长泰、浦东、浦西、浦北、湖东、湖西10乡;同里区辖同里1镇,镇北、镇南、九里、沐庄、屯村、星东、星南、叶泽8乡;平望区辖平望镇、横扇2镇,平东、平北、平西、平南、溪洼、溪西、光荣、充浦、屠塘、梅塘、秋塘11乡;黎里区辖黎里1镇,杜公、天福、章湾、南莺、乌桥、藏龙、新参、大阳、长具9乡;芦墟区辖芦墟、北厍、莘塔3镇,东秋、汾溪、厍西、厍秀、新珍、莘西、莘东、蚬南、龙泾、元北10乡;震泽区辖震泽1镇,镇北、盛港、陆港、大儒、马港、罗涯、庙港、吴溇、方桥、菱荡、七都、港口、贯桥、八都、凤凰、开弦、庙头、柳塘、双杨、镇南、蠡泽、梅桥、蠡西23乡;严墓区辖铜罗1镇,严东、高路、天亮、开阳、太平、南麻、坛丘、善骏、龙泉、原通、西亭、集贤、青云、志和、广福、大同、桃源17乡;盛泽区辖圣塘、大谢、北角、谢天、大古、南宵、南心、郎中、茅塔、北王、澄溪11乡;盛泽为县属镇。

同年2月,增设大庙、坛丘2个区,全县调整为10个区,108个乡镇,1个县属镇。分别为:城厢区辖松陵、八坼2镇,庞山、湖滨、长板、南厍、长泰、浦东、浦西、浦北8乡;同里区辖同里1镇,九里、沐庄、屯村、镇南、镇北、星东、星南、叶泽8乡;盛泽区辖大古、南宵、北角、谢天、澄溪、茅塔、北王、圣塘8乡;坛丘区辖太平、南麻、大谢、坛丘、南塘、龙泉、南心、郎中、开阳9乡;黎里区辖黎里1镇,章湾、大阳、黑龙、乌桥、藏龙、天福、南莺、新参、新珍、平林10乡;芦墟区辖芦墟、莘塔、北厍3镇,龙泾、蚬南、莘西、厍东、厍西、三村、东秋、汾溪、元北9乡;大庙区辖横扇1镇,罗港、马港、庙港、盛港、陆港、大儒、光荣、充浦、吴溇、方桥、七都、菱荡12乡;平望区辖平望1镇,平东、平西、平南、平北、屠塘、秋塘、梅塘、溪港、溪西9乡;严墓区辖铜罗1镇,高路、广福、天亮、大同、桃源、青云、新和、新贤、新成、集贤、严东11乡;震泽区辖震泽1镇,港口、贯桥、凤凰、庙头、双杨、镇南、镇北、梅桥、蠡西、八都、开弦、柳塘、蠡泽13乡;盛泽为县属镇。

同年7月,大庙区增设厍港乡。

同年9月,城厢区增设湖东乡。

同年10月,严墓区增设问津、陶墩、西亭3乡,全县调整为10个区,113个乡镇,1个县属镇。

1952年底至1953年初,松陵、同里、震泽、黎里、平望、芦墟6镇先后改为县属镇。

1954年7月,坛丘区与盛泽区合并,全县设9个区,108个乡镇,1个区级镇,6个县属镇。

分别为：城厢区辖八坼1镇，湖东、庞山、城东、湖滨、长板、长泰、南厍、浦北、浦东、浦西10乡；同里区辖镇南、镇北、叶泽、星东、星南、屯村、九里、沐庄8乡；黎里区辖大阳、新参、新珍、天福、平林、南莺、章湾、乌桥、藏龙、黑龙10乡；芦墟区辖三村、龙泾、汾溪、蚬南、厍民、厍新、元北、莘西、东秋、莘塔、北厍11乡；平望区辖平东、平西、平南、平北、溪港、溪西、屠塘、梅塘、大塘、南塘、大古11乡；盛坛区辖北角、南宵、谢天、北王、澄溪、茅塔、圣塘、大谢、南心、郎中、坛丘、龙泉、太平、南麻14乡；震泽区辖镇南、镇北、双杨、柳塘、庙头、港口、梅桥、贯桥、八都、开弦、蠡泽、蠡西、凤凰13乡；严墓区辖铜罗1镇，开阳、桃源、问津、新贤、集贤、严东、西亭、陶墩、新成、大同、天亮、新和、青云、高路、广福15乡；大庙区辖充浦、横扇、厍港、马港、陆港、罗港、庙港、盛港、光荣、七都、方桥、菱荡、吴溇、大儒14乡；盛泽为区级镇，松陵、同里、平望、黎里、芦墟、震泽为县属镇。

1956年3月，9个区合并为5个区，108个乡镇并为48个乡镇，县属镇7个。分别为：城厢、同里合并为城厢区，区公所设在同里镇，辖庞山、南厍、湖滨、长泰、浦联、镇南、屯村、沐庄、星南9乡和八坼1镇；芦墟、黎里合并为芦墟区，区公所设在北厍，辖乌桥、南莺、藏龙、三村、莘塔、龙泾、蚬南、汾溪、北厍、大阳10乡；平望、盛坛（划出原3个乡）合并为盛泽区，区公所设在盛泽镇，辖茅塔、宁天、坛丘、北王、平北、大古、溪港、平南、梅塘9乡；震泽、大庙合并为震泽区，区公所设在震泽镇，辖充浦、横扇、罗港、开弦、庙港、大儒、七都、柳塘、蠡泽、凤凰、八都、梅桥12乡；严墓区划入原3个乡，区公所仍在铜罗镇，辖铜罗1镇，桃源、西亭、新成、青云、开阳、南麻6乡；松陵、同里、盛泽、震泽、黎里、芦墟、平望为县属镇。

1957年10月，全县撤区并乡，设23个乡，7个县属镇。分别为：城厢区辖湖滨、八坼、同里、屯村4乡；芦墟区辖龙泾、莘塔、北厍、黎里4乡；盛泽区辖平望、梅堰、盛南、盛北、坛丘5乡；震泽区辖蠡泽、八都、震泽、七都、大儒、庙港、横扇7乡；严墓区辖铜罗、青云、桃源3乡；松陵、盛泽、震泽、平望、同里、黎里、芦墟为县属镇。

1958年7月，撤销龙泾乡。

同年9月，撤销盛南、盛北、蠡泽、大儒4乡，增设盛泽、菀坪2乡。

同年9月，农村成立人民公社，实行政社合一。全县设湖滨、八坼、同里、菀坪、屯村、莘塔、北厍、黎里、平望、梅堰、盛泽、坛丘、八都、横扇、七都、庙港、震泽、铜罗、青云、桃源20个人民公社，松陵、盛泽、同里、震泽、黎里、平望、芦墟7个县属镇。

1959年1月，撤销同里、震泽、黎里、平望、芦墟5个县属镇，分别并入同里、震泽、黎里、平望、莘塔人民公社。全县设湖滨、八坼、同里、菀坪、屯村、莘塔、北厍、黎里、平望、梅堰、盛泽、坛丘、八都、横扇、七都、庙港、震泽、铜罗、青云、桃源20个人民公社，松陵、盛泽2个县属镇。

1960年6月，县属镇松陵、盛泽建立镇人民公社。全县设湖滨、八坼、同里、菀坪、屯村、莘塔、北厍、黎里、平望、梅堰、盛泽、坛丘、八都、横扇、七都、庙港、震泽、铜罗、青云、桃源20个农村人民公社，松陵、盛泽2个镇人民公社。

1962年4月，增设金家坝、芦墟、南麻人民公社。全县设湖滨、八坼、同里、菀坪、屯村、莘塔、芦墟、北厍、金家坝、黎里、平望、梅堰、盛泽、坛丘、南麻、八都、横扇、七都、庙港、震泽、铜罗、青云、桃源23个农村人民公社，松陵、盛泽2个镇人民公社。

1963年1月，恢复震泽、同里2个县属镇。全县设湖滨、八坼、同里、菀坪、屯村、莘塔、芦墟、北厍、金家坝、黎里、平望、梅堰、盛泽、坛丘、南麻、八都、横扇、七都、庙港、震泽、铜罗、青云、桃源 23 个人民公社,松陵、盛泽、同里、震泽 4 个县属镇。

1963 年 5 月,撤销松陵、盛泽镇人民公社,全县设湖滨、八坼、同里、菀坪、屯村、莘塔、芦墟、北厍、金家坝、黎里、平望、梅堰、盛泽、坛丘、南麻、八都、横扇、七都、庙港、震泽、铜罗、青云、桃源 23 个人民公社,松陵、盛泽、同里、震泽 4 个县属镇。

1965 年,镇社分开,恢复平望、芦墟、黎里 3 个县属镇。全县设湖滨、八坼、同里、菀坪、屯村、莘塔、芦墟、北厍、金家坝、黎里、平望、梅堰、盛泽、坛丘、南麻、八都、横扇、七都、庙港、震泽、铜罗、青云、桃源 23 个人民公社,松陵、盛泽、同里、震泽、黎里、平望、芦墟 7 个县属镇。

1983 年 7 月,撤销黎里乡,并入黎里镇,实行镇管村体制。全县设湖滨、八坼、同里、菀坪、屯村、莘塔、芦墟、北厍、金家坝、平望、梅堰、盛泽、坛丘、南麻、八都、横扇、七都、庙港、震泽、铜罗、青云、桃源 22 个乡,松陵、盛泽、同里、震泽、黎里、平望、芦墟 7 个县属镇。

1985 年 10 月,撤销湖滨、同里、震泽、平望、芦墟乡,并入松陵、同里、震泽、平望、芦墟镇,实行镇管村体制。全县设松陵、盛泽、同里、震泽、黎里、平望、芦墟 7 个县属镇,八坼、菀坪、屯村、莘塔、北厍、金家坝、梅堰、盛泽、坛丘、南麻、八都、横扇、七都、庙港、铜罗、青云、桃源 17 个乡。

1987 年 1 月,北厍撤乡建镇。全县设松陵、盛泽、同里、震泽、黎里、芦墟、平望、北厍 8 个县属镇,八坼、菀坪、屯村、莘塔、金家坝、梅堰、盛泽、坛丘、南麻、八都、横扇、七都、庙港、铜罗、青云、桃源 16 个乡。

1988 年 7 月,八坼、铜罗、梅堰、桃源撤乡建镇。全县设松陵、盛泽、震泽、平望、黎里、芦墟、同里、北厍、八坼、梅堰、铜罗、桃源 12 个县属镇,菀坪、屯村、莘塔、金家坝、坛丘、南麻、八都、横扇、七都、庙港、青云 11 乡。

1992 年 5 月,撤县建市。全市设松陵、盛泽、同里、震泽、黎里、平望、芦墟、八坼、梅堰、北厍、铜罗、桃源、屯村、南麻、八都、横扇、七都、庙港 18 个镇,菀坪、莘塔、金家坝、坛丘、青云 5 个乡。

同年 9 月,横扇、南麻、屯村、庙港、七都、八都撤乡建镇。

1994 年 2 月,菀坪、莘塔、金家坝、坛丘、青云撤乡建镇。全市设松陵、盛泽、震泽、平望、黎里、芦墟、同里、北厍、八坼、梅堰、铜罗、桃源、横扇、八都、屯村、南麻、七都、庙港、菀坪、金家坝、坛丘、莘塔、青云 23 个镇。

2000 年 8 月,行政区划调整,设松陵(八坼撤并)、盛泽(坛丘撤并)、平望、震泽、黎里、同里、芦墟、北厍、桃源、横扇、梅堰、铜罗、八都、屯村、南麻、七都、庙港、菀坪、金家坝、莘塔、青云 21 个镇。

2001 年 10 月,行政区划调整,设松陵、盛泽、平望、震泽、黎里、同里(屯村撤并)、芦墟(莘塔撤并)、北厍、桃源(青云撤并)、横扇、梅堰、铜罗、八都、南麻、七都、庙港、菀坪、金家坝 18 个镇。

2003 年 12 月,行政区划调整,设松陵、盛泽(南麻撤并)、横扇(菀坪撤并)、七都(庙港撤并)、震泽(八都撤并)、桃源(铜罗撤并)、芦墟(金家坝撤并)、黎里(北厍撤并)、平望(梅堰撤并)、同里 10 个镇。

八　碑记

（一）吴淞江功成碑铭

夏书称：三江既入，震泽底定。盖禹治东南之水，其详不可得闻，而其大要不出乎此。后世水学失传，非惟治法不讲而三江之说纷纷，迄无定论。唯吴淞江为震泽入海之道，自古及今，莫之能易，其为三江之一无疑。今按江源出吴江长桥，下经长洲、昆山、青浦、嘉定四邑之地，抵上海县入海。前代修治之绩，姑未暇论。国朝二百年来，有事于东南水利者非。一惟永乐中夏忠靖公于吴淞江为略正。正统以来，并皆浚治。至隆庆初，御史中丞海公来为巡抚，尤锐意焉。于是自嘉定之祁艾以至入海之口，八十里间咸通流无滞。然一时工费悉取诸豪家，以故谤讟易兴而全江之工弗竟逮。今皇帝嗣位之五年时念东南财赋重地，会有以苏松水利为言者，上首俞之。而侍御林公实奉玺书专莅其事，惟是吴淞江于水利最巨，浚治既成，有司者俾升纪其始末。升尝谓水在天地间，犹血脉之在人身也，苟不能养人，则鲜有不为病者。往者大江之北，河水横流，灾被数郡，频年不息。至上厘宵旰沉璧马祭之，所以为捍治之具亦多术矣，而迄未底绩。因窃计以为，江南之事其可忧莫切于此。及公既至则兼采众长，断以己见，相地之势，因天之时，均四县之力，协谋于督抚中丞胡公、前参政王公、今按察使冯公，各相继营度，以赞成事。自昆山之漫水港东至艾祁凡六十里，随其通塞广狭施工各有差。

公复往来江上，时加省视。始于万历六年三月辛未，迄于四月辛丑，而江工告成。而千墩夏驾大小二闸之工亦不日而就夫，然后漫水以西则溯乎上游，艾祁以东则沿乎海，中丞之绩，而全江皆通流矣。至其工费所出，或取之滩占，或取之赎锾，或取导河修河诸课，上无损于国帑，下无加于编氓，为力省而成功巨。数十年壅阏旁溃之水，一旦咸受厥职，如宣导血脉，融液流畅，不复为病而适以养人。岂非江南之民之厚幸欤。

是役也，用夫四万二千余人，用银二万四千九百余两，钱八万有奇，为日者三旬而毕，董其役者，郡贰王侯事圣、昆山令程侯达，经其费者郡守李侯克、实郡贰刘侯昆、嘉定令徐侯上达、长洲令李侯尧民、吴县令郝侯国章。画地而程工者，领佐之属凡十人，不能悉书。他若疏剔江源于长桥之下，事在吴江，当自有志，故不书。林公名应训，闽之怀安人。王公名叔杲，浙之永嘉人。冯公名叔吉，慈溪人。铭曰：禹定震泽实疏三江，拢束百川以截汤汤。时惟吴淞三江之一，二江多湮，疏水为疾，历世浚之，随复湮塞，横流莫制。害兹稼穑。民困国匮，帝用斯恻，乃询乃谋。佥曰公能诞命，惟公承命以行。乃相厥势，乃度厥形，取财借力，经费揆程，万夫营营。乃锸乃畚，款广厥壅，斥旧流新，灌溉田畴，浸润沟塍。惟兹垫下，化为膏凝。三农欢呼，百谷用登。昔当理水，罔或克成。惟公之来，百废具兴。西门治邺，郑国凿泾，王景修汴，杜预疏荆。方公之功，并驾齐声。既富我国，既饶我民，竭心公朝，以沃湛恩。刻铭贞石，永焕千春。

明·陈允升

（载于《四库全书》第 577 册《三吴水考》卷 16 ）

（二）吴江县分水墩碑记

太湖之水,皆由西北横穿运河以东南注于海。经流之大者为吴淞江,其首授湖水在吴江县,县之所由名也,地最洼。湖尾之北出胥口入运者,又自东北分注运河,与运河南来之水汇。汇而东南趋之港,曰分水港。港西受瓜泾桥出河之水,合运河南北之流,三派以入,而名曰分水者,因墩而名之也。天下之合本以合其分,而不先分则无以为合,合众水以入一港,其势不能不互有强弱,此强而驶则彼弱而阻,必有受其患者矣。昔之浚是河者,留为墩以踞港口,使水之未入港者而不骤合,而得顺其遄流之性;及其合也,则已入于港,而流愈迅。此港所必有墩,墩所为以分水名,其功用亦因被于港,以见水不分则港亦终几于废矣。禹于河下流分为九而后合之,作者其或师此意也乎。惜入港数里后,水又由斜港入庞山湖以达黄浦,不能专注吴淞;吴淞东北诸水,亦多贯吴淞而南流入黄浦。黄浦日盛,吴淞日衰,青、娄惧潦,太、昭忧涸,则吴淞下流及东方诸渠之不治,非斯港所能为力者也。岁庚午大府以朝命修三吴水利,俾宝时次第其事。举湖之溇港,河之桥窦、堤岸,与七浦、徐六泾诸河,浚之筑之修之作之,复大浚吴淞,以竟治湖之业。迨癸酉瓜泾桥成,乃刻石此墩,窃记所见于前人之意者如此,使后之览者,知吴淞所以导泄太湖者于兹港始,兹港所以合受三派而无强弱争轧,以得畅入者,兹墩分水之所为也。因覆石以亭,俾无速泐,夫岂为北眄胥渎,而睐松陵,西望龙威马迹,揽湖山,数帆楫,流连光景之地云尔哉。同治十二年七月既望江苏按察使司应宝时记。

《吴江县续志》（光绪版）

注:原文无标点。

（三）兴修太湖大堤记

万顷太湖,包孕吴越。胜境具区,名闻遐迩,凡事物皆有度,适之者利,过之则害,太湖之水亦然。震泽底定,委天目、宜溧山区诸水。江南多淫雨,每逢雨潦,西来客水倾倒入湖,东去诸流泄之不及,洪水盈溢,泛滥成灾。苏州处于五湖、三江、阳澄、淀泖沮洳之地,首当其冲,屡遭其害,人民饱尝"淹民田,漂庐舍,溺生灵"之苦,自不待言。

中国共产党与人民政府,代表人民,服务人民。公元一九七七年夏,原中共苏州地委、苏州地区行政公署决定,并经江苏省水利局批准,按太湖流域综合治理规划,照抗御历史最高洪水位同遇十级台风侵袭之标准,依靠群众自力更生,全线兴修太湖大堤。造福人民之决策,深得群众之拥护。各级有关领导和工程技术人员,旋即实地查勘,精心设计。是年冬起,二十五万民工先后踊跃参战,艰难困苦无所畏惧,严寒酷暑岂能阻挡,连续奋战八年之久,太湖大堤全线告捷。自吴江县七都乡薛埠村起,至吴县望亭镇沙墩港止,全长一百五十二千米,堤高吴淞高程七米,顶宽五米,外坡一比二点五,内坡一比三之宏伟工程,实为前无古人之壮举。其间六十四千米建成高程五米至五米五,直立式浆砌块石挡浪墙,尤为造福后代之永久性工程。沿湖已建水闸和涵洞二十六座、桥梁十二座、绿化植树四十二万株,结合取土开挖顺堤河四十一千米,各项工程相互配套,生态环境大为改善。蔚为壮观之太湖大堤工程,总计征地六千四百余亩,投工五百九十万工日,国家和地方投资二千余万元,补粮二百六十万公斤。公元一九八六年十月,江苏省水利厅会同苏州市、吴江县与吴县水利部门验收合格,沿湖人民莫不额手称庆。

雄哉太湖大堤,为抗御太湖洪水、保障区域内工农业生产及人民生命财产安全之天然屏障。

美哉太湖大堤,乃共产党和人民政府领导人民建功立业、显示社会主义制度优越性之历史见证。

谨勒此石,以志纪念。

中共苏州市委员会
苏州市人民政府立
孙源泉、高凤嘈撰
谭以文书丹
公元一九八七年十二月

（四）盛泽地区水利工程兴建纪实

古镇盛泽,为吴江县之经济重镇。方圆数十里皆以丝绸为主业,承传统之技,扬先进之艺,绫罗绸缎,独树一帜,日出万匹,驰名中外,商贸百工,皆缘此高兴,经济繁荣,居民乐业,实为江南一颗明珠。然盛泽地处舜湖之畔,湖河环接,地势低洼。每逢汛期,上游客水压境,下游泄洪滞阻,水位剧升,风助为虐,决圩淹田,毁宅迫民,水之害甚也。据史载,自明嘉靖盛泽成市以来,四百六十余年间,大小水灾八十余起,惨象万种,阴影长留。中华人民共和国成立后,在中国共产党领导下,盛泽人民抗洪排涝,大兴水利,积多年之功,水患缓解。然镇区水患,虽缓未除,加之近年水情变化,居民仍时受洪涝之苦。自公元一九八三年至一九八五年,连续三年汛期洪水侵入镇区,街心行舟,宅前张网,工商停业,学校停课,损失甚大。其间虽建小型工程数处,终因杯水车薪难解根本。公元一九八七年又遭台风暴雨,一年三淹,损失尤重。此情此景,实难纵容。水害不除,城乡难宁。经吴江县水利局综合勘察,提出以市镇为中心,护八平方千米范围之工农商学,兴修一堤二站四闸工程之方案。经批准,决定以抗御历史最高水位四点三五米及能排日雨二百毫米之标准设计兴建。盛泽镇、乡人民发扬自力更生精神,集资七百七十三万元,由吴江县水利局组织实施。同年十二月破土动工,数千民工和工程技术人员,冒严寒,顶酷暑,日以继夜,连续施工。历时一年,于公元一九八八年十二月竣工,并经验收合格。该工程征地五百亩,投工二十五万工日,完成土石方及混凝土三十七万余立方米。建成:镇东船闸一座,孔径六米,闸室长六十五米;南草船闸一座,孔径八米,闸室长一百二十米;目澜闸一座,孔径五米,闸室长五十米;园明闸一座,孔径五米,闸室长五十米;镇东排水站一座,装机六台,日排水量为一百万立方米,此站排涝能力为目前苏州地区之最;目澜排水站一座,装机二台,日排水量十万立方米。四闸二站之间由十五千米圩堤相连。沿外河线圩堤,堤顶吴淞标高五点五米;沿内河线圩堤,堤顶标高五米。望四闸高耸,二站虎踞,长堤蛇舞,石坡坚伟,舟楫畅通,水波不兴。多年水患根治,百姓期盼如愿。

呜呼!盛泽地区水利工程之兴建,实为人定胜天之壮举,建设吴江之实事。艰苦创业,启示尤深:凡我公民,热爱家乡,同心同德,自力更生,奋发图强,则万事可成。盛泽镇乡人民于此走在前列,特此勒石,以为纪念。

中共吴江县委员会

吴江县人民政府

公元一九八九年四月

（五）太浦闸记

太浦闸位于江苏省吴江市境内,西距太湖两千米,闸身总长145.6米,单孔净宽4米,共29孔。太浦闸一九五八年十一月开工,一九五九年竣工。因下游太浦河长期没有开通,太浦闸在一九九一年以前没有使用。

一九九一年太湖发生了建国以来的最高洪水位,最高湖平均水位达4.79米,太浦闸从六月廿六日开闸到九月一日关闸,共泄洪11.9亿立方米,为减轻太湖流域洪涝灾害作出了贡献。

一九九一年,太湖流域大水后,党中央和国务院决定进一步治理太湖,太浦闸因工程老化,亦于一九九四年十月至一九九五年七月进行加固改造,并请全国政协钱正英副主席题写了闸名。太浦闸在经历了卅六年风雨之后,又以崭新的面貌出现在太湖之滨。

太浦闸与望虞河望亭立交工程同为太湖两个最主要的泄洪口门,地位重要,备受重视。国家水利部和苏、浙、沪两省一市历届有关领导人均到过此闸,特别是一九九一年大水中,江泽民总书记和田纪云副总理等党和国家领导人曾亲临视察。

团结治水是人民的愿望,太浦闸能发挥效益是太湖流域人民团结治水的宝贵成果。愿团结治水之花常开,愿太湖流域治理不断前进。

太湖流域管理局王同生书

一九九五年六月

（六）怀德井

坐落在吴江市区中山路与红旗路相交处,因其井栏以一巨石分三穴取水,故俗称三角井。明嘉靖十一年（1532）吴山凿,万历八年（1580）重修。

吴山（1470—1542）,吴江松陵人,明正德三年（1508）进士,官至南京刑部尚书。吴氏为吴江鼎族,累代簪缨,尤以吴山与其父吴洪两代尚书明正公允廉靖宽厚著称于世。

为便于邑民,造福桑梓,吴山捐资在其宅西凿此公井。淳泓澄澈,汲者不绝。时任知县张明道为褒扬其德,题名怀德井,取饮水思源,德流于后之义。原筑有井亭,久已倾圮,泉亦日渐壅淤。2000年8月,吴江市人民政府重为疏浚整修,以保护历史遗迹,美好城市环境,追怀先贤美德。

吴江市人民政府

二〇〇〇年八月立

九　诗词

登平望桥下作

唐·颜真卿

登楼试长望，望极与天平。际海兼葭色，终朝凫雁声。

近山犹仿佛，远水忽微明。更览诸公作，知高题柱名。

作者简介：颜真卿（708—784），字清臣，汉族，唐京兆万年（今陕西西安）人，祖籍唐琅琊临沂（今山东临沂）。唐代中期杰出书法家。他创立的"颜体"楷书与赵孟頫、柳公权、欧阳询并称"楷书四大家"。

松江亭携乐观渔宴宿

唐·白居易

震泽平芜岸，松江落叶波。在官常梦想，为客始经过。

水面排罾网，船头簇绮罗。朝盘鲙红鲤，夜烛舞青蛾。

雁断知风急，潮平见月多。繁丝与促管，不解和渔歌。

作者简介：白居易（772—846），字乐天，号香山居士，又号醉吟先生，其先太原（今属山西）人，后迁居下邽（今陕西渭南东北），唐代伟大的现实主义诗人。白居易与元稹共同倡导新乐府运动，世称"元白"，与刘禹锡并称"刘白"。白居易的诗歌题材广泛，形式多样，语言平易通俗，有"诗魔"和"诗王"之称。官至翰林学士、左赞善大夫。有《白氏长庆集》传世，代表诗作有《长恨歌》《卖炭翁》《琵琶行》等。

松江送处州奚使君

唐·刘禹锡

吴越古今路，沧波朝夕流。从来别离地，能使管弦愁。

江草带烟暮，海云含雨秋。知君五陵客，不乐石门游。

作者简介：刘禹锡（772—842），字梦得，今河南洛阳人，自言系出中山（今属河北定县）。中唐杰出的政治家、哲学家、诗人和散文家。唐贞元九年（793）进士。初在淮南节度使杜佑幕府中任记室，受器重，并入朝，为监察御史。后任朗州司马、连州刺史、夔州刺史、和州刺史、主客郎中、礼部郎中、苏州刺史等职。因后任太子宾客，故后世题他的诗文集为《刘宾客集》。

松江怀古

唐·张祜

碧树吴宫远，青山震泽深。

无人踪范蠡，烟水暮沉沉。

作者简介：张祜，字承吉，清河人，以宫词得名。长庆中，令狐楚表荐之，不报，辟诸侯府，多不合,自劾去。曾客居淮南。受丹阳曲阿地,筑室卜隐,集十卷。

忆吴淞江晚泊

宋·梅尧臣

念昔西归时,晚泊吴江口。回堤溯清风,澹月生古柳。

夕鸟独远来,渔舟犹在后。当时谁与同,涕忆泉下妇。

作者简介: 梅尧臣(1002—1060),宣城(今属安徽省)人,宣城古称宛陵,故世称宛陵先生,北宋文学家。赐进士出身,为国子监直讲,累迁都官员外郎,世称梅都官。其诗平淡朴素,含蓄深刻,多反映现实生活和民生疾苦,以矫宋初空洞靡丽之诗风。因与苏舜钦齐名,人称"苏梅"。著有《宛陵先生文集》。

过吴淞　江上渔者

宋·范仲淹

江上往来人,但爱鲈鱼美。

君看一叶舟,出没风波里。

作者简介: 范仲淹(989—1052),字希文,江苏吴县(今苏州)人。北宋大臣、政治家、文学家,文官至参知政事,武官至枢密副使,曾主持疏浚太湖东北地区港浦。景祐元年(1034)任苏州知州。他热心水利,曾修筑泰州捍海堰143里(后人称范公堤),知苏时又兴修太湖水利,创设府学,惠泽乡民。他的《上吕相公书》和《条陈江南、浙西水利》是议论苏州及太湖水利的两篇早期著作,论及问题实际,举措得宜,在当时行之有效,对后来的治水者也有启示,是太湖地区治水有影响的古文献之一。

吴江

宋·陈尧佐

平波渺渺烟苍苍,菰蒲才熟梅柳黄。

扁舟系岸不忍去,秋风斜日鲈鱼乡。

作者简介: 陈尧佐(963—1044),字希元,号知余子,今四川南部县人。北宋大臣、书法家、画家。太宗端拱元年(988)进士,历官翰林学士、枢密副使、参知政事。工书法,喜欢写特大的隶书字,咸平初,任潮州通判,咸平二年(999)建韩吏部祠于金山麓夫子庙正室东厢。宋仁宗时官至宰相,景祐四年(1037),拜同中书门下平章事。卒后赠司空兼侍中,谥文惠。著有《潮阳编》《野庐编》《遣兴集》《愚邱集》等。

过垂虹

宋·姜夔

自作新词韵最娇,小红低唱我吹箫。

曲终过尽松陵路,回首烟波十四桥。

作者简介: 姜夔(约1155—约1221),字尧章,号白石道人,鄱阳人(今属江西)人,南宋词人、音乐家。寓居武康。一生未仕。往来鄂、赣、皖、苏、浙间，与当时诗人词客交游，卒于杭州。工诗，词尤有名，且精通音乐。词重格律，音节谐美。多为写景咏物及记述客游之作，《扬州慢》等作品，感时伤事，情调较为低沉。词集《白石道人歌曲》中，其自度曲注有旁谱，琴曲《古怨》中并注明指法，是现存的一部词和乐谱的合集。又著有《琴瑟考古图》，未见传本。其他著作有《白石道人诗集》《诗说》《绛帖平》《续书谱》等。

水调歌头

宋·张孝祥

舣棹太湖岸，天与水相连。垂虹亭上，五年不到故依然。洗我征尘三斗，快揖商飙千里，鸥鹭亦翩翩。身在水晶阙，真作驭风仙。

望中秋，无五日，月还圆。倚栏清啸孤发，惊起蛰龙眠。欲酹鸱夷西子，未办当年功业，空系五湖船。不用知余事，莼鲙正芳鲜。

作者简介：张孝祥（1132—1170），字安国，宋乌江（今安徽和县）人，寓居芜湖，号于湖居士。绍兴二十四年（1154）进士，授承事郎、签书镇东军节度判官，转秘书省正字，迁校书郎，起居舍人，权中书舍人。二十九年（1159），以御史中丞汪澈劾，自乞宫观，提举江州太平兴国宫。绍兴末，除知抚州。知平江府，迁中书舍人、直学士院，兼都督府参赞军事。领建康府留守。历知静江、荆南湖北路安抚使。工诗文，长书法。有《于湖居士文集》四十卷，词《于湖居士长短句》五卷。《宋史》有传。

吴江垂虹亭作

宋·米芾

断云一片洞庭帆，玉破鲈鱼金破柑。好作新诗继桑苎，垂虹秋色满东南。

泛泛五湖霜气清，漫漫不辨水天形。何须织女支机石，且戏常娥称客星。

作者简介：米芾（1052—1108），初名黻，后改芾，字元章，号襄阳居士、海岳山人，汉族，北宋书法家、画家、书画理论家。祖籍山西太原，后迁居湖北襄阳，长期居润州（今江苏镇江）。曾任校书郎、书画博士、礼部员外郎。善诗，工书法，精鉴别。擅篆、隶、楷、行、草等书体，长于临摹古人书法，达到乱真程度。传世的书法墨迹有《向太后挽辞》《蜀素帖》《苕溪诗帖》《拜中岳命帖》《虹县诗卷》《草书九帖》《多景楼诗帖》等，无绘画作品传世。著《山林集》，已佚。其书画理论见于所著《书史》《画史》《宝章待访录》等书中。

水调歌头·垂虹桥亭词

宋·崔敦礼

倚棹太湖畔，踏月上垂虹。银涛万顷无际，渺渺欲浮空。为问瀛洲何在，我欲骑鲸归去，挥手谢尘笼。未得世缘了，佳处且从容。

饮湖光，披晓月，抹春风。平生豪气安用，江海兴无穷。身在冰壶千里，独倚朱栏一啸，惊起睡中龙。此乐岂多得，归去莫匆匆。

作者简介：崔敦礼（？—1181），字仲由，通州（今江苏南通）人，晚年定居溧阳。文学家。

宋绍兴三十年（1160）进士。历江宁尉、平江府教授、江东安抚司干官、诸王宫大小学教授。官至宣教郎。有《宫教集》《刍言》。

虞美人·题吴江
宋·刘仙伦

重唤松江渡。叹垂虹亭下，销磨几番今古。依旧四桥风景在，为问坡仙甚处。但遗爱、沙边鸥鹭。天水相连苍茫外，更碧云、去尽山无数。潮正落，日还暮。

十年到此长凝伫。恨无人、与共秋风，鲙丝莼缕。小转朱弦弹九奏，拟致湘妃伴侣。俄皓月、飞来烟渚。恍若乘槎河汉上，怕客星、犯斗蛟龙怒。歌欸乃，过江去。

作者简介：刘仙伦（生卒年不详），一名儗，字叔儗，号招山，宋庐陵（今江西吉安）人。与刘过齐名，称为"庐陵二布衣"。著有《招山小集》一卷。赵万里《校辑宋金元人词》辑为《招山乐章》一卷。

平望驿道
元·萨都剌

左带吴淞右五湖，人家笑语隔菰蒲。风涛不动鱼龙国，烟雨翻成水墨图。

越客卧吹船上笛，吴姬多倚水边垆。鉴湖道士如招稳，一曲他年得赐无？

作者简介：萨都剌（约1307—1359后），字天锡，号直斋，元代诗人、画家、书法家。其先世为西域人。出生于雁门（今山西代县），泰定四年（1327）进士，官至南台侍御史。晚年居武林，常游历山水，后入方国珍幕府。所作以宫词、艳情乐府诗著名，以自然景物为题材的山水诗较为出色，间有反映民间疾苦之作。亦工词。《念奴娇·登石头城》《满江红·金陵怀古》等皆有名。有《雁门集》。萨都剌善绘画，精书法，尤善楷书。留有《严陵钓台图》和《梅雀》等画，现珍藏于北京故宫博物院。

踏车叹
明·夏原吉

东吴之地真水乡，两岸涝涨非寻常，稻畴决裂走鱼鳖，居民没溺乘舟航。
圣皇勤政重农事，玉札颁来须整治，河渠无奈久不修，水势纵横多阻滞。
爰遵图志究源流，经营相度严咨诹，太湖天设不可障，松江沙遏难为谋。
上洋凿破范家浦，常熟挑开福山土，滔滔更有白茆河，浩渺委蛇势相伍。
洪荒从此日颇销，只今田水仍齐腰，丁宁郡邑重规画，集车分布田周遭。
车兮既集人兮少，点检农夫下乡保，妇男壮健记姓名，尽使踏车车宿潦。
自朝至暮无停时，足行车转如星驰，粮头里长坐击鼓，相催相迫惟嫌迟。
乘舟晓向东边看，忍视艰难民疾患，戴星戴月夜忘归，闷倚蓬窗发长叹。
噫叹我叹诚何如，为怜车水工程殊，跣生足底不暇息，尘垢满面无心除。
内中疲癃多困极，肌腹枵枵体无力，纷纷望向膏粱家，忍视饥寒那暇恤。
会法朝觐黄金宫，细将此意陈重瞳，愿令天下游食辈，扶犁南畎为耕农。

作者简介： 夏原吉（1366—1430） 字维喆，祖籍德兴（今江西浮阳），后迁居湘阴（今属湖南）。明永乐元年（1403）为左待郎，后与骞义同任尚书。因嘉兴、苏、淞诸郡频岁水患，屡敕有司督治，讫无成绩，命夏原吉治理。夏原吉于永乐元年疏浚夏驾浦，接通浏河，分泄吴淞江之水，后人称之谓"掣淞入浏"；又开范家浜，导淀山湖积水从南跄浦出海，即今黄浦江的前身；永乐二年（1404）夏原吉又浚白茆、浏河、千灯浦等导阳澄水入江，九月工毕水泄。苏淞水利，得益匪浅。他在施工时布衣徒步，日夜经画，盛暑不能盖，曰"民劳，吾不忍独适"。后人为纪念他的功绩，曾将夏驾浦改名尚书浦。

请开塘泄水附诗

明·吴韶

怪雨颠风苦不休，怒涛连陆海云浮；

万家瓦屋皆沉灶，何处弦歌独倚楼。

肉食可无谋国意，布衣徒切为时忧；

生平许国心常在，白发平添此夜愁。

作者简介： 吴韶（生卒年不详），华亭人，自号秦阜山人。撰《全吴水略》，是书成于嘉靖戊戌。首载苏、松七府为《总图》，次作《捍海塘纪》，次列太湖、三江及诸水源委。凡疏导修筑之事，以及历代官司职掌、公移事实，悉采录之。

开吴淞江祭文

明·海瑞

吴淞古江，横巨吴邦。岁久湮淤，震泽水漾。瑞请王命，建坝树椿。广募畚锸，务使行艘。默相勖助，遥望神幢。

作者简介： 海瑞（1514—1587），字汝贤，号刚峰，琼山（今广东）人。回族，明代著名政治家、历史学家、杂文家，著名清官。少年从教时被称为海笔架。身历嘉靖、隆庆、万历三朝，一生刚直不阿，清正廉明著称于世，被后人誉为"海青天""南包公"，与宋代包拯齐名。

开吴淞江祭文

明·林应训

惟神职司利济	永底民生	分方奠位	以赫厥灵	惟是震泽	东南县区	三江既入		错
垫攸除	历年既久	漂塞靡常	疆亩泛滥	稼用弗臧	时浚时淤	询诸金谋	咸谓长桥	实
系咽喉	长桥既辟	爰及吴淞	二水安流	三江遂通	予膺简命	相厥地宜	欲复故道	实
首于兹	穆卜良辰	大工伊始	灥湖及海	经三百里	总总林林	亿兆生民	我实董正	援
之规程	念慈力役	实惟佚道	俾相劝勉	神之大造	我忧风雨	重以祁寒	惟恒旸燠	神
锡之安	凡此疏浚	曰天子命	惟神效灵	惟民从令	凡我官属	属勤敬承	敢有怠事	神
其斛绳	祈兹收功	不疾而速	国裕民殷	并受其福	谨用牲醴	式申雯告	通观厥成	永
言食报								

作者简介： 林应训（生卒年不详），明万历初（1573），任御史时曾治理苏松水利，开浚吴淞

江。万历六年（1578），他还制定圩田施工章程。

浚河歌

明·姚文灏

远闻新土方希罕，尽露黄泥始罢休。

两岸马槽斜见底，中间一线水流通。

开坝歌

明·姚文灏

开河容易坝难通，我有良方不废工。

坝里扎潭宽似坝，却疏余土入其中。

修圩歌

明·姚文灏

修圩莫修外，留得草根在。草积土自坚，不怕风浪喧。

修圩只修内，培得脚根大。脚大岸自高，不怕东风潮。

教尔筑岸塍，筑得坚如城。莫作浮土堆，转眼都颓倾。

教尔分小圩，圩小水易除。废田苦不多，救得千家禾。

作者简介： 姚文灏（生卒年不详），江西贵溪人。明成化甲辰（1484）进士，官工部主事。撰有《浙西水利书》。弘治九年（1496）七月，言治水六事，被朝廷采纳。

踏车行

明·黄颙

踏车踏车声咿哑，老农力疲双眼花，炎炎火日上炙背，血汗下滴沾泥沙。

东沟水干潮信窄，移车且向西沟踏，西畴力灌水未盈，回视东畴已龟坼。

归来辛苦唇吻焦，渴心饮水饥腹枵。青蓑籍地才好睡，又被鸡声催接潮。

呼儿急起搬车走，妇嗑晨炊女提酒。如此勤劳幸有秋，颗粒何曾先到口？

簸秕去壳飏糠粞，输纳上仓浑似泥，老翁夜归语老妇，了却官租甘忍饥！

作者简介： 黄颙（履历不详）。

阻风宿九里湖

明·文徵明

云冱长空断雁呼，水声催岸杂风蒲。扁舟卧听三更雨，一苇难航九里湖。

绕榻波涛归梦短，隔林烟火远村孤。人生何必江山险，咫尺离家即畏途。

作者简介： 文徵明（1470—1559），原名壁，字徵明。长州（今江苏苏州）人。42岁起以字行，更字徵仲。因先世衡山人，故号衡山居士，世称"文衡山"，明代画家、书法家、文学家。曾官翰林待诏。诗宗白居易、苏轼，文受业于吴宽，学书于李应祯，学画于沈周。在诗文上，与祝允明、唐寅、徐祯卿并称"吴中四才子"，在画史上与沈周、唐寅、仇英合称"吴门四家"。

三白荡
明·沈启

一迈征帆岁月徂，烟波犹拟洞庭湖。遥村雨暗灯明灭，低树天连岸有无。

唤客春愁三荡草，可人秋味十斤鲈。方舟不竞怀先德，推让遗风独在吴。

作者简介： 沈启（1490—1563），字子由，号江村，吴江松陵镇人。明嘉靖十七年（1538）进士，授南京工部营缮司主事，后知绍兴府，将废弃的兰亭重建，又迁湖广按察司副使。三十二年（1553）罢官归里。著《吴江水考》，四十三年（1564）书成。

游吴江桥
明·王世贞

吴江长桥天下稀，七十二星烟霏霏。桥上酒胡青帘肆，桥边浣女白苎衣。

桃花水涨月初偃，莲叶雨晴虹欲飞。北客风尘初极目，倚阑秋色澹忘归。

作者简介： 王世贞（1526—1590），元美，号凤洲、弇州山人，江苏太仓人。明文学家。嘉靖进士，官至南京刑部尚书。因其父王忬为严嵩所害，曾做长诗《袁江流钤山岗》《太保歌》等，揭露严氏父子罪恶。与李攀龙同为"后七子"首领，主张文必秦汉，诗必盛唐，倡导复古摹拟，在当时产生了极大影响。晚年主张稍有改变。对戏曲也有研究，在所撰《艺苑卮言》中，论述南北曲产生原因及其优劣，时有创见。有《弇州山人四部稿》等。传奇剧本《鸣凤记》，一说也是他的作品。

松陵八景
明·陶振

太湖三万六千顷，总付雪滩垂钓翁。林屋参差红日下，洞庭缥渺白云中。

泉喷甘雨龙神庙，声吼蒲牢塔寺钟。回首简村凝望久，不知明月挂垂虹。

作者简介： 陶振（生卒年不详），字子昌，江苏吴江人。明洪武（1368~1398）中举明经，授吴江县学训导，改安化教谕。归隐华亭九峰间，自号钓鳌客。长陵师起北平，作《哀吴王濞歌》，感慨悲壮。意当日定流播于燕，王闻之，深怨私怒必甚矣。革除，诗文稍有忌讳者，悉焚弃。唯是歌存集中，而人未有表其微者。其后死于虎，王达善挽以诗云："昔为海上钓鳌客，今作山中饲虎人。"有《钓鳌集》。

吴门依易生韵
苏曼殊

平原落日马萧萧，剩有山僧赋《大招》。

最是令人凄绝处，垂虹亭畔柳波桥。

作者简介： 苏曼殊（1884—1918），原名戬，字子谷，学名元瑛（亦作玄瑛），法名博经，法号曼殊，笔名印禅、苏湜。近代作家、诗人、翻译家，广东香山（今广东珠海）人。光绪十年（1884）

生于日本横滨,父亲是广东茶商,母亲是日本人。苏曼殊一生能诗擅画,通晓日文、英文、梵文等多种文字,可谓多才多艺,在诗歌、小说等多种领域皆取得成就,后人将其著作编成《曼殊全集》(共5卷)。作为革新派的文学团体南社的重要成员,苏曼殊曾在《民报》《新青年》等刊物上投稿,他的诗风清艳明秀,别具一格,在当时影响甚大。

过淀山湖

陈毅

1964 年 6 月

又到水天空阔处。西望无涯通太湖。

主人船上出佳馔,鱼是蔬菜鲜而腴。

湖水用来酿绍酒,果然水清绿不殊。

解放以前此逃薮,抗日曾是游击区。

往来帆船千百艘,而今公社业农渔。

人人参加大生产,到处安居乐丰图。

此湖最近大上海,繁荣可以欠速乎?

我愿秋凉再来此,满筐大蟹醉糊涂,

以庆人民之青浦,以祝人民淀山湖。

作者简介: 陈毅(1901—1972),名世俊,字仲弘,四川乐至人。中国共产党党员,无产阶级革命家、政治家、军事家、外交家、诗人。中国人民解放军的创建者和领导者之一,新四军老战士,中华人民共和国元帅。曾任中共中央军委副主席、国务院副总理兼外交部长、国防委员会副主席、全国政协主席等职。遗著编为《陈毅诗稿》《陈毅诗词选集》等。

电力排灌

民谣

放水用水合理,用电成本降低。

灌溉效益提高,全靠机口管理。

切草碾米轧饲料,综合经营结合搞。

农副工业齐发展,人民生活得提高。

毛主席,好领导,电力排灌真正好。

综合利用办法妙,灌水排涝保禾苗。

节制闸门向上开,高田远田水能来。

防洪除涝办法好,拦河筑坝包围搞。

电力灌溉是个宝,农业丰收保得牢。

低田近田不受害,稻麦生产两勿碍。

编 后 记

　　《吴江市水利志》编纂工作始于 2006 年 9 月底,组建编纂班子,落实编纂人员。七年来,吴江区(市)水利局坚持编纂机构、人员设置不动摇。虽然局主要领导和部门领导成员有所调整,但是,局长亲自挂帅修志不变,分管局长主抓修志不变,局机关各部门和基层单位主要负责人担任编委会成员不变,设置水利志办公室不变,稳定办公室主要编纂人员不变。

　　《吴江市水利志》编纂工作主要分两方面进行。第一方面,主要是收集资料。在拟订凡例、篇目(后不断调整)的基础上,编纂人员自 2006 年 12 月起,通过"三馆"(档案馆、图书馆、博物馆),局档案室和有关科室,报刊、网络、布告诸媒体,友人、故旧等途径,广泛收集资料。查阅资料多达千万字,收集资料数百万字。第二方面,着手志稿编纂。自 2007 年下半年起,编纂人员首先将大量的资料整理成 300 多万字的资料长篇,然后删繁就简,数易其稿,于 2012 年底形成初稿。2013 年 6 月 21 日,苏州市吴江区水利局组织编纂委员会成员和有关领导 30 余人对征求意见稿进行内部评审。其后,编纂人员根据提出意见进行修改,10 月形成送审稿。11 月 21 日,向苏州市吴江区地方志编纂委员会提出评审报告。12 月 16 日,苏州市吴江区档案局、苏州市吴江区地方志办公室作出《关于同意评审〈吴江市水利志〉(送审稿)的批复》。2014 年 2 月 12 日,苏州市吴江区地方志办公室召开专家评审会。会后,编纂人员又根据专家意见作相应修改,最终形成的篇目有 20 章,73 节,另设概述、大事记、附录和图照等。2014 年 7 月 24 日,《吴江市水利志》通过苏州市吴江区地方志办公室验收。

　　为提高志书的编纂质量,水利志办公室确定《吴江市水利志》的基准内涵是:客观记述历史,具有权威影响,具备工具功能,促进学术研究。具体编纂过程中,严格执行《江苏省地方志行文规范》,尽量做到行文严谨朴实,简明流畅;表述准确清晰,符合逻辑;标题以事命题,科学简明;图表工整准确,要素齐全;名词术语规范统一,计量单位符合国家规定。

　　《吴江市水利志》第五、六、七章由王娟、彭海志执笔,其余均由彭海志执笔并负责统阅定稿。资料收集主要由彭海志完成,王娟、钱建义、吕萍参加部分资料收集,卢大雄协助部分办公室事务。

《吴江市水利志》是在吴江区（市）水利局直接领导下编写的，并始终得到吴江区（市）地方志办公室和苏州市水利局的关怀和指导，还得到吴江区（市）档案馆等单位的大力支持。区（市）水利系统有关领导和同志也为本志提供了大量资料。苏州市吴江区（市）档案局地方志编纂科顾晓红、赵玲、黄晓倩多次提出宝贵修改意见。在此，谨向上述单位和同志，表示衷心感谢。

纂修现代水利志书是一项新工作，编者才疏学浅，缺乏经验，在内容取舍、文字剪裁、篇目安排等方面定有不当之处，恳请广大专家、学者和读者批评指教，以期后人在续修时予以补充和修改。

《吴江市水利志》编纂办公室

2014 年 7 月